"十二五"职业教育国家规划教材
经全国职业教育教材审定委员会审定

高等职业院校
机电类"十二五"规划教材

Pro/ENGINEER Wildfire 5.0 应用教程

Application Tutorial of
Pro/ENGINEER Wildfire 5.0

◎ 蔡冬根 主编
◎ 吴暐 吴海燕 副主编

人民邮电出版社
北京

图书在版编目（CIP）数据

Pro/ENGINEER Wildfire 5.0应用教程 / 蔡冬根主编. -- 北京 : 人民邮电出版社, 2014.10（2023.1重印）
高等职业院校机电类“十二五”规划教材
ISBN 978-7-115-34746-6

Ⅰ. ①P… Ⅱ. ①蔡… Ⅲ. ①机械设计－计算机辅助设计－应用软件－高等职业教育－教材 Ⅳ. ①TH122

中国版本图书馆CIP数据核字(2014)第191727号

内容提要

本书围绕高职高专机械类专业的教学要求，深入浅出地介绍应用 Pro/E Wildfire 5.0 进行三维零件设计、产品组合设计、模具设计以及工程图制作的基本方法与原理。全书共分 9 章，主要内容包括 Pro/ENGINEER 基础、二维草图绘制、基础特征、基准特征、工程特征、特征操作与编辑、高级造型技术、产品组合设计、进阶设计功能。在编写上，本书注重内容的实用性，力求重点突出，而且各章都配有难度适中的练习题，便于读者上机练习时选用。

本书适用于大中专院校机械类专业的 CAD/CAM 课程教学或者 Pro/E 软件应用培训，也可作为广大工程技术人员学习 Pro/E 的参考书。

◆ 主　　编　蔡冬根
副 主 编　吴　暐　吴海燕
责任编辑　李育民
执行编辑　王丽美
责任印制　焦志炜

◆ 人民邮电出版社出版发行　　北京市丰台区成寿寺路 11 号
邮编　100164　　电子邮件　315@ptpress.com.cn
网址　http://www.ptpress.com.cn
北京天宇星印刷厂印刷

◆ 开本：787×1092　1/16
印张：20.75　　2014 年 10 月第 1 版
字数：520 千字　　2023 年 1 月北京第 12 次印刷

定价：44.00 元

读者服务热线：(010)81055256　印装质量热线：(010)81055316
反盗版热线：(010)81055315

前　言

Pro/ENGINEER（Pro/E）软件是美国参数科技公司（Parametric Technology Corporation，PTC）推出的大型 CAD/CAE/CAM 软件。Pro/E 以其具有的单一数据库技术、基于特征的参数化设计功能而一跃成为全球 CAD 业界的典范。作为当今世界上最流行、最优秀的三维建模软件之一，Pro/E 软件被广泛应用于机械、模具、电子、轻工、家电、航空等领域，受到广大用户的普遍欢迎。

为满足大中专院校广大学生以及制造业界的工程技术人员对 Pro/E 软件应用技术的学习需要，作者结合多年来从事 Pro/E、Mastercam 等 CAD/CAM 软件培训与教学的心得体会，以及在模具设计与制造行业工作的经验编写了本书，希望给读者提供更多的帮助。

本书紧紧围绕当前 Pro/E Wildfire 5.0 应用培训与教学中的广度和深度，注重内容的实用性，由浅入深，系统、合理地讲述各个知识点，并且突出实例教学，力求用生产中的实例把书中的知识点串接综合起来，加深理解，以达到事半功倍的学习效果。本书在各个章节安排了不少难度适中、富有特色的练习题，为上机练习提供了极大的方便。本书还提供了所有章节的范例文件、练习题的答案以及整套的电子教案，可登录人民邮电出版社教学服务与资源网 www.ptpedu.com.cn 免费下载。

本书由江西制造职业技术学院蔡冬根任主编，负责全书的组织编写、审订和统稿，江西制造职业技术学院吴暐、南昌搪瓷厂吴海燕任副主编。其中，第 1 章和第 2 章由吴海燕编写；第 3 章和第 4 章由吴暐编写；第 7 章~第 9 章由蔡冬根编写；第 5 章和第 6 章由河南机电高等专科学校徐起贺编写。

由于本书涉及的技术内容广泛，加之时间仓促，书中难免存在错误或疏漏之处，敬请广大读者批评指正。读者如果有问题，可以通过 E-mail（邮箱 donggencai@163.com）与编者联系。

编　者

2014 年 4 月

目 录

第1章 Pro/ENGINEER基础

Pro/ENGINEER（Pro/E）是由美国参数科技公司（Parametric Technology Corporation，PTC）推出的、使用参数化特征造型技术的大型CAD/CAM/CAE集成软件。自1988年问世以来，它已成为全世界最主流的三维设计软件，广泛应用于机械、汽车、航空、家电、玩具、模具、工业设计等领域，用来进行产品造型、装配设计、模具设计、钣金设计、机构仿真、有限元分析、NC加工等，深受广大工程技术人员的喜爱。

本章主要介绍Pro/E的主要功能模块、系统特性、工作界面，以及文件管理和视图操作，并利用一个范例来说明Pro/E建模的一般流程，力图使读者熟悉Pro/E的工作环境，掌握Pro/E的基本操作，为后续章节的学习做好准备。

1.1 Pro/ENGINEER系统概述

Pro/E 首创的参数化、基于特征的设计思想问世以后，对传统机械设计工作具有相当大的促进，它不但改变了传统设计的概念，而且将设计的便捷性推进了一大步，成为机械设计自动化领域的新标准。作为一套由设计到生产的机械自动化软件，Pro/E 在生产过程中能将设计、制造和工程分析3个环节有机地结合起来，支持并行的产品开发工作，即能够让一个开发小组在完全不同的部门和不同的地域，同时对同一个产品进行设计开发。设计过程中的所有信息都能够在各设计者之间实时传递和更新，以保证设计者能够轻松地合作，并能够随时存取最新的产品模型信息。

1985年，美国PTC公司成立并开始参数化建模软件的研究，并于1988年发布了Pro/E的第一个版本V1.0。经过多年的发展，Pro/E软件在技术上日益成熟，并已经成为三维建模软件的佼佼者。PTC公司也不断地对Pro/E软件进行技术改进，扩充其功能，推出更完善的版本，诸如2000i、2000i^2、2001、Wildfire、Wildfire 2.0、Wildfire 3.0、Wildfire 4.0、Wildfire 5.0等。Pro/E Wildfire秉承Pro/E 2001的各种实用功能，摒弃了旧版本瀑布式菜单命令的操作风格，转而采用大多数用户习惯的Windows操作风格。与旧版本相比，Pro/E Wildfire精简了菜单命令，减少了命令执行时间和鼠标点击次数，使设计更顺畅，更符合设计的逻辑流程。Pro/E Wildfire 5.0于2009年正式发布，它是在Wildfire 4.0的基础上进行功能改进的新版本，性能更臻完善。

1.1.1 Pro/E 系统的主要模块及功能简介

Pro/E 是一个大型软件包，由多个功能模块组成，每一个模块都有自己独立的功能，这类似于微软公司的 Office 办公套装软件。用户可以根据需要调用其中一个模块进行设计，不同模块创建的文件有不同的文件扩展名。此外，高级用户还可以调用系统的附加模块或者使用软件进行二次开发工作。

1. 草绘模块

草绘模块（Sketch）用于创建和编辑二维平面草图。二维草图使用点、线等基本图元组成的单一平面图形来表达设计内容，常用于简单的设计任务中。二维草图的绘制在三维建模中具有非常重要的作用，是使用零件模块进行三维建模的基础。在三维模型的创建过程中，通常要绘制二维截面，此时系统会自动切换至草绘模块。

2. 零件模块

零件模块（Part）用于创建三维模型，图 1-1 所示为电话机外壳零件。由于创建三维模型是使用 Pro/E 进行产品设计和开发的主要目的，因此零件模块也是参数化实体造型最基本和最核心的模块。

在 Pro/E 中，三维模型的创建类似真实的机械加工过程，即依次添加各种模型特征。一般先创建基础特征，这就相当于在机械加工之前产生毛坯，然后在基础特征之上创建工程特征，如圆孔、倒圆角和筋特征等，每添加一个工程特征相当于一道机械加工工序。

3. 装配模块

装配就是将多个零件按实际的生产流程组装成一个部件或完整产品的过程，图 1-2 所示为对讲机的装配体模型。使用 Pro/E 的装配模块（Assembly），可以按照装配要求依次指定放置元件的基本参照逐层装配零件，在组装过程中可以添加新零件或对已有的零件进行编辑，装配完成后还可以使用爆炸图来显示所有零件之间的位置关系，非常直观。

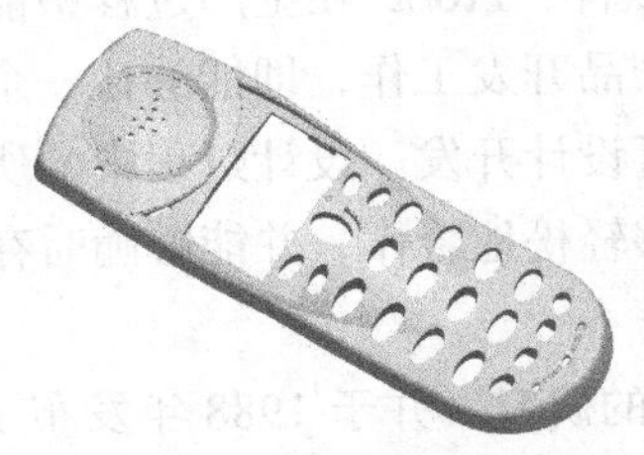

图 1-1 电话机外壳

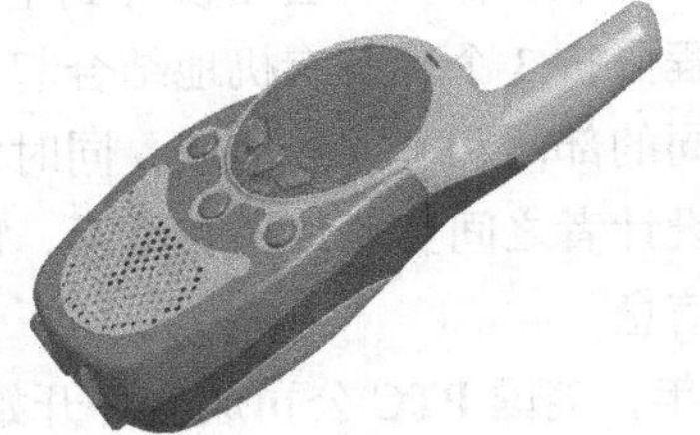

图 1-2 对讲机

4. 工程图模块

使用工程图模块（Drawing）可以直接由三维零件实体模型生成二维工程图。系统提供的二维工程图包括一般视图、投影视图、局部视图、剖视图等多种视图类型。设计者可以根据零件的表达需要，灵活选取需要的视图类型和数量。使用 Pro/E 制作工程图简单方便，设计者只需对系统自动生成的视图进行简单的修改或标注，即可完成工程图的绘制，并且在实体模型或工程图二者之中所作的任何修改，其结果都会立即反映到另一个当中，使得工程图的创建更加轻松便捷。

5. 制造模块

制造模块（Manufacturing）支持高速加工、专业化加工以及模具设计，能够生成生产过程规划以及刀路轨迹，并能对生成的生产规划做出时间、价格及成本上的估计；能够设计模具部件和模板组装，包括生成模具型腔几何体、模具浇口和浇道等模具组成部分，以及缩减补偿造型几何体、空腔充填、创建标准化模具元件库等。

作为一个功能强大的大型集成软件，Pro/E 软件功能覆盖产品从设计到生产加工的全过程。除了上述 5 个主要模块外，软件套件中还有其他多个模块可供选用。用户除了根据需要选用某些模块以外，也可以自行使用 C 语言等编程工具实现特殊功能的操作，或者通过标准数据交换输出二维或三维图形至其他类型的应用软件中，以扩展 Pro/E 系统的功能。

1.1.2 Pro/E 系统的主要特性

PTC 公司突破 CAD/CAM/CAE 的传统观念，提出了参数化、特征建模和全相关单一数据库的 CAD 设计新思想。正是由于采用了这种独特的建模方式和设计思路，Pro/E 软件表现出不同于一般 CAD 软件的优越建模特性。

1. 实体造型

三维实体模型可以将设计者的设计思想以最真实的模型在计算机上显示出来，或者传送到绘图机及一些支持 Postscript 格式的彩色打印机；同时借助于系统参数，可随时计算出产品的体积、面积、重心等物理参数，了解产品的真实性，弥补传统线结构、面结构的不足，并可减少大量人为设计的时间。Pro/E 还可通过标准数据交换格式输出三维或二维图形至其他应用软件，以进行其他的计算处理，如有限元分析、后置处理等。

2. 参数化设计

参数化设计直接挑战传统模型设计思想。所谓的参数化设计，是指以尺寸参数来描述和驱动零件或装配体等模型实体，而不是直接指定模型的一些固定数值。尺寸驱动是参数化设计的重要特点。也就是说，设计者修改尺寸参数后，经过再生处理即可获得新的模型形状，直观快捷。这样，任何一个模型参数的改变都将导致其相关特征的自动更新，而且可以运用强大的数学函数关系建立各尺寸参数间的关系式。配合单一数据库技术，可使修改 CAD 模型及工程图更为方便，令设计优化更趋完美，并能减少尺寸逐一修改的繁琐、费时和不必要的错误。

3. 特征建模

特征是对有实际工程意义图元的高级抽象。Pro/E 采用具有智能特性的基于特征的功能来生成模型，如圆孔（Hole）、倒圆角（Round）、加强筋（Rib）等均被作为零件设计的基本单元，且允许对特征进行方便的编辑操作，如特征的重定义（Redefine）、重排序（Reorder）、删除（Delete）

等。这一功能特性使得工程设计人员能以最自然的思考方式从事设计工作，可以随意勾画草图，轻易改变模型，为设计者提供了设计中从未有过的简易性和灵活性。

4. 全相关的单一数据库

Pro/E 系统包含众多模块，但却是建立在单一数据库基础之上，这不同于大多数建立在多个数据库之上的传统 CAD/CAM 系统。所谓单一数据库，是指工程中的所有资料都来自同一个数据库。在整个设计过程中，任何一处发生改动都可以反映在整个设计过程的相关环节上，此种功能又称为全相关性。换言之，不论是在 3D 或 2D 图形上做尺寸修改，其相关的 2D 图形或 3D 模型均自动修改，同时装配、模具、NC 刀具路径等相关设计也会自动更新。

这种独特的数据结构与工程设计的完整结合，使得系统的各个模块达到数据的共享与融合，使得一件产品的各个设计环节能够结合起来，实现设计修改工作的一致性。也正是由于这一特性，可以使不同部门的设计人员能够同时开发同一个产品，实现协同工作，提高了系统的执行效率，使产品能更好、更快地推向市场，价格也更便宜。

1.1.3 Pro/E Wildfire 5.0 的系统环境与设定

安装 Pro/E Wildfire 5.0 后可以设置其运行环境，这里以 Windows XP 环境下的设置为例。

1. Pro/E Wildfire 5.0 的运行环境

Pro/E Wildfire 5.0 系统独立于硬件，可以在 UNIX、Windows NT 或 Windows 2000/XP 等操作系统上稳定运行。其对硬件要求较高，运行 Pro/E Wildfire 5.0 所需的硬件配置要求见表 1-1。

表 1-1 硬件配置要求

设 备	要 求
CPU	CPU 频率在 2.0GHz 以上
硬盘	硬盘剩余空间最小为 4GB，建议使用缓存为 8MB、转速为 7 200r/min 的硬盘
内存	内存最小为 256MB，设计较为复杂的结构时建议使用 1GB 以上内存
显卡	显卡最低为 64MB，建议使用 128MB 以上的显卡
鼠标	三键鼠标（中键为滚轮式）

2. 设置 Pro/E 的启动位置

在 Windows XP 桌面上用鼠标右键单击 Pro/E 的快捷方式图标，从弹出的快捷菜单中选择【属性】命令，系统显示“Pro ENGINEER 属性”对话框，如图 1-3 所示。在“快捷方式”选项卡中，可在“起始位置”文本框内输入适当的路径（如 D：\startup）作为 Pro/E 的启动位置。

3. 设置系统虚拟内存

选择【开始】→【设置】→【控制面板】→【系统】命令，在“系统属性”对话框中选择“高级”选项卡，并单击“性能”栏中的 设置(S) 按钮，显示如图 1-4 所示的“性能选项”对话框。此时，在“高级”选项卡中单击“虚拟内存”栏中的 更改(C) 按钮，可重新设置系统的虚拟内存，如图 1-5 所示。

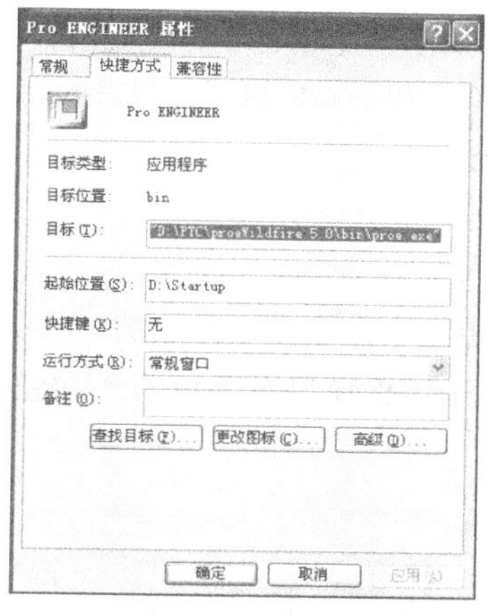
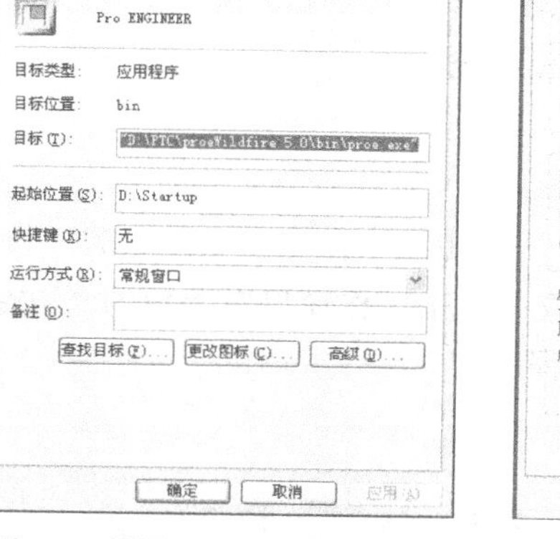

图 1-3　设置 Pro/E 的启动位置

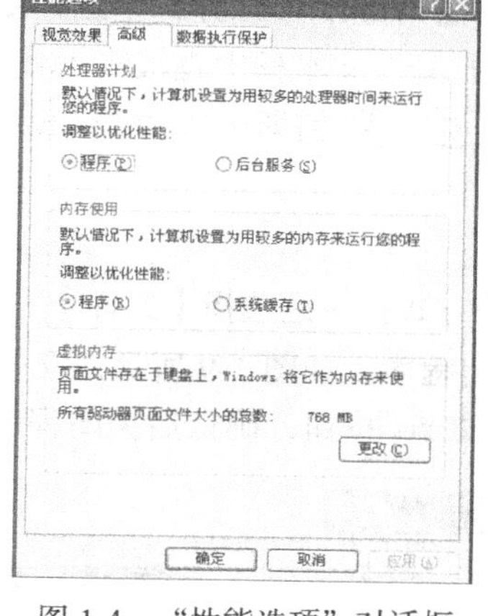

图 1-4　“性能选项”对话框

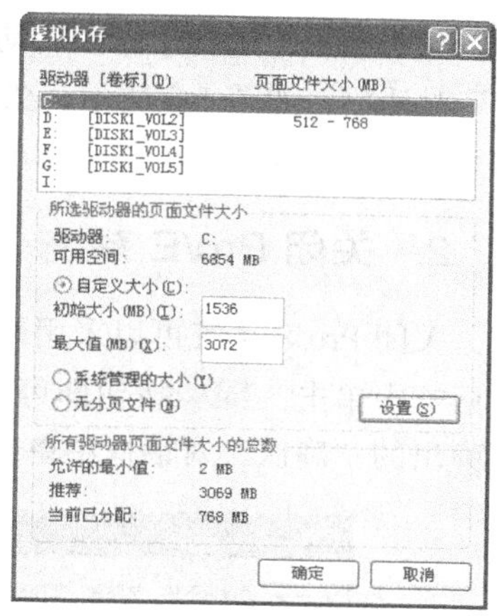

图 1-5　设置系统虚拟内存

1.1.4　系统的启动和关闭

1. 启动 Pro/E 系统

Pro/E 系统的启动方法有多种，可分别通过任务栏、快捷方式和运行命令来实现。

（1）利用 Windows 任务栏启动。在 Windows 任务栏中选择【开始】→【程序】→【PTC】→【Pro ENGINEER】→【Pro ENGINEER】命令，如图 1-6 所示，即可启动 Pro/E 系统。

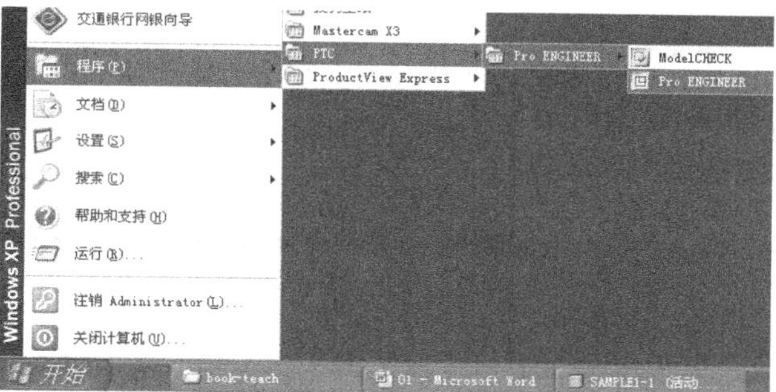

图 1-6　利用 Windows 任务栏启动

（2）利用快捷方式启动。软件安装完成后，可根据需要在 Windows 桌面上建立 Pro/E 的快捷方式图标，双击桌面的【Pro ENGINEER】快捷方式图标即可启动 Pro/E 系统，如图 1-7 所示。

图 1-7　利用快捷方式图标启动

（3）利用【运行】命令启动。在 Windows 任务栏中选择【开始】→【运行】命令打开“运行”对话框，如图 1-8 所示，在“打开”文本框中直接输入或浏览查找 Pro/E 执行文件 proe.exe 的完整路径与文件名，然后单击 确定 按钮即可启动 Pro/E 系统。

2. 关闭 Pro/E 系统

关闭 Pro/E 系统可以采用两种方式：一是选择【文件】→【退出】命令，在弹出的“确认”对话框中单击 是(Y) 按钮即可关闭程序，如图 1-9 所示；二是单击工作窗口右上角的 × 按钮，在弹出的“确认”对话框中单击 是(Y) 按钮，确认后关闭程序。

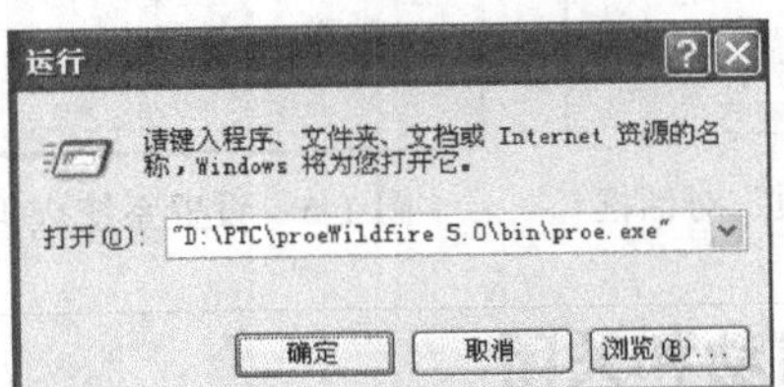

图 1-8 “运行”对话框

图 1-9 “确认”对话框

1.2 工作界面

Pro/E Wildfire 5.0 的用户界面主要由菜单栏、工具栏、导航区、Pro/E 浏览器、图形窗口区、信息栏和状态栏组成，如图 1-10 所示。

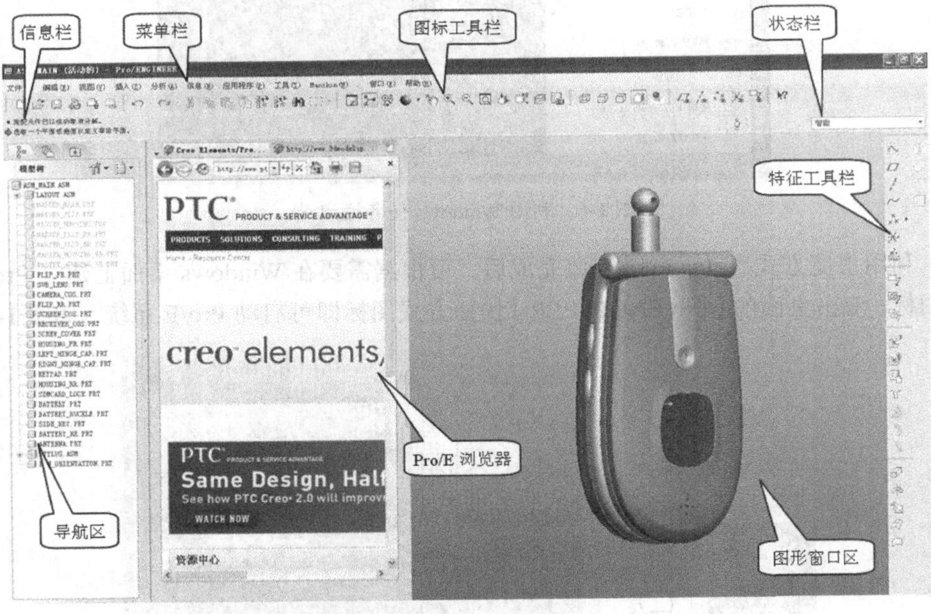

图 1-10 Pro/E Wildfire 5.0 的用户界面

1.2.1 菜单栏

Pro/E Wildfire 5.0 的菜单栏位于视窗标题栏的下方，按功能不同进行分类，涵盖了 Pro/E 的所有基本操作与模型处理功能。对于零件、装配或工程图等不同的模块类型，其菜单栏命令会稍有差异，这里仅以零件（Part）模式的菜单栏命令进行介绍。

在零件模式下，其菜单栏内容如图 1-11 所示，包括文件（File）、编辑（Edit）、视图（View）、插入（Insert）、分析（Analysis）、信息（Info）、应用程序（Applications）、工具（Tools）、窗口（Window）和帮助（Help）10 个菜单选项。

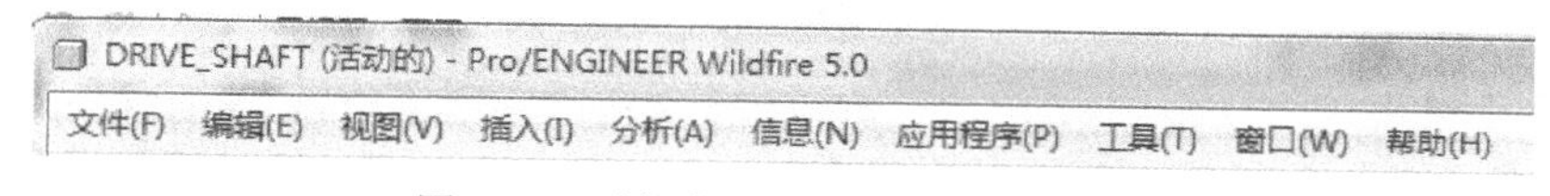

图 1-11 零件模式下菜单栏的菜单选项

1. 文件菜单

文件菜单内的命令涉及文件操作与处理功能，如新建、打开、保存、打印等，该菜单尾段会列出 4 个最近打开过的文件。

2. 编辑菜单

编辑菜单主要用于特征编辑操作，如特征再生、复制、删除、阵列、修剪等功能。该菜单中的某些命令还支持以右键快捷菜单访问，在图形窗口或模型树中选择某特征对象后单击鼠标右键，即可打开快捷菜单。

3. 视图菜单

视图菜单用于管理绘图区的显示属性，设置模型的显示状态或控制模型显示的大小与方位，如图 1-12 所示，以得到最佳的工作视角或为模型设置颜色外观和光照效果。

4. 插入菜单

插入菜单提供创建各种特征的命令，它将全部的“特征”命令汇集于此，如图 1-13 所示。插入菜单也往往是设计者使用最为频繁的菜单。

5. 分析菜单

分析菜单用于模型的测量，模型物理性质及曲线、曲面性质的分析，以及对两个零件从特征、几何上进行比较等。根据模块的不同，分析菜单中的命令会有所差异，在零件模式下其包含的命令选项如图 1-14 所示。

6. 信息菜单

信息菜单用于提供关于模型、特征、参照等方面的信息，以便设计者更加有效地管理设计数据，并能以文本方式记录特征、模型等数据。

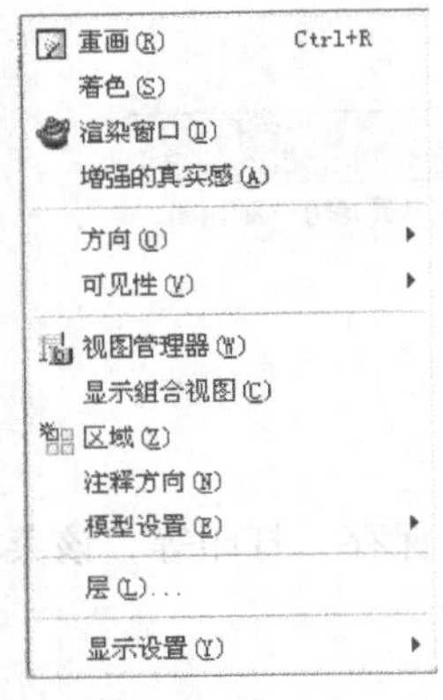

图 1-12　视图菜单

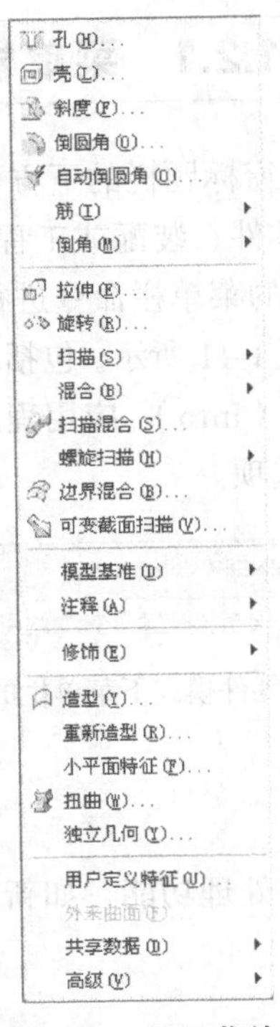

图 1-13　插入菜单

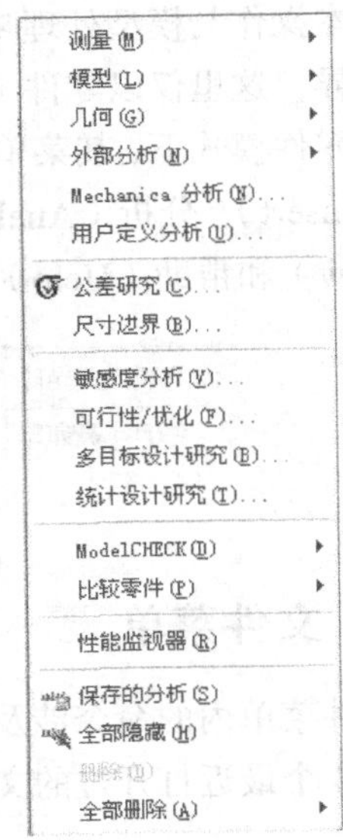

图 1-14　分析菜单

7. 应用程序菜单

Pro/E 软件包内含有一些可选模块，这些模块可以拓展软件系统的功能，利用该菜单中的命令可直接调用要使用的模块。根据用户安装模块的多少不同，应用程序菜单的内容也会有所不同。

8. 工具菜单

工具菜单提供了控制 Pro/E 工作环境、定制界面、设置关系或参数，以及其他一些功能。利用该菜单中的命令，可将系统环境与界面定制成自己喜爱的形式，或运行轨迹文件来恢复因意外而损坏的模型。

9. 窗口菜单

在 Pro/E 系统中可以同时打开多个文件，每个文件都占有一个主窗口，但只有一个主窗口处于激活状态，而非激活窗口的大部分菜单为灰色显示。使用窗口菜单可进行单个主窗口操作和多个主窗口间的切换，即实现系统的多文件管理。如图 1-15 所示，如果要关闭当前窗口，选择【窗口】(Window)→【关闭】(Close)命令；如果要激活当前窗口，选择【窗口】(Window)→【激活】(Activate)命令；如果要切换至其他文件窗口，可在菜单尾段的文件列表中直接选取相应的文件名。

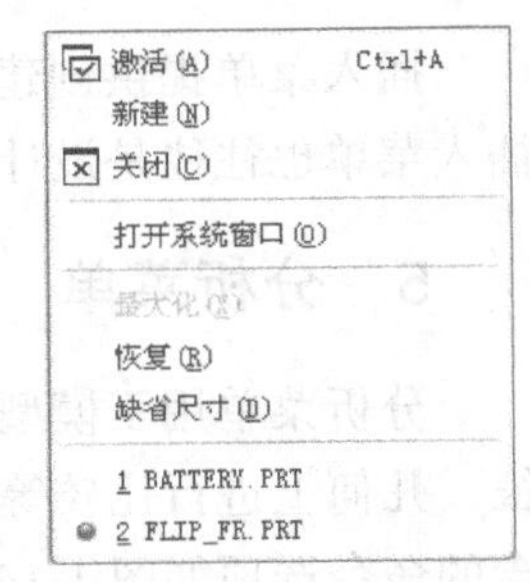

图 1-15　窗口菜单

10. 帮助菜单

帮助菜单用于执行 Pro/E 的在线帮助功能，即针对操作和使用中遇到的问题查询相关的使用手册。在线帮助系统通过 Internet 链接到 PTC 公司的相关网址，但必须使用网络浏览器才能打开。

1.2.2 工具栏

除菜单栏以外的所有图标都属于工具栏，工具栏可位于 Pro/E 图形窗口的顶部、右侧或左侧。根据工具按钮的功能不同，可将其分为图标工具栏和特征工具栏两大类。当鼠标指针放置于某工具按钮上少许，系统会显示该工具按钮的名称。在工具栏图标处单击鼠标右键，通过勾选快捷菜单中的选项，即可自动弹出相应的工具栏按钮。同样，选择【工具】(Tools) →【定制屏幕】(Customize) 命令，可以自行调整工具栏的按钮位置和自定义工具栏的内容。本小节主要对图标工具栏进行介绍。

图标工具栏位于菜单栏的下方，其默认设置如图 1-16 所示。表 1-2 所示为图标工具栏中一些主要按钮的功能说明。

图 1-16 图标工具栏

表 1-2 图标工具栏主要按钮的功能说明

图标按钮	功能说明	图标按钮	功能说明
	新建文件		打开文件
	原名保存当前窗口文件		打印当前文件模型
	撤销操作		重做，即恢复撤销的操作
	复制		粘贴
	选择性粘贴		再生模型
	重画当前视图，以刷新显示		旋转中心显示开/关
	定向模型开/关		选取矩形区域进行放大显示
	以 0.5 倍的显示倍率缩小模型		当前模型显示的适度化
	重定向模型视图		选择已保存的视图
	设置层、层项目和显示状态		启动视图管理器
	以线框结构显示模型，模型中的隐藏线以实线显示		以线框结构显示模型，模型中的隐藏线以淡灰色线显示
	以线框结构显示模型，模型中的隐藏线不显示		以着色方式显示模型
	基准平面显示开/关		基准轴显示开/关
	基准点显示开/关		基准坐标系显示开/关
	3D 注释及注释元素显示开/关		

1.2.3 导航区和 Pro/E 浏览器

Pro/E Wildfire 5.0 的导航区包括模型树/层树、文件夹浏览器、收藏夹 3 个选项卡，如图 1-17 所示。单击导航区右侧的箭头可以切换导航区的关闭与显示，而要激活导航区的某项内容，只需单击相应的选项卡标签即可。

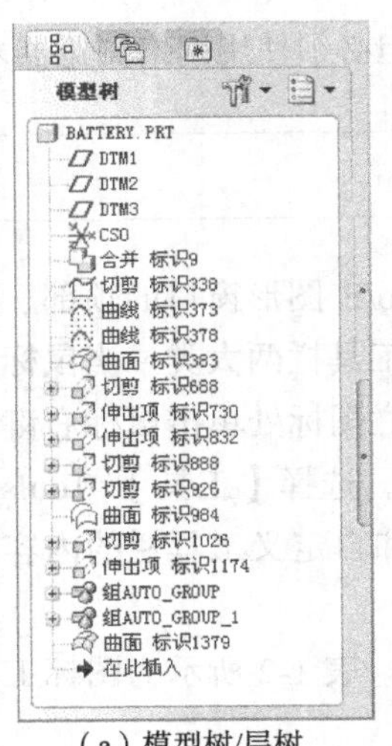

（a）模型树/层树

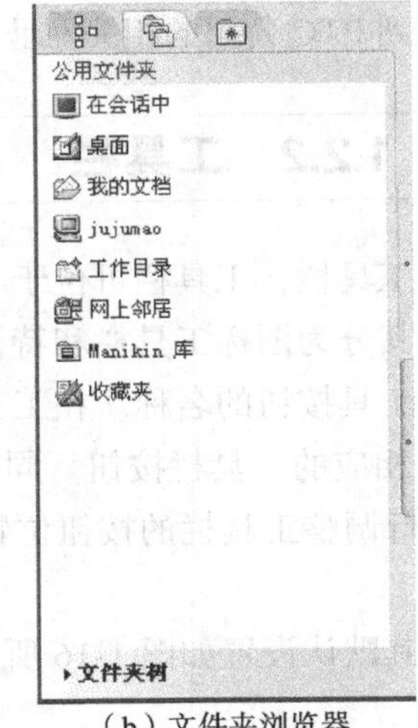

（b）文件夹浏览器

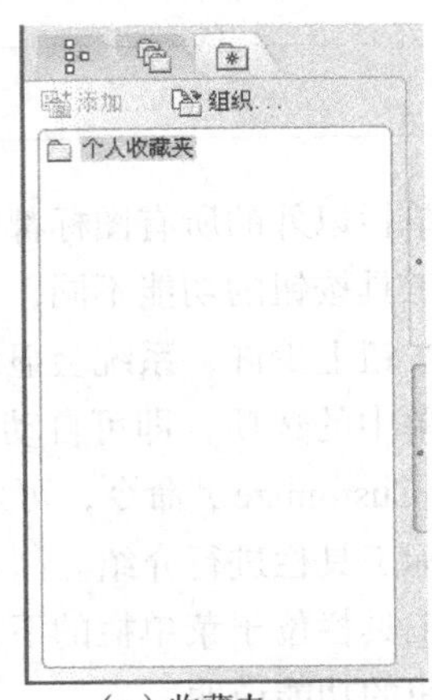

（c）收藏夹

图 1-17　导航区的 3 个选项卡

Pro/E 的模型树用于显示当前窗口模型的特征组织结构。如果当前图形窗口中为零件模型，则模型树会显示模型建立过程中生成的所有特征；如果当前图形窗口中为装配模型，则模型树会显示组合件的零件模型名称和装配特征。在模型设计过程中，所有特征建立的顺序、名称、编号、状态等相关信息都会记录在模型树中，并且每种类型的特征都有独特的代表符号。在模型树中，可以观察模型的特征组织结构，或选取模型的某个特征并对其快速地进行编辑（Edit）、编辑定义（Edit Definition）、重排序（Reorder）等设计变更操作。

Pro/E 浏览器提供对内部和外部网站的访问功能，如图 1-18 所示，此时可以像使用 IE 浏览器一样浏览网页，或者用来显示特征信息。单击浏览器右侧箭头，可以切换 Pro/E 浏览器的关闭与显示。

图 1-18　Pro/E 浏览器

1.2.4 图形窗口区

图形窗口区是 Pro/E 的设计工作区域，也是用户界面中面积最大的区域，可以在其中观看或修改已有模型、绘制特征截面、制作工程图等。该区域默认设置为“灰色渐变”的背景，系统允许用户选择【视图】(View)→【显示设置】(Display Setting)→【系统颜色】(System Color)命令自行设置绘图区的背景颜色。

Pro/E 系统允许用户同时打开多个图形窗口，但每次只有一个图形窗口是活动的。在图形窗口的标题栏中会显示其模型文件名(不带扩展名)，并且可以由标题栏左上角的特定图标辨认出模型文件的类型。如同时打开多个图形窗口，则当前活动窗口的文件名后带有“活动的”(Active)字样，如图 1-19 所示。要激活某个非活动窗口，可选择【窗口】→【激活】命令或按下 Ctrl+A 组合键。

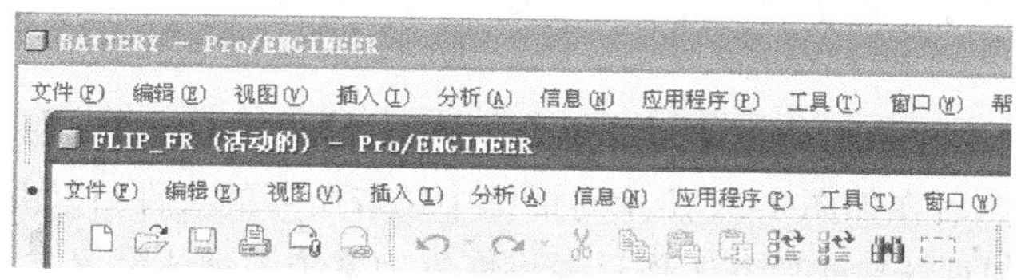

图 1-19 活动窗口和非活动窗口的标题栏

1.2.5 信息栏和状态栏

信息栏位于绘图区的上方，用来记录和报告系统的操作进程，显示操作向导，如图 1-20 所示。处理模型时，Pro/E 通过信息栏的文本提示来确认用户的操作并指示用户完成建模过程。

图 1-20 信息栏

对于初学者而言，应随时注意系统提示的信息，以便清楚地知道执行的结果和系统响应的各种信息。系统根据消息的类别不同，会以特定的图标进行标识，如为提示、为信息、为警告、为出错、为危险。此外，当鼠标指针移动到菜单命令、工具栏按钮或某些对话框项目上时(不需单击)，系统会立即显示该命令的简短解释，以简要说明鼠标指针所指选项的含义。

状态栏位于模型窗口的上层，主要用于显示执行操作的状态信息，如图 1-21 所示，具体包括以下几种信息。

(1) 警告和错误快捷方式。

(2) 当前模型中选取的项目数。

(3) 可用的选取过滤器。

(4) 模型再生状态，其中表示必须再生当前模型，表示当前过程已暂停。

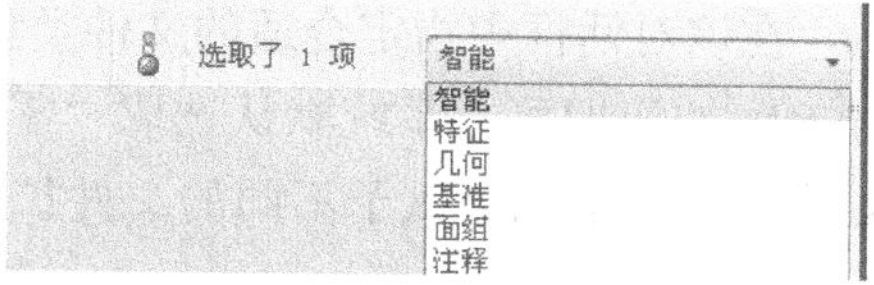

图 1-21 状态栏

1.3 文件操作

1.3.1 设置工作目录

使用 Pro/E 时应形成一个习惯，即先设置好系统的工作目录。所谓工作目录，就是系统默认的文件操作目录，以便于文件保存和轻松调用。Pro/E 系统会将安装时设置的起始目录默认设定为工作目录，可在 Windows 操作系统的桌面上用鼠标右键单击“Pro ENGINEER”快捷图标，从快捷菜单中选择【属性】命令更改 Pro/E 系统启动的起始位置。该设置对 Pro/E 的每次启动都有效。

在 Pro/E 中设置工作目录时，可选择【文件】(File)→【设置工作目录】(Set Working Directory)命令或单击按钮，然后在如图 1-22 所示对话框中选取所需的文件目录并单击 确定 按钮。如退出 Pro/E 系统，则重新启动后其工作目录将恢复为系统的默认设置。

1.3.2 新建文件

新建文件时，可选择【文件】(File)→【新建】(New)命令或单击图标工具栏中的按钮，或按下 Ctrl+N 组合键，之后系统将显示如图 1-23 所示的“新建”对话框。

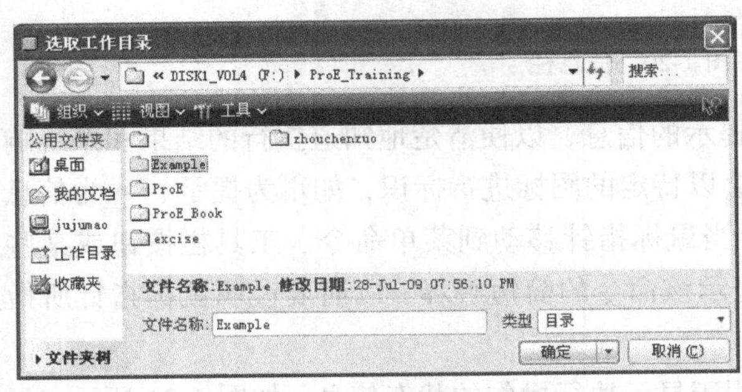

图 1-22 设置工作目录

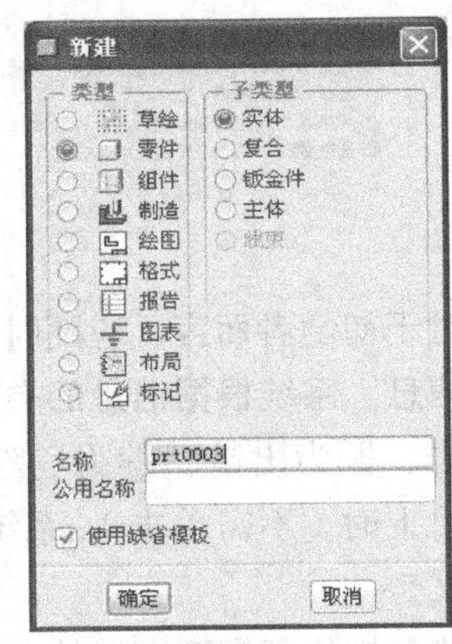

图 1-23 “新建”对话框

在该对话框中指定合适的文件类型(Type)、子类型(Sub-type)并输入文件名称，然后单击 确定 按钮即可。系统默认选取“零件”(Part)类型、“实体”(Solid)子类型。对于不同的文件类型，系统会赋予不同的文件扩展名与之对应。表 1-3 所示为所有文件类型和子类型的说明。

表 1-3　　文件类型和子类型说明

类型（Type）	子类型（Sub-type）	说　　明	默认文件名与扩展名
草绘（Sketch）		二维草绘模式	s2d####.sec
零件（Part）	实体（Solid）	实体零件（系统默认模式）	prt####.prt
	复合（Composite）	复合材料零件	
	钣金件（Sheetmetal）	钣金零件	
	主体（Bulk）	主体零件	
组件（Assembly）	设计（Design）	零件组合（系统默认模式）	asm####.asm
	互换（Interchange）	自动替换组合零件	
	校验（Verify）	零件与点测量数据相互对比验证（常用于逆向工程）	
	处理计划（Process Plan）	零件组合规划	
	NC 模型（NC Model）	加工模型组合	
	模具布局（Mold Layout）	模具配置的装配图	
	Ext.简化表示（Ext.Simp.Rep）	外部简化的装配图	
制造（Manufacturing）	NC 组件（NC Assembly）	组合零件加工（系统默认模式）	mfg####.mfg
	机械专家（Expert Machinist）	加工专家系统	
	CMM	坐标测量机工作设置	
	钣金件（Sheetmetal）	钣金成型加工	
	铸造模腔（Cast Cavity）	铸造成型加工	
	模具模腔（Mold Cavity）	模具设计	
	模面（Dieface）	冲压成型加工	
	硬度（Harness）	加工信息设置	
	处理计划（Process Plan）	加工规划	
绘图（Drawing）	—	二维工程图制作	drw####.drw
格式（Format）	—	二维工程图、产品布局规划的图样格式	frm####.frm
报表（Report）	—	报告书	rep####.rep
图表（Diagram）	—	平面电路、管道布线图	dgm####.dgm
布局（Layout）	—	产品布局规划	lay####.lay
标记（Markup）	—	注释制作	mrk####.mrk

1.3.3　打开与关闭文件

打开文件时，可选择【文件】(File)→【打开】(Open) 命令或单击按钮，系统显示如图 1-24 所示的“文件打开”对话框。然后，指定文件所在的路径并在“类型”下拉列表中指定要打开的文件类型，即可从中选取磁盘或内存中的文件予以打开。在对话框中单击 预览 (Preview) 按钮，可以启动或关闭模型预览功能，以快速查看指定文件的模型。如果选取的文件有多个版本，则默认打开的是其最新版本。如果欲打开的文件存储在工作目录或系统会话进程中，可以直接在左侧“公用文件夹”栏内分别单击 工作目录 (Working Directory) 或 在会话中 (In Session) 来快速指定其位置。

如要关闭已打开的当前窗口文件，可选择【文件】(File)→【关闭窗口】(Close Window)命令或单击按钮来实现，其功能与选择【窗口】(Window)→【关闭】(Close)命令相同。但是，只要不退出 Pro/E 系统，已关闭文件的模型数据仍将驻留在系统会话进程中。

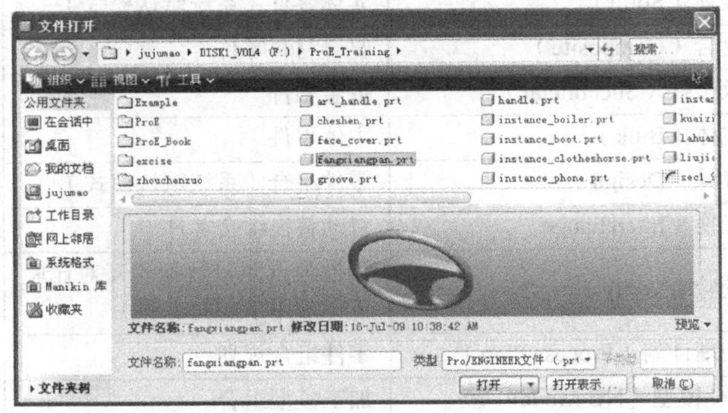

图 1-24 “文件打开”对话框

1.3.4 保存文件

保存文件有 3 种形式，即【保存】(Save)、【保存副本】(Save a Copy)和【备份】(Backup)。

【保存】命令用于原名保存，即不允许更改文件名，并且只能将文件保存在其原有目录或设定的工作目录下，其对应的按钮为。在 Pro/E 系统中，每执行一次存储操作都会自动生成一个新版本文件，而不会覆盖原文件，并且每次存储的文件名末尾都会添加一个版本号，版本号数字越大，文件版本越新。例如，同一设计中的零件文件第一次执行【保存】命令时文件名为 cup.prt.1，后续进行保存将依次新增 cup.prt.2、cup.prt.3 等文件，形成新、旧版本文件。

【保存副本】命令用于换名保存，即必须采用新的文件名，并且允许选择新的存储路径和文件格式，其对应的按钮为。输入文件名时，其长度仅限 31 个字符，并且不能包含(、)、@、#、$、%等特殊符号。若当前窗口文件为组合件，换名保存时可单击右下方的按钮单独对每个零件进行更名。如图 1-25 所示，在“保存副本”对话框的弹出菜单中选择【选取】(Select)命令，然后选取组合件模型中的某零件并输入新的文件名即可。

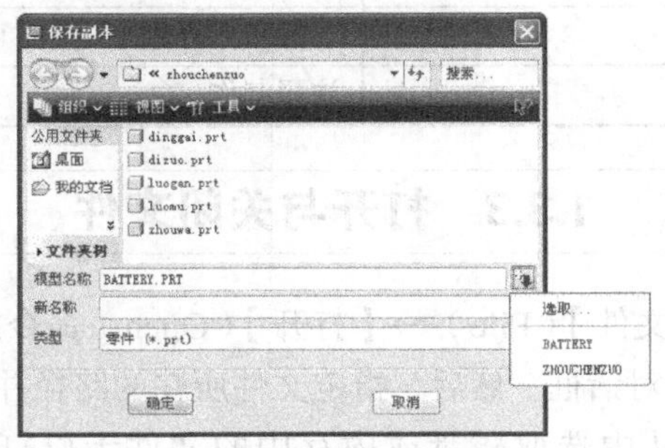

图 1-25 “保存副本”对话框

执行【保存副本】命令时，通过更改文件副本的类型可实现 Pro/E 系统与其他软件系统之间的数据交换。Pro/E 系统所能输入和输出的 CAD 数据格式很多，有 IGES、SET、VDA、STEP、STL 等，同时能输出的图像格式有 TIFF、JPEG、EPS、Shaded Image 等，具体格式如图 1-26 所示。

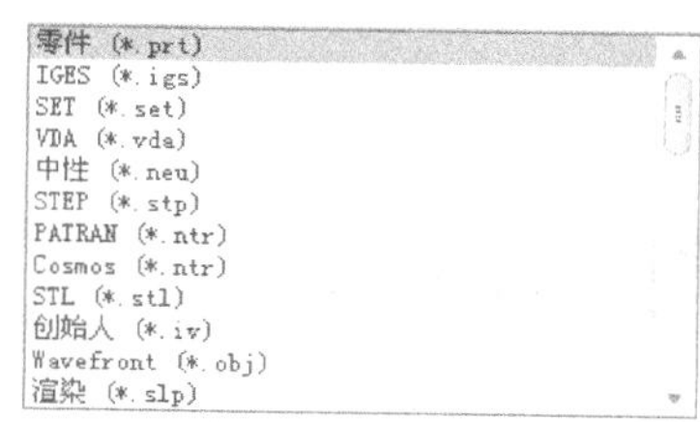

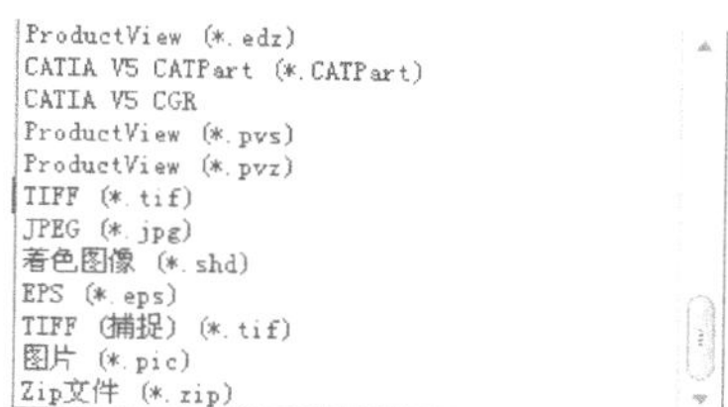

图 1-26　Pro/E 允许的数据转换格式

【备份】(Backup)命令主要用于将当前窗口文件保存到其他的磁盘目录，而文件名是不能更改的，并且在执行时内存及活动窗口并不加载此备份文件。当备份组件时，与之相关的所有零件文件都将一起备份。

1.3.5　文件的重命名

【重命名】(Rename)命令用于在 Pro/E 系统中为一个文件更名。选择该命令后会显示如图 1-27 所示的“重命名”对话框，其中有如下两个单选钮。

(1)在磁盘上和会话中重命名(Rename on disk and in session)：表示对磁盘及会话进程中的文件一并执行更名，并且该文件在当前工作目录中的所有版本都将随之更改。

(2)在会话中重命名(Rename in session)：表示仅对会话进程中的文件进行更名。

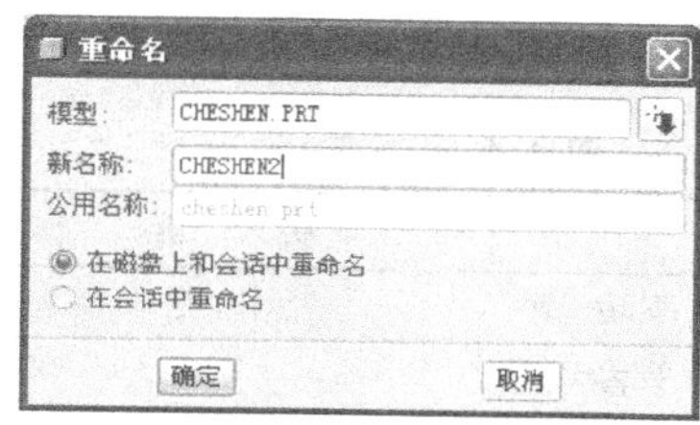

图 1-27　“重命名”对话框

1.3.6　文件的拭除与删除

【拭除】(Erase)命令用于清除驻留在会话进程中的 Pro/E 模型文件，但不删除磁盘上的文件。如果该文件正被其他模型文件调用，则无法将其清除。执行时，其下有两个子选项，如图 1-28 所示。

(1)【当前】(Current)：将当前活动窗口的文件从会话进程(内存)中予以清除。

(2)【不显示】(Not Displayed)：将驻留在会话进程(内存)中而不在窗口中的所有文件从会话进程中予以清除。

【删除】(Delete)命令用于从磁盘上永久删除指定的 Pro/E 模型文件。执行时，其下也有两个子选项，如图 1-29 所示。

图 1-28　拭除文件　　图 1-29　删除文件

(1)【旧版本】(Old Versions)：将指定文件对象中除最新版本外的所有旧版本删除。

(2)【所有版本】(All Versions)：将指定文件对象的所有版本全部删除。

1.4 视图显示控制

在设计过程中，为了能够更清晰地观察模型的结构，表现产品的真实性，经常使用如图 1-30 所示的视图（View）菜单命令来调整视图的显示，或给模型加上各种颜色与材质，对模型及系统的显示进行预先设置等。

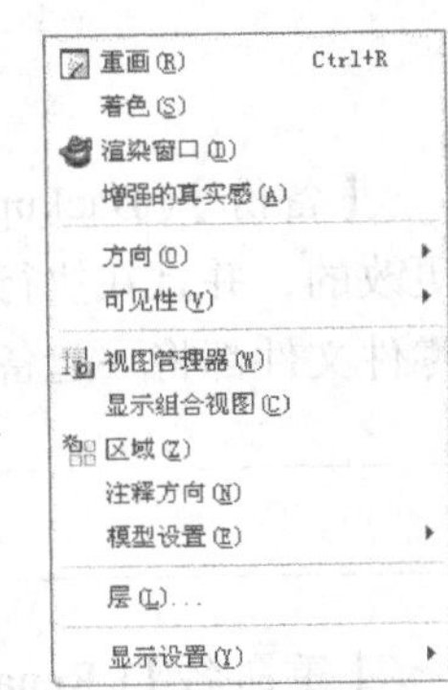

图 1-30 视图菜单

1.4.1 鼠标与键盘的操作

在 Pro/E Wildfire 5.0 中，将鼠标的 3 个功能键与键盘的 Shift 键、Ctrl 键配合，可实现模型视图显示的快速调整，如旋转、平移及缩放，具体操作方法见表 1-4。

表 1-4 Pro/E 的鼠标操作方法及功能

功　能	操 作 方 法
旋转	按住鼠标中键+移动鼠标
平移	按住鼠标中键+Shift 键+移动鼠标
缩放	按住鼠标中键+Ctrl 键+垂直移动鼠标
翻转	按住鼠标中键+Ctrl 键+水平移动鼠标
缩放（倍率 1）	转动鼠标中键滚轮
缩放（倍率 0.5）	按住 Shift 键+转动鼠标中键滚轮
缩放（倍率 2）	按住 Ctrl 键+转动鼠标中键滚轮

1.4.2 视图定向

视图定向是指根据工作需要改变模型现有的方向，设定视图至需要显示的状态，包括模型的视角方位与缩放比例。选择【视图】(View)→【方向】(Orientation) 命令后，系统将显示如图 1-31 所示的子菜单，其中包括【标准方向】(Standard Orientation)、【上一个】(Previous)、【重新调整】(Refit)、【重定向】(Reorient)、【定向模式】(Orient Mode) 等命令。下面分别予以介绍。

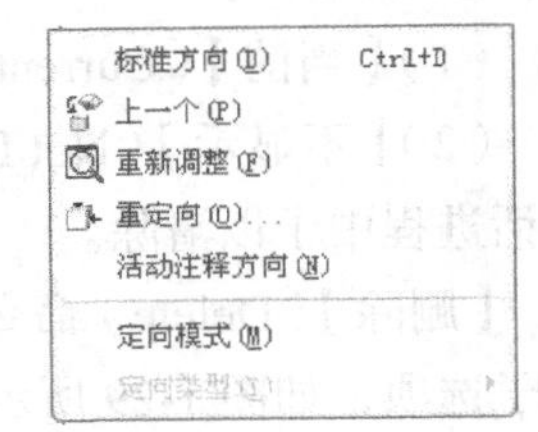

图 1-31 视图定向的命令选项

1. 标准方向

【标准方向】命令用于以缺省方向显示当前模型，如等轴测图或斜轴测图。该命令的功能也可通过 Ctrl+D 组合键来实现。系统提供的缺省方向有 3 种，分别为等轴测（Isometric）、斜轴测（Trimetric）与用户自定义（User Defined）方位，如图 1-32 所示。若要更改系统的默认方向，可选择【工具】(Tools)→【环境】(Environment) 命令，在显示的对话框中重新设定标准方向（Standard Orientation）。

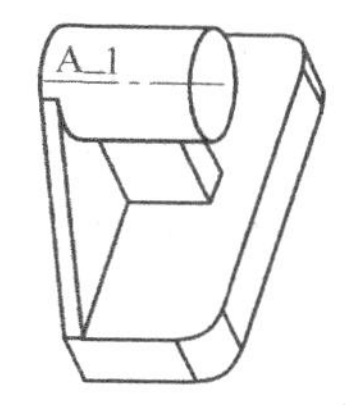
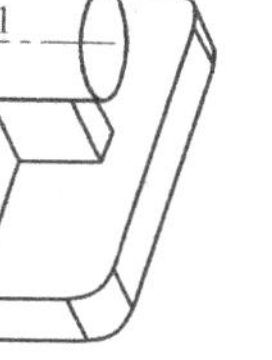

（a）等轴测（Isometric）

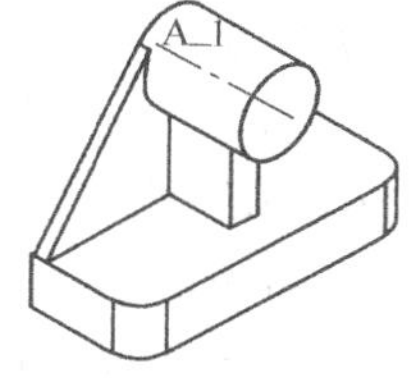

（b）斜轴测（Trimetric）

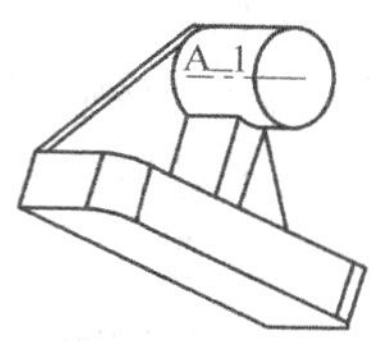

（c）用户自定义（User Defined）

图 1-32　3 种默认类型的标准方向

2. 上一个

【上一个】命令用于将当前模型返回至先前的视角方位进行显示。该命令的功能与按钮相同。

3. 重新调整

【重新调整】命令用于重新调整模型显示状态，使其与屏幕相适应，即将整个模型调整至最适当的显示状态，以便能够查看整个模型。该命令的功能与按钮相同。

4. 重定向

【重定向】命令用于改变模型的缺省方向或创建新的定向。此时，系统将显示“方向”（Orientation）对话框，其中提供了 3 种定向类型，分别是按参照定向（Orient by Reference）、动态定向（Dynamic Orient）和首选项（Preferences）。该命令的功能与按钮相同。

（1）按参照定向：指定两个参照方位来实现模型定向，其设定内容如图 1-33 所示。模型定向后，可利用“已保存的视图”（Saved Views）列表框将当前的视图方向予以保存，以供后续调用。

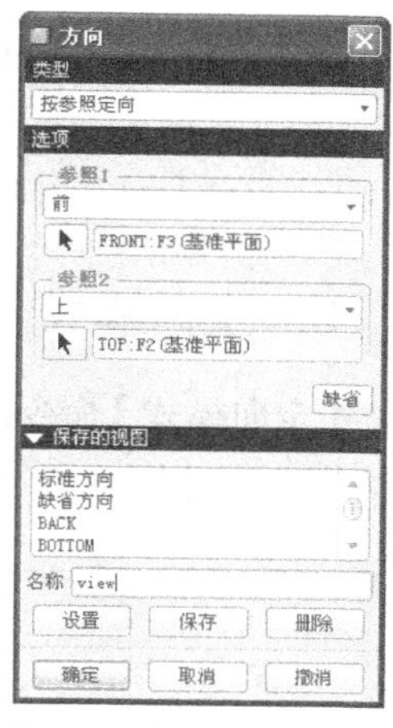

图 1-33　参照定向的设定

执行参照定向时，系统提供了多种方位供用户选择，如图 1-34 所示。如选定的方位为前（Front）、后面（Back）、上（Top）、下（Bottom）、左（Left）或右（Right）中某一种，则定向时可供选择的参照仅限于基准面、模型表面或坐标系，而且必须定义两个参照方位；如选定的方位为垂直轴（Vertical Axis）或水平轴（Horizontal Axis），则必须选取当前模型的某中心轴作为参考，系统将使指定轴线更改至垂直或水平方位显示，如图 1-35 所示。

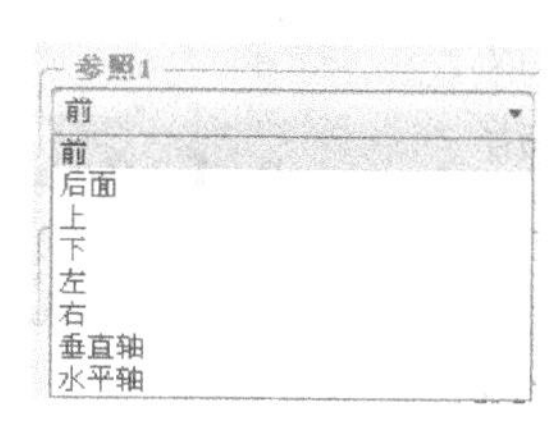

图 1-34　参照定向的方位设定

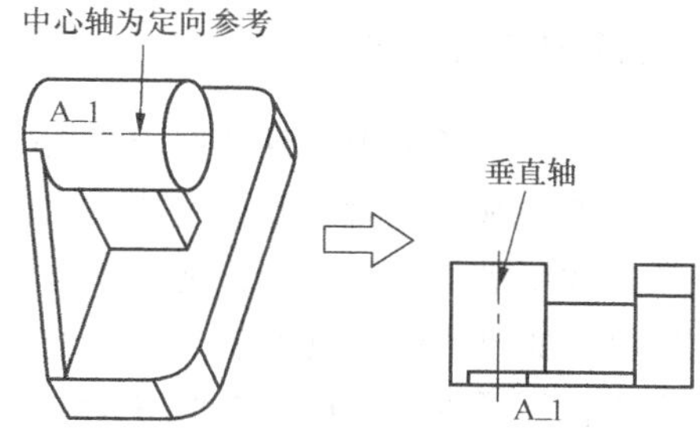

图 1-35　中心轴的参照定向

（2）动态定向：动态定向时其设定的内容如图1-36所示，可移动数值调整滑块或输入数值来改变模型显示方位及其缩放比例。其中，“平移”（Pan）栏用于沿水平和垂直方向移动当前模型；“缩放”（Zoom）栏用于对当前模型进行显示缩放；“旋转”（Spin）栏用于旋转当前模型，且可相对（旋转中心）或（屏幕中心）的指定轴向进行旋转。

（3）首选项：选用“首选项”（Preferences）时，可为3D 模型重新定义旋转中心（Spin Center）或更改模型的默认方向（Default Orientation），如图1-37所示。

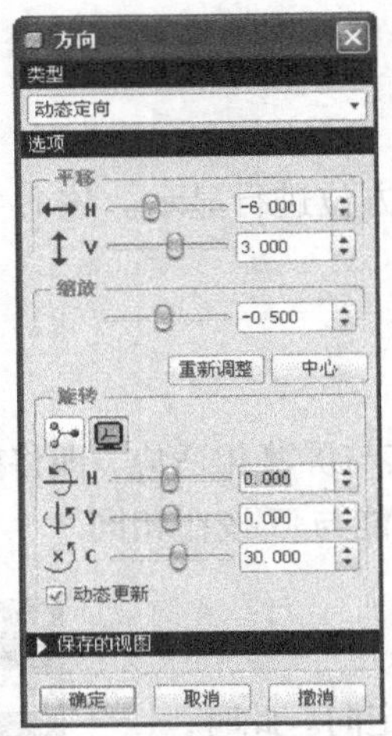

图1-36　动态定向的设定

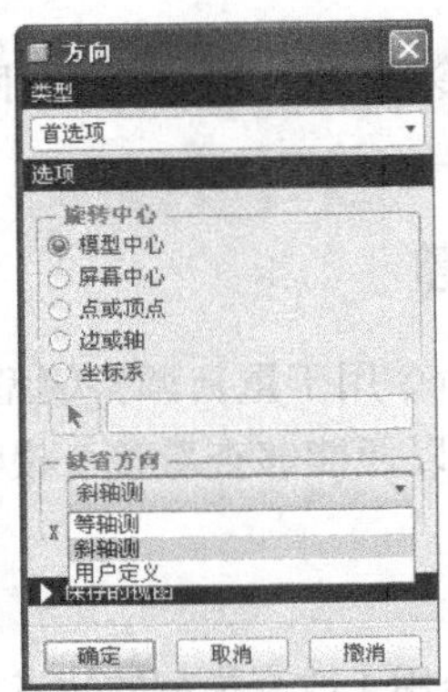

图1-37　首选项的设定

5. 定向模式

【定向模式】命令用于激活定向模式，以鼠标中键来调整模型的视图显示状态。该命令的功能与按钮相同。

1.4.3　模型颜色和外观

系统提供外观编辑以便用户能够调配出适当的颜色，使模型着色达到最好的视觉效果。单击工具条中下拉按钮，显示如图1-38所示的“外观编辑”对话框。利用该对话框可以选择、新增或修改各种颜色与材质，并着色到指定的模型对象。

1. 外观颜色的设定

在“外观编辑”对话框中，系统调配好的颜色都会在调色板中显示。设定模型外观颜色时，要求先选取欲设定的颜色，再指定对象类型并选取所需的模型对象，之后单击鼠标中键将指定的颜色着色到模型，如要取消着色则单击“清除外观”按钮。这里允许指定的对象类型包括零件（Part）、曲面（Surfaces）、所有曲面（All Surfaces）、面组（Quilts）、基准曲线（Datum Curves）和所有对象（All Objects）。

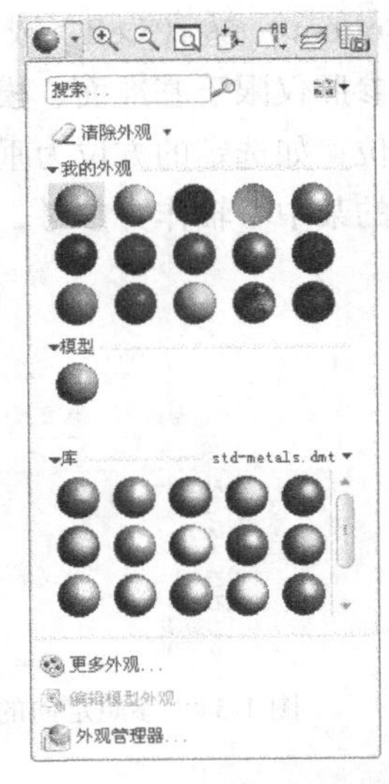

图1-38　“外观编辑”对话框

如果单击更多外观...，可以重新调配颜色或者通过拖移滑块调整颜色的深浅、明暗、亮度等属性，如图 1-39 所示。在“属性”栏中，有“颜色”（Color）和“加亮”（Highlight）两类设定。单击颜色设定栏内的按钮，将弹出“颜色编辑器”（Color Editor）窗口以便进行颜色调配。

颜色设定中有强度（Intensity）和环境（Ambient）两个选项。其中，“强度”表示表面反射光线的效果，该值越小显示的颜色越暗；反之，则比较明亮。而“环境”表示模型四周灯光照射的亮度效果，该值越小显示的灯光越暗。

加亮设定中有发光（Shine）和强度（Highlight）等 4 个选项。其中，“发光”表示模型表面的光泽性，该值越小越暗淡，像塑料制品表面；反之，则越有光泽，像金属制品的表面。“强度”表示表面反射光线的强度，强度值越小，显示的亮度越暗淡；反之，越明亮。

2. 颜色编辑器

在“外观编辑器”对话框的属性栏内单击按钮，将弹出“颜色编辑器”（Color Editor）窗口，如图 1-40 所示。其中提供了 3 种颜色调配方法，分别是颜色轮盘（Color Wheel）、混合调色板（Blending Palette）和 RGB/HSV 滑块（RGB/HSV Slider），系统默认选择“RGB/HSV 滑块”方式。

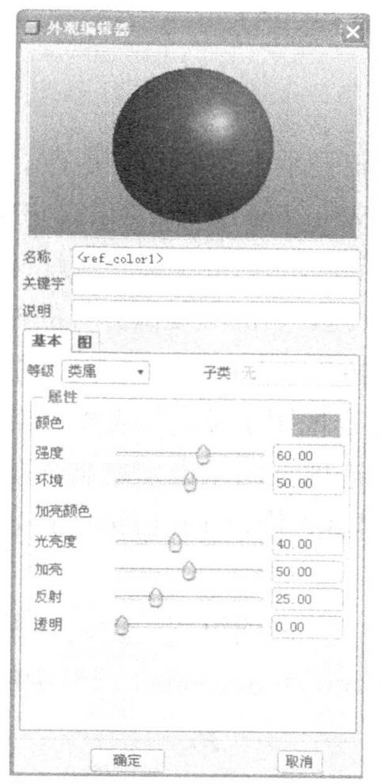

图 1-39　颜色属性的设定

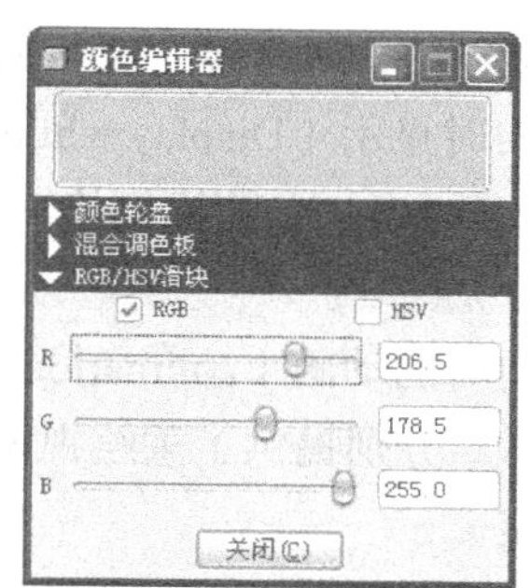

图 1-40　“颜色编辑器”窗口

采用 RGB/HSV 滑块调色时，其包含 RGB 与 HSV 两种色系模式，RGB 模式由红色（Red）、绿色（Green）和蓝色（Blue）3 种颜色组成，而 HSV 模式由色调（Hue）、彩度（Saturation）和亮度（Brightness）3 种要素构成。调配颜色时，可直接拖动数值调整滑块或输入数值改变各选项的色阶值，颜色调配适当后单击关闭(C)按钮即可。在 RGB 模式中，各颜色的色阶值范围仅限于 0 ~ 255，色阶值分配不同，所得到的颜色也不同。下面列举一些典型颜色的 RGB 配色值，供大家参考：红色（255，0，0），黄色（255，255，0），白色（0，0，0），绿色（0，255，0），青色（0，255，255），蓝色（0，0，255），紫色（255，0，255）和黑色（0，0，0）。

采用颜色轮盘或混合调色板调色时，需单击“颜色编辑器”窗口中对应的▼颜色轮盘或▼混合调色板以展开其对话框，如图 1-41 所示。采用颜色轮盘调色时，直接从颜色轮盘上单击所要的颜色即可，此时 RGB/HSV 的色阶值大小也会随着改变。而采用混合调色板调配颜色时，必须与颜色轮盘配合使用。执行时，先单击混合调色板的任一角落，再从颜色轮盘中选取所要的颜色，如此依次设定混合调色板 4 个角落的颜色，此时下方矩形区域的颜色即为 4 个角落颜色的混合结果，然后从该区域中选取适当的颜色即可。

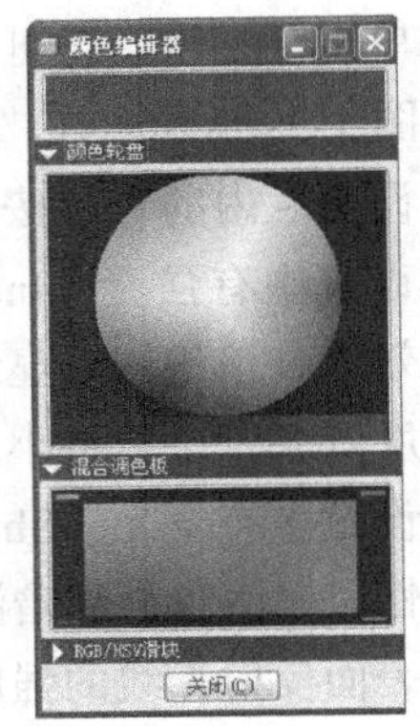

图 1-41　用颜色轮盘和混合调色板调色

1.4.4　模型显示

选择【视图】(View)→【显示设置】(Display Setting)→【模型显示】(Model Display)命令，显示如图 1-42 所示的“模型显示”(Model Display)对话框。该对话框提供了 3 个选项卡，分别是一般(General)、边/线(Edge/Line)和着色(Shade)。

1. 一般选项卡

该选项卡用于控制模型的显示样式、基本显示、旋转显示与视图动态更改。

(1)显示样式(Display Style)。系统提供了线框(Wire Frame)、隐藏线(Hidden Line)、无隐藏线(No Hidden Line)和着色(Shade)4 种显示样式，其与按钮的功能等同。

(2)显示(Display)。该选项组用于设定颜色、尺寸公差、内部电缆部分等的显示。其中，“颜色”(Color)复选框用于设定是否显示系统的外观和颜色编辑功能，若不勾选则不能执行模型外观和颜色的编辑设定；“尺寸公差”(Dimension Tolerance)复选框用于设定是否显示模型的尺寸公差。

(3)重定向时显示(Display while Reorienting)。该选项组用于设定旋转实体模型时，是否显示基准特征(Datums)、曲面网格(Surface Mesh)、侧面影像边(Silhouette Edges)或旋转中心(Spin Center)。

(4)重定向时的动画(Animation while Reorienting)。该选项组用于设定视图重定向时视图显示的动态更改，分别提供了重绘视图时最大秒数(Maximum Seconds)与最少帧数(Minimum Frames)的设定。

2. 边/线选项卡

该选项卡用于设定模型边界线的显示状态，包括模型的边质量(Edge Quality)、相切边(Tangent Edges)、电缆显示(Cable Display)等，如图 1-43 所示。

其中，“边质量”下拉列表框用于设定模型边界的线框与隐藏线的显示质量，有中(Medium)、低(Low)、高(High)和很高(Very High)4 种。该设定会影响绘图仪的绘图速率、文件存储大小及打印效率等。而“相切边”下拉列表框用于设定模型相切边的显示形式，有实线(Solid)、不显示(No Display)、双点画线(Chain line)、中心线(Center line)和灰色(Dimmed)5 种形式，系统内定为实线显示。

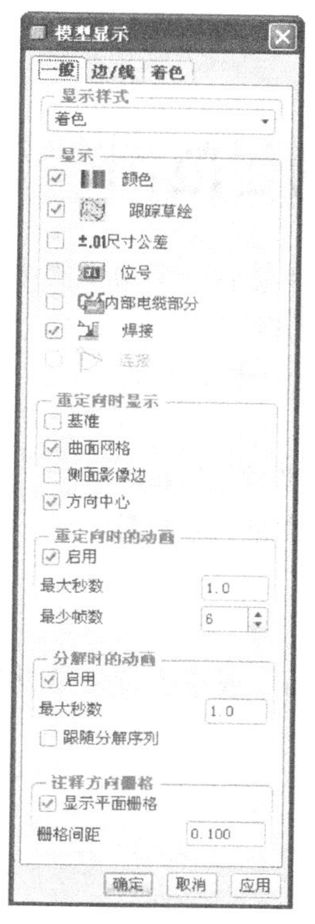

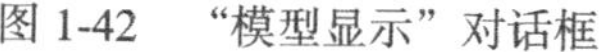
图 1-42 "模型显示"对话框

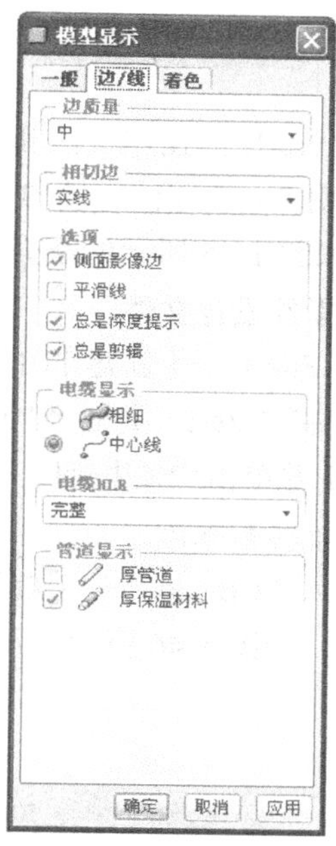

图 1-43 边/线选项卡

3. 着色选项卡

该选项卡用于设定着色的质量与着色的参数，其着色的质量介于 1 ~ 10。该值越大质量越好，但系统运算的时间将更长，文件存储的容量也将更大，系统默认值为 3。

1.4.5 基准显示

选择【视图】(View)→【显示设置】(Display Setting)→【基准显示】(Datum Display)命令，弹出"基准显示"(Datum Display)对话框，如图 1-44 所示。

该对话框用于控制基准平面(Plane)、基准轴(Axis)、基准点(Point)、基准坐标系(Coordinate Systems)、旋转中心(Spin Center)，以及各类基准特征标签(Tags)的单独显示。如勾选对应选项，表示在模型中显示该类特征或标签对象，反之不予显示。此类设定也可通过单击相应的按钮来实现，即 、 、 。

如要设定基准点的符号标记，可在"点符号"(Point Symbol)下拉列表中进行选择。系统提供了 5 种形式的点符号，分别是十字型(Cross)、点(Dot)、圆(Circle)、三角形(Triangle)和正方形(Square)。

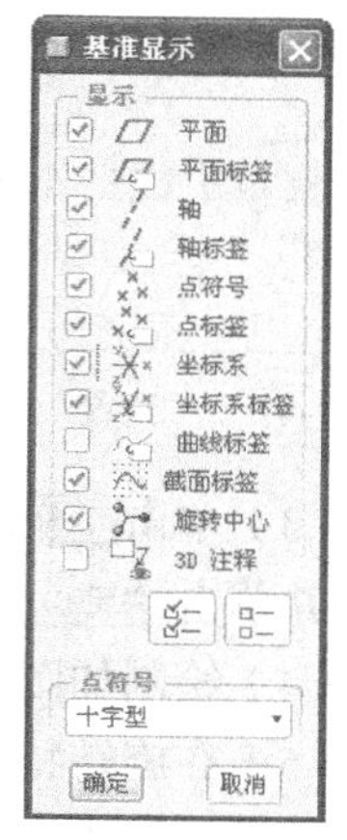

图 1-44 基准显示对话框

1.5 零件创建范例

为了使读者对 Pro/E 的使用方法和创建零件的一般步骤有一个初步的认识，这里首先以茶壶的创建实例来说明 Pro/E 零件建模的一般思路与基本流程。

例 1-1 建立如图 1-45 所示的茶壶，体会 Pro/E 系统的建模特性。

图 1-45 茶壶

步骤一 新建零件设计文件

选择【文件】(File)→【新建】(New) 命令，在“新建”(New) 对话框中选取“零件”(Part) 类型、“实体”(Solid) 子类型，然后输入文件名 sample1-1 并单击确定按钮。

步骤二 建立旋转基本体

(1) 选择【插入】(Insert)→【旋转】(Revolve) 命令或单击特征工具栏中的按钮，显示旋转特征操控板，如图 1-46 所示。

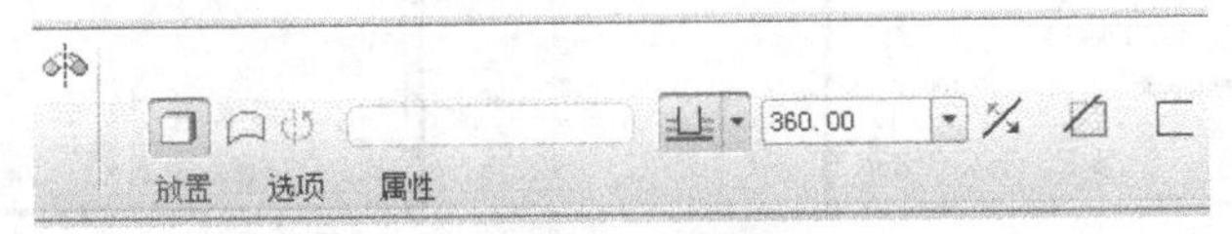

图 1-46 旋转特征操控板

(2) 打开“放置”(Placement) 下拉菜单，如图 1-47 所示，单击定义...按钮并在显示的“草绘”对话框中选取 FRONT 面为草绘平面，且默认草绘视图方向朝后，选取 RIGHT 面为参考平面并使其方向朝右，如图 1-48 所示。

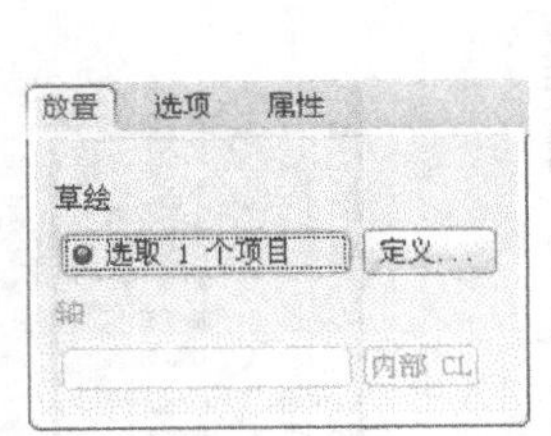

图 1-47 “放置”下拉菜单

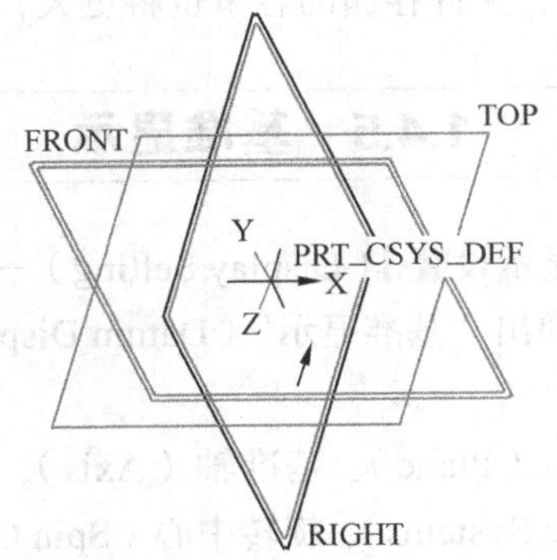

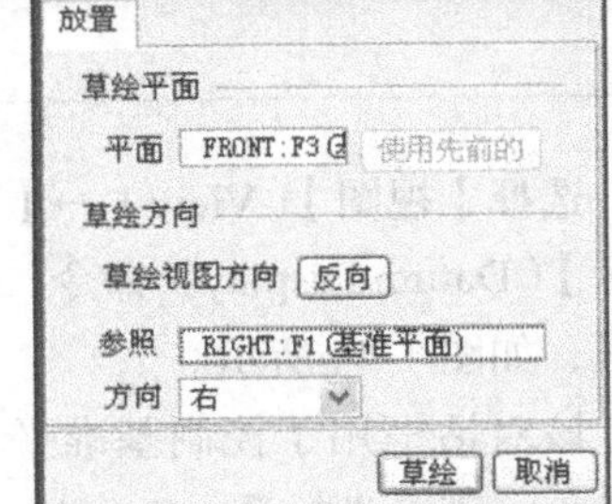

图 1-48 选取草绘平面与参考平面

(3) 单击草绘按钮进入草绘模式，然后选择【草绘】(Sketch)→【参照】(Reference) 命令，并单击关闭(C)按钮默认设定 RIGHT、TOP 面为草绘参照，如图 1-49 所示。

(4) 绘制如图 1-50 所示的特征截面，然后单击✓按钮退出草绘模式。

(5) 在旋转特征操控板中依次定义各项参数，如图 1-51 所示，然后单击✓按钮生成特征，模型效果如图 1-52 所示。

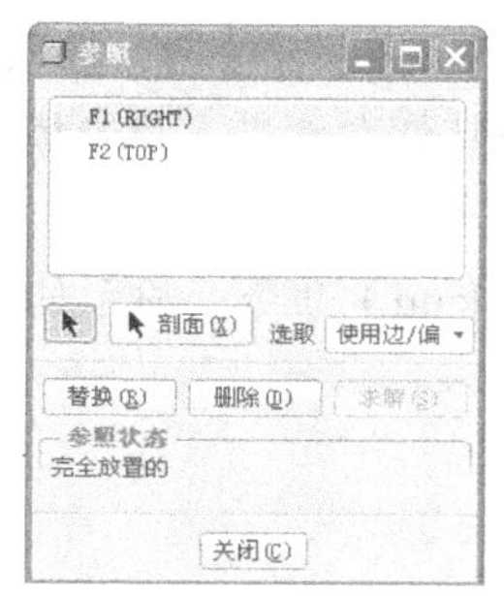

图 1-49　草绘参照的定义

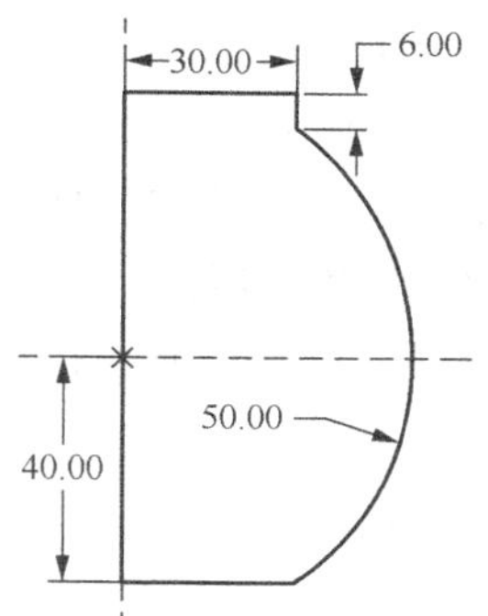

图 1-50　草绘旋转体的截面

图 1-51　定义旋转体特征的参数

图 1-52　旋转体外形

步骤三　制作茶壶把

（1）选择【插入】（Insert）→【扫描】（Sweep）→【伸出项】（Protrusion）命令，然后在显示的“扫描轨迹”（SWEEP TRAJ）菜单中选择【草绘轨迹】（Sketch Traj）命令。

（2）在“设置草绘平面”（SETUP SK PLN）菜单中选择【使用先前的】（Use Prev）命令，并单击【正向】（Okay）默认视角方向朝内。

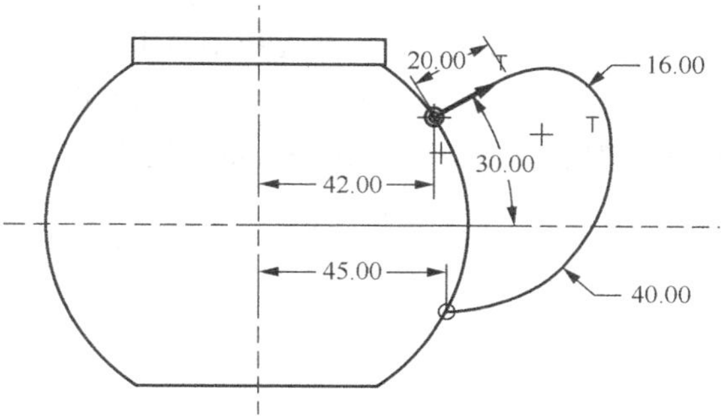

图 1-53　草绘扫描轨迹线

（3）进入草绘模式，增选圆弧右边线为草绘参照并绘制如图 1-53 所示的轨迹线，单击✓按钮结束草绘。

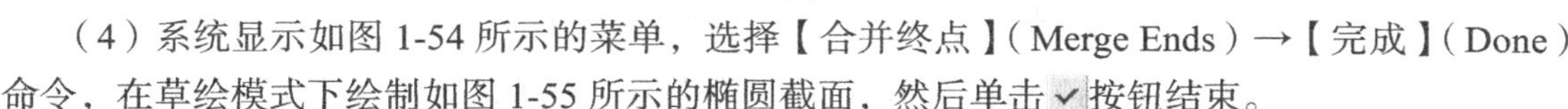

（4）系统显示如图 1-54 所示的菜单，选择【合并终点】（Merge Ends）→【完成】（Done）命令，在草绘模式下绘制如图 1-55 所示的椭圆截面，然后单击✓按钮结束。

（5）单击特征对话框中的 确定 按钮，生成如图 1-56 所示的扫描实体。

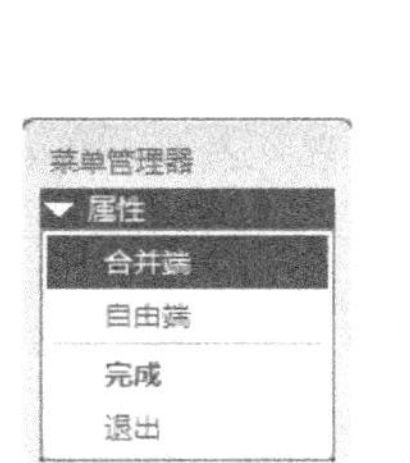

图 1-54　定义特征属性

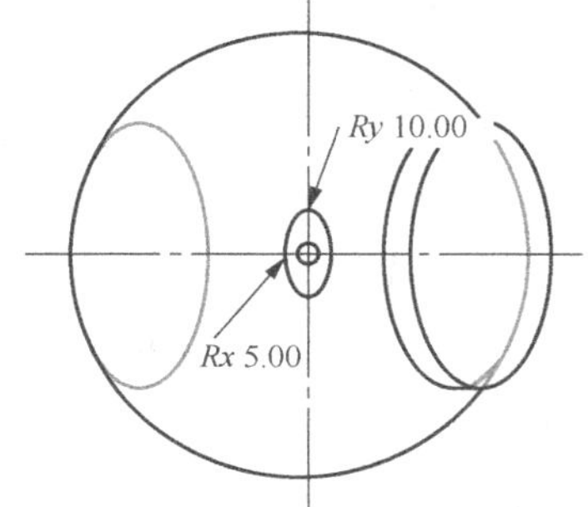

图 1-55　绘制椭圆截面

图 1-56　创建的茶壶把

步骤四　制作茶壶嘴

（1）草绘曲线作为茶壶嘴的扫描轨迹：单击特征工具栏中的按钮，选取 FRONT 面为草绘平面并默认视角朝内、选取 RIGHT 面为参考平面并使其朝右，进入草绘模式绘制如图 1-57 所示的截面，单击按钮结束。

（2）选择【插入】（Insert）→【扫描混合】（Swept Blend）命令，显示如图 1-58 所示的扫描混合特征操控板。

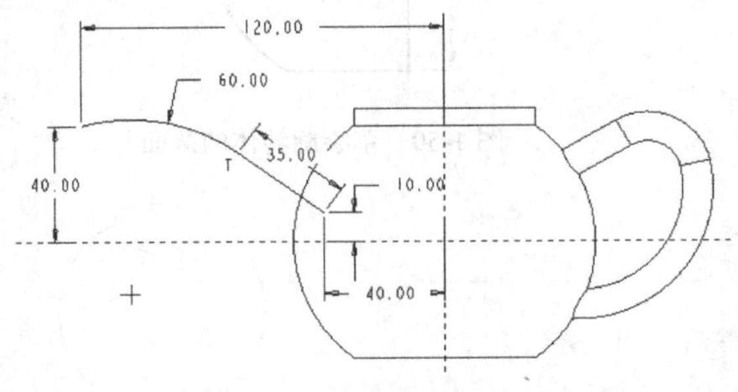

图 1-57　草绘扫描轨迹

图 1-58　扫描混合特征操控板

（3）打开“参照”（References）下拉菜单，选取草绘曲线为原点轨迹（注意轨迹的起点指向），并选用“垂直于轨迹”控制方式，如图 1-59 所示。

（4）在扫描混合特征操控板中单击按钮以绘制实体，然后打开“剖面”（Sections）下拉菜单，如图 1-60 所示。单击激活截面位置收集器并选取轨迹起点作为截面位置，默认 z 轴旋转角度为 0，然后单击草绘按钮进入草绘模式，绘制如图 1-61 所示的第 1 个截面并单击按钮结束。

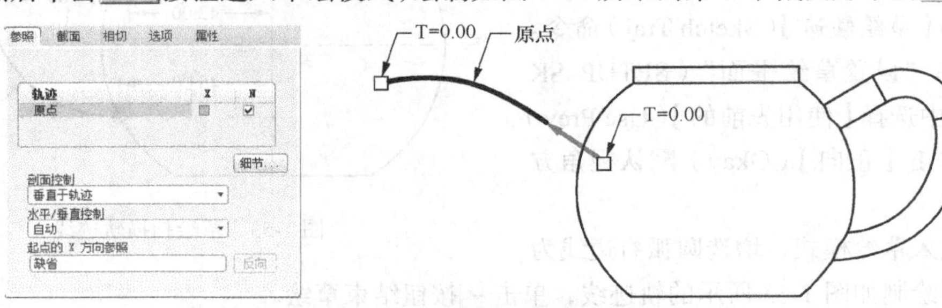

图 1-59　定义原点轨迹及剖面控制方式

（5）在“剖面”（Sections）下拉菜单中单击插入按钮，选取轨迹中直线段与圆弧段的相交点作为第 2 个截面的放置位置，默认 z 轴旋转角度为 0，之后单击草绘按钮进入草绘模式，绘制如图 1-62 所示的第 2 个截面并单击按钮结束。

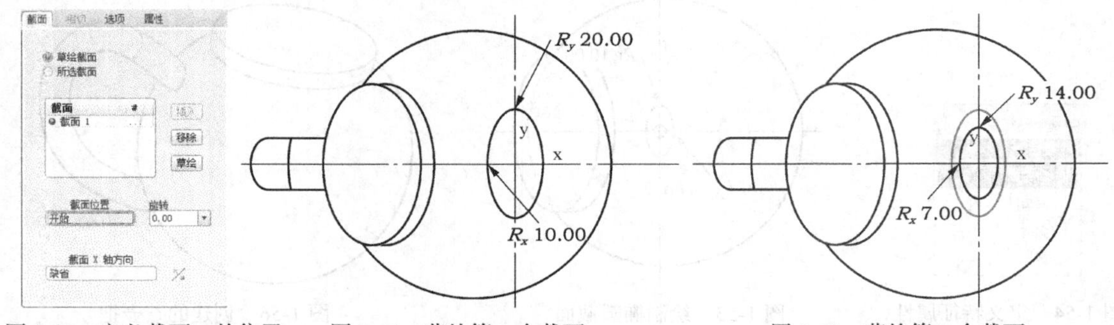

图 1-60　定义截面 1 的位置　　图 1-61　草绘第 1 个截面　　图 1-62　草绘第 2 个截面

（6）单击 插入 按钮并选取轨迹终点作为第 3 个截面的位置，默认 z 轴旋转角度为 0，如图 1-63 所示，之后单击 草绘 按钮绘制如图 1-64 所示的第 3 个截面并单击 ✓ 按钮结束。

（7）单击扫描混合特征操控板中的 ✓ 按钮，生成扫描混合实体，如图 1-65 所示。

步骤五　制作空心茶壶体

（1）选择【插入】（Insert）→【壳】（Shell）命令或者单击特征工具栏中的 回 按钮，显示壳特征操控板，如图 1-66 所示。

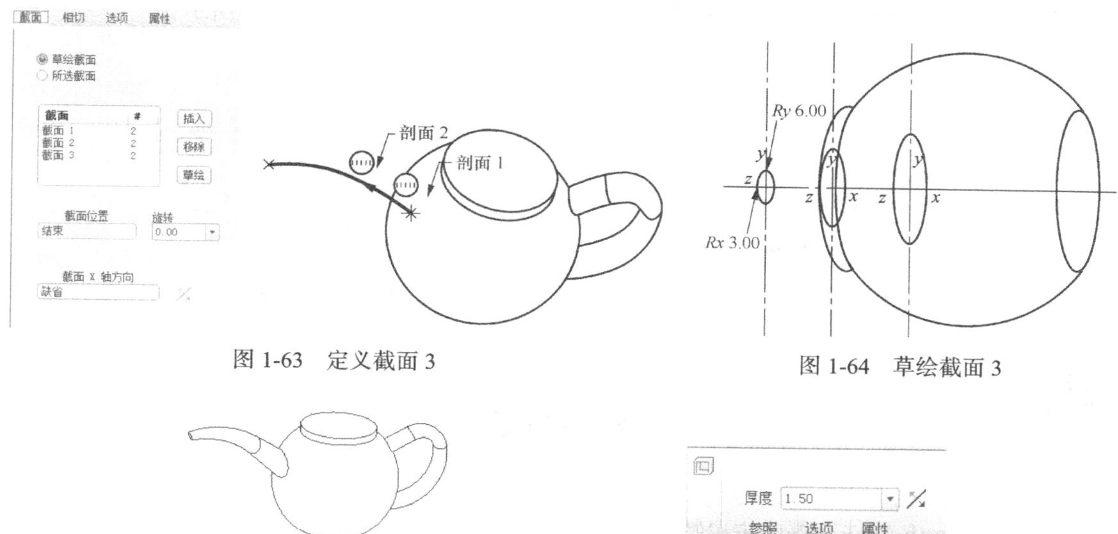

图 1-63　定义截面 3

图 1-64　草绘截面 3

图 1-65　创建的扫描混合特征

图 1-66　壳特征操控板

（2）按住 Ctrl 键选取茶壶顶面和壶嘴端面作为移除的曲面，打开“参照”（Reference）下拉菜单并单击激活“非默认厚度”收集器，然后按住 Ctrl 键选取茶壶体旋转面和底面并将其壳厚度设置为 3，如图 1-67 所示。

（3）在壳特征操控板中输入壳厚度为 1.5mm，然后单击 ✓ 按钮生成壳特征，如图 1-68 所示。

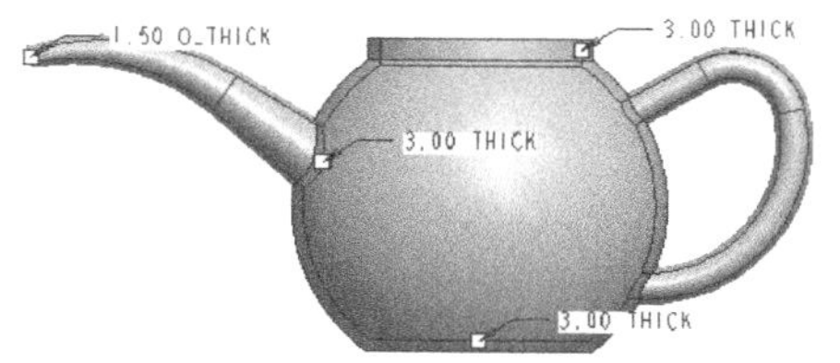

图 1-67　不等厚度的设置

图 1-68　生成的模型效果

步骤六　倒圆角

（1）选择【插入】（Insert）→【倒圆角】（Round）命令或者单击特征工具栏中的 按钮，然后按住 Ctrl 键选取茶壶把与壶体的两条交线作为第 1 组圆角，半径为 5mm；选取茶壶嘴与壶体的交线作为第 2 组圆角，半径为 10mm，之后单击 ✓ 按钮生成倒圆角特征，如图 1-69 所示。

（2）采用同样的方法，按住 Ctrl 键选取壶体底面的内外两个圆作为第 1 组圆角，半径为 10mm；选取壶体外表面上壶颈的圆曲线作为第 2 组圆角，半径为 5mm，然后单击 ✓ 按钮生成倒圆角特征，如图 1-70 所示。

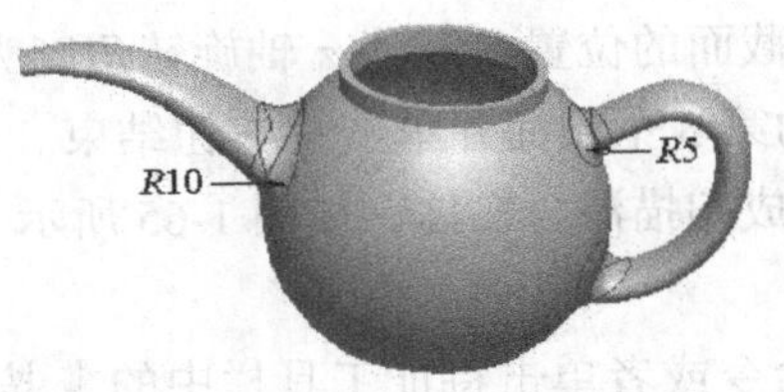

图 1-69 交线处倒圆角

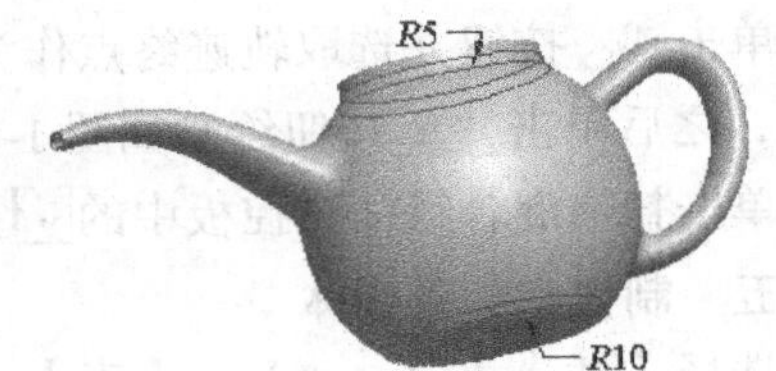

图 1-70 壶体倒圆角

还可以根据需要制作与茶壶体相配的壶盖，其效果如图 1-71 和图 1-72 所示。

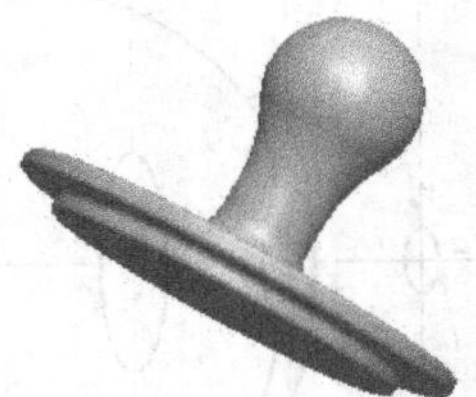
图 1-71 茶壶盖

图 1-72 茶壶的装配体

练习题

1．试述 Pro/E 软件有哪些主要特性。

2．Pro/E Wildfire 5.0 的用户界面由哪几部分组成？

3．新建 Pro/ENGINEER 文件时有哪几种文件类型？不同类型的文件对应的扩展名有什么不同？

4．在 Pro/E 系统中保存文件可采用哪几种方法？各种方法之间有何区别？

5．试述 Pro/E 系统中拭除（Erase）和删除（Delete）命令的功能区别。

第2章 二维草图绘制

草绘是指绘制特征所需的2D截面。在Pro/E系统中，三维造型时往往需要绘制二维草图，它是三维建模的基础。只有掌握二维草图的绘制，在三维实体造型中才能得心应手，甚至可以达到事半功倍的效果。而且，Pro/E 系统的“参数化设计”特性也往往是由截面中指定的若干参数来体现的。因此，草绘是建立零件模型时一个最基础也是最关键的设计步骤。

通常，草绘是在三维建模中切换进入草绘模式来完成的。也可以单独新建草绘文件并保存，然后在三维建模时直接调用，即选择【草绘】(Sketch)→【数据来自文件】(Data from File)→【文件系统】(File System)命令将保存的草绘截面放置于当前的草绘平面。

2.1 草绘概述

2D特征截面一般包含三大要素，即2D几何图形、尺寸标注和约束。其中，尺寸标注既不能少也不能多，而约束的存在可以减少尺寸标注的数量。由于Pro/E系统具有参数化设计特性，所以草绘时只需绘出 2D 几何图形的大致形状，通过标注合适的尺寸并修改至正确尺寸值，之后系统会依照尺寸值自动修正几何图形的形状与大小，使其符合设计要求。

2.1.1 草绘模式

选择【文件】(File)→【新建】(New)命令或单击□按钮，然后在“新建”对话框中选择“草绘”类型并输入文件名，即可进入草绘模式。此时，呈现的工作界面与零件模式下的工作界面有所不同，如图2-1所示。

(1)图标工具栏有4个草绘专用按钮和3个草绘器诊断工具按钮。

4个草绘专用按钮分别用来控制草绘环境下各种对象的显示或隐藏，具体功能见表2-1。如果是在创建三维模型特征过程中切换至草绘模式，图标工具栏中还将显示按钮，用于调整草绘视图至正视状态，即草绘平面与屏幕平行。

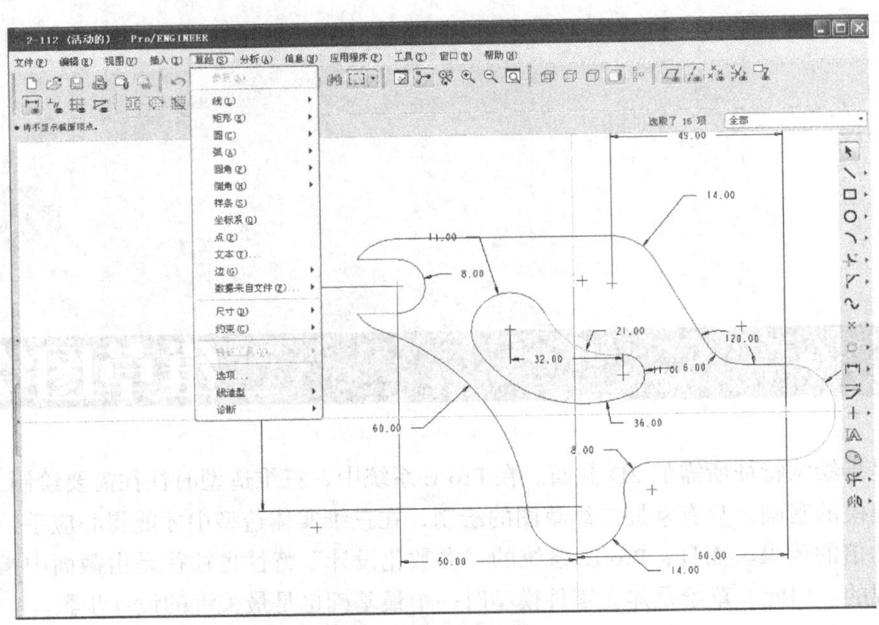

图 2-1 草绘工作界面

表 2-1 草绘专用按钮及其功能说明

按 钮 名 称	功 能 说 明	按 钮 名 称	功 能 说 明
尺寸显示	切换尺寸的显示（开/关）	栅格显示	切换栅格的显示（开/关）
约束显示	切换约束的显示（开/关）	端点显示	切换截面图元端点的显示（开/关）

3 个草绘器诊断按钮的作用主要是检测草绘界面的完整性等，以便快速地了解和检测草绘时存在的错误，具体功能见表 2-2。其中，单击按钮后，草绘图元中的封闭链内部将会着色，如图 2-2 所示；如果截面中存在开放端点，单击按钮后开放端点将会加亮显示，如图 2-3 所示。

表 2-2 草绘器诊断按钮及其功能说明

按 钮 名 称	功 能 说 明
着色封闭环	对草绘图元中的封闭链内部着色
加亮开放端点	加亮不为多个图元共有的草绘图元端点（即开放点）
重叠几何	加亮截面中重叠几何图元的显示

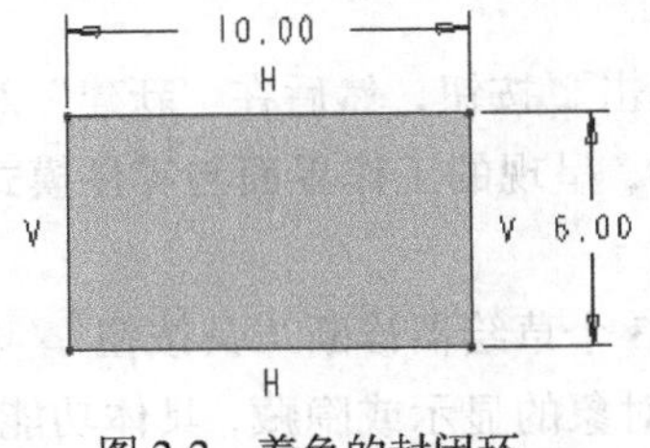

图 2-2 着色的封闭环

图 2-3 加亮开放端点

（2）菜单栏新增【草绘】(sketch) 菜单

进入 2D 草绘模式，系统会自动启动“目的管理器”（也称意向管理器）。目的管理器在功能上可称为智能型草绘引导模式，它能对设计进行意向假设或捕捉，即利用草绘菜单命令建立草绘图形时会实时显示各种可利用的约束条件，并自动标注完整的尺寸，从而提高 2D 草绘的效率。

（3）在主窗口的右侧新增了一条草绘器工具栏

如图 2-4 所示，草绘器工具栏默认在窗口右侧，提供了大部分的截面绘制工具按钮，将鼠标指针停留在各按钮上少许即会显示其功能说明。在草绘器工具栏中，功能相似的按钮组成一组，单击 按钮可将其展开。

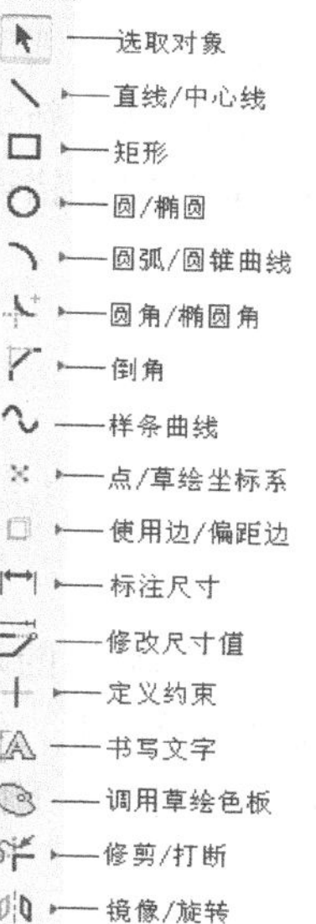

图 2-4　草绘器工具栏

2.1.2　实用技巧

1. 鼠标的运用

为了使操作更便利，在 Pro/E 系统中最好使用三键滚轮鼠标，其中滚轮兼具鼠标中键的功能。一般而言，鼠标左键的使用率是最高的，主要用于选取对象、绘制几何图形等；鼠标中键用于确认、结束或取消几何图形绘制命令，并能切换至选取模式（ ）；鼠标右键主要用于切换选取对象或弹出快捷菜单。

2. 图元的选取

在草绘模式中选取图元对象时，要先单击草绘器工具栏中的 按钮以进入选取模式，然后在绘图区以鼠标左键点选图元对象，并进行移动、删除、拉伸等操作。执行删除时，可在选取对象后直接按键盘上的 Del 键或通过鼠标右键快捷菜单中的【删除】(Delete）命令来实现。

如果一次要选取多个对象，可用鼠标左键框选或同时按住 Ctrl 键依次点选。如果某选取位置上有多个重叠的几何对象，可单击鼠标右键在各个预选对象间进行切换，如图 2-5 所示。

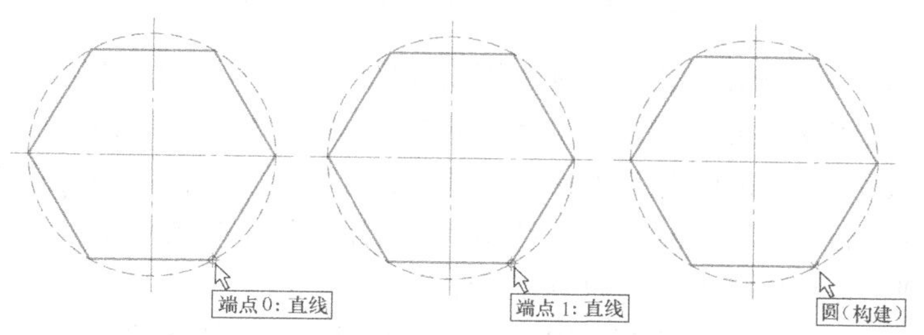

图 2-5　单击鼠标右键切换预选对象

3. 草绘的一般步骤与技巧

进入草绘模式绘制二维截面时，往往要遵循以下 3 个步骤（俗称“三部曲”）。

（1）形状到位：利用草绘命令或草绘器工具按钮绘制出截面的大致形状，并对几何图形进行必要的编辑，使几何形状符合设计的要求。

（2）尺寸与约束到位：依据设计要求指定图形中各几何图元的限制条件，包括标注尺寸和添加约束。

（3）尺寸值到位：利用 按钮或【修改】(Modify）命令，将截面图形中所有尺寸修改至设计值并重新生成。修改尺寸值时，一般应采用延迟修改方式，即将所有尺寸的数值修改完成后一并执行重新生成，而不是一个个地执行重新生成运算。

在 Pro/E 系统中草绘二维截面时，设计者应尽量使各单独生成的截面简洁易做。如果截面形状很复杂，则不要企图一次将其建立好，最好是将其分解为多个独立且简单的部分，先绘制好一部分并重新生成，成功后再逐步往下做。这样既能减少草绘时的相互牵扯，又能较容易地发现草绘时的错误。

2.2 绘制基础几何图形

绘制截面的几何形状是草绘的第一步，任何复杂的截面图形都是由若干个几何图元构成的。在草绘模式下，可选择【草绘】(Sketch）菜单命令或单击草绘器工具栏中的按钮绘制所需的截面几何图形。下面对各个图元绘制命令逐一进行介绍。

2.2.1 直线

由【草绘】(Sketch）→【线】(Line）命令或草绘器工具栏可知，在草绘模式中有 4 种绘制直线的方式，即线、直线相切、中心线和中心线相切，如图 2-6 所示。

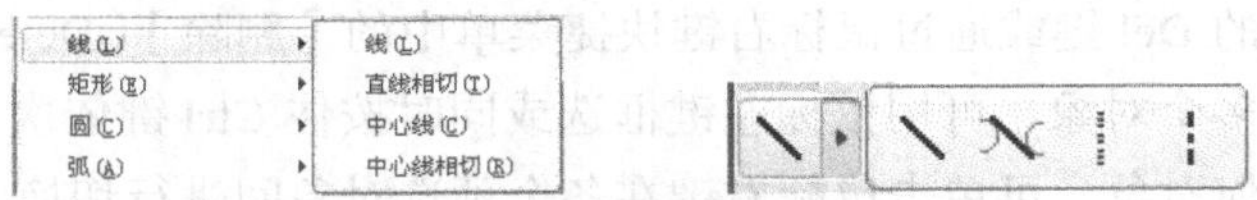

图 2-6　绘制直线的 4 种命令及工具按钮

【线】(Line）用于绘制构建特征实体的几何线。执行时系统默认以两点方式画线，即选择【线】(Line）命令或单击按钮，依次用鼠标左键给定直线的起点和终点，之后单击鼠标中键结束。

【直线相切】(Line Tangent）用于在两个圆或圆弧之间建立一条相切的直线。执行时，选择【直线相切】(Line Tangent）命令或单击按钮，然后用鼠标左键依次在两个圆或圆弧的相切点处拾取，即可得到一条相切的直线，如图 2-7 所示。

【中心线】(Centerline）用于绘制无限长且不具有形成实体特性的线，常用于辅助绘图，如几何图元的对称轴线、旋转特征的轴线或几何图形的镜像线等。

【中心线相切】(Centerline Tangent）用于绘制与两个圆或圆弧相切的中心线，如图 2-8 所示，其操作方法与【直线相切】命令相同。在系统默认模式下，草绘器工具栏没有按钮，但是可以通过【工具】(Tools）→【定制屏幕】(Customize Screen）命令添加该按钮。

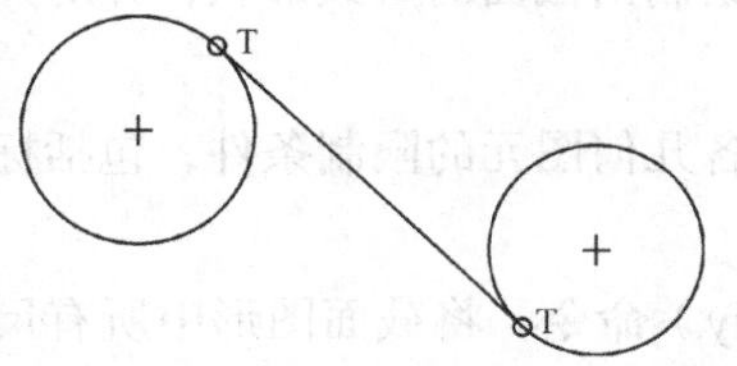

图 2-7　直线相切

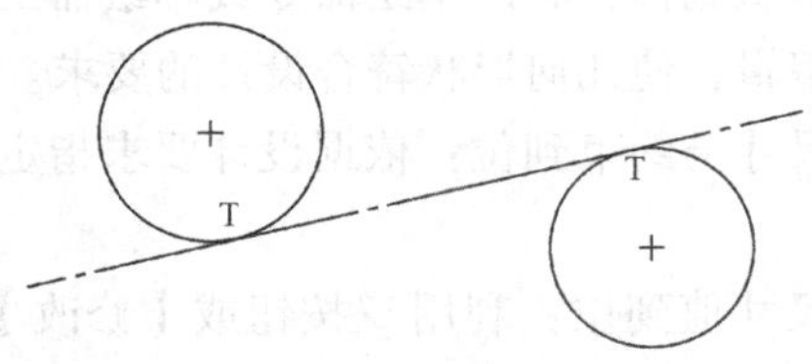

图 2-8　中心线相切

2.2.2 矩形

由【草绘】(Sketch)→【矩形】(Rectangle)命令或草绘器工具栏可知，在草绘模式中有3种绘制直线的方式，即矩形、斜矩形、平行四边形，如图2-9所示。

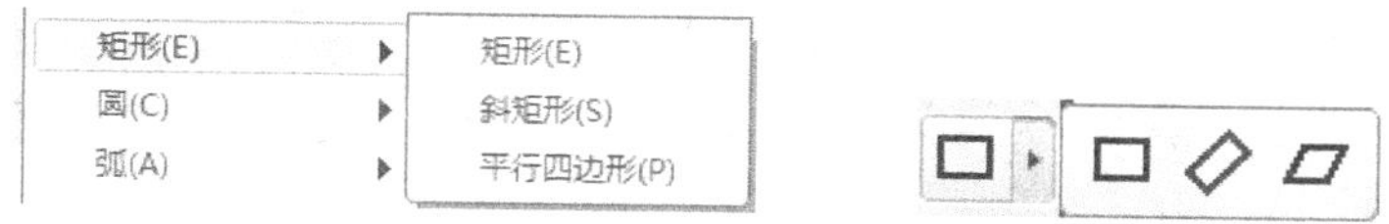

图2-9 绘制矩形的3种命令及工具按钮

选择【草绘】(Sketch)→【矩形】(Rectangle)命令或单击草绘器工具栏中的按钮，可以绘制所需的矩形。执行时，依次用鼠标左键给出两个对角顶点即可，此时两对角顶点的相异位置决定了矩形的长度、宽度及方向，如图2-10所示。斜矩形和平行四边形绘制方式与矩形相同。

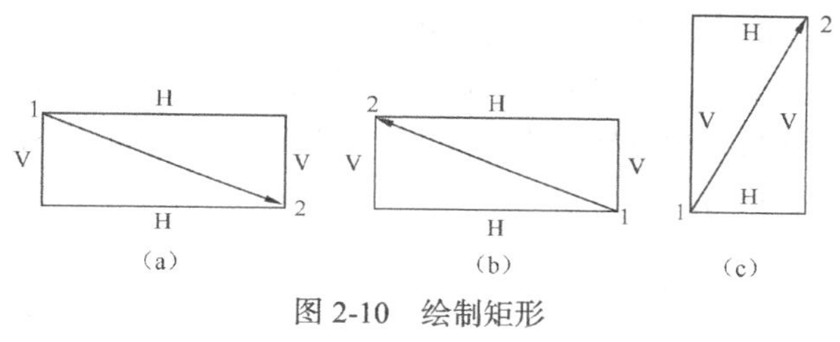

图2-10 绘制矩形

2.2.3 圆

圆的绘制方法有6种，分别是圆心和点、同心、3相切、3点、轴端点椭圆、中心和轴椭圆，如图2-11所示。

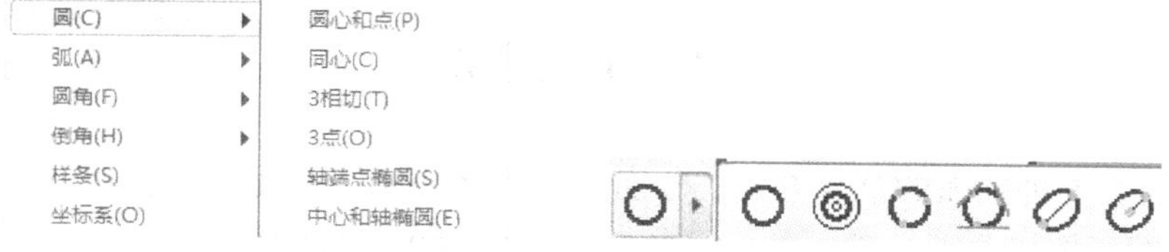

图2-11 绘制圆的5种命令及工具按钮

【圆心和点】(Center and Point)用于拾取圆心点和圆周上一点来绘制圆。执行时，单击按钮并用鼠标左键指定圆心点，然后移动鼠标指针拖曳圆周到适当位置后单击鼠标左键确定，此时圆周点的位置决定着圆周的大小，如图2-12(a)所示。

【同心】(Concentric)用于选取一个参照圆或圆弧绘制与其同心的一个圆。执行时，单击按钮，用鼠标左键选取参照圆或圆弧以定义圆的中心，然后拖曳圆周到适当位置后单击鼠标左键确定，即可完成同心圆的绘制，如图2-12(b)所示。使用该命令可连续产生多个同心圆，单击鼠标中键可退出同心圆的绘制。

【3点】(3 Points)用于选取3个不共线的点来绘制圆。执行时，单击按钮，然后用鼠标左键依次定义圆周通过的第1个点、第2个点，再移动鼠标确定第3个点即可完成绘制。

【3 相切】(3 Tangent)用于在已有的 3 个图元间绘制一个与之相切的圆。执行时，单击按钮，然后用鼠标左键依次选取要相切的 3 个图元即可，如图 2-12（c）所示。

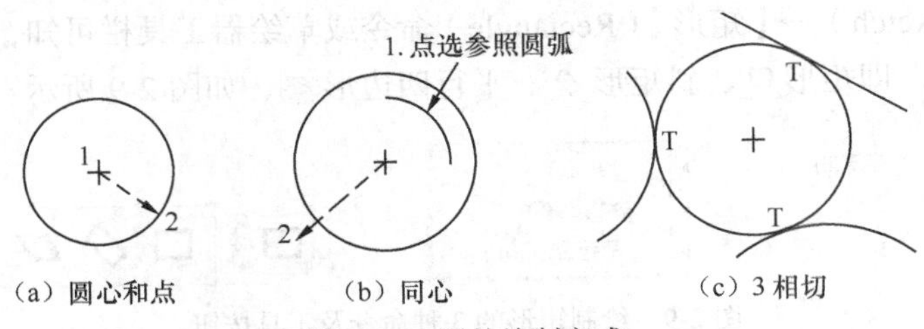

图 2-12　圆的绘制方式

【轴端点椭圆】用于绘制一个封闭的椭圆。单击按钮后先确定椭圆长轴的一个端点，再移动鼠标确定长轴的另一个端点，然后动态拖曳椭圆至所需形状，此时系统会自动放置两个尺寸以定义椭圆的 x 轴和 y 轴长度，如图 2-13 所示。

【中心和轴椭圆】绘制方法与【轴端点椭圆】相似，先确定椭圆的中心，再移动鼠标确定长轴的另一个端点，以确定半长轴长度，然后动态拖曳椭圆至所需形状。

若要绘制构造圆，必须利用【编辑】(Edit)→【切换构造】(Toggle Construction)命令或 Ctrl+G 组合键来实现，即将几何圆转换为构造圆。构造圆为假想圆，不能用于形成特征实体，多用于辅助定位，如图 2-14 所示。

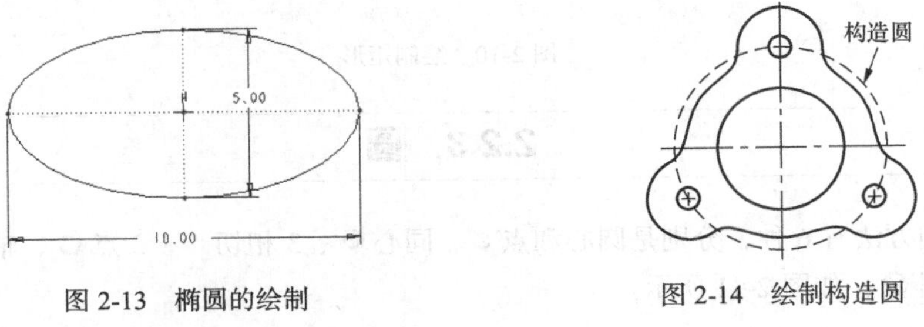

图 2-13　椭圆的绘制　　图 2-14　绘制构造圆

2.2.4 圆弧

Pro/E 提供了 5 种圆弧的草绘方式，分别是 3 点/相切端、同心、3 相切、圆心和端点、圆锥，其对应的图标按钮分别是、、、和，如图 2-15 所示。

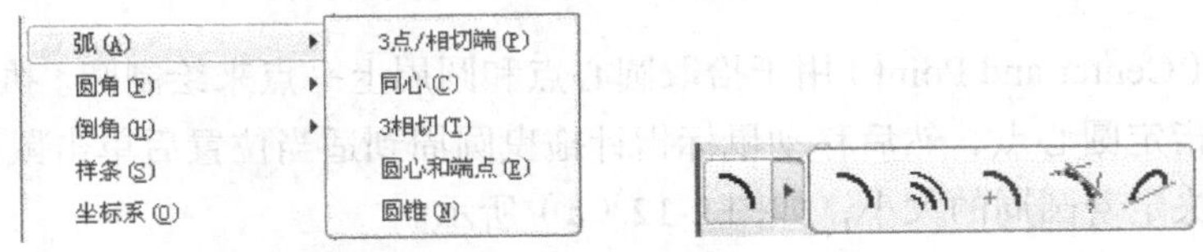

图 2-15　圆弧的 5 种绘制命令及工具按钮

【3 点/相切端】(3 Point/Tangent End)支持两种绘弧方式：一种是 3 点（3 Point）绘弧，即通过不共线的 3 个点产生弧，其中前 2 个点是圆弧的端点，第 3 个点则位于圆周上，如图 2-16（a）所示；另一种是相切端（Tangent End）绘弧，即以现有图元的一个端点为相切的起点，动态拖曳鼠标产生相切的弧，如图 2-16（b）所示。

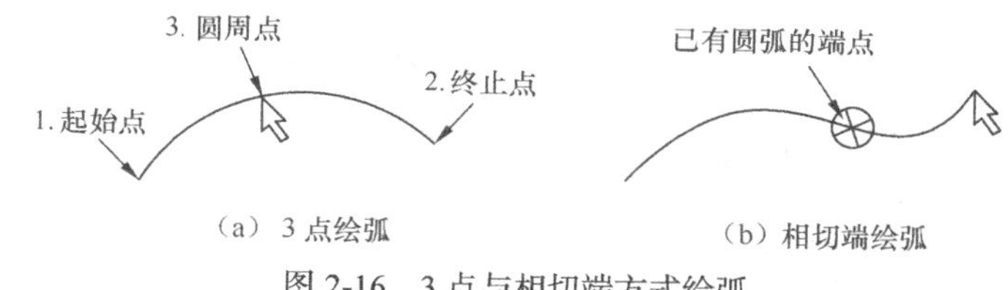

（a） 3 点绘弧　　（b）相切端绘弧

图 2-16　3 点与相切端方式绘弧

在现有图元端点上创建“3 点/相切端”圆弧时，草绘器会显示一个依附于该端点的目标符号，即一个被划分为 4 个象限的小圆，如图 2-17 所示。此时，如要创建 3 点圆弧，应沿垂直于图元的象限拖出光标；如要创建相切端圆弧，应沿相切于图元的象限拖出光标。

【同心】(Concentric) 用于绘制与已有圆或圆弧同心的弧，如图 2-18 所示。执行时，先选取欲同心的参照圆或圆弧，然后沿径向拖动圆周并指定圆弧的起点与终点。该命令一次可以创建多个同心弧，退出该命令时可单击鼠标中键。

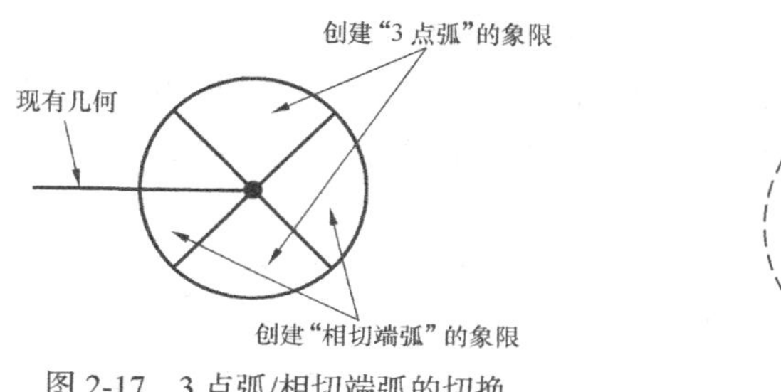

图 2-17　3 点弧/相切端弧的切换

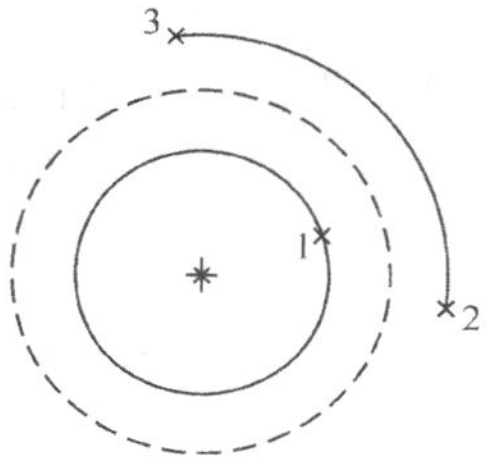

图 2-18　同心绘弧

【3 相切】(3 Tangent) 用于绘制与 3 个已有图元相切的弧，操作方法与“3 相切”圆相同。执行时，用鼠标左键依次选取欲相切的 3 个图元，即可完成 3 相切弧的绘制，如图 2-19 所示。

【圆心和端点】(Center and Ends) 用于给定圆心和两个端点来绘制弧。执行时，先用鼠标左键指定圆心的位置，然后拖动鼠标指针并依次给定圆弧的起点和终点即可，如图 2-20 所示。其中，圆弧起点（第 2 点）决定圆弧的半径大小。

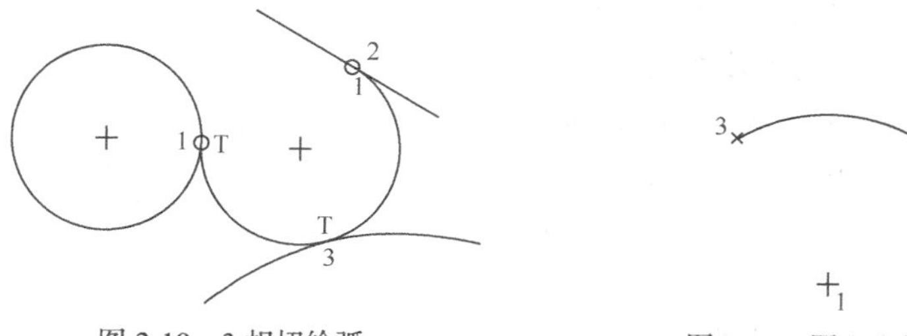

图 2-19　3 相切绘弧

图 2-20　圆心和端点绘弧

【圆锥】(Conic) 用于绘制圆锥曲线（又称二次曲线），即二次多项式描述的曲线。按曲率半径值的不同，圆锥曲线又分为 3 类，即抛物线（*rho*=0.5）、双曲线（0.5<*rho*<0.95）和椭圆线（0.05<*rho*<0.5）。其曲率半径 *rho* 值越大，曲线越膨胀；反之，*rho* 值越小则曲线越平滑，如图 2-21 所示。

绘制圆锥曲线时，先用鼠标左键指定曲线的起点和终点，然后拖移光标调整曲线外形至适当位置后，用鼠标左键指定轴肩（中间点）位置即可。系统在生成圆锥曲线的同时，还会形成一条过曲线起点和终点的中心线，这条中心线为圆锥曲线的标注基准线。

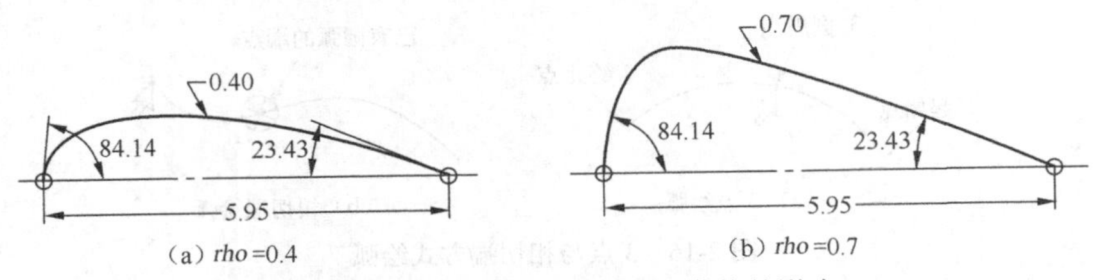

(a) *rho* =0.4 (b) *rho* =0.7

图 2-21 曲率半径 *rho* 值对圆锥曲线的影响

2.2.5 圆角

圆角有两种形式，即圆形圆角（Circular Fillet）和椭圆形圆角（Elliptical Fillet），其对应的按钮分别是和。两者的绘法相同，即用鼠标单击，直接选取欲倒圆角的两条边，但是尺寸标注的形式不同。

圆形圆角的几何线为圆弧，仅需一个半径值 R 控制，如图 2-22（a）所示。而椭圆形圆角的几何线为椭圆弧，需由两个半径值 R_x、R_y 控制，如图 2-22（b）所示。绘制圆形圆角和椭圆形圆角时，其圆角形状的默认大小取决于鼠标指针在两条边上的选取位置。

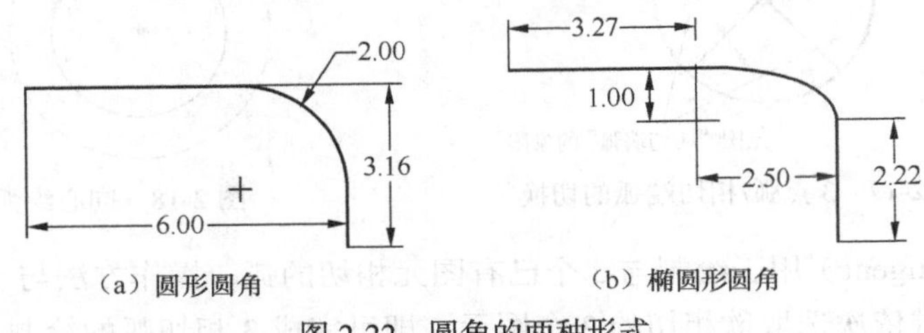

(a) 圆形圆角 (b) 椭圆形圆角

图 2-22 圆角的两种形式

2.2.6 样条曲线

样条曲线指 3 次或 3 次以上多项式所描述的曲线，它是由一系列点光滑连接而成的。绘制时，选择【草绘】(Sketch)→【样条】(Spline) 命令或单击按钮，然后用鼠标左键依次指定各节点的位置，单击鼠标中键结束，即可由各节点连接形成一条平滑曲线，如图 2-23 所示。样条曲线绘制完成后，可单击“修改”(Modify) 按钮对其进行修改，如移动点、添加点、删除点、多边形控制等。

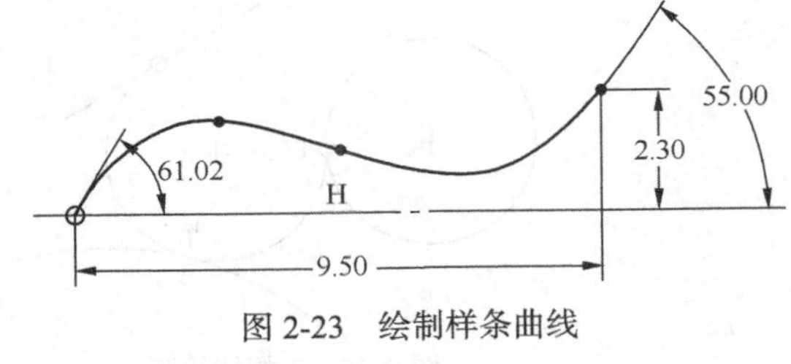

图 2-23 绘制样条曲线

2.2.7 草绘点和草绘坐标系

选择【草绘】(Sketch)→【点】(Point) 命令或单击按钮，可以在任意位置建立草绘点。在 Pro/E 系统中，草绘点常用于辅助尺寸标注或控制螺旋扫描特征的变节距位置等。

选择【草绘】(Sketch)→【坐标系】(Coordinate System) 命令或单击按钮可在任意位置建立草绘坐标系，其主要用于辅助几何图元定位或建立特征的位置参照，如旋转混合、一般混合等。草绘坐标系的正 x 轴方向为水平朝右，正 y 轴方向为垂直向上，正 z 轴方向是朝向用户的。

2.2.8 文本

选择【草绘】(Sketch)→【文本】(Text)命令或单击按钮，可以在草绘图形中加入文字。执行时，首先指定两点绘制一条结构线以定义文本的高度和方位，如图 2-24 所示。然后在“文本”对话框的“文本行”(Text Line)中输入文本的内容并单击确定按钮结束，如图 2-25 所示。但是，在 Pro/E 系统中文本是以字符串形式输入的，每个字符串不得超过 79 个字符。

图 2-24 文本高度与方位的确定

当然，在“文本”对话框中允许在“字体”(Font)下拉列表中选择其他的字体，还可以利用数值输入框或滑杆来调整文本的长宽比(Aspect Ratio)、斜角(Slant Angle)。如果勾选“沿曲线放置”(Place Along Curve)复选框，则可按所选的线条路径放置文本，并允许改变放置方向，如图 2-26 所示。

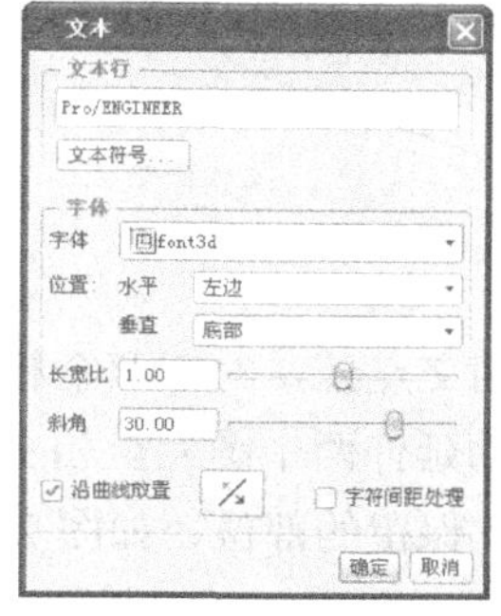

图 2-25 “文本”对话框

图 2-26 沿曲线放置文本

2.3 图形的编辑

草绘截面时，可利用【编辑】(Edit)菜单命令或对应的工具按钮对截面图形进行修剪、分割、镜像等操作，使其符合设计所要求的形状。执行图形编辑时，一般要求先选取欲编辑的对象（对象选取后呈红色显示），再选择相应的编辑命令。选取图元对象时，按住 Ctrl 键可以同时选取多个对象。

2.3.1 删除

选择【编辑】(Edit)→【删除】(Delete)命令或直接按键盘上的 Del 键，可删除所选取的截面几何图元。执行时，先选取欲删除的几何对象，再选择【编辑】(Edit)→【删除】(Delete)命令或按下 Del 键即可。

2.3.2 修剪

【修剪】(Trim)命令包括 3 种形式，分别是删除段、拐角和分割，对应的图标按钮分别是、和，如图 2-27 所示，下面逐一进行说明。

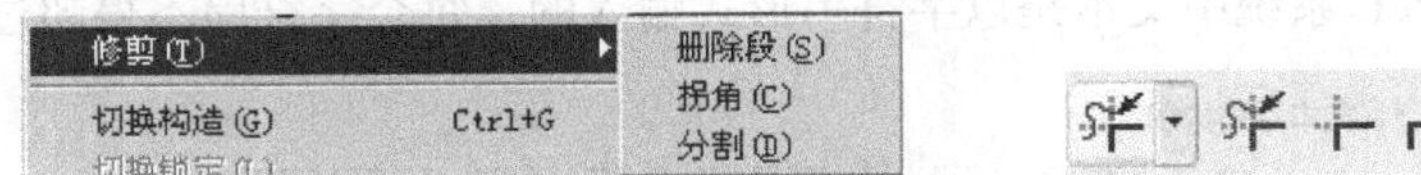

图 2-27 修剪命令选项及其图标按钮

【删除段】(Delete Segment)也称“动态修剪”，其类似于旧版本的【求交打断】(Intersect)命令，而工作原理类似于橡皮擦的擦拭移动。执行该命令时，系统会将所有几何图元自动在其相交处打断，即产生“虚拟断点”使其分成数段，然后通过鼠标左键可以连续选取不要的线段予以删除，如图 2-28 所示。但是，虚拟断点不能在中心线、图元端部或基准轴线上产生。

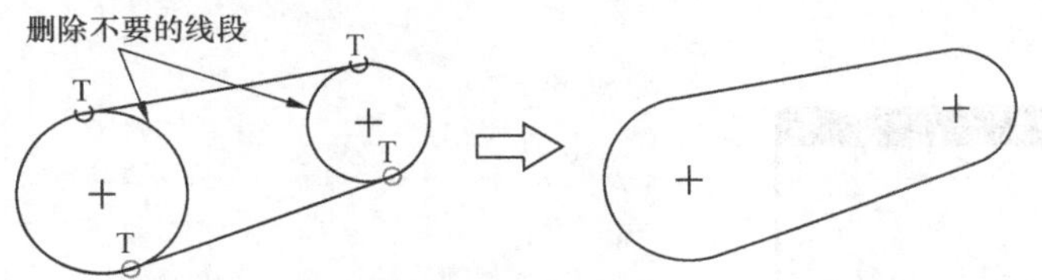

图 2-28 删除段修剪

【拐角】(Corner)用于将选取的两个几何图元修剪至其相交点处。对于两个相交图元，可自动修剪其相交点以外的部分；对于两个未相交图元，可自动延伸两个图元至相交。执行时，只需依次选取欲修剪的两个几何图元，但是要选在几何图元欲保留的部位，如图 2-29 所示。

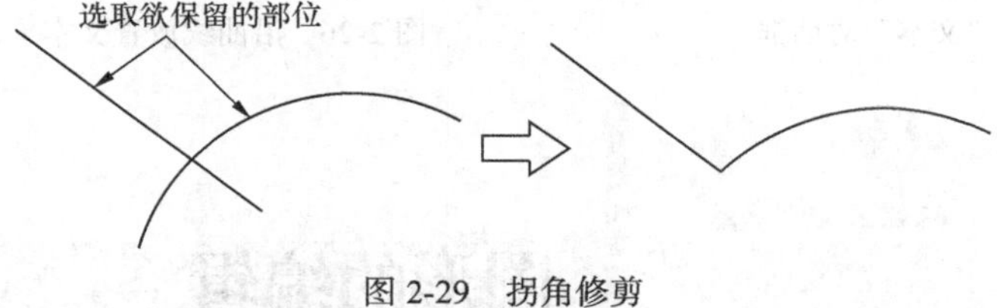

图 2-29 拐角修剪

【分割】(Divide)用于在截面图元的指定位置（选取点处）产生断点，将选取的几何图元分割为两段，以便删除无用的部分。

2.3.3 复制和粘贴

利用【复制】(Copy)和【粘贴】(Paste)命令可以复制草绘的几何图元，并允许对复制的图元执行缩放与旋转操作。

执行时，首先选取欲复制的几何图元（可选取多个），然后选择【编辑】(Edit)→【复制】

（Copy）命令将其复制到系统剪贴板，之后选择【编辑】（Edit）→【粘贴】（Paste）命令并指定一个放置位置，系统将显示几何图形的预览效果以及 3 种操作标记，如图 2-30 所示。此时，可以直接拖动预览图形上的操作标记对图形进行定位、旋转或缩放的动态操作，或者在“移动和调整大小”（Move & Resize）对话框中输入平移位置、缩放比例和旋转角度来执行相应的操作，如图 2-31 所示。

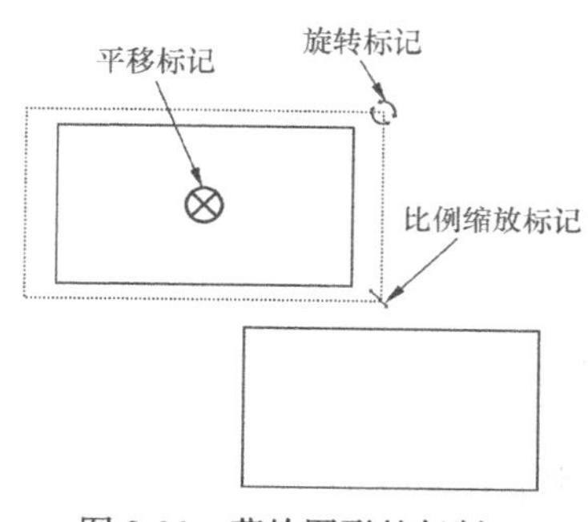

图 2-30　草绘图形的复制

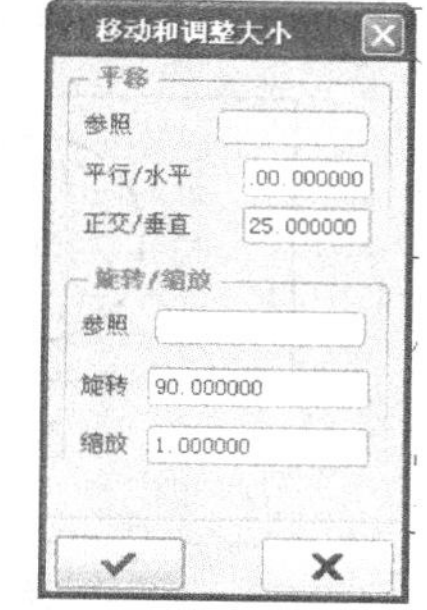

图 2-31　“移动和调整大小”对话框

2.3.4　镜像

【镜像】（Mirror）用于将选取的几何图元镜像至指定中心线的另一侧，此时系统会自动添加对称约束。使用该命令时，要求必须有中心线作为镜像的轴线。

该命令常用于具有对称性的图形以提高草绘效率，如图 2-32 所示。执行时，首先选取欲镜像的几何对象，再选择【编辑】（Edit）→【镜像】（Mirror）命令或单击按钮，然后选取一条中心线作为镜像的轴线，则镜像的几何会立即生成。

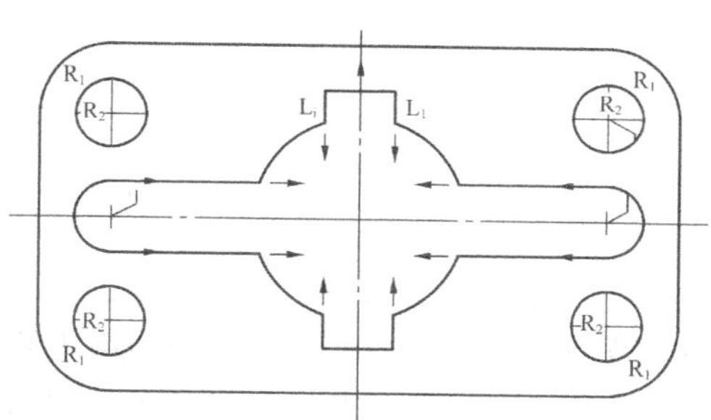

图 2-32　镜像命令在对称图形中的应用

2.3.5　移动和调整大小

【移动和调整大小】（Move & Resize）用于对草绘图形进行缩放与旋转操作，其对应的图标按钮为。选取草绘的几何对象后，选择【编辑】（Edit）→【移动和调整大小】（Move & Resize）命令或单击按钮，系统将在几何图形上显示平移、比例缩放和旋转的操作标记，同时弹出“移动和调整大小”（Move & Resize）对话框，如图 2-33 所示。此时，可以直接用鼠标左键拖曳这些标记或在对话框中输入比例与旋转值来改变图形。

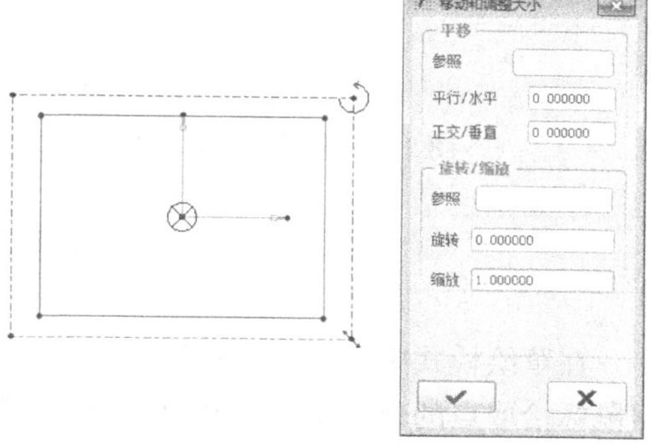

图 2-33　草绘图形的移动和调整

2.3.6 切换构造

【切换构造】(Toggle Construction)用于将选定的图元对象在几何图形与构造图形之间进行切换，如图 2-34 所示。构造图形是指由虚线描述的图形，一般用于表示假想结构，以辅助图形的定位或用作几何参照等。执行时，首先选取欲切换的几何对象(可选取多个)，然后选择【切换构造】(Toggle Construction)命令即可。

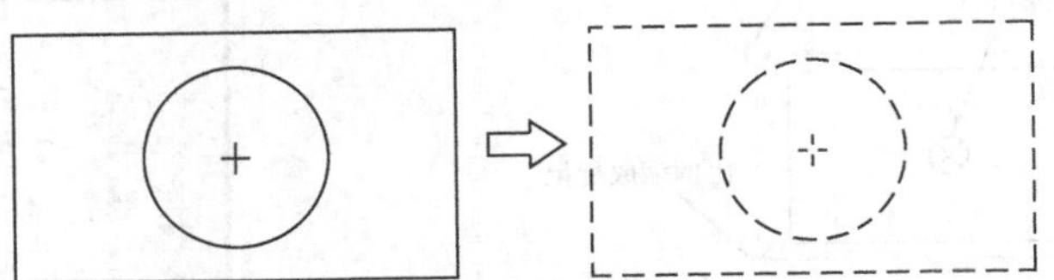

图 2-34 几何图形与构造图形的切换

2.3.7 使用边和偏移边

在特征创建过程中，如果截面草绘时有可参照的特征几何边线，则允许选择【草绘】(Sketch)→【边】(Edge)菜单中的【使用】(Use)和【偏移】(Offset)命令，或者单击草绘器工具栏中的“使用边”按钮和“偏移边”按钮，如图 2-35 所示。

图 2-35 “使用边”与“偏移边”的命令选项及图标按钮

利用【使用】(Use)命令或按钮，可将所选模型的边投影到草绘平面以创建当前截面的几何图元，如图 2-36 所示；而利用【偏移】(Offset)命令或按钮，可将所选模型的边投影到草绘平面，并相对其进行偏移以创建当前截面的几何图元，如图 2-37 所示。利用上述方法创建的图元上会显示“~”标记，并且所得的特征截面与被参照的特征间必然会产生父子关系。

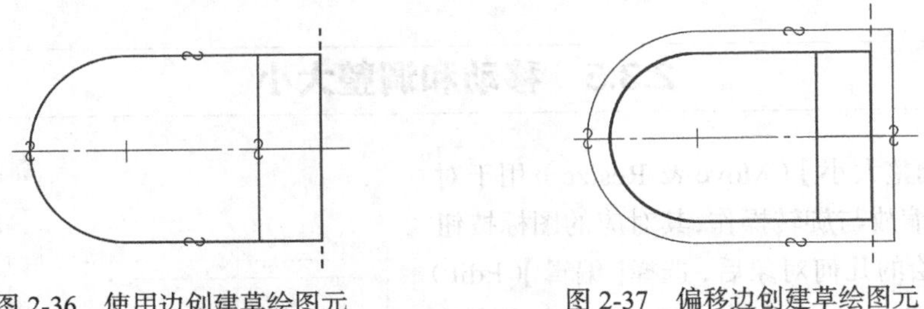

图 2-36 使用边创建草绘图元　　图 2-37 偏移边创建草绘图元

2.3.8 动态修改

在草绘模式中，允许用鼠标左键直接拖曳截面的几何图元来实现图形的动态修改。只是根据鼠标拾取点的位置不同，几何图元产生的修改效果也不同，同时，对于不同的几何图元鼠标拖曳产生的效果也不同。

这里以圆为例进行说明。若拾取点为圆的圆周位置，则动态拖曳仅改变圆的半径大小而不改变其圆心位置，如图 2-38 所示；若拾取点为圆心位置，则动态拖曳仅改变圆的圆心位置而不改变其半径大小，如图 2-39 所示。

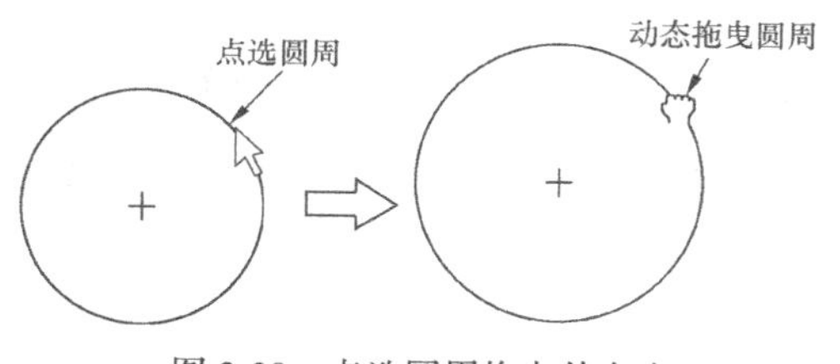

图 2-38　点选圆周拖曳其大小

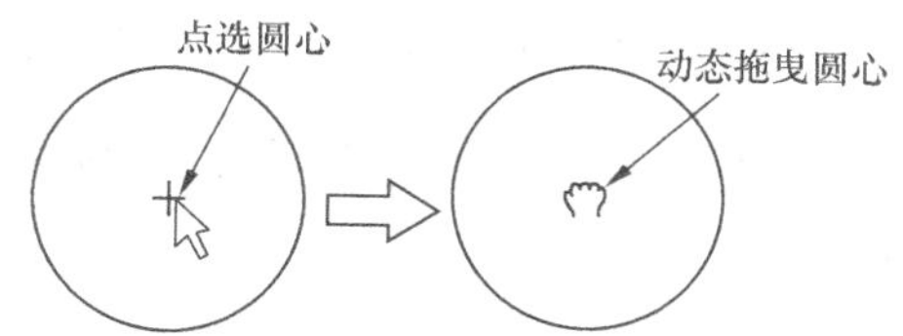

图 2-39　点选圆心拖曳其位置

2.4 草绘截面的约束

在草绘过程中，系统会实时显示适用的约束条件，但是系统自动添加的约束不一定与设计意图吻合，此时设计者往往要手动添加适当的约束。约束条件使用得越多，尺寸标注的数目会越少。

2.4.1 约束的种类

Pro/E Wildfire 5.0 在草绘工作环境中提供了 9 种约束类型，如相切、竖直、相等、对称等。下面对各种约束类型予以简要说明。

1. 约束类型及其功能说明

约束类型的按钮及其功能说明见表 2-3。

表 2-3　　约束类型的按钮及其功能说明

按钮名称	功能说明	按钮名称	功能说明
竖直	定义线或两点竖直放置	重合	定义点重合、点在线上或共线
水平	定义线或两点水平放置	对称	定义两点关于中心线对称
垂直	定义两个图元正交	相等	定义等长、等半径或等曲率
相切	定义两个图元相切	平行	定义两直线平行
中点	定义点在线的中点位置		

2. 不同约束类型在截面中的约束符号

在 Pro/E Wildfire 5.0 中，每一种约束类型都有其自身特定的符号标记。在草绘模式下单击图标工具栏中的按钮打开约束显示开关，则截面中的所有约束符号都会显示。

（1）竖直、水平与垂直约束在截面中的约束符号分别如图 2-40、图 2-41 和图 2-42 所示。

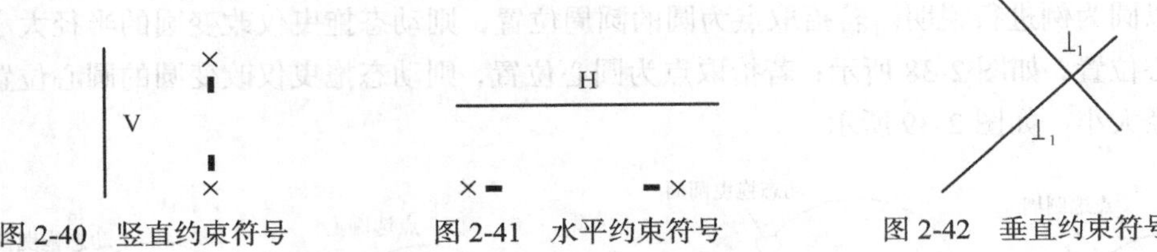

图 2-40　竖直约束符号　　图 2-41　水平约束符号　　图 2-42　垂直约束符号

（2）相切、中点与重合约束在截面中的约束符号分别如图 2-43、图 2-44 和图 2-45 所示。

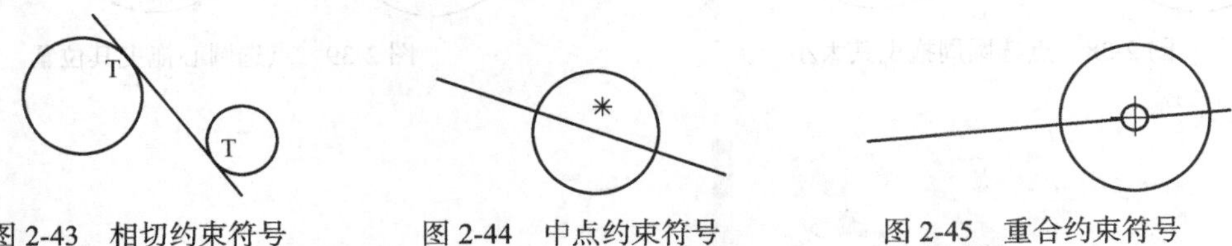

图 2-43　相切约束符号　　图 2-44　中点约束符号　　图 2-45　重合约束符号

（3）对称、相等与平行约束在截面中的约束符号分别如图 2-46、图 2-47 和图 2-48 所示。

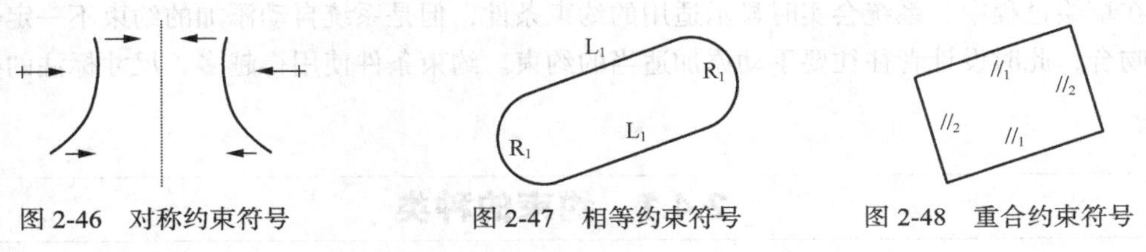

图 2-46　对称约束符号　　图 2-47　相等约束符号　　图 2-48　重合约束符号

2.4.2　创建约束

草绘截面时，如需根据设计要求人工添加约束类型，可以选择【草绘】（Sketch）→【约束】（Constrain）命令或者单击草绘器工具栏中的按钮。此时，系统会显示如图 2-49 所示的“约束”工具条，其中包含 9 种约束类型的图标，单击对应的图标并指定欲约束的几何对象，即可实现约束的添加。下面分别介绍创建各种约束的具体操作方法。

（1）竖直 ＋：用于约束某线段为竖直放置或约束两个点在同一竖直位置上。执行该约束命令时，只需点选欲约束的草绘直线或两图形端点，显示的约束符号为“V”或“¦”，如图 2-50 所示（图中箭头表示鼠标点选的位置）。

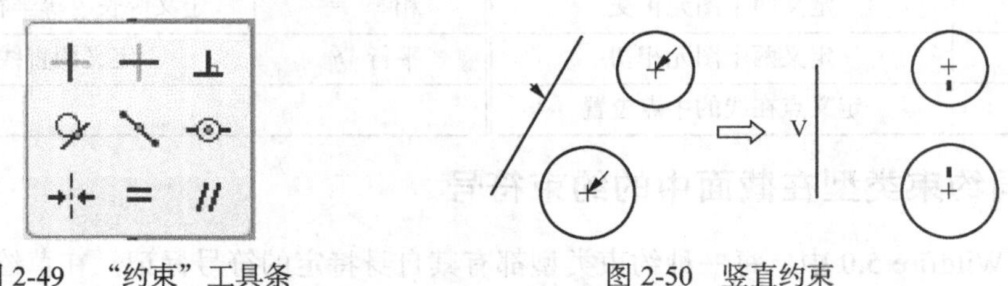

图 2-49　“约束”工具条　　图 2-50　竖直约束

（2）水平 ＋：用于约束某线段为水平放置或两个点在同一水平位置上。执行该约束命令时，只需点选欲约束的草绘直线或两图形端点，显示的约束符号为“H”或“--”，如图 2-51 所示。

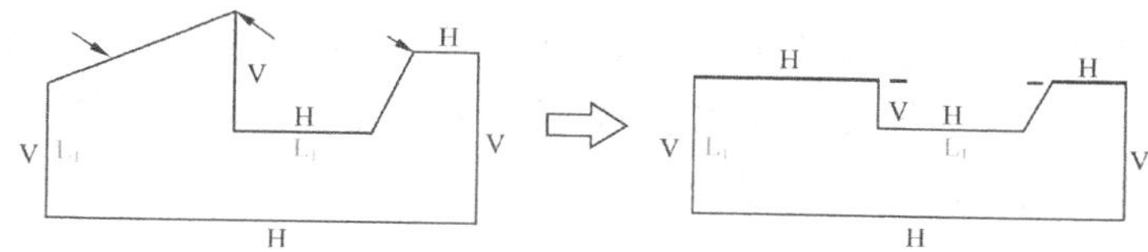

图 2-51　水平约束

（3）垂直⊥：用于约束两个草绘图元相互正交。执行该约束命令时，只需依次点选欲约束的两个图元，显示的约束符号为“$\perp_x$”（其中 x 表示约束的数字序号），如图 2-52 所示。

（4）相切：用于约束两个草绘图元相切。执行该约束命令时，只需依次点选欲约束的两个几何图元，显示的约束符号为“T”，如图 2-53 所示。

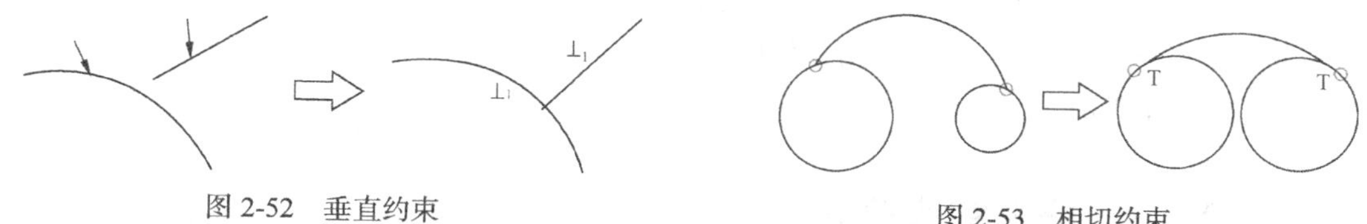

图 2-52　垂直约束

图 2-53　相切约束

（5）中点：用于约束某点位于指定直线的中点。执行该约束命令时，只需依次点选欲约束的点（或端点）和直线，则选定点将被限定在所选直线的中点位置，并显示约束符号“*”，如图 2-54 所示。

（6）重合：用于约束两个几何图元使其相互对齐，适用的情况有约束两点重合、约束某点位于指定图元上、约束两直线共线。使用该约束时，只需依次点选欲约束的两个图元对象，但是其显示的约束符号因约束功能的不同而不一样，如图 2-55、图 2-56 和图 2-57 所示。

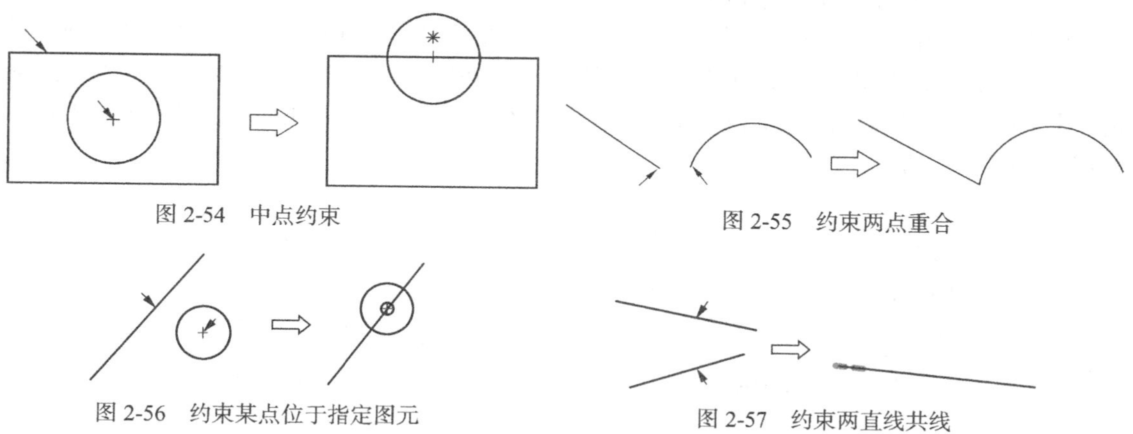

图 2-54　中点约束

图 2-55　约束两点重合

图 2-56　约束某点位于指定图元

图 2-57　约束两直线共线

（7）对称：用于约束两个点相对于一条中心线对称。执行该约束命令时，要求依次点选中心线和两个欲对称的点（或端点），显示的约束符号为“→ ←”，如图 2-58 所示。

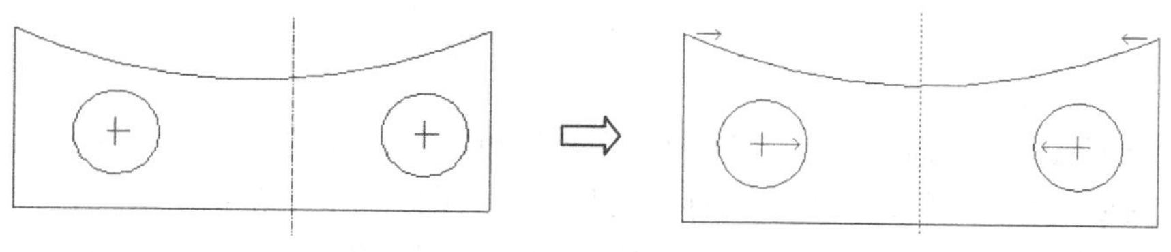

图 2-58　对称约束

（8）相等 = ：用于约束两直线长度相等或两圆弧半径（或曲率）相等。执行该约束命令时，若点选的是两直线，则约束为等长，显示的约束符号为“L_x”；若点选的是两圆弧，则约束为等半径，显示的约束符号为“R_x”，如图 2-59 所示。

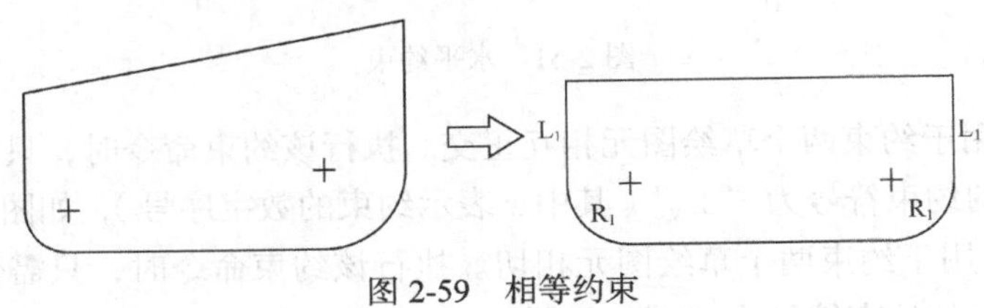

图 2-59　相等约束

（9）平行 // ：用于约束两直线相互平行，执行时只需点选欲约束的两直线，显示的约束符号为“$//_x$”，如图 2-60 所示。

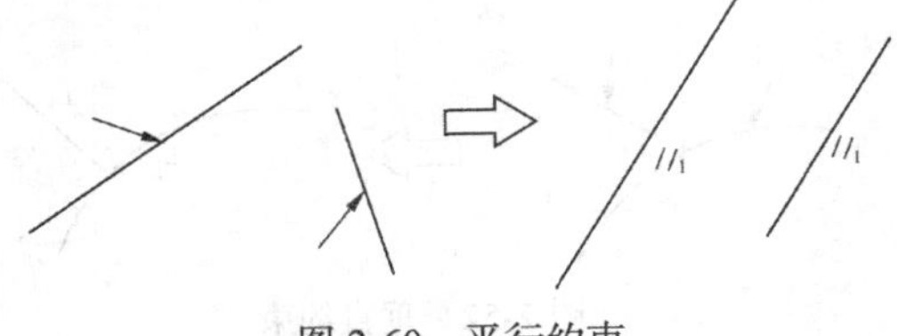

图 2-60　平行约束

2.4.3 解决约束冲突

在 Pro/E 系统中，若不清楚草绘截面上某些约束符号的限制情况，可将鼠标指针放置在相应的符号上，随后显示该约束的相关文字说明。如果系统预设的约束为弱约束，可以选择【编辑】（Edit）→【转换到】（Convert To）→【加强】（Strong）命令将其转化为强约束。

草绘截面时，常会产生多重约束的现象，甚至相互干扰，此时可以使用鼠标右键来取消某些约束，即删除和禁用约束。删除约束时，只需在选取某约束后（呈加亮显示）单击鼠标右键，然后选取快捷菜单中的【删除】（Delete）命令或者直接按键盘上的 Del 键。

同样，为避免系统实时显示的预设约束被破坏，草绘时允许将其锁定以维持设计意图。锁定约束的方法是：当预设约束实时显示时，单击鼠标右键则该约束符号被封闭在一个红色圆圈内，表示该约束已经被锁定，如图 2-61 所示。草绘约束被锁定时，单击鼠标右键则该约束将被禁用，如图 2-62 所示。

图 2-61　约束的锁定　　　　图 2-62　约束的禁用

2.5 尺寸标注

进入草绘模式时，系统会默认启动目的管理器功能，以便能够自动为几何图形标注尺寸和添加可用的约束。由目的管理器所自动标注的尺寸与约束条件，通常都呈灰色，称为“弱尺寸”或“弱约束”。但是，系统自动标注的尺寸和约束往往不符合设计的要求，因此草绘时必须手动添加适当的尺寸并更改其数值，以符合设计的意图。这对建模参数化十分重要。

执行尺寸标注时，其基本操作是用鼠标左键点选要标注的几何对象，然后移动鼠标至适当位置后单击鼠标中键放置尺寸。在草绘模式中，系统支持的尺寸标注类型有多种，如图 2-63 所示。

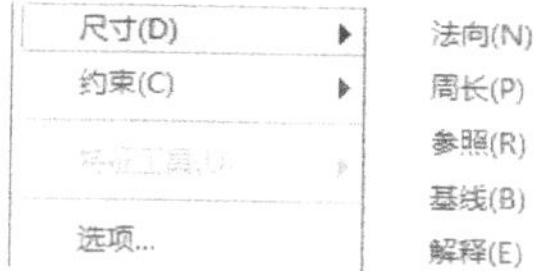

图 2-63　尺寸标注的类型

【法向】(Normal) 用于标注截面图形的几何与位置尺寸，为参数化驱动尺寸。它是草绘中最常用的尺寸标注类型，功能等同于按钮。

【周长】(Perimeter) 用于标注截面图形中某连续线条的周长。

【参照】(Reference) 用于标注参照尺寸，不具有参数化驱动的功能。

【基线】(Baseline) 用于标注一条极坐标尺寸的基线。

【解释】(Explain) 用于解释约束或尺寸的信息。

2.5.1　法向型尺寸标注

在草绘图形中标注法向型尺寸，可选择【草绘】(Sketch) →【尺寸】(Dimension) →【法向】(Normal) 命令或单击按钮。法向型尺寸的标注，根据情况不同又包含多种形式。

1. 线性尺寸

这里的线性尺寸包括单一线段长度、两线间距、两点间距、点到线的距离、线到圆的距离等情况。下面简述各种情况的尺寸标注方法。

(1) 单一线段长度：用鼠标左键点选线段（或线段的两端点），然后单击鼠标中键将尺寸放置至适当位置，如图 2-64 所示。

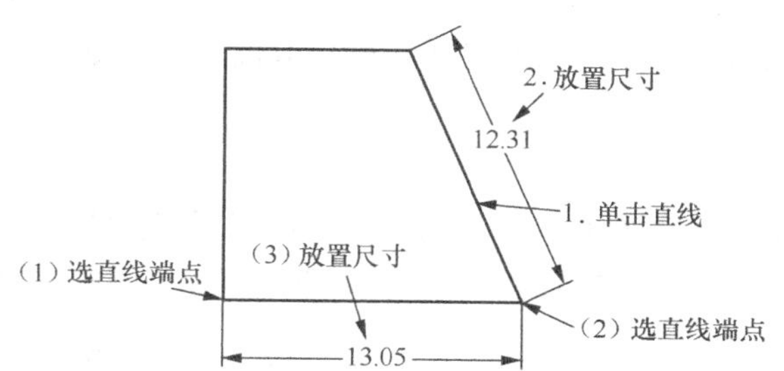

图 2-64　单一线段长度的标注（两种方法）

(2) 两线间距：用鼠标左键依次点选两平行线，然后在适当的位置单击鼠标中键放置尺寸。

(3) 两点间距：用鼠标左键点选两指定点，然后在适当的位置单击鼠标中键放置尺寸。

根据鼠标中键放置位置的不同，有水平尺寸、垂直尺寸和平行尺寸之分，如图 2-65 所示。一般的规律是，如果尺寸放置位置处于两点形成的矩形区域内，则标注的是两点距离的平行尺寸；如果尺寸放置位置处于两点形成的矩形区域以外，则标注的是两点距离的水平尺寸（中键放置点位于矩形区域的上下侧）或竖直尺寸（中键放置点位于矩形区域的左右侧）。

(4) 点到线的距离：用鼠标左键依次点选指定线与点，然后在适当位置单击鼠标中键放置尺寸。

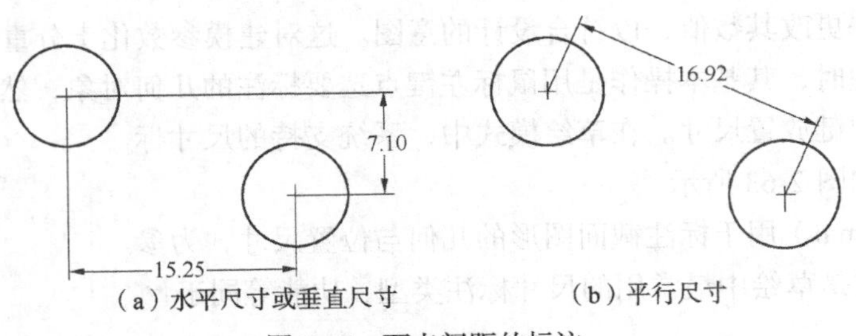

（a）水平尺寸或垂直尺寸　　（b）平行尺寸

图 2-65　两点间距的标注

（5）线到圆的距离：这里有两种情况，第一种是用鼠标左键依次点选线与圆心，单击鼠标中键放置尺寸后标注的是线与圆心的距离；第二种是用鼠标左键依次点选线与圆周，单击鼠标中键放置尺寸后标注的是线到圆周的相切距离。而圆周相切点的位置，取决于鼠标左键在圆周上的拾取位置，如图 2-66 所示。

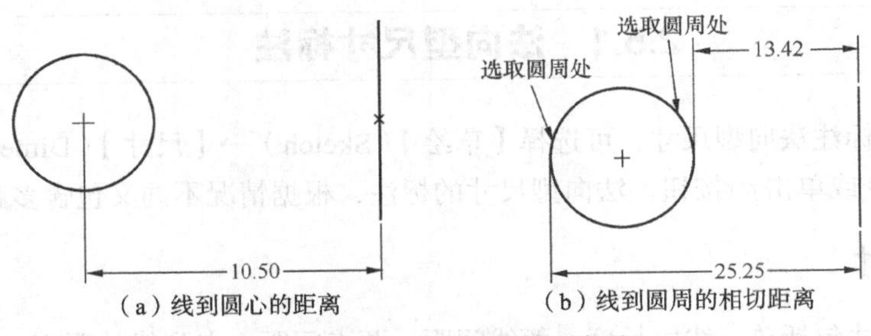

（a）线到圆心的距离　　（b）线到圆周的相切距离

图 2-66　线到圆距离的标注

（6）两圆间距：这里也有两种情况，第一种是用鼠标左键依次点选两圆的圆心，单击鼠标中键放置尺寸后标注的是两圆圆心的距离；第二种是用鼠标左键依次点选两圆的圆周，单击鼠标中键放置尺寸用于确定是标注竖直尺寸还是水平尺寸，标注出指定形式的两圆相切距离尺寸。而圆周相切点的位置，取决于鼠标左键在圆周上的拾取位置，如图 2-67 所示。

2. 径向尺寸

径向尺寸包括半径尺寸与直径尺寸。执行时，单击圆周则标注半径尺寸，双击圆周则标注直径尺寸，如图 2-68 所示。尺寸参数的标注位置取决于鼠标中键的放置位置。

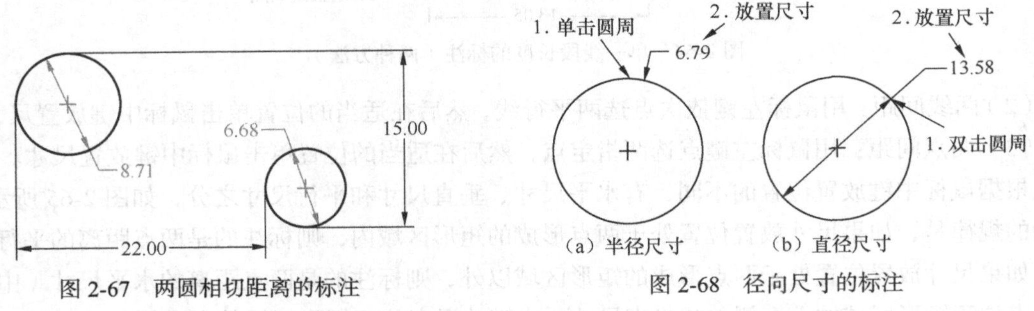

（a）半径尺寸　　（b）直径尺寸

图 2-67　两圆相切距离的标注　　图 2-68　径向尺寸的标注

3. 对称尺寸

建立旋转特征时，常需在特征截面中标注截面图形的直径尺寸，即对称尺寸。此时，必须有中心线作为旋转特征的中心轴。标注时，需依次用鼠标左键点选标注对象、中心线，再点选标注对象，然后在适当位置单击鼠标中键放置尺寸，如图 2-69 所示。

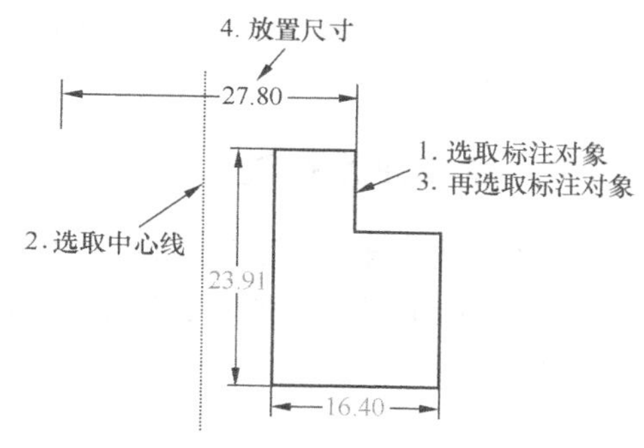

图 2-69　对称尺寸的标注

4. 角度尺寸

角度尺寸包括两直线夹角和圆弧的圆心角两种形式。标注两直线夹角时，用鼠标左键依次点选两直线，然后单击鼠标中键放置尺寸即可，如图 2-70（a）所示；标注圆弧的圆心角时，需用鼠标左键依次点选圆弧、圆弧的两端点，然后单击鼠标中键将尺寸放置在适当的位置，如图 2-71（b）所示。

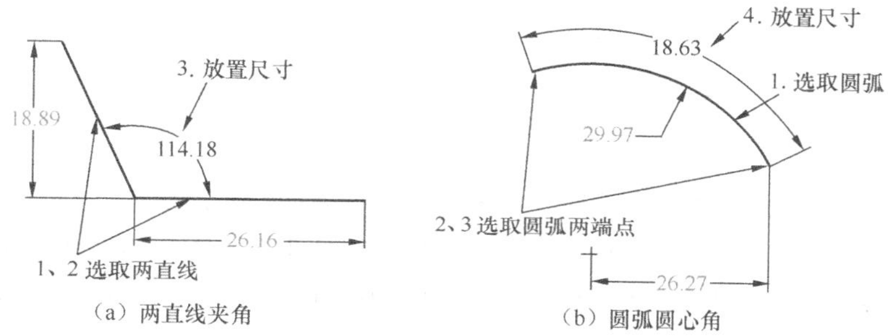

图 2-70　角度尺寸的标注

5. 椭圆标注

椭圆标注主要指标注椭圆的 x 轴半径（R_x）或 y 轴半径（R_y）。标注时，用鼠标左键点选椭圆圆周，再用鼠标中键在适当位置单击以放置尺寸，此时系统会显示如图 2-71 所示的“椭圆半径”对话框以选取欲标注的对象（即长轴或短轴），之后单击 接受 按钮即可标出所需的椭圆半轴尺寸，如图 2-72 所示。

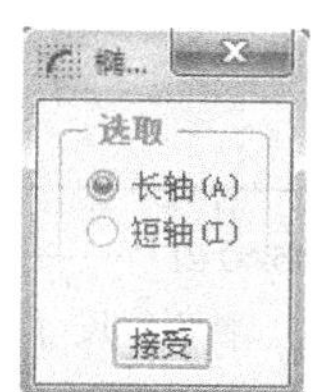

图 2-71　“椭圆半径”对话框

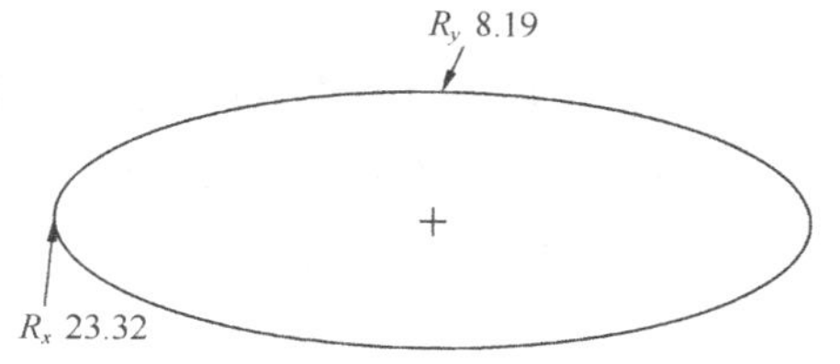

图 2-72　椭圆半径的标注

6. 圆锥曲线标注

圆锥曲线标注包括两端点的距离、两端点的切线角度和曲率半径 3 类尺寸，如图 2-73 所示。两端点距离尺寸的标注与线性尺寸的标注相同；曲率半径的标注与圆弧半径的标注相同；

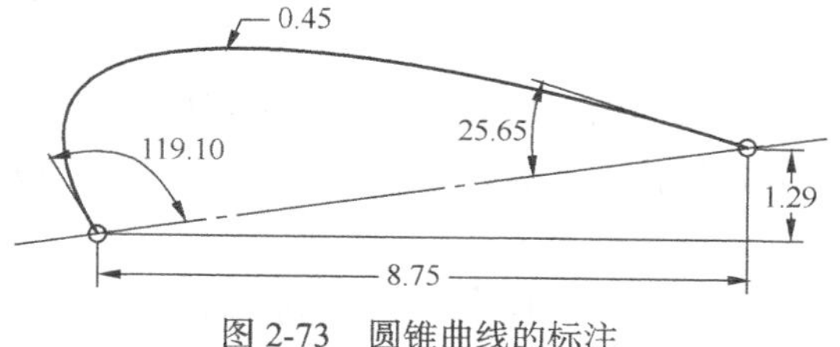

图 2-73　圆锥曲线的标注

而标注两端点的切线角度时，需依次点选圆锥曲线、所需标注的曲线端点和基准中心线，然后单击鼠标中键放置尺寸。

7. 样条曲线标注

样条曲线为连接一系列点的光滑曲线，其完整的尺寸标注包括两端点的距离、两端点的切线角度、曲线节点的位置尺寸以及曲线节点的切线角度，如图 2-74 所示。其中，曲线节点的尺寸一般不予标注。

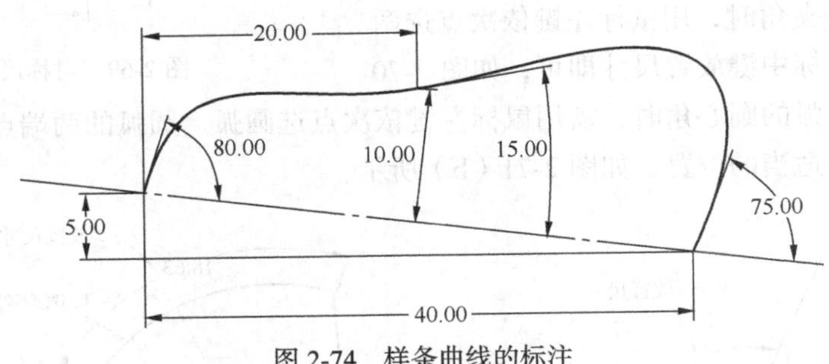

图 2-74 样条曲线的标注

标注样条曲线两端点的切线角度时，需依次点选样条曲线、曲线端点和基准中心线，然后单击鼠标中键放置尺寸。而曲线节点位置尺寸的标注类似于线性尺寸的标注，曲线节点切线角度的标注与样条曲线端点的切线角度标注相同，即用鼠标左键依次点选样条曲线、曲线的节点以及标注基准线，之后单击鼠标中键放置尺寸。

2.5.2 参照型尺寸标注

参照型尺寸是基本标注外附加的尺寸，可看做是“多余”的尺寸，其不具有驱动几何外形的参数化功能，并且不能用按钮更改其尺寸数值。该类尺寸常用于参照，以便于设计者查看或参考，参照型尺寸的尺寸值后会带有“参照”字样，如图 2-75 所示。

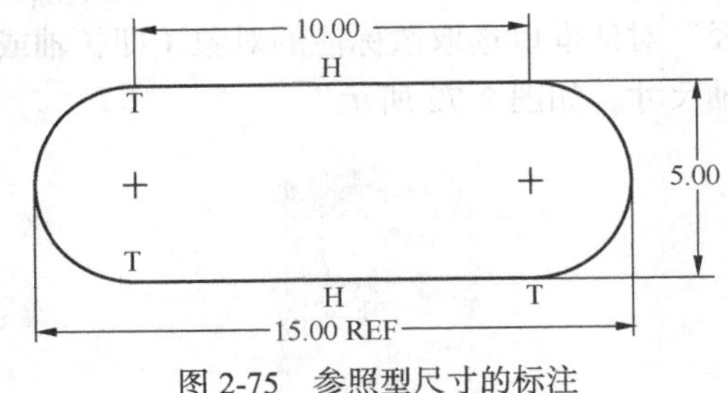

图 2-75 参照型尺寸的标注

标注参照型尺寸时，选择【草绘】(Sketch)→【尺寸】(Dimension)→【参照】(Reference)命令,其后的操作步骤与垂直型尺寸的标注相同，这里不再赘述。

2.5.3 基线型尺寸标注

当截面图形较复杂时，按垂直型尺寸进行标注可能会显得杂乱且不易辨识，而利用基线型尺寸进行标注，通过对基线的零坐标指定以及各图元与基线间距离的描述，往往可以简化尺寸标注，使视图更清晰。

执行时，选择【草绘】(Sketch)→【尺寸】(Dimension)→【基线】(Baseline)命令，然

后点选欲作为基线的某图元（线或点），单击鼠标中键即可标注出该基线尺寸 0.00。如果指定某点为基线时，单击鼠标中键后会显示"尺寸定向"对话框，用于确定是标注竖直的基线尺寸还是水平的基线尺寸，如图 2-76 所示，之后单击 接受(A) 按钮即可完成基线的标注。

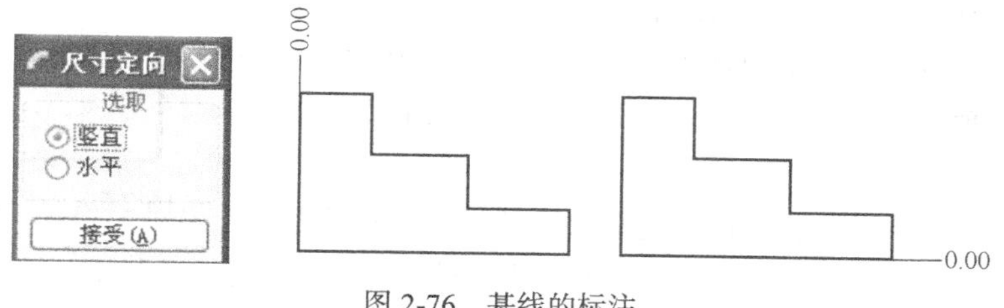

图 2-76　基线的标注

但是，基线尺寸标注完成后还必须继续以下步骤：选择【草绘】(Sketch)→【尺寸】(Dimension)→【法向】(Normal)命令或单击按钮，先点选已标注的基线尺寸 0.00，再点选欲标注的图元点并单击鼠标中键放置，即可得到该点相对基线的位置尺寸，如图 2-77 所示。

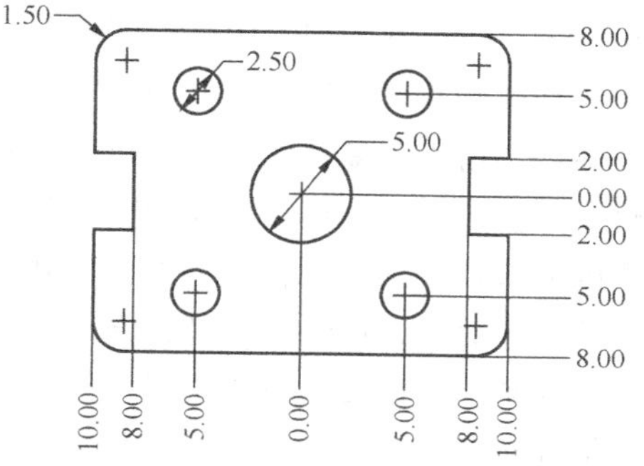

图 2-77　基线型尺寸的标注

2.5.4　周长型尺寸标注

周长型尺寸用于标注封闭或非封闭截面外形的周长，但是不能用于平行混合和变截面扫描的特征截面。标注周长型尺寸时，需指定一个"变量尺寸"(Varying Dimension)，即由周长尺寸驱动的尺寸。也就是说，当周长尺寸值发生改变时，变量尺寸值也会随之改变，而其他的尺寸值不发生变化，并且变量尺寸值不能用按钮进行更改。

执行周长型尺寸标注时，要求先框选或者以 Ctrl 键配合鼠标左键选取欲标注周长的截面外形，此时选中的图元对象会加亮显示（红色），然后选择【编辑】(Edit)→【转换到】(Convert To)→【周长】(Perimeter)命令，并在截面外形中指定一个变量尺寸，则周长尺寸会立即产生，如图 2-78 所示。其中，周长尺寸的尺寸值后带有"周长"字样，而变量尺寸的尺寸值后带有"变量"字样。

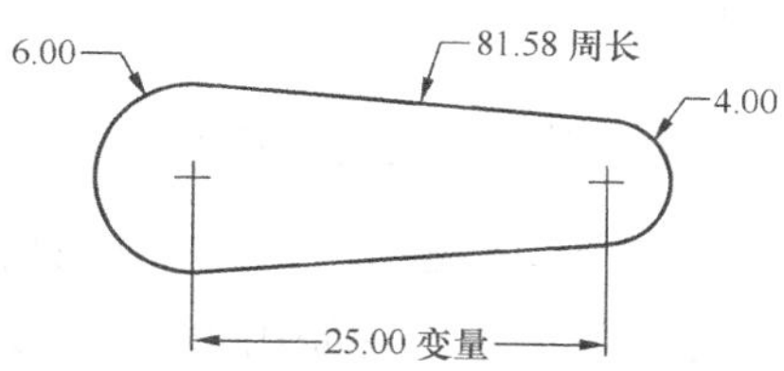

图 2-78　截面外形的周长标注

2.5.5　尺寸标注的修改

尺寸标注的修改主要包括移动尺寸、修改尺寸值、加强尺寸、锁定尺寸、替换尺寸等，通过这些操作可以对标注的尺寸进行再次调整。

1. 移动尺寸

在草绘截面中选取欲移动的尺寸文本（呈红色高亮显示），然后按住鼠标左键拖曳至所需的位置，之后松开鼠标左键即可完成尺寸的移动。

2. 修改尺寸值

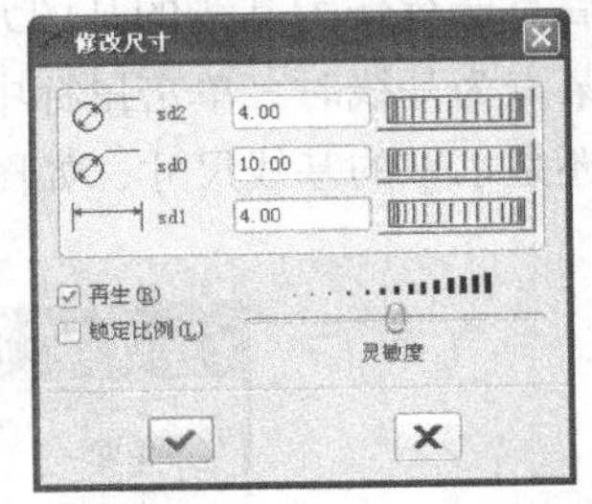

图 2-79 “修改尺寸”对话框

修改草绘截面尺寸时，可以单击草绘器工具栏中的按钮，并依次选取欲修改的尺寸，此时系统显示如图 2-79 所示的“修改尺寸”（Modify Dimensions）对话框，在尺寸列表的文本框中分别输入对应的新值，最后单击按钮即可完成尺寸值的修改，系统会自动再生截面。

如果需要修改的尺寸较多，往往先单击草绘器工具栏中的按钮，然后按住 Ctrl 键依次选取欲修改的尺寸（呈红色高亮显示），或者用鼠标左键直接框选所有尺寸，再单击按钮弹出“修改尺寸”（Modify Dimensions）对话框，则选取的全部尺寸将显示在对话框的列表中，以便根据设计要求进行修改。

在“修改尺寸”对话框中，“再生”（Regenerate）复选框用于设定是否启动延迟修改功能。若勾选“再生”复选框，表示执行实时更新功能，即列表中任何一个尺寸值发生变化，系统都将立即执行再生，更新截面图形；若未勾选“再生”复选框，表示执行延迟修改功能，即列表中的所有尺寸值全部修改完成后，单击按钮系统才再生截面。为了再生时不破坏原始截面间的相互关系，通常执行延迟修改功能。

如果仅仅需要修改单个尺寸值，也可以直接双击该尺寸，然后在显示的尺寸修正框中输入新值并回车确认。

3. 加强尺寸

对于草绘截面中的弱尺寸，用户可以双击该尺寸值进行更改，再生后弱尺寸将转化为“强尺寸”。当然，也可以选取欲加强的弱尺寸，然后选择【编辑】（Edit）→【转换到】（Convert To）→【加强】（Strong）命令，或者选择右键快捷菜单的【强】（Strong）命令将“弱尺寸”转化为“强尺寸”。

4. 解决尺寸冲突

在 Pro/E 系统中，草绘图形的尺寸标注必须恰当，不允许过约束也不允许欠约束。如果人工添加的尺寸与截面中的弱尺寸或弱约束相矛盾或相冲突，则所标注的强尺寸会自动替换草绘图形中重复的、相互矛盾的“弱尺寸”或“弱约束”。

如果人工添加的尺寸与已有强尺寸或强约束间产生矛盾，系统将弹出如图 2-80 所示的“解决草绘”（Resolve Sketch）对话框，同时在绘图区加亮显示（红色）有冲突的尺寸或约束。在“解决草绘”对话框中，系统会自动列出有冲突的尺寸或约束对象，此时单击 撤消(U) 按钮可取消刚才的操作，而选取列表中某个多余的加亮尺寸或约束并单击 删除(D) 按钮可将其删除。如果单击 尺寸 > 参照(R) 按钮，可将列表中所选取的加亮尺寸转换为参照尺寸。

5. 替换尺寸

替换尺寸是指以新的尺寸标注取代原有的尺寸，但不改变其尺寸编号。替换尺寸相对于删除原尺寸，再标注新尺寸的结果似乎一样，但效果并不相同。尺寸删除后进行重新标注，其尺寸编号会发生改变，因此，并不能维持与原尺寸关系的一致性。

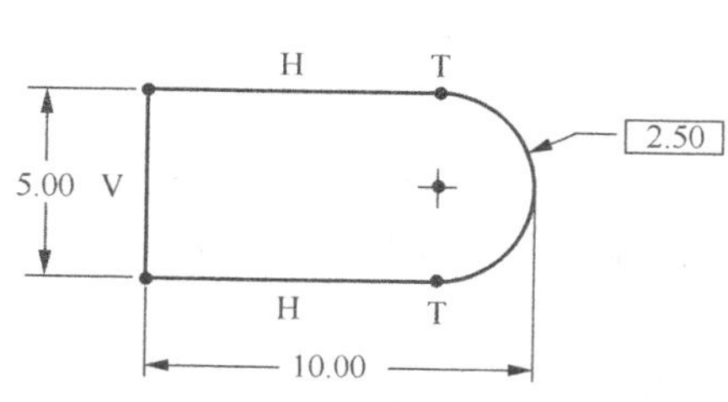

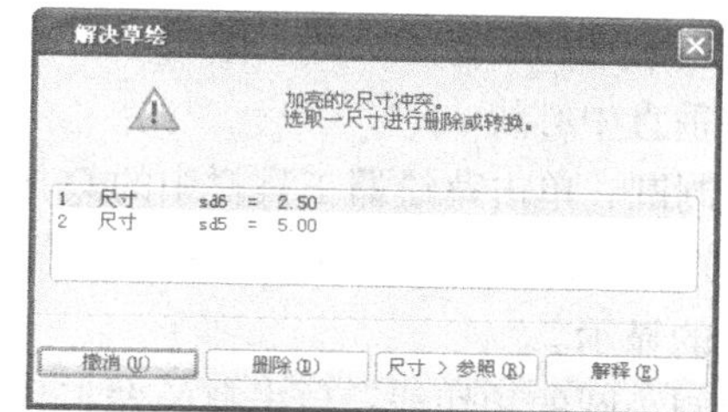

图 2-80 草绘尺寸的冲突

执行尺寸替换操作时，先选择【编辑】(Edit)→【替换】(Replace)命令，并选取一个欲替换的尺寸，此时被选取的尺寸会自动消失，然后要重新选取欲标注的图元对象并单击鼠标中键标注新的尺寸。如图 2-81 所示，两圆弧的距离原先标注的是相切距离尺寸，尺寸编号为 sd8，之后通过标注替换型尺寸将两圆的相切距离更改为两圆圆心的距离，但是其尺寸编号并未发生变化，仍为 sd8。

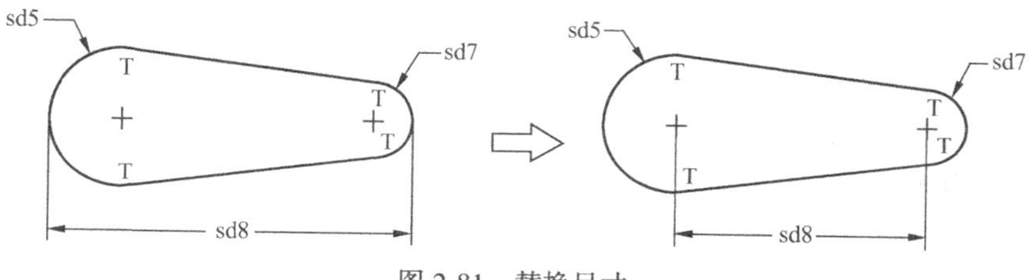

图 2-81 替换尺寸

2.6 草绘范例练习

这里将引导读者完整地草绘两个截面，以掌握绘制截面的基本方法。在绘制截面的过程中，可以使用工具栏中的按钮来放大某个区域，使用按钮来缩小图形，或使用按钮让图形充满整个窗口。另外，利用鼠标的滚轮也可以快速缩放图形，并且配合 Shift 键可以实现图形的快速移动。

2.6.1 草绘截面范例 1

要绘制的截面图形如图 2-82 所示。

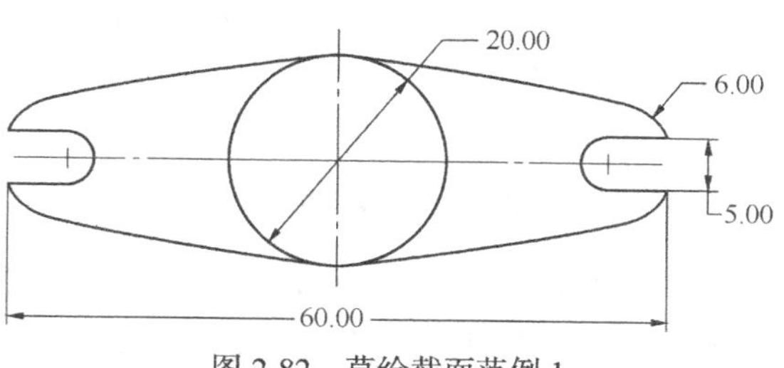

图 2-82 草绘截面范例 1

步骤一 新建草绘截面文件

选择【文件】(File)→【新建】(New)命令，选取“草绘”(Sketch)文件类型并输入文件名“Sample2-1”，然后单击确定按钮进入草绘模式。

步骤二　绘制截面的几何图元

（1）绘制水平和垂直中心线：单击草绘器工具栏中的按钮，用鼠标左键分别绘出一条水平中心线和垂直中心线。

（2）绘制圆：单击草绘器工具栏中的按钮，用鼠标左键捕捉两中心线的交点为圆心绘制一个大圆，并在一侧绘制一个位于水平中心线上的小圆，如图 2-83 所示。此时可单击按钮关闭尺寸标注的显示。

（3）绘制小圆的相切线：单击草绘器工具栏中的按钮，用鼠标左键在小圆上捕捉合适的切点分别绘出上下两条切线（自动约束其长度相等），如图 2-84 所示。

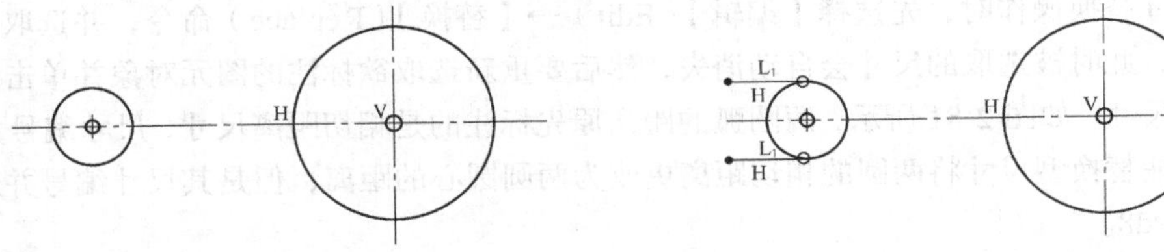

图 2-83　绘制大小两圆　　　　图 2-84　绘制小圆的相切线

（4）绘制圆心端点弧：单击草绘器工具栏中的按钮，捕捉小圆中心为圆心，并经过切线端点绘制出如图 2-85 所示的圆弧。

（5）绘制相切线：单击草绘器工具栏中的按钮，以圆弧的端点为起点分别绘制两条相切于大圆的直线（可以暂时与大圆不相切），如图 2-86 所示。

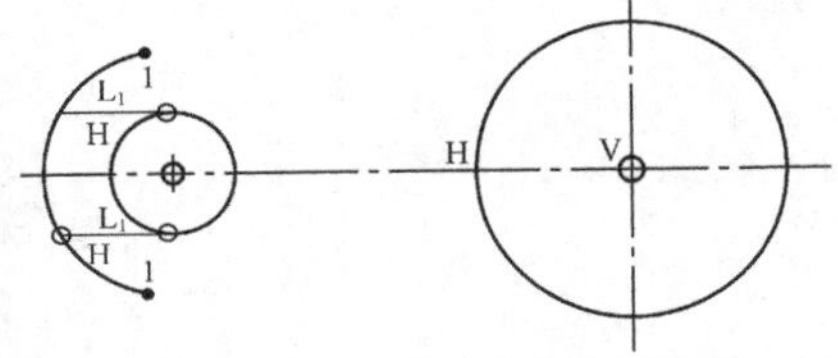

图 2-85　绘制圆心端点弧

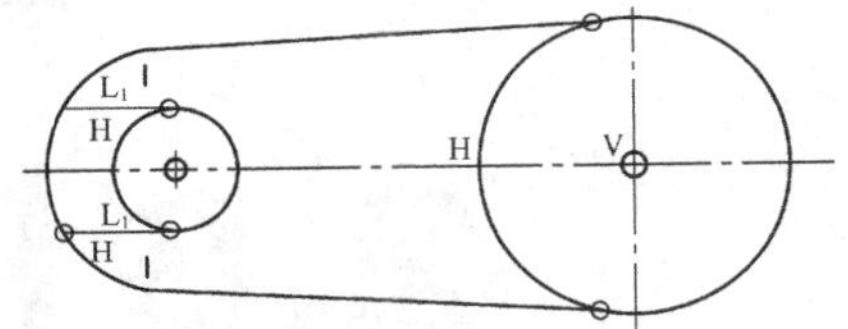

图 2-86　绘制相切线

步骤三　添加必要的约束，并编辑图形

（1）添加相切约束：单击草绘器工具栏中的按钮，然后依次选取要相切的各直线和圆弧，直至显示相切约束符号"T"，如图 2-87 所示。

（2）修剪截面图形中不必要的线段：单击草绘器工具栏中的按钮，然后依次选取小圆和圆弧中不要的部分进行修剪，结果如图 2-88 所示。

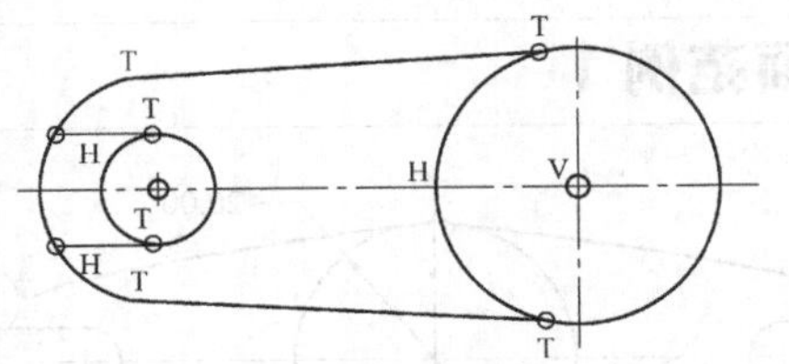

图 2-87　添加相切约束

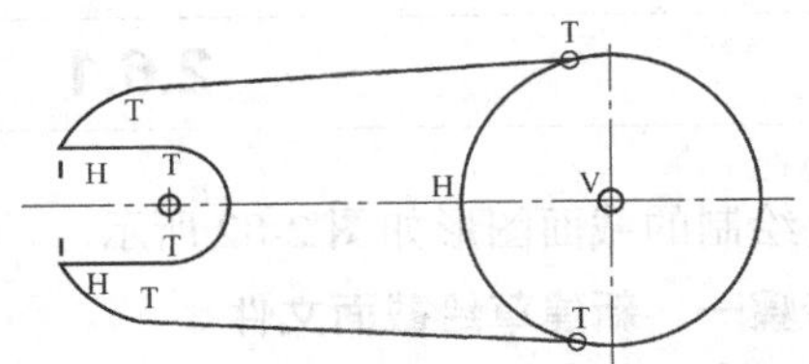

图 2-88　截面图形修剪后的结果

（3）镜像图形：按住 Ctrl 键，用鼠标左键依次选取要镜像的各图元对象（除大圆和中心线外的所有图元），此时选中的图元以红色显示，然后单击草绘器工具栏中的按钮，并选取垂直中心线为镜像线，得到如图 2-89 所示的效果。

步骤四　标注尺寸，并更改尺寸至设计值

（1）单击按钮打开尺寸标注的显示，单击按钮关闭约束符号的显示。

（2）标注尺寸：单击草绘器工具栏中的按钮，根据设计要求依次标注出所需的尺寸，如图 2-90 所示。

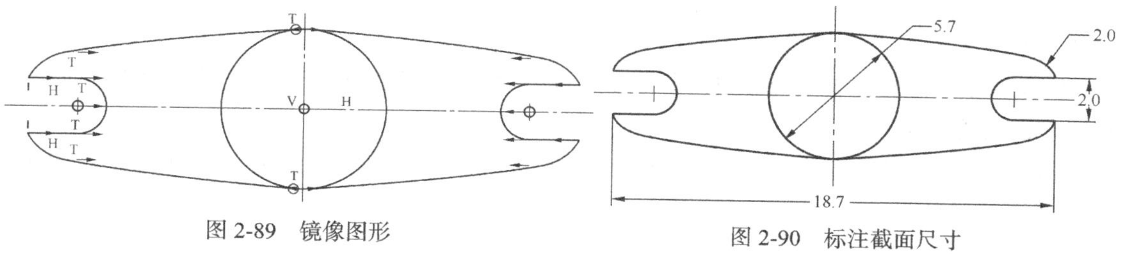

图 2-89　镜像图形　　图 2-90　标注截面尺寸

（3）更改尺寸值：单击草绘器工具栏中的按钮，然后依次选取要修改的各尺寸标注值，并分别将其更改至设计值，如图 2-91 所示。注意，在尺寸更改前一定要先在“修改尺寸”对话框中取消勾选“再生”复选框，即采用延迟修改功能。

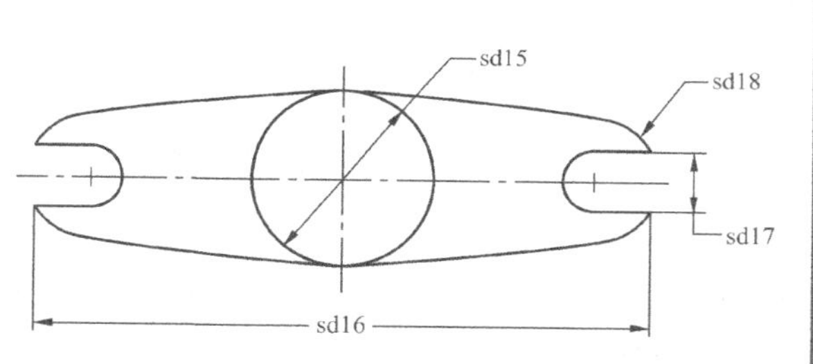

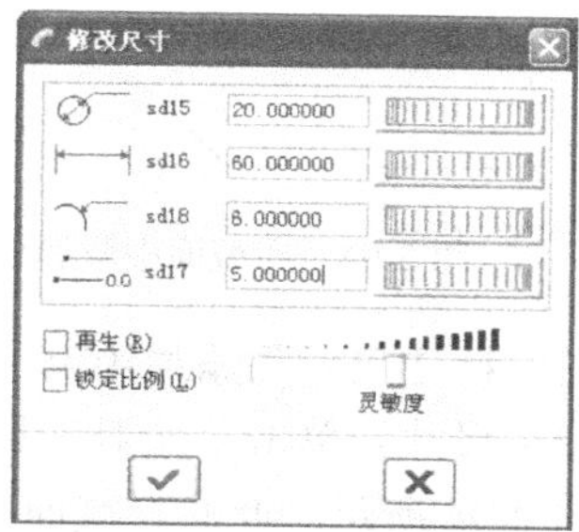

图 2-91　修改截面尺寸

（4）单击“修改尺寸”对话框中的按钮，执行重新生成，此时截面效果如图 2-92 所示。

2.6.2　草绘截面范例 2

要绘制的截面图形如图 2-93 所示。

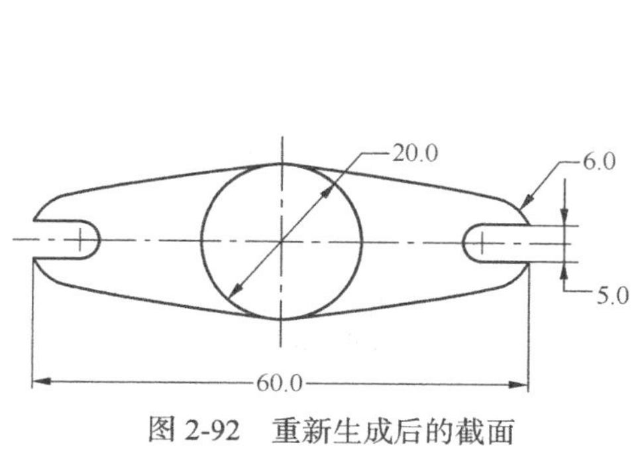

图 2-92　重新生成后的截面

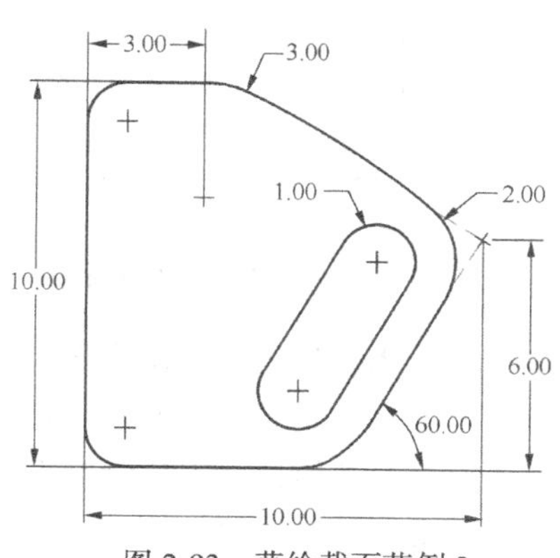

图 2-93　草绘截面范例 2

步骤一　新建草绘截面文件

选择【文件】(File)→【新建】(New)命令，选择“草绘”(Sketch)文件类型并输入文件名“Sample2-2”，然后单击确定按钮进入草绘模式。

步骤二　绘制截面的几何图元并编辑至所需形状

(1)单击按钮关闭尺寸标注的显示。

(2)绘制截面外形：单击草绘器工具栏中的按钮，用鼠标左键绘制连续的折线，形成截面的大致外形。

(3)添加尺寸标注辅助点：单击草绘器工具栏中的按钮，在外形的右侧顶点处添加一个草绘点，如图 2-94 所示。

(4)倒圆角：单击草绘器工具栏中的按钮，然后依次选取要倒圆角的各顶角边，得到如图 2-95 所示的效果。

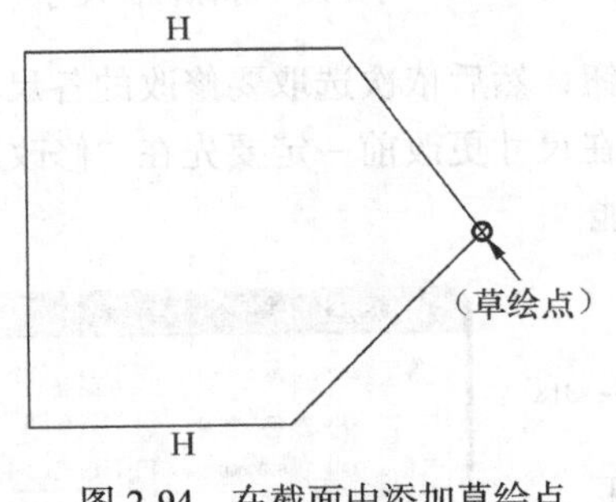

图 2-94　在截面中添加草绘点

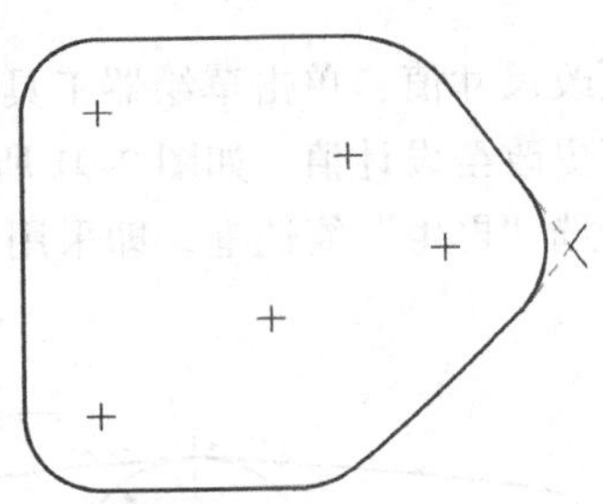

图 2-95　截面倒圆角

步骤三　标注尺寸并添加约束

(1)标注尺寸：单击草绘器工具栏中的按钮，根据设计要求依次标注出外形的各个设计尺寸，如图 2-96 所示。此时，截面中尚有弱尺寸未消除，表示截面欠约束。

(2)添加相等约束：单击草绘器工具栏中的按钮，然后依次选取半径要相等的各圆弧，分别约束其等半径，如图 2-97 所示。

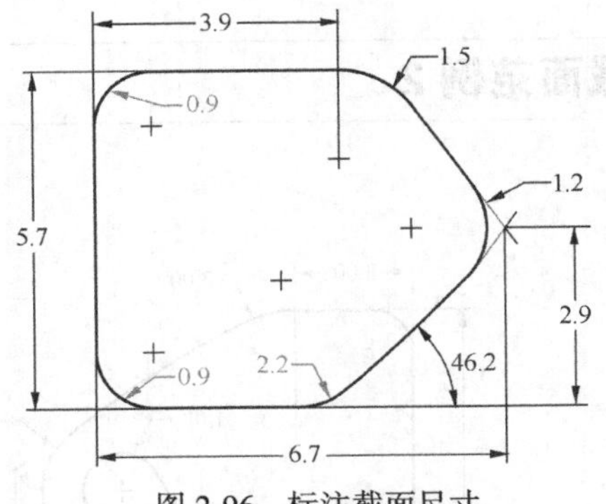

图 2-96　标注截面尺寸

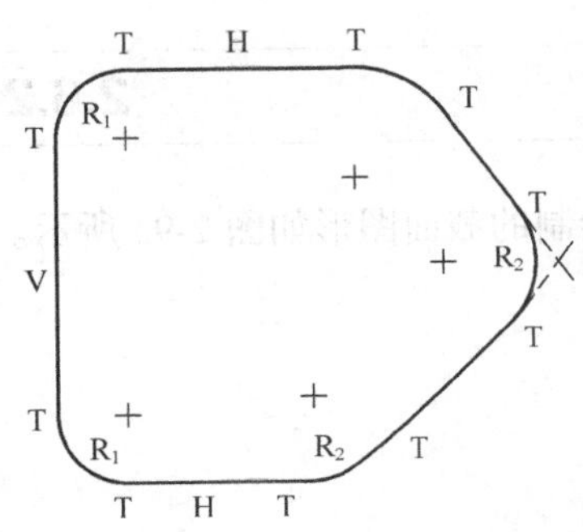

图 2-97　添加半径相等约束

步骤四　修改各尺寸至设计值，并重新生成

(1)单击按钮打开尺寸标注显示，单击按钮关闭约束显示。

(2)更改尺寸值：单击草绘器工具栏中的按钮，然后依次选取要更改的各尺寸标注值，并分别将其更改至设计值。

（3）单击“修改尺寸”对话框的按钮，执行重新生成命令，此时截面外形效果如图 2-98 所示。

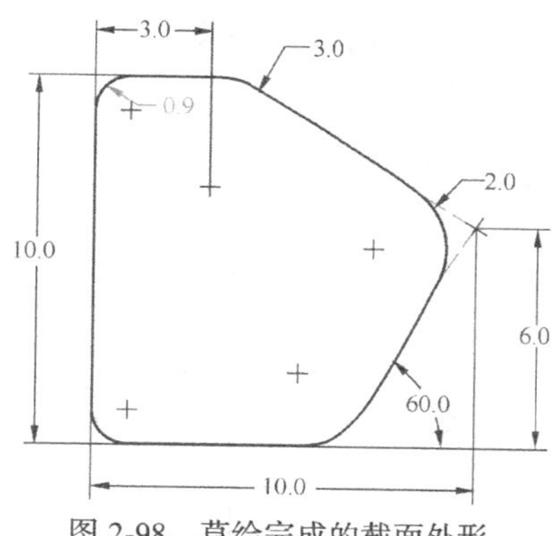

图 2-98　草绘完成的截面外形

步骤五　草绘截面内部形状

（1）绘制小圆：单击草绘器工具栏中的按钮，捕捉两 R_2 圆弧的中心为圆心绘制两个小圆，并自动捕捉其半径与 R_1 相等，如图 2-99 所示。

（2）绘制小圆切线：单击草绘器工具栏的按钮，用鼠标左键捕捉小圆的切点，依次绘制两条相切的直线，如图 2-100 所示。

（3）修剪小圆：单击草绘器工具栏的按钮，然后依次选取两切线间的小圆部分进行修剪，结果如图 2-101 所示。

（4）标注尺寸：单击草绘器工具栏的按钮，在相切的小圆弧上标注其半径值，并双击该值将其修改至设计值 R_1，如图 2-102 所示。

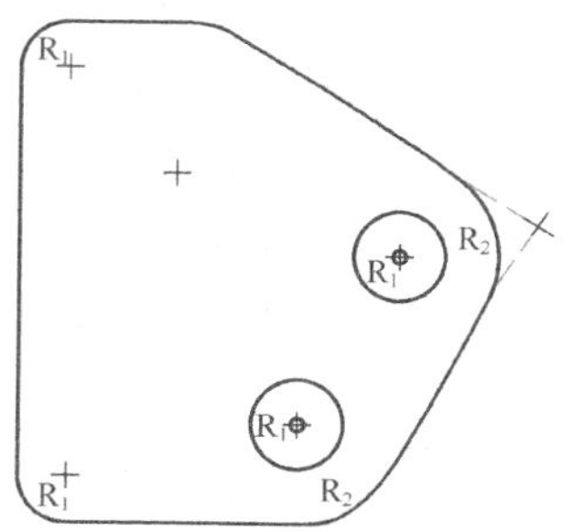

图 2-99　草绘同心的小圆

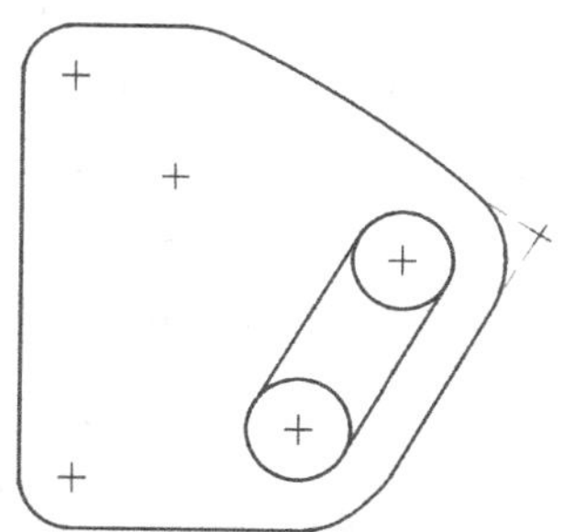

图 2-100　绘制两小圆切线

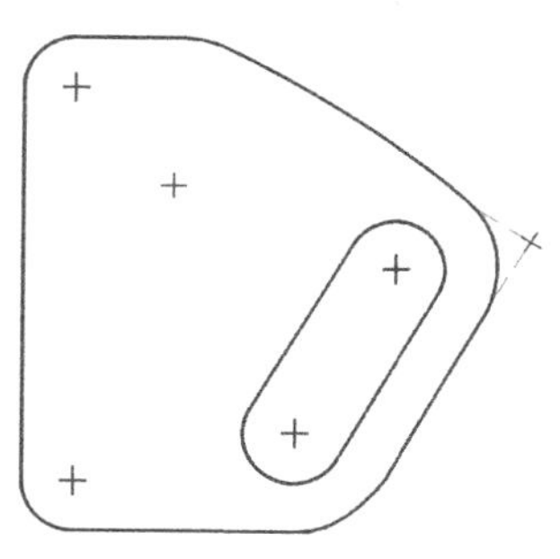

图 2-101　修剪小圆

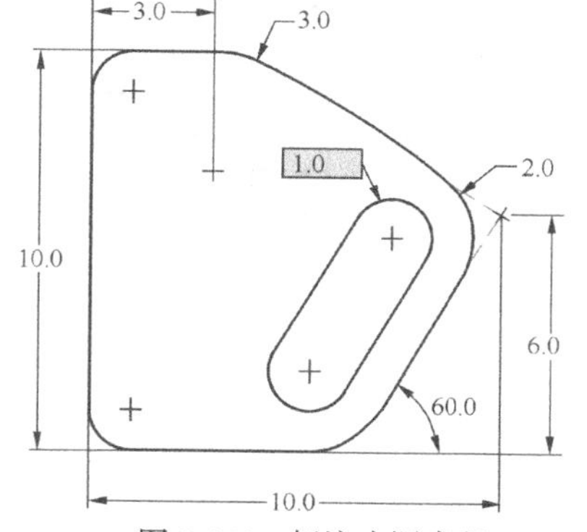

图 2-102　标注小圆半径

练习题

绘制如图 2-103 ~ 图 2-111 所示的截面。

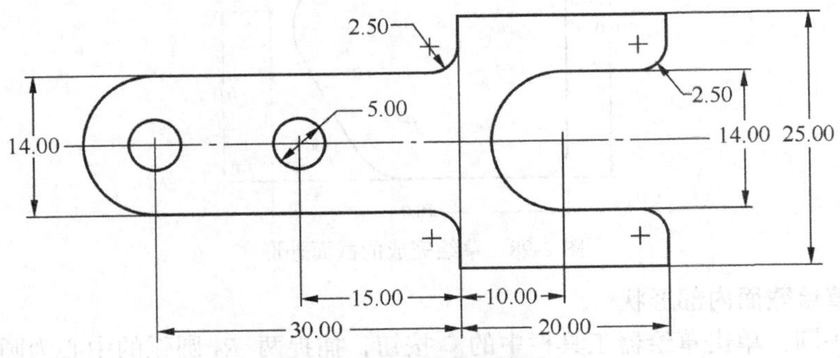

图 2-103 草绘截面练习 1

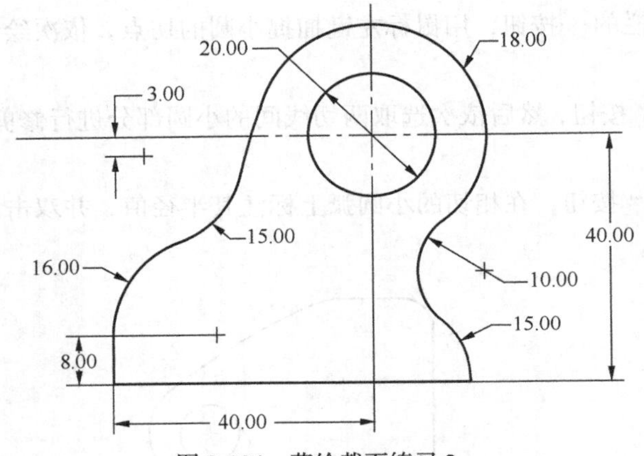

图 2-104 草绘截面练习 2

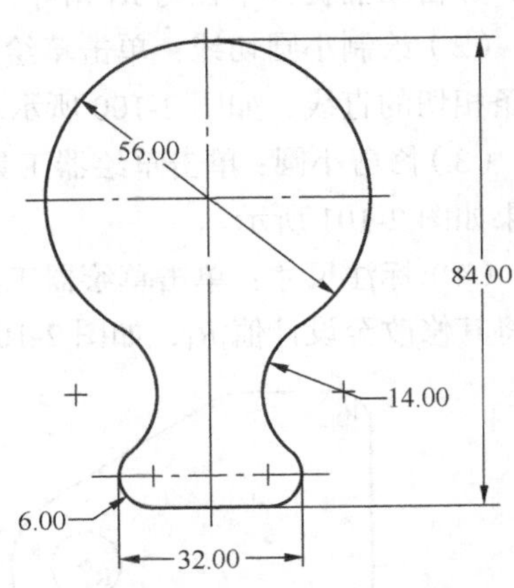

图 2-105 草绘截面练习 3

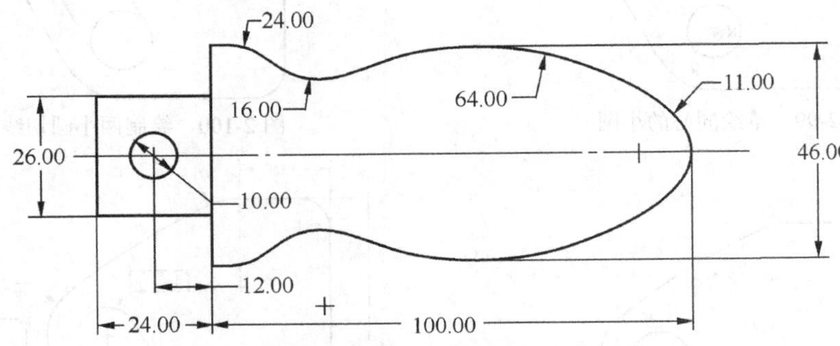

图 2-106 草绘截面练习 4

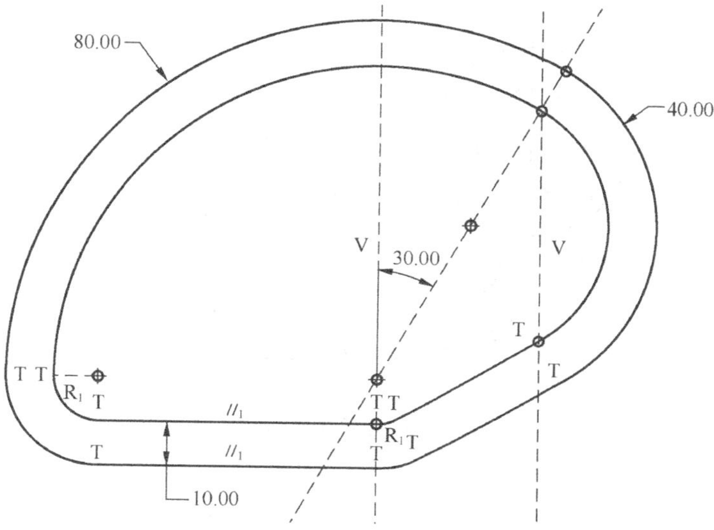

图 2-107　草绘截面练习 5

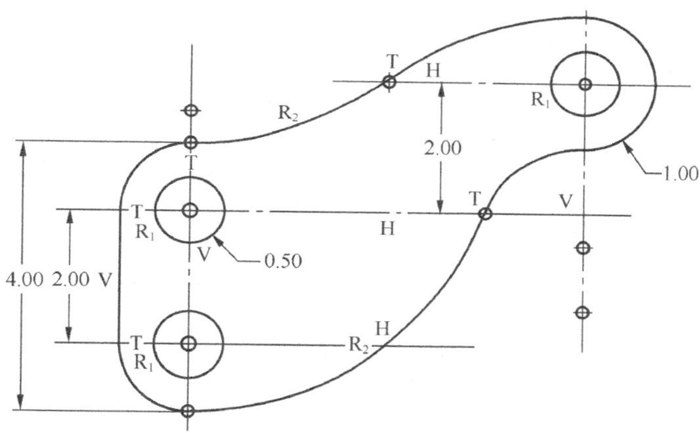

图 2-108　草绘截面练习 6

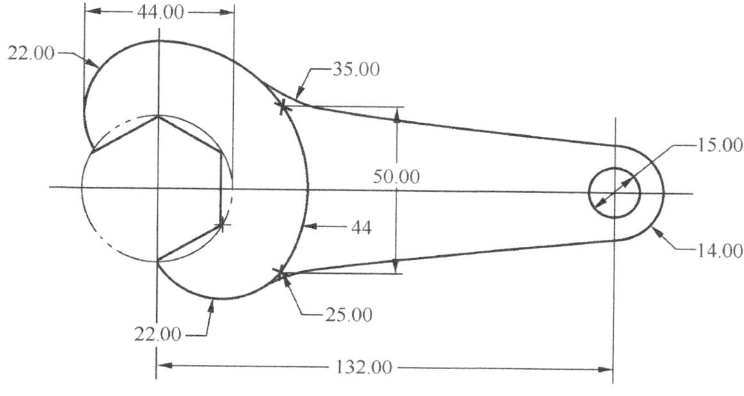

图 2-109　草绘截面练习 7

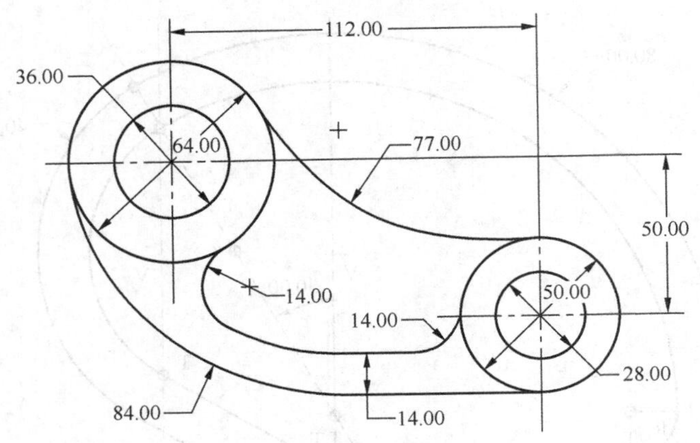

图 2-110　草绘截面练习 8

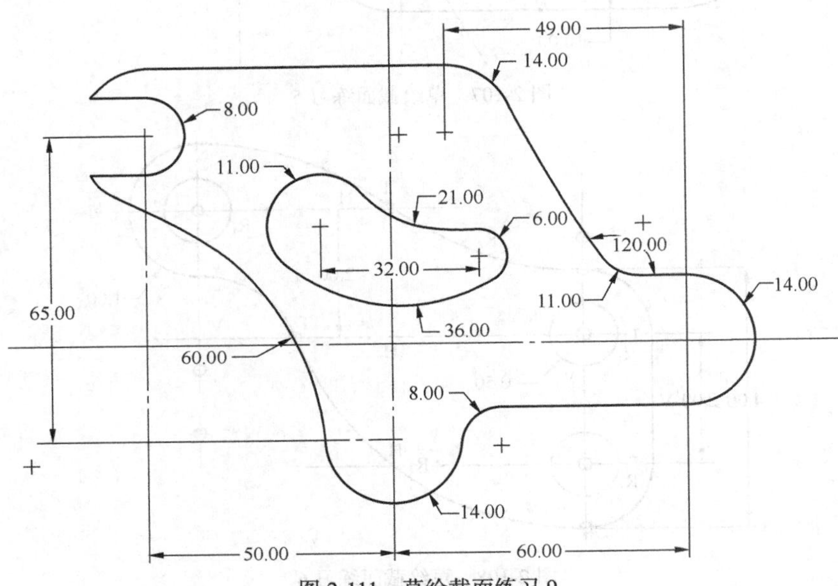

图 2-111　草绘截面练习 9

第3章 基础特征

在 Pro/E 系统中，特征是设计和操作的最基本单元，而基础特征是零件模型中其他特征的基础和载体。基础特征在零件建模时非常重要，常用的创建方式有拉伸、旋转、扫描和混合，根据设计要求要合理选用不同的创建方式。全面掌握基础特征的创建是熟练使用 Pro/E 软件进行工程设计的基本要求。

3.1 Pro/E 零件建模基础

Pro/E 是基于特征的参数化实体造型软件，即零件模型的构造是由各种特征组建而成的，并且模型的形状取决于模型尺寸的变化。零件建模时一定要先对模型进行深入的特征分析，搞清零件模型是由哪些特征组成的，明确各个特征的形状及其相对关系，然后依据特征的主次按一定顺序进行建模。

3.1.1 特征及其分类

1. 实体特征、曲面特征和基准特征

按特征的建模功能不同，在 Pro/E 系统中通常把特征分为实体特征、曲面特征和基准特征 3 种基本类型，如图 3-1 所示。

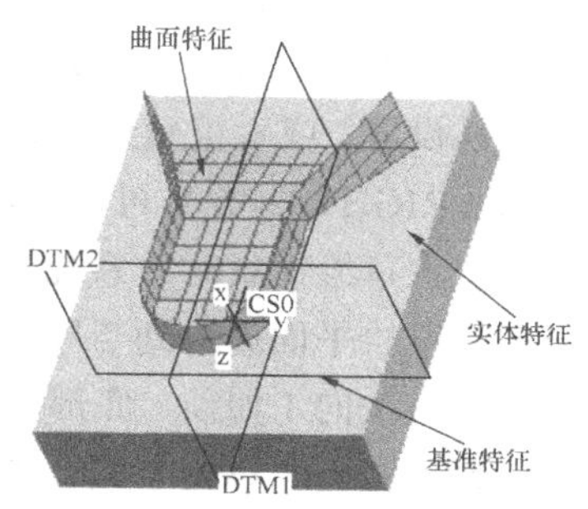

图 3-1 特征的类型

实体特征是零件建模中最常用的一类特征，其具有形状、质量、体积等实体属性。实体特征是使用 Pro/E 进行三维造型设计的主要手段。

曲面特征是一类相对抽象的特征，它没有质量、体积、厚度等实体属性。但是，对特定曲面进行合理的设计和裁剪后可将其作为实体特征的表面，这是曲面特征的一个重要用途。也正是因为有曲面特征的存在，才可以通过曲面造型设计出非

常复杂的实体模型。

基准特征是基准点、基准轴、基准曲线、基准坐标系等的统称。这种特征不是实体特征，它没有质量、体积和厚度，但却是特征创建过程中一种必不可少的辅助设计手段，常用于建立实体特征的放置参照、尺寸参照等。

2. 基础特征和工程特征

在 Pro/E 系统中，按特征创建顺序可将三维模型的特征分为基础特征和工程特征两类。如图 3-2 所示，其中旋转体为首先建立的基础特征，而之后建立的切剪 1、切剪 2 和圆孔 1、圆孔 2 均为工程特征。

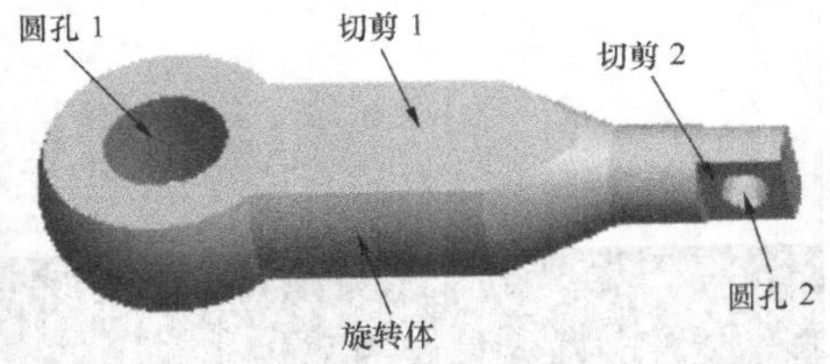

图 3-2 基础特征和工程特征的分类

基础特征是指零件建模时设计者创建的第一个实体特征，往往代表着零件最基本的形状。在 Pro/E 系统中，建立基础特征最基本的 4 种方法是拉伸（Extrude）、旋转（Revolve）、扫描（Sweep）和混合（Blend）。

工程特征是指零件模型中除基础特征以外，后续建立的其他特征。工程特征包括草绘型特征和放置型特征两大类，创建时应注意它们与基础特征之间的相对关系。

3. 草绘型特征和放置型特征

草绘型特征是指在特征创建过程中，设计者必须绘制二维截面才能根据某种形式生成的特征，如拉伸、旋转、混合等。

放置型特征是指系统内部定义好的一些参数化特征，创建过程中设计者只要按照系统的提示选择适当的参照，设定相关的参数即可生成，如圆孔、倒圆角、倒角等。

3.1.2 草绘平面和参考平面的定义

草绘特征截面时，必须定义一个草绘平面（Sketching Plane）和一个参考平面（Reference Plane），且参考平面必须与草绘平面垂直。这里，草绘平面是指用来绘制特征截面的二维平面；参考平面是指用来确定草绘平面放置方位的二维平面，即用来辅助草绘平面定位，诸如基准平面、实体表面、平面型曲面等都可作为草绘平面或参考平面。

定义草绘平面时，系统会显示如图 3-3 所示的“草绘”对话框，用于定义所需的草绘平面和参考平面，并指定草绘视图方向及参考平面的方向。通常，选定草绘平面后，系统会默认选取一个参考平面并设定其方向，如图 3-4 所示。此时可以单击对话框中的 草绘 按钮接受系统的默认设置，或者重新选取参考平面并指定其方向为顶（TOP）、底部（BOTTOM）、左（LEFT）或右（RIGHT），并且可以单击 反向 按钮切换草绘视图方向。

进入草绘模式时，系统会将视角自动调整到纯二维平面绘图的状态，即沿指定的草绘视图方向将草绘平面放置到与屏幕平行的位置。为此，选定草绘平面的同时必须指定一个参考平面并限定其法向（如顶、底部、左、右等），以唯一确定草绘平面的放置方位。以图 3-4 为例，选取模型上表面为草绘平面，并定义右侧面为参考平面（草绘视图方向朝下），则进入草绘模式时草绘平面的放置状态会随参考平面法向设定的不同而各异，如图 3-5 所示。

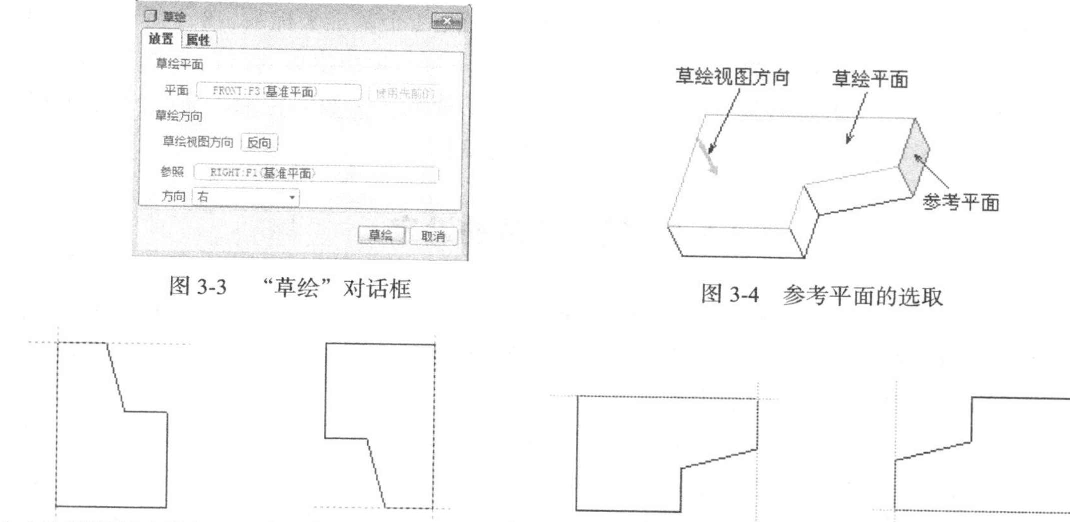

图 3-3 “草绘”对话框

图 3-4 参考平面的选取

（a）参考平面方向朝上 （b）参考平面方向朝下 （c）参考平面方向朝右 （d）参考平面方向朝左

图 3-5 草绘平面放置与参考平面方向设定的关系

如果选取基准平面为草绘平面或参考平面，则需注意其法向的认定。在 Pro/E Wildfire 5.0 中，基准平面有两种默认的显示形式，即褐色和灰色。系统关于基准平面法向的约定是：基准平面的正向由该平面的褐色侧表示，灰色侧代表其负向。因此，草绘过程中如选取某基准平面作为草绘平面或参考平面，其法向的设定是相对基准平面的正向侧而言的。

3.1.3 模板模型的设定

从 Pro/E 2000i^2 版本开始，系统允许新建文件时自动调用“模板模型”，以提高设计的效率。如新建零件文件时，系统默认勾选对话框的“使用缺省模板”（Use default template）复选框，如图 3-6 所示，此时模型采用的是英制单位系统。如果取消对“使用缺省模板”复选框的勾选，系统将显示“新文件选项”（New File Options）对话框，以指定其他的模板模型，如图 3-7 所示。

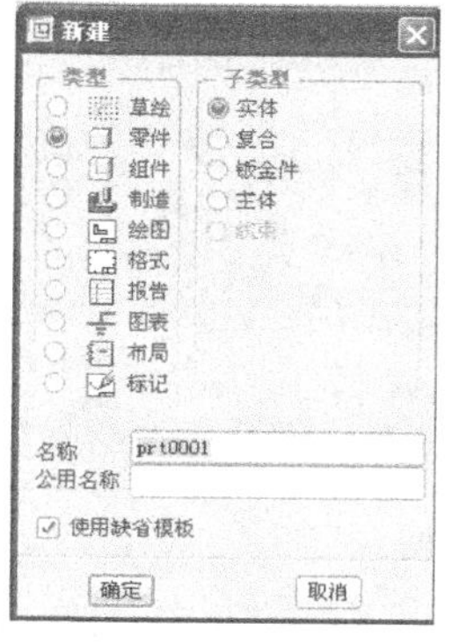

图 3-6 “新建”对话框

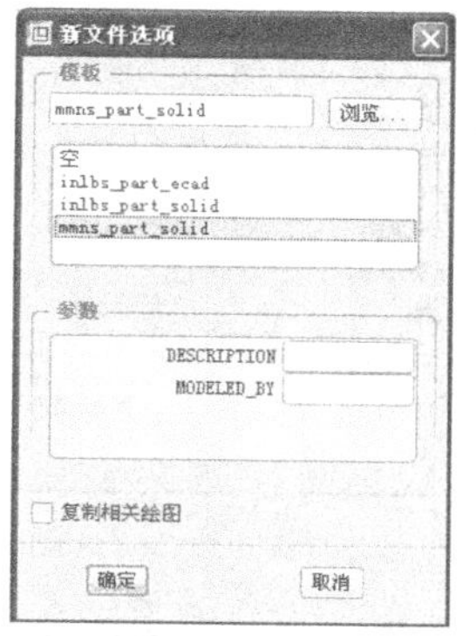

图 3-7 “新文件选项”对话框

在“新文件选项”对话框中，系统对实体零件提供了英制和公制两类设计环境，即 inlbs_part_solid（英制零件）、mmns_part_solid（公制零件）两种内置的模板模型。采用内置的模板模型，系统会自动定义 1 套单位系统、3 个基准平面、1 个基准坐标系、8 个图层、7 类视图等设置。当然，也可以选择“空”（Empty）选项，即不进行模板模型的预先设置，或者单击 浏览... 按钮选取自定义的模板模型。同时，可以在对话框的“参数”栏加入模板模型的描述（DESCRIPTION）与建模者名字（MODELED_BY）等信息。

3.1.4　模型单位的设定

所有 Pro/E 模型都定义了长度、质量/力、时间和温度单位。Pro/E 缺省模板采用的是英制单位系统（英寸和磅）。本书主要采用公制单位系统，即长度单位为毫米（mm），质量单位为牛顿（N），时间为秒（sec），温度为摄氏度（℃）。

在 Pro/E 零件模式下，可以采用两种方式对模型单位进行设定：一是利用系统配置文件 Config.pro 预先设置模型的单位系统，即选择【工具】（Tools）→【选项】（Options）命令预先设置系统配置文件选项 pro_unit_length 和 pro_unit_mass 的值；二是选择【文件】（File）→【属性】（Properties）→【单位】（Units）→【更改】（change）命令，临时设置、创建、更改或删除模型的单位系统。

在零件模式下，选择【文件】（File）→【属性】（Properties）命令将弹出“模型属性”对话框，如图 3-8 所示。单击对话框中的【单位】（Units）→【更改】（change）命令，将显示如图 3-9 所示的“单位管理器”（Units Manager）对话框，系统在“单位制”（Systems of Units）选项卡中提供了 7 种预定义单位系统。

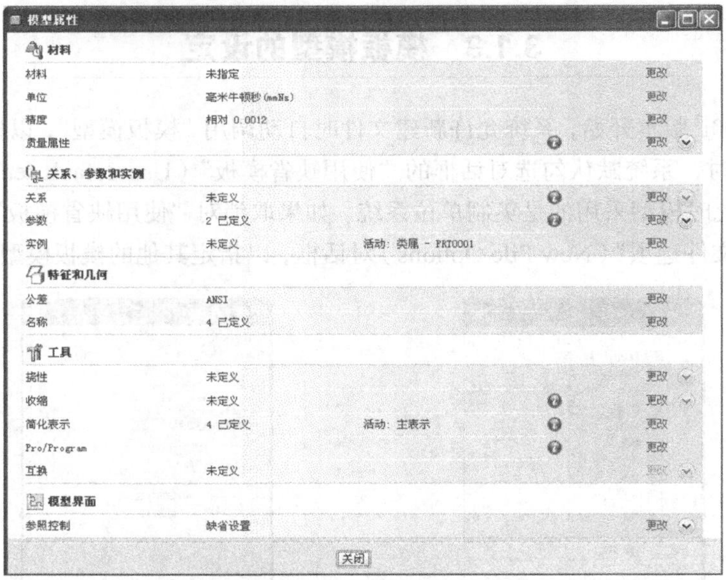

图 3-8　模型属性对话框

其中，红色箭头指向的是当前模型所采用的单位系统。系统允许更改模型的当前单位系统，或者单击 新建... 按钮自定义所需的单位系统。如果要改变模型的当前单位系统，应在列表中先选取欲设定的单位系统，然后单击 ➜设置... 按钮弹出警告对话框，如图 3-10 所示，从中指定模型单位变更的形式并单击 确定 按钮结束。

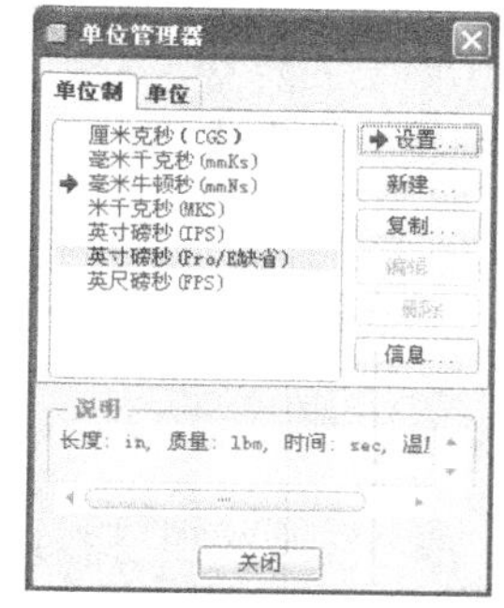

图 3-9 “单位管理器”对话框

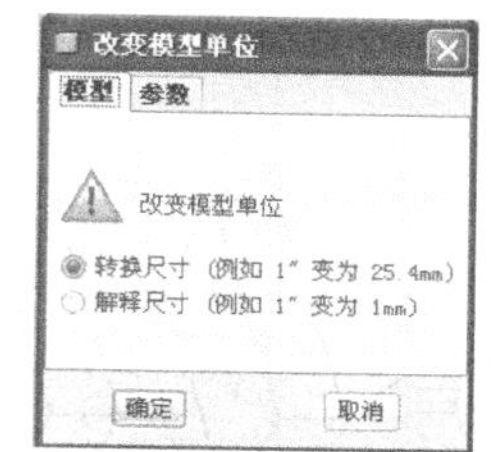

图 3-10 单位系统的变更

1. 转换尺寸

转换尺寸（Convert dimensions）表示按相同大小（Same Size）执行单位变更，即单位改变后零件模型大小（体积）保持不变，仅通过尺寸值缩放将原来的单位换算成新的单位系统。例如，长度单位原来是英寸，当单位系统改为公制后，系统会自动乘以 25.4 将其换算成毫米。但是，模型中的自定义参数和角度尺寸不会进行换算。

2. 解译尺寸

解译尺寸（Interpret dimensions）表示按相同尺寸（Same Dims）执行单位变更，即单位改变后保持零件模型的尺寸数值不变，而模型大小会因不同单位系统而改变。例如，单位由英寸改为毫米时，原有模型的 1in 将变更为 1mm，尺寸数值保持不变，但模型实际长度却缩小了 25.4 倍。

3.1.5 模型材料的设定

为了保证零件设计数据的完整性，通常会在设计过程中记录模型所使用的材料信息。设定模型材料时，选择【文件】(File) →【属性】(Properties) →【材料】(Material) →【更改】(change) 命令，系统显示如图 3-11 所示的“材料”(Material) 对话框，用于指定、创建和修改材料数据。

3.1.6 基础特征生成的一般原理

无论是创建实体特征或曲面特征，往往都要草绘二维的特征截面，然后由草绘截面生成三维实体或曲面特征。根据特征生成原理的不同，可划分出 4 种最基本的特征创建方式，即拉伸、旋转、扫描和混合。下面以图例简要说明。

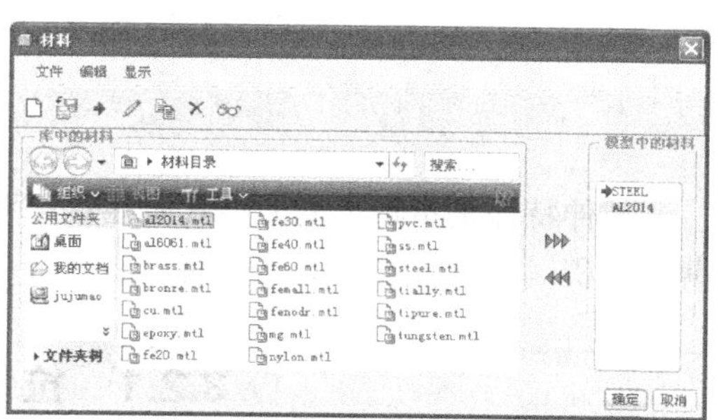

图 3-11 “材料”对话框

1. 拉伸

拉伸（Extrude）是指特征截面沿其垂直方向长出或切出一个实体或曲面，如图 3-12 所示，特征沿拉伸方向具有等截面属性。

2. 旋转

旋转（Revolve）是指将特征截面绕着一条中心线旋转，长出或切出一个实体或曲面，如图 3-13 所示，特征具有轴对称属性。

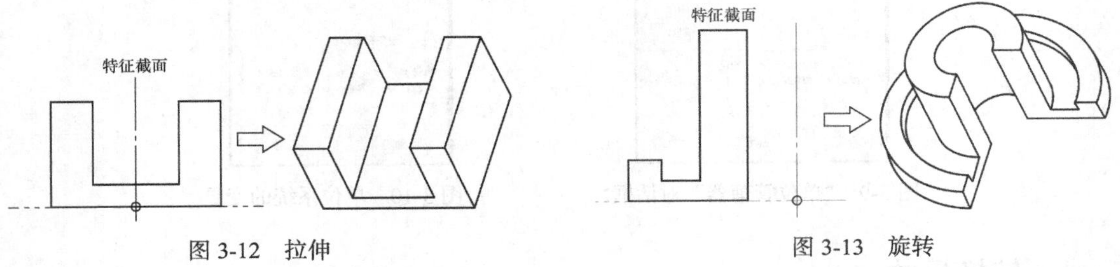

图 3-12 拉伸　　图 3-13 旋转

3. 扫描

扫描（Sweep）是指一个截面沿一条轨迹线扫出一个实体或曲面，如图 3-14 所示，特征在轨迹的正交方向上具有等截面属性。

4. 混合

混合（Blend）是指两个以上的一系列截面依序连接成一个实体或曲面，如图 3-15 所示。

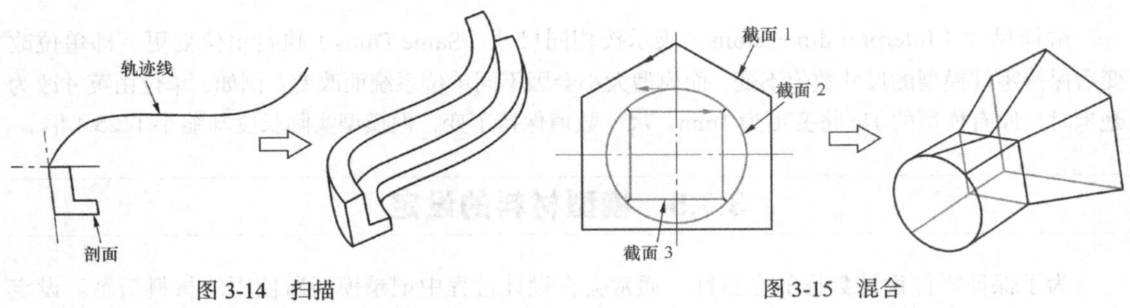

图 3-14 扫描　　图 3-15 混合

3.2 拉伸

拉伸特征是指特征截面沿其所在草绘平面的法线方向，垂直此截面长出的曲面、实心体或薄体体积。它适合于构造等截面特征。

3.2.1 拉伸操作的一般流程

1. 设置拉伸特征类型

（1）单击特征工具栏中的按钮，或者选择【插入】（Insert）→【拉伸】（Extrude）命令。

（2）显示拉伸操控板，如图 3-16 所示，单击操控板中的按钮以建立实体特征，或单击按钮以建立曲面特征。

图 3-16　拉伸操控板

2. 绘制特征截面

（1）单击拉伸操控板中的 放置 按钮，弹出如图 3-17 所示的“放置”下拉菜单，然后单击 定义... 按钮以定义草绘截面。

（2）显示如图 3-18 所示的“草绘”对话框，选取或创建某平面为草绘平面，并指定合适的参考平面及其方向。此时，允许单击 反向 按钮切换草绘视图的方向，即草绘平面上黄色箭头的指向。

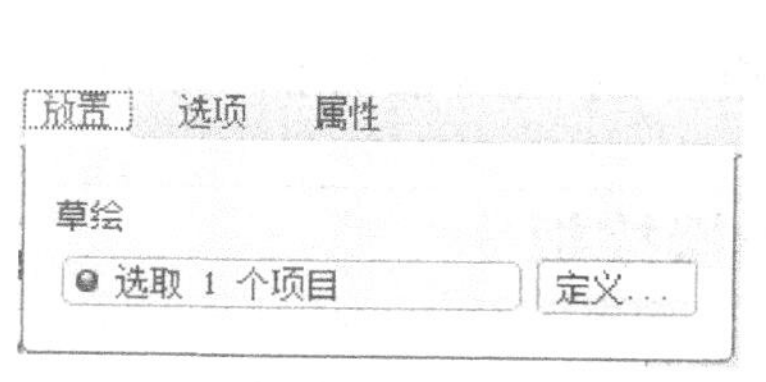

图 3-17　“放置”下拉菜单

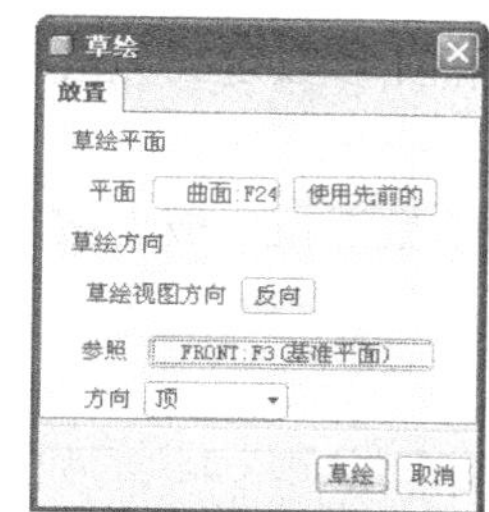

图 3-18　定义草绘平面和参考平面

（3）单击 草绘 按钮进入草绘模式，选择【草绘】（Sketch）→【参照】（Reference）命令以定义草绘参照。如图 3-19 所示，在“参照”（References）对话框中可以单击 关闭(C) 按钮接受系统的默认指定，或者单击 删除(D) 按钮删除指定的草绘参照，然后单击按钮重新选取合适的草绘参照，如基准面、点、轴、边或坐标系等。

在“参照”对话框中， 剖面(X) 按钮用于选取与草绘平面相交的曲面，并取其交线作为参照，而“选取”（Select）下拉列表中提供了 4 种筛选方式来选取现有参照，如图 3-20 所示。其中，“使用边/偏距”（Use Edge/Offset）表示选择使用及按钮所定义的参照；“所有无量纲的参照”（All Non-Dim.Refs）表示选取所有的非尺寸参照；“链参照”（Chain Refs）表示选取串联边参照；“所有参照”（All References）表示选取全部参照。

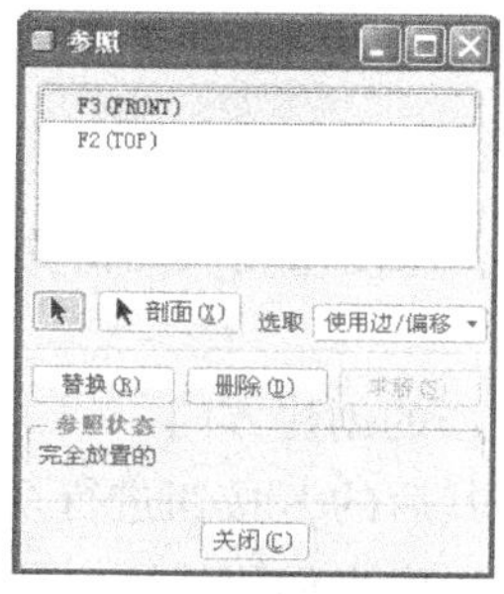

图 3-19　定义草绘参考

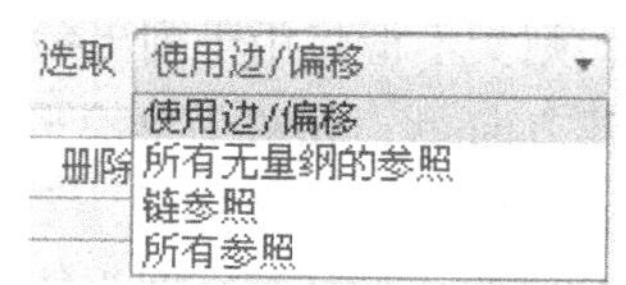

图 3-20　草绘参照的筛选方式

（4）绘制特征截面或调取已有截面作为当前的特征截面，之后单击按钮结束。

值得注意的是，创建实心体拉伸特征时，绘制的草绘截面必须闭合，如果是开口截面，则其开口处线段端点必须对齐零件模型的已有边线。如草绘截面是由多个封闭环组成，则要求封闭环之间不能相交，但可以嵌套。而创建薄体拉伸特征或曲面拉伸特征时，其草绘截面可以是闭合或开放的。

3. 设置拉伸特征的参数

（1）在拉伸操控板中定义拉伸的深度方式、深度方向并输入相应的数值，如图 3-21 所示。

（2）如果是切除材料特征，可单击按钮进行设置，并允许单击按钮改变材料的去除区域。如果是薄体特征，可单击按钮设置薄体的厚度以及厚度方向，如图 3-22 所示。

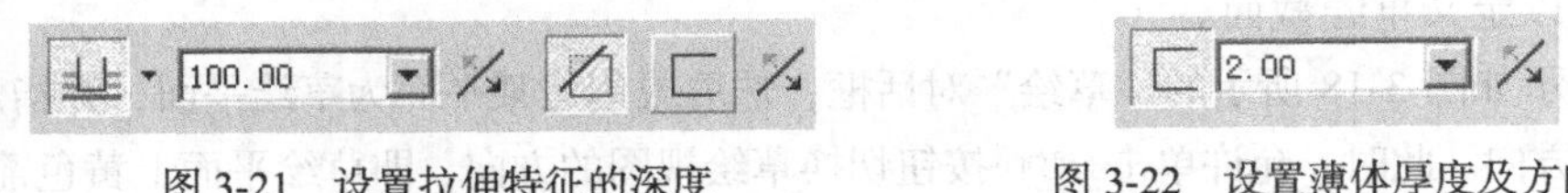

图 3-21　设置拉伸特征的深度　　　图 3-22　设置薄体厚度及方向

（3）所有特征参数定义完成后，单击拉伸操控板中的按钮预览特征，或者单击按钮生成特征。

（4）改变模型视角，或者按 Ctrl+D 组合键将模型切换至标准视角，查看模型的最终效果。

3.2.2　拉伸操控板

在 Pro/E Wildfire 5.0 中，拉伸特征功能有了相当大的改变，很多的拉伸操作都被整合到拉伸操控板中，如图 3-23 所示，这大大缩减了选择命令的次数，提高了操作的便捷性。下面分别对操控板中各按钮的功能进行说明。

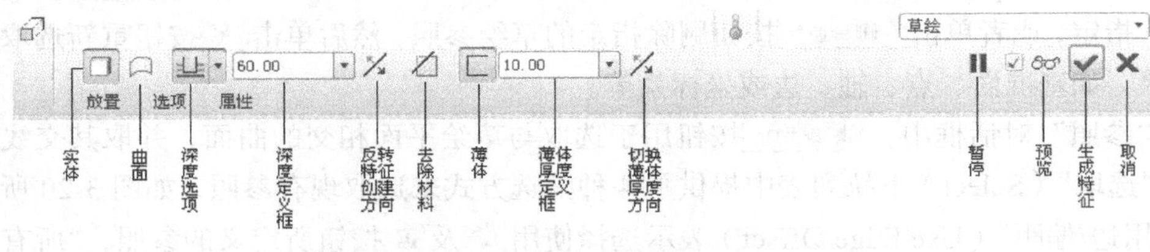

图 3-23　拉伸操控板

1. 拉伸操控板的对话栏

实体：以实体的方式创建拉伸特征。

曲面：以曲面的方式创建拉伸特征。

深度选项：定义拉伸特征的深度类型及其深度值，深度值在其后的文本框中输入。如果需要深度参照，则文本框将用于列出参照摘要。

反转特征创建方向：相对于草绘平面，切换拉伸特征的创建方向。

去除材料：创建拉伸切除特征，去除材料侧可单击其后的按钮进行切换。

薄体：创建薄体拉伸特征，即为特征截面指定等量厚度来创建特征。可单击其后的按钮依次切换厚度的设置方向：草绘的一侧、草绘的另一侧和草绘的两侧。

暂停：暂停当前命令的操作，之后可单击按钮进行恢复。

预览：预览当前命令执行的效果。

生成特征：执行当前的特征创建命令。

取消：取消当前的特征创建命令。

2. 拉伸操控板的下拉菜单

单击放置按钮可打开如图 3-24 所示的“放置”下拉菜单，用于定义草绘特征的二维截面。单击其中的定义...按钮，可进入草绘模式创建或更改特征截面。

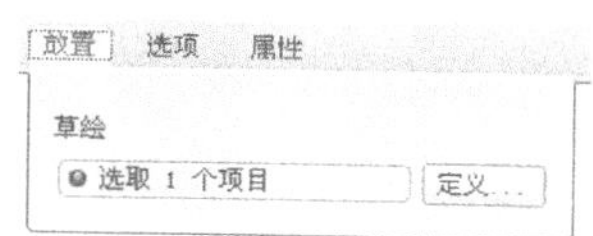

图 3-24 “放置”下拉菜单

单击选项按钮可打开“选项”下拉菜单，以定义特征的拉伸深度，如图 3-25 所示。其中，“封闭端”复选框表示以封闭端创建曲面特征。

单击属性按钮可打开“属性”下拉菜单，用于编辑特征的名称，并在 Pro/E 浏览器中显示特征信息，如图 3-26 所示。

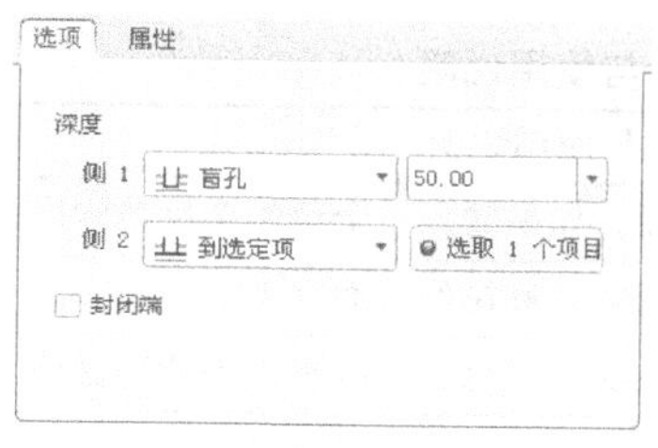

图 3-25 “选项”下拉菜单

图 3-26 “属性”下拉菜单

3.2.3 拉伸特征类型

拉伸特征有 4 种基本类型：“长出”、“切除”、“曲面拉伸”和“曲面修剪”，配合按钮可创建更多的特征类型。常见的拉伸特征类型及其对应的操控板使用见表 3-1。

表 3-1 拉伸特征类型及其对应的操控板使用

特征类型	操控板的使用	特征模型
实体长出	60.00	
薄体长出	60.00　3.00	
实体切除	60.00	
薄体切除	60.00　3.00	
曲面拉伸	60.00	
曲面修剪	60.00　面组　1个项目	

3.2.4 拉伸特征的深度定义

创建拉伸特征时必须指定其深度，在特征操控板中系统提供了 6 种不同的深度定义形式，如图 3-27 所示。表 3-2 为各种深度定义形式及功能与使用说明，具体应用如图 3-28 所示。

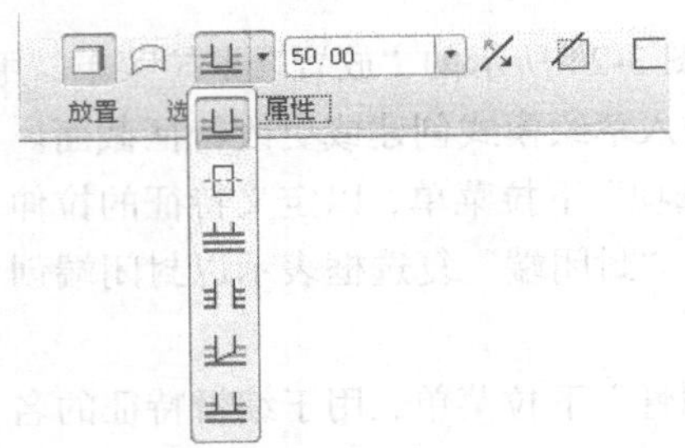

图 3-27 拉伸特征的深度定义

表 3-2 拉伸特征的深度定义形式及功能与使用说明

深度定义形式	功能与使用说明
盲孔（Blind）	自草绘平面以指定的深度值拉伸截面，如果输入一个负值会反转深度方向
对称（Symmetric）	按指定深度值的一半，向草绘平面两侧对称拉伸截面
到下一个（To Next）	沿拉伸方向自动拉伸截面至下一个曲面。注意，基准平面不能用做终止曲面
穿透（Thru All）	沿拉伸方向拉伸截面，使之与所有的曲面相交，即贯穿整个零件
穿至（Thru Until）	沿拉伸方向拉伸截面至选定的曲面或基准平面，该曲面需与拉伸特征相接
到选定项（To Selected）	沿拉伸方向拉伸截面至一个选定的点、曲线、基准平面或曲面，类似于【穿至】命令

如果特征是向两侧不对称拉伸，则需分别指定两侧的深度值。具体操作方法是打开拉伸操控板的“选项”下拉菜单，从中分别定义“侧 1”和“侧 2”的深度，如图 3-29 所示。

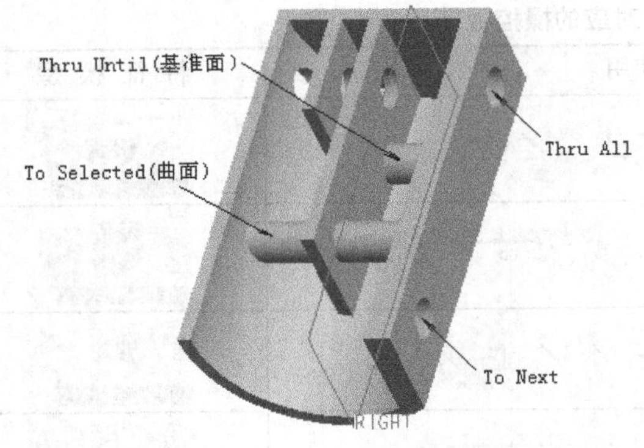

图 3-28 深度定义的图例说明

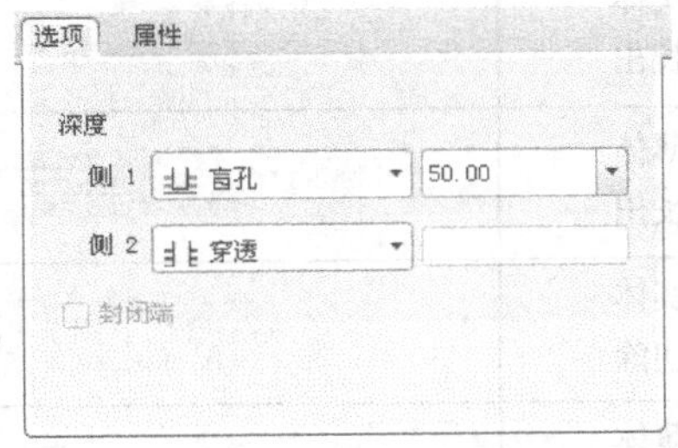

图 3-29 定义两侧的不同深度

3.2.5 范例练习

例 3-1 参照图 3-30 所示，创建轴承座零件。

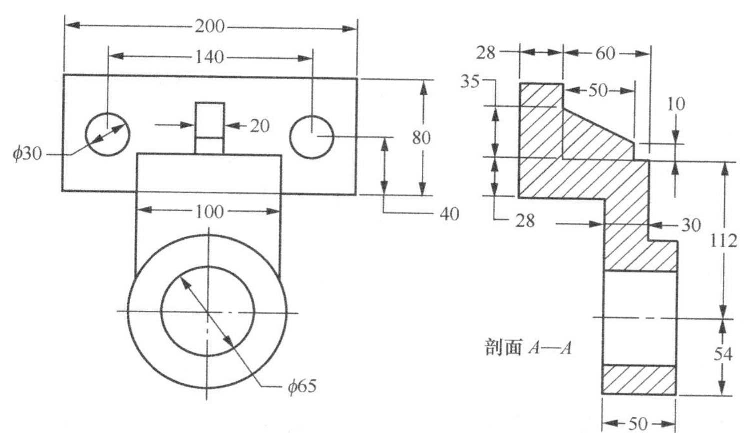

图 3-30　轴承座零件

步骤一　建立底座特征

（1）选择【文件】（File）→【新建】（New）命令，并输入文件名“Sample3-1”新建 Part 文件，此时系统会自动建立 3 个默认基准面。

图 3-31　拉伸操控板

（2）单击特征工具栏中的按钮，显示如图 3-31 所示的拉伸操控板。

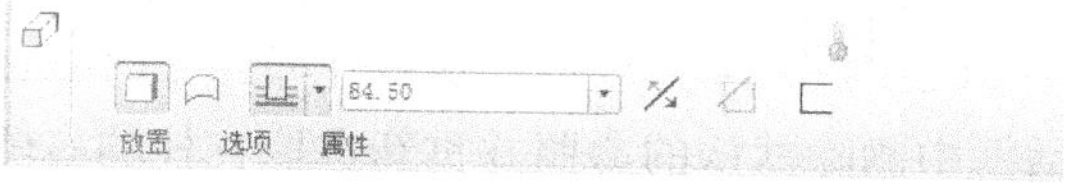

（3）打开“放置”下拉菜单并单击定义...按钮，然后选取 TOP 面为草绘平面并使草绘视图方向朝下，默认选取 RIGHT 面为参考平面并使其方向朝右。

（4）单击“草绘”对话框中的草绘按钮进入草绘模式，接受系统对草绘参照的默认指定（即 FRONT 面和 RIGHT 面），绘制如图 3-32 所示的截面，单击✔按钮结束草绘。

（5）按照图 3-33 所示定义特征的深度，并单击按钮使特征生长方向朝下，之后单击✔按钮生成特征，如图 3-34 所示。

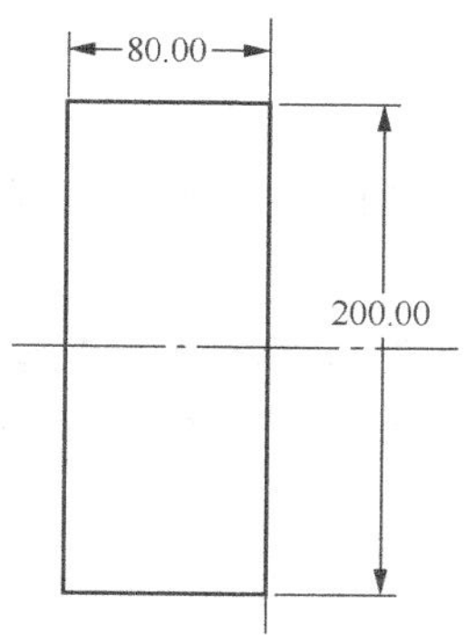

图 3-32　基本体的特征截面

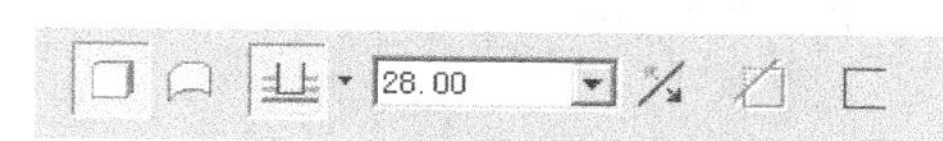

图 3-33　定义特征的深度

步骤二　建立支柱特征

（1）单击特征工具栏中的按钮，按照上述方法选取 FRONT 面为草绘平面并使草绘视图方向朝内，默认选取 RIGHT 面为参考平面并使其方向朝右。

（2）单击“草绘”对话框中的草绘按钮进入草绘模式，然后接受默认指定的草绘参照（RIGHT 面和 TOP 面），绘制如图 3-35 所示的截面，单击✔按钮结束。

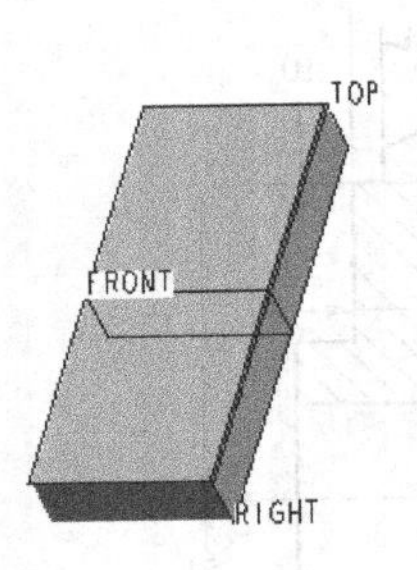

图 3-34 基本体特征

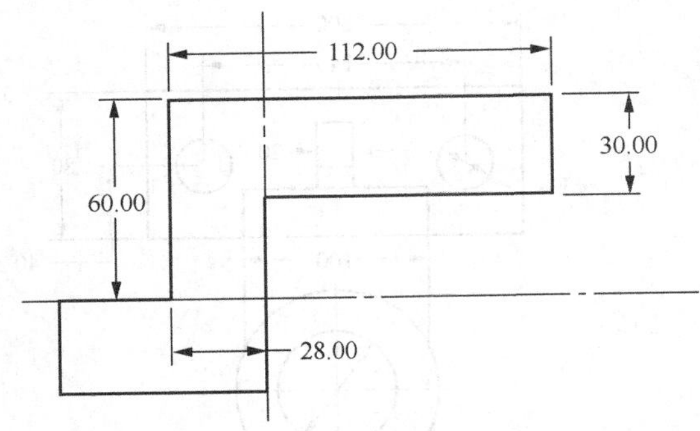

图 3-35 草绘截面

（3）在特征操控板中定义特征拉伸深度为 100mm，特征生长方向为双向对称（ ），单击 按钮完成拉伸，模型显示效果如图 3-36 所示。

（4）单击特征工具栏中的 按钮，参照上述方法选取 FRONT 面为草绘平面并使草绘视图方向朝内，默认选取 RIGHT 面为参考平面并使其方向朝右。

（5）进入草绘模式，选择【草绘】(Sketch)→【参照】(Reference) 命令，在“参照”对话框中删除默认的参照并重新选取支柱的右侧面和底面为草绘参照，然后绘制如图 3-37 所示的旋转截面并单击 按钮结束。

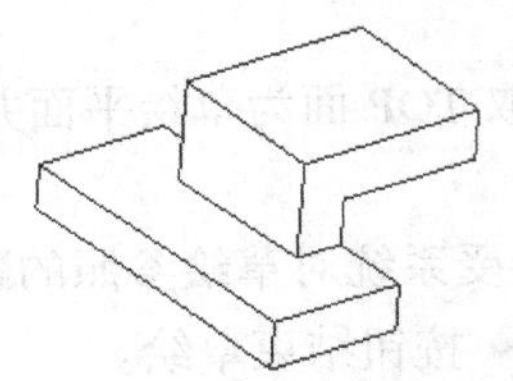
图 3-36 模型显示效果

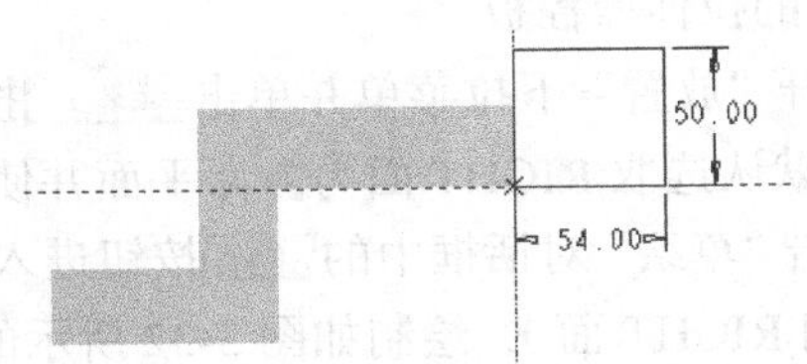

图 3-37 草绘旋转特征的截面

（6）在特征操控板中定义旋转角度为 360°，单击 按钮生成特征，模型显示效果如图 3-38 所示。

步骤三 建立凹孔特征

（1）单击特征工具栏中的 按钮，选取圆柱顶面为草绘平面并使草绘视图方向朝下，选取 FRONT 面为参考平面并使其方向朝下。

（2）进入草绘模式后，默认指定 FRONT 面和 RIGHT 面为草绘参照，并选择【草绘】(Sketch)→【参照】(Reference) 命令添加圆弧线为草绘参照，然后绘制如图 3-39 所示 ϕ65mm 的圆形截面并单击 按钮结束。

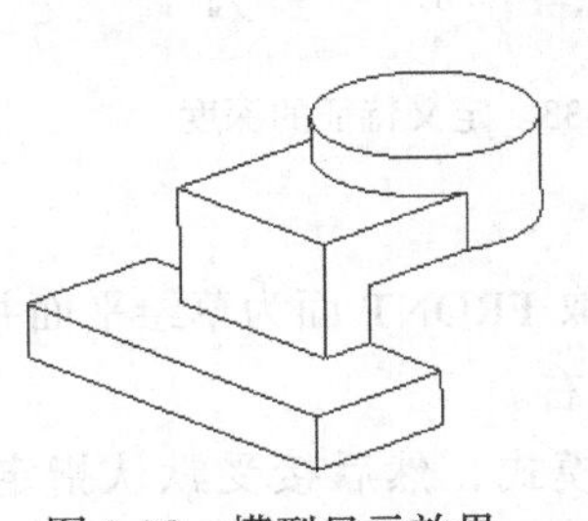
图 3-38 模型显示效果

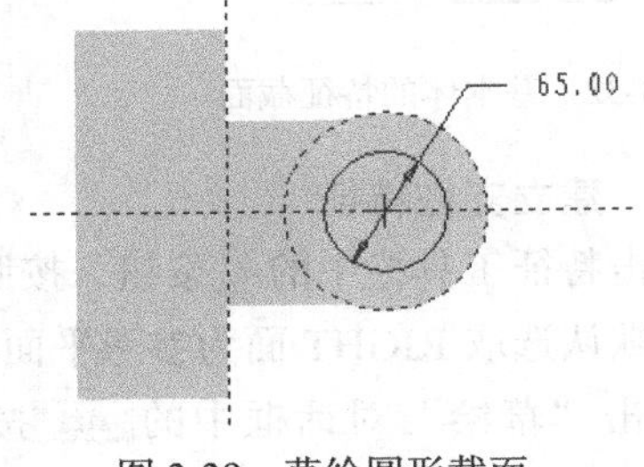

图 3-39 草绘圆形截面

（3）在特征操控板中单击◿按钮以去除材料，并定义特征深度为⫼（穿透），然后单击☑按钮生成特征。注意：要通过单击⁄按钮使特征生长方向朝下，并指定截面内部为材料去除区域，如图 3-40 所示。

（4）单击特征工具栏中的◰按钮，选取底座顶面为草绘平面并使草绘视图方向朝下，选取 FRONT 面为参考平面并使其方向朝下，然后绘制如图 3-41 所示的两个ϕ30mm 对称圆作为截面并单击✓按钮结束。

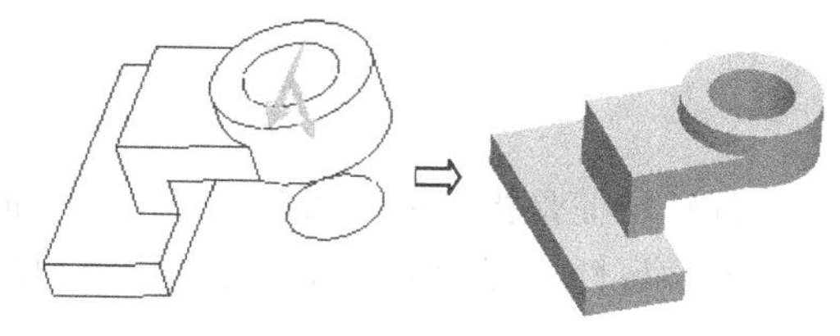

图 3-40　指定切除区域

（5）同样，在特征操控板中单击◿按钮以去除材料，并通过单击⁄按钮使特征生长方向朝下，去除截面内部材料，然后定义特征深度为⫼并单击☑按钮结束，生成的模型效果如图 3-42 所示。

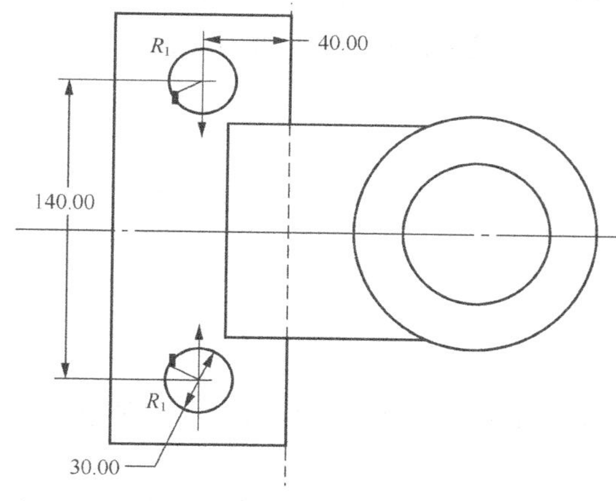

图 3-41　草绘截面

图 3-42　生成的模型效果

步骤四　建立轮廓筋特征

（1）单击特征工具栏中的◰按钮，选取 FRONT 面为草绘平面并使草绘视图方向朝内，选取 RIGHT 面为参考平面并使其方向朝右。

（2）进入草绘模式后，选择【草绘】(Sketch)→【参照】(Reference)命令打开“参照”对话框，删除原有的默认草绘参照并选取底座顶面和支座左侧面为草绘参照，然后绘制如图 3-43 所示的截面并单击✓按钮结束。

（3）在特征操控板中定义特征深度为 20mm 且双向对称（⊟），单击☑按钮生成特征，模型效果如图 3-44 所示。

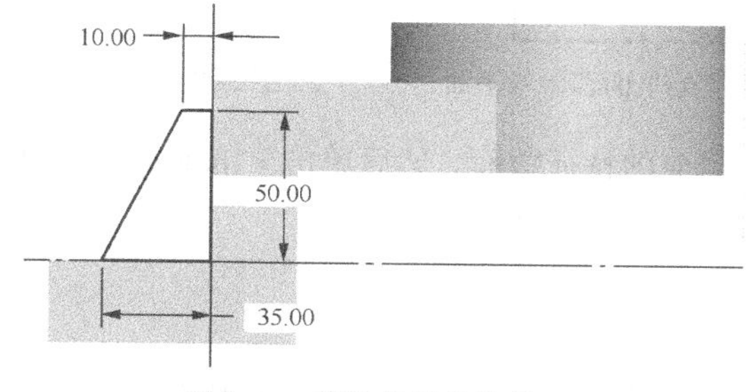

图 3-43　草绘轮廓筋的截面

图 3-44　生成的模型效果

3.3 旋转

旋转特征是指特征截面绕着一条中心轴旋转特定角度而扫出的曲面、实心体或薄体，其具有轴对称特性（即沿中心轴剖开，所得的两侧截面呈对称状态）。

3.3.1 旋转操作的一般流程

1. 设置旋转特征类型

（1）单击特征工具栏中的按钮，或者选择【插入】(Insert) →【旋转】(Revolve) 命令。

（2）显示如图 3-45 所示的旋转操控板，单击按钮以建立实体特征，或者单击按钮以建立曲面特征。

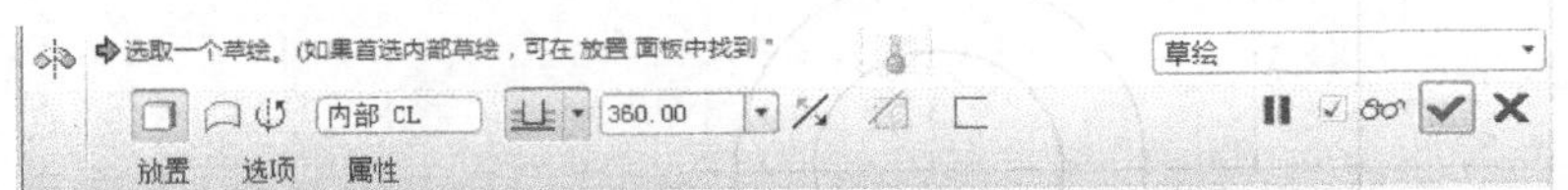

图 3-45　旋转操控板

2. 绘制特征截面

（1）单击旋转操控板中的放置按钮，弹出如图 3-46 所示的“放置”下拉菜单，然后单击定义...按钮定义截面的草绘。

（2）显示“草绘”对话框，根据需要定义草绘平面，并指定合适的参考平面及其方向，如图 3-47 所示。同样，单击反向按钮可切换草绘视图方向。

（3）单击草绘按钮进入草绘模式，然后选择【草绘】(Sketch) →【参照】(Reference) 命令，在“参照”对话框中指定合适的草绘参照，如图 3-48 所示。

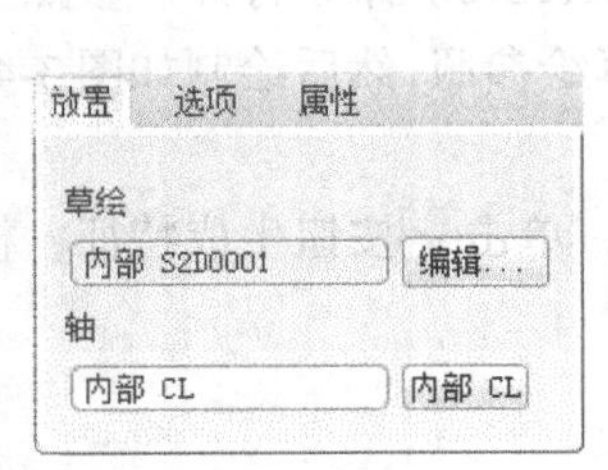

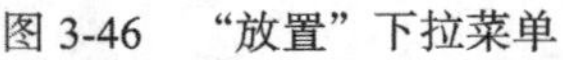

图 3-46　“放置”下拉菜单

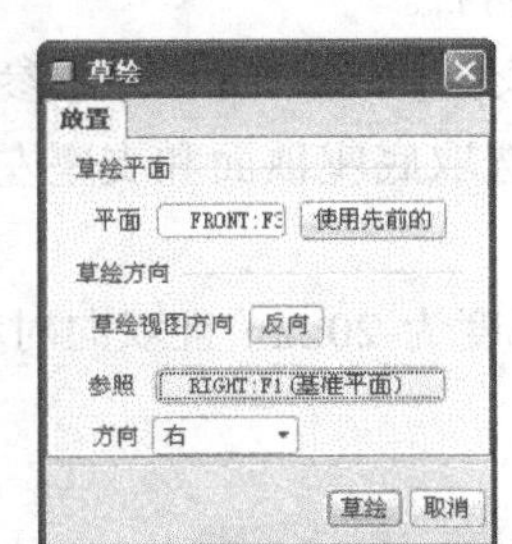

图 3-47　定义草绘平面和参考平面

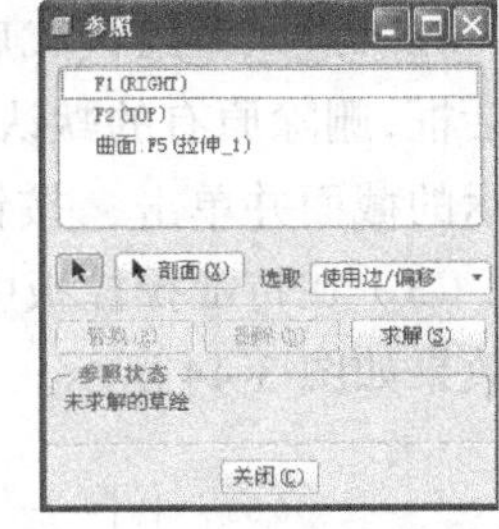

图 3-48　定义草绘参照

（4）绘制特征截面或调取已有截面作为当前的特征截面，然后单击按钮结束。注意：草绘旋转特征的截面时，必须加入中心线作为旋转特征的轴线。

3. 设置旋转特征的参数

（1）在旋转操控板中，设置旋转的方式、角度方向及其数值，如图 3-49 所示。

图 3-49　定义旋转特征的角度

（2）如果是切除材料则单击按钮进行设置，并可以单击按钮改变材料的去除区域。如果是薄体特征，则单击按钮进行设置，定义薄体的厚度及其方向。

（3）所有特征参数定义完成后，单击旋转操控板上的按钮预览特征，或者单击按钮生成特征，并且可以改变模型视角查看模型效果。

3.3.2　旋转操控板

在 Pro/E Wildfire 5.0 中，旋转特征具有与拉伸特征相似的操控板，如图 3-50 所示。在旋转操控板中，大部分操作按钮的功能与拉伸操控板相同，具体说明如下。

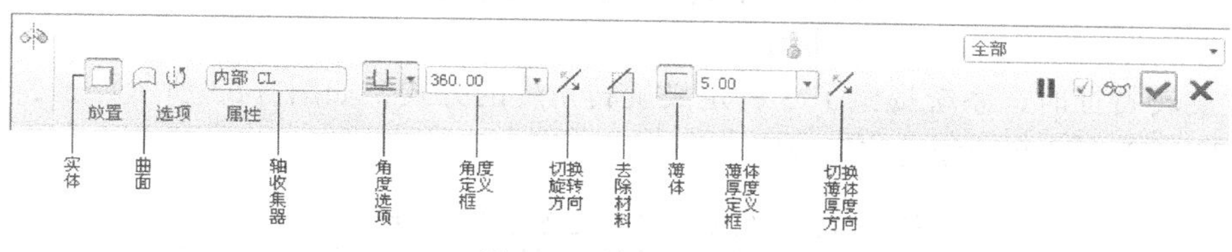

图 3-50　旋转操控板

实体：创建实体旋转特征。

曲面：创建曲面旋转特征。

轴收集器 1轴：选取特征的旋转轴，并显示摘要信息。

角度选项：定义旋转特征的角度，可在其后的文本框中输入角度值。如果需要角度参照，则文本框将用于列出参照摘要。

切换旋转方向：将特征的旋转角度方向切换至草绘平面的另一侧。

去除材料：创建旋转切除特征，去除材料侧可单击其后的按钮进行设置。

薄体：创建薄体旋转特征，即为特征截面指定等量厚度来创建特征。可单击其后的按钮对加厚方向依次进行切换：草绘的一侧、草绘的另一侧和草绘的两侧。

放置 按钮用于弹出“放置”下拉菜单，定义特征的二维截面并指定旋转轴，如图 3-51 所示。单击面板中的 定义... 或 编辑... 按钮可进入草绘模式创建或更改特征截面，而单击 内部 CL 按钮可重定义旋转轴。

选项 按钮用于弹出“选项”下拉菜单，重新定义特征一侧或两侧的旋转角度，如图 3-52 所示。

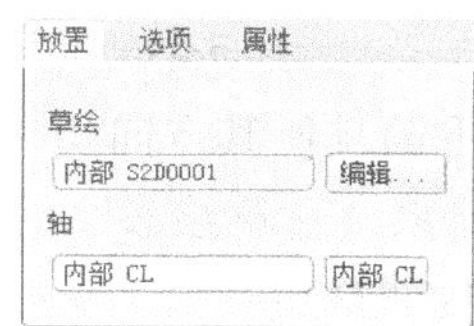

图 3-51　“位置”下拉菜单

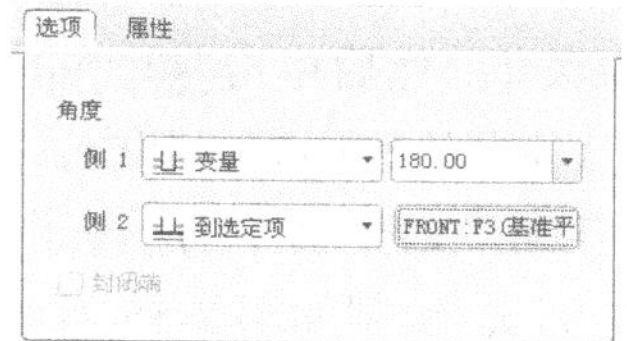

图 3-52　“选项”下拉菜单

属性 按钮用于弹出属性下拉菜单以编辑特征的名称，并在 Pro/E 浏览器中显示特征信息。

3.3.3 旋转特征的截面

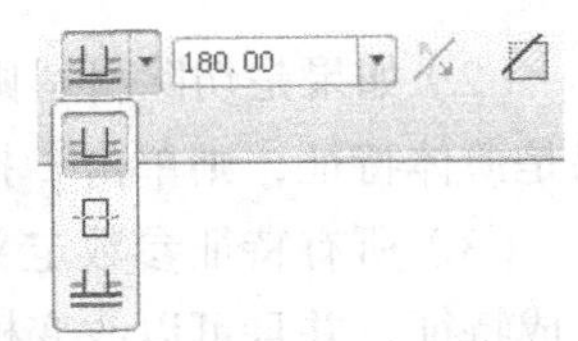

图 3-53 旋转特征的角度定义

创建旋转特征时，其草绘截面必须遵循以下要求。

（1）草绘截面时，必须建立一条中心线作为旋转轴。

（2）若特征为实心体，其截面必须闭合但允许嵌套；若特征为薄体或曲面，则截面可以闭合或开放。

（3）所有的截面图元必须位于旋转轴的同一侧，即不允许跨越中心线。

（4）若草绘截面中有两条或两条以上的中心线，系统将默认最先建立的中心线作为旋转轴。因此，草绘旋转特征的截面时，要养成先画中心线（特征旋转轴）的习惯。

3.3.4 旋转特征的角度定义

建立旋转特征时，系统提供了 3 种定义旋转角度的方式，如图 3-53 所示。表 3-3 为旋转特征的角度定义方式及功能与使用说明。

表 3-3 旋转特征的角度定义方式及功能与使用说明

角度定义方式	功能与使用说明
可变（Variable）	按指定角度值自草绘平面向一侧旋转截面，角度值在文本框中输入，或者在文本框的下拉列表中直接选取一个预定义的角度（90° /180° /270° /360° ）
对称（Symmetric）	按指定角度值的一半自草绘平面向两侧对称旋转截面
至选定项（Up To）	将截面旋转至一个选定的基准点、顶点、基准平面或曲面等，终止平面或曲面必须包含旋转轴

如果要求截面向两侧旋转且旋转角度不相等，可单击旋转操控板上的 选项 按钮，然后在“选项”下拉菜单中依次定义“侧 1”和“侧 2”的旋转角度。

3.3.5 范例练习

例 3-2 建立如图 3-54 所示的带轮零件。

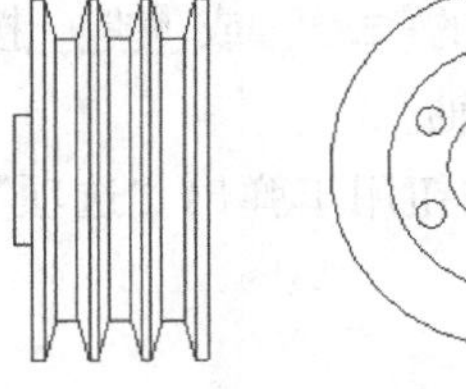
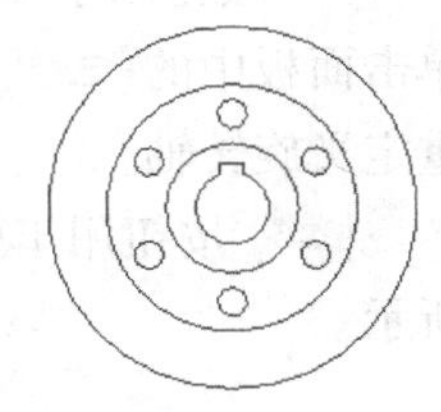
图 3-54 带轮零件

步骤一 建立带轮基本体特征

（1）单击按钮并输入文件名“Sample3-2”新建 Part 文件，此时系统会自动建立 3 个默认基准面。

（2）单击特征工具栏中的按钮，在旋转操控板中打开“位置”下拉菜单，然后单击 定义... 按钮并选取 FRONT 面为草绘平面且使草绘视图方向朝内，选取 RIGHT 面为参考平面且使其方向朝右。

（3）单击“草绘”对话框中的 草绘 按钮进入草绘模式，接受系统对草绘参照的默认指定（即 TOP 和 RIGHT 面），绘制如图 3-55 所示的截面，然后单击按钮结束。

（4）在特征操控板中定义特征的旋转角度为 360° ，然后单击按钮生成特征，如图 3-56 所示。

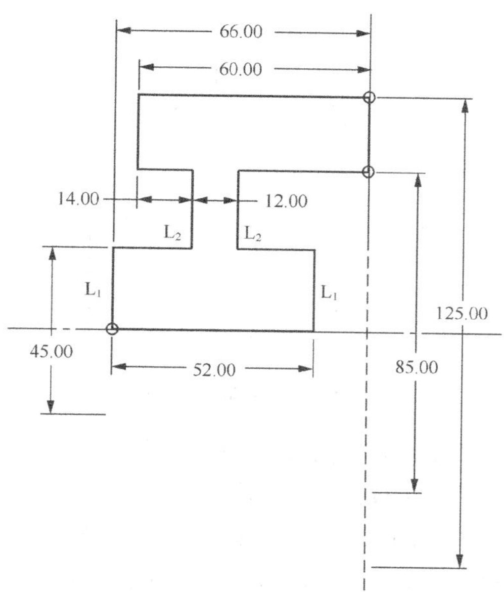

图 3-55　旋转体的特征截面

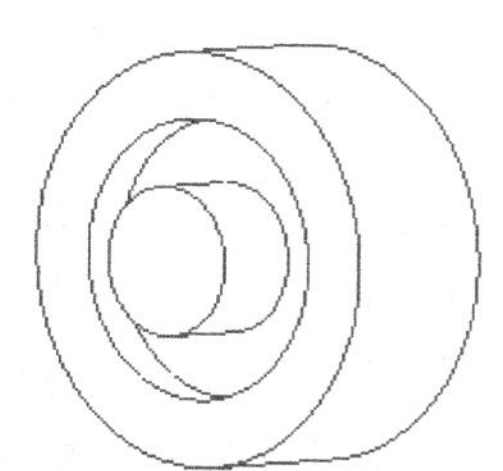

图 3-56　生成的旋转基本体

步骤二　建立带槽特征

（1）单击特征工具栏中的 按钮，打开旋转操控板的“位置”下拉菜单并单击 定义... 按钮，然后在草绘对话框中单击 使用先前的 按钮以使用与前一步骤相同的草绘平面和参考平面。

（2）进入草绘模式，接受默认的草绘参照并绘制如图 3-57 所示的截面，然后单击 按钮结束。

（3）在特征操控板中单击 按钮以去除材料，并单击 按钮使材料去除侧朝向截面内部，然后定义特征旋转角度为 360°，单击 按钮得到如图 3-58 所示的模型。

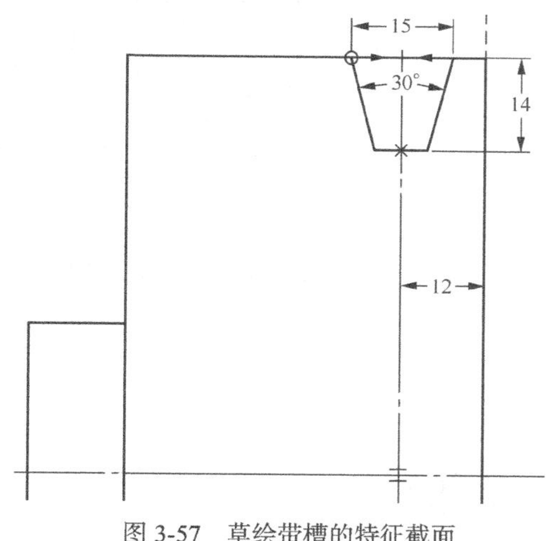

图 3-57　草绘带槽的特征截面

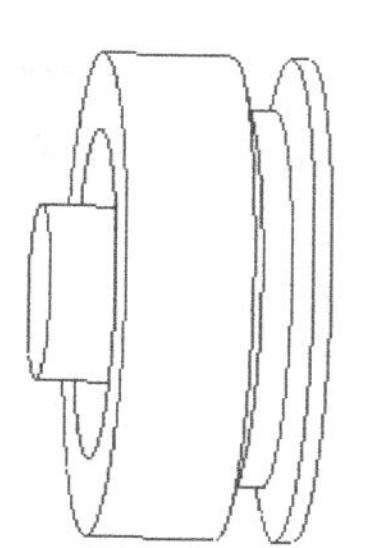

图 3-58　创建带槽模型

（4）选取带槽特征并单击 按钮，然后选取位置尺寸 12 为阵列参照尺寸，并定义增量为 18、阵列个数为 3，得到如图 3-59 所示的阵列效果。

步骤三　建立轴孔与减重孔特征

（1）单击特征工具栏中的 按钮，选取左端面为草绘平面并使草绘视图方向朝右，选取 TOP 面为参考平面并使其方向朝上，然后绘制如图 3-60 所示的截面并单击 按钮结束。

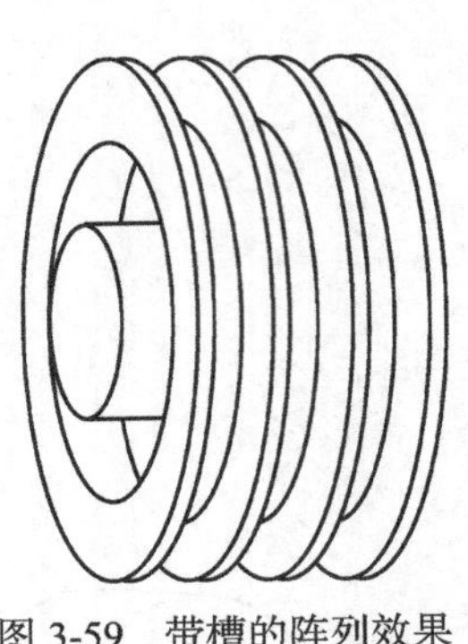

图 3-59　带槽的阵列效果

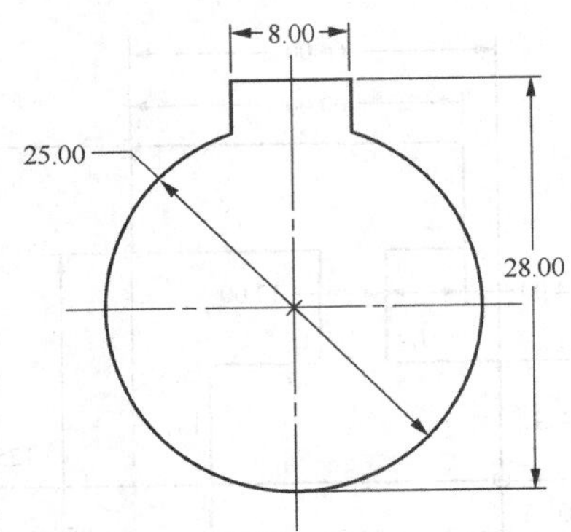

图 3-60　草绘轴孔的截面

（2）在特征操控板中单击按钮以去除材料，单击按钮使特征生长方向朝右并去除截面内部材料，然后定义特征深度为（穿透），单击按钮生成特征。

（3）单击特征工具栏中的按钮，选取轮毂左端面为草绘平面并使草绘视图方向朝右，选取 TOP 面为参考平面并使其方向朝上，然后绘制如图 3-61 所示的 6 个均布圆作为截面，单击按钮结束。

（4）在特征操控板中单击按钮以去除材料，并定义特征深度为（穿透），然后单击按钮使特征生长方向朝右且去除截面内部材料，最后单击按钮创建如图 3-62 所示的带轮模型。

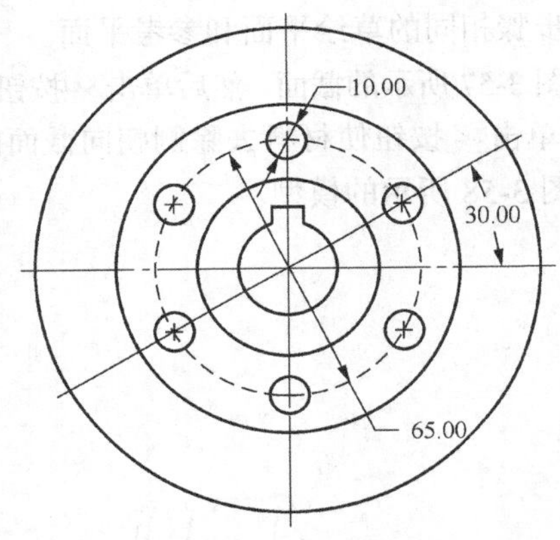

图 3-61　草绘减重孔的特征截面

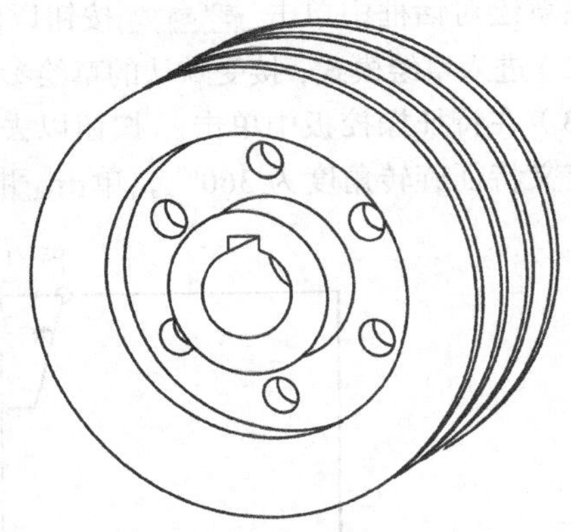

图 3-62　带轮的三维模型

3.4 扫描

扫描是指由二维截面沿一条平面或空间轨迹运动，形成曲面或实体特征。创建扫描特征时，系统提供了“伸出项”、“薄板伸出项”、“切口”、“薄板切口”、“曲面”、“曲面修剪”和“薄曲面修剪”7 种类型供用户选择，如图 3-63 所示。

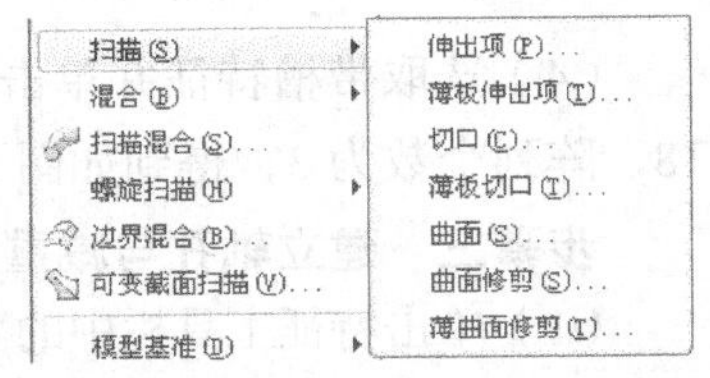

图 3-63　创建扫描特征的类型

3.4.1 扫描特征的属性

扫描特征由轨迹和截面两大要素组成，截面在扫描过程中始终不发生变化且垂直于选定的轨迹。按照轨迹与截面关系的不同，实体扫描特征的属性有以下两种情况。

（1）轨迹为闭合型，截面为闭合型或开放型。扫描特征的轨迹如为闭合型，则会显示如图3-64所示的属性定义菜单。该菜单提供了两种不同的设定，【添加内表面】（Add Inn Fcs）表示创建特征时自动添加内部的顶面和底面以形成内部实体。该选项仅限于开放型截面，并且要求开口方向朝向闭合轨迹的内部，如图3-65所示。【无内表面】（No Inn Fcs）表示创建特征时不添加内部表面，仅限于闭合型截面，如图3-66所示。

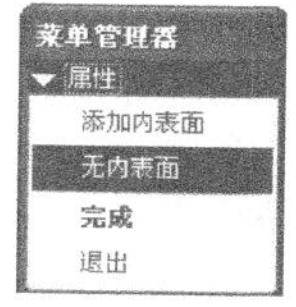

图3-64　闭合型轨迹的属性设定

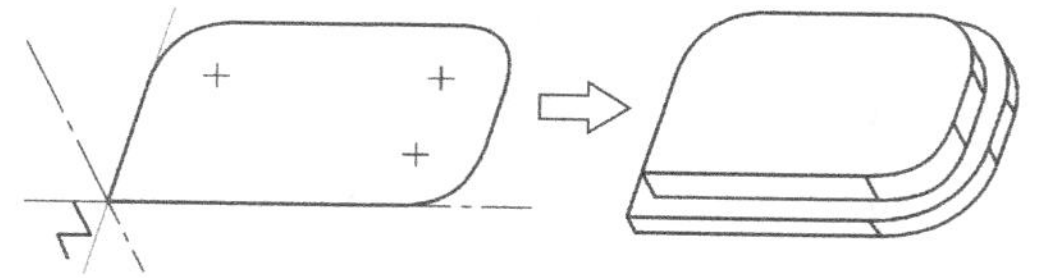

图3-65　增加内部因素

但是，使用闭合轨迹创建扫描曲面时，【无内表面】（No Inn Fcs）可用于开放型或闭合型截面，而【添加内表面】（Add Inn Fcs）只能用于开放型截面。

（2）轨迹为开放型，截面必须为闭合型。如果轨迹为开口（轨迹的起始点和终止点不接触）并且其一端与已有特征实体相接，则系统会提供两种属性设定，如图3-67所示。其中，【合并端】（Merge Ends）表示将扫描特征自动延伸，把扫描的端点合并到相邻实体，此时要求扫描端点必须连接到零件几何，如图3-68（a）所示；【自由端】（Free Ends）表示扫描端点不考虑与相邻实体相接，而保持原本扫描的效果，如图3-68（b）所示。

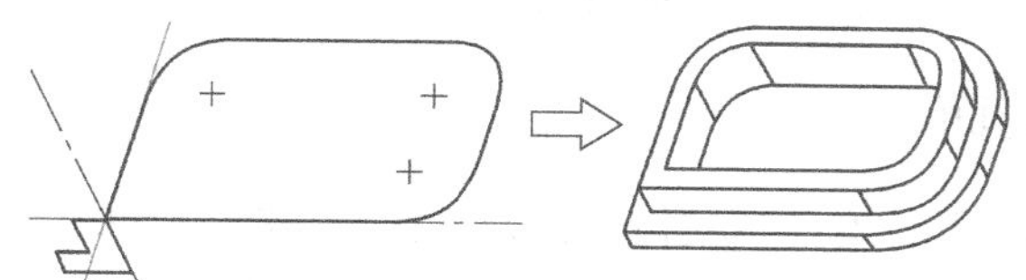

图3-66　无内部因素

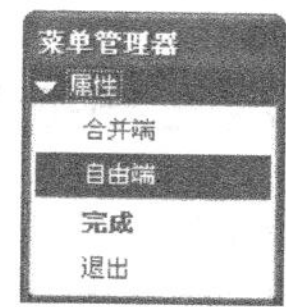

图3-67　开放型轨迹的属性设定

建立扫描特征时，轨迹仅是截面扫描移动的参考路径，因而截面可与轨迹相接或不相接，如图3-69所示。但是，轨迹与截面间应相互协调，避免因截面过大或轨迹曲率半径过小而导致截面干涉，产生特征生成失败现象。

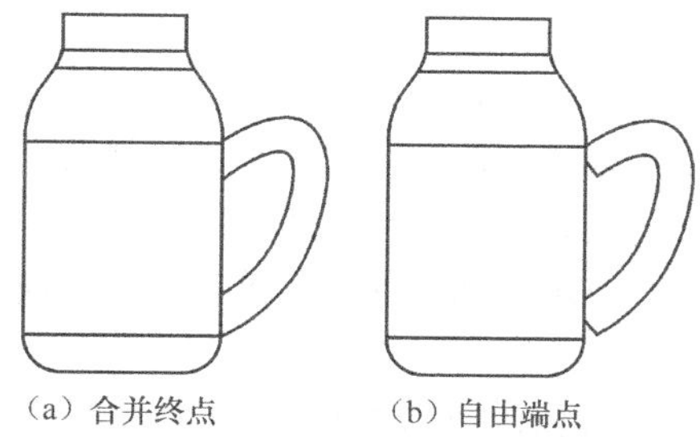

图3-68　两种属性设定的不同效果

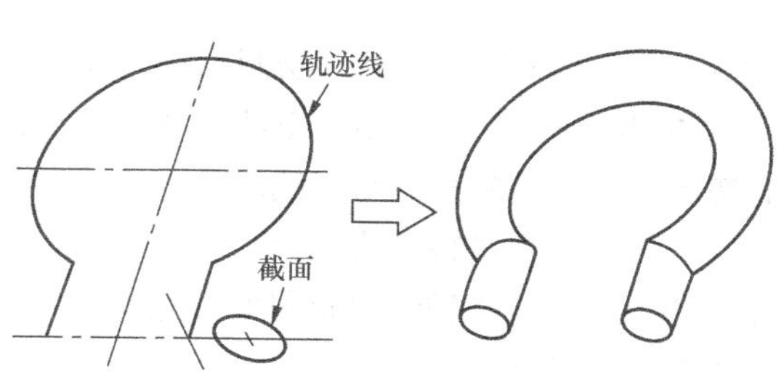

图3-69　轨迹与截面的位置关系

3.4.2 扫描操作的一般流程

扫描特征的类型有多种，这里以实体特征为例说明创建扫描特征的一般步骤。

1. 指定扫描特征的创建类型

选择【插入】(Insert)→【扫描】(Sweep)→【伸出项】(Protrusion)命令，系统打开如图 3-70 所示的“伸出项：扫描”(PROTRUSION: Sweep)对话框，并显示“扫描轨迹”(SWEEP TRAJ)菜单，如图 3-71 所示。

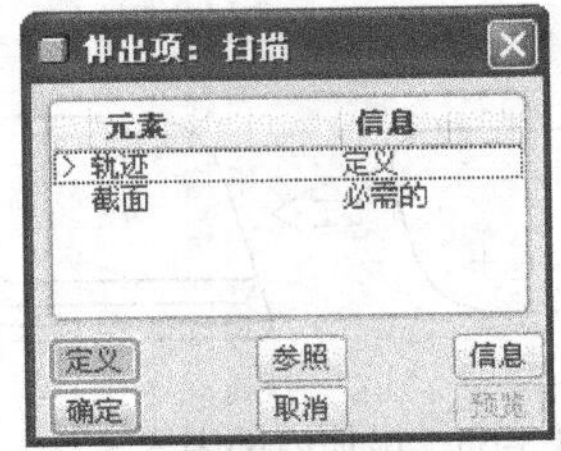

图 3-70 “伸出项：扫描”对话框

图 3-71 “扫描轨迹”(SWEEP TRAJ)菜单

2. 定义扫描轨迹

(1)在“扫描轨迹”(SWEEP TRAJ)菜单中，选择【草绘轨迹】(Sketch Traj)命令草绘扫描轨迹，或者选择【选取轨迹】(Select Traj)命令选取现有曲线或边链作为扫描轨迹。这里以草绘轨迹(Sketch Traj)为例。

(2)按设计要求依次定义草绘平面、参考平面及其方向。

(3)进入草绘模式绘制所需的轨迹，完成后单击✔按钮结束。

3. 定义扫描特征的属性和截面

(1)如果是开放轨迹，并且轨迹端点与已有特征实体相接，可在“属性”(ATTRIBUTES)菜单中指定是“合并端”(Merge Ends)还是“自由端”(Free Ends)，然后选择【完成】(Done)命令。

(2)如果扫描轨迹闭合，则在“属性”(ATTRIBUTES)菜单中可以指定“添加内表面”(Add Inn Fcs)或“无内表面”(No Inn Fcs)，之后选择【完成】(Done)命令。

4. 定义扫描特征的截面

(1)自动进入草绘模式，绘制扫描特征的截面，然后单击✔按钮结束。系统会以默认的草绘平面和视图方位自动切换至草绘模式，该草绘平面位于扫描轨迹的起点，且垂直于轨迹在起点的切线方向。绘制截面时，截面位置尺寸应相对于轨迹起点处显示的十字叉来标注。

(2)如果该扫描特征为切口型(Cut)，可选择“方向”(DIRECTION)菜单中的【反向】(Flip)命令，指定扫描切口材料的去除侧。

(3)定义完所有特征要素后，单击特征对话框中的 确定 按钮创建扫描特征。

3.4.3 扫描轨迹的建立方式

创建扫描特征时，系统提供了两种定义轨迹的方法，分别是草绘轨迹（Sketch Traj）与选取轨迹（Select Traj）。前者表示在指定的草绘平面上绘制所需的轨迹，只限于建立二维轨迹曲线；后者表示选取已存在的基准曲线或实体边链作为轨迹，该轨迹可为空间三维曲线。

如采用草绘轨迹（Sketch Traj）方式，需依次设置草绘平面、参考平面以绘制轨迹，并且该轨迹仅限于二维曲线。当扫描轨迹绘制完成后，系统会自动切换视角至与该轨迹正交的平面上，以绘制扫描特征的截面。

如采用选取轨迹（Select Traj）方式，需选取已存在的曲线或实体边链作为轨迹，该轨迹可以是三维曲线。利用现存曲线作为扫描轨迹，系统会询问水平参考面的方向，即扫描截面所在平面的向上方向（y 轴正向），如图 3-72 所示。

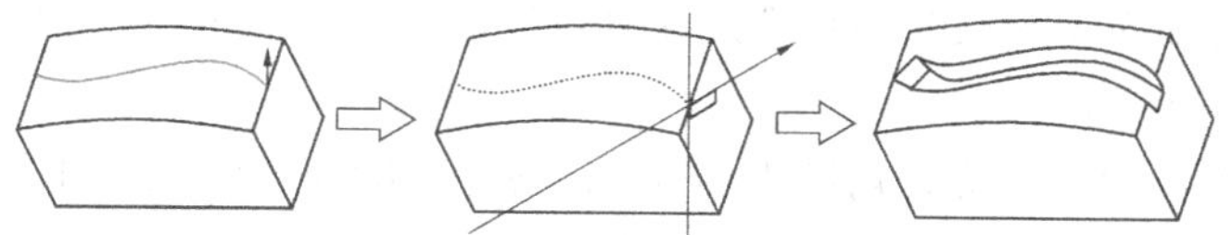

图 3-72 选取轨迹与扫描截面的方位设定

3.4.4 范例练习

例 3-3 建立如图 3-73 所示的水壶零件。

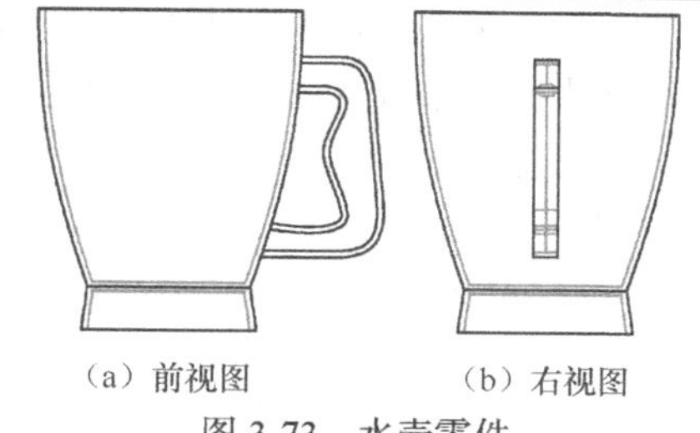

（a）前视图 （b）右视图

图 3-73 水壶零件

步骤一 建立旋转体基础特征

（1）新建 Part 文件“Sample3-3.prt”，此时系统自动建立 3 个默认基准面。

（2）单击特征工具栏中的按钮，在旋转操控板中选择按钮和按钮以创建薄体特征，如图 3-74 所示。

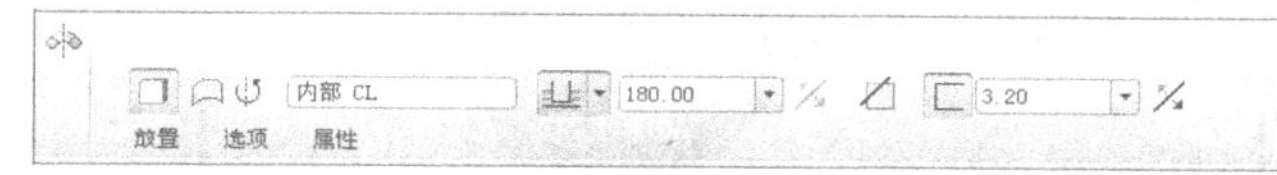

图 3-74 旋转操控板

（3）打开“放置”下拉菜单，选取 FRONT 面为草绘平面并使草绘视图方向朝内，选取 TOP 面为参考平面并使其方向朝上，如图 3-75 所示。

（4）单击“草绘”对话框中的 草绘 按钮进入草绘模式，接受草绘参照的默认指定并绘制如图 3-76 所示的截面，然后单击按钮结束。

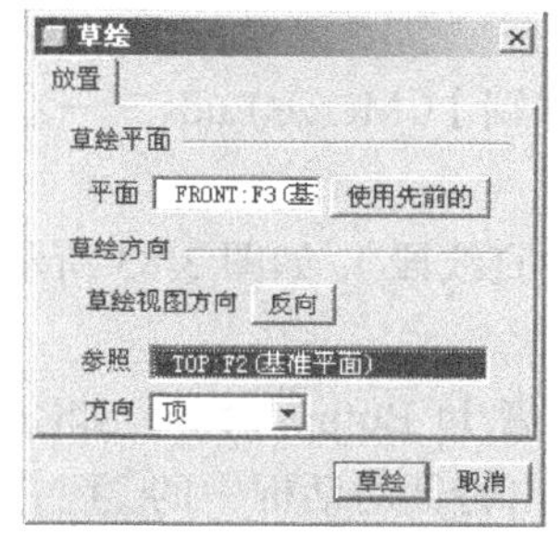

图 3-75 定义草绘平面和参考平面

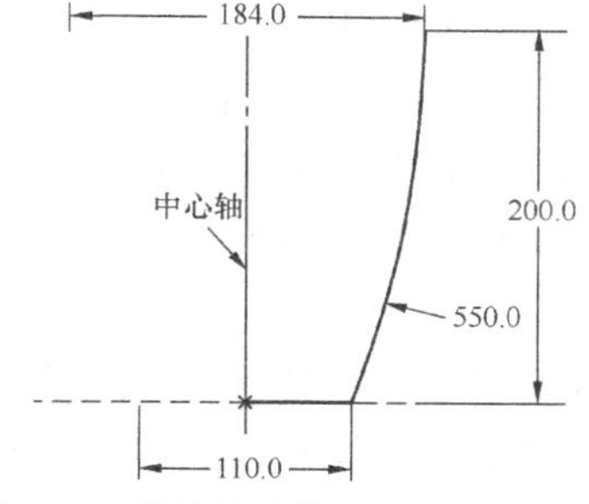

图 3-76 草绘旋转体基础特征的截面

（5）在特征操控板中定义旋转角度为 360°，薄体厚度为 2.5mm，然后单击按钮使薄体厚度的增长方向朝内，如图 3-77 所示。

图 3-77　定义旋转角度及薄体厚度

（6）单击按钮生成特征，模型效果如图 3-78 所示。

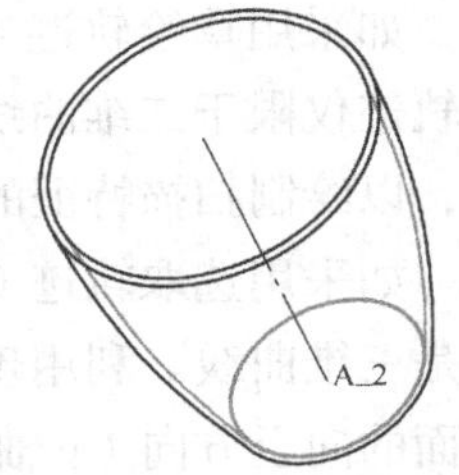

图 3-78　旋转体基础特征

步骤二　建立旋转体底部的撑板

（1）依照上述方法，单击特征工具栏中的按钮，选取 FRONT 面为草绘平面并使草绘视图方向朝内，选取 TOP 面为参考平面并使其方向朝上。

（2）进入草绘模式，添加模型右侧外边线为草绘参照，然后绘制如图 3-79 所示的截面（约束截面线端点使其位于模型外边线末端），然后单击按钮结束。

（3）在特征操控板中定义旋转角度为 360°，薄体厚度为 2.5mm，并单击按钮使薄体厚度的增长方向朝内。

（4）单击按钮生成特征，模型效果如图 3-80 所示。

步骤三　建立水壶把手的外薄壁

（1）选择【插入】（Insert）→【扫描】（Sweep）→【薄板伸出项】（Thin Protrusion）命令，系统显示“伸出项：扫描，薄板”对话框，如图 3-81 所示。

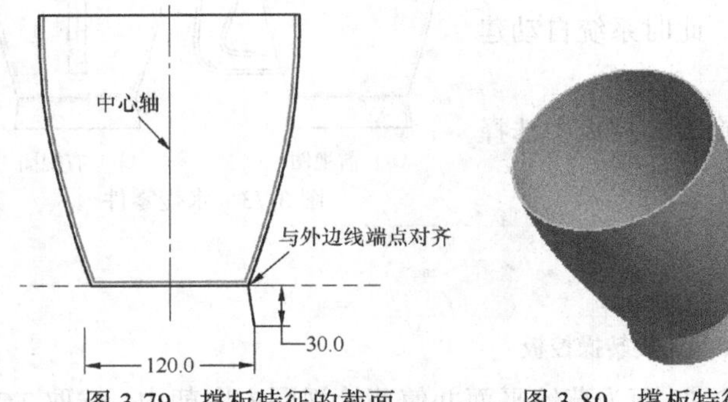

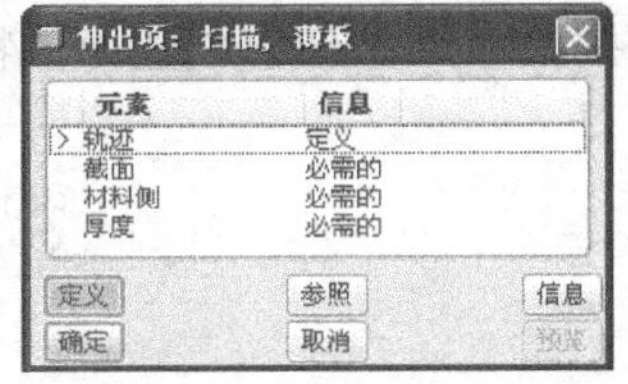

图 3-79　撑板特征的截面　　图 3-80　撑板特征　　图 3-81　“伸出项：扫描，薄板”对话框

（2）选择【草绘轨迹】（Sketch Traj）命令，然后选取 FRONT 面为草绘平面并默认其视角方向朝内，选取 TOP 面为参考平面并使其方向朝上。

（3）进入草绘模式，绘制如图 3-82 所示的扫描轨迹线（约束轨迹线末端与旋转体外弧线对齐），然后单击按钮结束。

（4）在“属性”（ATTRIBUTES）菜单中选择【合并端】（Merge Ends）→【完成】（Done）命令，使扫描特征端部与旋转体融合。

（5）自动进入草绘模式，绘制扫描特征的截面（为一直线段），如图 3-83 所示，然后单击按钮结束。

（6）在“薄板选项”（THIN OPT）菜单中选择【两者】（Both）命令，如图 3-84 所示，使厚度向两侧均匀增长，然后输入薄板厚度为 2.5mm 并单击特征对话框中的确定按钮，得到的模型效果如图 3-85 所示。

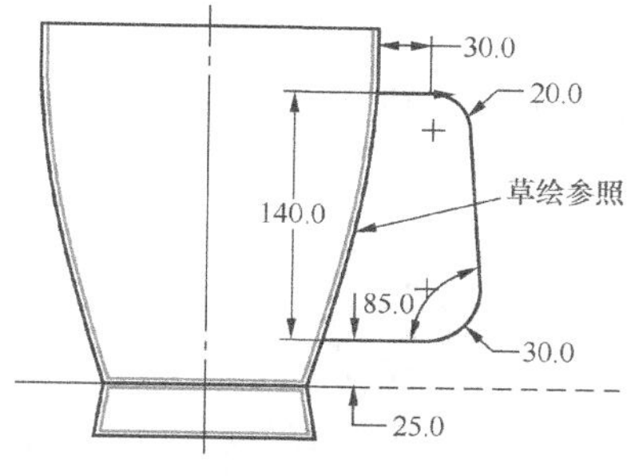

图 3-82　草绘扫描轨迹线

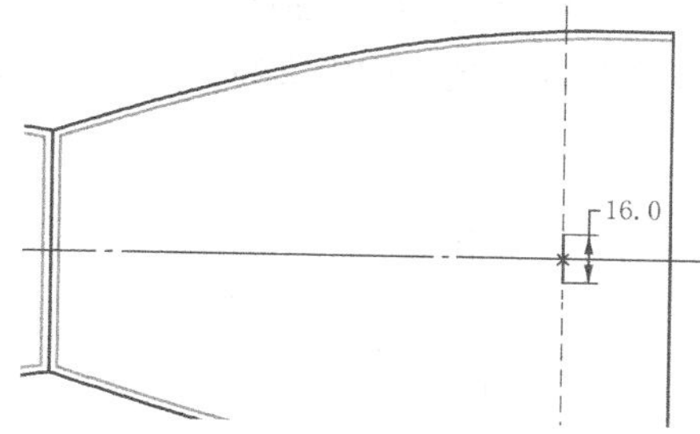

图 3-83　草绘扫描特征截面

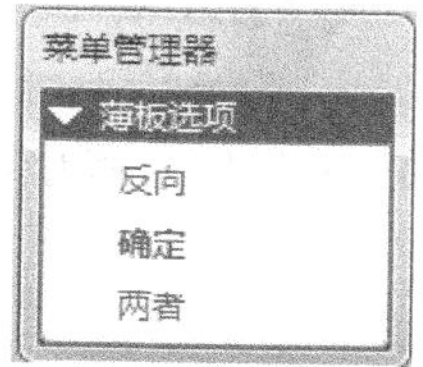

图 3-84　“薄板选项”（THIN OPT）菜单

图 3-85　模型效果

步骤四　建立水壶把手的内薄壁

（1）选择【插入】(Insert) →【扫描】(Sweep) →【伸出项】(Protrusion) 命令，显示“伸出项：扫描”对话框和“扫描轨迹”(Sweep Traj) 菜单。

（2）选择【草绘轨迹】(Sketch Traj) 命令，然后在弹出的“设置草绘平面”(SETUP SK PLN) 菜单中选择【使用先前的】(Use Prev) 命令并指定视角方向朝内，以采用与先前相同的草绘平面和参考平面。

（3）进入草绘模式，绘制如图 3-86 所示的扫描轨迹线（为 5 个节点的 Spline 线），并约束轨迹线起点、终点与旋转体外弧线对齐，然后单击✓按钮结束。

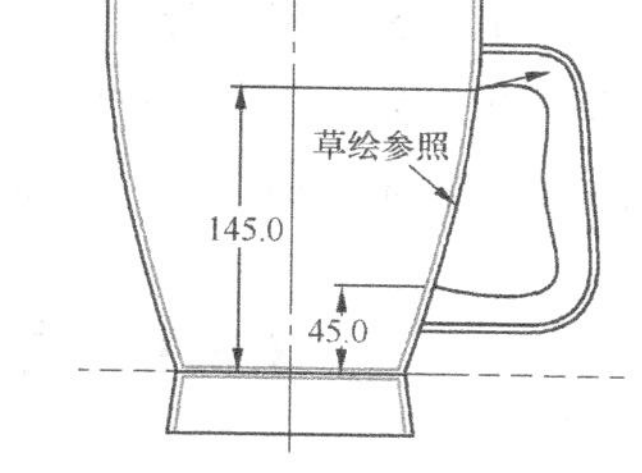

图 3-86　草绘扫描轨迹线

（4）在“属性”(ATTRIBUTES) 菜单中选择【合并端】(Merge Ends) →【完成】(Done) 命令。

（5）自动进入草绘模式，绘制如图 3-87 所示的扫描特征截面并单击✓按钮结束，然后单击特征对话框中的 确定 按钮，得到如图 3-88 所示的模型。

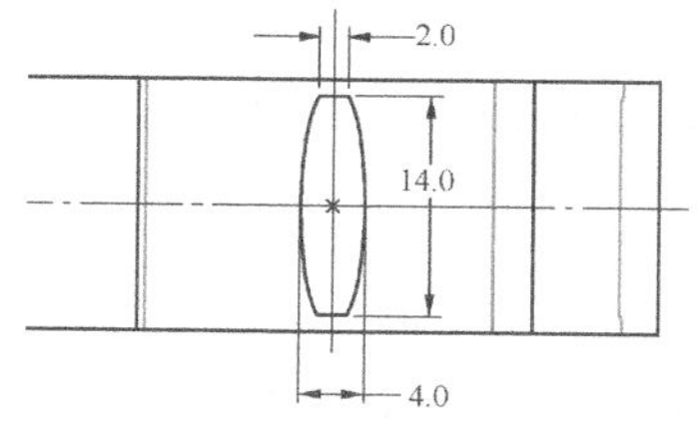

图 3-87　草绘扫描特征的截面

图 3-88　创建把手的内薄壁

步骤五　建立把手中间的连接板

（1）单击特征工具栏中的按钮，选取 FRONT 面为草绘平面并使草绘视图方向朝内，选取 TOP 面为参考平面并使其方向朝上。

（2）进入草绘模式，单击按钮选取把手中间的两条薄壁内边线及旋转体外弧线，并修剪得到如图 3-89 所示的封闭截面，然后单击✓按钮结束草绘。

（3）在特征操控板中定义特征深度为 2mm，然后单击✓按钮生成特征，模型结果如图 3-90 所示。

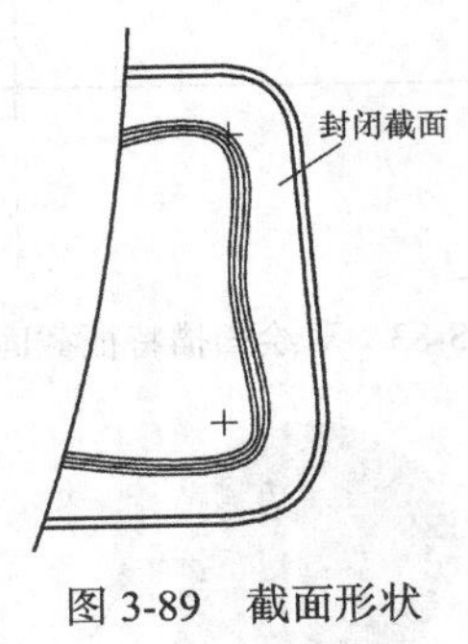

图 3-89　截面形状

图 3-90　水壶的三维模型

3.5 混合

混合是指将两个或两个以上的截面外形，按特定的方式依次连接形成实体或曲面特征，各截面之间是渐变的。在 Pro/E Wildfire 5.0 中，混合特征共有 7 种类型，即“伸出项”、“薄板伸出项”、“切口”、“薄板切口”、“曲面”、“曲面修剪”和“薄曲面修剪”，如图 3-91 所示。

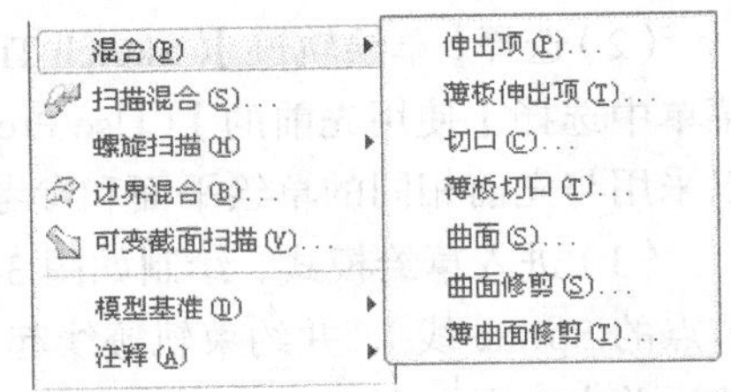

图 3-91　混合特征的创建类型

3.5.1　混合选项说明

根据各截面间的位置关系，Pro/E 将混合特征的建立方式分为平行、旋转和一般 3 类，如图 3-92 所示。

1. 平行混合

平行混合（Parallel Blend）要求特征各截面所在的平面相互平行，如图 3-93 所示。

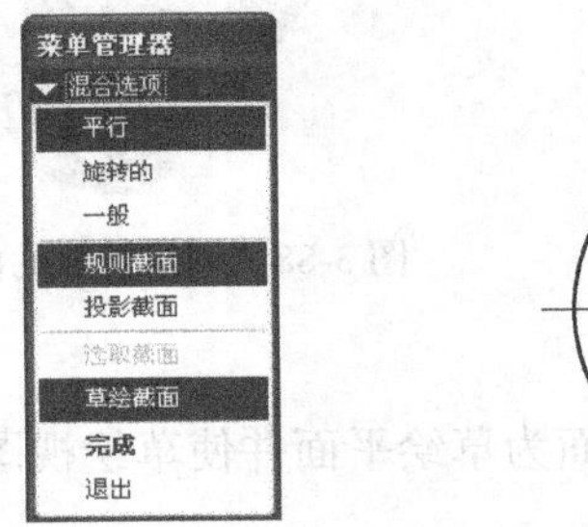

图 3-92　“混合选项”（BLEND OPTS）菜单

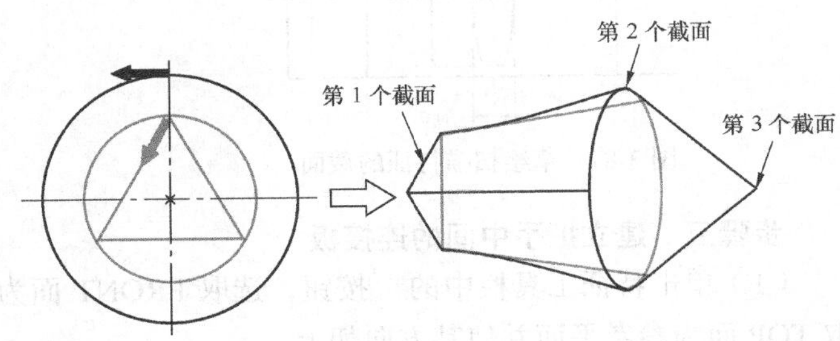

图 3-93　平行混合

对于平行混合，草绘特征截面时只需定义一个草绘平面和参考平面，然后选择【草绘】(Sketch)→【特征工具】(Feature Tools)→【切换截面】(Toggle Section)命令，“激活”相应的截面并执行绘制。此时，每次只能有一个截面被激活，其几何图元以黄色显示，而未激活截面的几何图元呈“灰色”显示。

2. 旋转混合

旋转混合(Rotational Blend)为“非平行混合”，如图 3-94 所示，各特征截面所在的平面以草绘坐标系 y 轴为旋转中心彼此成若干角度，但最大夹角不得超过 120°。

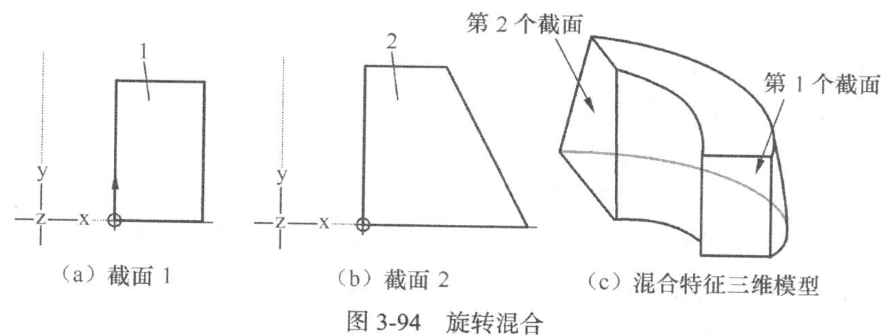

图 3-94　旋转混合

定义旋转混合的特征截面时，每个截面都必须单独绘制，并且必须在每个截面中引入草绘坐标系，以建立各截面的旋转中心和尺寸参照。执行混合时，各特征截面中的草绘坐标系被视为各截面空间定位的基准与参照(即各草绘坐标系相互重合)，因而只需输入相邻两截面绕草绘坐标系 y 轴的旋转角度，即可定义各截面的相互位置关系。

3. 一般混合

一般混合(General Blend)也为“非平行混合”，它允许各相邻特征截面所在的平面相对草绘坐标系 x、y 和 z 轴分别相夹若干角度，如图 3-95 所示，同样最大夹角仅限于 ±120°。

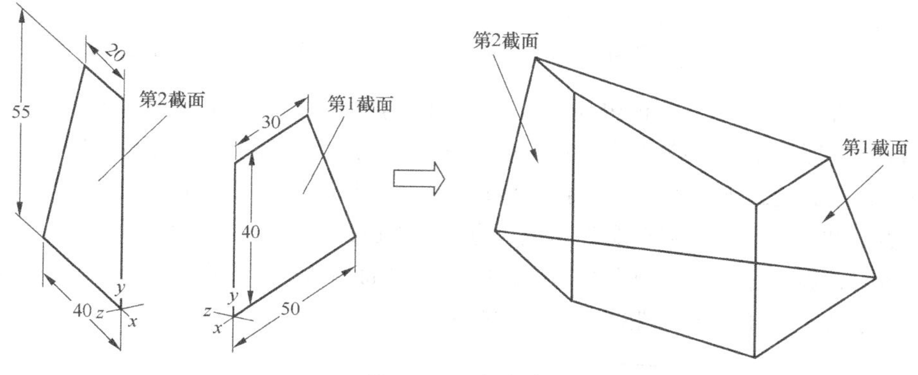

图 3-95　一般混合

定义一般混合的特征截面时，每个截面也必须单独绘制，且必须在截面中引入草绘坐标系以定义各截面的相互位置关系。在绘制每个截面时，需依次输入相邻两截面绕草绘坐标系 x、y 和 z 轴的旋转夹角及其距离。

3.5.2 混合特征的属性设定

建立混合特征时，根据特征混合方式和截面特点的不同，会出现不同的属性选项。下面对各类属性选项分别予以说明。

（1）规则截面/投影截面（Regular Sec / Project Sec）。该选项用于确定是以截面或是以截面在实体表面的投影作为混合的外形，该属性设定仅限于平行混合。如指定为【规则截面】（Regular Sec），可依据输入的距离值定义各截面间的相互位置；如指定为【投影截面】（Project Sec），则特征中只能包含两个截面外形，并且投影截面的位置取决于所选取的投影起始面和终止面，如图 3-96 所示。

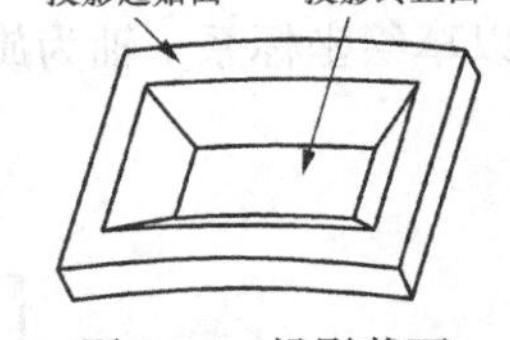

图 3-96 投影截面

（2）选取截面/草绘截面（Select Sec / Sketch Sec）。该选项用于确定特征截面是直接选取已有的曲线或外形而得，还是指定草绘平面绘制而成。如果指定为【选取截面】（Select Sec），要求所选取的曲线或外形必须位于同一平面内，而且在旋转混合时各截面所在的平面应相交于同一轴线。

（3）直线连接/平滑连接（Straight/Smooth）。该选项用于确定混合特征各截面间的连接方式，即各截面间是以直线进行线性连接，还是以 Spline 曲线进行平滑连接，如图 3-97 所示。

（4）开口型/封闭型（Open / Closed）。这是旋转混合特有的属性。如果指定为【开口型】（Open），表示混合时只将定义的特征截面按顺序由第 1 个连接至最后 1 个，形成开口的特征实体，如图 3-98（a）所示。如果指定为【封闭型】（Closed），表示混合时不仅将第 1 个至最后 1 个截面依序连接，而且自动将第 1 个截面当做最后的截面使用，将首尾两截面连接起来形成一个闭合的实体形状，如图 3-98（b）所示。

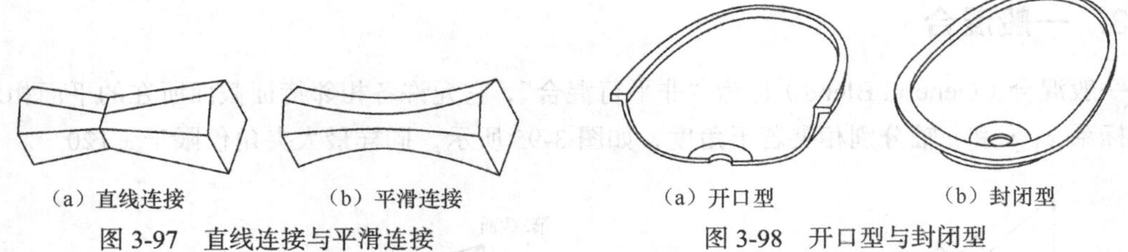

（a）直线连接　（b）平滑连接

图 3-97 直线连接与平滑连接

（a）开口型　（b）封闭型

图 3-98 开口型与封闭型

（5）尖点/平滑（Sharp / Smooth）。混合的第 1 个截面和最后 1 个截面都可以是一个点。如果非平行混合特征的第 1 个或最后 1 个截面是一个草绘点，并且是平滑连接，则草绘结束时系统会询问该点截面处的顶盖类型，即【尖点】（Sharp）或【光滑】（Smooth）。若指定为【尖点】（Sharp），表示截面间连线会自然交汇形成尖点，即锐边顶盖，如图 3-99（a）所示；若指定【光滑】（Smooth），表示连线保持与点截面所在的草绘平面相切，即光滑顶盖，如图 3-99（b）所示。对于平行混合而言，其末端的点截面只能形成一个锐边顶盖。

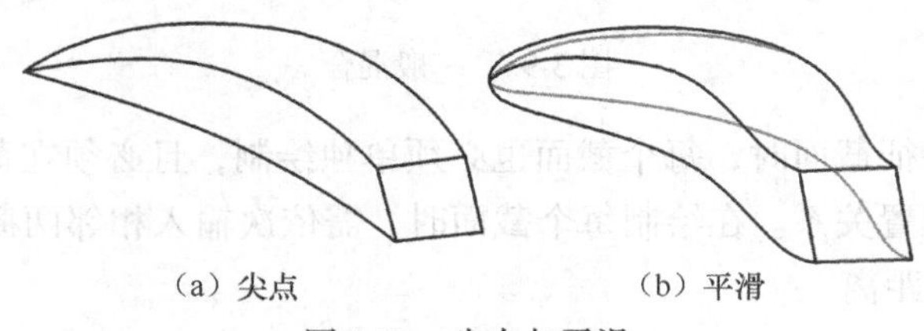

（a）尖点　（b）平滑

图 3-99 尖点与平滑

3.5.3 混合特征的截面

创建混合特征时，各个特征截面的线段数量（或顶点数）必须相等，并且要合理地确定每个截面的起始点（Start Point）。生成混合特征时，各个截面间会遵循特定的顺序由各截面起始点开始，依次连接其对应顶点。如果某截面的起始点位置不对，则必须在截面外形上重新选定顶点，然后选择【草绘】（Sketch）→【特征工具】（Feature Tools）→【起始点】（Start Point）命令或快捷菜单中的【起始点】（Start Point）命令加以更正，否则会产生特征扭曲现象。

创建混合特征时，如果各特征截面的顶点数不相等，则必须按照“以少变多”的原则产生新的顶点数：一是利用中心线辅助定位，单击按钮直接在截面外形上新增所需的截断点，如图 3-100 所示；二是利用【混合顶点】（Blend Vertex）命令将某顶点设置为混合顶点，以一点当做两点或多点用，相邻截面上的多个顶点会同时连接至该指定的混合顶点，如图 3-101 所示。注意：使用【混合顶点】命令时不能将截面起始点设为混合顶点。

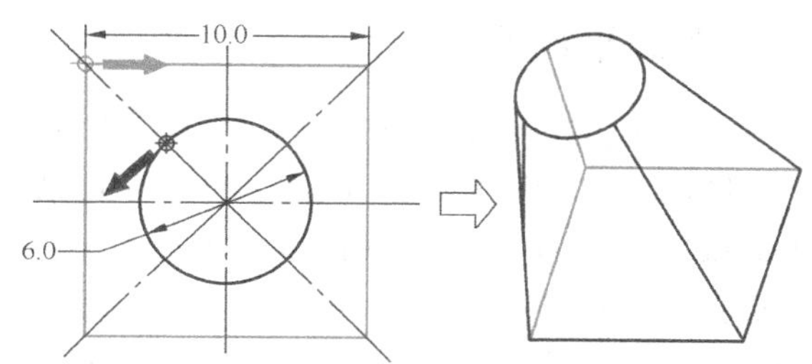

图 3-100　在截面中产生截断点

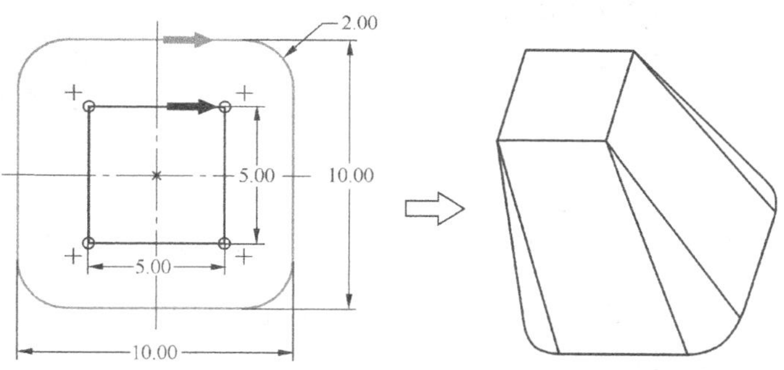

图 3-101　建立混合顶点

如果混合特征某截面采用的是“单点”与“任意多边形”相接，此时无须使用【混合顶点】（Blend Vertex）命令，多边形上的所有顶点都将与单点相接，如图 3-102 所示。

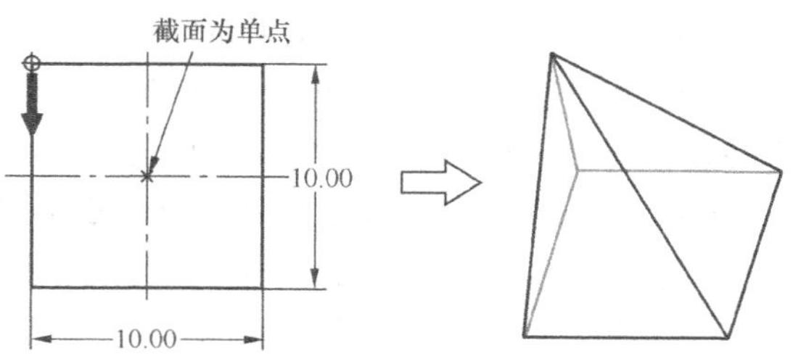

图 3-102　单点截面的混合

3.5.4 平行混合

1. 平行混合的类型

选择“混合选项”（BLEND OPTS）菜单中的【平行】（Parallel）命令，可以创建平行混合特征。平行混合的所有特征截面绘制于同一草绘平面，然后垂直于该草绘平面投影。根据混合截面的投影方式，有以下两种类型的平行混合。

（1）规则截面（Regular Sec）。此类型的平行混合允许有多个截面，所有截面绘制完成后需依次输入相邻两截面间的距离（即截面深度值）。第 1 个截面保留在草绘平面上，每个后续截面垂直于草绘平面投影在特征创建方向的指定距离上。

（2）投影截面（Project Sec）。此类混合允许在同一平曲面或基准平面上绘制两个截面，然后将这两个截面依次投影到两个相对的实体曲面上。要求每个截面必须位于其选定的曲面边界内，且不可与其他曲面相交。而混合的深度由两个投影曲面定义，第 1 个截面投影到第 1 个选定曲面上，第 2 个截面投影到第 2 个选定曲面上。

如要在平行混合特征中修改截面，必须选择【草绘】（Sketch）→【特征工具】（Feature Tools）→【切换截面】（Toggle Section）命令切换截面，直至所需的截面被激活，才能进行截面的编辑，如放置或编辑截面的起始点。

2. 创建具有规则截面的平行混合

（1）选择【插入】（Insert）→【混合】（Blend）命令，然后选择需要的混合类型。这里选择【伸出项】（Protrusion），接着出现“混合选项”（BLEND OPTS）菜单。

（2）选择【平行】（Parallel）→【规则截面】（Regular Sec）→【草绘截面】（Sketch Sec）→【完成】（Done）命令，显示如图 3-103 所示的“伸出项：混合，平行，规则截面”（Protrusion: Blend，Parallel，Regular Sections）对话框和“属性”（ATTRIBUTES）菜单，如图 3-104 所示。

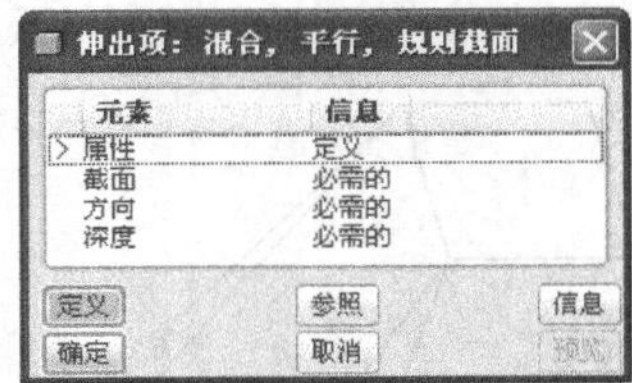

图 3-103 “伸出项：混合，平行，规则截面”对话框

图 3-104 “属性”（ATTRIBUTES）菜单

（3）在“属性”（ATTRIBUTES）菜单中，选择【直的】（Straight）或【光滑】（Smooth）命令，然后单击【完成】（Done）命令确认。

（4）定义草绘平面、草绘视图方向，以及参考平面与其方向。

（5）进入草绘模式，接受默认的或选取不同的草绘参照，并草绘第 1 个混合截面。

（6）选择【草绘】（Sketch）→【特征工具】（Feature Tools）→【切换截面】（Toggle Section）命令激活第 2 个截面并进行绘制。此时，第 1 个截面变成灰色，为非活动截面。

（7）如要继续草绘截面，可在当前截面草绘完成后选择【切换截面】（Toggle Section）命令激活后续截面并进行绘制。当草绘完所有截面后，单击✓按钮退出草绘模式。

（8）依次定义相邻两截面间的距离，即各截面的深度，然后单击特征对话框中的确定按钮，完成特征的创建。

3. 创建具有投影截面的平行混合

（1）选择【插入】（Insert）→【混合】（Blend）命令，然后单击需要的混合类型。这里选择【切口】(cut)，接着显示"混合选项"(BLEND OPTS)菜单。

(2)选择【平行】(Parallel)→【Project Sec(投影截面)】→【草绘截面】(Sketch Sec)→【完成】(Done)命令，显示"切剪：混合，平行，投影截面"(Cut: Blend，Parallel，Projected Sections)对话框，如图3-105所示。

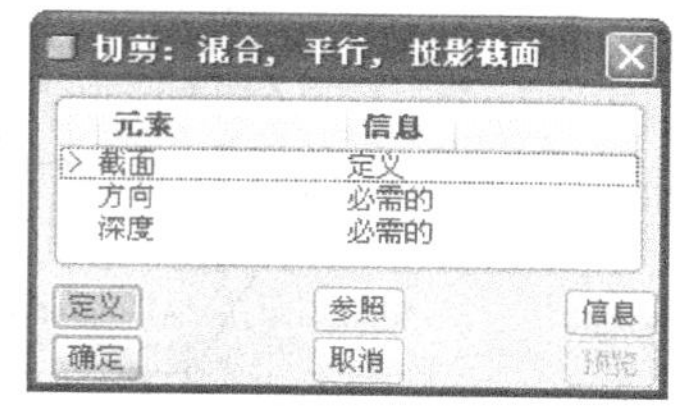

图3-105 "切剪：混合，平行，投影截面"对话框

(3)定义草绘平面、草绘视图方向，以及参考平面与其方向。

(4)进入草绘模式，接受默认的或选取不同的草绘参照，并草绘第1个混合截面。

(5)选择【草绘】(Sketch)→【特征工具】(Feature Tools)→【切换截面】(Toggle Section)命令激活第2个截面，并草绘第2个截面。截面绘制完成后，单击✔按钮退出草绘模式。

(6)依次选取两个实体表面(注意：选取第2个曲面时需按住Ctrl键)，然后单击特征对话框中的确定按钮生成特征。此时，第1个混合截面被投影到第1个选取的曲面，第2个混合截面被投影到第2个选取的曲面。

4. 平行混合创建范例

例3-4 利用平行混合建立如图3-106所示的零件模型。

(1)新建Part文件"Sample3-4"，系统自动建立默认基准面。

(2)选择平行混合特征的创建命令：【插入】(Insert)→【混合】(Blend)→【伸出项】(Protrusion)→【平行】(Parallel)→【规则截面】(Regular Sec)→【草绘截面】(Sketch Sec)→【完成】(Done)→【直的】(Straight)→【完成】(Done)。

(3)选取TOP面为草绘平面并使草绘视图方向朝上，选取FRONT面为参考平面并使其方向朝下，然后在草绘模式中接受默认的草绘参照，并绘制如图3-107所示的正六边形作为第1个截面。

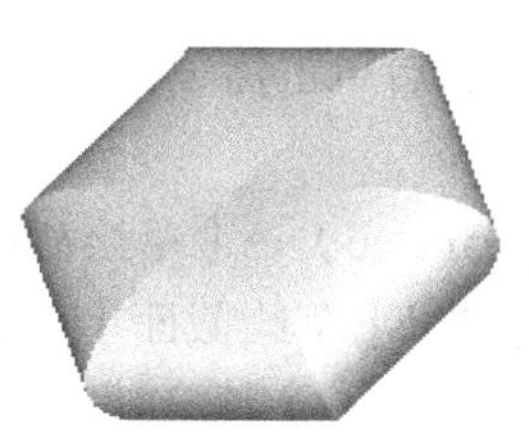

图3-106 平行混合零件

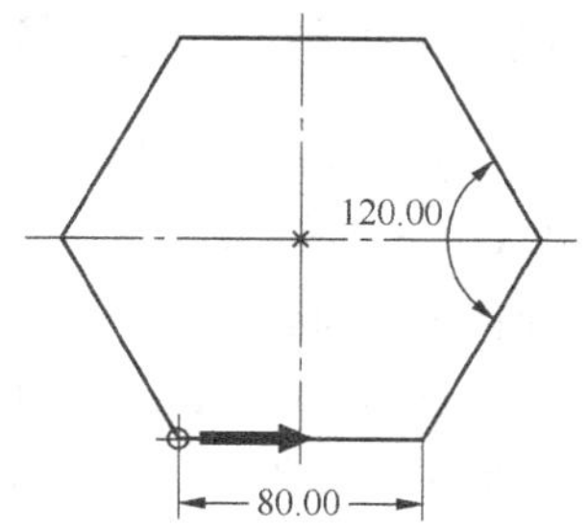

图3-107 第1个截面

(4)选择【草绘】(Sketch)→【特征工具】(Feature Tools)→【切换截面】(Toggle Section)命令切换至第2个截面，绘制如图3-108所示的第2个截面(注意：两截面的起始点位置和方向应一致)，此时第1个截面呈暗灰色显示。

(5)选择【草绘】(Sketch)→【特征工具】(Feature Tools)→【切换截面】(Toggle Section)命令切换至第3个截面，绘制如图3-109所示的第3个截面(一个草绘点)，此时第1、2个截面呈暗灰色显示。

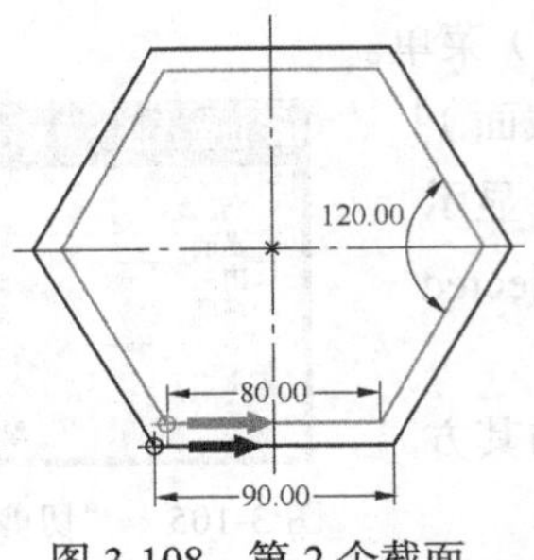

图 3-108　第 2 个截面

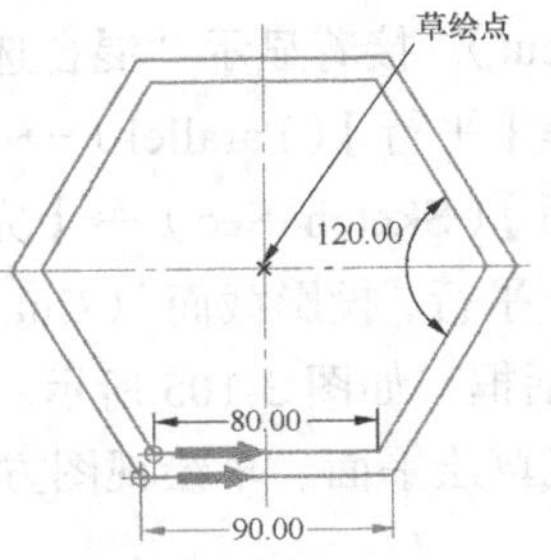

图 3-109　第 3 个截面

（6）单击✓按钮结束截面草绘，依次输入各截面间的距离为 30mm 和 40mm。

（7）单击特征对话框中的预览按钮，平行混合特征的模型效果如图 3-110 所示。

（8）在特征对话框中选择“属性”（Attributes）选项进行重定义，将其属性选项由【直】（Straight）改为【光滑】（Smooth），然后单击确定按钮，此时生成的特征如图 3-111 所示。

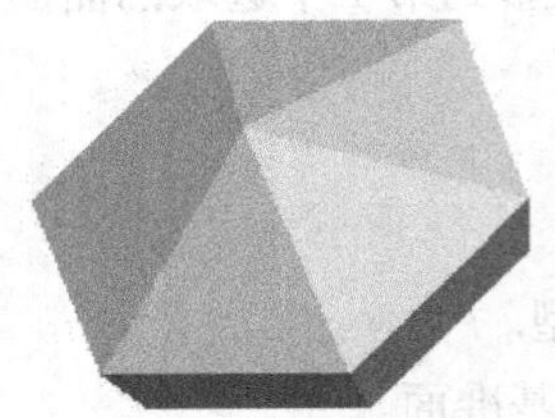
图 3-110　直线连接的模型效果

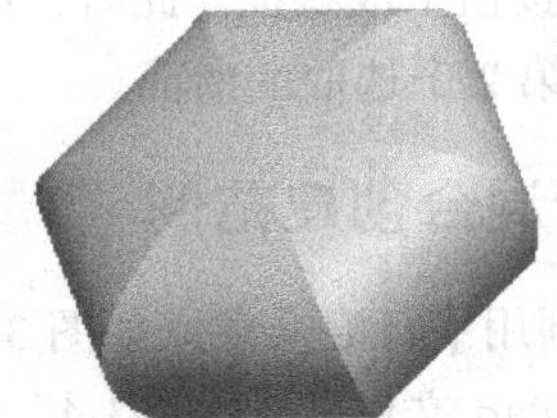
图 3-111　平滑连接的模型效果

3.5.5 旋转混合

旋转混合特征是由绕 y 轴旋转的截面创建的，通过输入相邻两截面的角度来控制截面方向。草绘截面时必须添加一个草绘坐标系，并可以相对草绘坐标系标注截面尺寸。

1. 创建旋转混合的一般步骤

（1）选择【插入】（Insert）→【混合】（Blend）命令，然后单击需要的混合类型，显示“混合选项”（BLEND OPTS）菜单。

（2）选择【旋转】（Rotational）→【规则截面】（Regular Sec）→【草绘截面】（Sketch Sec）或【选取截面】（Select Sec）→【完成】（Done）命令。这里以【草绘截面】（Sketch Sec）为例，之后显示特征对话框和“属性”（ATTRIBUTES）菜单，如图 3-112 所示。

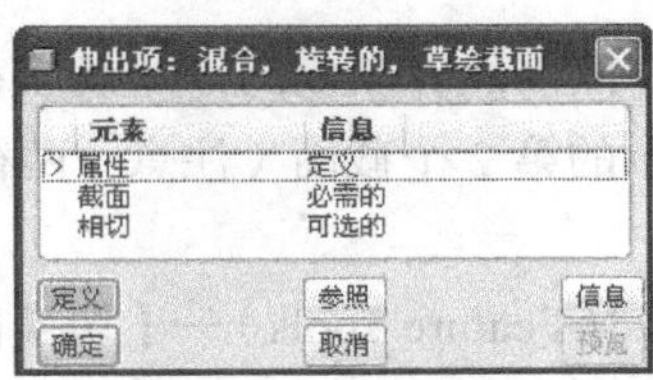

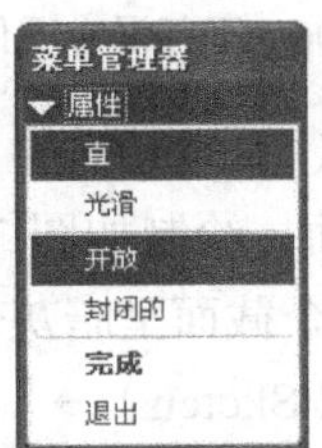

图 3-112　特征对话框与“属性”（ATTRIBUTES）菜单

（3）在“属性”（ATTRIBUTES）菜单中选择合适的选项并单击【完成】（Done）命令。

（4）草绘混合特征的第 1 个截面，且必须在截面中添加草绘坐标系。如果是【选取截面】（Select Sec），则直接选取三维曲线作为当前截面。

（5）单击✔按钮结束截面草绘，依据提示为下一截面输入 y 轴旋转角度（最大为 120°）。

（6）继续草绘下一截面，完成后单击✔按钮退出草绘模式。

（7）系统提示是否要继续下一截面，回答“是”（Yes）继续创建截面，否则以“否”（No）结束。

（8）对于光滑混合，可利用特征对话框中的“相切”（Tangency）选项进行相切设置。

（9）单击特征对话框中的 确定 按钮，完成特征的创建。

2. 旋转混合创建范例

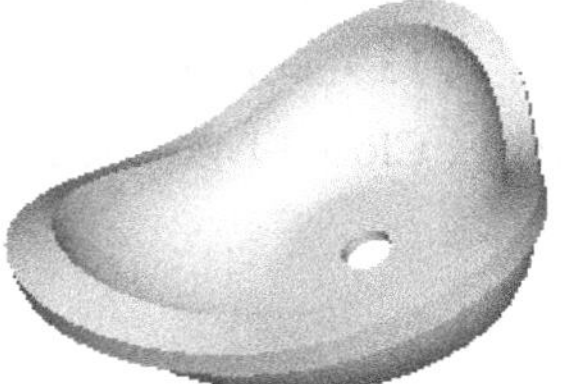

图 3-113　水槽零件

例 3-5　利用旋转混合建立如图 3-113 所示的水槽零件。

（1）新建 Part 文件“Sample3-5”，接受默认的模板模型，系统自动建立 3 个基准面。

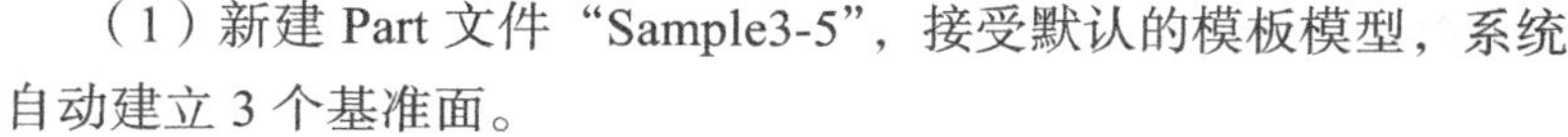

（2）单击旋转混合特征的创建命令：【插入】（Insert）→【混合】（Blend）→【伸出项】（Protrusion）→【旋转】（Rotational）→【规则截面】（Regular Sec）→【草绘截面】（Sketch Sec）→【完成】（Done）。

（3）在显示的“属性”（ATTRIBUTES）菜单中，选择【光滑】（Smooth）→【封闭】（Closed）→【完成】（Done）命令。

（4）选取 FRONT 面为草绘平面并使草绘视图方向朝内，选取 TOP 面为参考平面并使其方向朝上，进入草绘模式后接受默认的草绘参照（TOP 和 RIGHT 面），绘制如图 3-114 所示的截面（注意要引入草绘坐标系）。

（5）选择【文件】（File）→【保存副本】（Save a copy）命令将截面另存为“sec1.sec”，单击✔按钮结束。

（6）输入第 2 个截面相对前一截面绕草绘坐标系 y 轴的旋转角度为 30°。

（7）选择【草绘】（Sketch）→【数据来自文件】（Data from File）→【文件系统】（File System）命令，选择保存的截面文件“Sec1.sec”并以比例 1 调入至当前的截面中，按如图 3-115 所示修改其尺寸并指定对应的起始点，然后将其另存为“sec2.sec”并单击✔按钮结束。

（8）单击“是”（Yes）按钮继续下一个截面，并输入第 3 个截面绕 y 轴的旋转角度为 60°，然后选择【草绘】（Sketch）→【数据来自文件】（Data from File）→【文件系统】（File System）命令，按比例 1 调入截面文件“sec2.sec”，单击✔按钮结束。

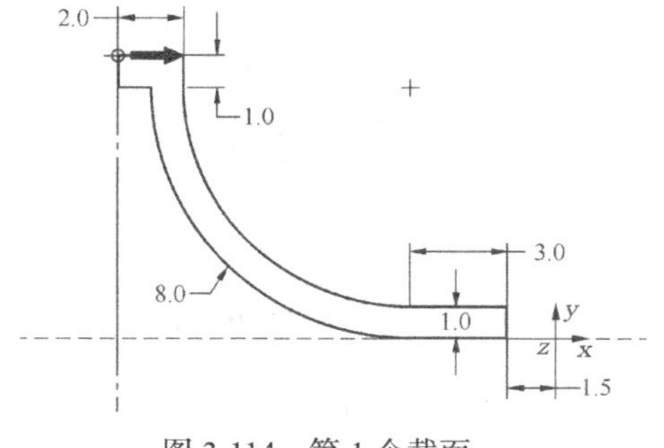

图 3-114　第 1 个截面

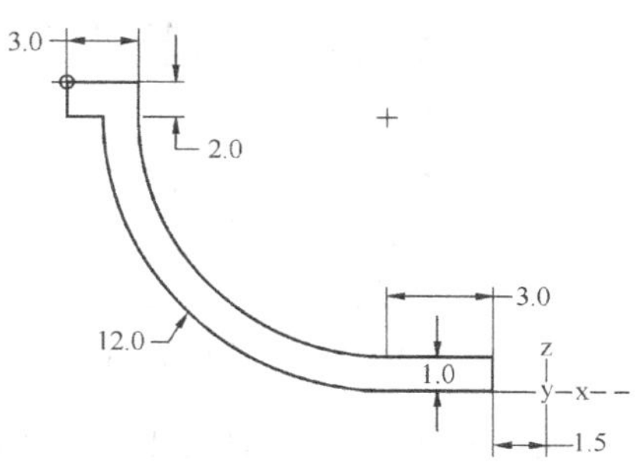

图 3-115　第 2 个截面

（9）选择“是”（Yes）继续下一个截面，输入第4个截面绕 y 轴的旋转角度为60°，按照同样的方法调入截面文件“sec2.sec”，单击✔按钮结束。

（10）选择“是”（Yes）继续下一个截面，输入第5个截面绕 y 轴的旋转角度为30°，然后调入截面文件“sec1.sec”并单击✔按钮结束。

（11）选择“是”（Yes）继续下一个截面，输入第6个截面绕 y 轴的旋转角度为60°，继续调入截面“sec1.sec”，然后单击✔按钮结束。

（12）单击“否”（No）结束截面的定义，然后单击特征对话框中的 确定 按钮，此时模型显示如图3-116所示。

（13）如选择特征对话框中的“属性”（ATTRIBUTES）选项进行重定义，将特征属性由【封闭】（Closed）改为【开放】（Open），则特征模型将如图3-117所示。

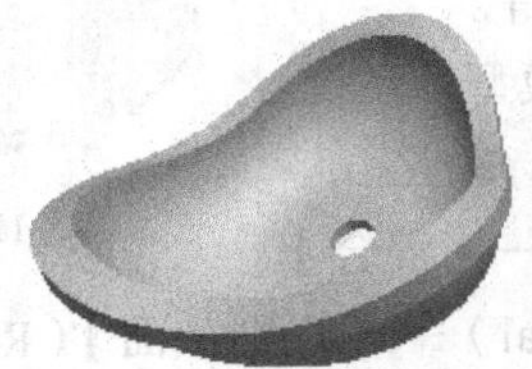

图3-116　封闭型的模型效果

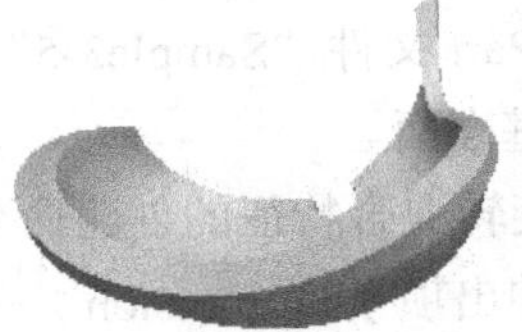

图3-117　开口型的模型效果

3.5.6　一般混合

一般混合特征是由分别绕 x、y、z 轴旋转的截面创建的，通过输入相邻两截面的角度和距离来控制截面方向。草绘一般混合的特征截面时，必须在截面中添加草绘坐标系以定义各截面的相互位置关系。

1. 创建一般混合的步骤

创建一般混合特征的步骤如下。

（1）选择【插入】（Insert）→【混合】（Blend）命令，然后单击需要的混合类型，显示“混合选项”（BLEND OPTS）菜单。

（2）选择【一般】（General）→【规则截面】（Regular Sec）→【草绘截面】（Sketch Sec）或【选取截面】（Select Sec）→【完成】（Done）命令。以【草绘截面】（Sketch Sec）为例，系统将弹出如图3-118所示的特征对话框和如图3-119所示的“属性”（ATTRIBUTES）菜单。

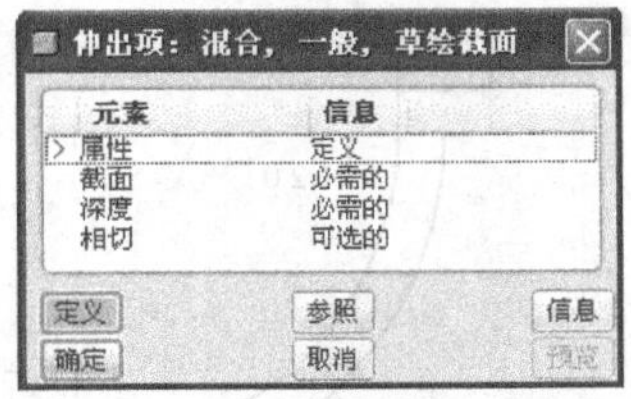

图3-118　一般混合的特征对话框

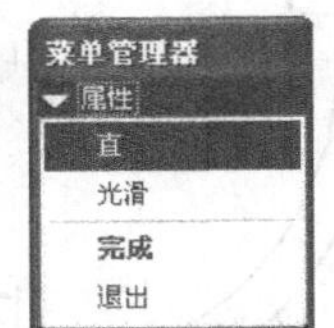

图3-119　“属性（ATTRIBUTES）”菜单

（3）在“属性”（ATTRIBUTES）菜单中定义合适的选项并单击【完成】（Done）命令。

（4）草绘第1个混合截面，且必须在截面中添加草绘坐标系。

（5）草绘后续截面，并根据提示依次输入各截面相对前一截面绕 x、y 和 z 轴的旋转角度（最大为 120°），以确定截面的位置，否则在提示“是否继续下一个截面”时选择“否”。

（6）草绘完所有的混合截面后，依次为后续截面输入一个偏距深度值。该尺寸为坐标系原点之间的直线距离。

（7）如建立的非平行混合特征首尾两截面与某模型相接时，可单击特征对话框的“相切”（Tangency）选项进行相切设置，使其与相邻的模型实体表面相切。

（8）单击特征对话框中的 确定 按钮，完成特征的创建。

2. 一般混合创建范例

例 3-6 利用一般混合建立如图 3-120 所示的蜗杆齿轮。

图 3-120 蜗杆齿轮零件

（1）使用缺省模板新建文件“Sample3-6.prt”，创建如图 3-121 所示的圆柱体基本特征：直径为 10mm，高度为 180mm。

（2）单击一般混合特征的创建命令：【插入】（Insert）→【混合】（Blend）→【伸出项】（Protrusion）→【一般】（General）→【规则截面】（Regular Sec）→【草绘截面】（Sketch Sec）→【完成】（Done）。

（3）在“属性”（ATTRIBUTES）菜单中选择【光滑】（Smooth）→【完成】（Done）命令。

（4）选择【产生基准】（Make Datum）命令，建立一个与 TOP 面相距 20mm 的临时基准面 DTM1 作为草绘平面，并默认草绘视图方向朝上，如图 3-122 所示，然后选取 RIGHT 面为参考平面并使其方向朝右。

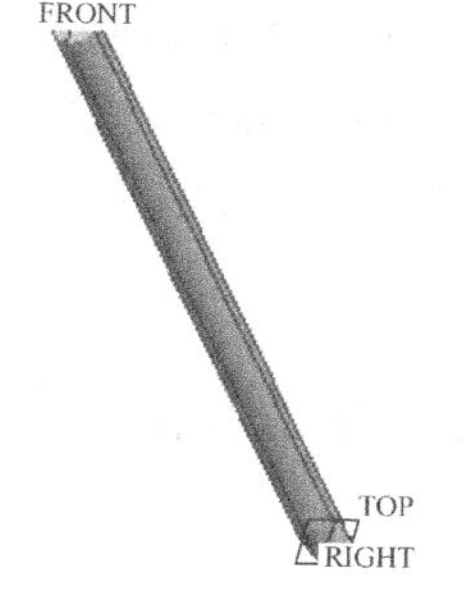

图 3-121 圆柱基本体

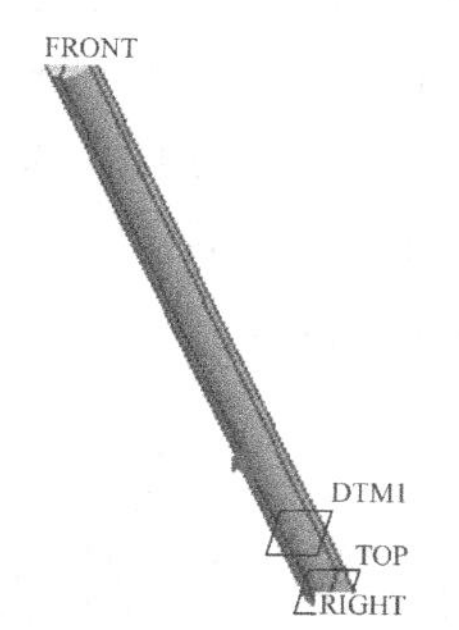

图 3-122 建立的临时基准面

（5）进入草绘模式后接受默认的草绘参照，绘制如图 3-123 所示的截面（必须绘制草绘坐标系并定位于圆柱轴上），然后将截面另存为“section.sec”并单击 ✔ 按钮结束。

（6）输入第 2 个截面相对前一截面绕草绘坐标系 x、y 和 z 轴的旋转角度分别为 0°、0° 和 45°，然后选择【草绘】（Sketch）→【数据来自文件】（Data from File）→【文件系统】（File System）命令按比例 1 调入保存的截面“section.sec”，然后单击 ✔ 按钮结束。

（7）选择“是”（Yes）继续下一个截面的定义，输入第 3 个截面绕 x、y 和 z 轴的旋转角度分别为 0°、0° 和 45°，然后采用同样的方法调入截面“section.sec”，然后单击 ✓ 按钮结束。

（8）继续执行相同的步骤，依次调入各个截面直至第 8 个截面为止，最后单击“否”（No）按钮结束截面的定义。

（9）依次输入各截面间的距离为 20mm。

（10）单击特征对话框中的 确定 按钮，模型显示如图 3-124 所示。

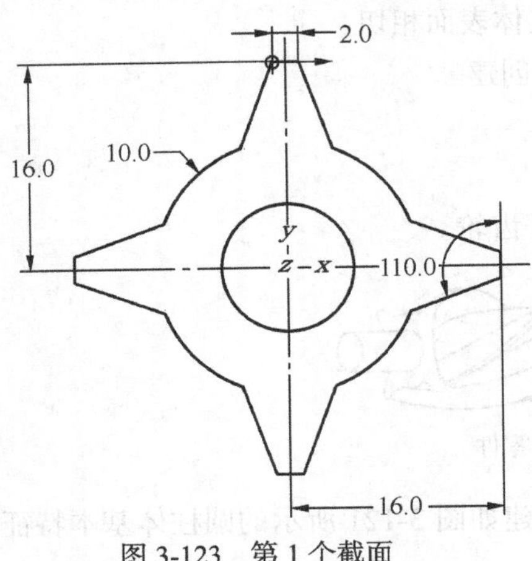

图 3-123　第 1 个截面

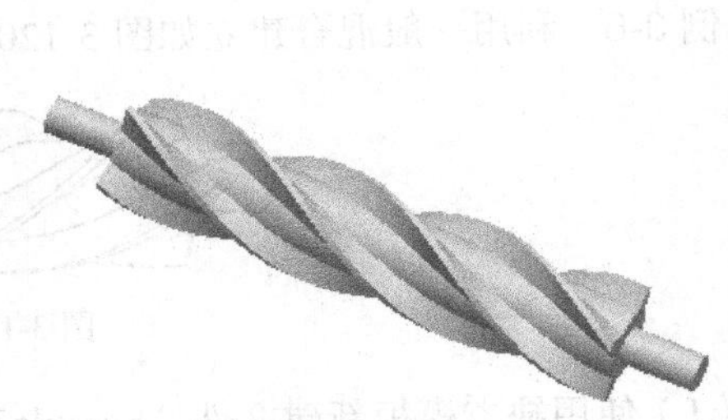

图 3-124　零件的三维模型

3.5.7　混合特征的相切设置

非平行混合特征首尾处的截面与模型相接时，为保持相接部位的平滑性，可利用非平行混合特征对话框中的“相切”（Tangency）选项进行相切设置。也就是说，可以在同一零件上的混合特征曲面和相邻特征曲面之间创建光滑连接，或者在开放的光滑混合中为第 1 个和最后 1 个截面的各段指定一个相切曲面。

如图 3-125（a）所示，该零件模型的混合特征起初与邻接的实体不相切，此时可通过特征对话框中的“相切”（Tangency）选项进行相切定义，使混合特征与毗连的特征实体面光滑相接，如图 3-125（b）所示。执行时，选中特征对话框的“相切”（Tangency）选项并单击 定义 按钮，如图 3-125（c）所示，然后选择“是”（Yes）接受系统的提示，并根据相接实体边的高亮显示依次选取欲相切的邻接面。

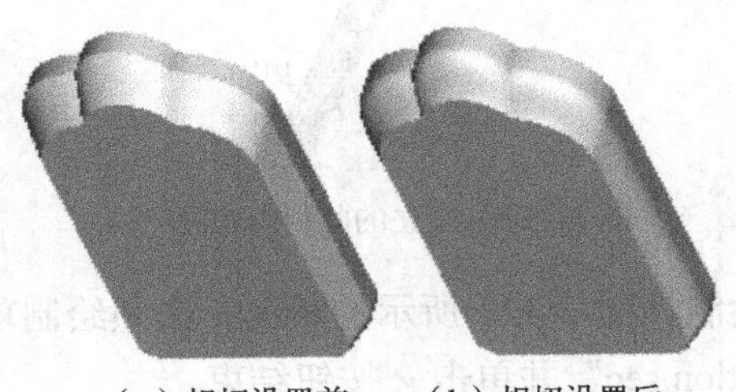

（a）相切设置前　（b）相切设置后

伸出项：混合，一般，草绘截面

元素	信息
属性	光滑
截面	草绘平面 - 特征#1的曲面　（第一特征）
深度	盲孔
相切	已定义

定义　参照　信息
确定　取消　预览

（c）“相切”（Tangency）选项

图 3-125　非平行混合的相切设置

练习题

1．新建文件时如何设置模型的单位制？如果当前模型采用的是英寸单位制，如何将其改为公制单位制，有哪两种形式？

2．什么是草绘平面和参考平面？两者有何要求？

3．在 Pro/E 系统中，建立三维拉伸或旋转特征的一般步骤有哪些？

4．创建拉伸特征时，有哪几种深度定义形式？在应用上有何区别？

5．混合特征包括哪 3 种类型？各有何特点？

6．建立扫描特征时，其属性的定义与扫描轨迹间有何关系？属性选项【Add Inn Fcs】和【No Inn Fcs】、【Merge Ends】和【Free Ends】各表示什么含义？

7．利用拉伸、旋转、扫描、混合等方式，建立如图 3-126 ~ 图 3-128 所示的零件。

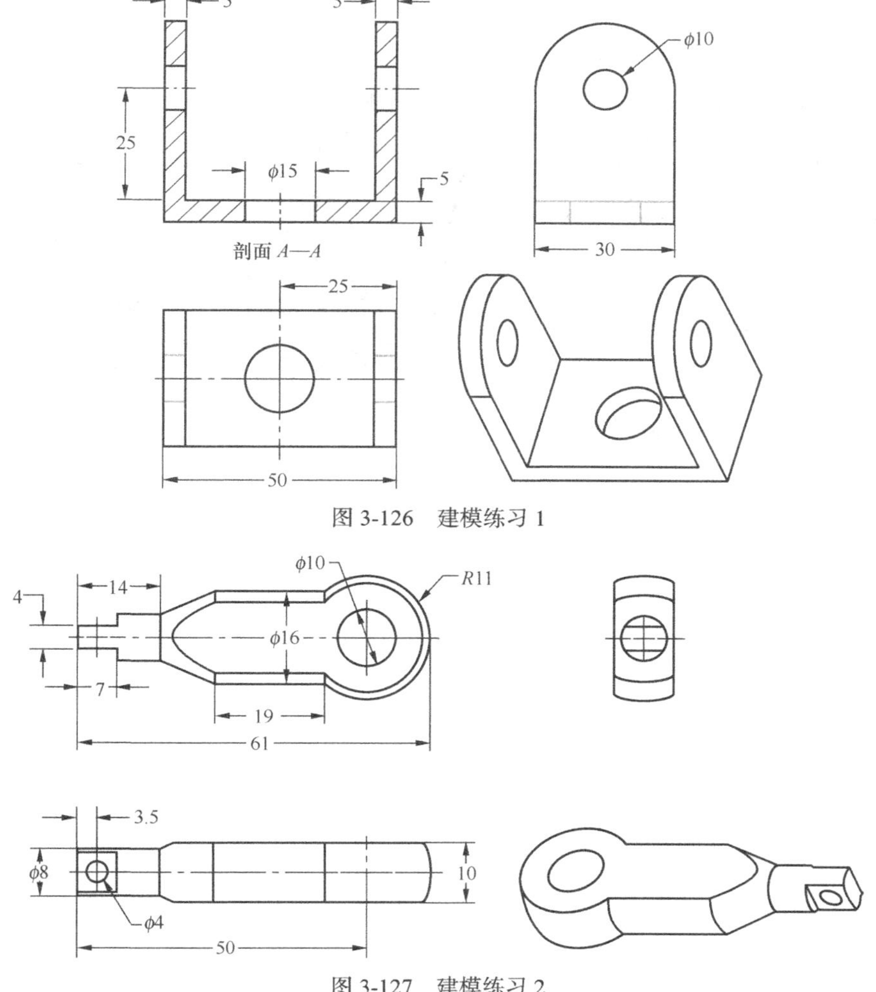

图 3-126　建模练习 1

图 3-127　建模练习 2

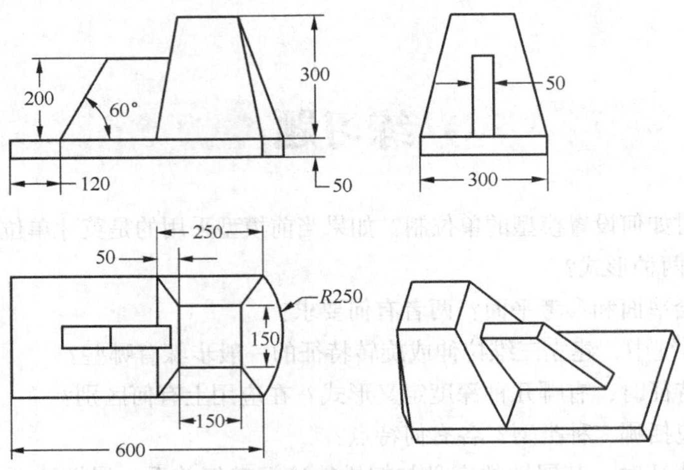

图 3-128　建模练习 3

8．利用平行混合绘制 3 个截面（两两相距 60mm），建立如图 3-129 所示的变形棱锥体。

9．利用旋转和平行混合，建立如图 3-130 所示的模型。

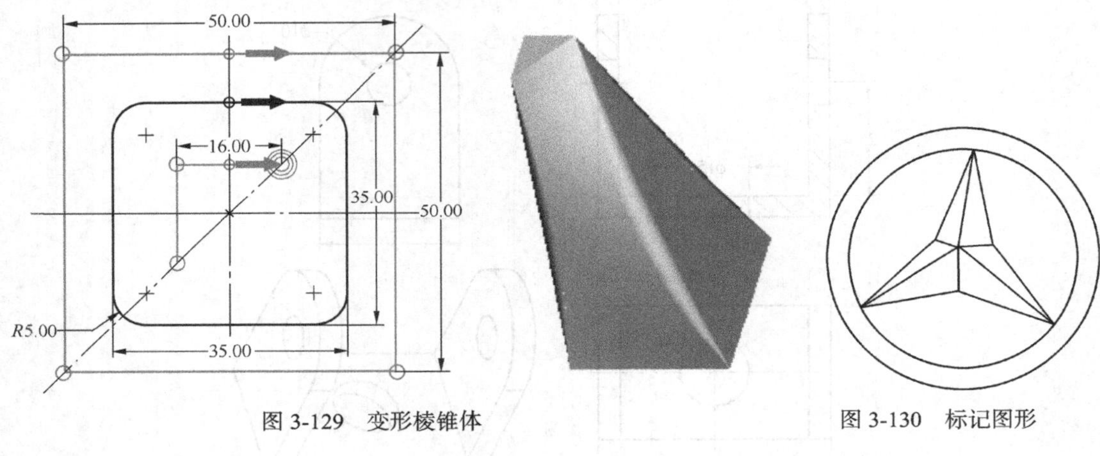

图 3-129　变形棱锥体

图 3-130　标记图形

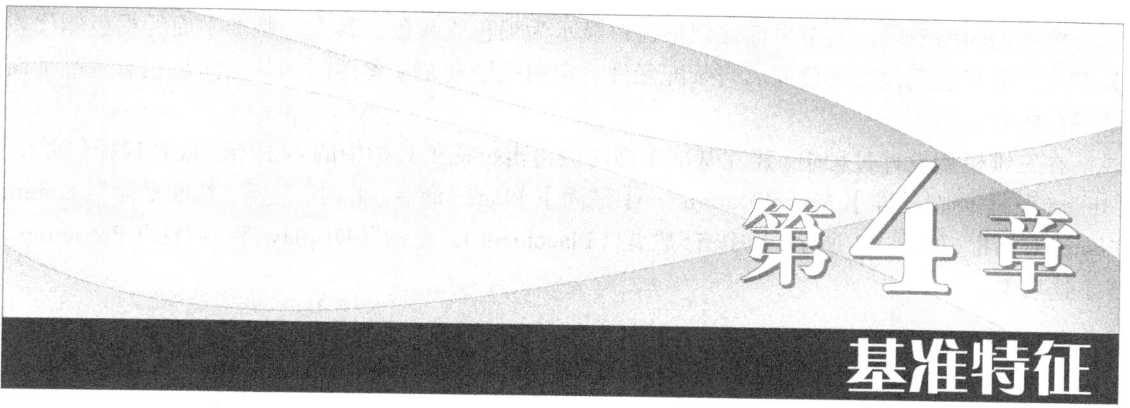

第4章 基准特征

基准（Datum）特征是三维模型设计的参照或基准数据，主要用于辅助三维特征的建立。在 Pro/E 系统中，基准特征包括基准平面（Datum Plane）、基准轴（Datum Axis）、基准点（Datum Point）、基准曲线（Datum Curve）、基准坐标系（Datum Coordinate System）等，如图 4-1 所示。本章主要介绍各基准特征的建立方法及其应用。

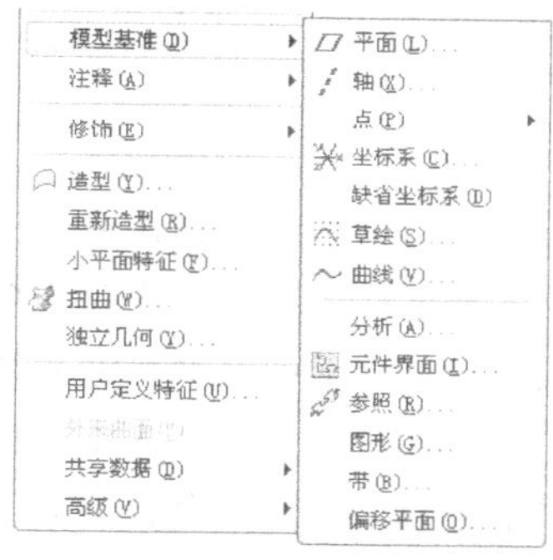

图 4-1 “模型基准”菜单选项

4.1 基准平面

基准平面是零件建模过程中使用最为频繁，同时也是最重要的基准特征。基准平面与实体特征不同，它没有厚度，并且在空间上无限延伸。在设计中，可以根据具体情况设置其延伸的范围。

4.1.1 基准平面对话框

在三维建模中，基准平面常用作特征创建的草绘平面、参考平面，或者截面尺寸标注的参照。设定三维模型的视图方位或者进行零件组合时，也可以选取基准平面作为定向的参照或装配约束的参照，如图 4-2 所示。

根据朝向的不同，基准平面在图形窗口显示为褐色或灰色。其中，基准平面的褐色侧代表其正向，而灰色侧代表其负向。当装配元件、定向视图和定义参照时，其指向是相对基准平面的褐色侧而言的。

在三维模型设计过程中，建立基准平面时应单击特征工具栏中的▱按钮，或者选择【插入】(Insert)→【模型基准】(Model Datum)→【平面】(Plane)命令。此时，显示“基准平面”(Datum Plane)对话框，如图 4-3 所示，其中有“放置”(Placement)、“显示”(Display)和“属性”(Properties) 3 个选项卡。

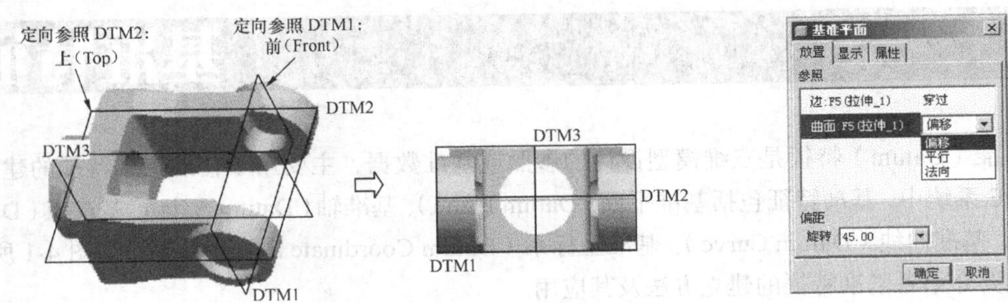

图 4-2 以基准平面作为模型的定向参照　　　　图 4-3 “基准平面”对话框

1. “放置”选项卡

该选项卡用于选取和显示现有平面、边、点、坐标系、轴、曲线等参照，并为每个参照设置约束类型及数值，以创建出新的基准平面。注意：选取多个参照时，必须按住 Ctrl 键。

建立基准平面时，必须在“放置”选项卡中定义足够的约束条件，直至能限制基准平面产生的唯一位置。当对话框中的确定按钮可用时，表示基准平面的约束条件已经足够，单击确定按钮即可创建。除穿过平面、偏移平面或坐标系、混合截面等约束外，一般需要定义两个或两个以上的约束条件，才能够满足基准平面的创建要求。

2. “显示”选项卡

该选项卡包括“反向”(Flip)按钮和“调整轮廓”(Adjust Outline)复选框，如图 4-4 所示。反向按钮用于反转基准平面的法向，“调整轮廓”(Adjust Outline)复选框用于调整基准平面的轮廓显示尺寸，系统提供了“参照”(Reference)和“大小”(Size)两种调整方式。其中，“参照”方式是通过选定参照（如零件、特征、边、轴或曲面），使基准平面的大小与之相符，如图 4-5 所示；“大小”方式是直接将基准平面的轮廓显示尺寸调整到所定义的宽度和高度值。

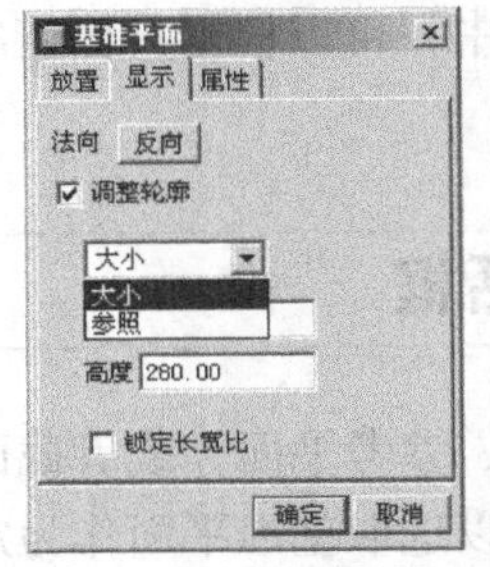

图 4-4 “显示”选项卡

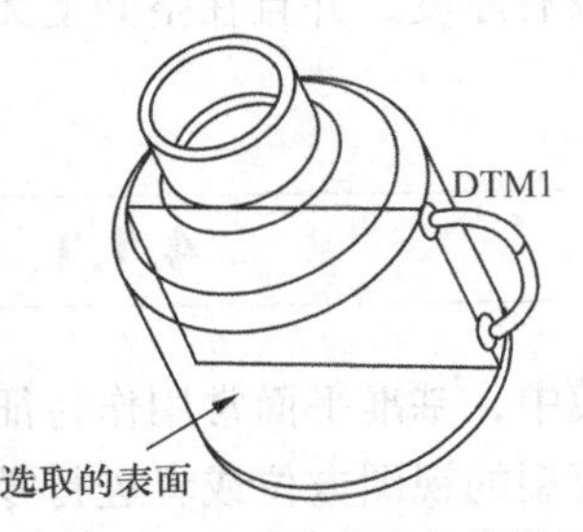

图 4-5 使基准平面的大小与参照相符

3. “属性”选项卡

该选项卡用于在 Pro/E 浏览器中查看当前基准平面特征的信息，或者对基准平面重命名。

4.1.2 基准平面的建立

1. 默认基准面的建立

在 Pro/E Wildfire 5.0 中，如采用缺省模板新建零件文件，系统将自动创建 TOP、FRONT 和 RIGHT 3 个默认基准面和 1 个基准坐标系，如图 4-6 所示。3 个默认基准面的交点是基准坐标系的原点，其中 RIGHT 面相当于侧平面，正方向指向正 x 轴（朝右）；TOP 面相当于水平面，正方向指向正 y 轴（朝上）；FRONT 面相当于前平面，正方向指向正 z 轴（朝向用户）。

若选用“空”(Empty)模板，然后单击▱按钮可建立 3 个相互垂直的基准平面，即 DTM1、DTM2 和 DTM3。在 3 个基准平面的相交处会显示一个由 3 小段颜色不同的单向线标定的旋转中心，即模型视图的旋转中心，如图 4-7 所示。旋转中心的 3 个单向线相互正交，并且分别与对应的基准平面垂直，各单向线端点处的小球分别位于各自的正向端，其中红色单向线指向 x 方向，绿色单向线指向 y 方向，蓝色单向线指向 z 方向。在 Pro/E 系统中，可以单击图标工具栏中的 、按钮来切换各类基准特征和旋转中心显示与否。

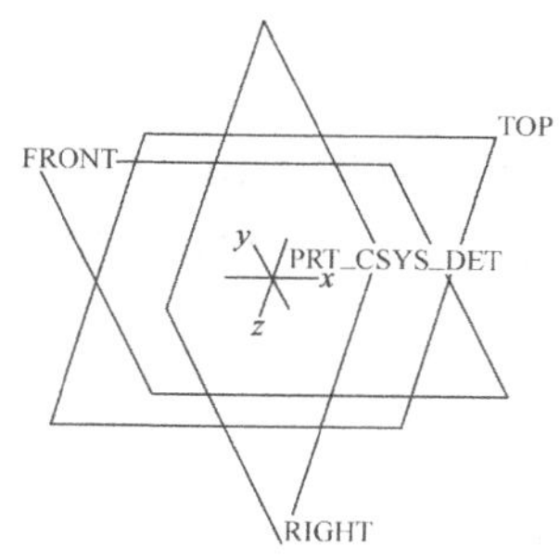

图 4-6　默认基准面和基准坐标系

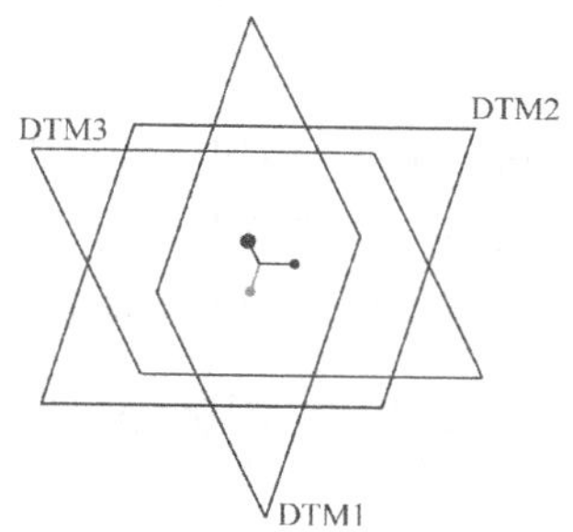

图 4-7　旋转中心

2. 基准平面的约束类型

建立基准平面时，必须通过“基准平面”对话框定义足够的约束条件，直至能限制基准平面产生的唯一位置。此时，系统显示的可用约束类型随选取的参照不同而有所不同，主要包括以下几种。

（1）偏移（Offset）：相对于选定参照偏移一定的距离或角度放置新基准平面，此时，要依据所选取的参照在“偏距”文本框中输入新基准平面的距离偏移值或角度偏移值，如图 4-8 所示。该约束选项适用的参照有平面或坐标系。当选取基准坐标系作为参照时，必须指定所参照平面为 xy、yz 或 zx。

（2）平行（Parallel）：平行于选定参照放置新基准平面。该约束选项适用的参照只有平面。

（3）垂直（Normal）：垂直于选定参照放置新基准平面。该约束选项适用的参照有轴、边、曲线或平面。

（4）穿过（Through）：通过选定参照放置新基准平面，如图 4-9 所示。该约束选项适用的参照有点/顶点、轴、曲线/边、平面、圆柱面或坐标系。

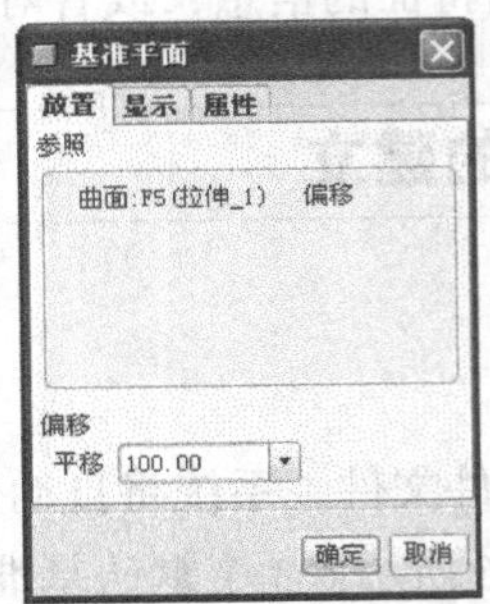

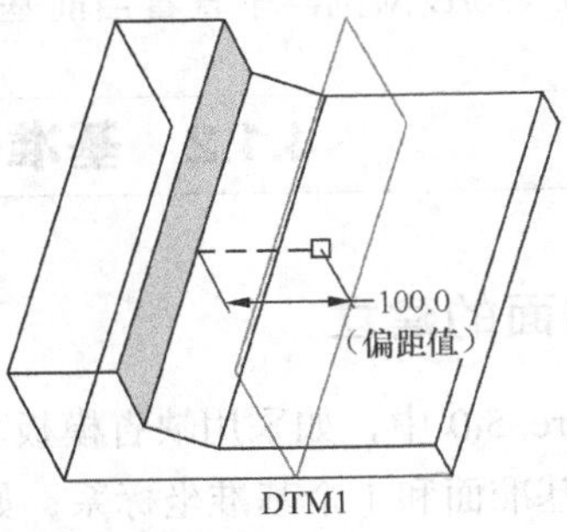

图 4-8　相对参照偏移建立基准平面

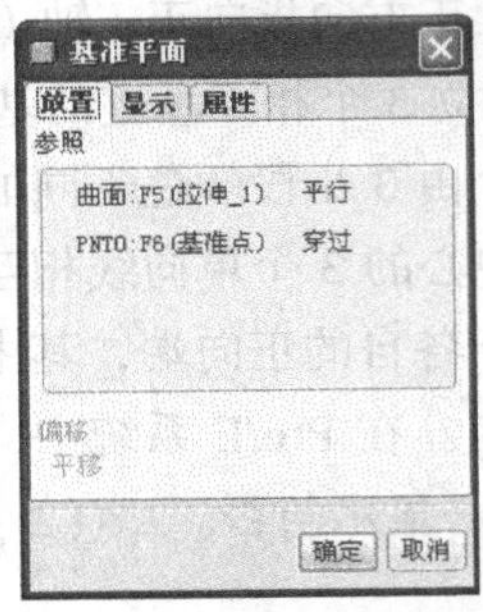

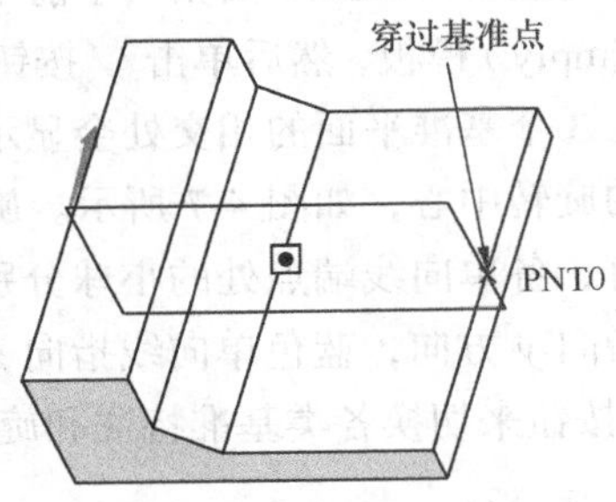

图 4-9　过点建立基准平面

（5）相切（Tangent）：相切于选定参照放置新基准平面，如图 4-10 所示。该约束选项适用的参照只有圆柱曲面。当基准平面与非圆柱曲面相切并通过选定为参照的基准点、顶点或边的端点时，系统会将"相切"约束添加到新创建的基准平面。

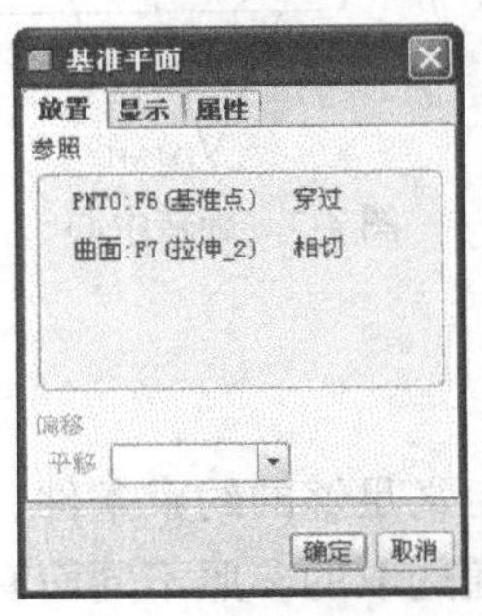

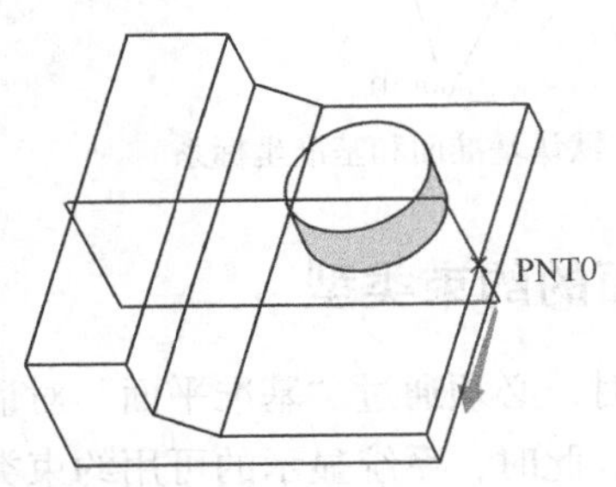

图 4-10　相切圆柱面建立基准平面

（6）混合截面（Blend section）：允许指定基于草绘的混合特征截面来放置新的基准平面，且基准平面通过该截面位置。该约束选项仅对混合特征有效。

3. 基准平面的即时创建与异步创建

选择【插入】（Insert）→【模型基准】（Model Datum）→【平面】（Plane）命令或者单击特征工具栏中的▱按钮，可即时创建基准平面。此时，所定义的约束相对于现有几何定位该基准平面，并且必须唯一地定位基准平面。创建基准平面时，系统按顺序 DTM1，DTM2…来分配基准名称。要选取模型中的基准平面，可以拾取其名称或者边界，或者从模型树中进行选取。

另外，Pro/E 允许在特征创建过程中选择菜单命令，或者单击特征工具栏中的对应按钮，异步创建基准平面、基准点、基准轴或基准曲线等。此时，Pro/E 会自动将这些异步创建的基准与模型特征组合在一起。在模型树的展开视图中会显示自动创建的组，并且系统会将异步创建的基准放置在隐藏的层上，如图 4-11 所示。在特征创建过程中，可将这些异步创建的基准用作参照。

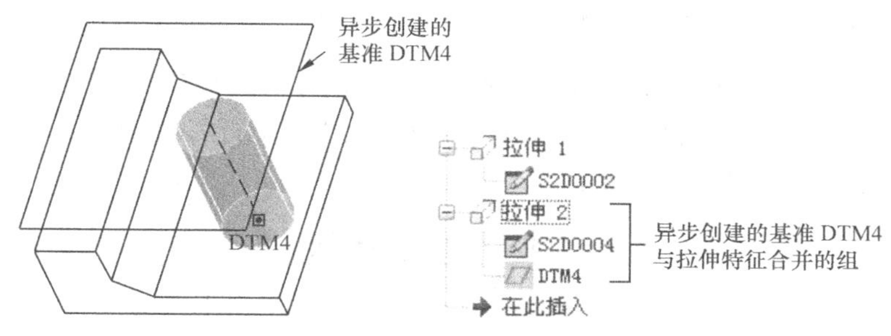

图 4-11　异步创建的基准

4. 预选基准参照创建基准平面

为了节省时间，在 Pro/E Wildfire 5.0 中允许用户预先选定合适的参照组合，然后单击按钮定义完全约束的基准平面。该方法可以快速定义基准平面而不必使用“基准平面”对话框。系统允许的预选参照组合见表 4-1。

表 4-1　创建基准平面的预选参照组合

预选参照组合	建立的基准平面
两个共面边或两个轴（必须共面但不共线）	通过这些参照的基准平面
3 个基准点或顶点（不能共线）	通过每个基准点/顶点的基准平面
一个基准平面或平曲面及两个基准点或顶点（点或顶点不能与平面的法线共线）	通过选定点并垂直于选取平面的基准平面
一个基准点和一个轴或直边/曲线（点不能与轴或边共线）	通过基准点和轴/边的基准平面

5. 基准平面创建范例

例 4-1　建立如图 4-12 所示的各基准平面。

步骤一　打开范例源文件

（1）单击图标工具栏中的按钮。

（2）在人民邮电出版社教学资源网下载的 sample 目录中打开文件“sample4-1.prt”，如图 4-13 所示。

步骤二　建立过圆孔轴线的基准平面 DTM1

（1）单击基准特征工具栏中的按钮。

（2）选取模型中的圆孔轴线 A_5，并在“基准平面”对话框中将轴线的约束类型设置为“穿过”。

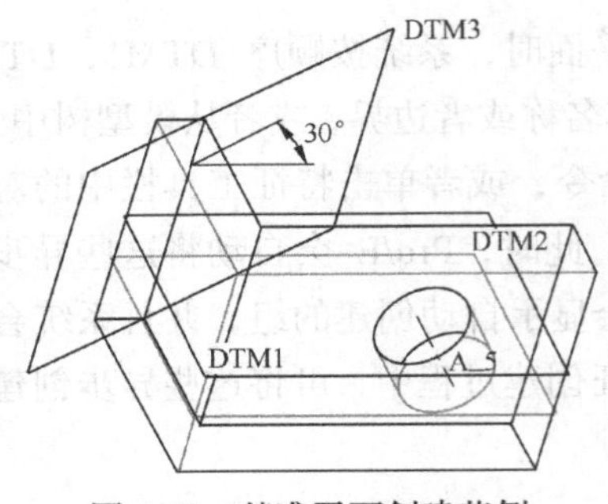

图 4-12　基准平面创建范例

图 4-13　范例源文件的模型

（3）按住 Ctrl 键选取模型前侧面 Surf1，如图 4-14 所示，此时该参照的约束类型默认为偏移。

（4）在前侧面的“参照”列表框中，将“偏移”改为“平行”，系统显示过轴线 A_5 并与 Surf1 平行的预览几何，如图 4-15 所示。

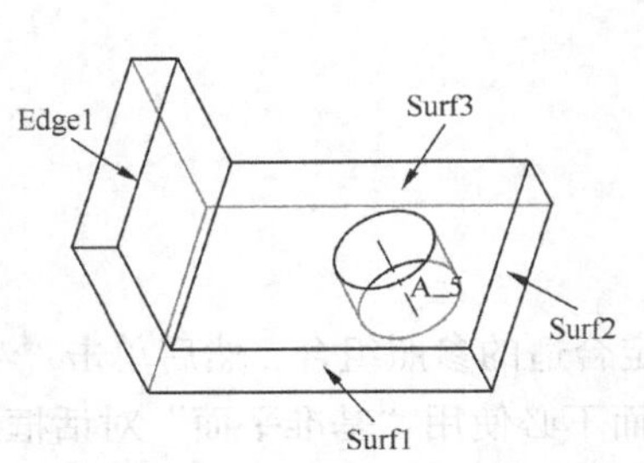

图 4-14　偏移参照的选择

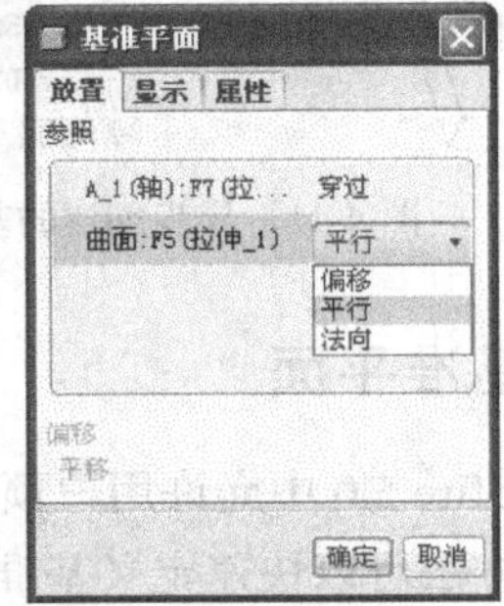

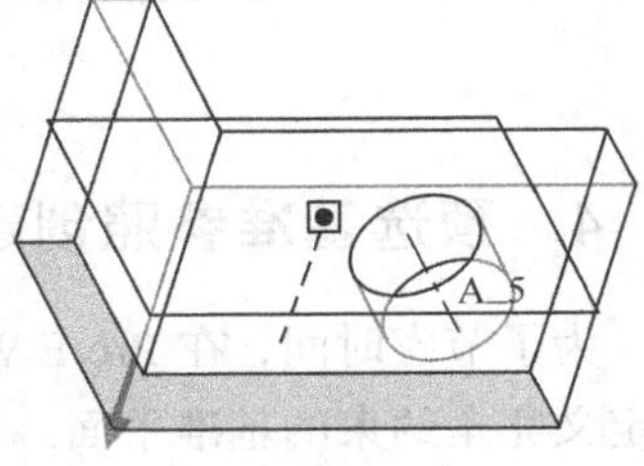

图 4-15　基准平面 DTM1 的参照类型及其预览几何

（5）单击 确定 按钮，完成基准平面 DTM1 的建立。

步骤三　建立与圆孔相切的基准平面 DTM2

（1）单击基准特征工具栏中的 按钮。

（2）选取模型圆孔的前半部分圆柱面，并在“基准平面”对话框中将其约束类型设置为“相切”。

（3）按住 Ctrl 键选取模型右侧面 Surf2，接受默认设置的“法向”（Normal）约束类型，此时系统显示基准平面 DTM2 的预览几何，如图 4-16 所示。

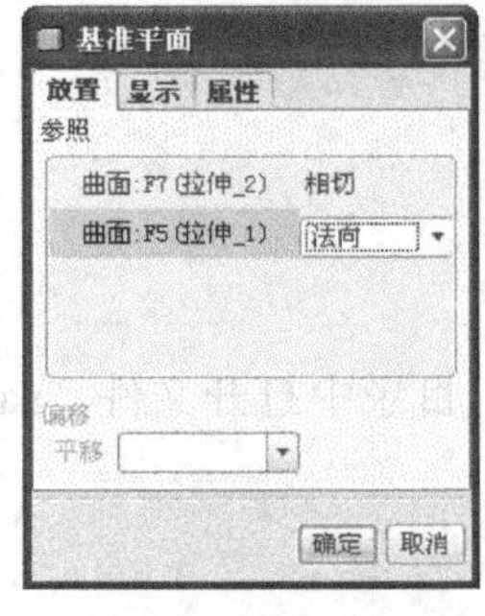

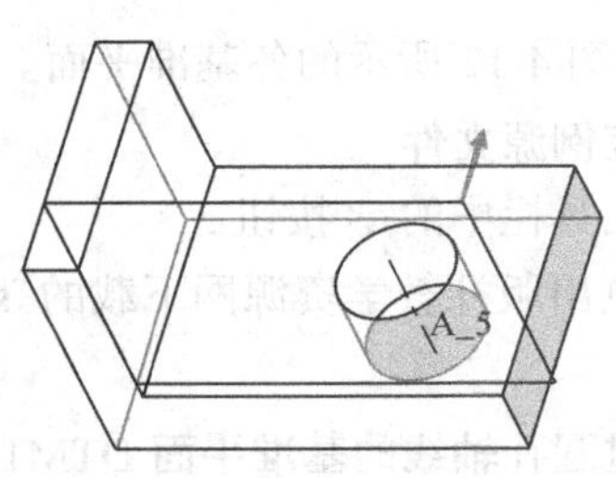

图 4-16　基准平面 DTM2 的参照类型及其预览几何

（4）单击 确定 按钮，完成基准平面 DTM2 的建立。

步骤四　建立通过边线 Edge1 并与上表面 Surf3 相交 30° 的基准平面 DTM3

（1）单击基准特征工具栏中的▱按钮。

（2）选取模型实体边 Edge1，并在“基准平面”对话框中设置其约束类型为“穿过”。

（3）按住 Ctrl 键选取模型上表面 Surf3，然后接受默认的约束类型“偏移”，并在“偏距”文本框中输入角度为 30° ，此时系统显示基准平面 DTM3 的预览几何，如图 4-17 所示。

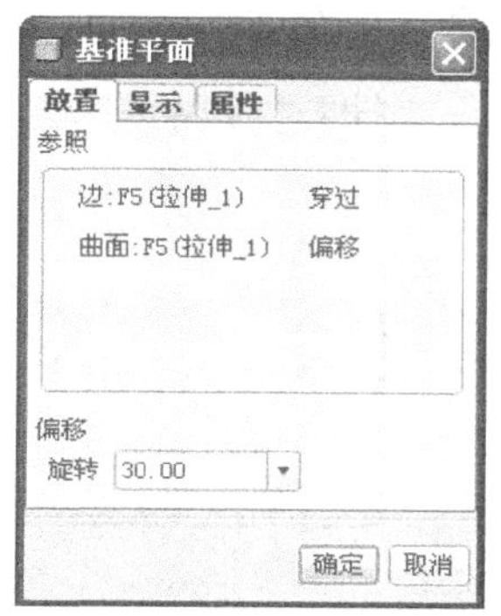

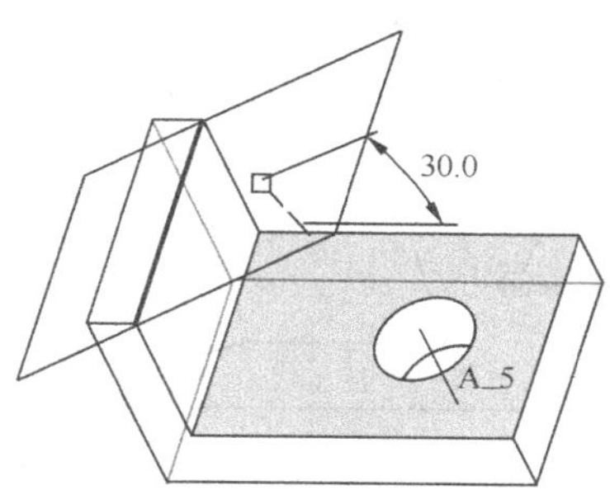

图 4-17　基准平面 DTM3 的参照类型及其预览几何

（4）单击 确定 按钮，完成基准平面 DTM3 的建立。

4.2 基准轴

基准轴在模型中由褐色点画线表示，且轴线上会显示 A_#（#为数字编号）标签。基准轴常被用作特征创建的参照，尤其对建立基准平面、同轴放置项目和径向阵列特别有用，如图 4-18 所示。

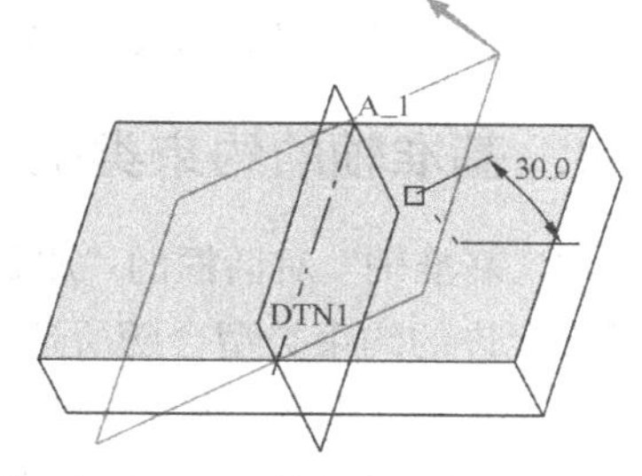

图 4-18　以基准轴为参照建立基准平面

4.2.1　基准轴对话框

单击基准特征工具栏中的 / 按钮，系统显示“基准轴”（Datum Axis）对话框，其中有“放置”（Placement）、“显示”（Display）和属性（Properties）3 个选项卡。

1. “放置”选项卡

在“放置”选项卡中，包括“参照”（Reference）和“偏移参照”（Offset reference）两个收集器。其中，“参照”收集器用于选取和显示新基准轴的放置参照，并指定参照的约束类型；而“偏移参照”收集器仅在参照的约束类型设定为“法向”（Normal）时才被激活，用于定义基准轴的偏移参照及其定位尺寸值，如图 4-19 所示。

2. “显示”选项卡

该选项卡用于调整基准轴的轮廓长度，使基准轴轮廓与指定尺寸或选定参照相拟合，如图 4-20 所示。勾选“调整轮廓”(Adjust Outline)复选框时，可选择“大小”(Size)或“参照”(Reference)选项来调整基准轴的轮廓尺寸。其中，“大小”表示将基准轴调整到所输入的长度值；“参照”表示将基准轴调整到与选定参照（如边、曲面、基准轴或特征）相拟合。

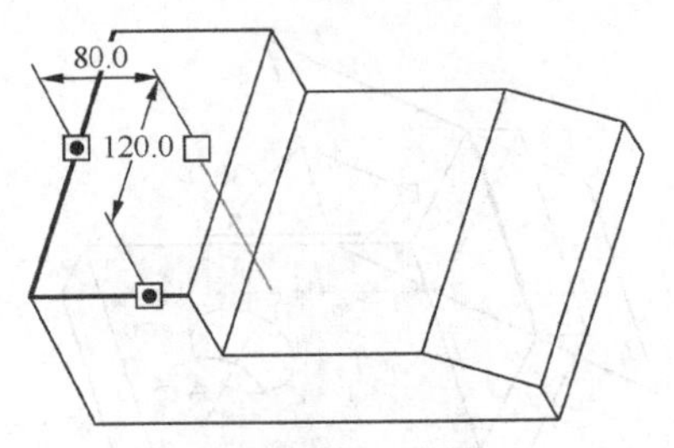

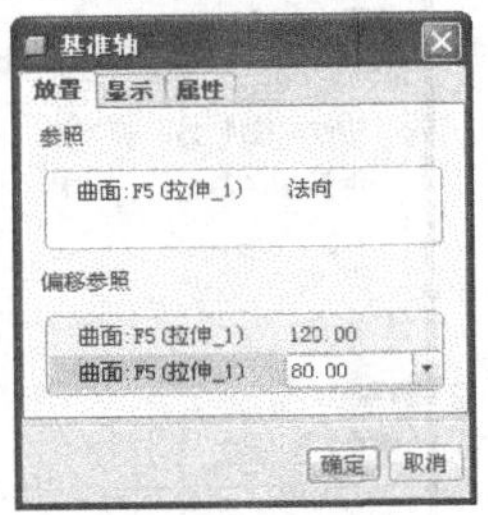

图 4-19 基准轴的放置

3. “属性”选项卡

该选项卡用于在 Pro/E 浏览器中查看当前基准轴特征的信息，或对基准轴进行重命名。

4.2.2 基准轴的建立

在 Pro/E 系统中以拉伸方式创建圆柱、圆孔特征或旋转特征时，特征的中心位置会自动标注中心轴线，即特征轴。而创建基准轴时，必须选择【插入】(Insert)→【模型基准】(Model Datum)→【轴】(Axis)命令或者单击特征工具栏中的 / 按钮来实现。与特征轴不同，基准轴是单独定义的特征，可以被重定义、隐含、隐藏或删除。

1. 基准轴的约束类型

在“基准轴”对话框的“放置”选项卡中，必须定义放置基准轴所需的参照及其约束条件，而系统允许的约束类型会随所选参照的不同而各异。主要的约束类型如下。

（1）穿过（Through）：通过选取的参考边、点/顶点、轴线、基准平面等参照建立基准轴，如图 4-21 所示。当选取的参照为旋转弧面时，基准轴将通过其弧面中心。如要选取多个参照，必须在选取时按住 Ctrl 键。

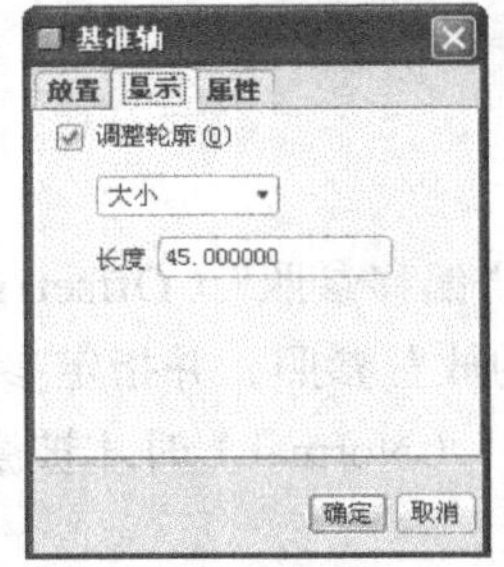

图 4-20 基准轴的显示设置

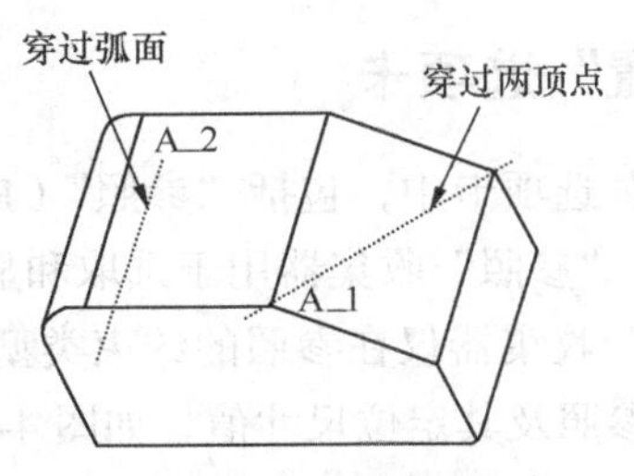

图 4-21 基准轴的穿过约束

（2）法向（Normal）：垂直于选定参照建立新的基准轴。使用该约束类型，必须在“偏移参照”收集器中定义所需的偏移参照及定位尺寸，或者添加附加点、顶点来完全约束基准轴，如图 4-22 所示。定义时，可直接拖曳滑块至定位的基准面或边。

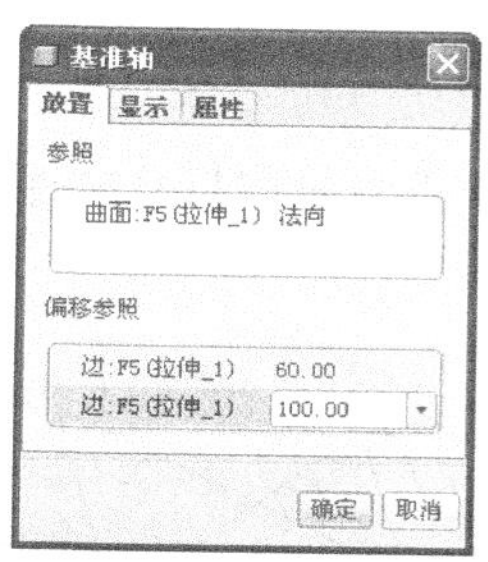

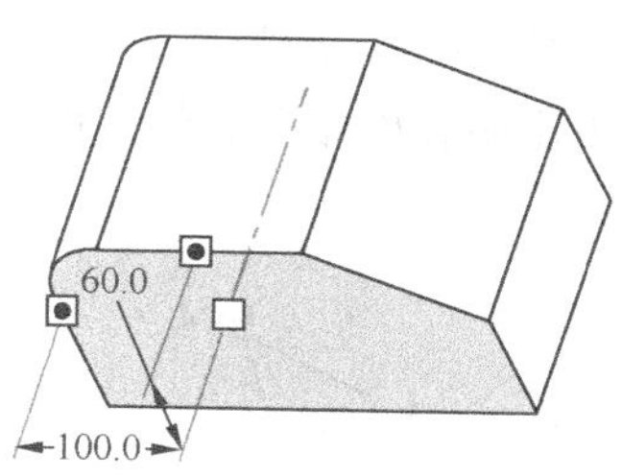

图 4-22　基准轴的法向约束

（3）相切（Tangent）：相切于选定的曲线或边等参照建立新的基准轴。使用此约束类型要求添加附加点或顶点作为参照，以创建位于该点且平行于切向量的基准轴，如图 4-23 所示。

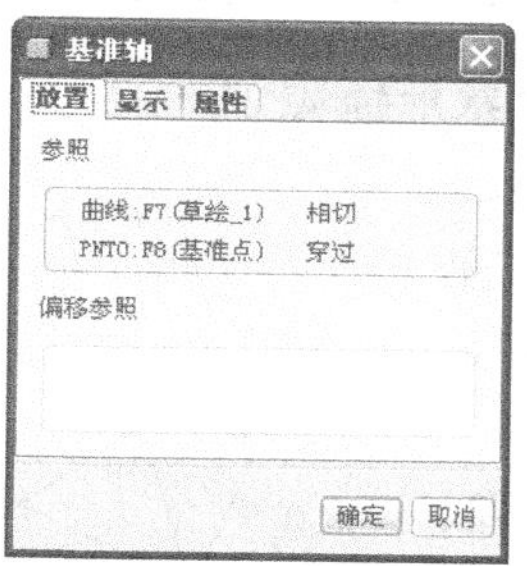

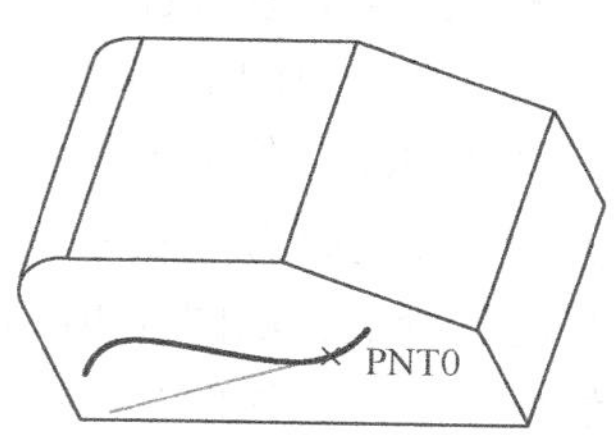

图 4-23　基准轴的相切约束

2. 预选参照创建基准轴

在 Pro/E Wildfire 5.0 中，允许预先选定参考组合（如选取多个参照需按住 Ctrl 键），然后单击/按钮自动创建完全约束的基准轴。此时，可以快速定义基准轴而不必使用“基准轴”对话框。常用的预选参照组合见表 4-2。

表 4-2　创建基准轴的预选参照组合

预选参照组合	建立的基准轴
一个直边或轴	通过选定边创建基准轴
两个基准点或顶点	通过每个选定点来创建基准轴
基准点或顶点和基准平面或平面曲面	通过选定点并与基准平面或平面曲面垂直来创建基准轴，在基准轴和基准平面或平面曲面的交点处会显示一个控制滑块
两个非平行的基准平面或平面曲面	如果平面相交，则通过相交线创建基准轴
曲线或边以及其中一个端点或基准点	通过选定点并与曲线或边相切来创建基准轴
平面圆边或曲线、基准曲线或圆柱曲面的边	通过平面圆边或曲线的中心且垂直于选定曲线或边所在的平面来创建基准轴，对于圆柱曲面的边，将沿着圆柱曲面的中心线创建基准轴
基准点和曲面	如果基准点在选定曲面上，则通过该点并垂直于该曲面创建基准轴，如果基准点不在选定曲面上，则打开“基准轴”对话框

3. 基准轴创建范例

例 4-2 依次建立如图 4-24 所示的各基准轴。

步骤一 打开练习文件

（1）单击图标工具栏中的按钮。

（2）在人民邮电出版社网站下载的范例（sample）文件目录中打开文件“sample4-2.prt”，如图 4-25 所示。

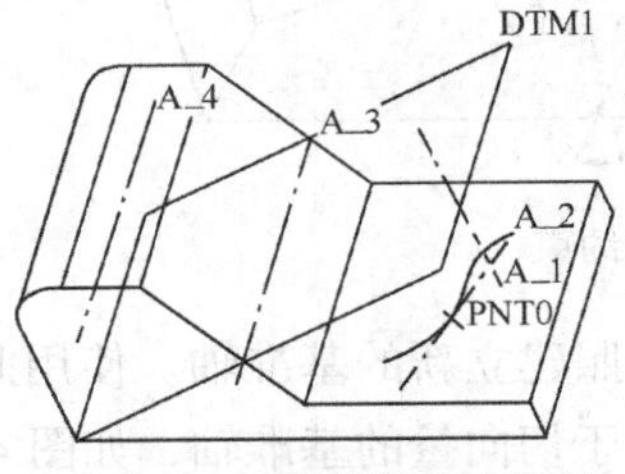

图 4-24 创建基准轴范例

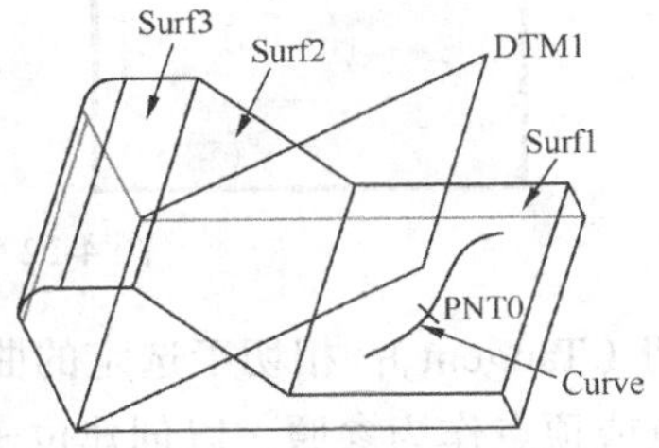

图 4-25 范例源文件的模型

步骤二 建立与模型上表面垂直且符合定位尺寸的基准轴 A_1

（1）单击基准特征工具栏中的按钮。

（2）选取模型上表面 Surf1 作为放置参照，此时“基准轴”对话框中的默认约束类型为“法向”，并在模型中显示基准轴预览几何及定位滑块，如图 4-26 所示。

（3）激活“基准轴”对话框中的“偏移参照”收集器，然后选取所需的两个定位参考面，并修改偏距尺寸值，如图 4-27 所示。当然，也可以直接拖曳两个定位滑块至指定的偏移参照。

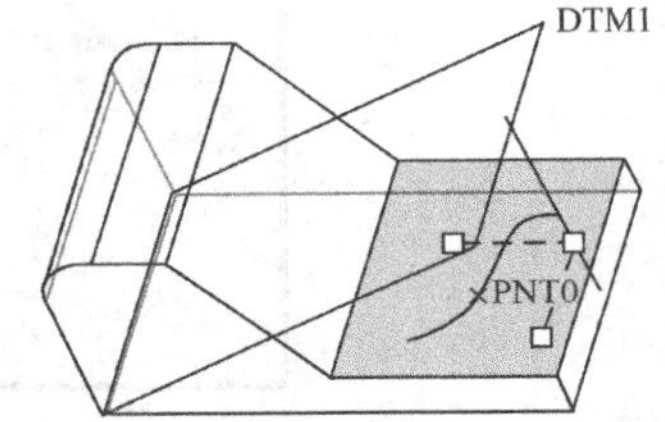

图 4-26 基准轴预览几何及定位滑块

（4）单击“基准轴”对话框中的 确定 按钮，完成基准轴 A_1 的建立。

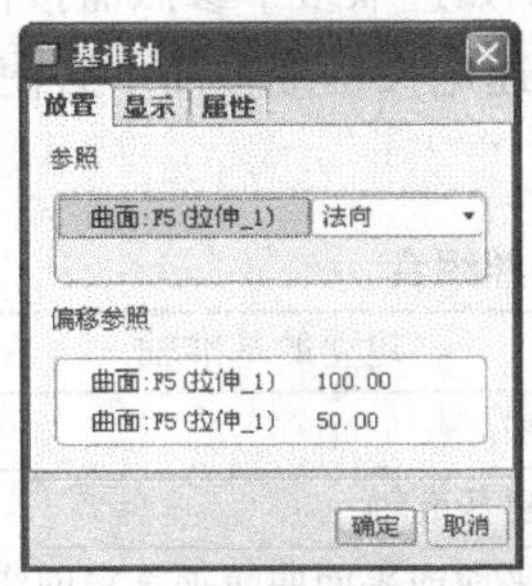

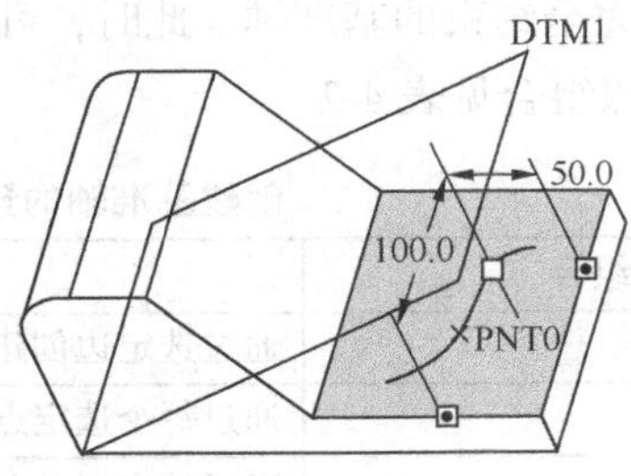

图 4-27 基准轴 A_1 的参照定义及其预览几何

步骤三 建立与曲线 Curve 在基准点 PNT0 处相切的基准轴 A_2

（1）为方便模型显示，先隐藏基准平面 DTM1，然后单击基准特征工具栏中的按钮。

（2）选取曲线 Curve，在“基准轴”对话框中系统默认约束类型为“相切”（Tangent）。

（3）按住 Ctrl 键选取基准点 PNT0，并接受默认的“穿过”约束类型，如图 4-28 所示。

（4）单击“基准轴”对话框中的 确定 按钮，完成基准轴 A_2 的建立。

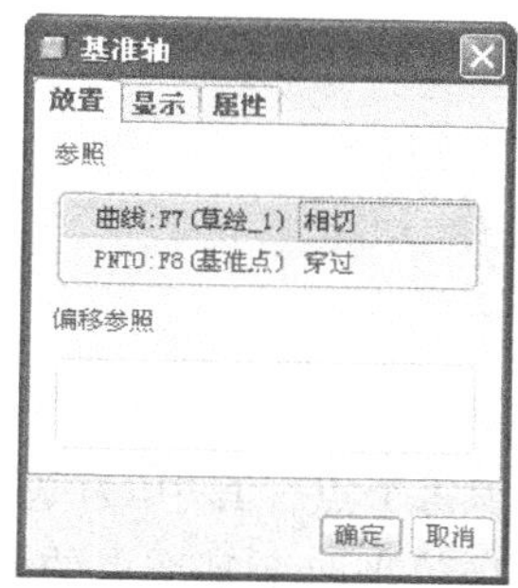

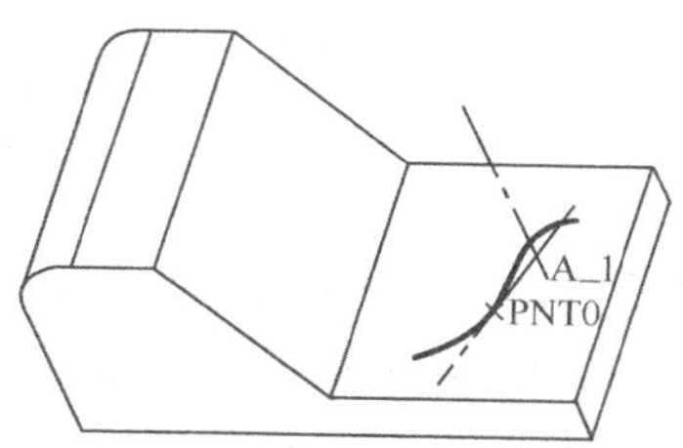

图 4-28　基准轴 A_2 的参照定义及其预览几何

步骤四　建立基准平面 DTM1 与模型表面 Surf2 相交处的基准轴 A_3

（1）单击基准特征工具栏中的 / 按钮。

（2）选取模型表面 Surf2 作为放置参照，此时默认为“法向”约束类型。

（3）按住 Ctrl 键选取基准平面 DTM1，系统自动将两个参照的约束类型修改为“穿过”，并在模型中显示基准轴的预览几何，如图 4-29 所示。

（4）单击“基准轴”对话框中的 确定 按钮，完成基准轴 A_3 的建立。

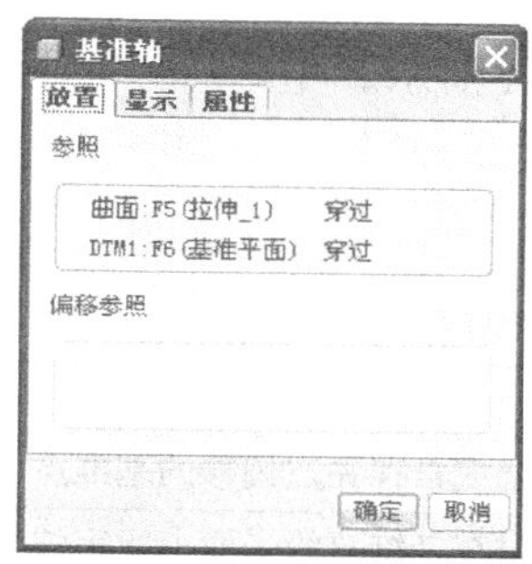

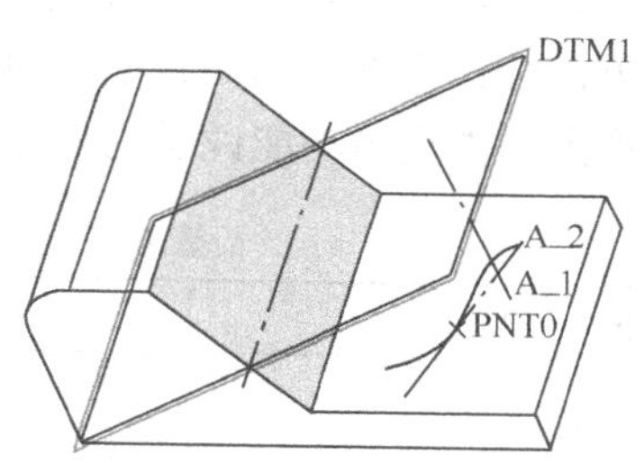

图 4-29　基准轴 A_3 的参照定义及其预览几何

步骤五　建立过圆弧面 Surf3 中心位置的基准轴 A_4

（1）单击基准特征工具栏中的 / 按钮。

（2）选取圆弧面 Surf3 作为放置参照，系统默认为“穿过”约束类型，并在其弧面中心处显示基准轴的预览几何，如图 4-30 所示。

（3）单击“基准轴”对话框中的 确定 按钮，完成基准轴 A_4 的建立。

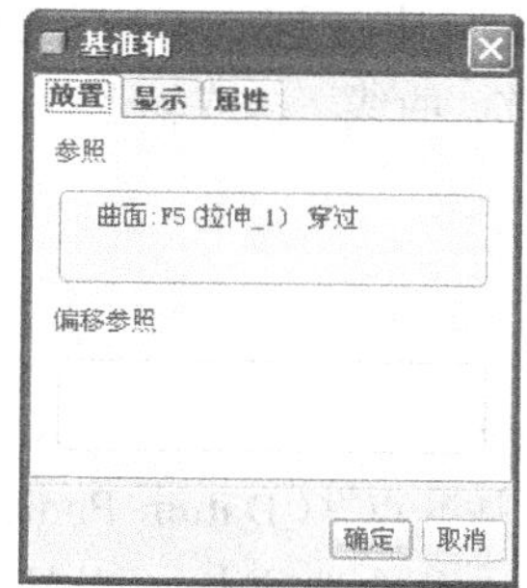

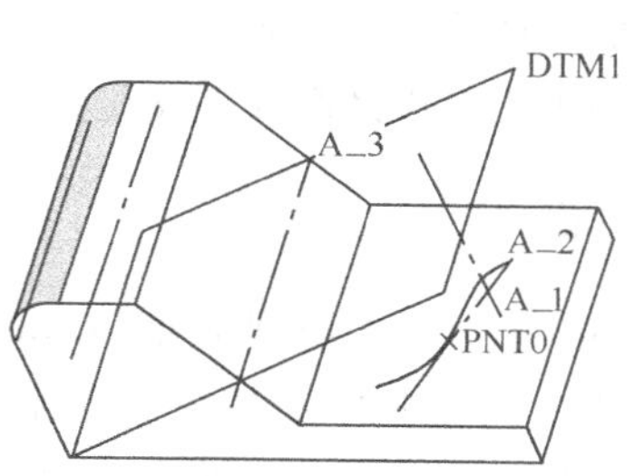

图 4-30　基准轴 A_4 的参照定义及其预览几何

4.3 基准点

基准点常被用于辅助建立其他基准特征或特征轨迹线，以及辅助特征定位。在默认情况下，Pro/E 中以十字叉形式显示基准点，并用标签 PNT# 标识每个点，其中#为基准点的连续号码。系统允许重新设定配置文件“datum_point_symbol”选项值来改变基准点的标识符号。在几何建模过程中，可随时使用“基准点”工具向模型中添加点。在同一项操作中创建的所有点属于同一个基准点特征，它们相当于一个组。

4.3.1 基准点的类型与用途

几何建模时可将基准点用作构造元素，或用作进行计算和模型分析的已知点。基准点的主要用途包括：借助基准点来定义参数，如变半径倒圆角时作为半径值的位置参照；定义有限元分析网格的施力点等。

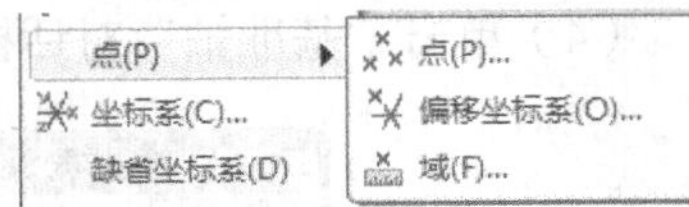

图 4-31 基准点的类型

Pro/E Wildfire 5.0 支持 4 种类型的基准点，如图 4-31 所示。这些点依据创建方法和作用的不同而各不相同，其中前 3 种用于常规建模。基准点的类型与功能说明见表 4-3。

表 4-3 基准点的类型与功能说明

基准点类型	功能与含义
（一般基准点）	创建位于模型几何上或自存在点偏移的基准点
（草绘基准点）	在草绘模式下，通过在二维草绘平面上指定位置创建基准点
（偏移坐标系基准点）	相对于选定坐标系，通过输入偏移坐标值来创建基准点
（域点）	用于行为建模分析的一类基准点

4.3.2 创建一般基准点

要创建位于模型几何上或相对某基准点、顶点进行偏移的基准点，可使用一般类型的基准点。在一个基准点特征内，依据现有几何和设计意图，可使用不同方法指定点的位置。系统允许放置的位置包括曲面或面组上，或自曲面或面组偏移，曲线、边或轴上，顶点或自顶点偏移、圆形或椭圆形图元的中心，以及图元相交位置等。

1. 基准点对话框

选择【插入】(Insert)→【模型基准】(Model Datum)→【点】(Point)→【点】(Point)命令或单击基准特征工具栏中的按钮，系统显示“基准点”(Datum Ponit)对话框。该对话框中包括“放置”(Placement)和“属性”(Properties)两个选项卡，“放置”选项卡用于定义基准点的位置，“属性”选项卡用于修改特征名称或在浏览器中访问特征信息。

在“放置”选项卡中，包括“点”列表、“参照”列表、“偏移”列表框和“偏移参照”列表等项目，如图 4-32 所示。其中，“点”（Points）列表框中显示当前基准点特征内已创建的点；“参照”（References）列表框用于选取和列出当前基准点的主放置参照（允许多个）并指定放置的类型；“偏移”（Offset）列表框用于定义基准点相对主放置参照的偏移距离，仅在放置类型指定为偏移（Offset）时，此项才被激活；“偏移参照”（Offset references）列表框用于选取和列出放置基准点的偏移参照并定义偏移尺寸，在列表框中单击可将其激活。如要选取多个参照必须同时按住 Ctrl 键。

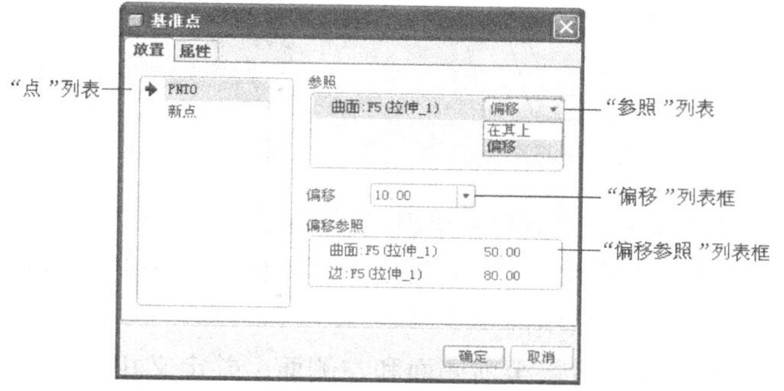

图 4-32 “基准点”对话框

创建一般基准点时，“放置”选项卡的内容会随放置对象的不同而不同。例如，放置在 3 个表面的相交点与放置在曲线上，其显示的选项内容并不相同，如图 4-33 所示。

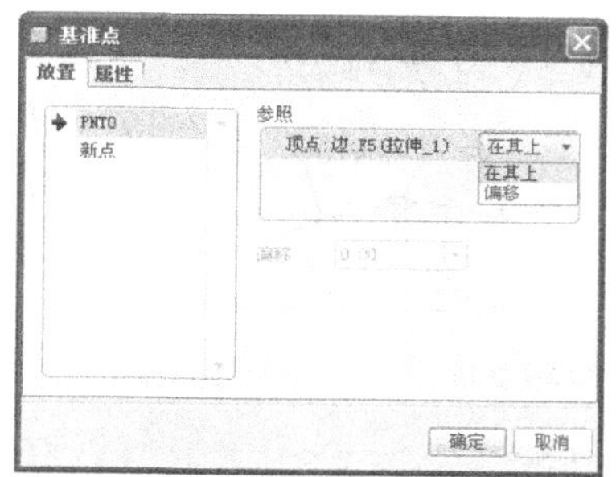

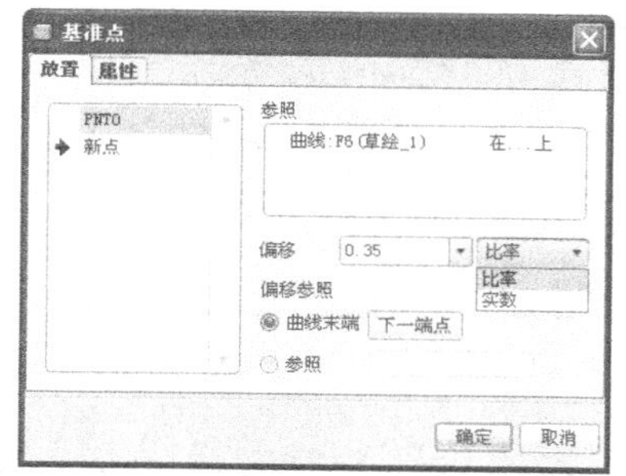

图 4-33 不同放置对象对应的选项设置

2. 在曲面上或自曲面偏移创建基准点

要在曲面或面组上放置点，必须标注该点到两个偏移参照的尺寸，在 Pro/E 中这些尺寸被视为偏移参照尺寸，如图 4-34 所示。放置在曲面或面组上的每个新点都会显示一个放置控制滑块和两个连接到参照的偏移参照控制滑块。

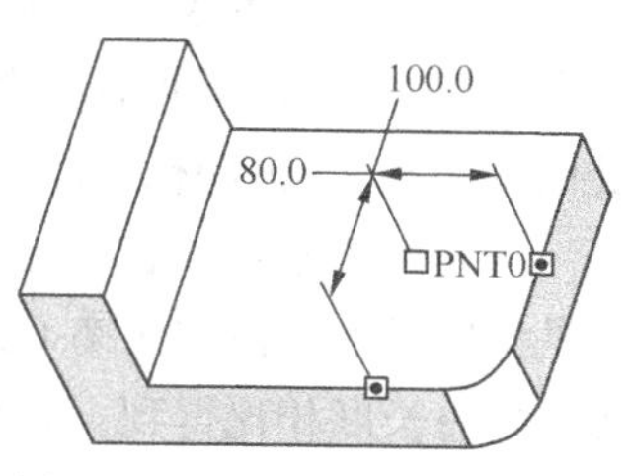

图 4-34 在曲面上创建基准点

创建自曲面偏移的基准点，可从创建曲面上的基准点开始，将放置参照的位置约束由“在其上”（On）改为“偏移”（Offset），并在“偏移”列表框中输入偏移值即可。

例如，如图 4-35 所示，在模型圆弧面上分别建立基准点 PNT0 和偏移基准点 PNT1。具体操作步骤如下。

（1）定义圆弧面上的基准点 PNT0。单击特征工具栏中的 按钮，选取模型的圆弧面为放置参照并接受默认的参照约束类型为“在其上”，然后在模型中拖曳两个偏移参照控制滑块至指定的偏移参照（前侧面和左侧面），如图 4-36 所示，并在图形窗口双击偏移定位尺寸进行修改，即可完成该基准点的定义。

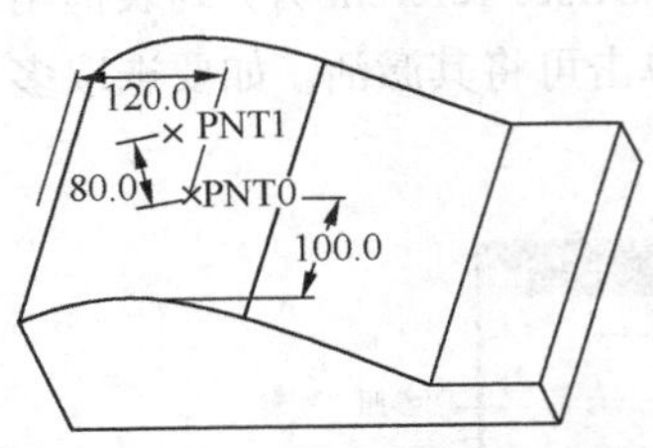

图 4-35　自曲面偏移创建基准点

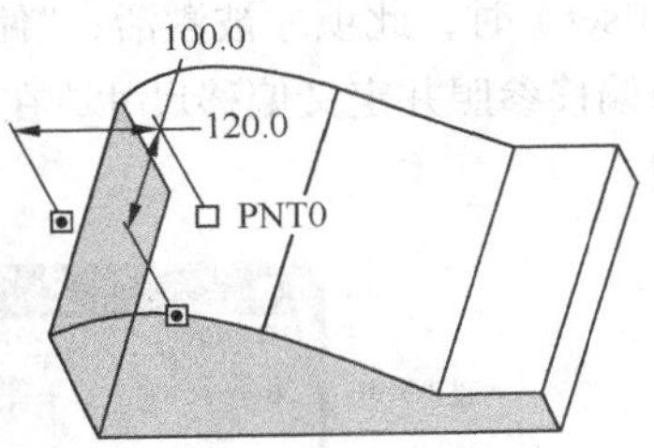

图 4-36　定义基准点 PNT0

（2）定义圆弧面的偏移基准点 PNT1。单击“基准点”对话框“点”列表中的“新点”（New Point），选取模型的圆弧面作为放置参照，并指定约束类型为“偏移”（Offset）且在“偏移”列表框中输入偏移值为 80，如图 4-37 所示。

（3）拖曳两个偏移参照控制滑块至前侧面和左侧面，并定义相应的偏移定位值。

（4）单击“基准点”对话框中的 确定 按钮，创建出基准点 PNT0 和 PNT1。

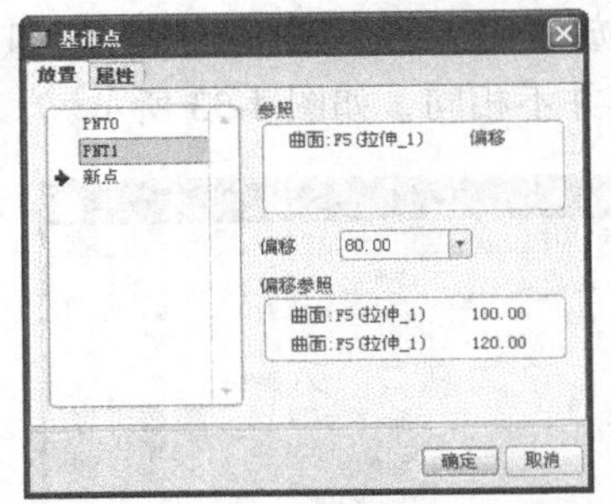

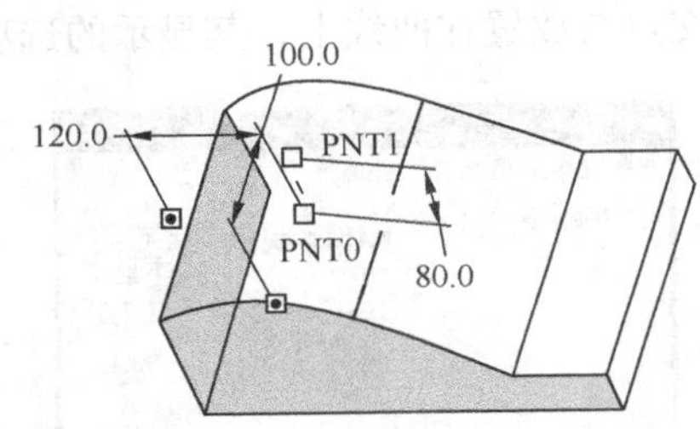

图 4-37　基定义准点 PNT1

3. 在曲线、边或基准轴上创建基准点

如选取的放置参照为曲线或边、轴时，“放置”选项卡中的选项内容如图 4-38 所示。此时，系统提供了两种“偏移参照”方式来定位基准点，即“曲线末端”（End of curve）或“参照”（Reference）。前者表示以选定端点作为偏移参照，即从曲线或边的选定端点开始测量偏移距离，单击 下一端点 按钮可切换为另一端点；后者表示以选定图元作为偏移参照，即从选定图元开始测量偏移距离，如实体曲面。

指定基准点相对偏移参照的偏移距离时，可采用比率（Ratio）或实数（Real）方式。其中，比率是指通过输入偏移比率（0 ~ 1）来定位基准点，偏移比率由基准点到选定端点之间的距离与曲线或边的总长度相比得到；实数是指通过输入基准点到端点或参照的实际曲线长度来定位基准点。

例如，如图 4-39 所示，在曲线 Curve 上创建基准点 PNT2。先单击特征工具栏中的 按钮，选取曲线 Curve 作为放置参照，然后指定图示曲线端点为偏移参照，并以比率方式定义偏移距离为 0.7，单击“基准点”对话框中的 确定 按钮完成创建。

4. 在图元相交处创建基准点

使用基准点特征，可以在平面、曲线、边或轴与另一图元（例如平面、曲面、曲线、边或轴）相交的位置创建基准点。此时，需按住 Ctrl 键，且必须合理地选取放置参照的组合（即相交图元），基准点会自动捕捉至交点位置。如图 4-40 所示，基准点 PNT2 建立在草绘曲线与模型斜面的相交位置。

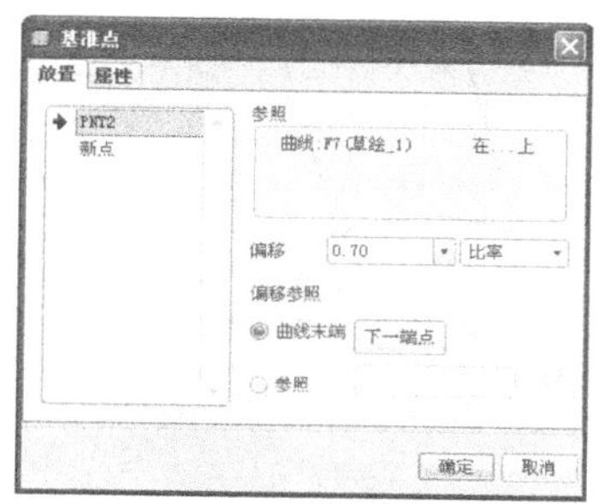

图 4-38 曲线上基准点的参照定义

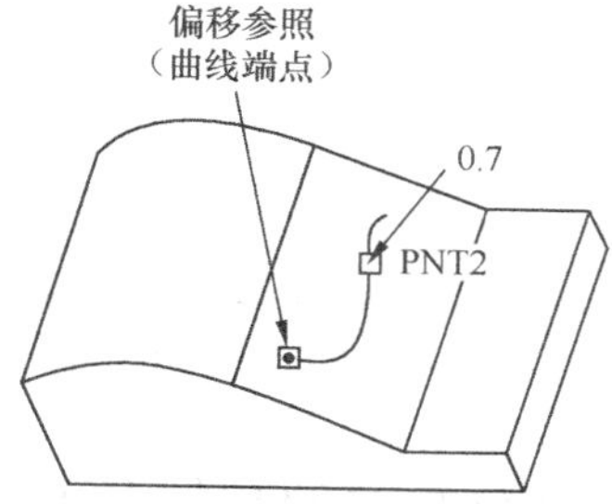

图 4-39 基准点 PNT2 的创建

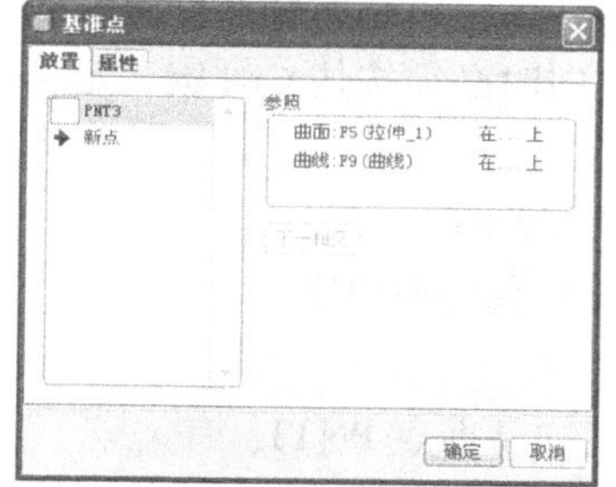

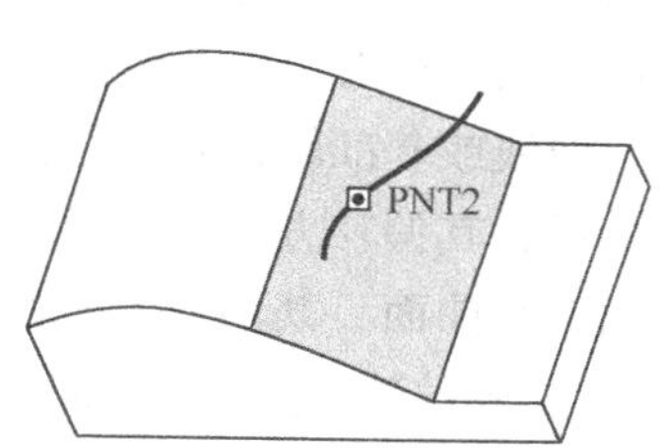

图 4-40 在曲线相交处创建基准点

要在图元相交处创建基准点，系统允许选取以下参照组合：3 个曲面或基准平面；曲面或基准平面，以及与之相交的曲线、基准轴或边；两条相交的曲线、边或轴；两条不相交的曲线，此时系统将点放置在第 1 条曲线上且与第 2 条曲线距离最短的位置，如图 4-41 所示。

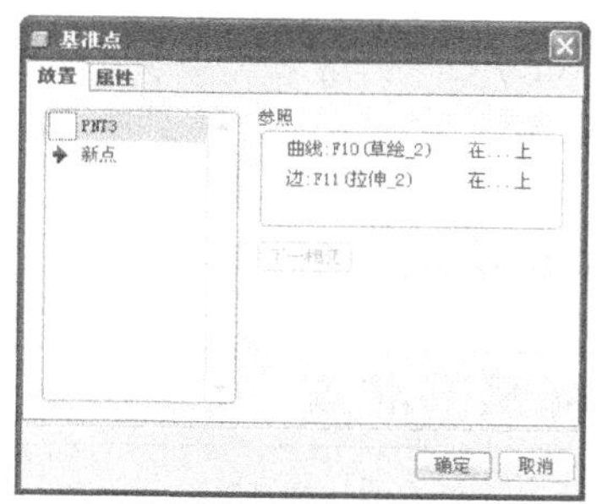

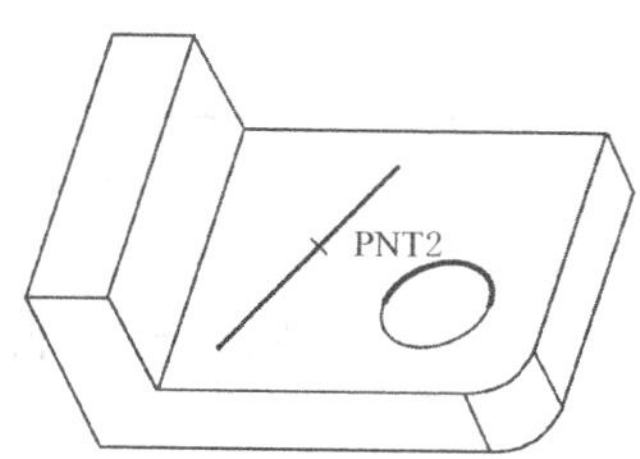

图 4-41 在图元最近处创建基准点

5. 在中心处创建基准点

使用基准点特征，可以在弧形或椭圆弧基准曲线或边的中心创建基准点。此时，必须将选定图元的参照约束类型设置为“居中”（At Center）。如图 4-42 所示，在模型圆弧边的中心位置建立一个基准点 PNT2。

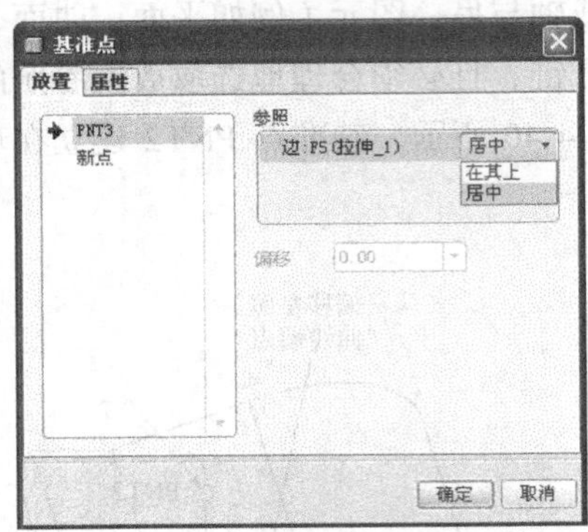

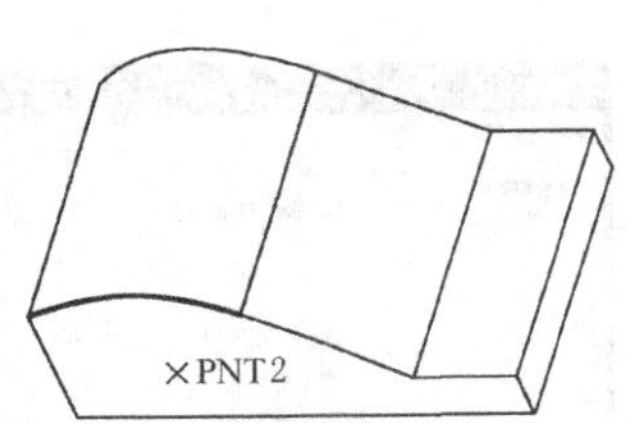

图 4-42　在圆弧中心创建基准点

6. 创建自存在点偏移的基准点

使用基准点特征，可相对指定的基准点或顶点偏移创建出新的基准点，偏移方向取决于所选取的另一个参照。注意，选取另一参照定义偏移方向时必须按住 Ctrl 键。定义偏移方向时，系统允许选取的几何参照有以下几种。

①直边、直曲线或基准轴，其偏移方向平行于选定参照。

②基准坐标系，其偏移方向由坐标系的 x，y 或 z 轴偏移值决定。

③基准平面或平曲面，其偏移方向垂直于选定参照。

图 4-43 所示为相对基准点 PNT0 向上平移 100 建立基准点 PNT1。

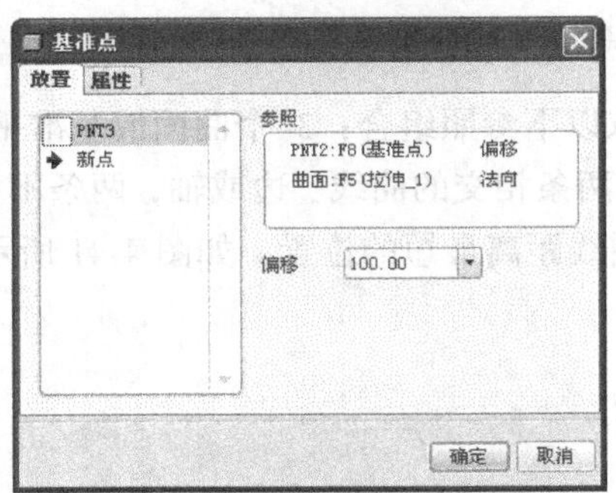

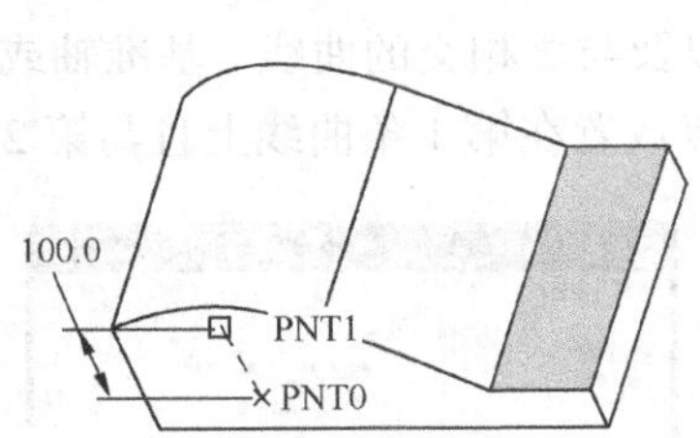

图 4-43　创建自存在点 PNT0 偏移的基准点 PNT1

4.3.3　创建偏移坐标系基准点

在 Pro/E Wildfire 5.0 系统中，可选定某坐标系为参照，使用笛卡尔坐标系、柱坐标系或球坐标系方式创建一个或多个偏移基准点。采用此种方法所建立的多个点，归属于同一个基准点特征。

1. “偏移坐标系基准点”对话框

相对坐标系偏移来创建基准点时，系统会显示“偏移坐标系基准点”（Offset Csys Datum

Point）对话框，如图 4-44 所示。

在该对话框中，可以设置参照坐标系、放置点的偏移类型、沿选定坐标系轴的坐标等，来定义基准点的位置。设置基准点的偏移类型时，有笛卡尔坐标系（Cartesian）、圆柱坐标系（Cylindrical）或球坐标系（Spherical）3 种方式可供选择。

“使用非参数矩阵”（Convert to Non Parametric Array）复选框用于移除尺寸并将点数据转换为一个非参数化、不可修改的矩阵；导入...按钮用于将一个点数据文件输入到模型中以建立基准点；更新值...按钮用于以文本编辑方式修改点的坐标值；保存...按钮用于将点坐标保存为.pts 文件。

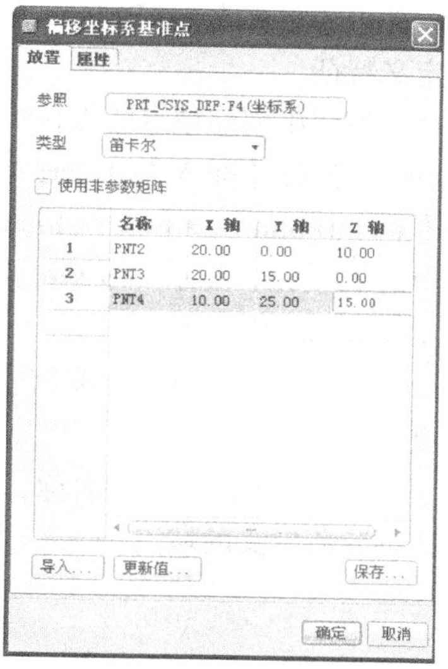

图 4-44 “偏移坐标系基准点”对话框

2. 创建自坐标系偏移的基准点

要创建自坐标系偏移的基准点，可以先激活特征工具再选取坐标系为参照，或者先选取坐标系为参照再激活特征工具。下面以前一种方法为例进行说明。

（1）选择【插入】（Insert）→【模型基准】（Model Datum）→【点】（Point）→【偏移坐标系】（Offset Coordinate System）命令，或者单击基准特征工具栏中的按钮，系统显示“偏移坐标系基准点”对话框。

（2）在图形窗口中，选取用于放置点的参照坐标系。

（3）单击“类型”（Type）列表框指定放置点的偏移类型，可以是“笛卡尔”、“圆柱”或“球坐标”。

（4）单击点列表框的单元格添加点，依次输入每个点的各个坐标值。例如，采用笛卡尔坐标系偏移方式时，必须输入 x、y 和 z 方向的偏移坐标值。

（5）系统在图形窗口中显示新点的预览几何，并带有一个位置控制滑块（□）。此时，可以沿坐标系的每个轴拖曳该点的控制滑块，手工调整点的位置。

（6）要添加其他点，可单击表中的下一行并输入该点的偏移坐标值。

（7）完成点的定义后，单击确定按钮接受设置并退出。

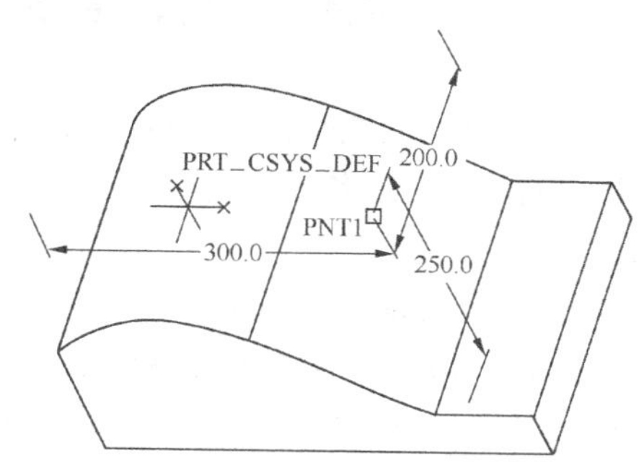

图 4-45 相对坐标系偏移建立基准点 PNT1

图 4-45 所示为相对默认坐标系建立的偏移基准点 PNT1，其采用笛卡尔坐标系定位点的偏移坐标值，分别是 300、250 和 200。

4.3.4 创建域点

域点用于在曲线、边、曲面或面组的指定位置创建非参数化的基准点。它常常与用户定义的分析（UDA）一起使用，只用来定义分析所需特征的参照。域点在零件中的名称为 FPNT#，在组件中的名称为 AFPNT#。由于域点属于整个域，所以它不需要标注，要改变域点的域必须重定义特征。

在模型中创建域点的操作步骤如下。

（1）选择【插入】（Insert）→【模型基准】（Model Datum）→【点】（Point）→【域】（Field）命令，或者单击基准特征工具栏中的按钮，显示“域基准点”（Field Datum Point）对话框，如图 4-46 所示。

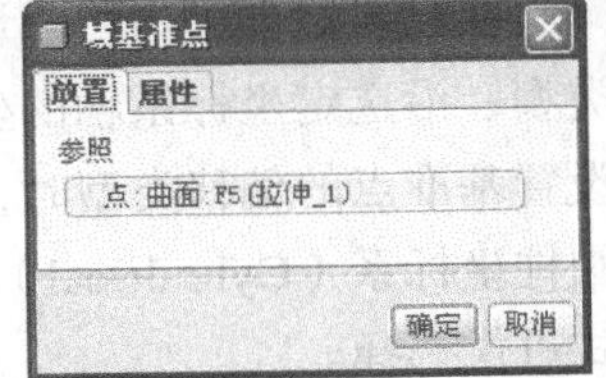

图 4-46 “域基准点”对话框

（2）在图形窗口中选取欲放置点的曲线、边、实体曲面或面组，此时参照中将添加一个新的点。

（3）要更改此域点的名称，可选择对话框中的“属性”（Properties）选项卡，然后单击 确定 按钮创建所定义的域点。

4.4 基准曲线

建立复杂模型，尤其是曲面造型时，通常要建立基准曲线来辅助完成。基准曲线主要用于形成几何模型的线架结构，如用作扫描特征的轨迹线、边界曲面的边界，或者用来定义加工制造时 NC 程序的切削路径等。在 Pro/E Wildfire 5.0 中，根据创建方法的不同，基准曲线有草绘基准曲线和一般基准曲线两种类型。

4.4.1 创建草绘基准曲线

草绘基准曲线是指使用草绘的方法来建立 2D 曲线，草绘曲线可以由一个或多个草绘段以及一个或多个开放或封闭的环组成。

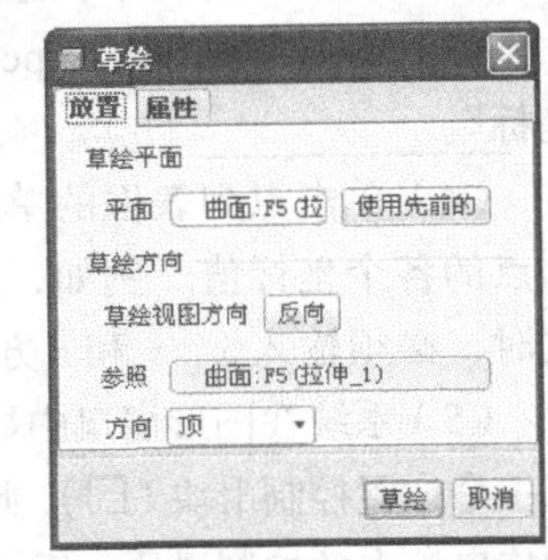

图 4-47 “草绘”对话框

创建草绘基准曲线时，选择【插入】（Insert）→【模型基准】（Model Datum）→【草绘】（Sketch）命令，或者单击特征工具栏中的按钮，系统显示“草绘”（Sketch）对话框，如图 4-47 所示。此时，可依次定义草绘平面、参考平面及其方向，然后单击 草绘 按钮进入草绘模式并绘制所需的曲线几何，然后单击按钮退出草绘器即可生成新的基准曲线。

4.4.2 创建一般基准曲线

选择【插入】（Insert）→【模型基准】（Model Datum）→【曲线】（Curve）命令，或者单击特征工具栏中的按钮，显示如图 4-48 所示的“曲线选项”（CRV OPTIONS）菜单，可以从中选择合适的命令来建立所需的三维曲线。

1. 经过点创建基准曲线

【经过点】(Thru Points)命令用于定义一连串参考点来建立基准曲线。选择该命令后，系统将显示如图 4-49 所示的“曲线：通过点”对话框，并默认选中“曲线点”(Curve Points)选项进行定义。

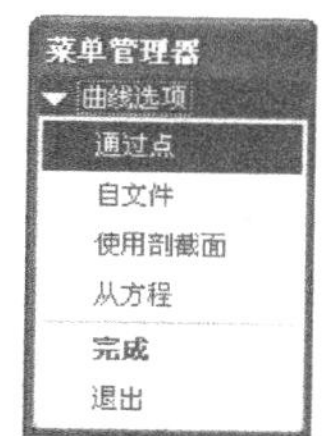

图 4-48 “曲线选项”(CRV OPTIONS)菜单

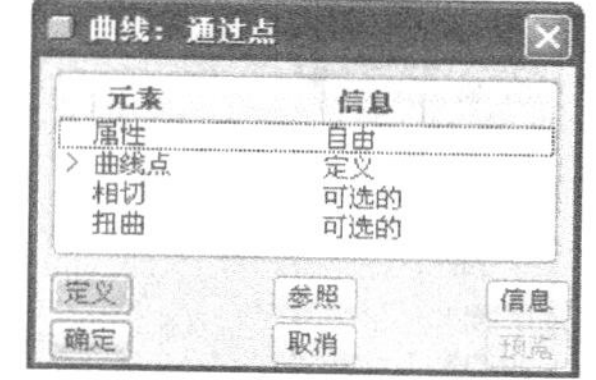

图 4-49 “曲线：通过点”对话框

此时，系统会弹出”连结类型”(CONNECT TYPE)菜单，如图 4-50 所示，用于定义一系列点作为基准曲线的连接点。其中，【样条】(Spline)表示各点之间以平滑曲线相连;【单一半径】(Single Rad)表示点和点之间以直线段连接，但线段和线段交接处可以形成圆角，且整条线段的各圆角半径值相同;【多重半径】(Multiple Rad)与单一半径相同，只是线段与线段的交接处必须指定半径值以形成圆角，并且允许圆角半径值各不相同;【单个点】(Single Point)表示指定单一的基准点或顶点;【整个阵列】(Whole Array)表示以连续的顺序选取基准点或偏移坐标的所有点;【添加点】(Add Point)用于加入基准曲线的连接点;【删除点】(Delete Point)用于删除基准曲线的连接点;【插入点】(Insert Point)用于插入基准曲线的连接点。

所有连接点定义完成后，单击特征对话框中的 确定 按钮即可生成基准曲线。如果要对曲线进行相切或其他设定，则必须指定对话框中的相应选项进行定义。

如选取“属性”(Attributes)选项，可以设定基准曲线是否必须平躺于指定的平面上。此时，系统会弹出如图 4-51 所示的“曲线类型”(CRV TYPE)菜单，其中有【自由】(Free)和【面组/曲面】(Quilt/Surf)两种属性设定。当选择【面组/曲面】(Quilt/Surf)后，系统将要求选取一个平面来放置曲线。

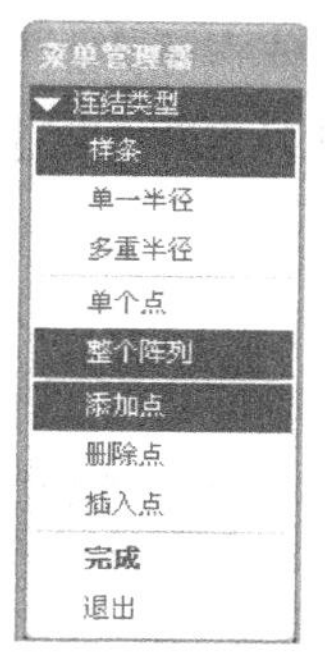

图 4-50 “连结类型”(CONNECT TYPE)菜单

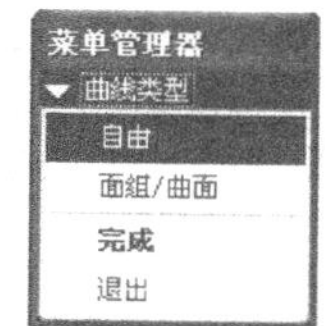

图 4-51 “曲线类型”(CRV TYPE)菜单

如选取“相切”(Tangency)选项，可以设定基准曲线与邻接模型相接处的接触形式。此时，系统会弹出如图 4-52 所示的“定义相切”(DEF TAN)菜单，用于指定基准曲线在起点、终点(即相接处)是否与邻接模型相切(Tangent)或正交(Normal)，而相切或正交的方向可通过【曲线/边/轴】(Crv/Edge/Axis)、【创建轴】(Create Axis)、【曲面】(Surface)或【曲面法向边】(Srf Nrm Edge)等方式来定义。

如图 4-53 所示，采用“经过点”(Thru Points)方式建立基准曲线 Curve，且使其在起始点与实体边 Edge1 保持相切，在终止点与右侧面保持正交。

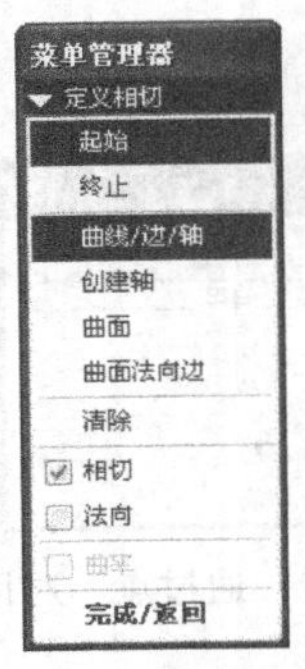

图 4-52 “定义相切”(DEF TAN)菜单

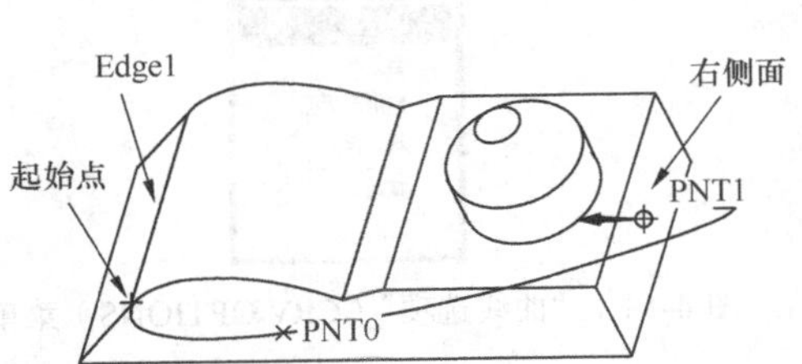

图 4-53 过点基准曲线的端点状态设置

2. 自文件创建基准曲线

【自文件】(From File)命令用于指定一个参照坐标系，输入来自 Pro/E 系统的 Ibl、IGES、SET 或 VDA 文件格式的基准曲线，输入的基准曲线可以由一个或多个段组成，且多个段不必相连。系统一般限定读取来自 IGES 或 SET 文件的曲线，然后将其转化为样条曲线。若输入的是 VDA 文件，系统只读取 VDA 样条图元。

3. 使用剖截面创建基准曲线

【使用剖截面】(Use Xsec)命令用于定义一个平面横截面，并在平面横截面边界(即平面横截面与零件轮廓的相交处)创建基准曲线，如图 4-54 所示。如果横截面有多个链，则每个链都有一个复合曲线。注意：不能使用偏距横截面中的边界创建基准曲线。

4. 从方程创建基准曲线

【从方程】(From Equation)命令用于在指定的坐标系统下，依据输入的曲线方程式建立基准曲线。创建时要求先选取某坐标系作为参照，并指定坐标类型为【笛卡尔】(Cartesian)、【圆柱】(Cylindrical)或【球】(Spherical)，如图 4-55 所示。

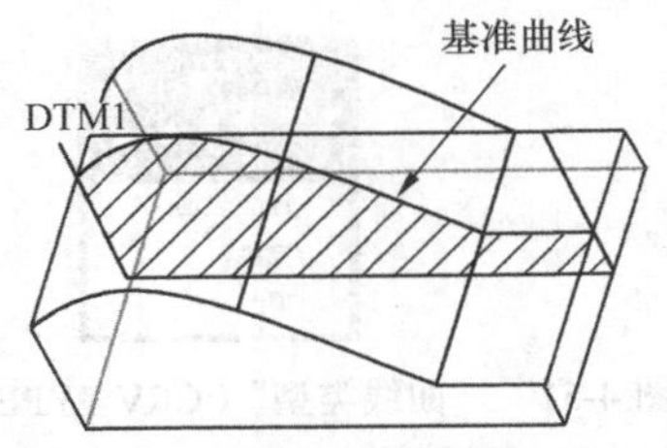

图 4-54 使用剖截面建立基准曲线

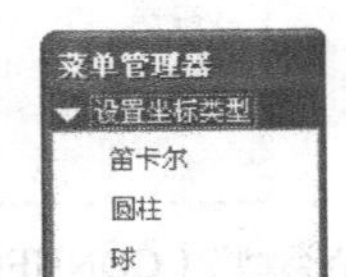

图 4-55 坐标类型的设定

指定坐标类型后，系统会自动弹出文本编辑窗口以输入曲线方程式，保存文件后即可得到所定义的基准曲线。建立曲线方程式时，应定义一个介于 0 ~ 1 之间的参数 t 和 3 个坐标系参数：

笛卡尔坐标为 x、y 和 z；圆柱坐标为 r、theta 和 z；球坐标为 r、theta 和 phi。

采用“从方程”（From Equation）方式并按笛卡尔坐标类型输入如图 4-56（a）所示的方程式，可创建图 4-56（b）所示的基准曲线。

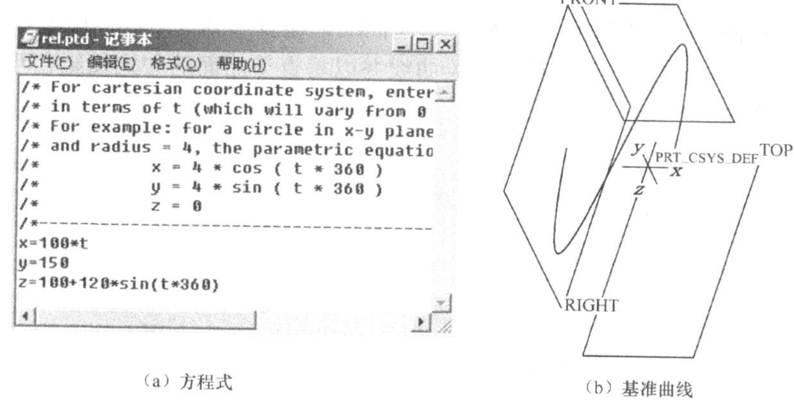

（a）方程式　　（b）基准曲线

图 4-56　由方程式创建基准曲线

4.4.3　通过编辑创建基准曲线

1. 通过投影创建基准曲线

创建投影基准曲线是指按指定的投影类型，将草绘或选取的投影曲线沿着给定的方向投影到一个或多个参考面，以产生新的基准曲线。投影时，投影参考面可以是实体曲面、面组或基准平面。投影曲线时有投影草绘和投影链两种方式，投影草绘（Project a Sketch）是指直接草绘曲线并将其投影到所选定的对象上；投影链（Project Chains）是指选择已创建的曲线进行投影。

通过草绘创建投影基准曲线时，可以按照以下步骤进行操作。

（1）选择【编辑】（Edit）→【投影】（Project）命令，显示如图 4-57 所示的投影曲线操控板。其中，系统支持两种投影方向的设定：“沿方向”（Along direction），表示沿着指定的方向进行投影，该方向可由选取的平面、曲线/边/轴或坐标系来定义；“垂直于曲面”（Normal to Surface），表示垂直于所选取的投影参考面进行投影。

（2）打开“参照”（References）上滑面板，如图 4-58 所示，并在列表中选择“投影草绘”（Project a sketch），然后单击激活“草绘”（Sketch）收集器并在图形窗口中选取草绘曲线，或者单击 定义... 按钮打开“草绘”对话框定义草绘平面、参考平面，并绘制要投影的草绘曲线。

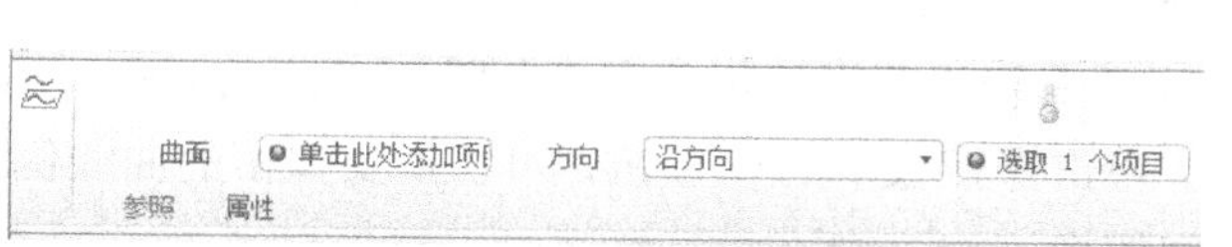

图 4-57　投影曲线操控板

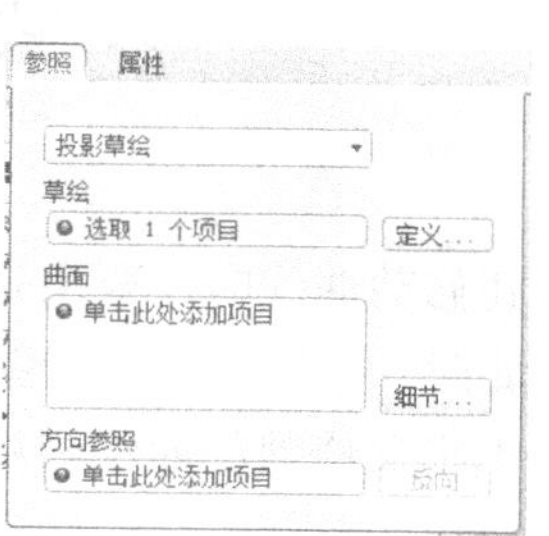

图 4-58　“参照”选项卡

（3）单击激活“曲面”（Surfaces）收集器，并选取要投影的曲面。

（4）如果投影方向设定为“沿方向”（Along direction），则需单击“方向参照”（Direction Reference）收集器并选取一个平面、直边/轴或坐标轴作为投影的方向参照。否则，系统默认选取草绘平面作为方向参照。而单击投影曲线操控板中的按钮可切换基准曲线的投影方向。

（5）单击投影曲线操控板中的按钮，草绘曲线即被投影到选定的曲面上。

如图 4-59 所示，选取底面上圆形的草绘曲线并以垂直于曲面的方式投影，可在模型的上表面得到所需的投影曲线。

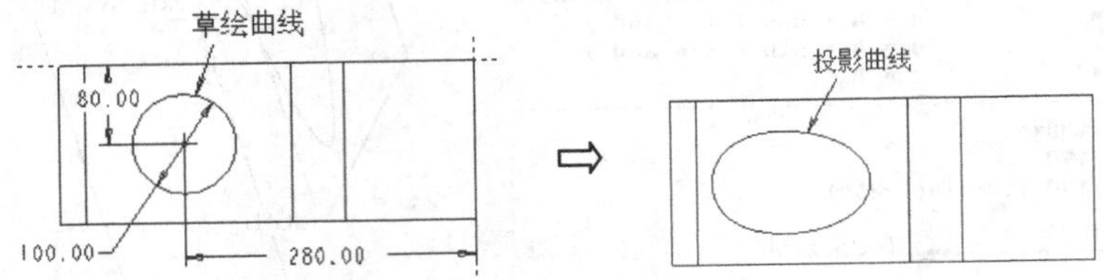

图 4-59　通过草绘创建投影基准曲线

如果是通过选取链来创建投影基准曲线，则只需在“参照”选项卡的列表中选取“投影链”（Project Chains），并在图形窗口中选取已有的曲线或边链。其余操作步骤与上述相同。

2. 用曲面求交创建基准曲线

在两个相交的曲面上，或是在一个曲面与基准平面的相交处，可选择【编辑】（Edit）→【相交】（Intersect）命令产生一条新的基准曲线。此时，要求所选取的两个相交曲面不能同时都为实体曲面，而必须有一个不是实体曲面。

如图 4-60 所示，选取两个相交的圆柱曲面，然后选择【编辑】（Edit）→【相交】（Intersect）命令，即可在两曲面相交处创建所需的基准曲线。

3. 用修剪创建基准曲线

通过选取与其相交的修剪对象，可以对指定的曲线进行修剪或分割，产生一条新的基准曲线。曲线的修剪对象可以是曲面、基准平面、点或曲线，创建修剪曲线后，原始曲线将不可见。

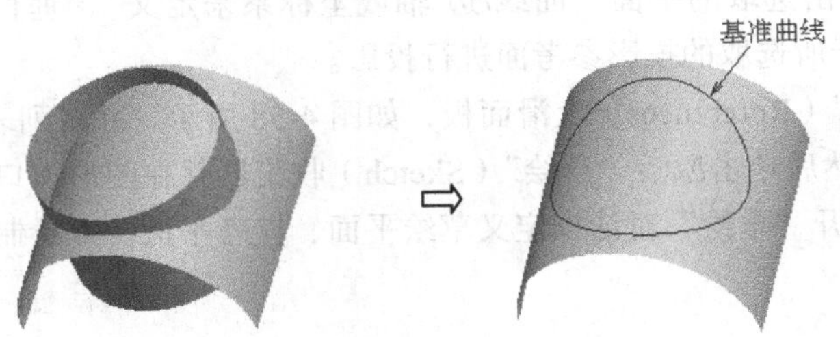

图 4-60　用曲面求交创建基准曲线

创建修剪曲线时，要求先选取欲修剪的曲线，然后选择【编辑】（Edit）→【修剪】（Trim）命令。此时，系统会显示如图 4-61 所示的曲线修剪操控板，在“参照”（References）上滑面板中可分别定义修剪的曲线和修剪对象。单击操控板中的按钮，可切换要保留的曲线侧，使其在修剪对象的单侧、另一侧或两侧之间切换。

如图 4-62 所示，选取投影曲线 Curve1 并选择【编辑】(Edit) →【修剪】(Trim) 命令，然后选取基准平面为修剪对象并指定曲线保留侧朝左，可创建出所需的基准曲线 Curve2。

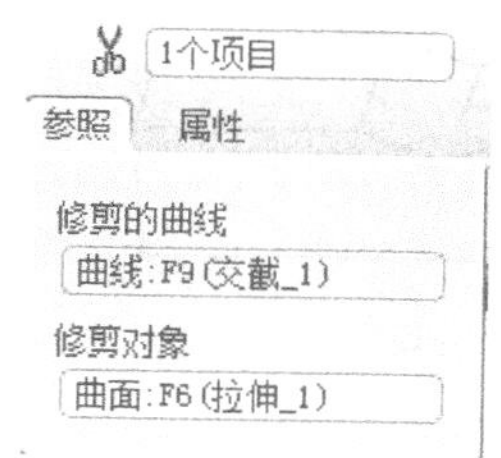

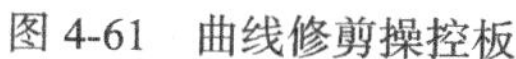

图 4-61　曲线修剪操控板

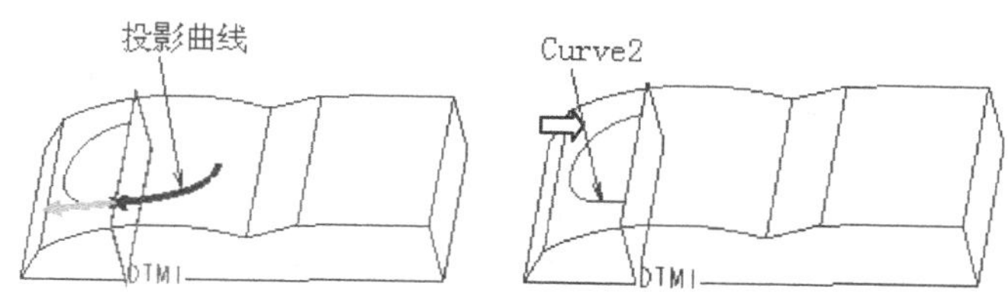

图 4-62　用修剪创建基准曲线

4. 通过偏移创建基准曲线

选择【编辑】(Edit) →【偏移】(Offset) 命令，可将位于曲面上的已有曲线沿所在曲面或者所在曲面的法向偏距，产生一条位于相同曲面或偏离曲面的基准曲线，或者可将已有曲面的边界进行偏距，产生一条位于相同曲面上的基准曲线。这里分别予以详细说明。

(1) 沿曲面创建偏移基准曲线。选取曲面上的已有曲线，然后选择【编辑】(Edit) →【偏移】(Offset) 命令，系统显示如图 4-63 所示的曲线偏移操控板。在偏移类型操控板中选择按钮，即沿所在的参照曲面进行偏移，然后定义偏移距离并单击按钮指定偏移的方向即可。

如图 4-64 所示，选取曲面上的投影基准曲线，利用【编辑】(Edit) →【偏移】(Offset) 命令可沿所在曲面偏距创建新的基准曲线。

图 4-63　沿曲面偏移曲线的操控板

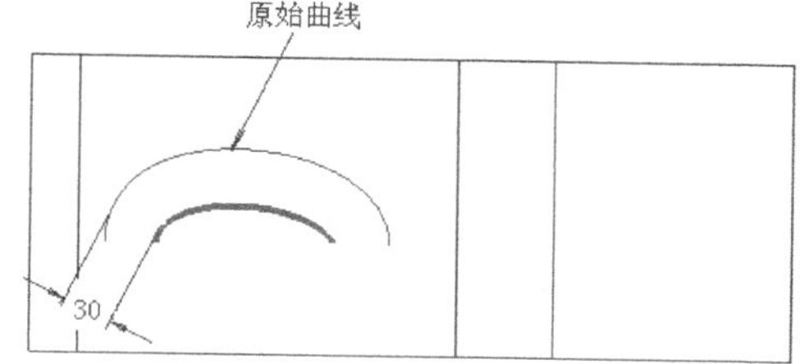

图 4-64　沿曲面创建偏移基准曲线

(2) 垂直于曲面创建偏移基准曲线。选取曲面上的已有曲线，然后选择【编辑】(Edit) →【偏移】(Offset) 命令，并在曲面偏移操控板中设定为"垂直于曲面偏移"( )，便可按照所定义的偏移距离相对于曲面的法向创建出新的基准曲线。利用该项功能，还可以指定一个基准图形 (Graph) 特征，通过输入偏距比例值来定义偏距量，如图 4-65 所示。但是，所选取的基准图形特征只可包含单一图元。

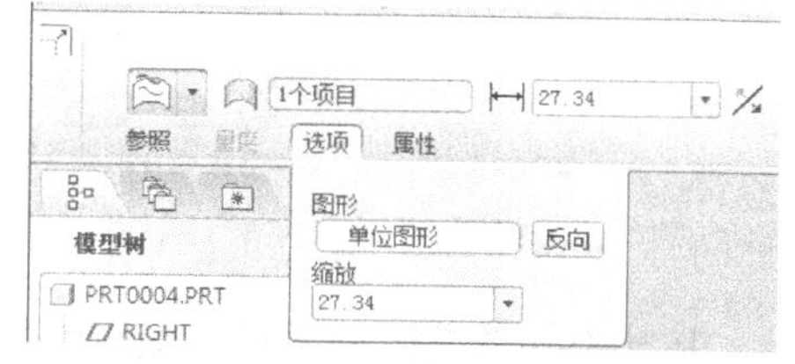

图 4-65　垂直于曲面偏移曲线的操控板

如图 4-66 所示，先建立图 4-66 (a) 所示的基准图形特征，然后选取已有曲线 Curve1 并垂直于上表面进行偏移，可创建出图 4-66 (b) 所示的基准曲线 Curve2。

15.00
8.00
2.00
y
z
x
12.00
Curve2
Curve1

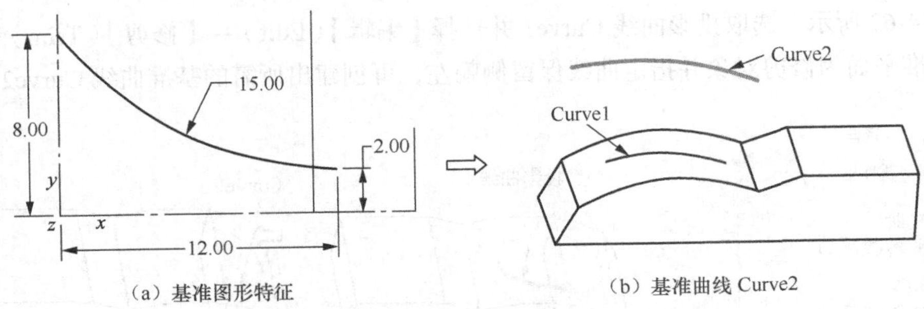

（a）基准图形特征　　（b）基准曲线 Curve2

图 4-66　垂直于曲面创建偏移基准曲线

（3）由曲面边界创建偏移基准曲线。选取已有曲面（Quilt）的边界，可利用【编辑】（Edit）→【偏移】（Offset）命令偏距产生位于相同曲面上的基准曲线，如图 4-67 所示。

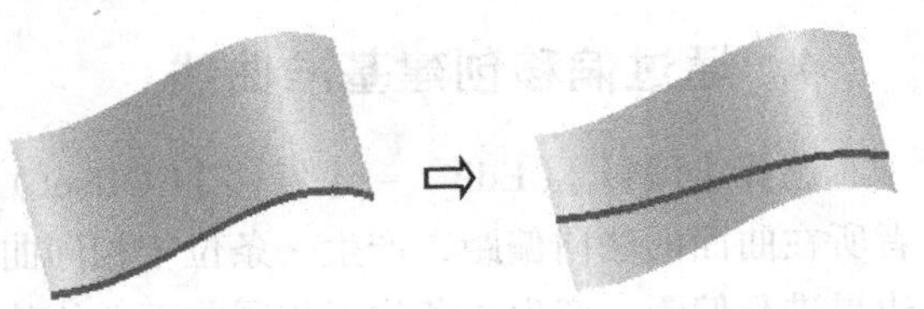

图 4-67　由曲面边界创建偏移基准曲线

执行时，先选取欲偏距的曲面边界，然后选择【编辑】（Edit）→【偏移】（Offset）命令，系统将显示如图 4-68 所示的曲线偏移操控板。此时，可通过输入偏移距离值创建一个等距离的偏移曲线，或者通过“量度”（Measurements）下拉菜单定义测量表创建一个可变距离的偏移曲线，如图 4-69 所示。

27.34

图 4-68　偏移曲面边界的操控板

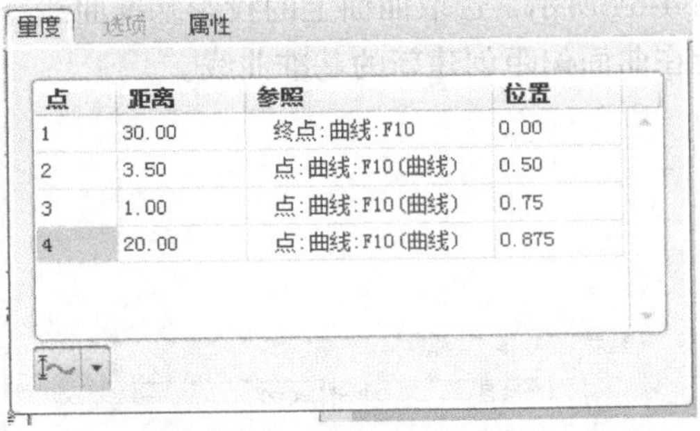

量度
选项
属性
点
距离
参照
位置
1
30.00
终点：曲线：F10
0.00
2
3.50
点：曲线：F10（曲线）
0.50
3
1.00
点：曲线：F10（曲线）
0.75
4
20.00
点：曲线：F10（曲线）
0.875

图 4-69　“量度”下拉菜单

4.5 基准坐标系

基准坐标系是模型设计中最重要的公共基准，常用于定位参照。它主要有以下几种用途。

①作为零件特征建立和组合设计的参照。

②用于 CAD 数据的转换，如进行 IGES、STEP 等数据格式的输入与输出都必须设置坐标系。

③作为加工制造时刀具路径的参照。

④对零件模型进行特性分析的参照，如计算实体模型的质量、体积、重心位置等质量特性。

4.5.1 基准坐标系对话框

选择【插入】(Insert) →【模型基准】(Model Datum) →【坐标系】(Coordinate System) 命令，或者单击基准特征工具栏中的按钮，系统显示如图 4-70 所示的“坐标系”(Coordinate System) 对话框。该对话框中有“原点”(Origin)、“方向”(Orientation) 和“属性”(Properties) 3 个选项卡，利用其中的选项可以在模型的不同位置创建坐标系。

在“坐标系”对话框中，“原点”选项卡用于定义坐标系的原点位置，并列出其对应的位置参照、坐标偏移方式、坐标值等。其中，“参照”(Reference) 收集器用于选取或重定义坐标系的放置参照，并根据参照选取的不同情况确定坐标系原点位置。

“方向”选项卡用于设定坐标系各轴的方向。根据原点放置参照的不同，其选项内容略有区别。设定坐标系的 x、y 和 z 轴方向时，只需指定两个轴向，第 3 轴的方向由系统根据右手定则自动确定。

设定坐标轴的方向时，有“参考选取”(References Selection)和“所选坐标轴”(Selected CSYS Axis)两种定向方式。前者是分别指定两个参照并以此设定坐标系的两个轴向，如图 4-71 所示；后者是相对所选取的参照坐标系来设定新基准坐标系的各轴旋转角度，如图 4-72 所示。其中，单击 设置Z垂直于屏幕 按钮可快速定向坐标系的 z 轴，使其垂直于当前屏幕，即建立一个 xy 平面与当前视角平面平行的坐标系。

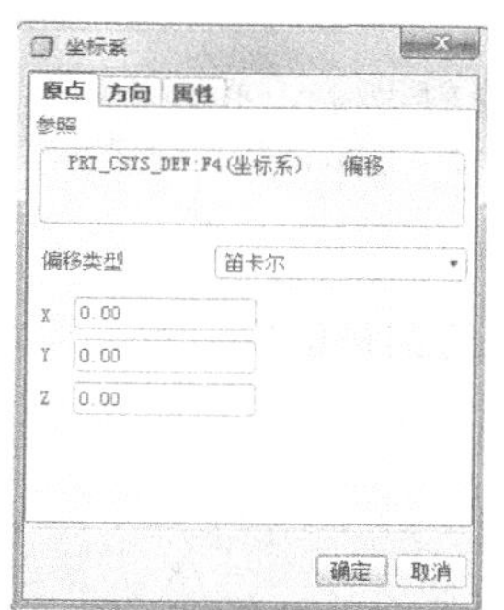

图 4-70 “坐标系”对话框

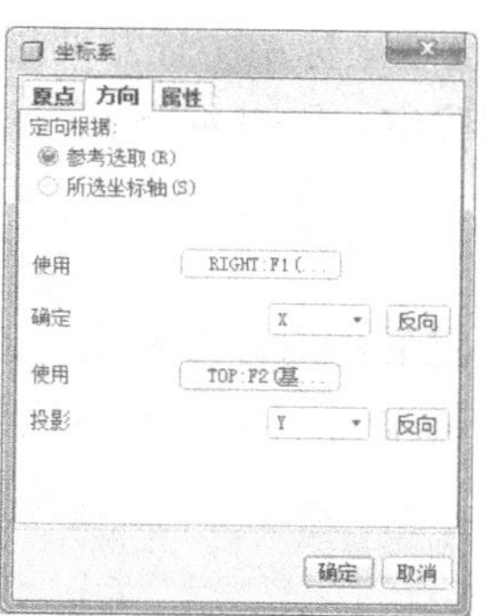

图 4-71 以参照定向

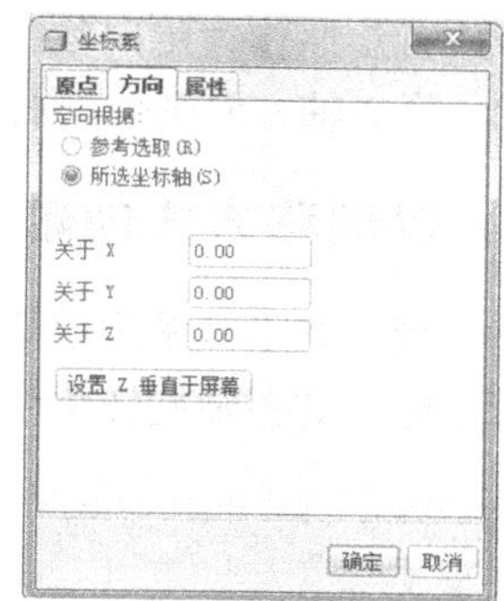

图 4-72 以坐标轴定向

4.5.2 基准坐标系的建立

在 Pro/E Wildfire 5.0 中，建立坐标系的基本原则是，先确定坐标系原点的位置即定位，再确定坐标系各轴的方向即定向，其中只需定义坐标系的两轴方向，系统会依据右手定则自动确定第 3 轴方向。基准坐标系建立后，系统会自动命名为 CS#，其中#是该基准坐标系的编号。依据坐标系放置参照的不同，定位和定向的操作有所不同，下面分别予以介绍。

1. 以 3 个相交面创建坐标系

按住 Ctrl 键选取不平行的 3 个平曲面或基准平面作为放置参照，此时坐标系原点将定位在 3 个面的相交点位置，如图 4-73 所示，然后可根据需要设定各轴的正向。如果 3 个平面不是两两正交，系统会自动生成最近似的坐标系。

2. 以一点和两边（轴）创建坐标系

选定一个基准点、顶点或现存某坐标系的原点定位新坐标系的原点，然后选取两基准轴、直边或曲线为定向参照来设定任意两轴方向，而第 3 轴的方向由系统依据右手定则自行确定，如图 4-74 所示。

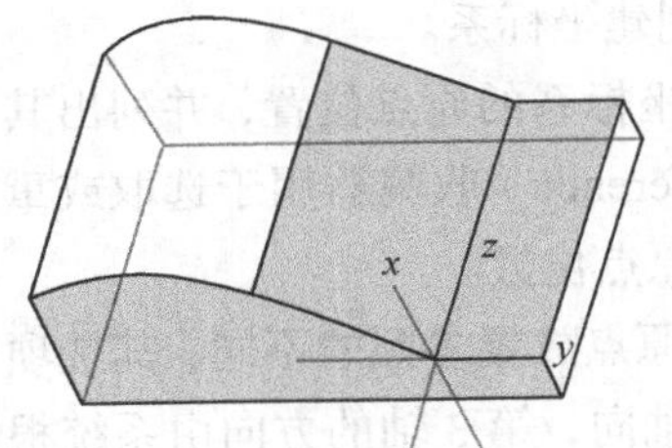

图 4-73　以 3 个相交面创建坐标系

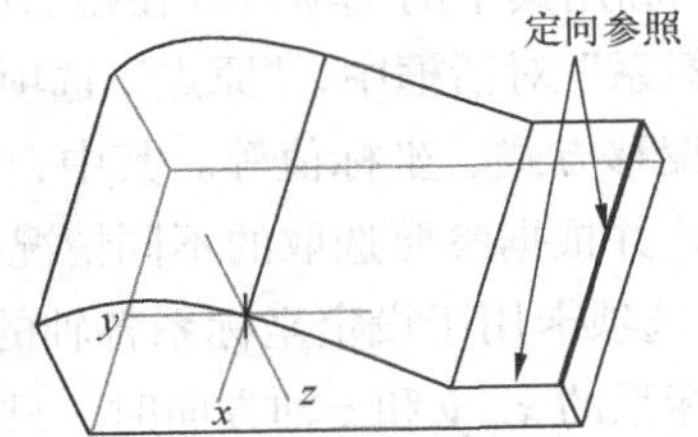

图 4-74　以一点和两轴创建坐标系

3. 以两个相交轴（边）创建坐标系

选取两个相交的基准轴、直边或曲线作为坐标系的放置参照，系统会将新坐标系的原点定位在其相交处或最短距离处，且位于所选的第 1 条线或其延长线上。同时，系统默认以两个放置参照作为定向参照，以此设定坐标系中任意两轴的方向，第 3 轴方向则依据右手定则确定，如图 4-75 所示。

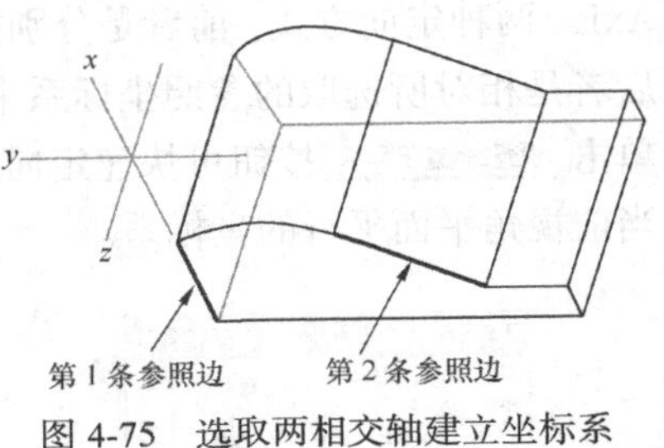

图 4-75　选取两相交轴建立坐标系

4. 以偏移方式创建坐标系

选取现存的坐标系为放置参照，然后相对该参照设定新坐标系的偏移值以定位其原点，并设定新坐标系的各轴旋转角度以定向其轴向，如图 4-76 所示。

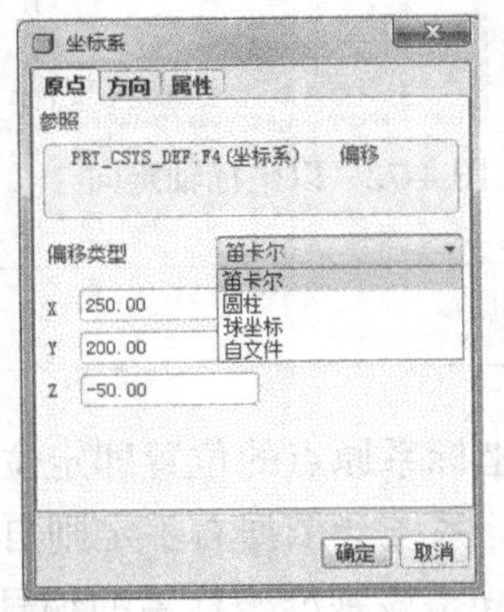

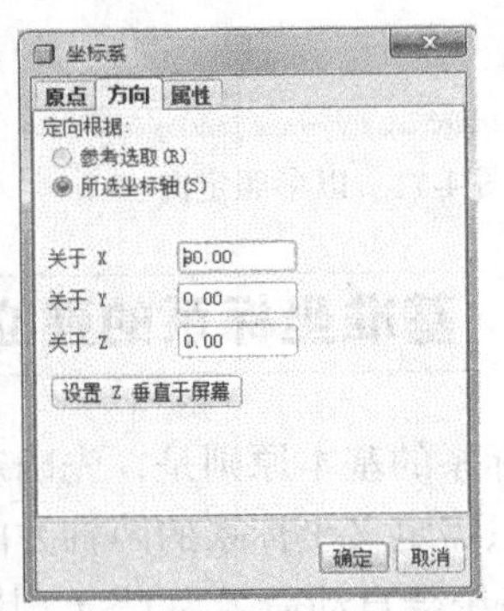

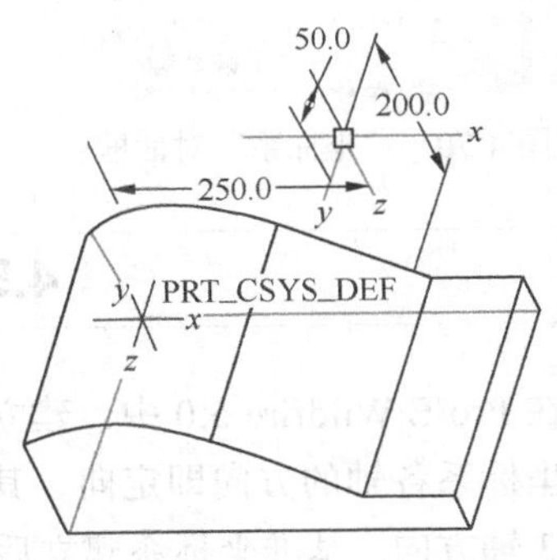

图 4-76　以偏移方式创建坐标系

在参照的“偏移类型”（Offset Type）列表框中，可以指定坐标系的偏移方式，并定义原点的偏移坐标值。偏移类型不同其所需的坐标值也不同，如笛卡尔（Cartesian）是通过设置 x、y 和 z 值来偏移坐标系；圆柱坐标（Cylindrical）是通过设置半径（r）、theta（θ）和 z 值来偏移坐标系；球坐标（Spherical）是通过设置半径（r）、theta（θ）和 phi（Φ）值来偏移坐标系；而自文件（From file）是通过转换文件来输入坐标系的位置。

5. 自文件创建坐标系

当参照的偏移类型设定为“自文件”时，允许以现存的某坐标系为参照，调入由文本格式描述的数据转换文件（.trf）来建立新的坐标系。系统要求转换文件的数据必须包含两个向量的定义：第 1 个向量指定 x 轴方向；第 2 个向量位于 xy 平面内，确定新坐标系的原点，然后依据右手定则确定 z 轴。

图 4-77 所示为某转换文件（.trf）的格式，其中，a 确定 x 轴方向；b 确定 xy 平面中的向量和 y 轴的通常方向；c 可为任意，因为 z 轴由右手定则确定；d 用于将坐标平移到新坐标系的原点。例如，如图 4-78 所示的文件表示按“笛卡尔”类型创建一个坐标系，其原点在（200，0，150），而相对参照坐标系而言，新的 x 轴指向 x 轴负向，新的 y 轴指向 z 轴正向。

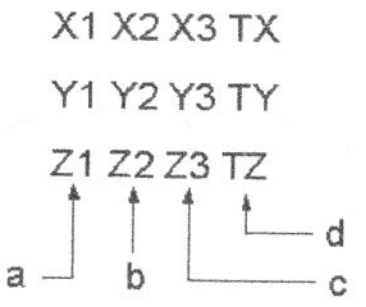

图 4-77 转换文件（.trf）的格式

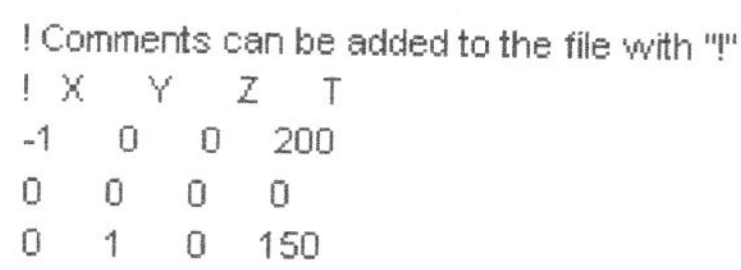

```
! Comments can be added to the file with "!".
!  X   Y   Z   T
-1   0   0   200
0    0   0   0
0    1   0   150
```

图 4-78 调用的文件范例

练习题

1. 在 Pro/E 系统中，常用的基准特征有哪几种？它们在三维建模中主要有何作用？
2. 利用基准平面和基准轴，辅助建立如图 4-79 和图 4-80 所示的零件。

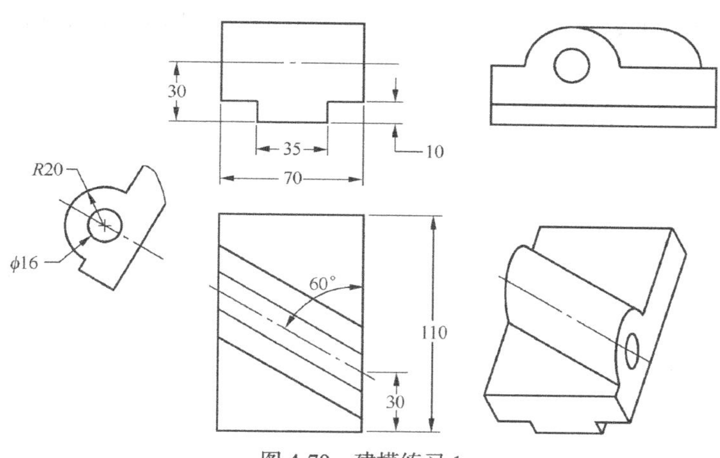

图 4-79 建模练习 1

3. 利用基准点和基准曲线功能，建立如图 4-81 ~ 图 4-83 所示的三维曲线模型。

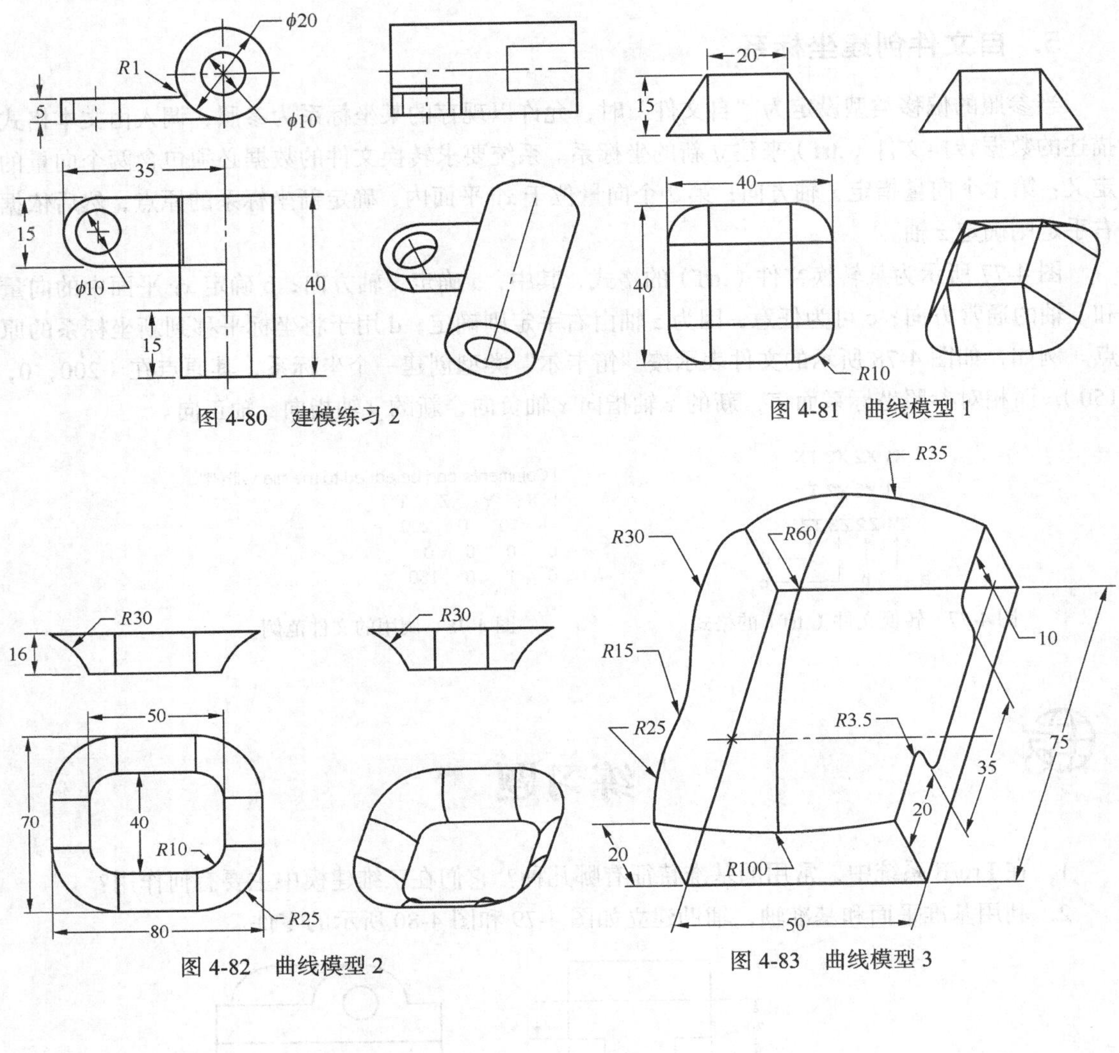

图 4-80　建模练习 2

图 4-81　曲线模型 1

图 4-82　曲线模型 2

图 4-83　曲线模型 3

在 Pro/E 系统中，每个零件模型的建立都是以特征作为设计的基本单元，即由一连串的特征所组成。建立零件模型时，必须先完成基础特征的创建，然后添加各种工程特征。并且，在三维建模过程中，应尽量将一些复杂的细部结构分解为多个工程特征，以简化基础特征的截面绘制，使零件的模型实体更具灵活性，如用【Round】命令建立倒圆角，用【Chamfer】命令建立倒角等。本章将详细说明各类工程特征的创建方法。

5.1 圆孔

5.1.1 圆孔特征操控板

圆孔特征具有简单孔和标准孔两种类型。建立圆孔特征时，需利用特征操控板定义孔的放置参照、次参照及其具体属性。在 Pro/E 系统中圆孔总是从放置参照位置开始延伸到指定的深度，并且会显示预览几何。

选择【插入】(Insert)→【孔】(Hole) 命令，或单击特征工具栏中的按钮，系统将打开圆孔特征操控板。但是，根据圆孔类型不同，其特征操控板的界面有所不同。下面分别进行说明。

1. 特征操控板

(1) 简单孔。创建简单孔时，必须在特征操控板中选择按钮，其他选项如图 5-1 所示。

预定义矩形轮廓：使用 Pro/E 预定义的矩形作为钻孔轮廓，即直孔。

标准孔轮廓：使用标准孔作为钻孔轮廓，并可以指定埋头孔、扩孔和刀尖角度。

草绘：使用“草绘器”绘制的草绘几何作为钻孔轮廓，即草绘孔。此时，特征操控板显示如图 5-2 所示，其中按钮用于调用已有的草绘轮廓（截面）来创建当前的草绘孔；按钮用于进入草绘模式，为圆孔特征绘制轮廓截面。

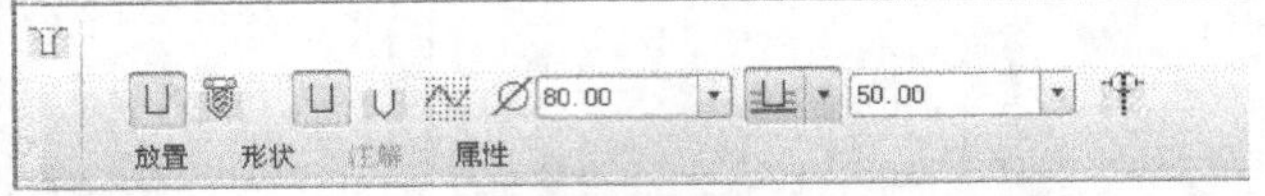

图 5-1 简单孔的特征操控板

图 5-2 草绘孔的特征操控板

直径列表框：用于定义直孔的直径，其与“形状”（Shape）下拉菜单中第 1 方向（侧 1）的“直径”（Diameter）框相对应。

深度定义框：用于设置直孔第 1 方向（侧 1）的钻孔深度选项及其深度值，其与“形状”下拉菜单中第 1 方向的深度定义框相对应。如果要设定第 2 方向（侧 2）的钻孔深度，可通过“形状”下拉菜单的“侧 2”深度定义框来完成。

在直孔的“深度选项”下拉列表中，系统提供了 6 种形式，具体说明见表 5-1。当深度选项设置为或时，系统要求输入数值来定义直孔的深度；如果将深度控制滑块捕捉到参照，或者设置深度选项为或时，系统将显示深度参照收集器，要求选取有效的对象作为直孔的钻孔深度参照。

表 5-1　　　　直孔的深度选项功能与使用说明

直孔的深度选项	功能与使用说明
可变（Variable）	定义第 1 方向从放置参照钻孔的深度，Pro/E 默认选取该选项
对称（Symmetric）	在放置参照两侧的每一方向上，以指定深度值的一半进行钻孔
到下一个（To Next）	在第 1 方向上钻孔直至下一曲面，此选项在“组件”中不可用
穿透（Through All）	在第 1 方向钻孔直到与所有曲面相交
穿至（Through Until）	在第 1 方向上钻孔，直至与选定曲面相交，此选项在“组件”中不可用
至选定项（To Selected）	在第 1 方向上钻孔至选定点、曲线、平面或实体几何的任意表面，此时，只能选取实体几何而不是曲面作为方向深度参照

（2）标准孔。创建标准孔时，系统以基于工业标准紧固件的螺纹数据来创建，此时应选择特征操控板中的按钮，其他选项如图 5-3 所示。

图 5-3 标准孔的特征操控板

攻螺纹：用于在标准孔中攻螺纹，如清除此选项则创建一个间隙孔。对于深度选项设置为的孔，无法清除此选项。

锥孔：用于创建锥形标准孔。

螺纹类型列表框：其包含孔图表，用于定义标准孔的螺纹系列。Pro/E 提供的孔图表有 ISO、UNC、UNF 等，系统也允许自行定制孔图表以满足具体的设计需求。

螺钉尺寸列表框：用于设置对应螺纹类型的螺钉尺寸。

深度选项列表框：用于设置标准孔的深度选项，以更改钻孔深度。在标准孔的深度下拉列表中，系统提供了 5 种形式，具体说明见表 5-2。

深度列表框：用于设置标准孔的钻孔深度或钻孔肩部深度。设置时，如选择按钮则定义的是钻孔深度，如选择按钮则定义的是钻孔肩部深度。

表 5-2　　标准孔的深度选项功能与使用说明

标准孔的深度选项	功能与使用说明
可变（Variable）	从放置参照钻孔到指定深度，当创建标准孔时，Pro/E 默认选取此深度选项
到下一个（To Next）	钻孔直至下一曲面，此选项在“组件”中不可用
穿透（Through All）	钻孔与所有曲面均相交
穿至（Through Until）	钻孔与选定曲面相交，此选项在“组件”中不可用
至选定项（To Selected）	钻孔至选定面组

埋头孔：用于为标准孔创建埋头孔，在“形状”下拉菜单中会显示锥孔角度及直径框，以定义埋头孔尺寸，如图 5-4 所示。

沉孔：用于为标准孔创建沉孔，在“形状”下拉菜单中会显示沉孔直径及深度框，以定义沉孔尺寸，如图 5-5 所示。

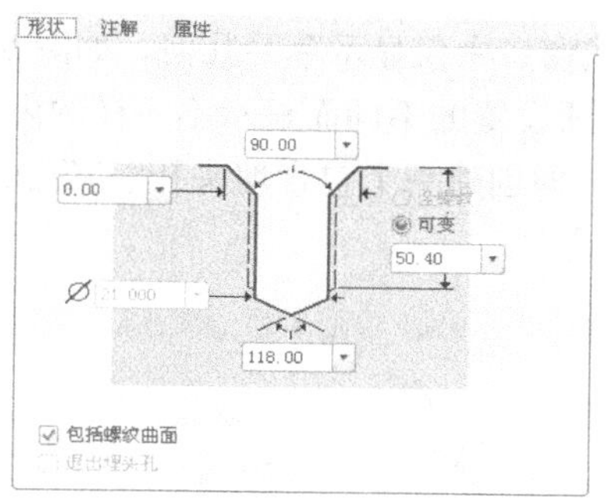

图 5-4　埋头孔的参数设置

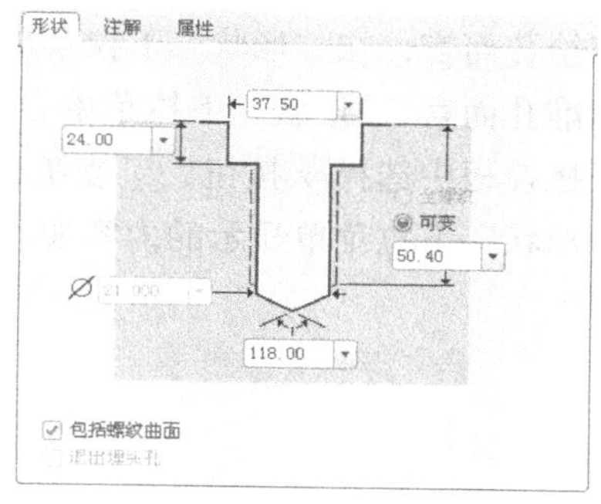

图 5-5　沉孔的参数设置

2. 下拉菜单

在圆孔特征操控板中，包含放置、形状、注释和属性 4 个下拉菜单。

（1）“放置”下拉菜单。“放置”（Placement）下拉菜单包含简单孔或标准孔的放置信息，允许对其进行校验和修改，如图 5-6 所示。

其中，“放置”收集器用于显示已选取的放置参照，单击可将其激活并允许选取新的参照；反向按钮用于反转孔的放置方向，其仅在深度选项设置为、或时有效；“类型”列表框用于显示和定义圆孔的放置类型；“偏移参照”列表框用于设置圆孔的次放置参照，并定义约束的尺寸。

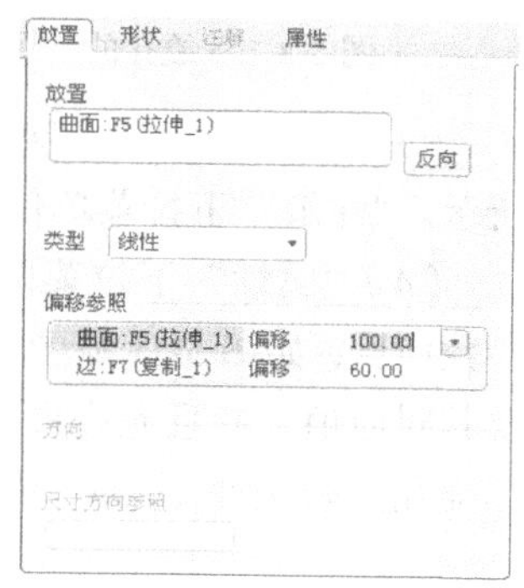

图 5-6　“放置”下拉菜单

放置圆孔特征时，偏移参照列表包含的具体选项如下。

① 偏移参照（左列）：用于显示已选取的偏移参照，在此单击可将其激活。注意：如果放置参照改变，仅当现有的偏移参照对于新的圆孔放置有效时，Pro/E 才会继续使用它们。

② 约束类型（中列）：用于显示并定义偏移参照的约束类型。Pro/E 基于选取的偏移参照来设定其约束类型，如偏移（Offset）、对齐（Align）、角度（Angle）、半径（Radius）、直径（Diameter）等。

③ 约束尺寸（右列）：用于定义圆孔相对于偏移参照的孔轴位置。

（2）“形状”下拉菜单。“形状”（Shape）下拉菜单用于定义当前圆孔的几何形状。对于不同的圆孔类型，该下拉菜单显示的内容有所不同。

对于直孔而言，其“形状”下拉菜单包括以下选项，如图 5-7 所示。

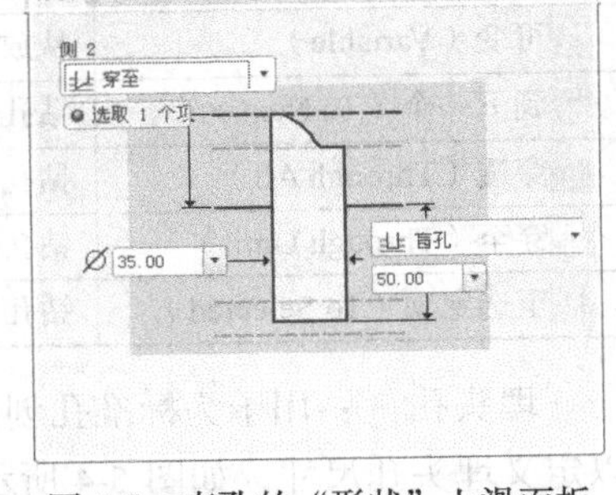

图 5-7　直孔的“形状”上滑面板

①“深度选项”列表框用于设置直孔第 1 方向（侧 1）的深度选项。

②“深度”列表框或参照收集器用于定义直孔第 1 方向（侧 1）的钻孔深度，或选取第 1 方向（侧 1）的深度参照。

③“直径”列表框 ∅25.00 用于定义直孔的直径。

④“侧 2 深度选项”列表框用于设置直孔第 2 方向（侧 2）的深度选项。其默认为“无”（None），表示不在第 2 方向钻孔。

⑤“侧 2 深度”列表框或深度参照收集器用于设置直孔第 2 方向（侧 2）的钻孔深度值。

对于草绘孔而言，在“形状”下拉菜单的嵌入式窗口中仅显示草绘几何，如图 5-8 所示。

对于标准孔而言，“形状”下拉菜单会依据其选项设置的不同而显示不一样的内容。例如，在圆孔特征操控板中选择按钮、按钮和按钮，即创建一个包含埋头孔、沉孔的标准攻螺纹孔，其“形状”下拉菜单显示的内容如图 5-9 所示。

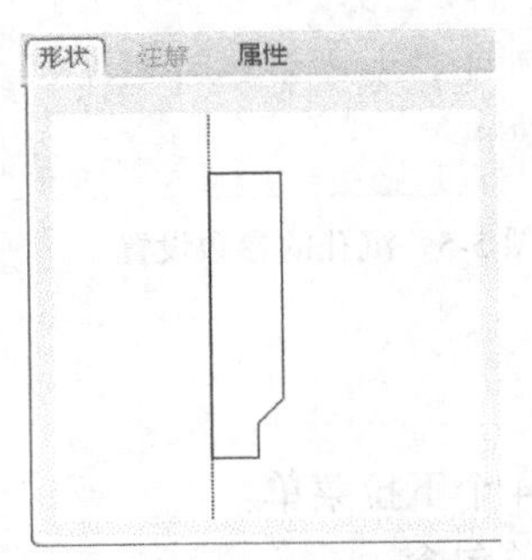

图 5-8　草绘孔的“形状”下拉菜单

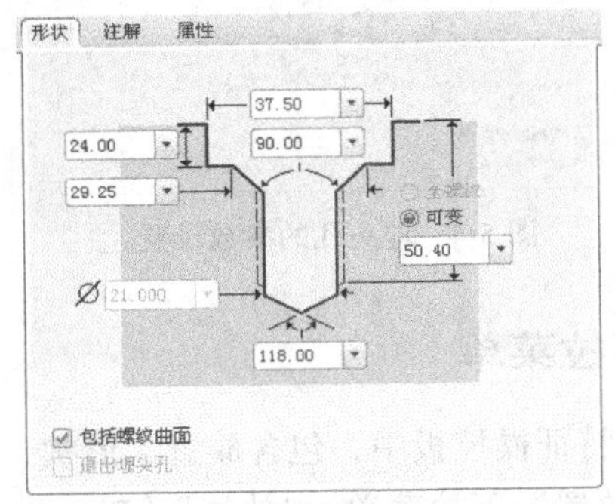

图 5-9　标准孔的“形状”下拉菜单

（3）“注解”下拉菜单。“注解”（Note）下拉菜单用于查看标准孔的螺纹注释，如图 5-10 所示。“注解”下拉菜单仅对于标准孔可用。

（4）“属性”下拉菜单。“属性”（Properties）下拉菜单用于获取简单孔或标准孔的常规及参数信息，如图 5-11 所示。其中，包括当前孔特征的名称，以及孔图表文件中每个定制列的名称及其对应值，并且允许重命名孔特征，或单击按钮显示定制的孔图表数据，查看正在使用的标准孔图表文件（.hol）中的定制孔数据。注意：如果要修改参数名和值必须修改孔图表文件。

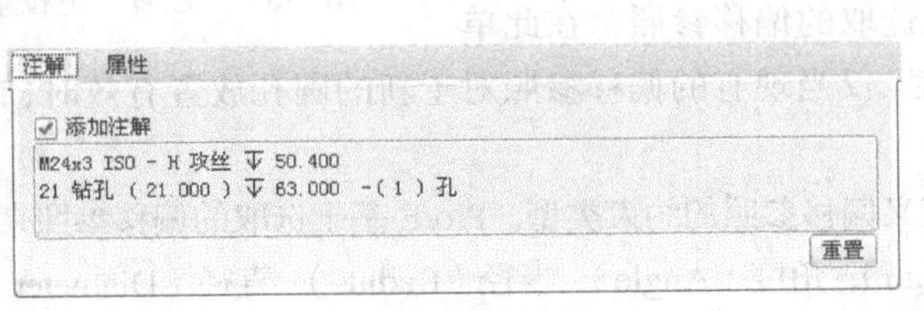

图 5-10　“注释”下拉菜单

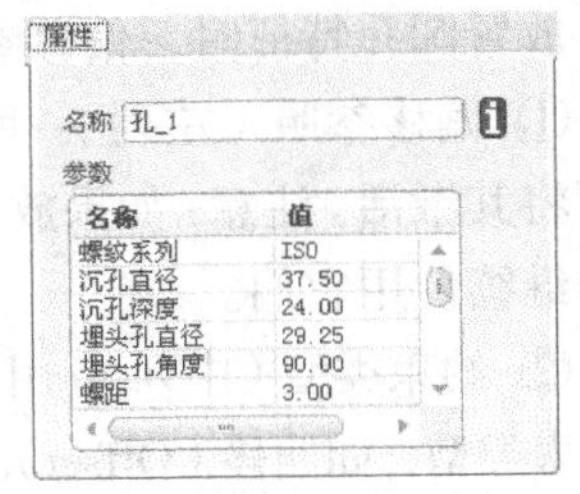

图 5-11　“属性”下拉菜单

5.1.2 圆孔的放置

建立圆孔特征时必须标定孔轴的位置，即放置孔。不论简单孔或标准孔，孔轴位置的定义都是相同的，都需要通过圆孔特征操控板的“放置”下拉菜单来实现，如图 5-12 所示。

在 Pro/E 系统中，圆孔特征的放置类型有 5 种：线性（Linear）、径向（Radial）、直径（Diameter）、同轴（Coaxial）和在点上（On Point）。其中，前 4 种都必须先选取平面、曲面或基准轴作为放置参照来放置孔，然后选取偏移参照来约束孔相对于所选参照的位置。而当圆孔特征建立在已有的基准点上时，采用“在点上”（On Point）方式定位，仅需选取基准点作为放置参照，无须定义偏移参照。

选取“放置”参照后，系统允许拖曳圆孔预览几何中的放置控制滑块，或者将控制滑块捕捉到某个参照上重新定位孔。而“偏移放置”参照用于附加约束圆孔相对于选取的边、基准平面、轴、点或曲面的位置，可将控制滑块拖曳至偏移参照。此时，系统会自动将控制滑块捕捉至参照，并且默认控制滑块（◇）将替换为捕捉的控制滑块（▣），如图 5-13 所示。

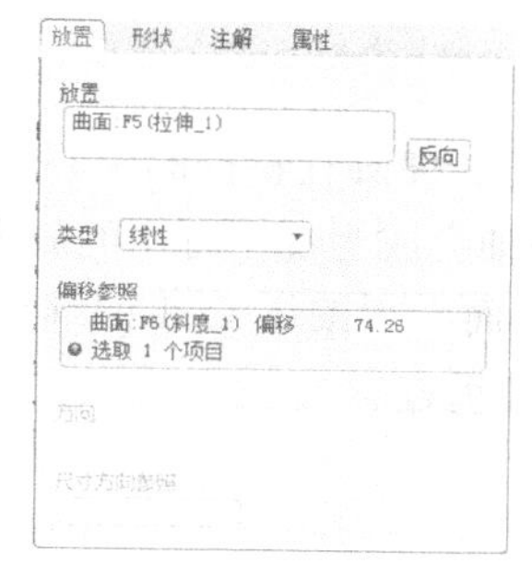

图 5-12 定义圆孔的放置位置

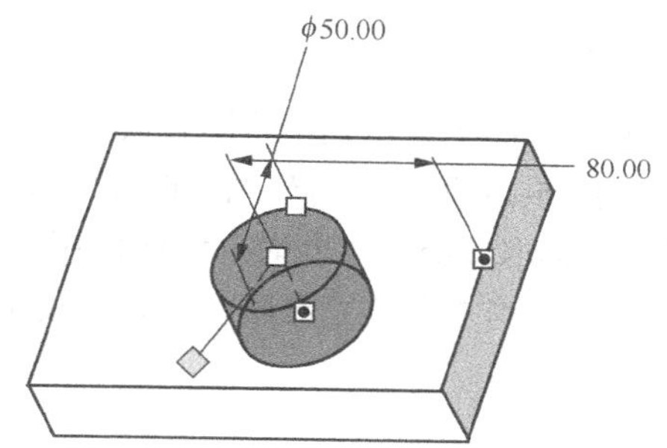

图 5-13 控制滑块对参照的捕捉

1. 线性定位

线性（Linear）定位是最常用的一种圆孔放置类型，是以相对两个偏移参照的线性尺寸来标定孔轴的位置，如图 5-14 所示。Pro/E 默认采用此类型。

创建圆孔特征时，要求先选取放置参照并指定放置类型为“线性”，然后单击偏移参照列表框将其激活，用鼠标左键选取第 1 个偏移参照，再按住 Ctrl 键用鼠标左键选取第 2 个偏移参照。如果单击 反向 按钮，可反转圆孔特征在放置参照上的长出方向。

2. 径向定位

径向（Radial）定位是以一个线性尺寸和角度尺寸来标定孔轴的位置，即孔轴到偏移参照轴的距离（该距离值以半径表示）、孔轴和偏移参照轴的连线与偏移参照平面间的夹角，如图 5-15 所示。创建圆孔特征时，先选取放置参照，然后选取一个参照轴和参照平面作为偏移参照，并定义相应的尺寸（半径和角度）。注意：在选取第 2 个偏移参照时，必须按住 Ctrl 键。

3. 直径定位

直径（Diameter）定位与径向定位相似，也是以一个线性尺寸和角度尺寸来标定孔轴的位置，不同之处在于其是以直径值来表示孔轴到偏移参照轴的距离，如图 5-16 所示。同样，创建圆孔特征时，必须选取一个参照轴和参照平面作为偏移参照，并定义相应的尺寸（直径和角度）。

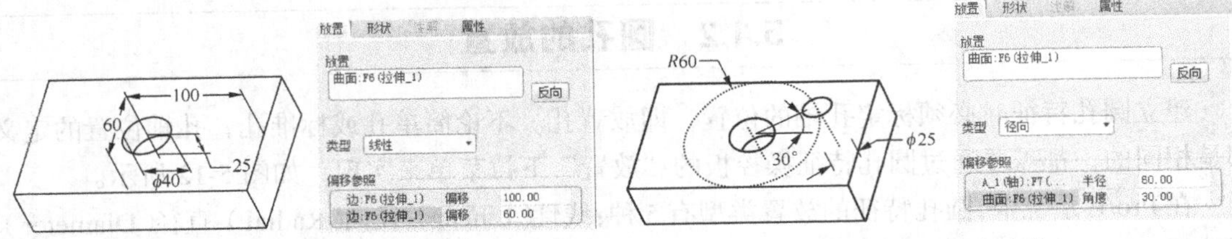

图 5-14　圆孔的线性定位

图 5-15　圆孔的径向定位

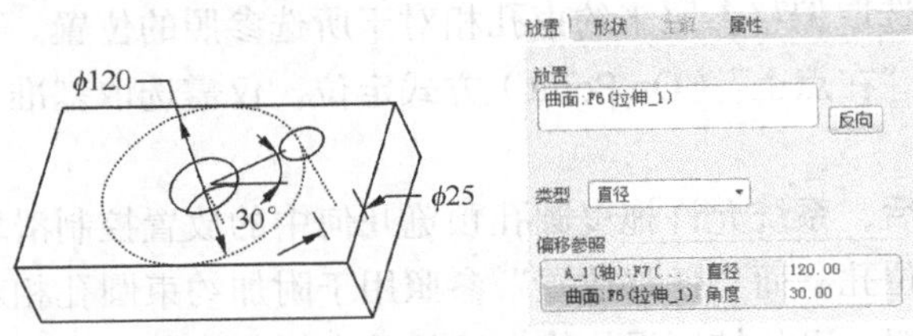

图 5-16　圆孔的直径定位

4. 同轴定位

同轴（Coaxial）定位是指将圆孔放置在与参照轴重合的位置，使圆孔特征的中心轴与参照轴共线，如图 5-17 所示。当预先选取某轴作为放置参照时，同轴会成为唯一可用的放置类型，Pro/E 将默认选取此类型。此时，无法使用偏移参照控制滑块，而必须按住 Ctrl 键继续选取某曲面或平面作为第 2 个放置参照，且要求该曲面或平面与参照轴垂直。

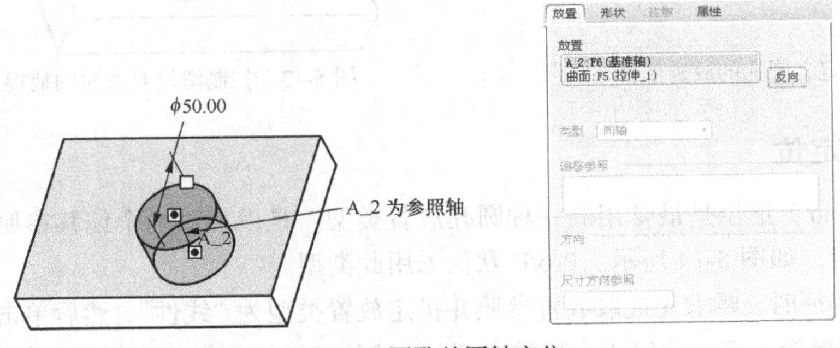

图 5-17　圆孔的同轴定位

5. 在点上定位

在点上（On Point）定位是指将孔与位于曲面或偏移曲面的基准点对齐，该类型不需要定义偏移参照，如图 5-18 所示。当预先选取某曲面上基准点作为放置参照时，Pro/E 默认设置放置类型为“在点上”，且是唯一可用的放置方式。

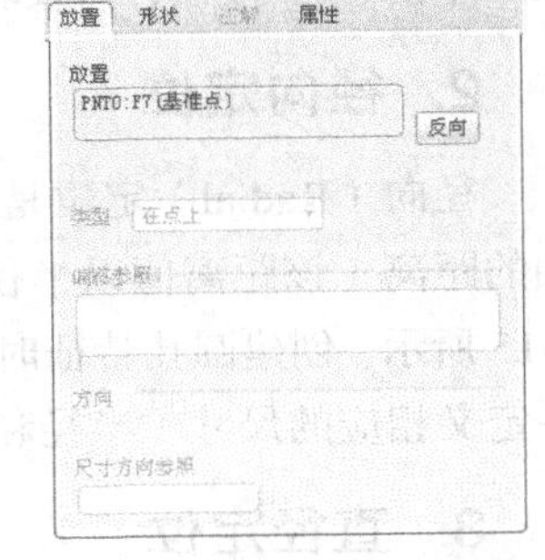

图 5-18　圆孔位于点上的定位

5.1.3　创建圆孔特征

创建圆孔特征时，可以利用鼠标左键拖曳参照控制滑块直接定位孔轴中心位置，并双击尺寸修改其约束值，或者通过特征操控板及其下拉菜单来设置孔轴位置。如果圆孔外形及定位比较简单时，使用第 1 种方式创建圆孔特征速度比较快；如果圆孔外形或定位方式较复杂时，更适合选用第 2 种方式，因其更具灵活性，修改尺寸和变更参照比较方便。当然，最佳的操作是熟练并综合运用这两种方式，以快速且简便地建立圆孔特征。

下面分别简述直孔、草绘孔和标准孔的创建方法与步骤。

1. 创建直孔

直孔相当于 Pro/E 预定义矩形截面的旋转切口，默认情况下 Pro/E 创建单侧孔，如果要创建双侧孔，可使用“形状”（Shape）下拉菜单来定义。

创建直孔的一般步骤如下。

（1）选择【插入】（Insert）→【孔】（Hole）命令或单击特征工具栏中的按钮，显示圆孔特征操控板，然后在操控板中选择按钮。

（2）在模型上选取孔的近似放置位置，此时 Pro/E 将加亮该选取对象，并在模型上显示圆孔的预览几何。

（3）如需重新定位孔，可将放置参照控制滑块拖曳到新的位置，或将其捕捉至参照。

（4）打开“放置”下拉菜单，在“类型”列表框中选择所需的放置类型。然后单击激活“偏移参照”列表，根据放置类型依次选取所需的偏移参照并修改其约束类型和约束尺寸值，或者直接拖曳偏移参照控制滑块至相应参照。单击“放置”下拉菜单的反向按钮，可反转圆孔的长出方向。

（5）双击直径尺寸并输入新值，或者通过特征操控板中的“直径”列表框定义圆孔直径。

（6）在特征操控板的“深度选项”列表框中设置所需的深度选项，并定义相应的圆孔深度值，或者直接拖曳深度控制滑块修改孔深值。

（7）如果要定义圆孔的另一侧深度，可通过“形状”下拉菜单的“侧 2”深度文本框来完成。

（8）单击特征操控板中的按钮，生成所定义的圆孔特征。

2. 创建草绘孔

草绘孔是使用草绘器中创建的草绘轮廓形成的，相当于以草绘截面绕指定中心线旋转并切口而得，其孔径和孔深完全取决于截面的形状。

创建草绘孔的一般步骤如下。

（1）选择【插入】（Insert）→【孔】（Hole）命令或单击特征工具栏中的按钮，显示圆孔特征操控板，然后在操控板中选择按钮和按钮，如图 5-19 所示。

图 5-19　草绘孔的特征操控板

（2）在模型上选取圆孔的放置位置，Pro/E 将加亮该选取对象并显示圆孔的预览几何。

（3）在特征操控板中单击按钮选取已有草绘文件（.sec），或者单击按钮草绘一个新的截面。

（4）打开“放置”下拉菜单，在类型列表框中选取适当的放置类型，然后激活“偏移参照”列表并选取相应的偏移参照，定义所需的约束类型和尺寸值。

（5）如果要修改草绘截面，可单击按钮打开“草绘器”进行编辑。注意：圆孔直径和深度由草绘截面驱动。

（6）单击特征操控板中的按钮，生成所定义的圆孔特征。

创建草绘孔时，其截面必须符合以下要求：必须草绘一条中心线作为孔的旋转轴线；截面必须封闭，且无相交图元；所有图元必须位于旋转轴的一侧；至少有一个图元垂直于旋转轴，放置草绘孔时该图元将与选取的放置参照对齐。如果截面中有两个图元与中心线垂直，系统将选取上方的图元对齐所定义的放置参照。

3. 创建标准孔

标准孔是由基于工业标准的紧固件规格的旋转切口形成的，通常用于创建各种标准系列的孔。Pro/E 会提供紧固件的工业标准孔图表以及螺纹或间隙直径。对于标准孔，系统会自动创建螺纹注释。

创建标准孔的一般步骤如下。

（1）选择【插入】(Insert)→【孔】(Hole) 命令或单击特征工具栏中的按钮，然后在特征操控板中选择按钮创建标准孔，此时操控板上会显示标准孔选项，如图 5-20 所示。

图 5-20　标准孔的特征操控板

（2）在模型上选取孔的近似放置位置，系统将显示孔的预览几何。

（3）打开“放置”下拉菜单并设置适当的放置类型，然后激活偏移参照列表选取相应的偏移参照，定义所需的参照约束类型和尺寸值。

（4）在螺纹类型框 UNC 中选取所需的孔图表（UNC、UNF 和 ISO 等），并在螺钉尺寸列表框 1-64 中定义螺钉尺寸值。

（5）设置合适的深度选项并定义相应的深度值。

（6）如果在圆孔中攻螺纹则选择按钮，否则移除；或者根据需要选择或移除按钮、按钮，并打开“形状”下拉菜单定义埋头孔的直径、角度以及沉孔的直径、深度。

（7）单击特征操控板中的按钮，生成所定义的圆孔特征。

5.2 壳

壳特征可将实体内部掏空，只留一个特定壁厚的壳。建立壳特征时，需选取一个或多个要移除的曲面，如图 5-21（a）所示。如果未选取要移除的曲面，则会创建一个“封闭”壳，将零件的整个内部都掏空且没有入口。创建壳特征时，其之前添加到实体的所有特征都将被掏空，如图 5-21（b）所示。如果将圆孔特征调整至壳特征之后，即壳特征位于圆孔之前，则得到图 5-21（c）所示的模型效果。因此，使用“壳”时特征创建的次序非常重要。

5.2.1 壳特征操控板

选择【插入】(Insert)→【壳】(Shell) 命令或者单击特征工具栏中的按钮，系统打开如图 5-22 所示的壳特征操控板，其中包括对话栏和下拉菜单两大项，下面分别予以说明。

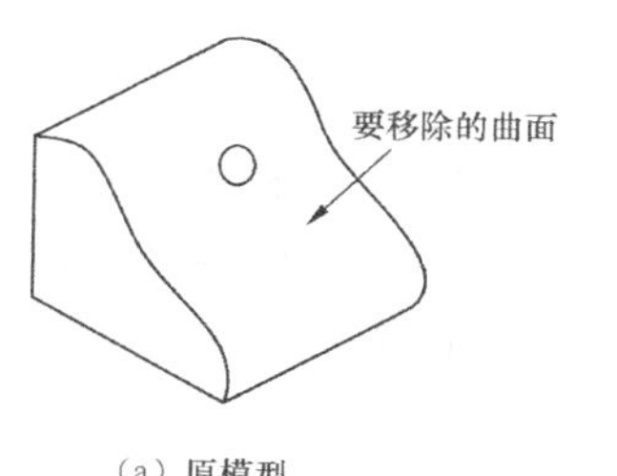

（a）原模型

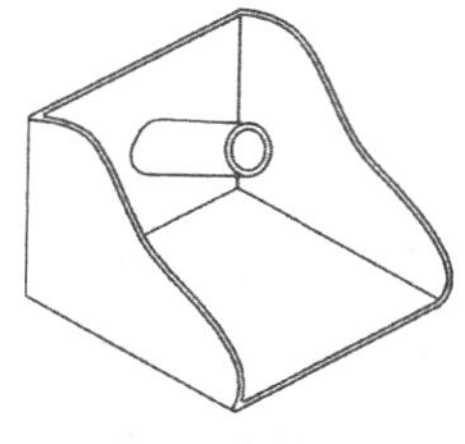
（b）壳特征位于圆孔之后

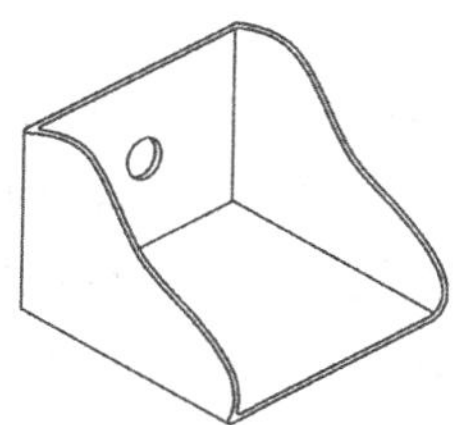
（c）壳特征位于圆孔之前

图 5-21　壳特征创建次序对模型的影响

1. 对话栏

图 5-22　壳特征操控板

厚度列表框 厚度 5.00：用于定义壳厚度值。如果输入负值，则壳厚度将被添加到零件的外部。

按钮：用于反转壳的长出方向。定义壳时，允许为不同的曲面单独指定不同的厚度值，此时不允许输入负的厚度值或反转厚度侧。

2. 下拉菜单

壳特征操控板包括参照（References）、选项（Options）和属性（Properties）3 类下拉菜单。

（1）“参照”下拉菜单：用于选取要移除的曲面，以及选取要指定不同厚度的曲面并为每个曲面定义单独的厚度值，如图 5-23 所示。选取多个曲面时，必须按住 Ctrl 键。如果未选取任何曲面，则会创建一个“封闭”壳，将零件的整个内部都掏空。

（2）“选项”下拉菜单：用于定义要排除的曲面以防止指定曲面被壳化，如图 5-24 所示。单击激活“排除的曲面”（Exclude Surfaces）收集器后，在图形窗口中选取一个或多个要排除的曲面即可。如要防止壳在凹角或凸角处切削穿透实体，则必须选中“凹角”（Concave corners）或“凸角”（Convex corners）单选钮。

（3）“属性”下拉菜单：用于显示特征名称和访问特征信息，如图 5-25 所示。其中，“名称”（Name）文本框用于定制壳特征的名称；单击图标可显示关于特征的相关信息。

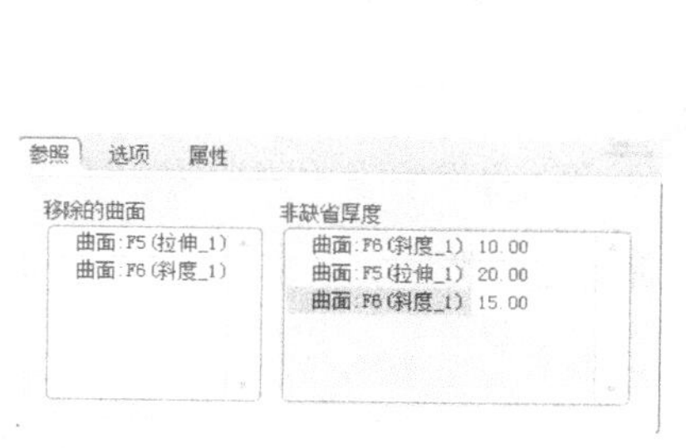

图 5-23　定义壳特征的非默认厚度

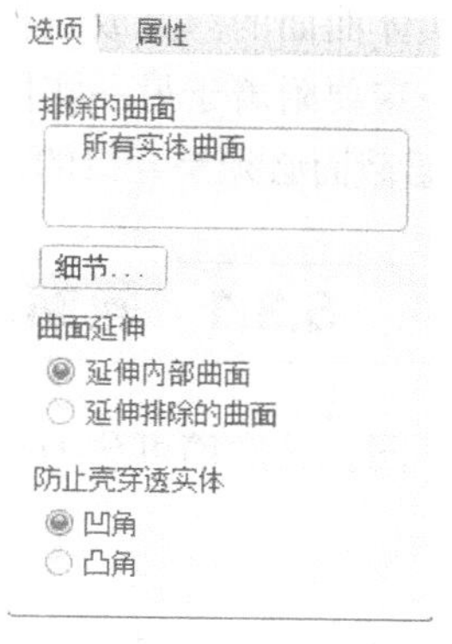

图 5-24　“选项”下拉菜单

图 5-25　“属性”下拉菜单

5.2.2 创建壳特征

创建壳特征的一般步骤如下。

（1）选择【插入】（Insert）→【壳】（Shell）命令或者单击特征工具栏中的回按钮，系统显示壳特征操控板并以默认厚度创建“封闭”壳。此时，模型中将显示壳的预览几何。

（2）选取要移除的一个或多个曲面。注意，如要选取多个欲移除的曲面，必须按住 Ctrl 键。当然，系统也允许在进入“壳”工具前先选取要移除的曲面。

（3）在“厚度”列表框中输入壳的厚度值，或者双击 O_THICK 标签旁的厚度值进行修改。单击操控板中的⁄按钮可切换壳的厚度长出侧。

（4）如要指定具有不同厚度的曲面，可打开“参照”下拉菜单，然后激活“非默认厚度”（Non-default thickness）收集器，从中选取所需的曲面并单独定义其厚度值。

（5）如要防止某曲面被壳化，可打开“选项”下拉菜单，激活“排除的曲面”（Exclude Surfaces）收集器，然后选取欲排除的一个或多个曲面。或者，通过快捷菜单中的【排除曲面】命令选取要从壳操作中排除的曲面。

（6）特征几何满足设计要求后，单击操控板中的✓按钮生成壳特征，如图 5-26 所示。

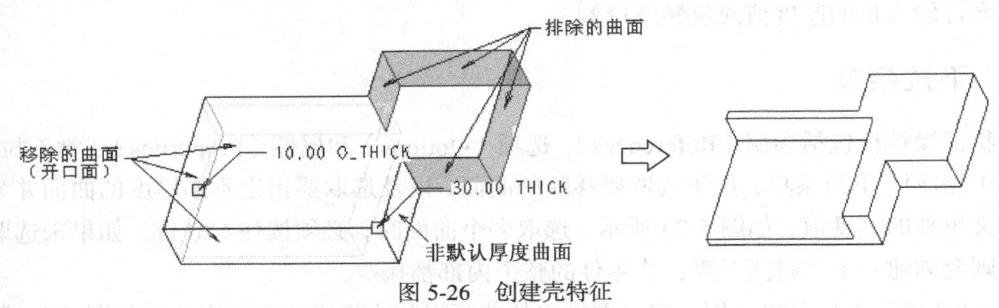

图 5-26 创建壳特征

5.3 筋

筋特征是设计中连接到实体曲面的薄翼或腹板伸出项，通常用来加固设计中的零件，防止出现不需要的折弯。筋特征一定要附着于另一实体曲面才能产生，并且是从草绘平面双向对称长出的。建立筋特征时，其草绘截面必须是开口的，而且截面的一端必须与已有的实体曲面对齐。

5.3.1 轮廓筋的类型

根据附着的实体曲面的不同，轮廓筋可分为平直型与旋转型两类。

1. 平直型

当筋特征附着的实体曲面是平直曲面时，将形成平直型轮廓筋，如图 5-27 所示。其厚度是沿草绘平面向一侧拉伸或关于草绘平面对称拉伸。该类轮廓筋特征只能用作线性阵列。

2. 旋转型

当筋特征附着的实体曲面为旋转曲面时，将形成旋转型轮廓筋，如图 5-28 所示，此时轮廓筋的角形曲面是锥状的，而不是平面的。该类轮廓筋的草绘平面必须通过附着曲面的轴线，相当于绕父项的中心轴旋转截面，在草绘平面的一侧生成楔或绕草绘平面对称地生成楔，然后用两个平行于草绘面的平面修剪该楔。该类轮廓筋特征只能用作旋转阵列。

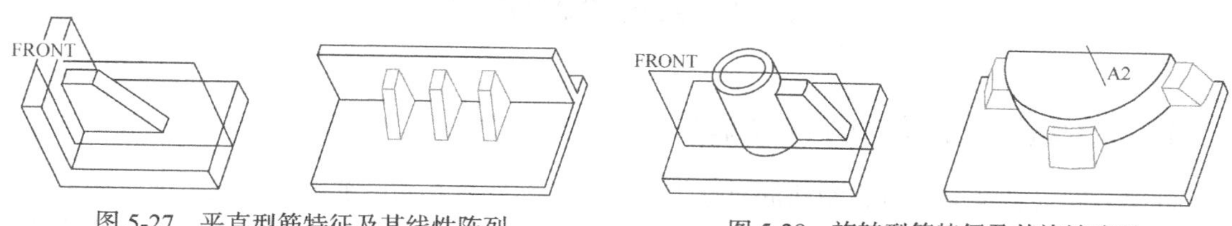

图 5-27　平直型筋特征及其线性阵列

图 5-28　旋转型筋特征及其旋转阵列

5.3.2　轮廓筋特征操控板

选择【插入】(Insert)→【筋】(Rib)→【轮廓筋】(Profile Rib)命令或者单击特征工具栏中的按钮，系统将打开筋特征操控板，如图 5-29 所示，其中包括对话栏和下拉菜单两大项。

图 5-29　轮廓筋特征操控板

1. 对话栏

对话栏中包括“厚度”列表框和按钮两个选项。其中，“厚度”列表框用于设置轮廓筋的材料厚度；按钮用于切换轮廓筋的厚度长出方向，单击该按钮可依次在对称、一侧和另一侧 3 个长出方向之间切换，如图 5-30 所示。

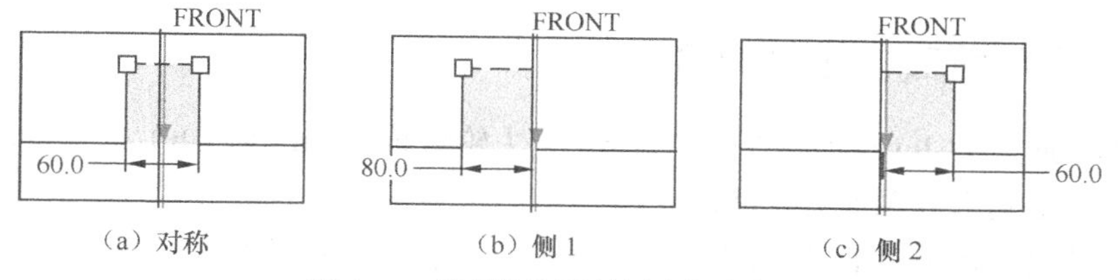

图 5-30　设置轮廓筋的厚度长出方向

2. 下拉菜单

下拉菜单包含有关轮廓筋的参照、属性等信息，有参照和属性两个下拉菜单。

“参照”(References)下拉菜单包含“草绘”(Sketch)收集器、“编辑”(Edit)按钮和“反向”(Flip)按钮 3 个选项，如图 5-31 所示。其中，反向按钮用于切换轮廓筋的材料填充侧，即改变方向箭头的指向；编辑...按钮用于重新定义特征截面。当“草绘”收集器为空（没有定义截面）时，系统将显示“定义”(Define)按钮，用于创建轮廓筋的特征截面，如图 5-32 所示。

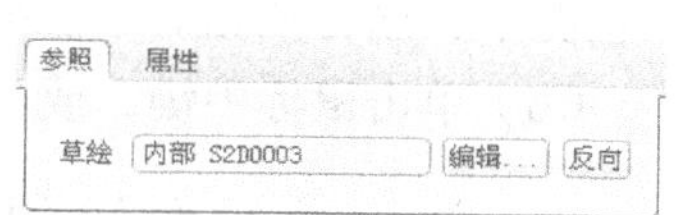

图 5-31　参照下拉菜单

“属性”(Properties)下拉菜单用于获取轮廓筋的特征信息并允许重命名，如图 5-33 所示。

图 5-32　筋特征截面的定义　　图 5-33　“属性”下拉菜单

5.3.3　创建轮廓筋特征

1. 轮廓筋特征截面的有效草绘

创建轮廓筋特征时，可在激活筋特征工具后草绘，或者在激活筋特征工具之前预先草绘。筋特征截面的有效草绘必须满足以下要求：单一的开放环；连续的非相交草绘图元；草绘端点必须与形成封闭区域的连接曲面对齐。

创建平直型和旋转型筋特征时，其操作流程基本一样，但是它们各有不同的草绘要求。其中，平直型筋特征可以在任意位置创建草绘，但其截面线端点必须连接到曲面以形成一个要填充的封闭区域，如图 5-34 所示；而旋转型筋特征的草绘平面必须通过其相接曲面的旋转中心，且其截面线端点必须连接到曲面，形成一个要填充的封闭区域，如图 5-35 所示。

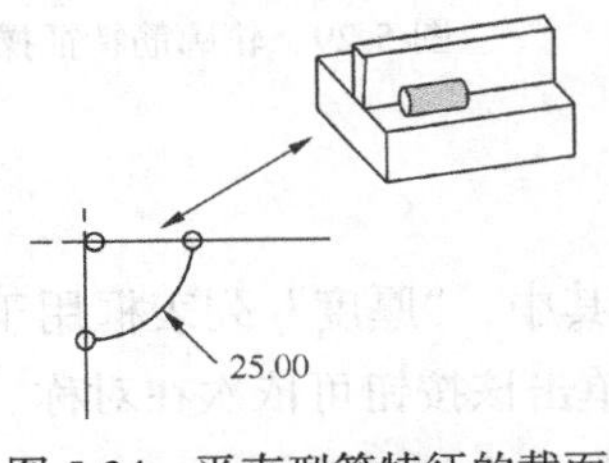

图 5-34　平直型筋特征的截面

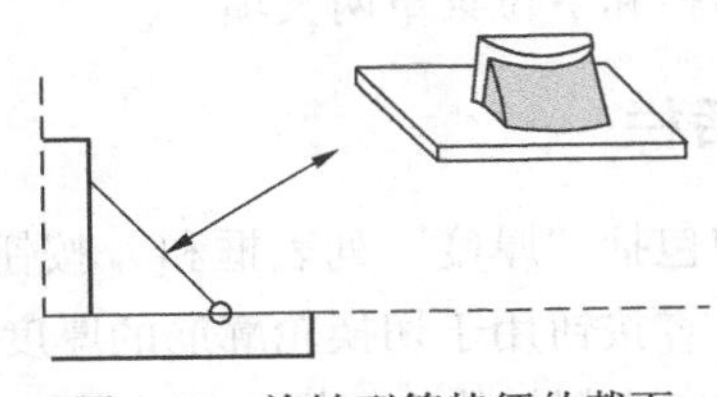

图 5-35　旋转型筋特征的截面

2. 使用内部截面创建轮廓筋

(1) 选择【插入】(Insert)→【筋】(Rib)→【轮廓筋】(Profile Rib)命令或者单击特征工具栏中的按钮，打开轮廓筋特征操控板。

(2) 在特征操控板中单击“参照”(References)下拉菜单中的定义...按钮，利用弹出的“草绘”(Sketch)对话框定义草绘平面、参考平面及其方向。

(3) 进入草绘模式，定义合适的草绘参照并草绘轮廓筋特征截面，然后单击按钮退出。

(4) 系统显示特征的预览几何，并且方向箭头指向要填充的草绘侧。可单击方向箭头使其反向，更改填充侧。

(5) 在特征操控板中输入轮廓筋的厚度，或者在图形窗口中双击尺寸值直接进行修改。默认情况下，筋特征相对草绘平面对称长出，单击按钮可切换厚度的长出方向。

(6) 单击鼠标中键，或者单击特征操控板中的按钮，完成轮廓筋特征的创建。

3. 使用草绘曲线创建轮廓筋特征

(1) 从模型树中选取现有的草绘曲线特征，将其用作轮廓筋的特征截面。注意：该草绘基准曲线必须相对所建立的轮廓筋是有效的草绘，否则系统不接受。

（2）选择【插入】（Insert）→【筋】（Rib）→【轮廓筋】（Profile Rib）命令或者单击特征工具栏中的按钮，打开筋特征操控板。

（3）显示特征的预览几何，并且方向箭头指向要填充的草绘侧，而特征截面是从属于草绘曲线的。如果要更改填充侧，可单击方向箭头使其反向。

（4）定义轮廓筋的厚度和长出方向。

（5）单击鼠标中键，或者单击特征操控板中的按钮，完成轮廓筋特征的创建。

5.4 倒圆角

圆角在零件设计中扮演着极其重要的角色，不仅可以去除模型棱角，减少尖角造成的应力集中，而且有助于造型的变化与美观。在 Pro/E 中可创建和修改倒圆角。创建倒圆角时，必须定义一个或多个倒圆角集，其包含一个或多个倒圆角段（倒圆角几何）。在指定倒圆角放置参照后，Pro/E 将使用默认属性、半径值以及最适于被参照几何的默认过渡创建倒圆角，并显示倒圆角的预览几何。

5.4.1 倒圆角特征操控板

选择【插入】（Insert）→【倒圆角】（Round）命令或者单击特征工具栏中的按钮，系统显示倒圆角特征操控板，如图 5-36 所示。在操控板中，包括对话栏和下拉菜单两大项，其中有“集”、“过渡”、“段”、“选项”和“属性”下拉菜单。

图 5-36 倒圆角特征操控板

1. 对话栏

（1）“集”模式。单击按钮可激活“集”（Sets）模式，用来处理倒圆角集。当圆角截面形状设置为“圆锥”或“D1 × D2 圆锥”时，特征操控板的对话栏内容将发生变化，如图 5-37 所示，新增了圆锥参数（Conic Parameter）、圆锥距离列表框和按钮。

（2）“过渡”模式。单击按钮可激活“过渡”（Transitions）模式，用于定义倒圆角特征的所有过渡。此时，倒圆角的特征操控板如图 5-38 所示，显示倒圆角的“过渡类型”列表框，用于设置圆角的过渡类型。创建倒圆角时，Pro/E 使用“缺省（相交）”建立预览几何，同时根据圆角形式的不同，提供多种可选过渡类型供用户选用。

图 5-37 圆锥形圆角截面形状的参数设置

图 5-38 定义倒圆角的过渡类型

2. “集”下拉菜单

要使用此面板必须激活“集”模式，即选中按钮才能打开“集”（Sets）下拉菜单，如图 5-39 所示。其中，各选项的功能简述如下。

“集”列表框：显示当前倒圆角特征的所有倒圆角集，可通过鼠标右键菜单添加、移除倒圆角集，或用鼠标左键选取倒圆角集并进行修改。Pro/E 会加亮活动的倒圆角集。

“截面形状”列表框：用于控制活动倒圆角集的截面形状，有“圆形”（Circular）、“圆锥”（Conic）和“D1 × D2 圆锥”（D1 × D2Conic）3 种设定。其中，圆形表示圆角截面为圆弧；圆锥表示圆角截面为圆锥曲线。

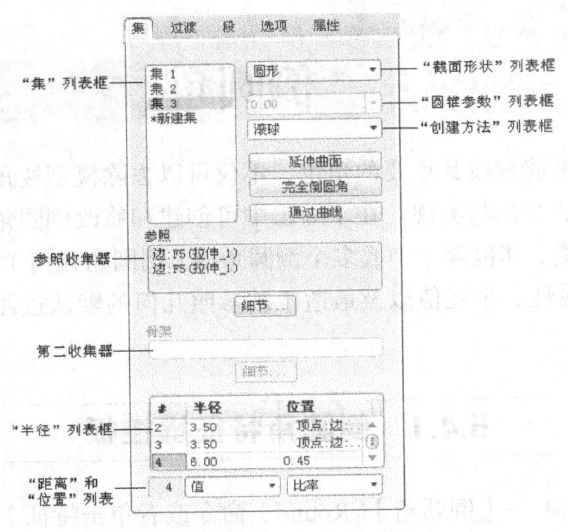

图 5-39 “集”下拉菜单

“圆锥参数”列表框：用于控制当前圆锥倒圆角的锐度，默认值为 0.50。仅当选取“圆锥”或“D1 × D2 圆锥”截面形状时，该列表框才有效。

“创建方法”列表框：用于控制活动倒圆角集的创建方法，有“滚球”（Rolling Ball）、“垂直于骨架”（Normal To Spine）两种设定。其中，“滚球”表示圆角形状如同圆球在两个参考面间滚过的效果；“垂直于骨架”表示圆角形状如同一段圆弧沿着所选 Spline 样条曲线扫描的效果。

完全倒圆角按钮：用于将活动倒圆角集转换为完全倒圆角。仅当选取有效的完全倒圆角参照和设定为圆形截面形状、滚球创建方法时，此按钮才有效。

通过曲线按钮：用于创建由选定曲线驱动的倒圆角。仅当选取有效的倒圆角参照和设定为圆形截面形状、滚球创建方法时，此按钮才有效。

“参照”收集器：显示倒圆角集所选取的有效参照，单击该栏可将其激活并进行重定义。

第二收集器：根据活动的倒圆角类型，用于激活驱动曲线（Driving curve）、驱动曲面（Driving surface）、骨架（Spine）等收集器。

“半径”列表框：用于设置活动倒圆角集的半径及其位置。在“半径”列表框中，通过鼠标右键菜单可执行【添加半径】（Add Radius）、【删除】（Delete）、【成为常数】（Make Constant）等命令。

“距离”列表框：用于设置活动倒圆角集中当前半径的定义方式，包含“值”（Value）和“参照”（Reference）两个选项。

“位置”列表框：用于设置活动倒圆角集中当前半径的放置位置，包含“比率”（Ratio）和“参照”（Reference）两个选项。“位置”列表框只用于有多个半径的“圆锥”倒圆角和“可变”倒圆角。

3. “过渡”下拉菜单

要使用“过渡”（Transitions）面板必须激活过渡模式，即选中按钮。根据过渡类型的不同，其显示的内容也不同。图 5-40 所示为“曲面片”过渡类型的面板，其中包括“过渡”（Transitions）列表框和“可选曲面”（Optional Surface）收集器，可用来修改过渡及其参照。

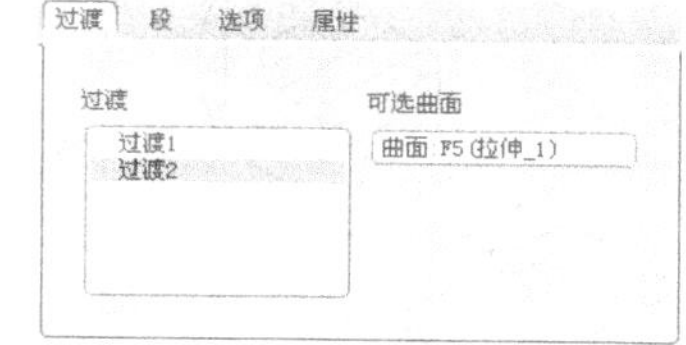

图 5-40　“过渡”下拉菜单

4. “段”下拉菜单

使用“段”（Pieces）下拉菜单可以执行倒圆角段管理，查看当前倒圆角集的全部倒圆角段，修剪、延伸或排除这些倒圆角段，以及处理放置模糊问题，如图 5-41 所示。

5. “选项”下拉菜单

“选项”（Options）下拉菜单用于指定圆角的依附形式，包括“实体”（Solid）、“曲面”（Surface）单选钮和“创建结束曲面”（Create End Surfaces）复选框选项，如图 5-42 所示。

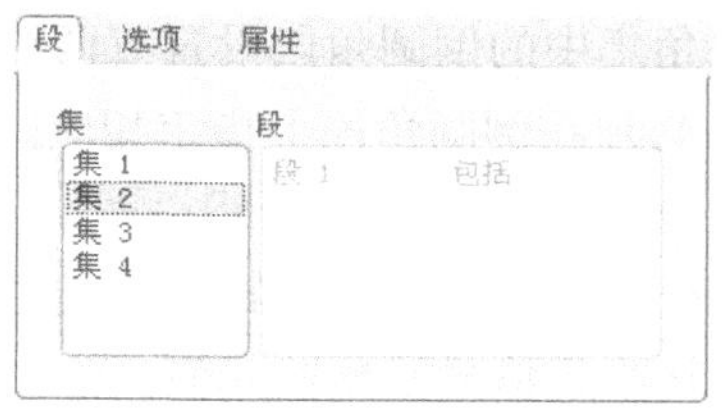

图 5-41　“段”下拉菜单

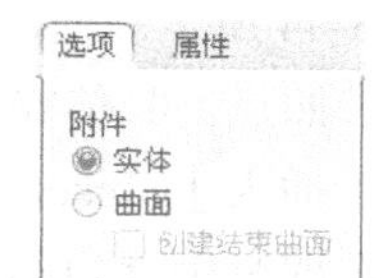

图 5-42　“选项”下拉菜单

其中，“实体”表示以与现有几何相交的实体形式创建倒圆角特征，“曲面”表示以与现有几何不相交的曲面形式创建倒圆角特征，“创建结束曲面”复选框用于设置是否创建结束曲面以封闭倒圆角特征的所有倒圆角段端点。

5.4.2　创建倒圆角特征

使用 Pro/E 系统可创建的倒圆角类型有恒定半径、可变半径、完全倒圆角和通过曲线倒圆角，具体说明如下。

1. 恒定半径倒圆角

恒定半径倒圆角（Constant）是指同一个倒圆角集中各倒圆角段具有恒定的半径值。其具体操作步骤如下。

（1）选择【插入】（Insert）→【倒圆角】（Round）命令，或单击特征工具栏中的按钮。

（2）显示倒圆角特征操控板并自动激活集模式，用鼠标左键依次选取倒圆角的放置参照，并定义圆角半径值。创建恒定半径倒圆角时，允许选用的放置参照有边或边链、曲面到边、曲面到曲面，如图 5-43 所示。

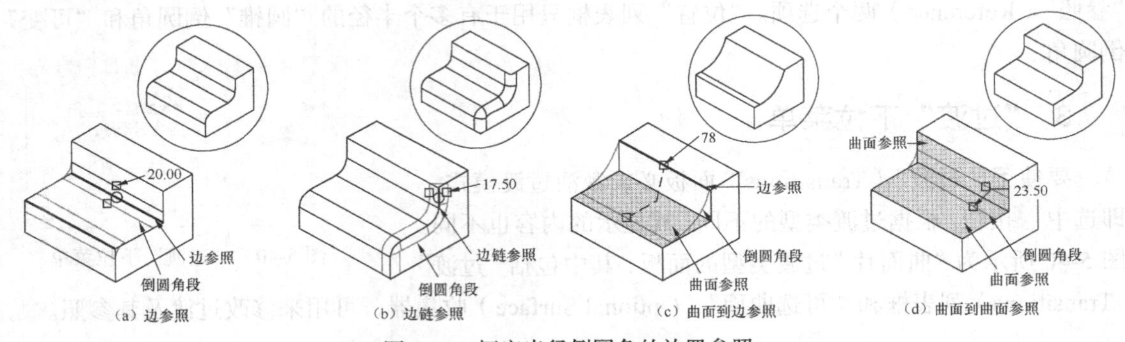

图 5-43　恒定半径倒圆角的放置参照

在同一个“倒圆角集”中欲对多条边倒圆角时，必须按住 Ctrl 键来选取多个放置参照。如果不小心选错，只要再点选一次即可取消选取。

（3）如果需要改变设置，可打开“集”下拉菜单重新定义倒圆角的截面形状、创建方法、放置参照或圆角半径等。

（4）单击特征操控板中的预览按钮预览特征，或者单击✓按钮创建特征。

2. 可变半径倒圆角

可变半径倒圆角（Variable）是指在同一个倒圆角集中的倒圆角段设置有两个或两个以上的半径值，如图 5-44 所示。创建可变半径倒圆角时，必须在倒圆角段上指定相应的位置，以作为每个半径值的参照点。具体操作步骤如下。

（1）选择【插入】（Insert）→【倒圆角】（Round）命令，或单击特征工具栏中的倒圆角按钮。

（2）依次选取欲倒圆角的放置参照，系统以默认半径值显示预览几何。

（3）打开“集”下拉菜单，然后在“半径”列表框中单击鼠标右键，选择【添加半径】命令添加所需的多个半径，如图 5-45 所示。

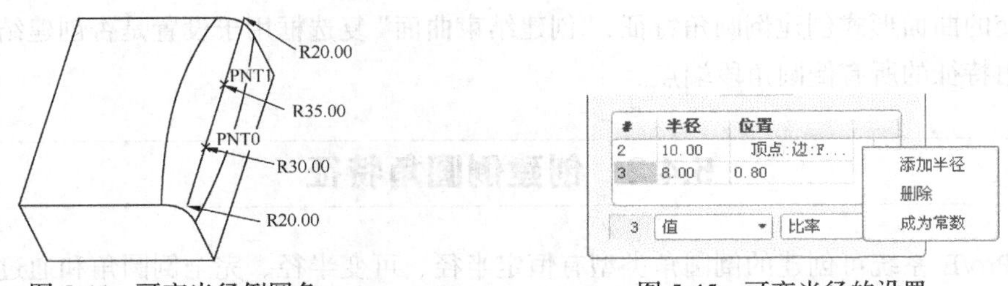

图 5-44　可变半径倒圆角　　图 5-45　可变半径的设置

（4）配合“距离”和“位置”列表框的选项设置，依次定义各参照点的位置和半径值，或者在模型中双击圆角半径和放置点比率值直接进行修改。

（5）单击特征操控板中的预览按钮预览特征，或者单击✓按钮创建特征。

3. 完全倒圆角

完全倒圆角（Full Round）是指依据选取的有效参照，用圆角弧面来替换选定的曲面，且无需定义倒圆角半径。创建完全倒圆角时，其允许选用的有效放置参照有对边、曲面到边、曲面到曲面，并且必须设置为“圆形”截面形状和“滚球”创建方式。具体操作步骤如下。

（1）选择【插入】(Insert)→【倒圆角】(Round）命令，或单击特征工具栏中的按钮。

（2）按住 Ctrl 键，依次选取欲倒圆角的两条对边或两个曲面参照。

（3）如果选取的是两个相对的曲面参照，系统会自动激活完全倒圆角方式并启动“驱动曲面”收集器，以选取欲倒圆角的曲面作为驱动曲面，如图 5-46 所示。否则，可打开“集”下拉菜单，单击 完全倒圆角 按钮激活完全倒圆角方式。

（4）单击特征操控板中的按钮预览特征，或者单击按钮创建特征。

4. 通过曲线倒圆角

通过曲线倒圆角（Thru Curve）是指沿着一条曲线或曲面边来创建倒圆角，倒圆角的半径由选取的曲线或曲面边驱动，无须单独定义，如图 5-47 所示。通过曲线倒圆角时，允许选用的放置参照有边或边链、曲面到曲面两种类型。具体操作步骤如下。

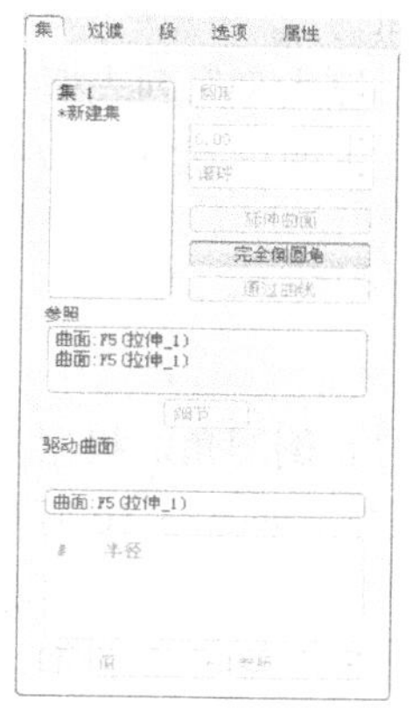

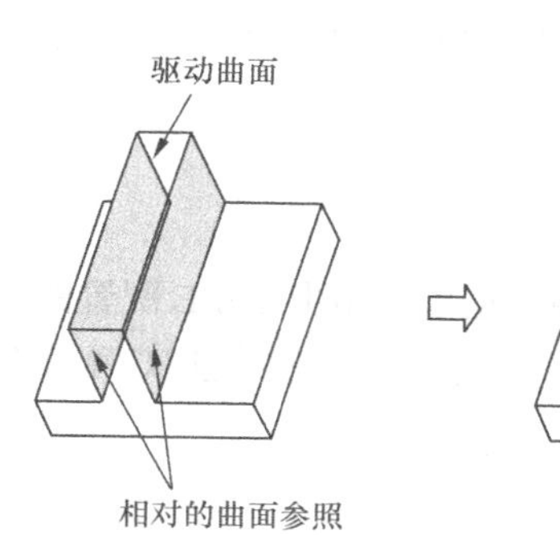

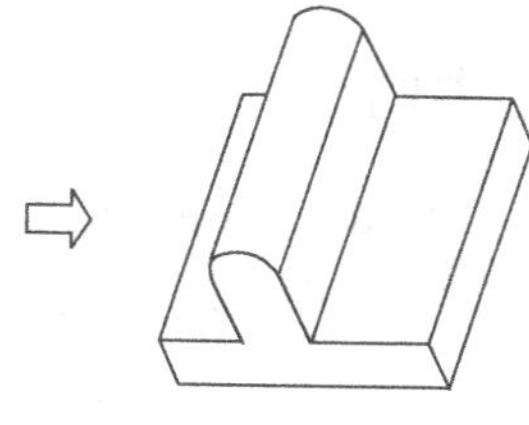

图 5-46 创建完全倒圆角

（1）选择【插入】(Insert)→【倒圆角】(Round）命令，或者单击特征工具栏中的按钮。

（2）选取欲倒圆角的边或边链，或者按住 Ctrl 键选取两个相邻的曲面参照。

（3）打开“集”下拉菜单，然后单击 通过曲线 按钮，如图 5-48 所示。

（4）系统启动“驱动曲线”收集器，在模型中选取倒圆角的驱动曲线。

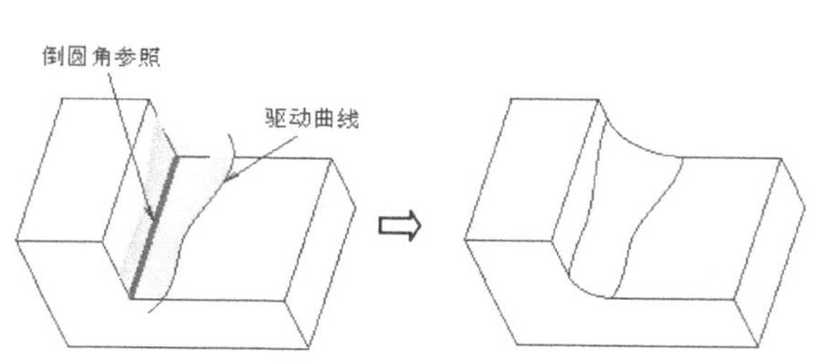

图 5-47 通过曲线倒圆角

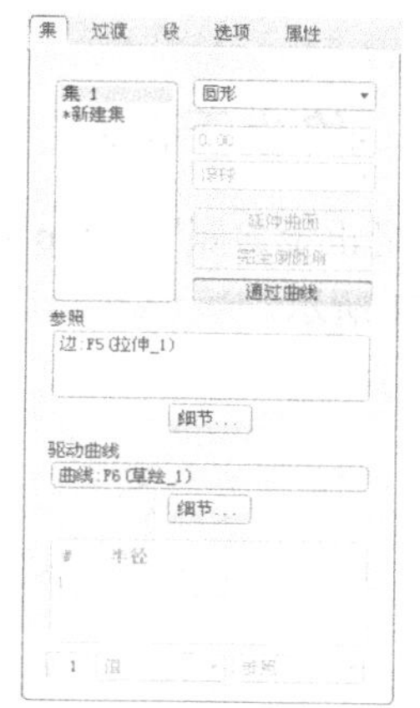

图 5-48 “集”下拉菜单的定义

（5）单击特征操控板中的按钮预览特征，或者单击按钮创建特征。

5.4.3 设置倒圆角过渡

高级圆角的特点在于其包含多个简单圆角的设定，能控制多个圆角在相交处的相交状况。而创建高级倒圆角时，最重要的是进行倒圆角的过渡设置。

过渡（Transitions）位于倒圆角段的相交或终止处，是连接重叠或不连续倒圆角段的填充几何。创建倒圆角时，Pro/E 根据特定的几何环境使用默认过渡。在倒圆角特征操控板中，选择按钮启动过渡模式，此时系统会在模型中显示可设置的过渡区，选取任意一个过渡即可设置其过渡类型。

系统允许设置的过渡类型有缺省（Default）、混合（Blend）、相交（Intersect）、继续（Continue）、拐角球（Corner Sphere）、曲面片（Patch）、终止实例（Stop Case）、终止于参照（Stop at Reference）、仅限倒圆角（Round Only）等。如图 5-49 所示，“过渡类型”列表框中显示有基于当前几何环境的有效过渡类型，可以从中更改目前的过渡类型。下面分别对 Pro/E 提供的各种倒圆角过渡类型进行说明。

图 5-49 过渡类型的设置

1. 终止实例

“终止实例”（Stop Case）是指使用由 Pro/E 配置的几何来终止倒圆角。根据几何环境配置的不同，又分为终止实例 1、终止实例 2 和终止实例 3 共 3 种设定，如图 5-50 所示。

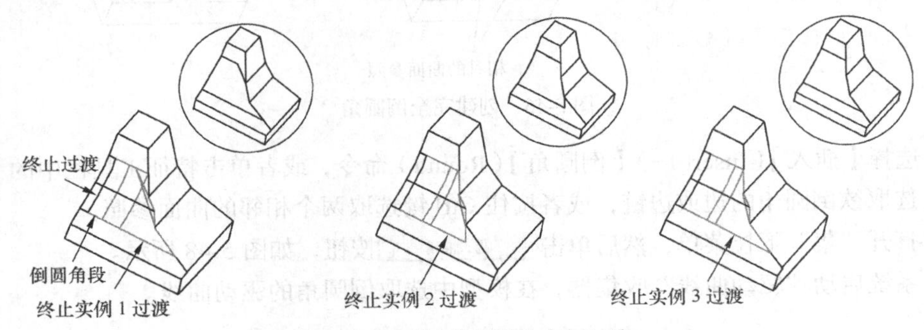

图 5-50 倒圆角的终止实例过渡

2. 终止于参照

“终止于参照”（Stop at Reference）是指在指定的基准点或基准平面处终止倒圆角几何，如图 5-51 所示。

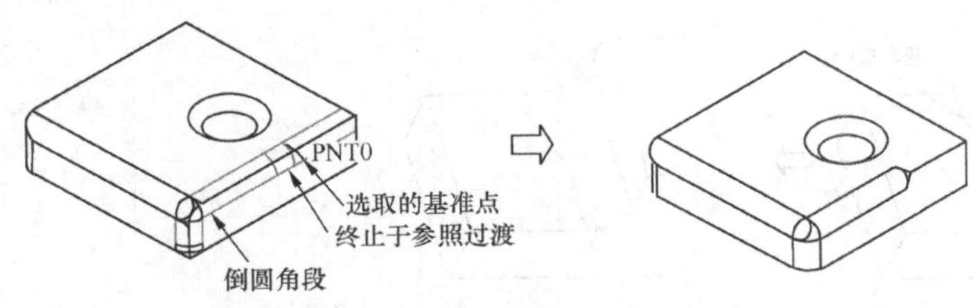

图 5-51 倒圆角的终止于参照过渡

3. 混合

“混合”（Blend）过渡是指用混合方式在两倒圆角段间创建一个圆角曲面，如图 5-52 所示。此时所有相切倒圆角几何都终止于锐边。

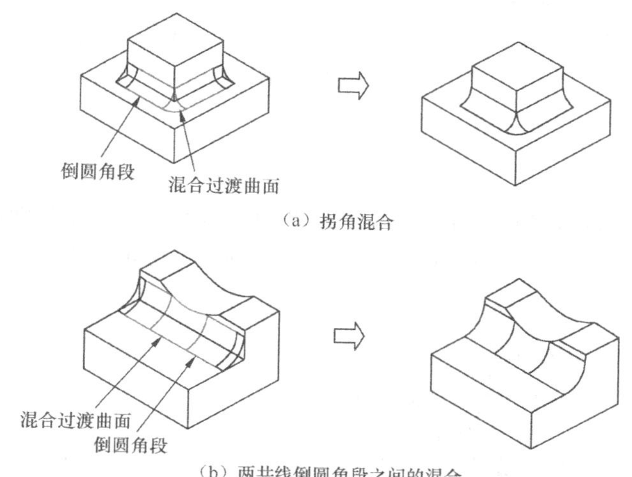

（a）拐角混合

（b）两共线倒圆角段之间的混合

图 5-52　倒圆角的混合过渡

4. 连续

“连续”（Continue）过渡是指将倒圆角几何延伸到两个倒圆角段中，直接连接与之相邻的另一个圆角，如图 5-53 所示。此时，生成的几何类似于先放置倒圆角，然后切除几何，相邻曲面将被延伸以便在合适的位置与倒圆角几何相交。

5. 拐角球面

“拐角球面”（Corner Sphere）过渡是指使用球形拐角对由 3 个重叠倒圆角段所形成的拐角过渡区进行倒圆角，如图 5-54 所示。在默认情况下，该球与最大重叠倒圆角段具有相同的半径。但是，可修改球半径及沿各边的过渡距离，从而使用圆角曲面将其混合到较小的现有半径中。拐角球面过渡只适用于 3 个倒圆角段在拐角处重叠的几何。

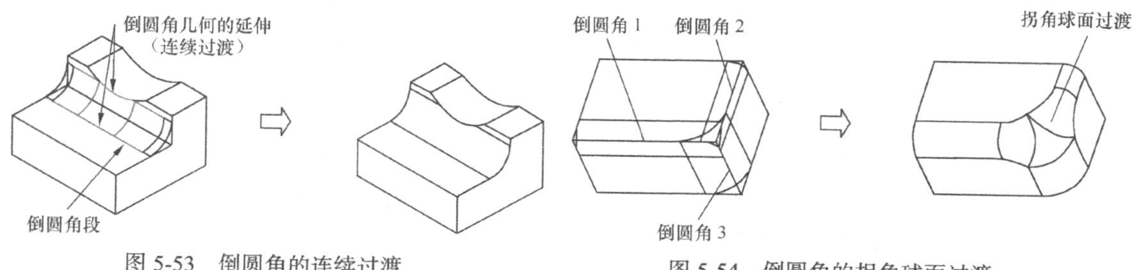

图 5-53　倒圆角的连续过渡

图 5-54　倒圆角的拐角球面过渡

6. 相交

“相交”（Intersect）过渡是指以彼此延伸的方式延伸两个或更多个重叠倒圆角段，直至它们会聚形成锐边界，如图 5-55 所示。相交过渡只适用于两个或更多个重叠倒圆角段。

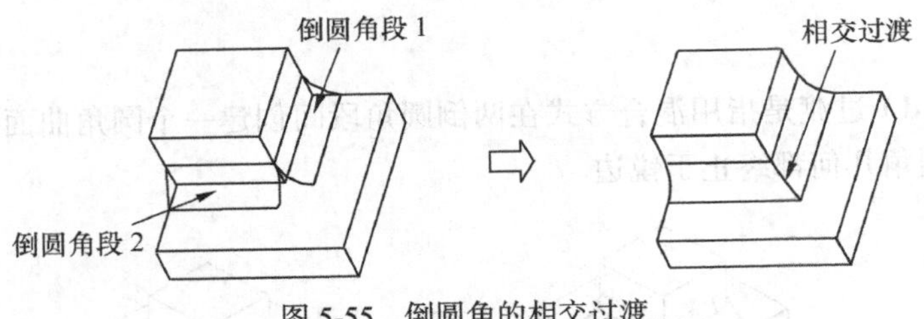

图 5-55　倒圆角的相交过渡

7. 曲面片

“曲面片”（Patch）过渡是指在 3 个或 4 个倒圆角段重叠的位置创建曲面片化曲面，并且可以形成 *N* 边形曲面。曲面片过渡只适用于 3 个或 4 个倒圆角段重叠于一个拐角处的几何，如图 5-56 所示。

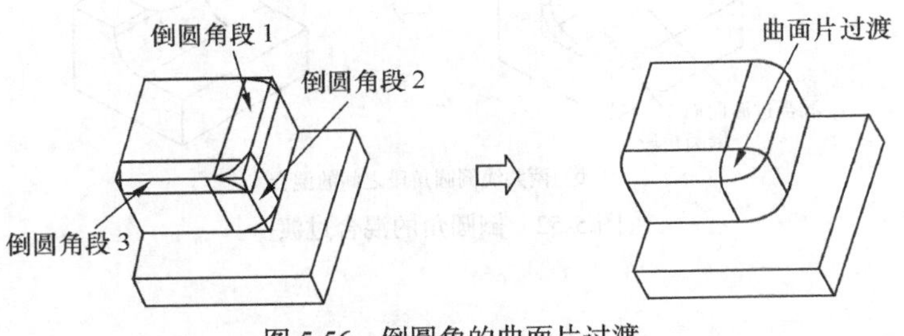

图 5-56　倒圆角的曲面片过渡

8. 仅限倒圆角

“仅限倒圆角”（Round Only）过渡是指使用复合倒圆角几何来创建过渡。此时，系统将以两个较小边界线沿着最大的圆角边界线扫描，对由 3 个重叠倒圆角段所形成的拐角过渡区进行倒圆角。扫描时系统会用最大半径来包络倒圆角段。根据几何环境的不同，系统提供有“仅限倒圆角 1”和“仅限倒圆角 2”两种过渡类型。下面以图例来说明两种过渡类型的使用情况，如图 5-57 和图 5-58 所示。

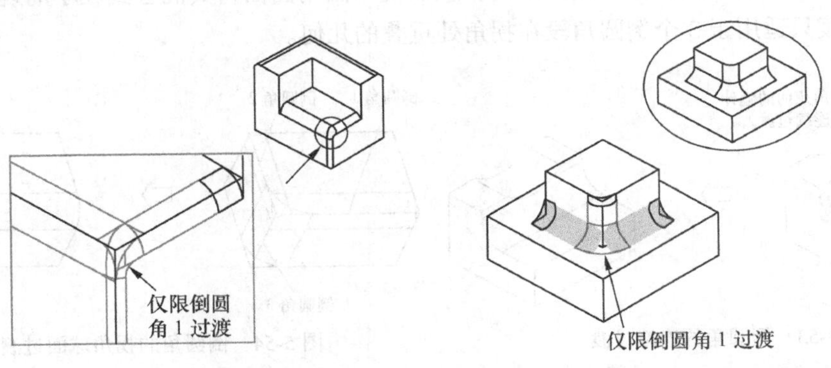

（a）用于具有相同凸性的 3 个倒圆角段　　（b）用于具有混合凸性的 3 个倒圆角段

图 5-57　仅限倒圆角 1 过渡

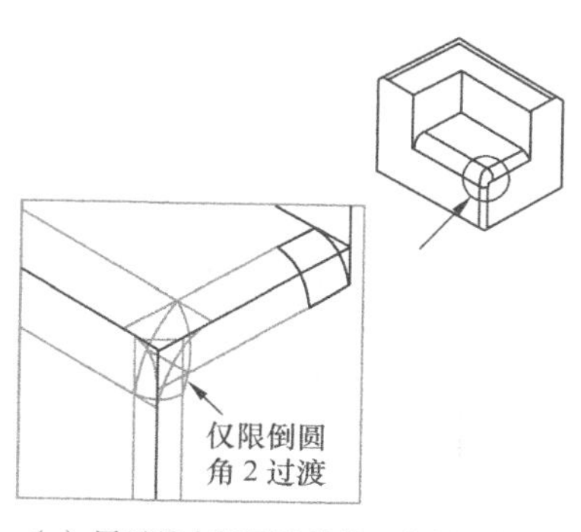

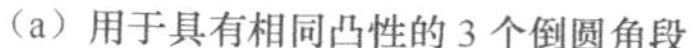
（a）用于具有相同凸性的 3 个倒圆角段

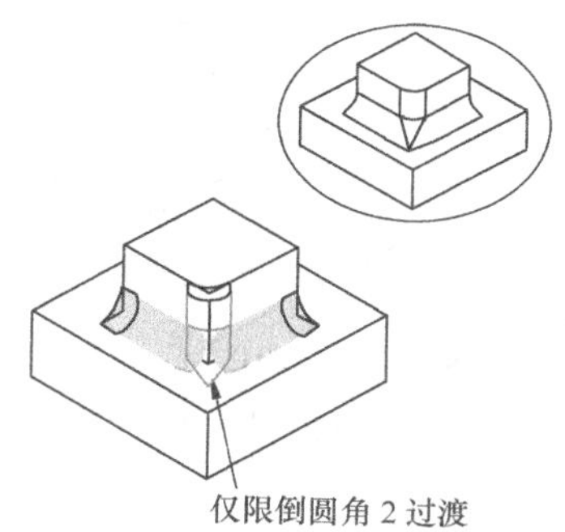

（b）用于具有混合凸性的 3 个倒圆角段

图 5-58　仅限倒圆角 2 过渡

5.5 倒角

倒角（Chamfer）是指对边或拐角进行斜切削而得到的一类特征。Pro/E 系统允许创建两种倒角类型：拐角倒角（Corner）和边倒角（Edge）。边倒角是指在选定的模型边或两曲面间创建斜切面；拐角倒角是指从零件的拐角处移除材料，在共有该拐角的 3 个原曲面间创建斜切面，如图 5-59 所示。

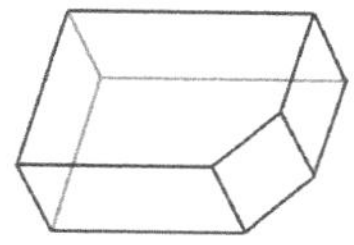
（a）边倒角

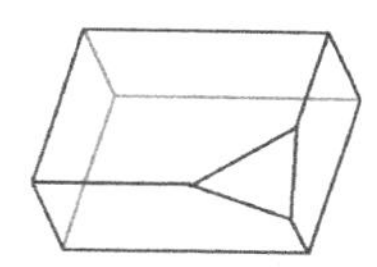
（b）拐角倒角

图 5-59　倒角的两种类型

5.5.1　边倒角及其标注形式

创建边倒角时，需要定义一个或多个倒角集，其中包含一个或多个倒角段（倒角几何）。而对于复杂倒角，往往要设置倒角的过渡。在选取倒角放置参照后，Pro/E 将使用默认属性、距离值以及最适于参照几何的默认过渡来创建倒角，并在图形窗口中显示倒角的预览几何。

1. 边倒角的类型

在模型中，系统允许创建的倒角形式取决于选取的放置参照类型。

选取边或边链为放置参照时，边倒角将从选定边移除平整部分的材料，在共有该选定边的两个原曲面之间创建斜切面，如图 5-60 和图 5-61 所示。

选取曲面和一条边为放置参照时，系统通过该曲面和边来放置倒角，如图 5-62 所示。

选取两个曲面为放置参照时，系统通过两个曲面来放置倒角，如图 5-63 所示。

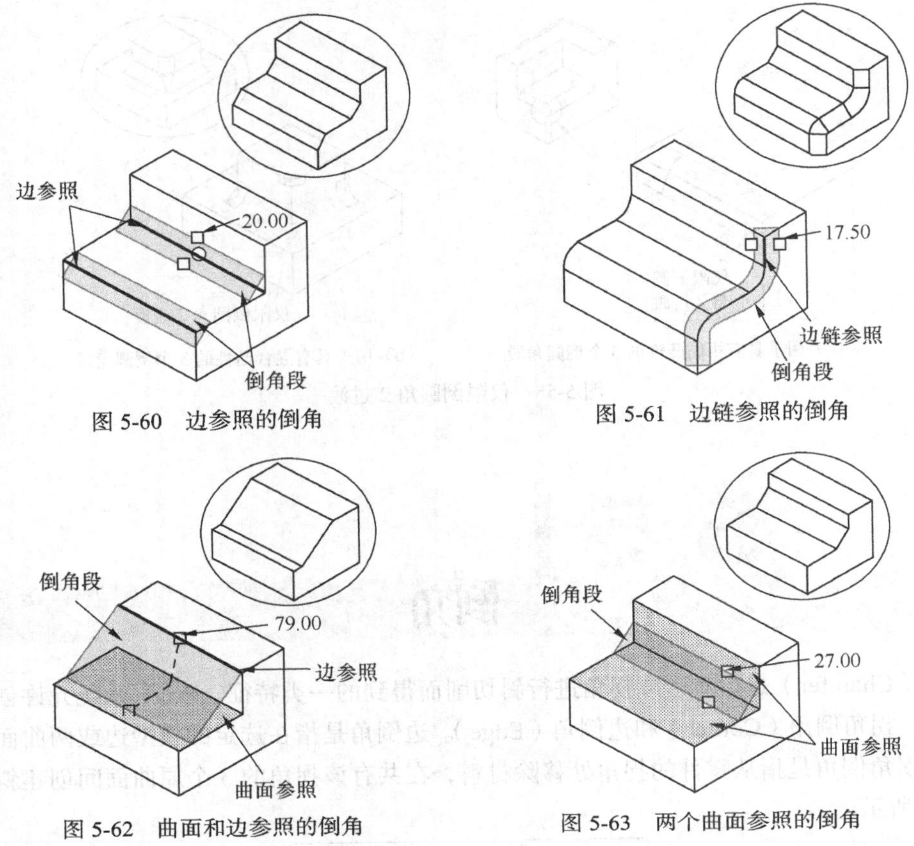

图 5-60　边参照的倒角　　图 5-61　边链参照的倒角

图 5-62　曲面和边参照的倒角　　图 5-63　两个曲面参照的倒角

2. 倒角的标注形式

Pro/E 会基于所选的放置参照和倒角创建方法来提供倒角标注形式，而不是所有标注形式都适用当前的给定几何。创建倒角时，Pro/E 使用默认标注形式，但允许改变以获得需要的倒角几何，如图 5-64 所示。

（1）“D×D”：在两个相邻曲面上，与选定倒角边相距 *D* 处创建倒角，如图 5-65 所示，Pro/E 会默认采用此选项。

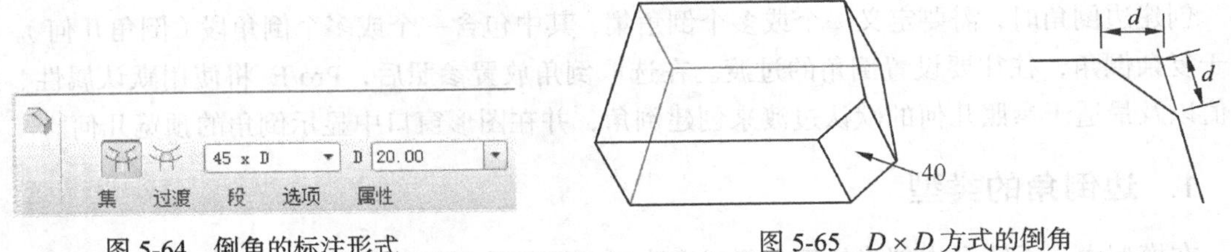

图 5-64　倒角的标注形式　　图 5-65　*D* × *D* 方式的倒角

（2）“D1×D2”：在两个相邻曲面上，与选定倒角边分别相距 *D*1 和 *D*2 处创建倒角，如图 5-66 所示。

（3）“角度×D”：在某相邻曲面上，与选定倒角边相距 *D* 处创建倒角，且使倒角斜切面与该曲面的夹角为指定角度（Angle），如图 5-67 所示。

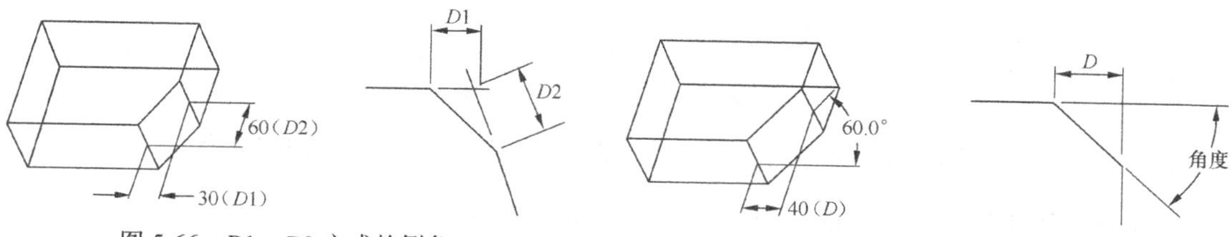

图 5-66　D1 × D2 方式的倒角　　图 5-67　角度× D 方式的倒角

（4）“45 × D”：在两个相邻曲面上，与选定倒角边相距 *D* 处创建倒角，且使倒角斜切面与两相邻曲面的夹角均为 45°，如图 5-68 所示。该标注形式仅适用于选取 90° 曲面和“相切距离”创建方法的倒角。

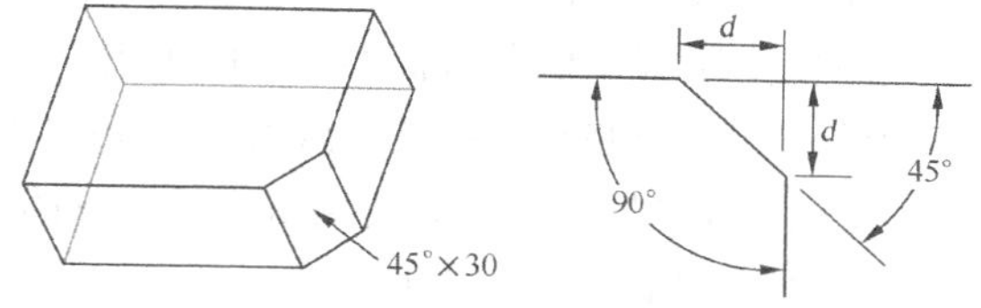

图 5-68　45 × D 方式的倒角

（5）“O × O”：在沿各曲面上的边偏移距离为 *O* 处创建倒角。仅当 *D* × *D* 不适用时，Pro/E 才会默认选取该选项。该标注形式仅在使用“偏移曲面”创建方法时有效。

（6）“O1 × O2”：在一个曲面距选定边的偏移距离为 *O*1，另一个曲面距选定边的偏移距离为 *O*2 处创建倒角。同样，该标注形式仅在使用“偏移曲面”创建方法时有效。

5.5.2　倒角特征操控板

选择【插入】（Insert）→【倒角】（Chamfer）→【边倒角】（Edge）命令，或者单击特征工具栏中的按钮，系统将打开倒角特征操控板，如图 5-69 所示。

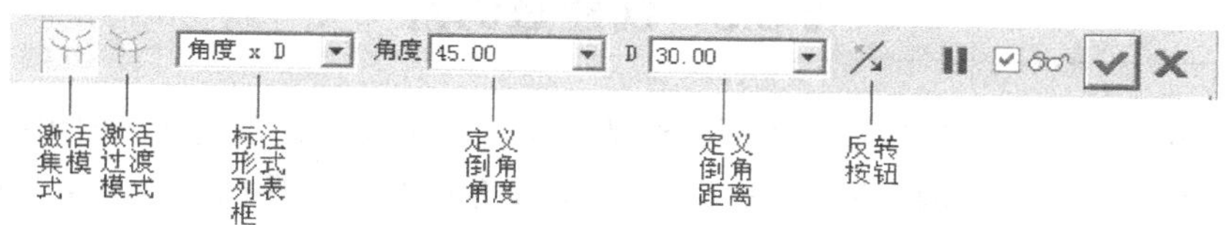

图 5-69　倒角特征操控板

1. 对话栏

按钮：用于激活集模式以处理倒角集，Pro/E 会默认选取此选项。

按钮：用于激活过渡模式，以定义倒角特征的所有过渡。此时，特征操控板的界面如图 5-70 所示，其中“过渡类型”列表框显示当前过渡的缺省类型，以及基于几何环境的有效过渡类型，并允许改变当前的过渡类型。

“标注形式”列表框：用于显示倒角集的当前标注形式，以及基于几何环境的有效标注形式，且允许改变活动倒角集的标注形式。系统根据当前标注形式的不同，会显示不同的参数选项。

“角度”列表框：用于设置当前倒角的角度。

“距离”列表框：用于设置当前倒角集的距离或偏移距离。如果是采用参照来定义倒角距离，该列表框将转化为参照收集器，如图 5-71 所示，用于选取有效的参照对象。

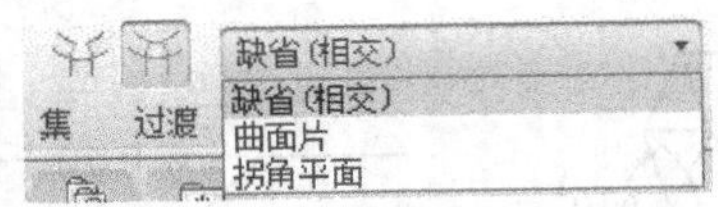

图 5-70　过渡模式的倒角特征操控板

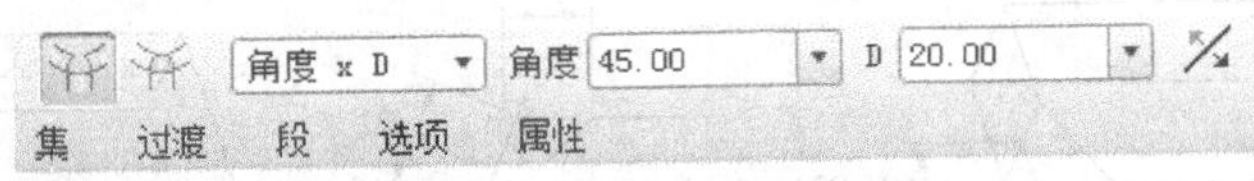

图 5-71　定义倒角距离的参照收集器

按钮：用于反转当前“D1 × D2”、“角度× D”或“O1 × O2”等倒角的距离设置。

2. “集”下拉菜单

单击按钮激活集模式，“集”（Sets）下拉菜单才有效，其显示的选项如图 5-72 所示。

集列表框：显示倒角特征的所有倒角集，用来添加、移除或选取倒角集以进行修改。Pro/E 会对活动倒角集予以加亮显示。

“参照”收集器：显示活动倒角集所选取的有效参照，单击该栏可将其激活以重定义参照。

距离表：用于设置活动倒角集的距离和位置，包含距离列或角度列等。

距离框：用于设置倒角集的距离控制方式，有“值”（Value）和“参照”（Reference）两种设定方式。前者表示以数值来定义倒角距离；后者表示以选取的参照来定义倒角距离。

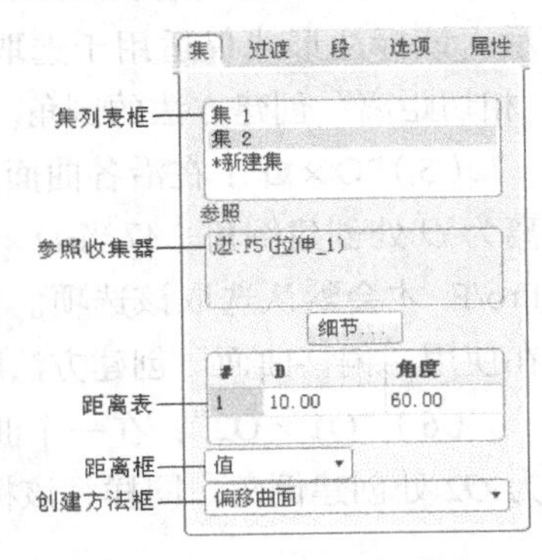

图 5-72　“集”下拉菜单

创建方法框：用于设置倒角创建方法，有“偏移曲面”（Offset Surfaces）和“相切距离”（Tangent Distance）两种类型。其中，“偏移曲面”表示通过偏移参照边的相邻曲面来确定倒角距离；“相切距离”表示使用与参照边的相邻曲面相切的向量来确定倒角距离。

5.5.3　创建边倒角

创建边倒角时，可以先选取放置参照再激活倒角特征工具，或者先激活倒角特征工具再选取放置参照。而且，根据倒角标注形式的不同，创建倒角的具体步骤也有所差异。这里仅以“角度× D”形式的边倒角为例，说明创建倒角特征的一般操作步骤。

（1）选择【插入】（Insert）→【倒角】（Chamfer）→【边倒角】（Edge Chamfer）命令，或者单击特征工具栏中的按钮，打开倒角特征操控板。

（2）在图形窗口中选取倒角的放置参照，此时 Pro/E 会显示预览几何。如果要为活动倒角集添加参照或移除参照，可按住 Ctrl 键继续选取。注意：选取参照时倒角会沿着相切的邻边进行传播，直至在切线中遇到断点。

（3）打开“集”下拉菜单，设置要使用的倒角创建方法为“偏移曲面”或“相切距离”，并指定倒角距离的控制方式为“值”或“参照”。

（4）在特征操控板中选取所需的倒角标注形式。这里选取“角度× D”。

（5）依次输入所需的倒角角度和距离值，系统将在图形窗口显示该距离值，并动态更新预览几何。如果倒角距离的控制方式设定为“参照”，此时可按下 Shift 键并拖曳距离控制滑块，将其捕捉至一个顶点或一个基准点来定义倒角距离。

（6）如要反转倒角的角度和距离，可单击操控板中的按钮，然后单击鼠标中键或按钮创建倒角特征。

5.5.4 创建拐角倒角

拐角倒角用于从零件的拐角处移除材料，其创建的一般步骤如下。

（1）选择【插入】（Insert）→【倒角】（Chamfer）→【拐角倒角】（Corner Chamfer）命令，显示“倒角（拐角）：拐角”对话框，如图 5-73 所示。

（2）在图形窗口中选取拐角处的一条顶角边。此时，Pro/E 将加亮显示选定边，同时显示“选出/输入”（PICK/ENTER）菜单，如图 5-74 所示。

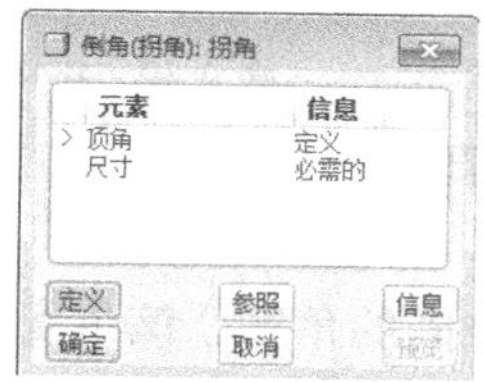

图 5-73 “倒角（拐角）：拐角”对话框

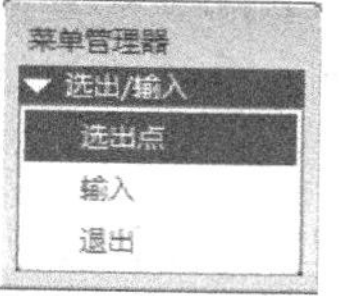

图 5-74 “选出/输入”（PICK/ENTER）菜单

（3）利用“选出/输入”（PICK/ENTER）菜单，定义选定边的倒角长度。其中，【选出点】（Pick Point）表示在加亮显示的边上选取一个参照点来定义倒角长度；【输入】（Enter-input）表示直接输入尺寸数值来定义倒角长度。

（4）Pro/E 会逐个加亮显示拐角处的其他边，重复步骤（3）依次定义其他边的倒角长度。

（5）单击特征对话框中的 预览 按钮预览倒角效果，或者单击 确定 按钮创建倒角特征，创建的拐角倒角如图 5-75 所示。

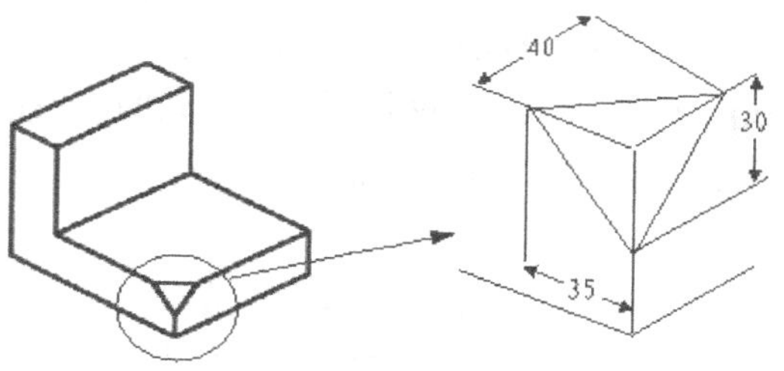

图 5-75 创建的拐角倒角

5.6 拔模斜度

在铸件或塑料件设计中，通常在与脱模方向平行的表面上制作 1° ~5° 或者更大的倾斜角，从而使成型的产品更容易脱模，这就是对零件的拔模处理。Pro/E 提供的【斜度】（Draft）命令，用于向单独曲面或一系列曲面添加一个拔模角度而建立拔模斜度特征，其允许的拔模角度范围为-30° ~30° 。拔模适用于实体曲面或面组曲面，但不适用二者组合的曲面，而且当曲面边的边界周围有圆角时不能拔模。

5.6.1 拔模斜度的属性设定

1. 基本概念

在零件模型上创建拔模斜度特征，必须定义拔模参照和拔模参数。下面以图 5-76 为例来说明拔模过程中的一些术语。

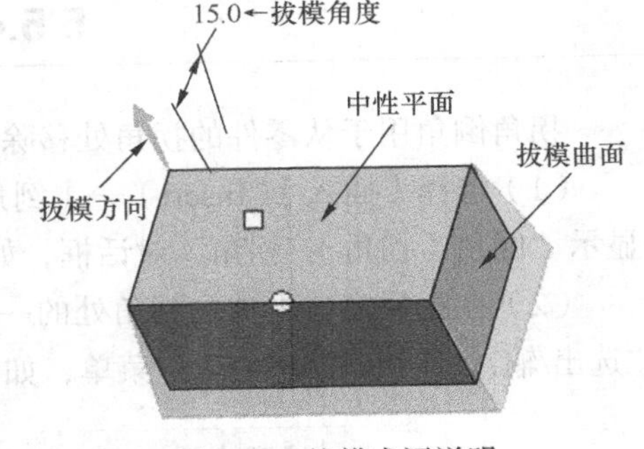

图 5-76　拔模术语说明

（1）拔模曲面：指要产生拔模斜度的模型曲面。

（2）拔模枢轴：指拔模过程中，曲面围绕其旋转的拔模曲面上的线或曲线（又称中性曲线），它在拔模过程中不发生尺寸大小的变化，是拔模曲面产生斜度的基准。系统通过在模型中选取中性平面（Neutral Plane）或中性曲线（Neutral Curve）来定义拔模枢轴。选取中性平面后，拔模曲面与中性平面的交线就是拔模枢轴，而中性曲线必须位于拔模曲面上。

（3）拔模方向：用于测量拔模角度的方向，通常为模具开模的方向。系统通过选取平面（此时拔模方向垂直于该平面）、直边、基准轴或坐标系来定义。

（4）拔模角度：指拔模方向与生成的拔模斜度曲面之间的角度，该角度值必须在−30° ~ 30° 范围内。如果拔模曲面被分割，则可为拔模曲面的每侧定义两个独立的角度。

2. 拔模斜度的类型

建立拔模斜度特征时，可通过选取中性平面或曲线链来定义拔模枢轴。前者所定义的拔模枢轴是一条二维曲线，其必定位于中性平面上；后者所定义的拔模枢轴通常是一条三维曲线，如图 5-77 所示。不论是哪一种形式的拔模枢轴，系统都支持不分割、根据拔模枢轴分割和根据分割对象分割 3 种类型的拔模设置。

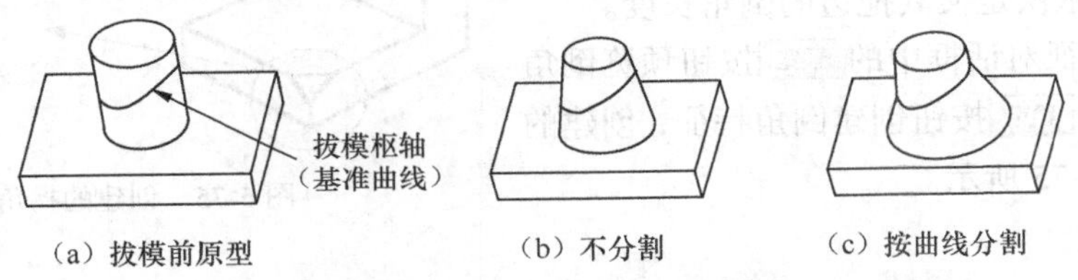

图 5-77　以曲线链定义拔模枢轴

（1）不分割。不分割（No Split）是指拔模时整个拔模曲面都绕拔模枢轴旋转，使得整个曲面产生的拔模斜度一致。

根据拔模角度的设置不同，不分割又分为恒定拔模和可变拔模。恒定拔模是指系统将恒定的拔模角度应用于整个拔模曲面，如图 5-78 所示；可变拔模是指沿拔模曲面可以将不同的拔模角度应用于各控制点，如图 5-79 所示。创建可变拔模时，如果拔模枢轴是曲线则角度控制点位于拔模枢轴上，如果拔模枢轴是平面则角度控制点位于拔模曲面的轮廓上。

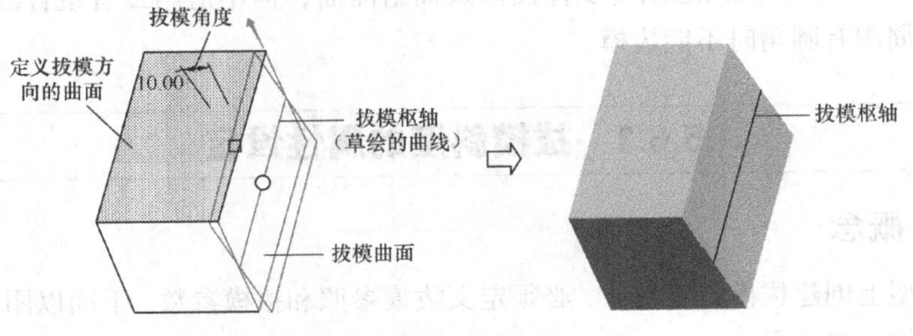

图 5-78　恒定拔模

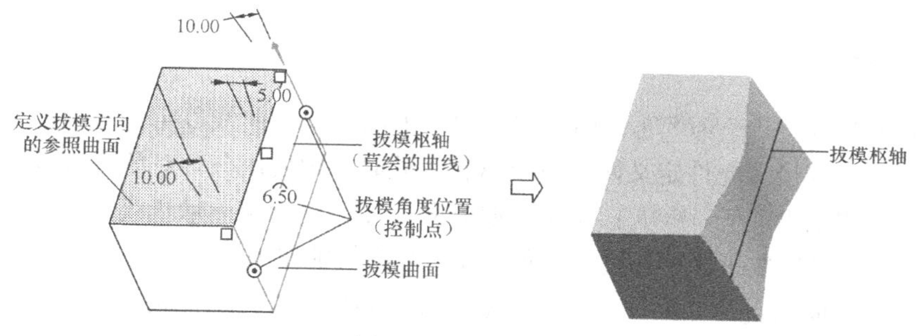

图 5-79　可变拔模

（2）根据拔模枢轴分割。根据拔模枢轴分割（split by draft hinge）是指在拔模过程中，以拔模曲面上的拔模枢轴为界来分割拔模曲面，使之成为两个拔模斜度不同的区域。此时，可为拔模曲面的每一侧指定两个独立的拔模角度，或者指定一个拔模角度，第二侧以相反方向拔模。

图 5-80 所示为选用基准平面来定义拔模枢轴，并使用拔模枢轴作为分割对象进行拔模，根据“侧选项”设置的不同可以得到不同的拔模效果。

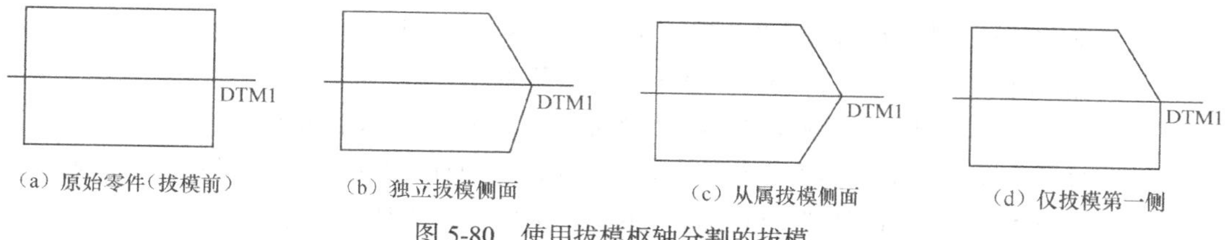

（a）原始零件（拔模前）　（b）独立拔模侧面　（c）从属拔模侧面　（d）仅拔模第一侧

图 5-80　使用拔模枢轴分割的拔模

（3）根据分割对象分割。根据分割对象分割（split by split object）是指在拔模过程中使用面组或草绘曲线，对拔模曲面进行分割使之成为两个不同的区域。此时，系统会激活“分割”（Split）下拉菜单的“分割对象”收集器。

如果定义不在拔模曲面上的草绘作为分割对象，系统会以垂直于草绘平面的方向将其投影到拔模曲面上。图 5-81 所示为使用草绘曲线链作为分割对象的分割拔模。

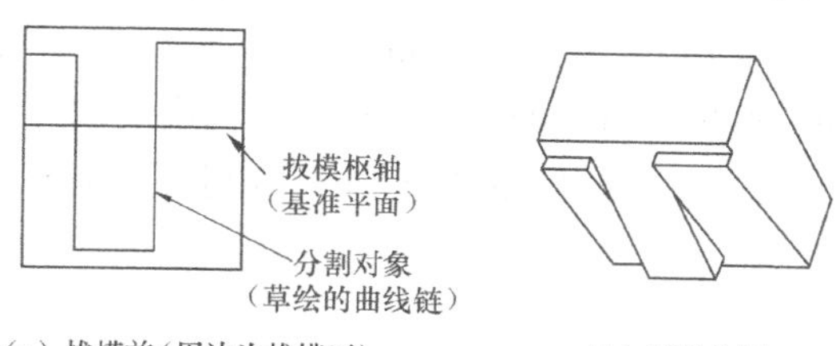

（a）拔模前（周边为拔模面）　（b）草绘分割

图 5-81　使用草绘曲线链为分割对象的分割拔模

5.6.2　拔模斜度特征操控板

选择【插入】（Insert）→【斜度】（Draft）命令，或者单击特征工具栏中的按钮，打开拔模斜度的特征操控板，如图 5-82 所示。其中包括对话栏和下拉菜单两大项。

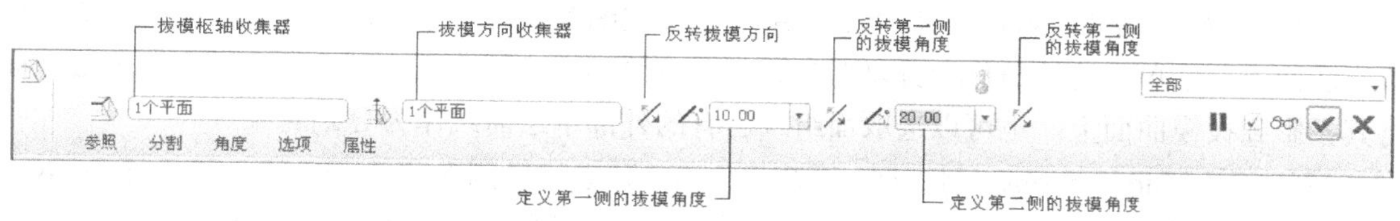

图 5-82　拔模斜度的特征操控板

1. 对话栏

拔模枢轴收集器 单击此处添加项目：用于选取中性平面或中性曲线以定义拔模枢轴。单击收集器可将其激活，系统最多允许定义两个拔模枢轴（此时必须使用分割对象进行分割拔模）。

拔模方向收集器 单击此处添加项目：用于选取方向参照，以指定测量拔模角度的方向。单击收集器可将其激活，以选取平面、直边、基准轴或坐标系的轴作为拔模方向参照。如果选取平面，则拔模方向与此平面垂直；如果选取直边或基准轴，则拔模方向与此边或轴平行；如果选取坐标轴，则拔模方向平行于此轴。

按钮：用于反转拔模方向，其由黄色箭头标识。

角度组合框 10.00：用于设置拔模的角度，可在列表中直接输入角度值，其后的按钮用于反转该拔模角度方向，使其在添加和去除材料之间切换。对于独立拔模侧的分割拔模，要分别设置第 1 侧和第 2 侧的拔模角度及其方向。对于可变拔模，该角度组合框不可用。

2. 下拉菜单

拔模斜度的特征操控板中包括“参照”（References）、“分割”（Split）、“角度”（Angles）、“选项”（Options）和“属性”（Properties）5 类下拉菜单。

（1）“参照”下拉菜单。如图 5-83 所示，参照下拉菜单包含以下选项。

“拔模曲面”（Draft surfaces）收集器：用于选取单个曲面或连续的曲面链作为拔模曲面。单击 细节... 按钮可打开“曲面集”（Surface Sets）对话框，以添加和移除拔模曲面。

“拔模枢轴”（Draft hinges）收集器：用于选取中性平面或中性曲线以定义拔模枢轴。当定义曲线链为拔模枢轴时，允许单击 细节... 按钮去处理拔模枢轴链。

“拖动方向”（Pull direction）收集器：用于选取方向参照以定义拔模方向，其由黄色箭头标识，可单击右侧的 反向 按钮反转拔模方向。

（2）“分割”下拉菜单。“分割”下拉菜单用于设定分割拔模的各种属性，如图 5-84 所示。

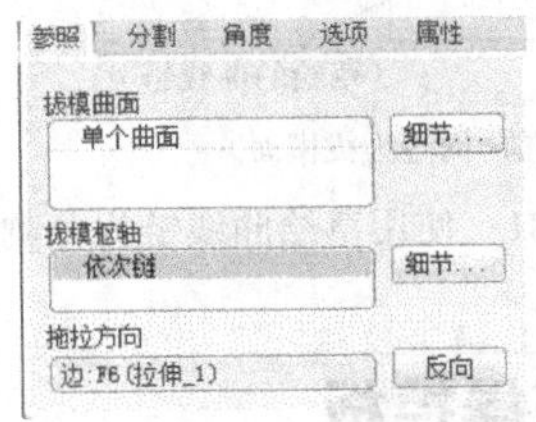

图 5-83 “参照”下拉菜单

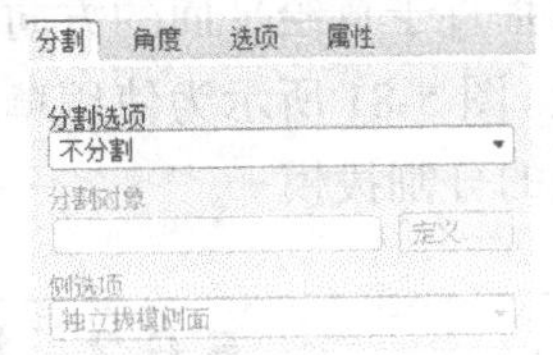

图 5-84 “分割”下拉菜单

“分割选项”（Split options）列表框：包括“不分割”、“根据拔模枢轴分割”和“根据分割对象分割”3 种设定。

“分割对象”（Split object）收集器：用于定义或编辑分割对象。定义时允许在一个或多个拔模曲面上草绘单一连续链作为分割对象，如果草绘不在拔模曲面上，系统会垂直于草绘平面将其投影到拔模曲面上。也可以选取面组或已有的外部草绘曲线作为分割对象。

“侧选项”（Side options）列表框：系统提供有“独立拔模侧面”（Draft sides independently）、“从属拔模侧面”（Draft sides dependently）、“仅拔模第一侧”（Draft first side only）和“仅拔模第二侧”（Draft second side only）4 种设定。

其中，“独立拔模侧面”表示拔模曲面的每一侧可指定不同的拔模角度，如图5-85（a）所示；“从属拔模侧面”表示指定一个拔模角度，第二侧以相反方向拔模，如图5-85（b）所示，该选项仅对拔模枢轴分割或使用两个枢轴分割时有效；“仅拔模第一侧”表示仅拔模曲面的第一侧面（由分割对象的正拔模方向确定），第二侧面保持中性位置，如图5-85（c）所示；“仅拔模第二侧”表示仅拔模曲面的第二侧面，第一侧面保持中性位置。后面两个选项不适于使用两个枢轴的分割拔模。

（3）“角度”下拉菜单。“角度”下拉菜单包含有拔模角度值及其位置的列表，如图5-86所示。

对于恒定拔模，只有一行拔模角度值的列表。其中，“调整角度保持相切”（Adjust angles to keep tangency）复选框用于使生成的拔模曲面强制相切，其不适用于可变拔模，因为可变拔模始终保持曲面相切。

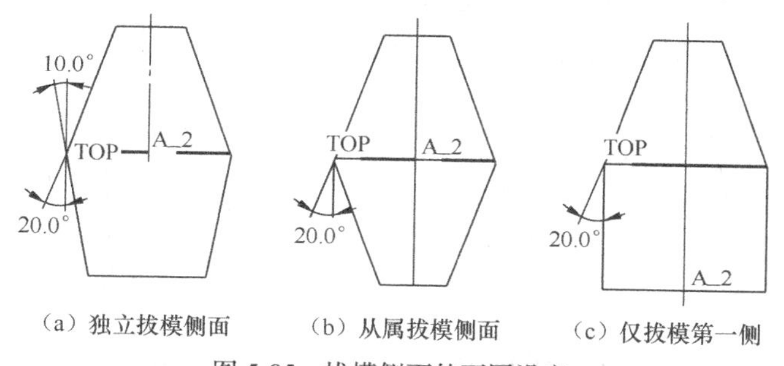

（a）独立拔模侧面　（b）从属拔模侧面　（c）仅拔模第一侧

图5-85　拔模侧面的不同设定

对于可变拔模，每一个附加拔模角会附加一行角度列表，且每行均包含角度、参照和拔模角度控制点位置等信息，角度值和位置均可修改。

在角度列表行中单击鼠标右键会弹出快捷菜单，如图5-87所示。其中，【添加角度】（Add Angle）命令用于在默认位置添加另一角度控制；【删除角度】（Delete Angle）命令用于删除所选的角度控制；【反向角度】（Flip Angle）命令用于在选定角度控制位置处反转角度方向；【成为常数】（Make Constant）命令用于删除第一角度行外的所有角度控制项，此命令只适用于可变拔模。

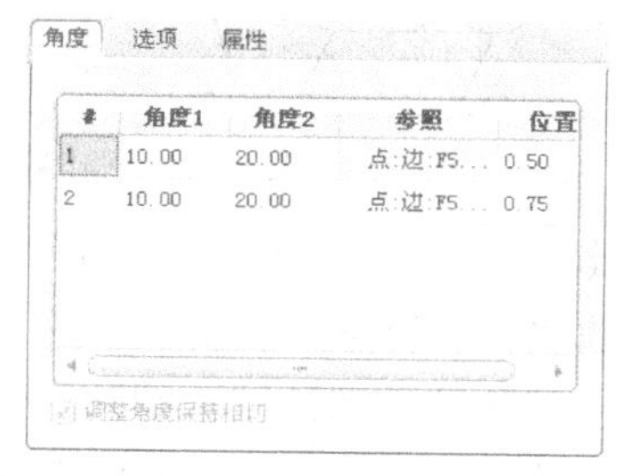

图5-86　“角度”下拉菜单

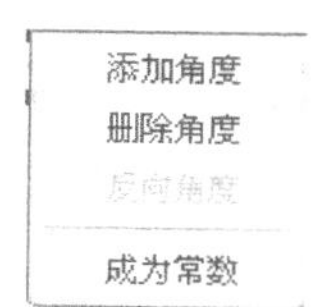

图5-87　角度列表的快捷菜单

（4）“选项”下拉菜单。“选项”下拉菜单包含有定义拔模几何的选项，如图5-88所示。

“排除环”（Exclude loops）收集器：用于选取要从拔模曲面排除的轮廓，仅在所选曲面包含多个环时有效。如图5-89所示，两个轮廓被看做是单个曲面，如仅要拔模其中一个轮廓，可激活“排除环”收集器，选取左侧的环将其从拔模中排除，此时仅右侧部分被拔模。

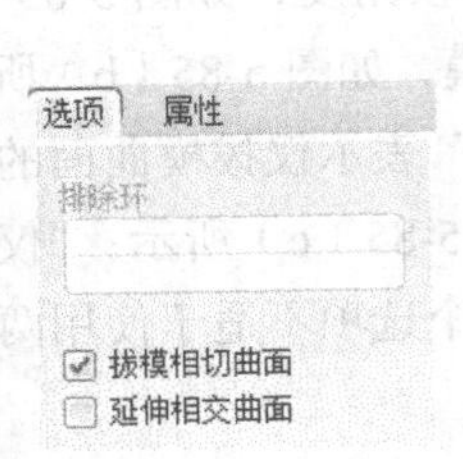

图 5-88 “选项”下拉菜单

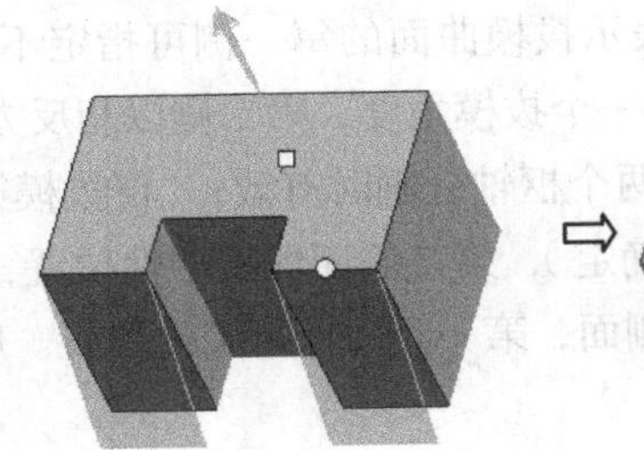

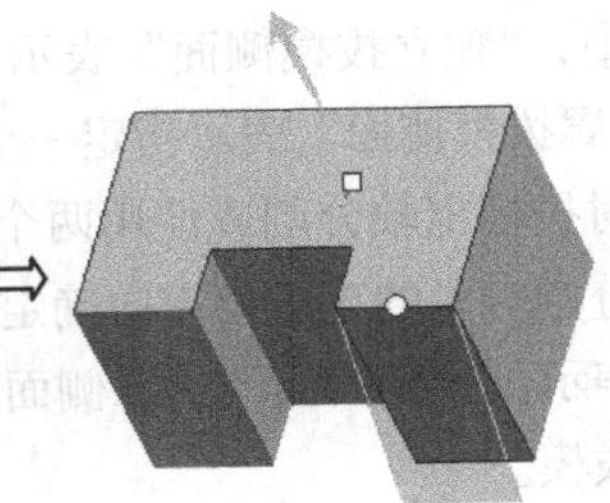

图 5-89 使用排除环进行拔模

“拔模相切曲面”（Draft tangent surfaces）复选框：表示系统自动延伸拔模至与所选拔模曲面相切的曲面。

“延伸相交曲面”（Extend intersect surfaces）复选框：表示系统将延伸拔模以与模型的相邻曲面相接触，如图 5-90 所示。如果拔模不能延伸到相邻的模型曲面，则模型曲面会延伸到拔模曲面中。如果未选中该复选框，系统将创建悬于模型边上的拔模曲面。

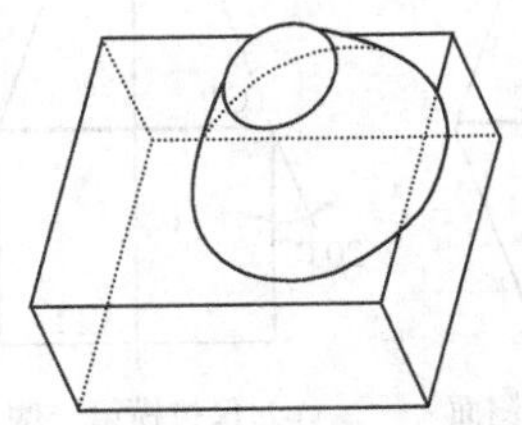

（a）未使用“延伸相交曲面”的效果　　（b）使用“延伸相交曲面”的效果

图 5-90 延伸相交曲面进行拔模

5.6.3 创建基本拔模

图 5-91 所示为一个创建基本拔模的示例。下面简单介绍创建基本拔模所必需的步骤，创建其他类型的拔模斜度特征均基于此。

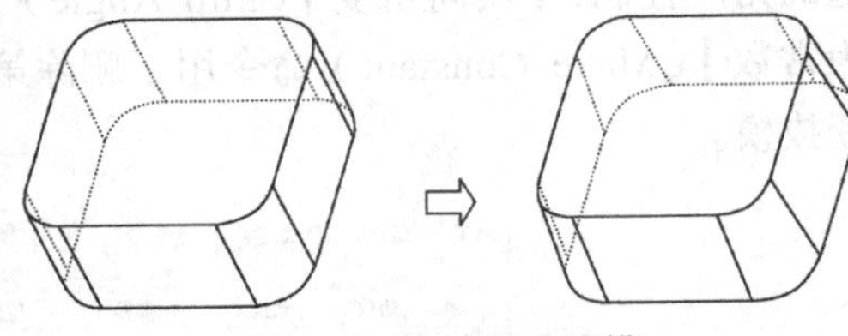

图 5-91 创建基本拔模

（1）单击特征工具栏中的按钮，或者选择【插入】(Insert) →【斜度】(Draft) 命令。

（2）选取要拔模的曲面，如要选取多个曲面可按住 Ctrl 键。也可打开“参照”下拉菜单来定义所需的拔模曲面。

（3）单击拔模枢轴收集器将其激活，然后选取所需的中性平面或曲线链以定义拔模枢轴。如果没有可用作拔模枢轴的平面或曲线，可暂停“拔模”工具，临时创建一个平面或曲线，然后恢复“拔模”工具。

（4）选取中性平面来定义拔模枢轴时，系统将默认选用该平面作为拔模方向参照。否则，需单击拖动方向收集器将其激活，然后选取平面、直边、基准轴或坐标系的轴来定义拔模方向。

（5）系统以黄色箭头标识拔模方向，并显示预览几何和两个拖曳控制滑块，分别为圆形控制滑块和方形控制滑块。可在对话栏的角度框中输入新值，或在图形窗口双击拔模角度值进行定义。

（6）要反转拔模方向，可在图形窗口单击拔模方向箭头，或者单击对话栏中的 按钮。

（7）要反转拔模角度方向，可单击对话栏中的 按钮或者输入一个负拔模角度值。

（8）单击鼠标中键或单击特征操控板中的 按钮，生成所定义的拔模斜度特征。

5.6.4 创建分割拔模

例 5-1 以图 5-92 所示的模型为例，说明在创建基本拔模的基础上进行分割拔模的一般步骤。

（1）按照设计要求先创建基础特征，如图 5-93 所示。

（2）单击特征工具栏中的 按钮，或者选择【插入】(Insert) →【斜度】(Draft) 命令。

（3）按住 Ctrl 键选取周边的所有侧面作为拔模曲面，然后单击 单击此处添加项目 将其激活并选取上表面为中性平面，此时系统默认选取中性平面来定义拔模方向。单击 按钮使拔模方向朝上，并在 5.00 列表框中定义拔模角度值为 5°，预览几何模型如图 5-94 所示。

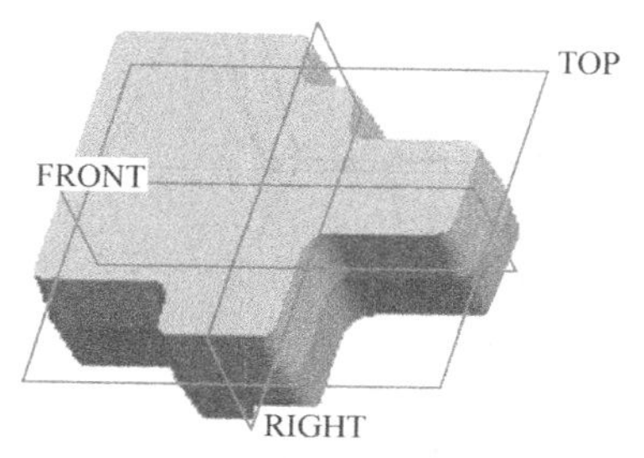

图 5-92 拔模枢轴分割拔模范例

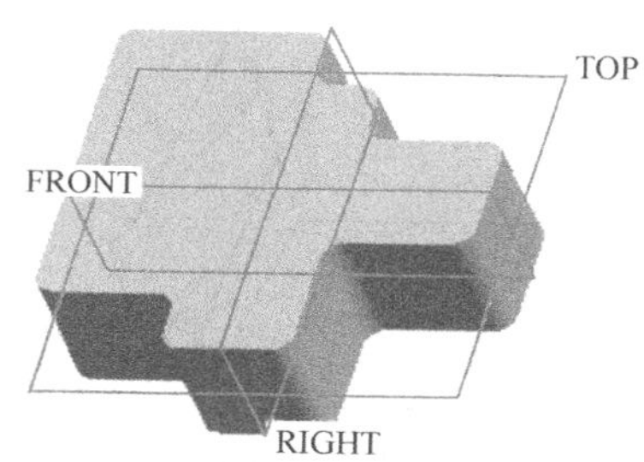

图 5-93 创建基础特征

选取拔模环曲面时，可以单击“参照”下拉菜单中的 细节... 按钮，然后单击“曲面集”对话框中的 添加 按钮，通过“环曲面”方式点选模型上表面的边链以自动选取周边的所有侧面作为拔模曲面，如图 5-95 所示。

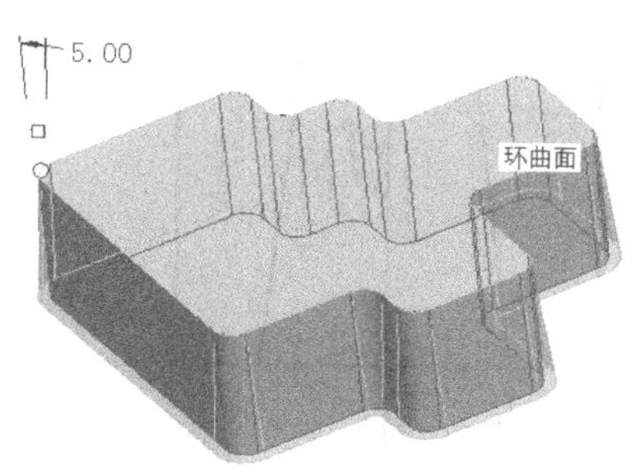

图 5-94 创建不分割拔模

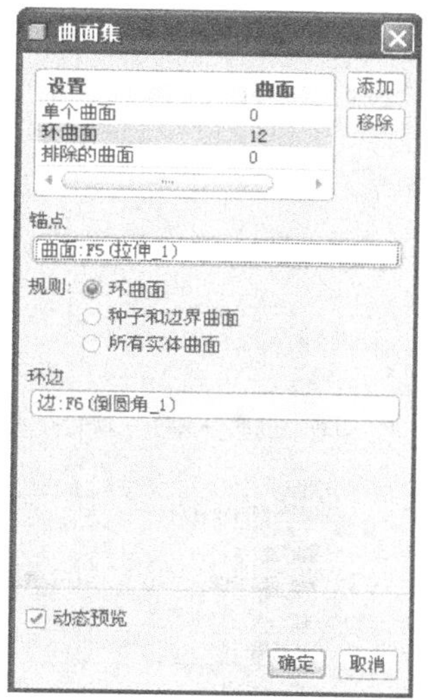

图 5-95 以“环曲面”方式选取拔模曲面

（4）打开“分割”下拉菜单，从“分割选项”下拉列表中选择“根据拔模枢轴分割”或“根据分割对象分割”，这里选择“根据拔模枢轴分割”。

（5）根据分割拔模的方式以及分割对象的类型，指定所需的分割对象和侧选项。这里从“侧选项”下拉列表中选择“从属拔模侧面”。

（6）单击按钮调整拔模角度方向，单击对话栏中的按钮结束。

例 5-2 使用草绘创建如图 5-96 所示的分割拔模。

（1）使用缺省模板新建文件“sample5-2.prt”，创建如图 5-97 所示的立方体基础特征。

（2）单击特征工具栏中的按钮，或者选择【插入】（Insert）→【斜度】（Draft）命令。

（3）按住 Ctrl 键选取周边的 4 个侧面作为拔模曲面，单击“单击此处添加项目”将其激活并选取上表面为中性平面，此时“1个平面”收集器默认选取中性平面来定义拔模方向（朝上），在“5.00”列表框中定义拔模角度为 5°。

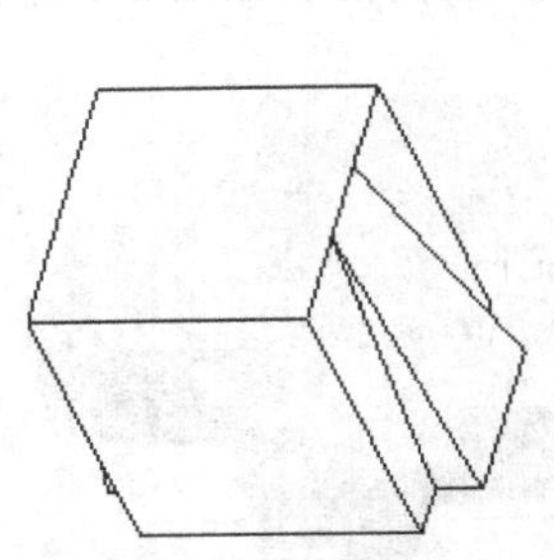

图 5-96　草绘分割拔模范例

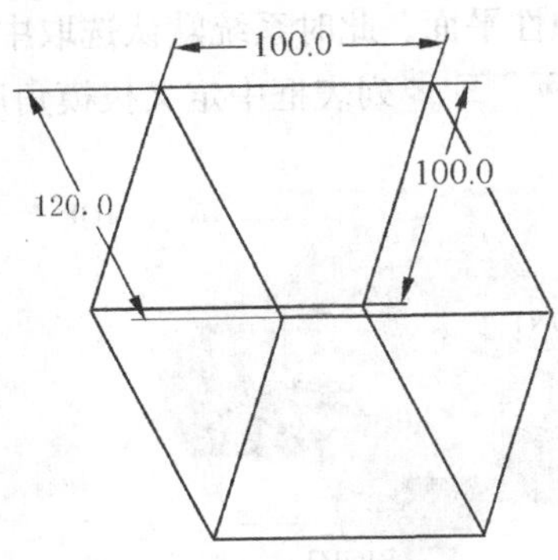

图 5-97　立方体基础特征

（4）打开“分割”下拉菜单，从“分割选项”下拉列表中选择“根据分割对象分割”，如图 5-98 所示。

（5）单击“定义...”按钮，在“草绘”对话框中选取模型右侧面为草绘平面并使草绘视图方向朝左，选取模型上表面为参考平面并使其方向朝上，然后绘制如图 5-99 所示的截面并单击按钮结束。

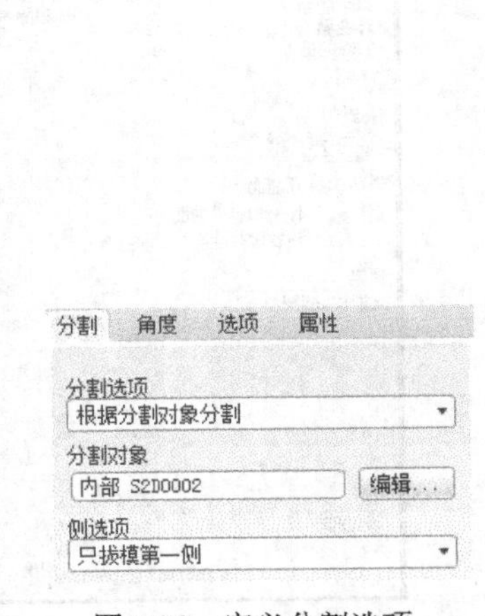

图 5-98　定义分割选项

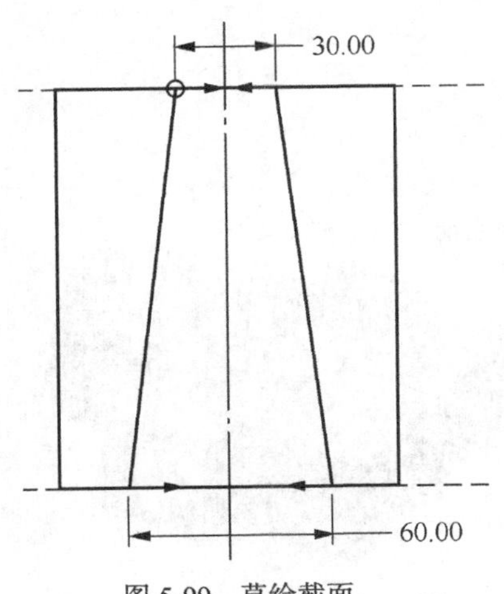

图 5-99　草绘截面

（6）在“分割”下拉菜单的“侧选项”下拉列表中选取“只拔模第一侧”，在 8.00 列表框中定义拔模角度为 8°，并单击按钮切换拔模至所需的效果。

（7）单击鼠标中键或操控板中的按钮，创建拔模特征。

5.6.5 使用两个枢轴创建分割拔模

使用两个枢轴创建分割拔模时，拔模曲面的每个侧面都相对于枢轴旋转。图 5-100 所示为选取圆柱上、下表面或边链来定义两个枢轴，创建分割拔模。具体操作步骤如下。

（1）单击特征工具栏中的按钮，或者选择【插入】(Insert)→【斜度】(Draft) 命令。

（2）选取整个圆柱侧面作为拔模曲面，然后单击 • 单击此处添加项目 将其激活并选取圆柱顶部的整个边链或顶部曲面以指定第一枢轴。选取整个顶部边链时，需单击“参照”下拉菜单中的 细节... 按钮，然后按住 Ctrl 键添加多个边链。

（3）单击 • 单击此处添加项目 将其激活，选取圆柱顶面作为拔模方向参照，设定拔模方向朝上。

（4）打开“分割”下拉菜单，在“分割选项”下拉列表中选择“根据分割对象分割”，然后选取与圆柱体相交的曲面作为分割对象。

（5）单击 1个链 将其激活，选取圆柱底部的整个边链或底部曲面，以指定第二枢轴。

（6）根据需要调整两侧的拔模角度值，图 5-101 所示分别为独立拔模侧面和从属拔模侧面的模型效果，然后单击特征操控板中的按钮创建拔模特征。

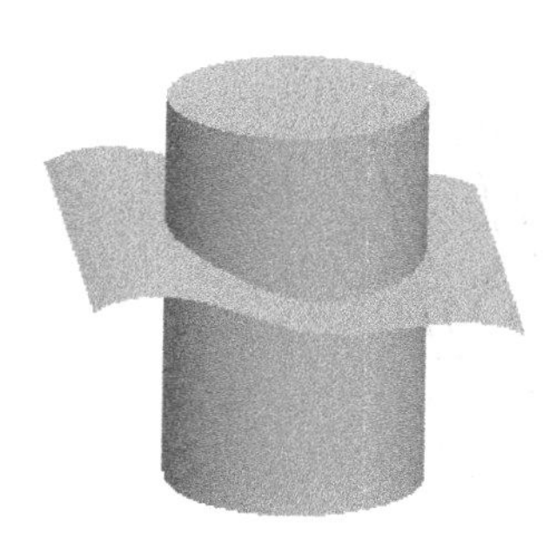

图 5-100 创建分割拔模的零件

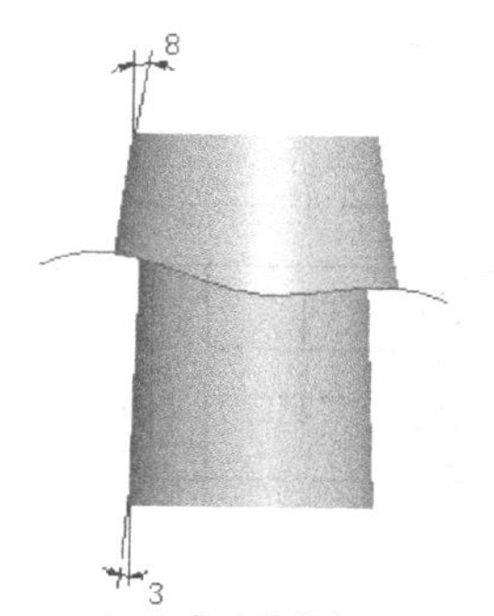

（a）独立拔模侧面

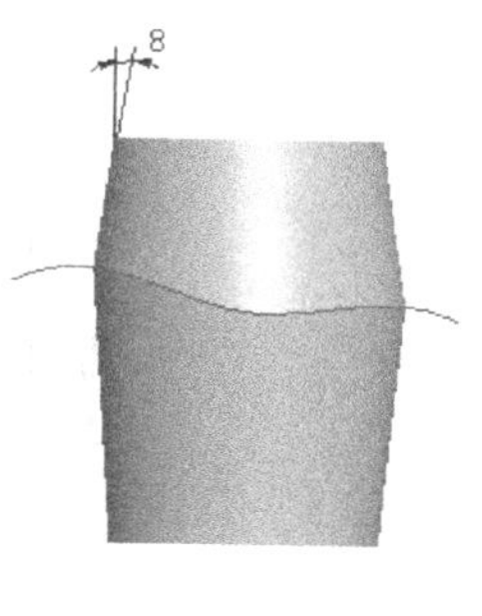

（b）从属拔模侧面

图 5-101 使用两个枢轴创建分割拔模

练习题

1. 直孔、草绘孔及标准孔 3 种圆孔类型，在创建的原理、步骤与方法上有何异同？
2. 说明 4 种倒角标注方式（D×D、D1×D2、45×D 和角度×D）的含义与应用场合。
3. 建立如图 5-102～图 5-107 所示的零件。

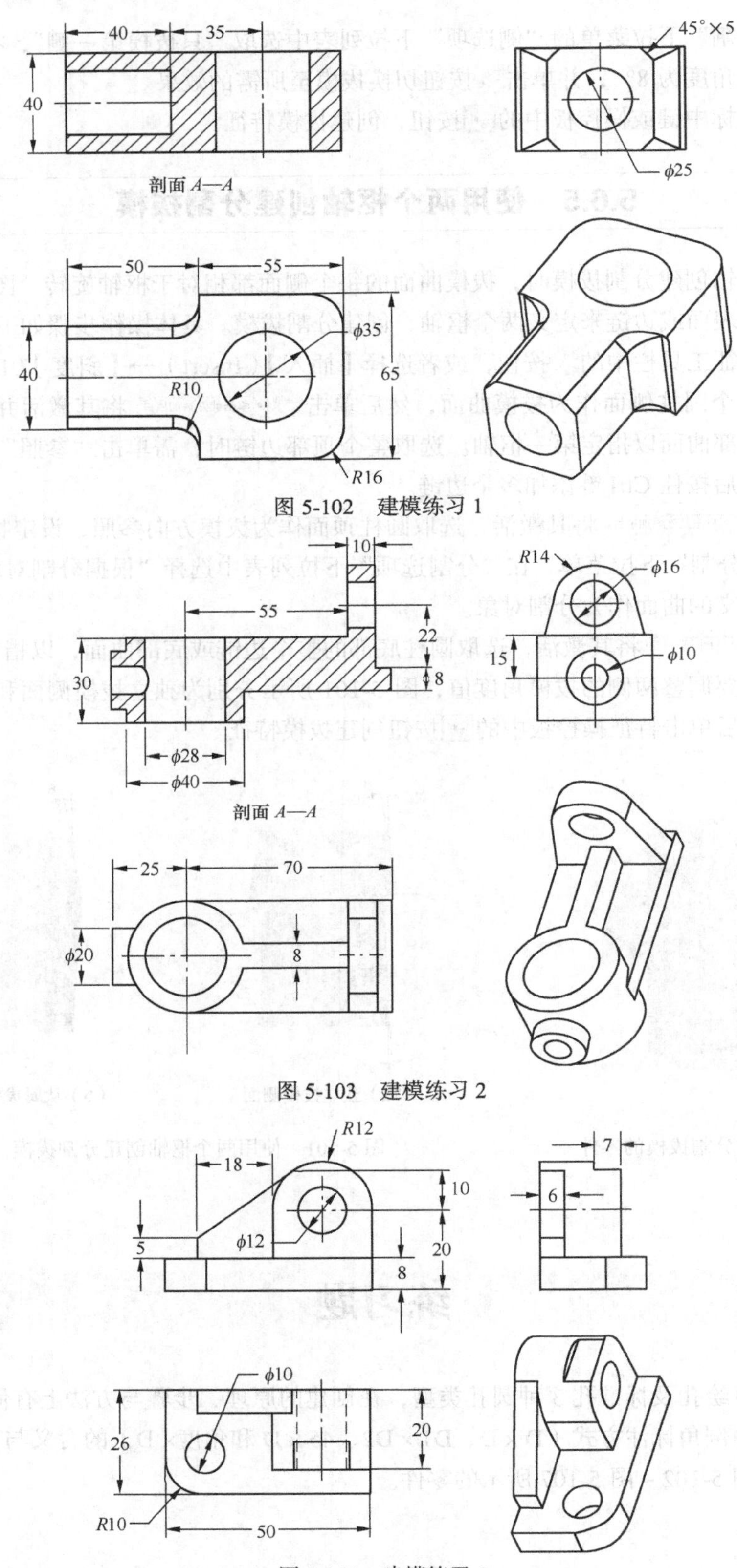

图 5-102 建模练习 1

图 5-103 建模练习 2

图 5-104 建模练习 3

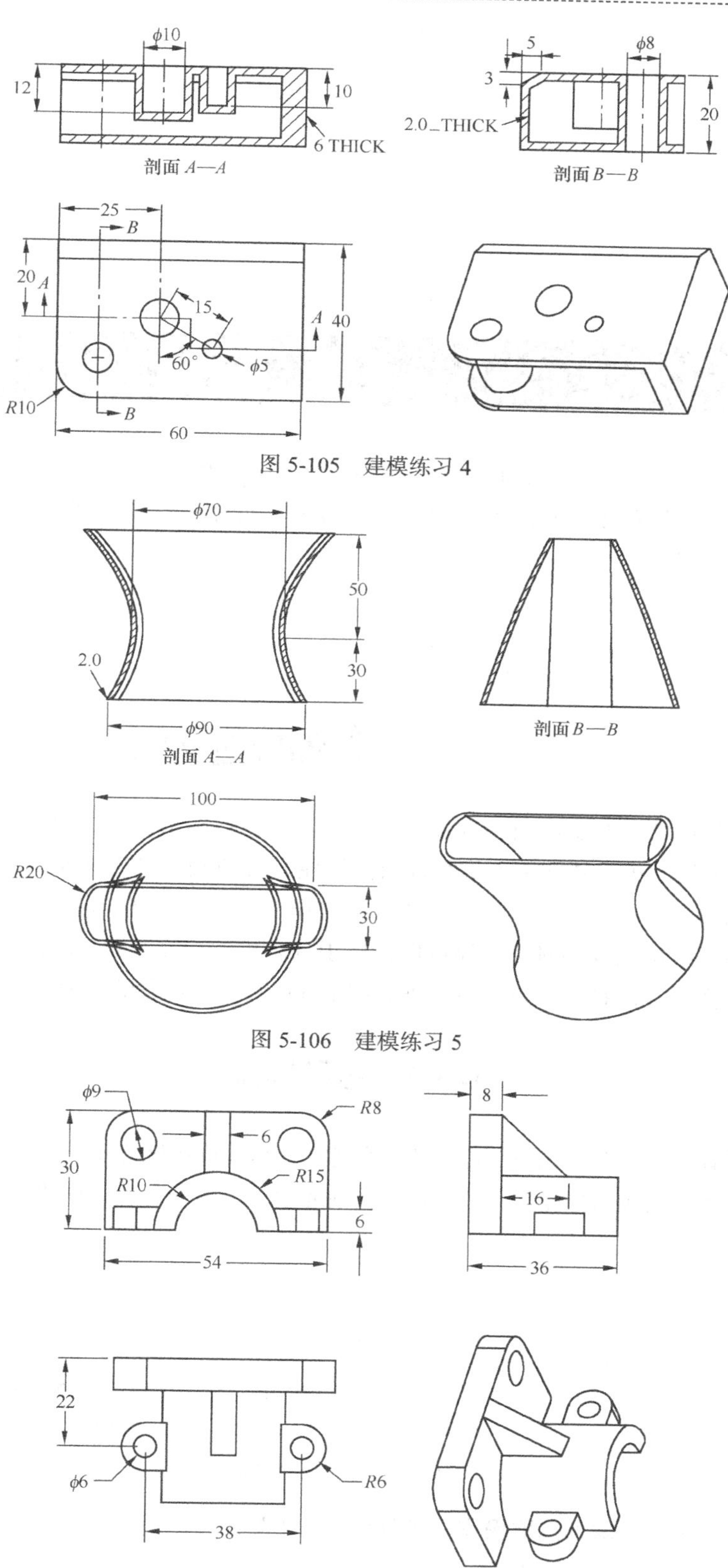

图 5-105　建模练习 4

图 5-106　建模练习 5

图 5-107　建模练习 6

第6章 特征操作与编辑

参数化设计的最大优点在于能通过修改模型尺寸驱动其形状变化，且允许对特征进行重定义或插入等操作，轻松实现零件模型的设计变更。本章将介绍设计中如何进行特征操作与编辑，以获得满意的设计效果。

6.1 对象的选取

在 Pro/E 系统中选取对象有两种方式，第 1 种方式是在图形窗口用鼠标左键点选对象，第 2 种方式是在模型树中单击特征名称进行选取。按住 Ctrl 键可以选取多个对象，相反，如果按住 Ctrl 键并单击已选取的对象则可以取消该选择操作。对于具有复杂特征的模型，或具有多个零件的组件，为了准确选取到对象，还可以在位于状态栏的特征选取过滤器中设置过滤条件，如特征、几何、面组、注释等。下面将详细介绍 Pro/E 系统中对象的主要选取方法。

6.1.1 选取操作

在一个零件模型中，首先选中零件上的某个特征，然后再在该特征上移动鼠标指针，此时属于选中特征的要素将会预选加亮显示，在欲选择的元素上单击即可选中该要素，如图 6-1 所示。

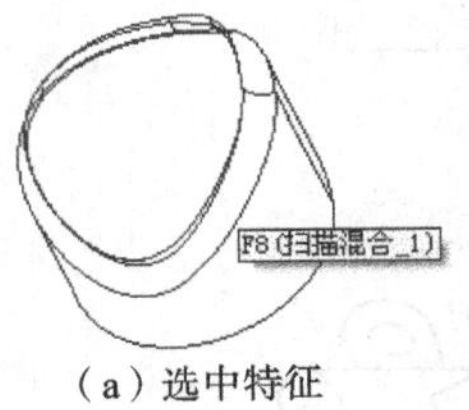

（a）选中特征

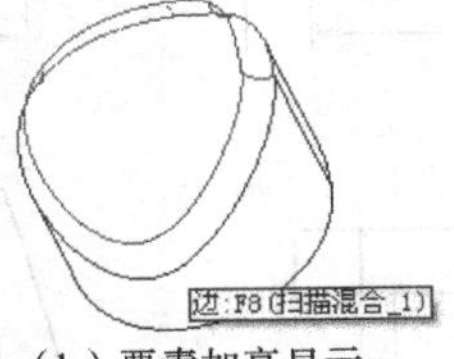

（b）要素加亮显示

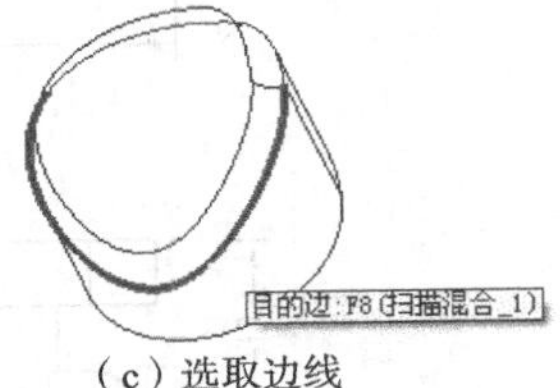

（c）选取边线

图 6-1　选取特征的要素

在 Pro/E 系统中，对象的选取操作一般分为两个步骤，一是预选加亮，二是单击进行选择。预选加亮是指当鼠标指针置于欲选几何对象区域内，光标之下的几何对象会加亮显示，表示可供选取，并且在鼠标指针附近将出现一个提示框，用于说明当前预选加亮的对象。此时，右击可依次切换选取区域内可选的对象并进行预选加亮，当选择到合适的对象后单击即可完成操作，如图 6-2 所示。该方法有利于设计者对特征进行筛选选择，允许在众多的特征中准确找到所需要的特征。

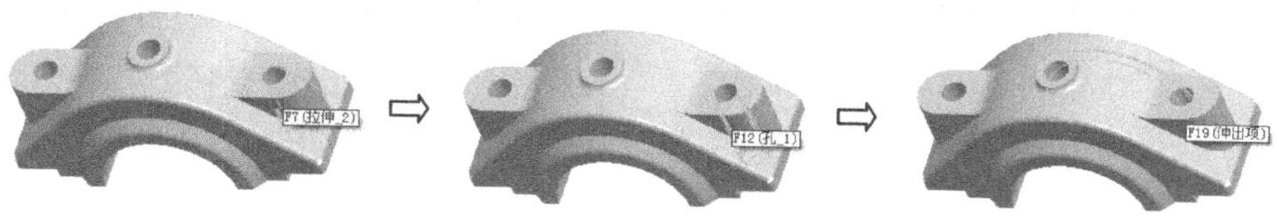

图 6-2　特征的筛选

当然，也可以在模型特征预选加亮时按住鼠标右键不放，然后从弹出的快捷菜单中选择【下一个】(Next)或【上一个】(Previous)命令进行选择，如图 6-3 所示。如果选择【从列表中拾取】(Pick from List)命令，可打开“从列表中拾取”对话框，其中列出了当前零件模型在鼠标放置区域的可选特征，选中所需的特征项后单击 确定(O) 按钮即可完成选择操作。

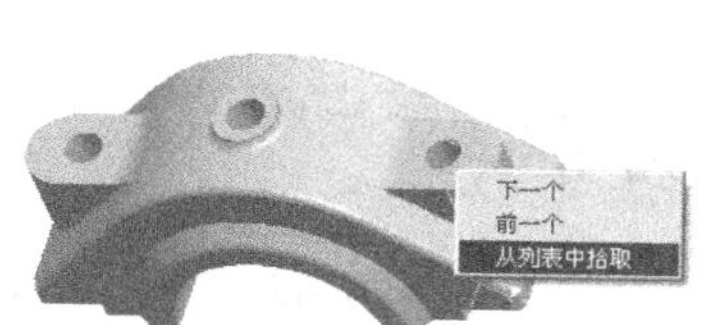

图 6-3　用特征列表进行查询和选取

6.1.2　使用智能过滤器

对于具有复杂特征的模型或者具有多个零件的组件，可利用 Pro/E 系统提供的对象过滤器设置过滤条件，如图 6-4 所示，用于在拥挤的区域中限制选取的对象类型，以实现对象选取的准确性。其中，系统将选择的对象按类分为智能、零件、特征、几何、基准、面组和注释，具体选项的含义见表 6-1。

表 6-1　智能过滤器的设置

选取过滤器设置	选项的功能说明
智能（Smart）	选取符合当前几何环境的最常见类型项目
零件（Part）	选取对象限制为组件环境中的零件
特征（Feature）	选取对象限制为组建环境或零件环境中的特征
几何（Geometry）	选取对象为模型的表面、边线或顶点
基准（Datum）	选取对象为基准平面、基准轴、基准点等基准特征
面组（Quilt）	选取对象为空间曲面
注释（Annotations）	选取对象为 3D 注释或者 2D 注释

“智能”是过滤器的默认设置。在该方式下，几何对象的选取过程是按照自上而下的方式依次进行的。首先选择最高层次的几何对象，如组件环境中的零件或零件环境中的特征；然后选择该几何对象下的次级几何对象，如面、边线或顶点等。如果要在零件模型中选取曲面面组或零件曲面对象时，可以将过滤器的对象类型设置为“面组”或“几何”。

在 Pro/E 系统中还建立了所选对象的列表或“选项集”，并在状态栏的“所选项目”区域显示选取的对象数。例如，如果选取了 4 个对象，则“所选项目”区域会显示“选取了 4 项”（4 selected）。此时，可以双击“所选项目”区域打开“所选项目”（Selected Items）对话框，如图 6-5 所示。该对话框包含选项集中所有对象的名称，可以从中查看选项集并删除所选对象。

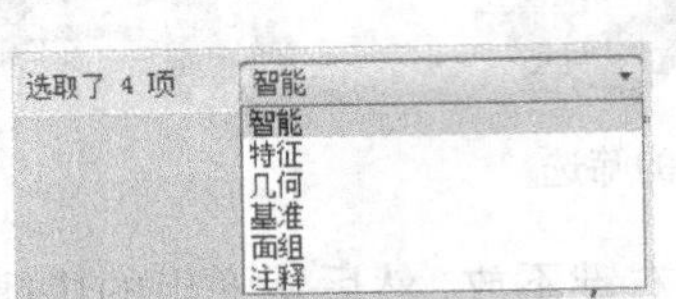

图 6-4 选取对象过滤器的设置

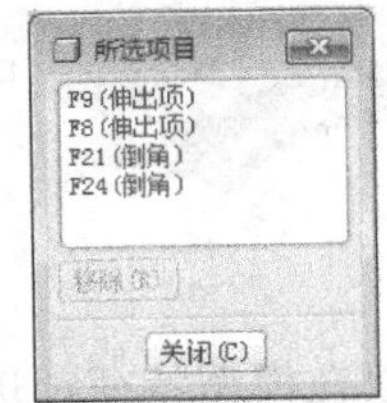

图 6-5 “所选项目”对话框

6.2 复制

复制是指将选取的单个或多个特征、局部组，在指定模型的其他位置进行再生。由复制产生的特征与原特征的形状、尺寸以及参照可以相同或不相同。在 Pro/E Wildfire 5.0 中，系统支持两种特征复制方式：一种是利用【编辑】菜单的【复制】、【粘贴】或【选择性粘贴】命令来实现；另一种是利用【编辑】菜单的【特征操作】命令来实现，如图 6-6 所示。

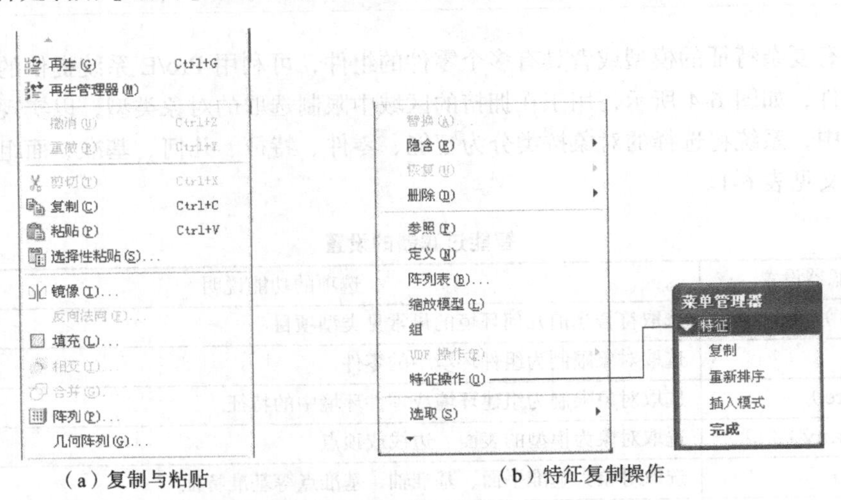

（a）复制与粘贴　　（b）特征复制操作

图 6-6 特征复制的两种方式

6.2.1 复制与粘贴

通过编辑菜单复制与粘贴特征时，可先选择【编辑】（Edit）→【复制】（Copy）命令并选取模型中的特征将其复制到剪贴板，然后选择【粘贴】（Paste）或【选择性粘贴】（Paste Special）命令将剪贴板的特征放置在指定的位置，且允许更改其尺寸。单击图标工具栏中的、或按钮，利用 Ctrl+C 组合键或 Ctrl+V 组合键也可以实现该功能。

粘贴特征时系统会打开特征操控板，允许重新定义复制的特征。如果选取的主参照与原始特征相同，系统会使用相同参照来放置特征，然后可根据需要调整放置尺寸；如果选取的是一个与原始特征不同的有效主参照，系统将使用新参照，而其他参照将会丢失；如果选取的主参照无效，系统将不执行粘贴。如图 6-7 所示，将模型中的圆孔特征复制并粘贴至前侧面和同一参照平面上，此时可以通过特征操控板重新定义圆孔的各项尺寸参数。

使用选择性粘贴特征时，允许选取新参照替换原始参照来映射复制特征的参照。此时，系统会弹出“选择性粘贴”对话框来实现各项设定，如图 6-8 所示。其中，各选项的含义如下。

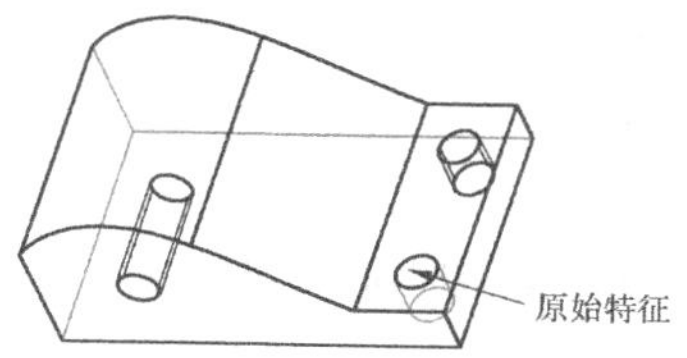

图 6-7 圆孔特征的复制范例

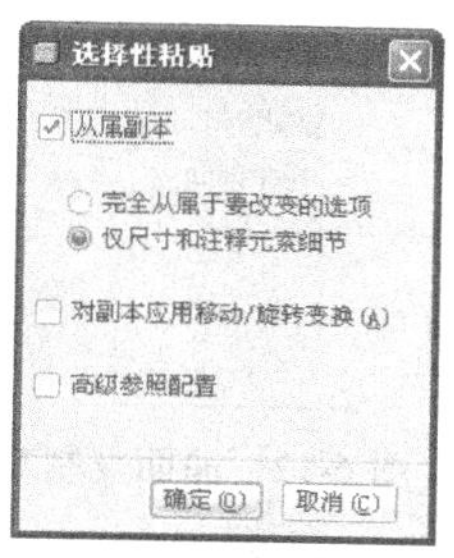

图 6-8 “选择性粘贴”对话框

（1）“从属副本”（Dependent Copy）：用于设置副本和原始特征之间的尺寸从属关系。系统提供两种设定：“完全从属于要改变的选项”（Fully Dependent with Options to Vary）表示创建完全从属于原始特征的属性、元素和参数的特征副本，但允许改变尺寸、注释、参数、草绘和参照的从属关系；“仅尺寸和注释元素细节”（Dimensions and Annotation Element Details Only）表示创建原始特征的副本，但仅在原始特征的尺寸或草绘，或者注释元素上设置从属关系。

（2）“对副本应用移动/旋转变换”（Apply Move/Rotate Transformations to Copies）：用于设置以平移、旋转来移动特征副本。该选项对所有阵列类型可用，但对组阵列或阵列的阵列不可用。跨模型粘贴特征时该选项也不可用。

（3）“高级参照配置”（Advanced Reference Configuration）：用于将原始特征的参照映射到新参照来粘贴特征，如图 6-9 所示。它允许使用同一模型中的原始参照或新参照，或者在跨模型粘贴复制特征时使用新参照。

如图 6-10 所示，利用【选择性粘贴】命令将模型中的圆孔特征复制并粘贴至前侧面和同一参照平面上，此时可以采用“对副本应用移动/旋转变换”方式将原始特征向后平移 160mm，得到相同参照平面上的圆孔，而采用“仅尺寸和注释元素细节”方式来定义前侧面的圆孔特征。

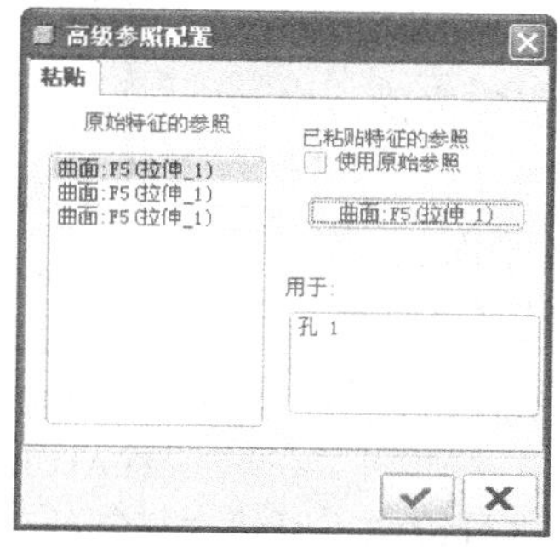

图 6-9 高级参照配置对话框

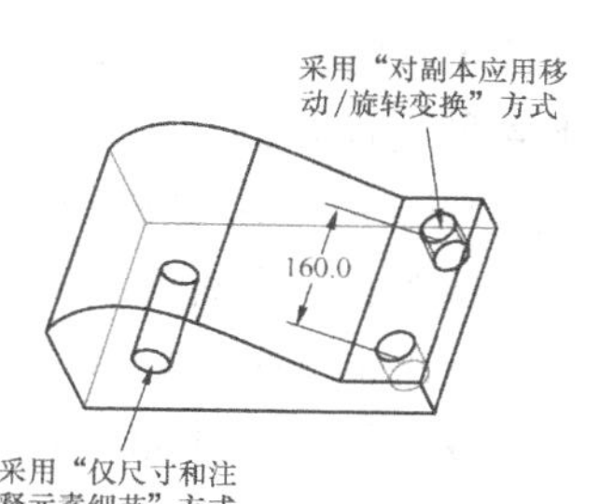

图 6-10 选择性粘贴的应用范例

如果利用【复制】命令选取的对象是模型几何表面而非特征，则选择【粘贴】命令后将显示如图 6-11 所示的操控板，可以在原位置上创建与原模型表面具有相同形状和大小的曲面。

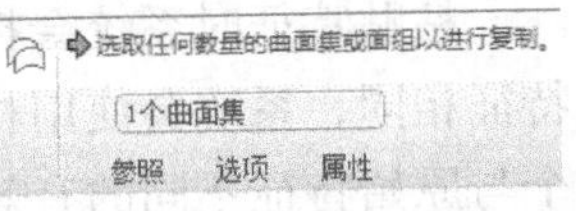

图 6-11　曲面粘贴操控板

在该操控板中，可以打开“参照”（References）下拉菜单重定义曲面复制的几何参照，如图 6-12 所示；或者打开“选项”（Options）下拉菜单设置曲面复制的方式，如图 6-13 所示。在“选项”下拉菜单中，提供以下 3 种复制方式供用户选择。

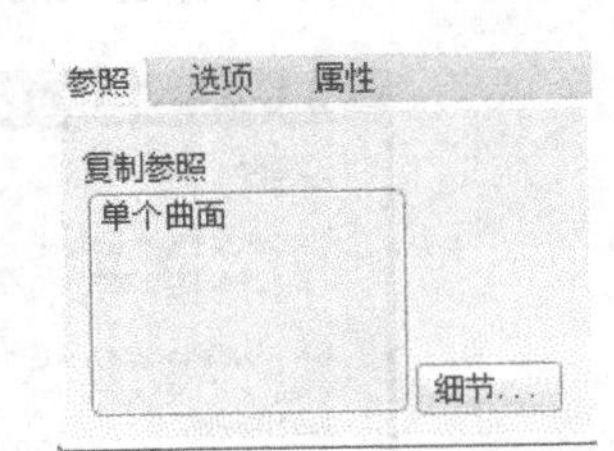

图 6-12　曲面复制对象的重定义

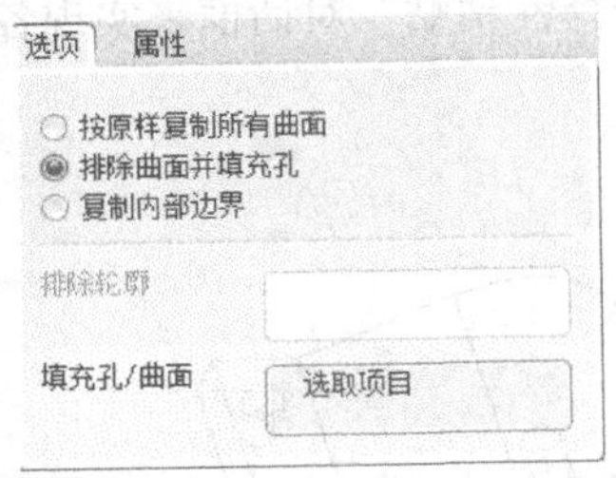

图 6-13　设置曲面复制的方式

（1）“按原样复制所有曲面”（Copy all Surfaces as is）：表示创建与选定几何完全相同的曲面。

（2）“排除曲面并填充孔”（Exclude Surfaces and Fill Holes）：表示有选择地复制某些曲面，并允许填充曲面内的破孔。此时，其下的“排除轮廓”（Exclude Surfaces）和“填充孔/曲面”（Fill Holes/Surfaces）收集器将被激活，可分别用于选取要从当前复制特征中排除的曲面，或者在选定曲面上选取要填充的孔。

（3）“复制内部边界”（Copy Inside Boundary）：表示仅复制指定边界内的曲面。此时会激活“边界曲线”（Boundary Curve）收集器，用于定义包含要复制曲面的边界曲线。

6.2.2　特征复制操作

单击【编辑】（Edit）→【特征操作】（Feature Operations）→【复制】（Copy）命令，系统显示如图 6-14 所示的“复制特征”（COPY FEATURE）菜单。其中，包含特征放置、特征选择与特征关系 3 大类设定，下面将逐一进行介绍。

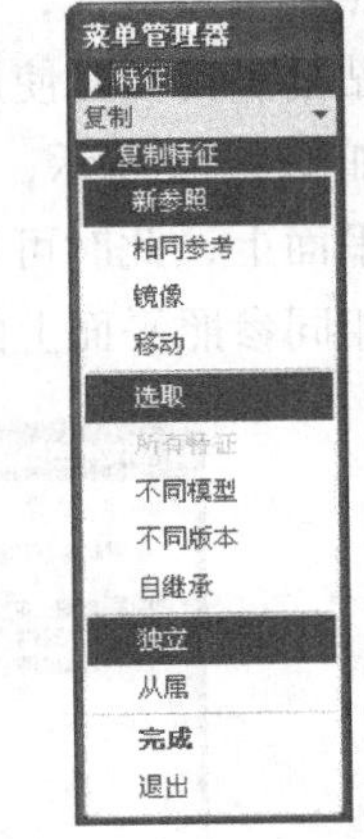

图 6-14　“复制特征”（COPY FEATURE）菜单

1. 菜单选项说明

（1）特征放置。特征复制时要将特征放置在模型的指定位置，系统提供以下 4 种放置方法。

【新参照】（New Refs）：选择新的草绘平面（或放置平面）、参考平面、草绘参照等替换原有的参照，以建立复制的新特征。

【相同参考】（Same Refs）：选用与原始特征相同的参照来复制特征，但可以改变特征的尺寸标注值。

【镜像】（Mirror）：相对于一个平面曲面或基准平面进行镜像，以建立复制的新特征，其无法改变特征的尺寸。

【移动】(Move)：对原始特征进行平移或旋转，以建立复制的新特征。

(2)特征选择。系统提供以下 4 种方法，用来选取欲复制的特征对象。

【选取】(Select)：从零件模型上直接选择欲复制的特征。

【所有特征】(All Feat)：选择模型中所有的特征，该选项只在“镜像”时有效。

【不同模型】(From Dif Model)：选取不同零件模型中的特征，该选项只在采用“新参考”时有效。

【不同版本】(From Dif Vers)：选取同一零件不同版本模型中的特征，该命令只在采用“新参考”或“相同参考”时有效。

(3)特征关系。特征复制时需定义新特征与原始特征间的关系，系统提供了两种设定。

【独立】(Independent)：使复制特征的尺寸独立于原始特征，修改原始特征并不会影响到新特征的尺寸。

【从属】(Dependent)：使复制特征与原始特征的尺寸间存在从属关系，修改原始特征或者新特征的截面或尺寸时，另一个也会随之改变。

2. 特征复制操作

(1)使用新参考复制特征。使用“新参照”方式，可以复制不同模型中的特征，或者同一模型不同版本的特征。此时，必须重新选择特征参照且允许变更特征的尺寸标注值。具体的操作步骤如下。

① 选择【编辑】(Edit)→【特征操作】(Feature Operations)→【复制】(Copy)→【新参照】(New Refs)命令。

② 指定特征选择及特征关系选项并单击【完成】(Done)确认。这里默认【选取】(Select)和【独立】(Independent)选项。

③ 选取要复制的特征并单击【完成】(Done)确认。如使用【选取】(Select)命令可直接在当前模型中选取；而使用【不同模型】(From Dif Model)或【不同版本】(From Dif Vers)命令，必须指定一个模型文件并从中选取要复制的特征，且要求输入特征缩放比例的大小。

④ 利用图 6-15 所示的“组可变尺寸”(Gp Var Dims)菜单，或者直接在模型中指定要变更的尺寸并单击【完成】(Done)按钮结束，然后依次输入各尺寸对应的变更值。

⑤ 显示如图 6-16 所示的“参考”(WHICH REF)菜单，根据依次高亮显示的各个参照，分别指定新特征相应的参照。其中，【替换】(Alternate)用于选取新的参照替换当前高亮显示的参照；【相同】(Same)用于采用与原始特征相同的参照；【跳过】(Skip)用于暂时略过此参照的定义，以便后续重定义；【参照信息】(Ref Info)用于显示参照的有关信息。

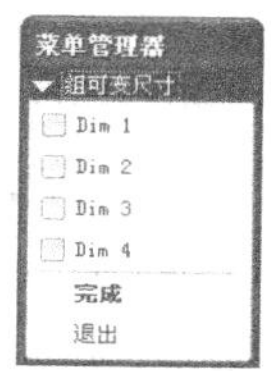

图 6-15 “组可变尺寸”菜单

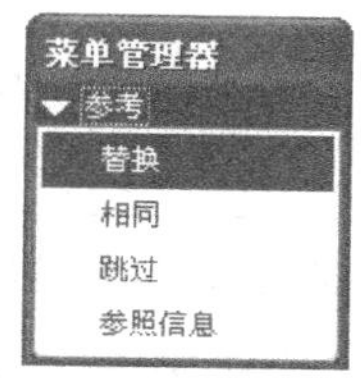

图 6-16 “参考”(WHICH REF)菜单

⑥ 选择【反向】(Flip)或【正向】(Okay)命令确定特征的生成方向，并单击【完成】(Done)命令结束。

如图 6-17 所示，将上表面的ϕ50mm 圆柱体特征复制到右侧面，必须采用”新参照”（New Refs）方式，此时原始特征的草绘平面（模型上表面）、尺寸参照（左侧面和后侧面）分别被替换为模型的右侧面、上表面和后侧面。

（2）使用相同参考复制特征。“相同参考”（Same Refs）是指在不改变特征定位参照的条件下执行特征复制，但允许变更特征的尺寸值。具体操作步骤如下。

① 选择【编辑】（Edit）→【特征操作】（Feature Operations）→【复制】（Copy）→【相同参考】（Same Refs）命令。

② 指定特征选择和特征关系选项，然后单击【完成】（Done）命令。

③ 选取要复制的特征。

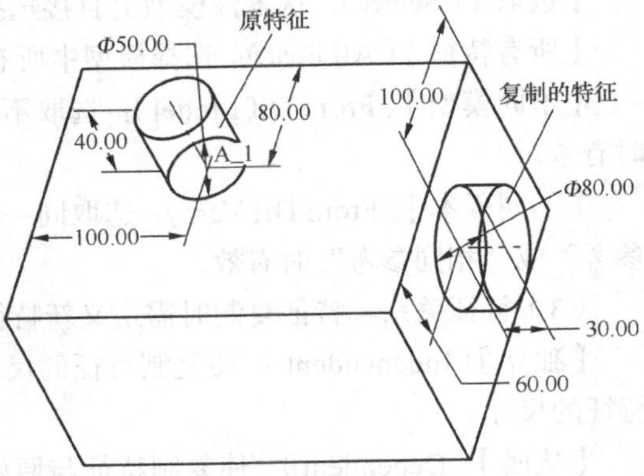

图 6-17 特征的新参考复制

④ 指定要变更的尺寸标注并依次定义新的尺寸值或输入特征缩放的比例。

⑤ 单击特征对话框中的 确定 按钮，完成特征的复制。

如图 6-18 所示，采用“相同参考”方式将模型的ϕ25mm 圆孔特征由左下角位置复制至右上角，此时特征的孔径和两个定位尺寸均发生变更。

（3）通过镜像复制特征。镜像（Mirror）是指以选定平面为参照面镜像所选取的特征，其具体操作步骤如下。

① 选择【编辑】（Edit）→【特征操作】（Feature Operations）→【复制】（Copy）→【镜像】（Mirror）命令。

② 指定特征选择和特征关系选项，然后单击【完成】（Done）命令。

③ 选取要镜像的特征。如果使用“所有特征”（All Feat）选项，则被隐含（Suppress）或隐藏（Hide）的特征也会被选取。

④ 选择或建立一个平面作为镜像参照面，系统会立即执行复制。

如图 6-19 所示，选取基准平面 DTM1 作为镜像平面，将原始特征（圆孔和倒圆角）一并复制至模型的右侧。

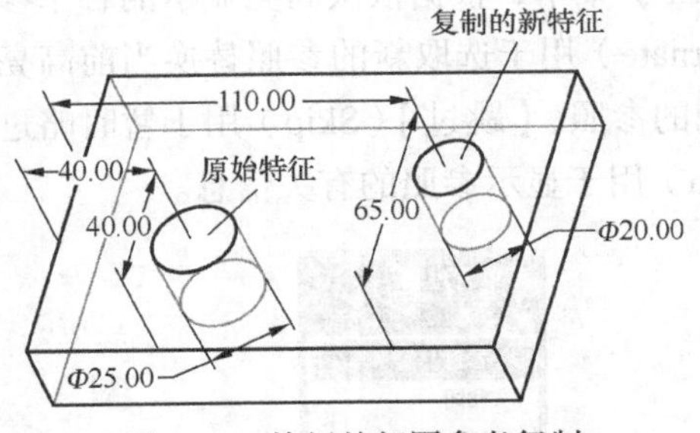

图 6-18 特征的相同参考复制

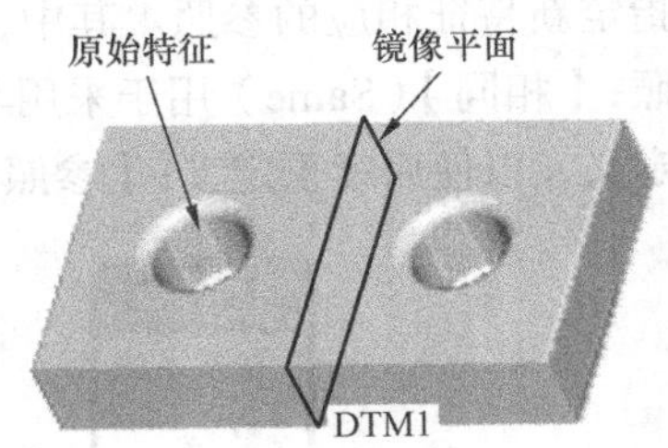

图 6-19 特征的镜像

（4）通过移动复制特征。使用移动（Move）方式进行复制，有平移（Translate）与旋转（Rotate）两种形式。此时，必须定义平移或旋转的方向，其由平面的法向、模型实体的边/轴/曲线或坐标系的轴向来确定，而旋转方向是依据右手定则来判定的。具体操作步骤如下。

① 选择【编辑】(Edit)→【特征操作】(Feature Operations)→【复制】(Copy)→【移动】(Move)命令。

② 指定特征选择和特征关系选项，然后单击【完成】(Done)命令。

③ 选取要复制的特征。

④ 显示“移动特征”(MOVE FEATURE)菜单，从中选择【平移】(Translate)或【旋转】(Rotate)命令，如图 6-20 所示，然后定义平移或旋转的方向。

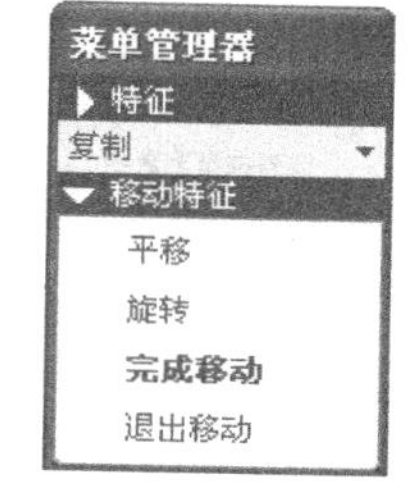

图 6-20 “移动特征”(MOVE FEATURE)菜单

不论是平移或旋转，系统都提供 3 种方式来定义其方向，如图 6-21 所示。其中，【平面】(Plane)表示选取某平面以其法向作为平移或旋转方向；【曲线/边/轴】(Crv/Edg/Axis)表示选取某曲线、基准轴或边来定义平移或旋转方向；【坐标系】(Csys)表示选取坐标系中的某一轴向(x, y, z)作为平移或旋转的方向。

⑤ 输入平移的距离值或旋转的角度值，然后单击【完成移动】(Done Move)命令确认。

⑥ 选择要改变的尺寸标注值并依次输入对应的变更值。

⑦ 单击特征对话框中的[确定]按钮，完成特征的复制。

如图 6-22 所示，选取基准轴线 A_2 作为参照并定义顺时针的旋转方向，将原始特征绕该基准轴旋转 135° 建立出复制的新特征。

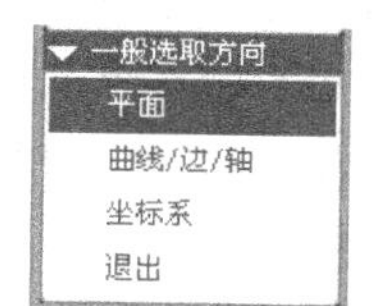

图 6-21 方向的定义选项

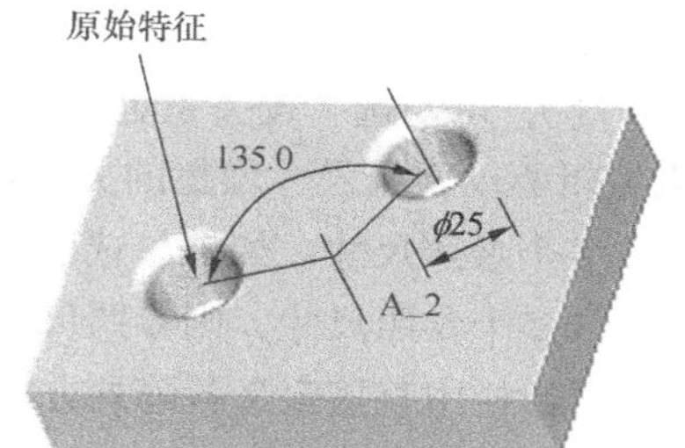

图 6-22 特征的旋转复制

6.3 阵列

阵列(Pattern)是指以现有特征为原型，按照线性或旋转的方式复制出多个相同或类似的子特征，此时原始特征与所有子特征将合并为单一的群组特征，如图 6-23 所示。

对阵列中的任何一个子特征进行修改或删除，所有其他的特征(包括原始特征)将一并被修改或删除。若只想删除原始特征以外的所有阵列子特征，可单击鼠标右键选择快捷菜单中的【删除阵列】(Del Pattern)命令来实现。创建特征阵列时，系统不允许一次选取多个特征，若要一次阵列多个特征可利用群组(Group)功能来实现。

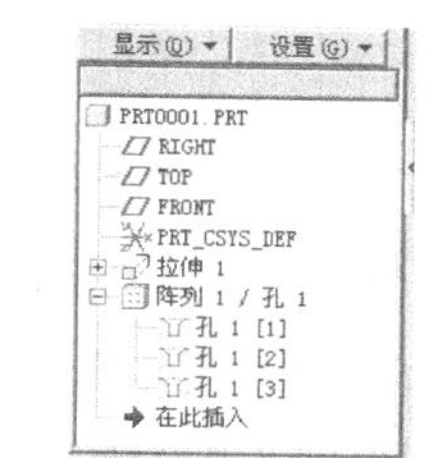

图 6-23 阵列特征在模型树中的显示

6.3.1 阵列操控板

选取模型中欲阵列的特征，然后选择【编辑】(Edit)→【阵列】(Pattern)命令或者单击特征工具栏中的按钮，系统显示如图 6-24 所示的阵列操控板。

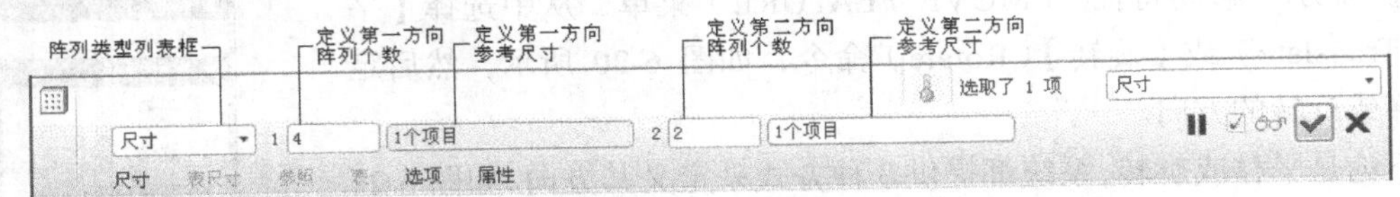

图 6-24　阵列操控板

在阵列操控板中，关键是要设定阵列的类型和阵列特征的再生方式。阵列类型不同，如图 6-25 所示，其显示的对话栏内容也不相同。下面分别予以说明。

1. 特征阵列的类型

（1）尺寸阵列。尺寸阵列（Dimension）是指选取原始特征的参照尺寸作为阵列驱动尺寸，并指定参照尺寸的增量及该方向的阵列总数来产生新的子特征。创建特征的尺寸阵列时，阵列参照尺寸的指定是关键，因为参照尺寸的增量方向决定着阵列的方向。

打开阵列操控板的“尺寸”下拉菜单，可分别激活方向 1（Direction 1）和方向 2（Direction 2）收集器，选取所需的阵列参照尺寸并输入相应的增量，如图 6-26 所示。如果是用关系式来控制阵列间距（即增量），可勾选“按关系定义增量”（Define Increment by Relation）复选框，并单击编辑按钮来编辑驱动所选尺寸增量的关系。定义每个阵列方向时，可以选取一个参照尺寸或按住 Ctrl 键选取多个参照尺寸。如果只选取一个参照尺寸，则该尺寸的增量方向就是特征的阵列方向；如果选取多个参照尺寸，则参照尺寸中各定位尺寸增量的合方向决定着阵列的方向。当然，也允许在对话栏中直接定义各阵列方向的参照尺寸和特征个数。

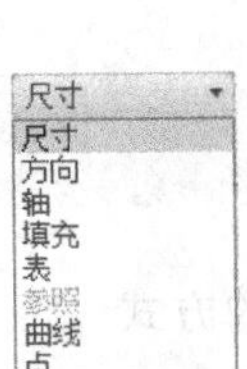

图 6-25　特征阵列的类型

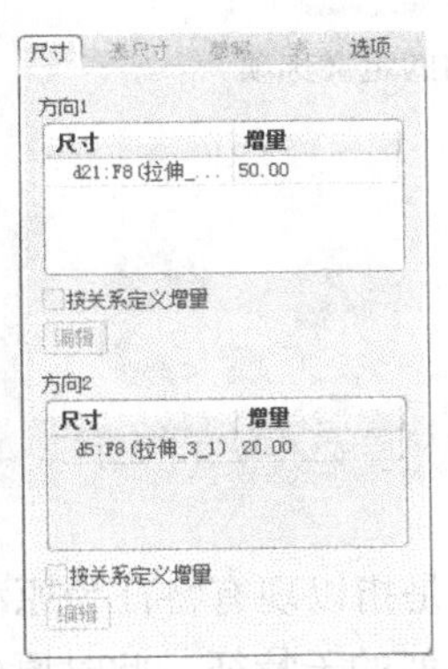

图 6-26　阵列的“尺寸”下拉菜单

根据参照尺寸的不同有线性阵列和旋转阵列之分，前者是以线性尺寸作为参照，而后者是以角度放置尺寸作为参照，如图 6-27 和图 6-28 所示。创建线性阵列时，可以设定一个或两个阵列方向（即方向 1 与方向 2），如图 6-29 所示，但每个阵列方向都必须分别指定阵列参照尺寸、增量及特征阵列总数。而创建旋转阵列时，该特征必须具有角度放置尺寸。

（2）方向阵列。方向阵列（Direction）是指在定义的一个或两个方向上建立阵列特征，并且可以拖曳每个方向的放置控制滑块来调整阵列成员之间的距离或反转阵列方向。此时，阵列方向取决于所定义的方向参照，如直线、轴、平面或平曲面、坐标轴等。方向阵列可以是单向或双向，且允许在阵列操控板中直接定义各阵列方向、阵列个数及阵列间距，如图 6-30 所示。

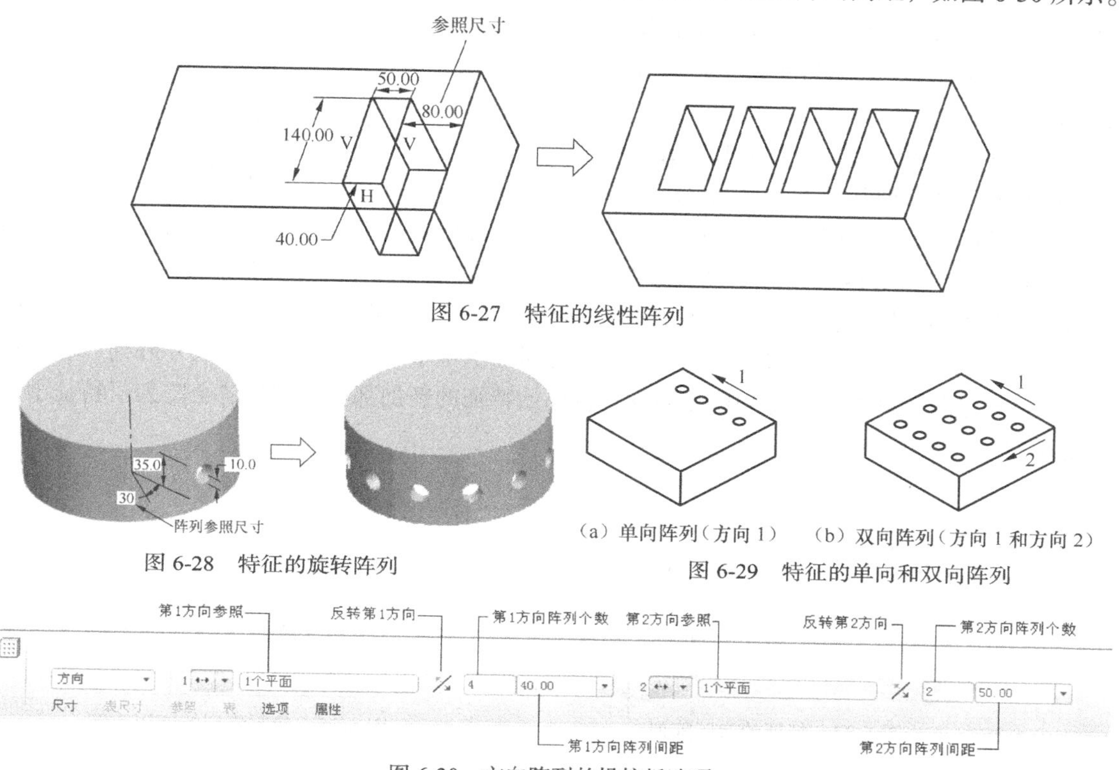

图 6-27　特征的线性阵列

图 6-28　特征的旋转阵列

(a) 单向阵列（方向 1）　(b) 双向阵列（方向 1 和方向 2）

图 6-29　特征的单向和双向阵列

图 6-30　方向阵列的操控板选项

（3）轴阵列。轴阵列（Axis）是指围绕一选定轴旋转特征来创建阵列，并且允许拖曳控制滑块设置阵列的角度增量和径向增量。轴阵列时，可以在操控板中直接定义阵列的参照轴、阵列特征个数及角度增量（第 1 方向）、径向增量（第 2 方向），或者指定阵列的角度范围，如图 6-31 所示。指定角度范围时，需单击按钮将其激活，此时阵列特征将在指定的角度范围内等间距分布，如图 6-32 所示。

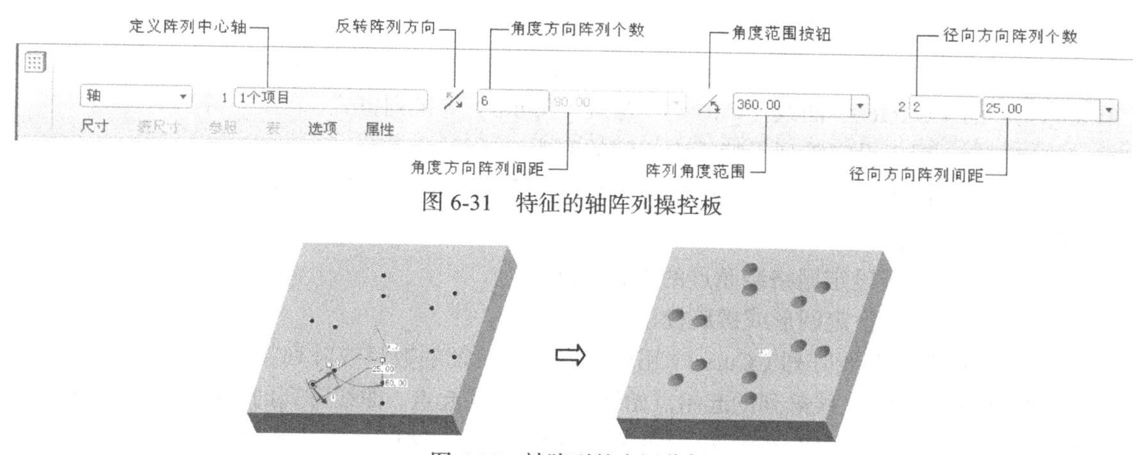

图 6-31　特征的轴阵列操控板

图 6-32　轴阵列的应用范例

（4）表阵列。表阵列（Table）是指通过阵列表定义每个子特征的尺寸值来创建特征的阵列。创建表阵列时，可以在如图 6-33 所示的表阵列操控板中激活“阵列表尺寸”收集器或打开“表尺寸”下拉菜单，然后选取原始特征中欲控制的尺寸将其加入到表格编辑器中，并单击 编辑 按钮在 Pro/TABLE 表格编辑器中定义各阵列子特征的相关尺寸。

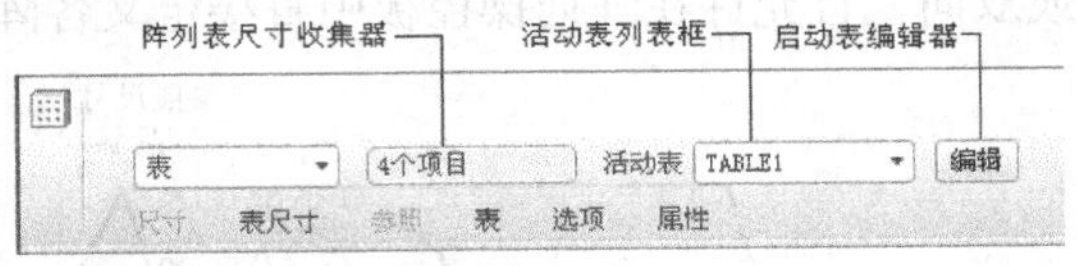

图 6-33　表阵列操控板

（5）参照阵列。参照阵列（Reference）是指在已有的尺寸阵列基础上，参照其阵列参数而建立的新阵列。创建参照阵列之前模型中必须先有可参照的阵列，也就是说，参照阵列的原始特征必须要与所参照的尺寸阵列的原始特征间存在依附关系，如图 6-34 所示。创建参照阵列时，无须指定参照尺寸及其增量、阵列个数等，只需选取要阵列的原始特征，零件模型即会自动重新生成，参照原有尺寸阵列创建出新的阵列。

由此可见，建立复杂的特征阵列时，可以先对一个基本的原始特征执行尺寸阵列，然后再对原始特征进行局部细化，并利用参照阵列将原始特征的新加部分复制到各个阵列子特征中，如图 6-35 所示。

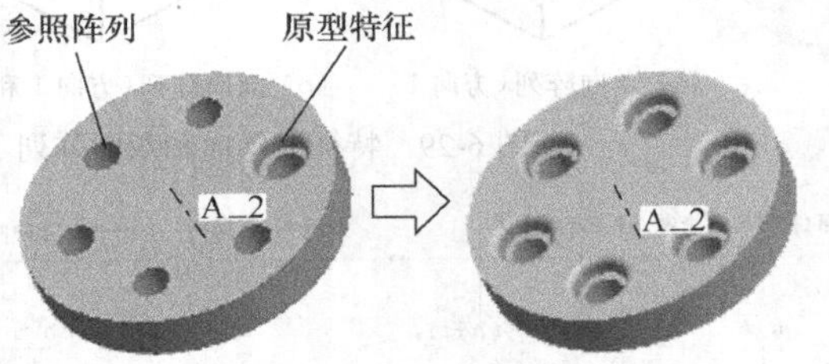

图 6-34　特征的参照阵列

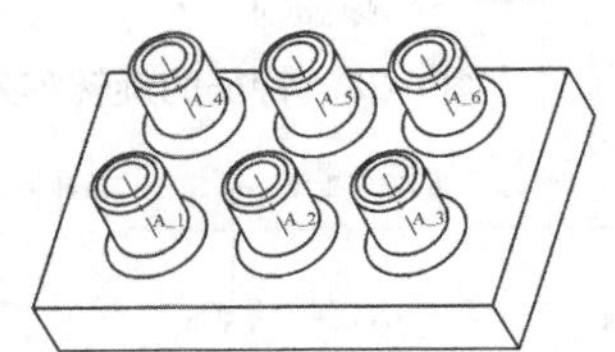
图 6-35　参照阵列的应用范例

（6）填充阵列。填充阵列（Fill）是指根据选定的网格，将子特征添加到指定区域来创建特征阵列。图 6-36 所示为填充阵列时显示的操控板，下面对各选项的含义予以简要说明。

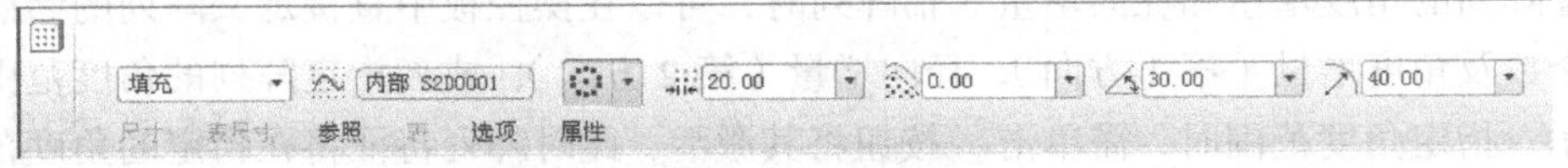

图 6-36　特征的填充阵列操控板

内部 S2D0001：用于定义阵列填充的区域，只能包含一个草绘。

：用于选择阵列填充的栅格模板，有正方形（Square）、菱形（Diamond）、三角形（Triangle）、圆（Circle）、曲线（Curve）、螺旋（Spiral）等排列方式。

20.00：用于设定阵列子特征中心间的间距。

0.00：用于设定阵列子特征中心与填充区域边界的最小距离。若为负值，则允许中心位于草绘填充区域之外。

30.00：用于设定栅格绕原点的旋转角度。

40.00：用于设定圆形或螺旋栅格的径向间距。

（7）曲线阵列。曲线阵列（Curve）用于指定阵列特征的数目或阵列特征间的距离，使其沿着草绘曲线创建阵列。曲线阵列的起始点始终位于曲线的起点，曲线阵列的方向始终为从曲线的开始处到曲线的结束处。图 6-37 所示为曲线阵列的操控板，这里对各选项的含义予以简要说明。

内部S2D0003 ：用于定义沿其创建阵列的草绘曲线。该草绘收集器中只能包含一个草绘。

25.00 ：用于指定沿曲线的阵列特征之间的距离。

9 ：用于指定沿曲线的阵列特征的数目。

如图 6-38 所示，选取加亮的曲线作为阵列的参照，并设定沿所选曲线创建的阵列特征个数或阵列特征间的距离，即可得到所需的曲线阵列效果。

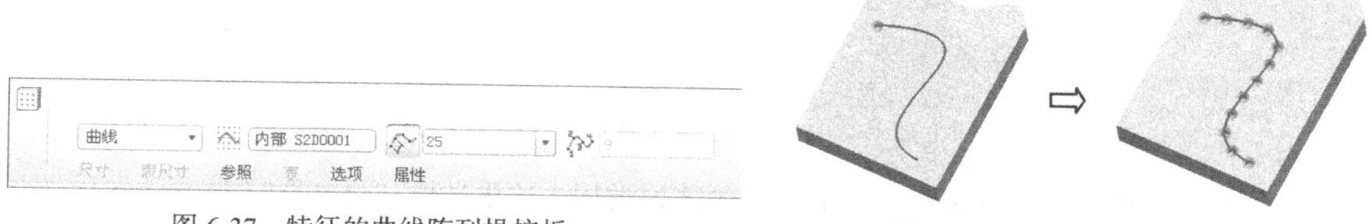

图 6-37　特征的曲线阵列操控板

图 6-38　特征的曲线阵列

2. 特征阵列的选项设置

单击阵列操控板中的 选项 按钮，将弹出“选项”下拉菜单，用于指定阵列特征的再生方式。该面板的选项内容会随阵列类型的不同而有所差异，图 6-39 所示为“轴阵列”的选项内容。

（1）相同阵列。相同（Identical）阵列用于建立与原始特征同类型的阵列子特征，要求阵列子特征的放置平面、尺寸大小与原始特征相同，并且任何子特征均不得与放置平面的边界相交，子特征相互间也不能有相交现象，如图 6-40 所示。采用该方式建立的特征阵列，再生的速度最快。

（2）可变阵列。可变（Variable）阵列用于建立允许有变化的阵列特征，系统允许阵列子特征与原始特征的尺寸大小不相同，可以位于不同的放置平面并且允许与放置平面的边界相交，但子特征之间不允许有相交现象，如图 6-41 所示。

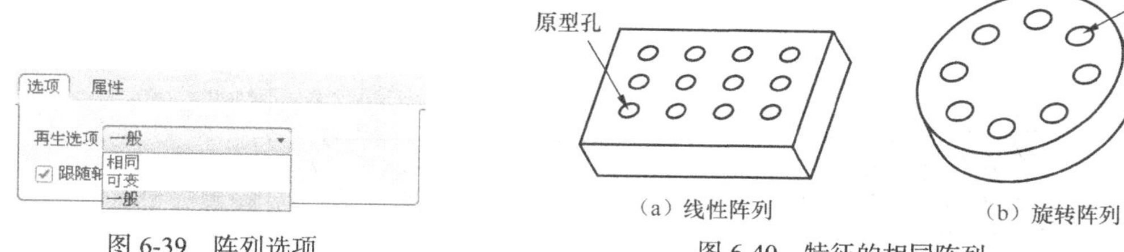

（a）线性阵列　（b）旋转阵列

图 6-39　阵列选项

图 6-40　特征的相同阵列

（3）一般阵列。一般（General）阵列用于建立不受任何限制的阵列特征，系统允许阵列子特征与原始特征的尺寸大小不相同，而且特征相互间允许有体积相交，如图 6-42 所示。该阵列方式的功能最为强大，执行时系统会对每个特征单独进行处理，故再生运算的时间稍长些。

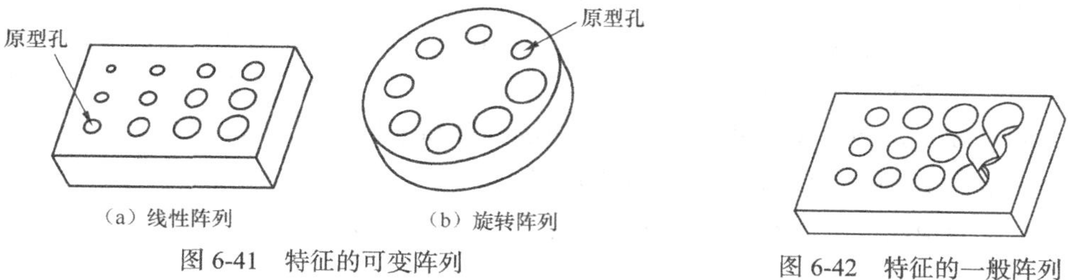

（a）线性阵列　（b）旋转阵列

图 6-41　特征的可变阵列

图 6-42　特征的一般阵列

6.3.2 阵列操作的一般流程

创建特征阵列时，根据阵列类型的不同其操作步骤也有所不同。这里以尺寸阵列为例进行说明，具体步骤如下。

（1）选取模型中欲阵列的特征，选择【编辑】（Edit）→【阵列】（Pattern）命令或者单击按钮，显示如图 6-43 所示的阵列操控板。

图 6-43 阵列操控板

（2）在“阵列类型”列表框中选取所需的阵列类型。这里选取“尺寸”（Dimension）。

（3）打开“尺寸”下拉菜单，然后单击“参照尺寸”收集器将其激活，分别指定方向 1 或者方向 1 与方向 2 的阵列参照尺寸及其增量，并输入各方向的阵列特征总数。

（4）打开“选项”（Options）下拉菜单，设定特征阵列的再生方式为相同（Identical）、可变（Variable）或一般（General）。

（5）单击阵列操控板中的按钮，创建所定义的特征阵列。

6.3.3 特征阵列创建范例

例 6-1 利用尺寸阵列和参照阵列，建立如图 6-44 所示的模型。

步骤一 打开范例文件

（1）单击图标工具栏中的按钮。

（2）在人民邮电出版社教学资源网下载的 sample 目录中打开文件“sample6-1.prt”，如图 6-45 所示。

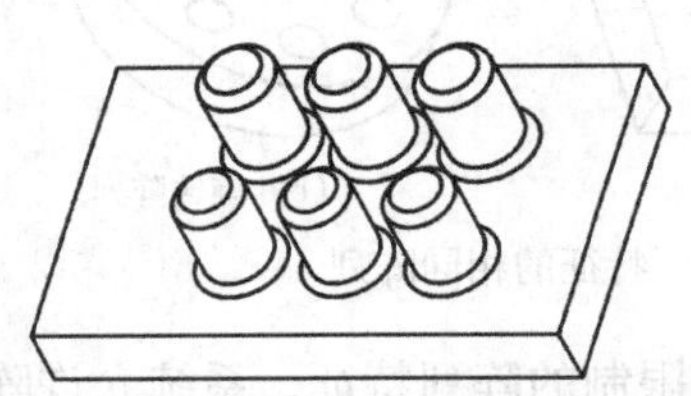

图 6-44 特征阵列的范例零件

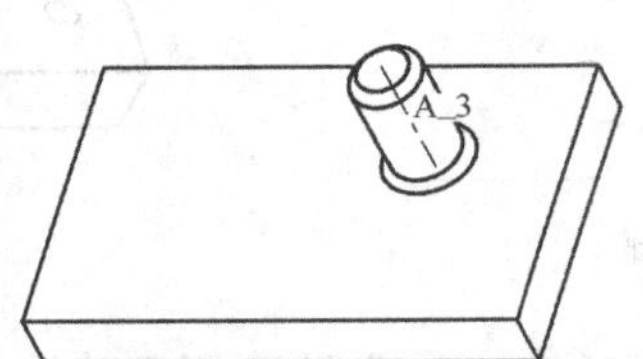

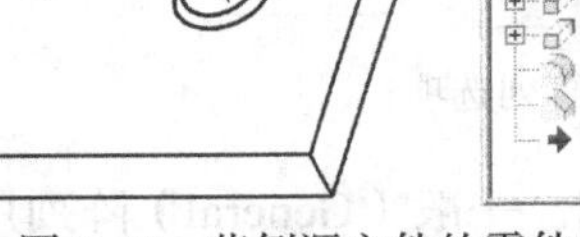

图 6-45 范例源文件的零件模型

步骤二 建立圆柱体两个方向的尺寸阵列

（1）在模型树或零件模型中选取圆柱体特征，然后单击特征工具栏中的按钮。

（2）打开阵列操控板的“尺寸”下拉菜单，单击“方向 1”收集器将其激活，选取圆柱体的横向定位尺寸 120mm 为参照尺寸，并设定增量为 80mm；单击“方向 2”收集器将其激活，按住 Ctrl 键依次选取圆柱体的纵向定位尺寸 80mm 和高度尺寸 100mm 作为参照尺寸，并将其增量分别设定为 100mm 和−20mm，如图 6-46 所示。

（3）在阵列操控板中输入方向 1 的阵列特征总数为 3，方向 2 的阵列特征总数为 2，如图 6-47 所示。

（4）单击特征操控板中的☑按钮，创建圆柱体特征的阵列，如图 6-48 所示。

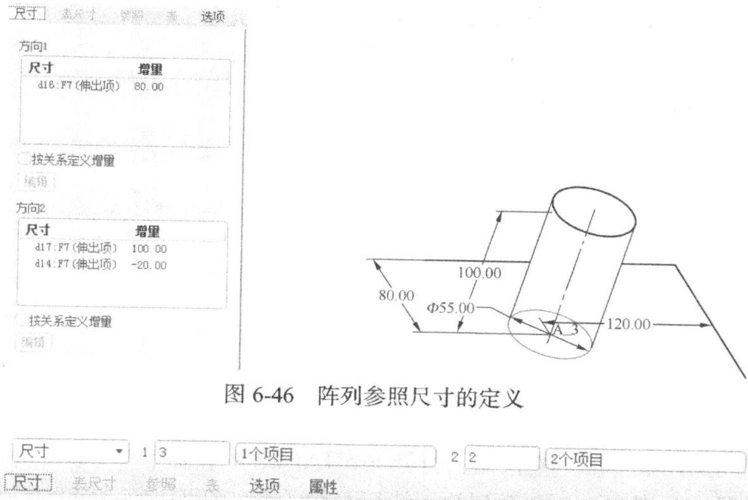

图 6-46 阵列参照尺寸的定义

尺寸 1 3 1个项目 2 2 2个项目
尺寸 表尺寸 参照 表 选项 属性

图 6-47 定义特征阵列总数

步骤三 建立底部圆角特征的参照阵列

（1）在模型树或零件模型中选取底部圆角特征，然后单击特征工具栏中的▦按钮。

（2）在阵列操控板中接受默认的“参照”阵列类型，然后单击☑按钮重新生成，结果如图 6-49 所示。

步骤四 建立顶部倒角特征的参照阵列

（1）在模型树或零件模型中选取顶部倒角特征，然后单击特征工具栏中的▦按钮。

（2）接受默认的“参照”阵列类型，然后单击☑按钮结束，模型效果如图 6-50 所示。

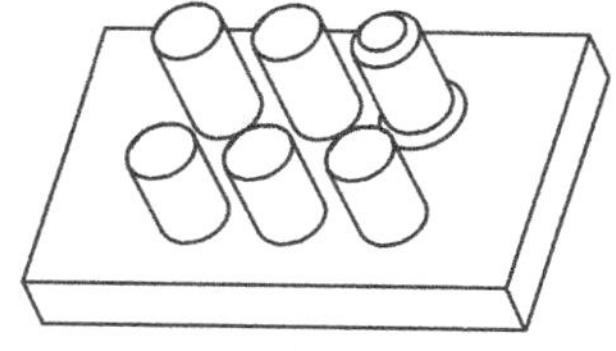

图 6-48 尺寸阵列的模型效果

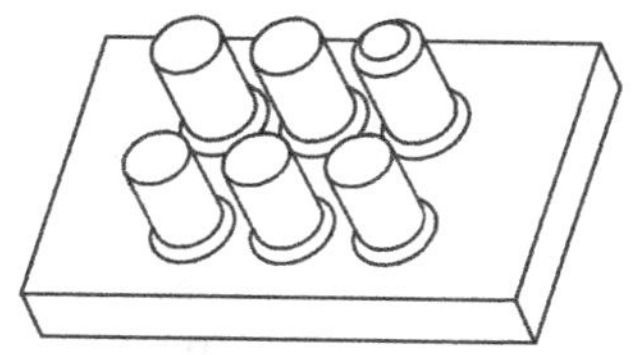

图 6-49 圆角参照阵列的模型效果

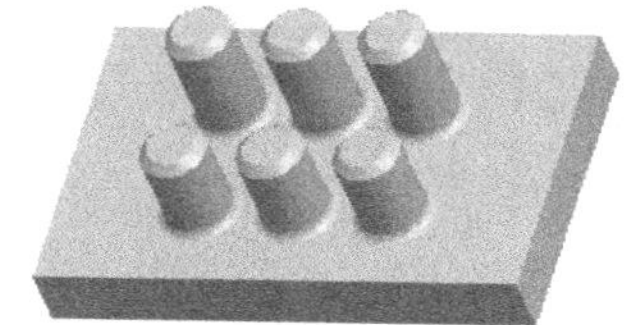

图 6-50 倒角阵列的模型效果

例 6-2 利用表阵列建立如图 6-51 所示的模型。

步骤一 打开范例文件

（1）单击图标工具栏中的📂按钮。

（2）在人民邮电出版社教学资源网下载的 sample 目录中打开文件“sample6-2.prt”，如图 6-52 所示。

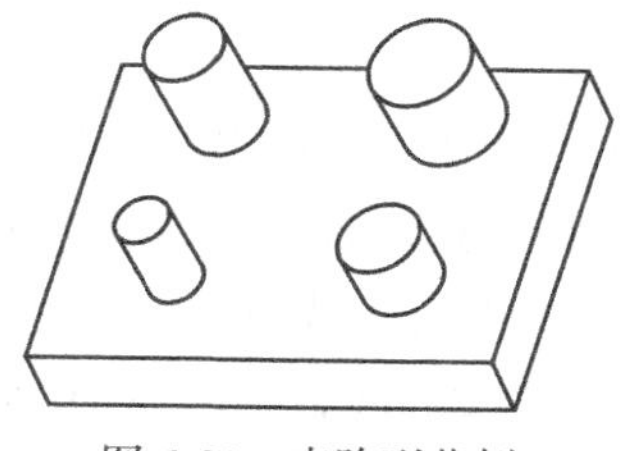

图 6-51 表阵列范例

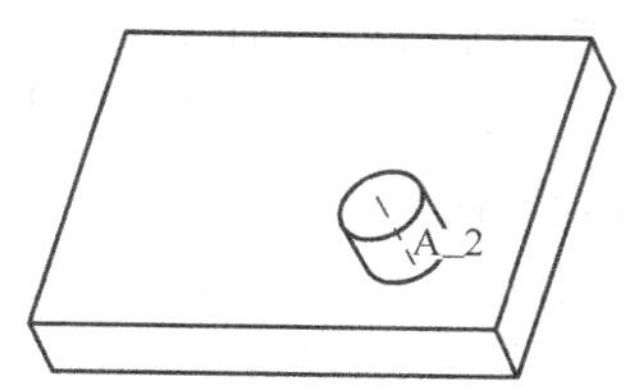

图 6-52 范例源文件的零件模型

步骤二　建立表阵列

（1）选取圆柱体特征，然后单击特征工具栏中的▦按钮。

（2）在阵列操控板中选取“表”阵列类型，如图 6-53 所示，然后按住 Ctrl 键依次选取 30mm、Φ35mm、40mm、50mm 共 4 个特征尺寸，如图 6-54 所示。

图 6-53　定义表阵列类型

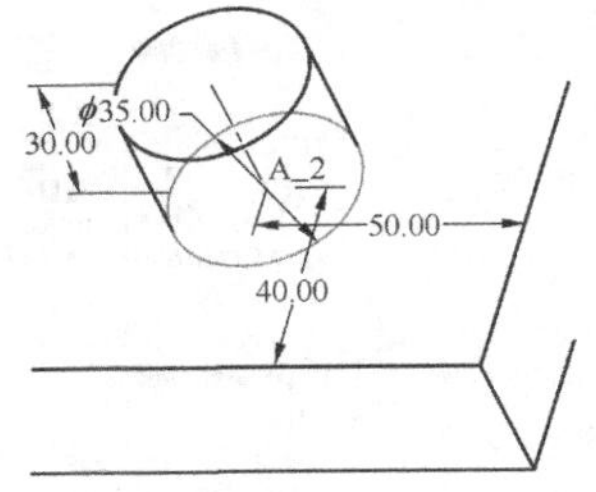

图 6-54　定义表阵列的特征尺寸

（3）单击阵列操控板中的 编辑 按钮，打开 Pro/TABLE 编辑器。

（4）在编辑器中分别定义 3 个系列的子特征参数（含特征顺序编号和对应的 4 个尺寸值），如图 6-55 所示，然后关闭编辑器窗口。

（5）单击特征操控板中的☑按钮，创建特征的表阵列。可以查询得知，模型中各阵列子特征的尺寸与 Pro/TABLE 编辑器中定义的参数值是一致的。

例 6-3　利用轴阵列分别建立如图 6-56 所示的发散型和螺旋型阵列效果。

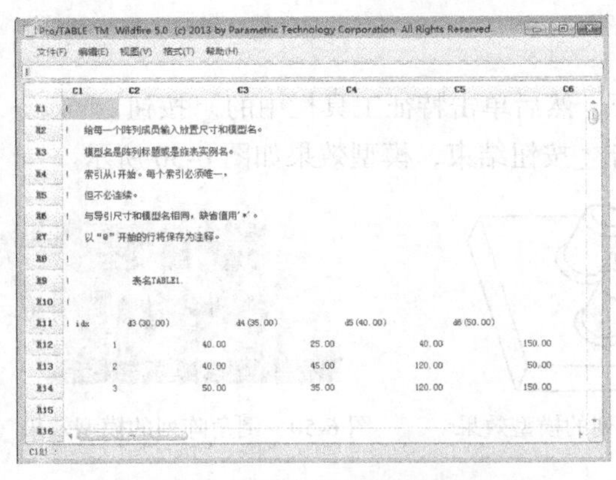

idx	d3 (30.00)	d4 (35.00)	d5 (40.00)	d6 (50.00)
1	40.00	25.00	40.00	150.00
2	40.00	45.00	120.00	50.00
3	50.00	35.00	120.00	150.00

图 6-55　编辑表阵列的子特征参数

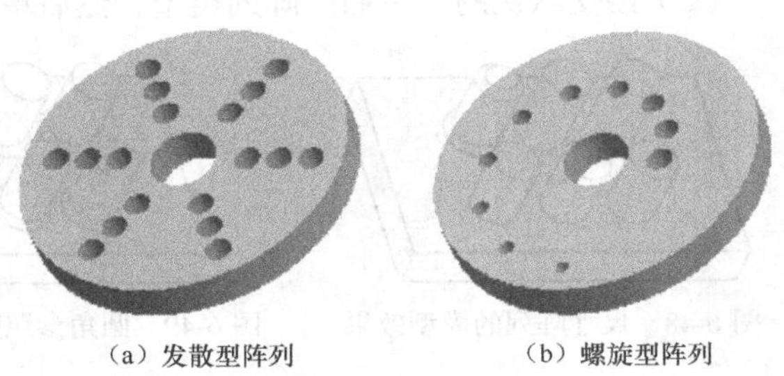

（a）发散型阵列　　（b）螺旋型阵列

图 6-56　轴阵列范例

步骤一　打开范例文件

（1）单击图标工具栏中的📂按钮。

（2）在人民邮电出版社教学资源网下载的 sample 目录中打开文件“sample6-3.prt”，如图 6-57 所示。

步骤二　建立发散型的轴阵列

（1）在模型树或零件模型中选取小圆孔特征，然后单击特征工具栏中的▦按钮。

（2）在阵列操控板中选择“轴”阵列类型，然后在模型中选取轴 A_2 作为阵列的中心轴。

（3）在阵列操控板中，定义角度方向（第一方向）的阵列特征总数为 6，角度增量为 60°；定义径向方向（第二方向）的阵列特征总数为 3，径向增量为 25mm，如图 6-58 所示。

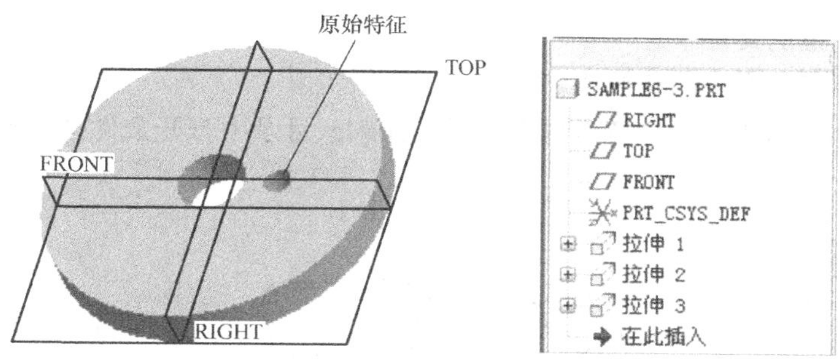

图 6-57 范例源文件的零件模型

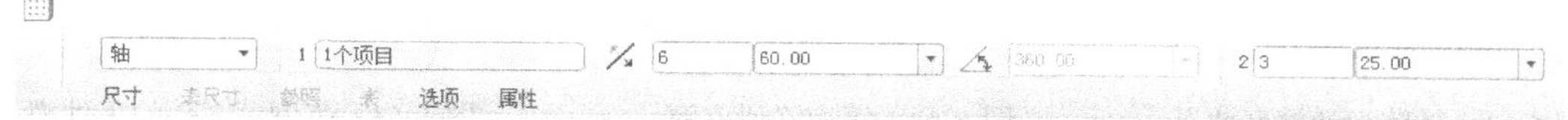

图 6-58 定义轴阵列的特征总数和增量

（4）单击特征操控板中的☑按钮，创建特征的发散型轴阵列。

步骤三 将发散型的轴阵列更改为螺旋型

（1）在模型树中选取所建立的阵列特征组，然后单击鼠标右键并选择快捷菜单中的【编辑定义】命令，显示阵列操控板。

（2）打开“尺寸”下拉菜单，单击“方向 1”收集器将其激活，然后选取原始孔特征的径向定位尺寸 50mm 作为参照尺寸，并输入增量为 6mm，按住 Ctrl 键选取圆孔直径尺寸 $\phi 20$ 作为参照尺寸并输入增量为-1，如图 6-59 所示。

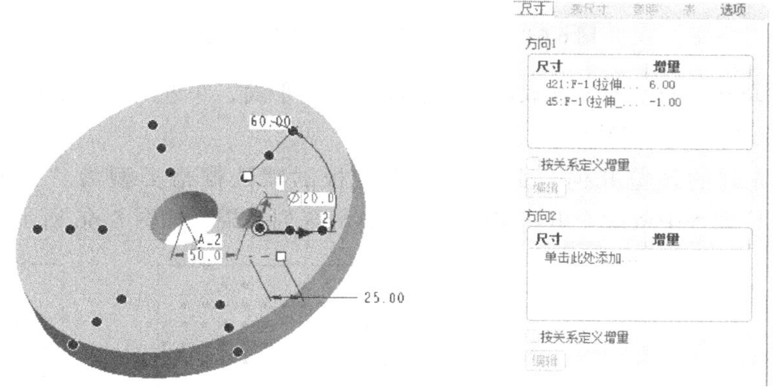

图 6-59 定义轴阵列的参照尺寸和增量

（3）在阵列操控板中，定义角度方向的阵列特征总数为 10，并单击按钮设定阵列角度范围为 270°，而将径向方向的阵列特征总数更改为 1，如图 6-60 所示。

图 6-60 定义轴阵列的特征总数和阵列范围

（4）单击特征操控板中的☑按钮，创建特征的螺旋型阵列，如图 6-61 所示。

例 6-4 利用填充阵列建立如图 6-62 所示的零件模型。

步骤一　打开范例文件

（1）单击图标工具栏中的按钮。

（2）在人民邮电出版社教学资源网下载的 sample 目录中打开文件“sample6-4.prt”，如图 6-63 所示。

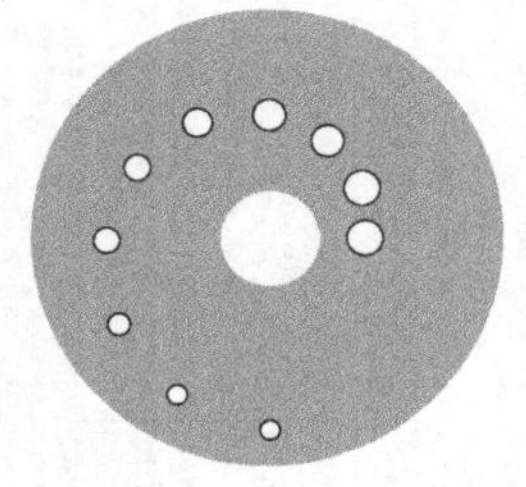

图 6-61　轴阵列的模型效果

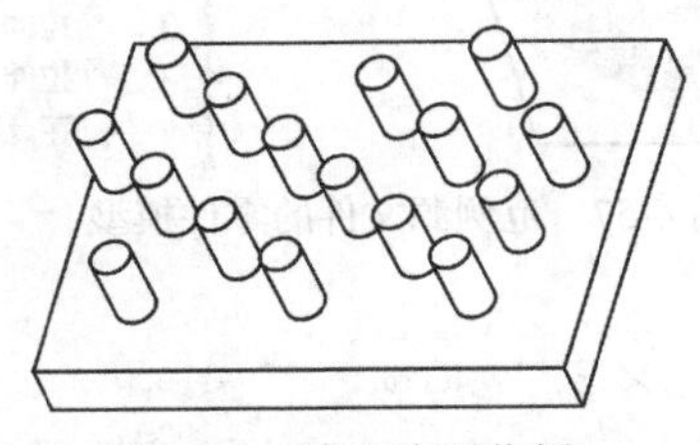
图 6-62　填充阵列范例

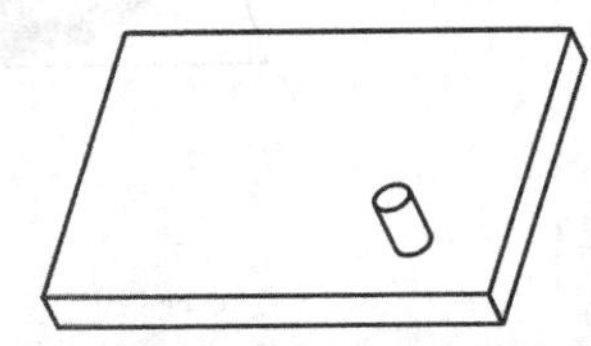
图 6-63　范例源文件的零件模型

步骤二　建立圆柱体特征的填充阵列

（1）在模型树或模型中选取圆柱体特征，单击特征工具栏中的按钮。

（2）在阵列操控板中选择“填充”阵列类型，然后打开“参照”下拉菜单并单击定义...按钮，如图 6-64 所示。

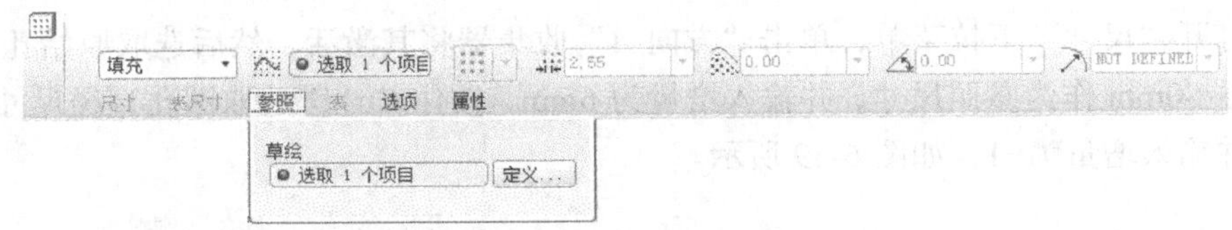

图 6-64　定义填充阵列的类型及草绘参照

（3）显示“草绘”对话框，选取模型上表面为草绘平面，并进入草绘模式绘制如图 6-65 所示的截面，然后单击按钮结束。

（4）显示阵列的预览几何，此时特征操控板的默认栅格类型为“正方形”，可以在正方形下拉列表中依次变更栅格模板观察各种阵列效果，如图 6-66 所示。

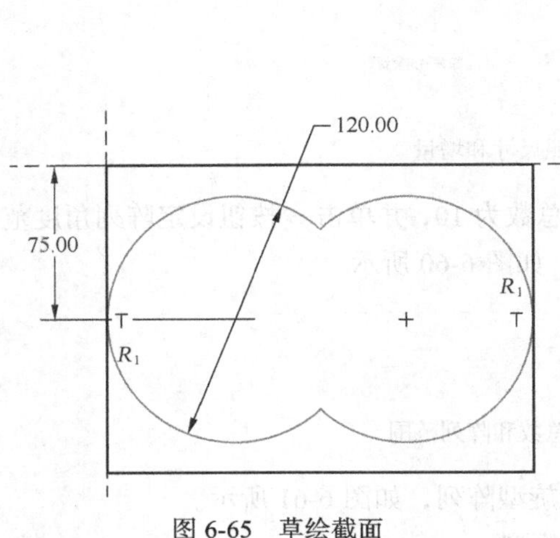

图 6-65　草绘截面

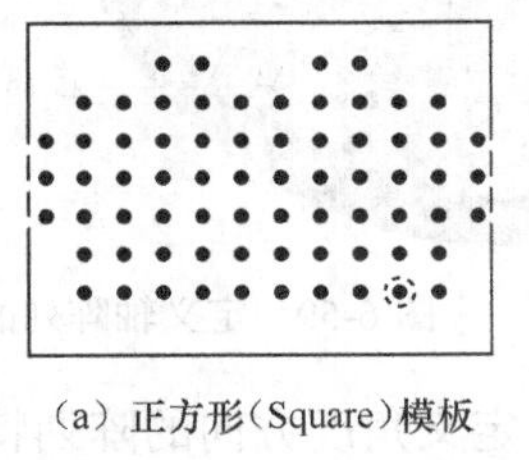
（a）正方形（Square）模板

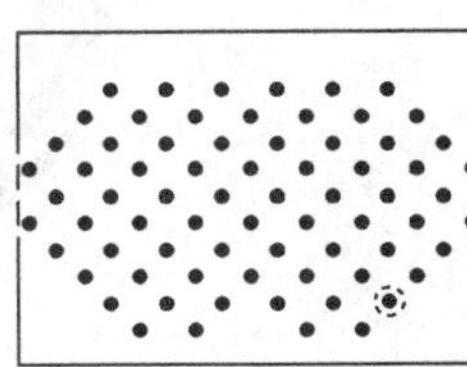
（b）菱形（Diamond）模板

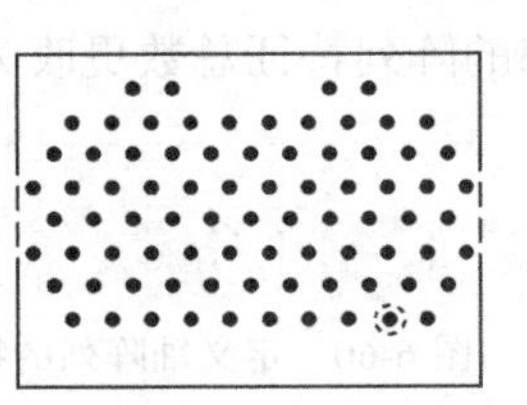
（c）三角形（Triangle）模板

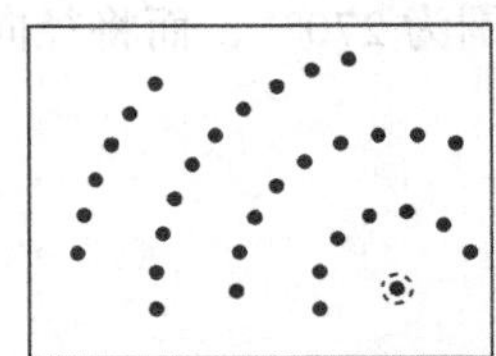
（d）圆形（Circle）模板

图 6-66　不同栅格类型的阵列效果

（5）选择“圆形”模板，并分别定义其他相关的参数，如图 6-67 所示。

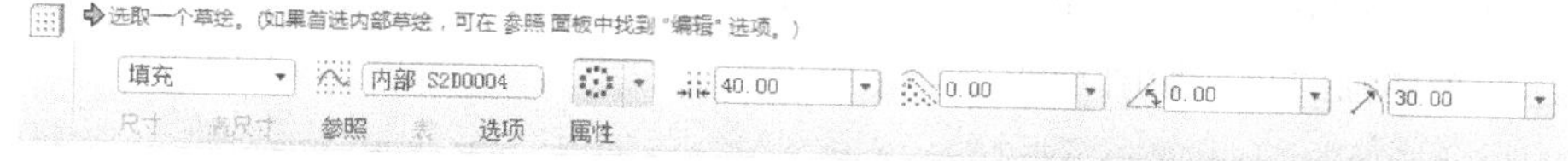

图 6-67　定义圆形栅格的各项阵列参数

（6）单击特征操控板中的☑按钮，创建特征的填充阵列，结果如图 6-68 所示。

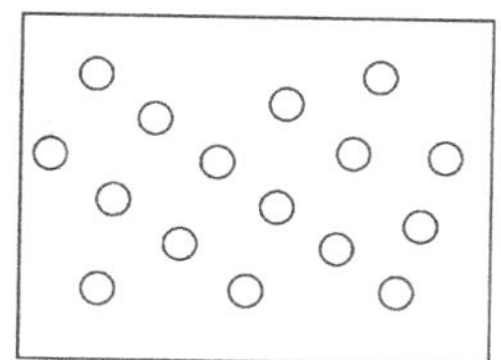

图 6-68　圆形栅格的填充阵列效果

6.3.4　局部组的阵列

在 Pro/E 系统中执行特征阵列，一次只能选取单个特征，而不能选取多个特征。如果要一次阵列多个特征，必须使用【组】(Group)命令。使用【组】命令可将多个特征合并为一个局部组，然后对组特征进行阵列和复制操作。

建立局部组特征时，要先选取欲进行组操作的多个特征，然后选择【编辑】(Edit)→【组】(Group)命令或者单击鼠标右键菜单中的【组】命令，系统即将选取的多个特征合并为一个组，且在模型树中显示“组 LOCAL_GROUP”特征，如图 6-69 所示。如果要取消所建立的局部组，可以单击鼠标右键并选择快捷菜单中的【分解组】(Ungroup)命令，即可取消群组中特征的合并关系。创建局部组时，必须按模型树列表的连续顺序来选取特征，也就是要求组成局部组的多个特征在模型树中必须两两相邻。

创建局部组的阵列时，可以选择【编辑】(Edit)→【阵列】(Pattern)命令，或者单击特征工具栏中的▦按钮来实现。此时，局部组的若干特征等同于单个特征，可以对组特征进行线性阵列或旋转阵列。如图 6-70 所示，使用【组】命令将拉伸、孔、倒角、倒圆角 4 个特征合并为一个组特征，然后建立该组特征的旋转阵列。

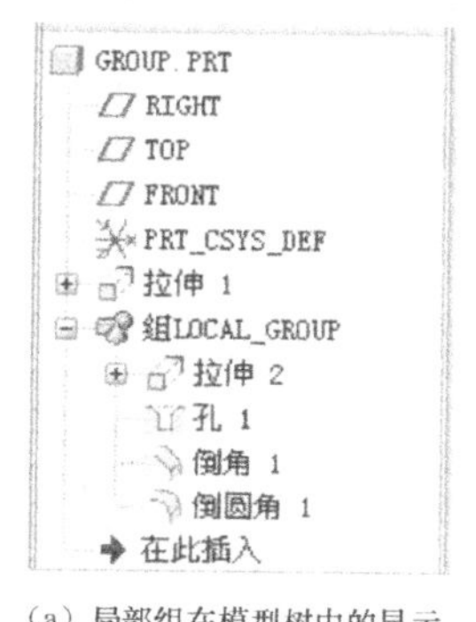

（a）局部组在模型树中的显示

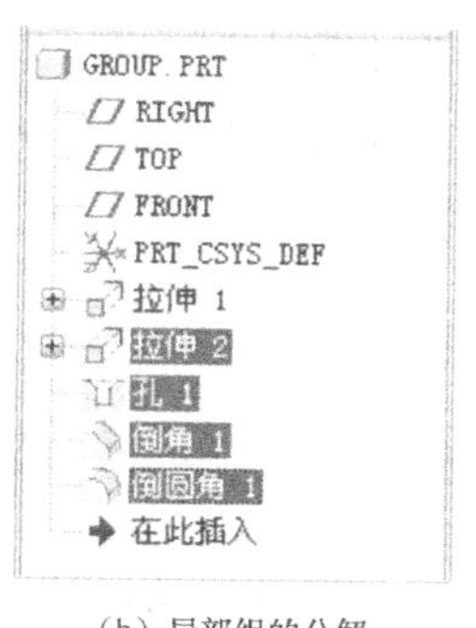

（b）局部组的分解

图 6-69　局部组特征在模型树中的显示

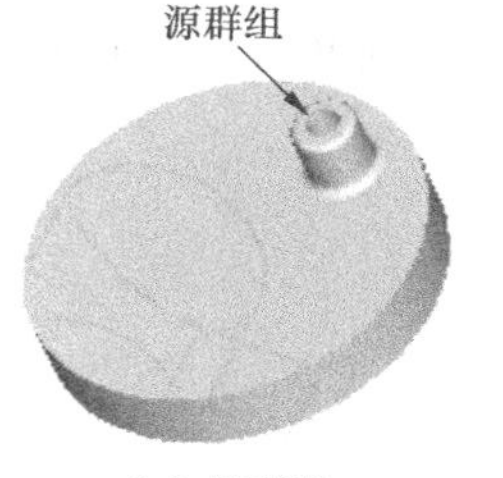

（a）源群组

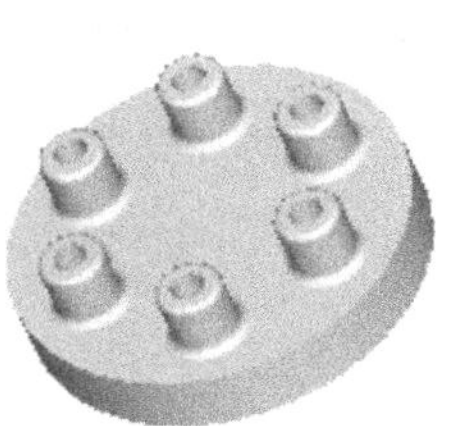

（b）阵列组

图 6-70　组特征的阵列

创建组特征的阵列后，各组特征在模型树中均归属于一个阵列特征，如图 6-71 所示。如果要打破组特征之间的阵列关系，可以右击菜单中的【取消阵列】(Unpattern) 命令，为每个阵列单元创建一个单独的组，如图 6-72 所示。

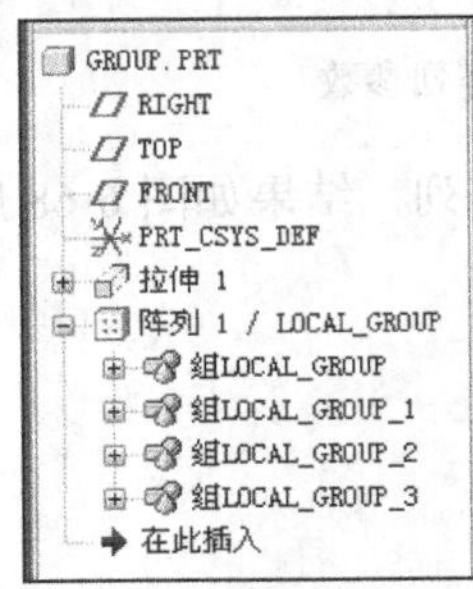

图 6-71　阵列组在模型树中的显示

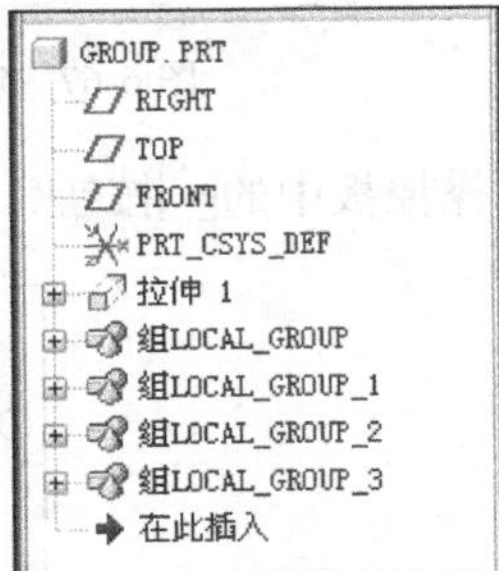

图 6-72　阵列组取消后的显示

6.4 合并

使用“合并”(Merge) 命令，可将选取的两个面组（曲面的集合）通过相交或连接合并为一个面组，或者将两个以上彼此邻接的面组通过连接合并为一个面组。此时，所选取的参照面组都将成为合并特征的父项，并且缺省情况下所选取的第一个面组将成为主参照面组，它确定合并面组的特征号。如果隐含主参照面组，则合并面组也会被隐含。如果删除合并特征，原始面组仍将保留。

6.4.1 合并特征操控板

选取两个面组进行合并时，系统会显示如图 6-73 所示的特征操控板，在“选项”下拉菜单中提供了求交（Intersect）和连接（Join）两种合并方法。

“求交”表示所创建的面组是由两相交曲面的修剪部分组成的，生成具有修剪效果的合并，如图 6-74 所示；“连接”表示只将两个相邻接的曲面合并在一起，不执行修剪。通常，若两个要合并的面组是具有共同边的相邻曲面，多使用“连接”方式；若两个曲面相交或相互交叉则使用“求交”方式，此时系统将在相交边界执行修剪。

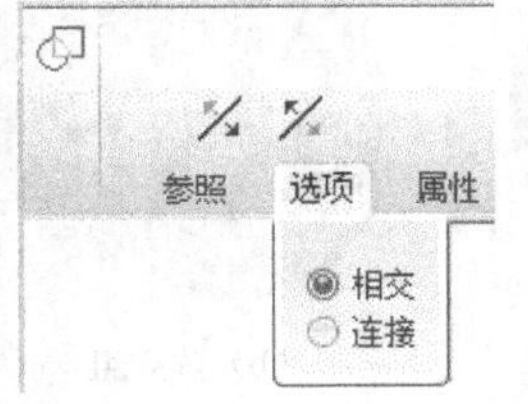

图 6-73　合并特征操控板

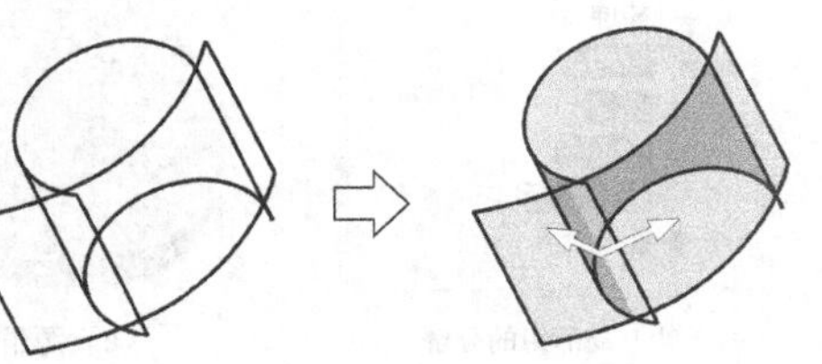

图 6-74　求交形式的合并

如要更改合并特征的主参照面组，可单击“参照”（References）下拉菜单的按钮来实现，如图 6-75 所示。

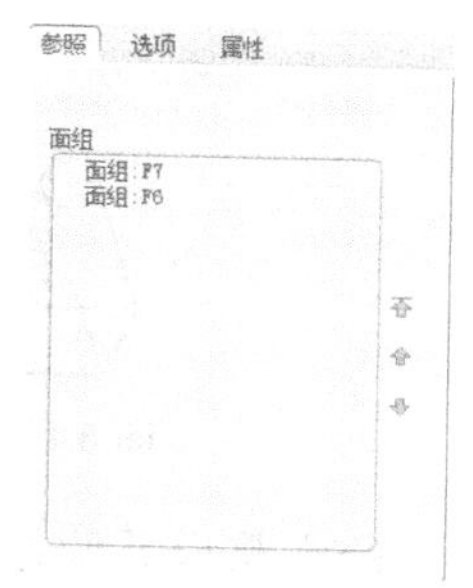

图 6-75 默认主参照面组的更换

6.4.2 合并操作流程

创建合并特征时，要先选取两个面组，然后选择【编辑】（Edit）→【合并】（Merge）命令或者单击按钮，之后系统会以网格面预览出曲面合并的效果。此时，单击特征操控板中的按钮可切换两曲面在相交线的保留侧，从而改变曲面合并的效果。

如果要选取两个以上的面组进行合并，则这些面组的单侧边应彼此邻接，此时系统默认采用“连接”方式，且按照这些面组在“面组”收集器中的显示顺序执行合并。也就是说，“面组”收集器中的面组必须根据它们的邻接关系循序排列。

例 6-5 利用曲面合并功能建立如图 6-76 所示的零件。

（1）新建零件文件“sample6-5.prt”，创建一个尺寸为 20mm × 12mm × 5mm 的长方体作为零件底座，如图 6-77 所示。

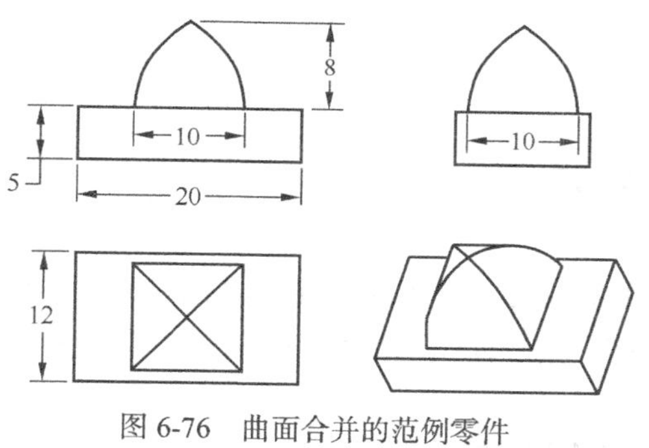

图 6-76 曲面合并的范例零件

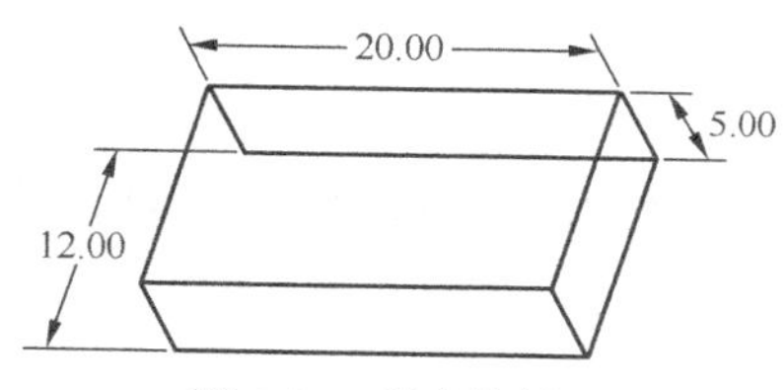

图 6-77 底座特征

（2）建立第 1 个拉伸曲面特征：单击特征工具栏中的按钮，在特征操控板中选择按钮以创建曲面，然后打开“放置”下拉菜单并选取底座前侧面为草绘平面、顶面为参考平面，进入草绘模式绘制如图 6-78 所示的截面。在特征操控板中设定深度选项为，并选取底座后侧面作为特征拉伸的终止面，得到如图 6-79 所示的曲面特征。

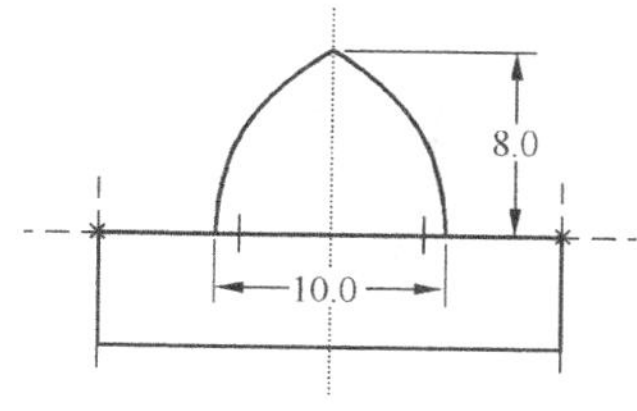

图 6-78 拉伸曲面的特征截面

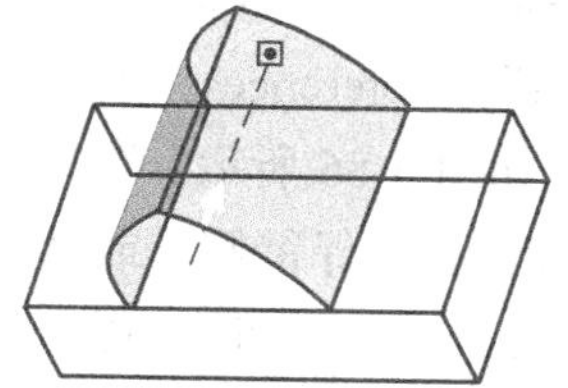
图 6-79 第 1 个拉伸曲面

（3）采用同样的方法以底座右侧面为草绘平面创建另一个拉伸曲面，如图 6-80 所示。

（4）合并曲面：按住 Ctrl 键选取两个拉伸曲面，然后选择【编辑】（Edit）→【合并】（Merge）命令，打开“选项”下拉菜单选取“求交”方式，并单击按钮设置合适的曲面保留侧，然后单击特征操控板中的按钮结束，模型效果如图 6-81 所示。

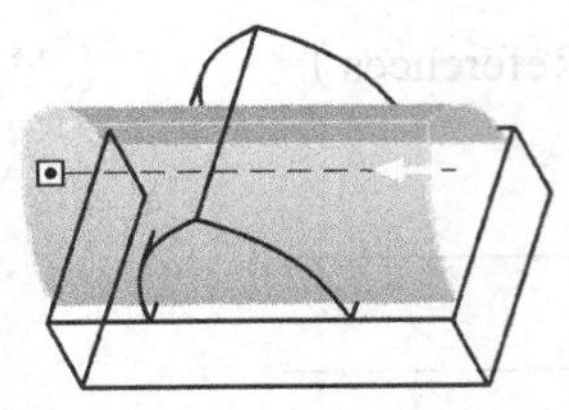
图 6-80　第 2 个拉伸曲面

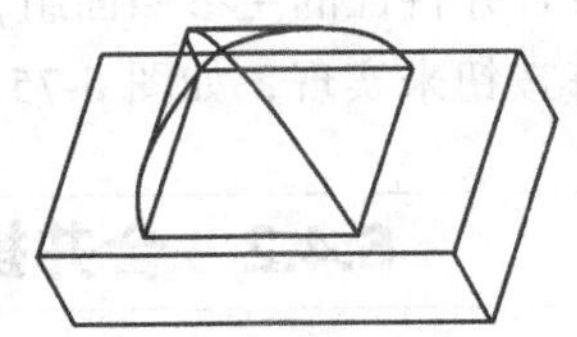
图 6-81　合并后的曲面效果

（5）将合并的封闭面组转化为实体：选取合并后的面组，然后选择【编辑】（Edit）→【实体化】（Solidify）命令并在特征操控板中选择按钮，如图 6-82 所示。单击按钮使材料向曲面内部生长，将合并曲面所形成的封闭区域转换成所需的实体，如图 6-83 所示。

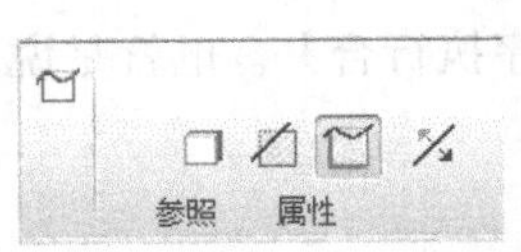

图 6-82　实体化的特征操控板

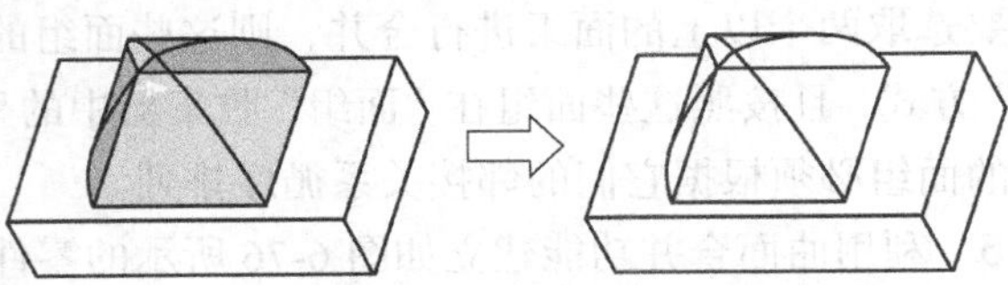
图 6-83　将曲面转换成实体

6.5 修剪

使用“修剪”（Trim）命令可剪切或分割面组或曲线，以创建特定的曲面或曲线形状，如图 6-84 所示。Pro/E 系统允许选取相交的面组或基准平面，或者面组上的基准曲线为修剪对象。

6.5.1 修剪特征操控板

修剪面组或曲线时，要求先选取要修剪的面组或曲线，再选择【编辑】（Edit）→【修剪】（Trim）命令或者单击按钮，系统会显示如图 6-85 所示的修剪特征操控板。

此时，单击修剪对象收集器可将其激活，可以添加、移除或重定义修剪对象参照，或者打开“参照”（References）下拉菜单来定义修剪对象参照，如图 6-86 所示。单击按钮可更改被修剪曲面或曲线的保留侧，或两侧均保留。当使用曲面作为修剪对象时，可打开“选项”（Options）下拉菜单启用“薄修剪”（Thin Trim），如图 6-87 所示。“薄修剪”允许指定修剪的厚度尺寸及控制曲面拟合要求。

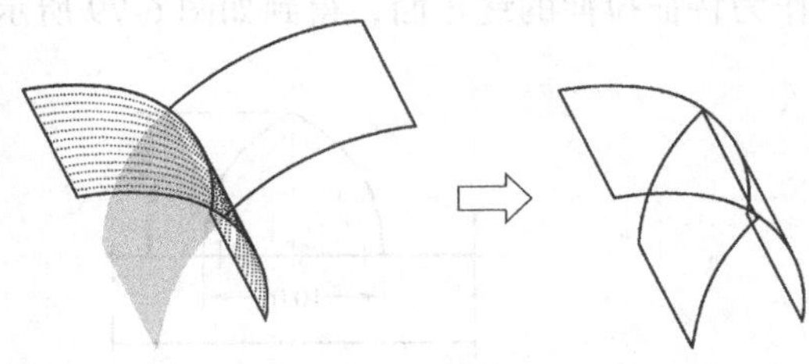
图 6-84　曲面的修剪

修剪弯曲曲面时，如果选取基准平面或平曲面作为修剪对象，如图 6-88 所示，可单击特征操控板中的按钮启用“侧面影像”修剪功能。此时，系统将沿垂直于参照平面的视角方向投影，使用弯曲曲面的投影外廓线（即棱线）来执行曲面的修剪，而不是沿选取的基准平面或平曲面来修剪曲面，如图 6-89 所示。

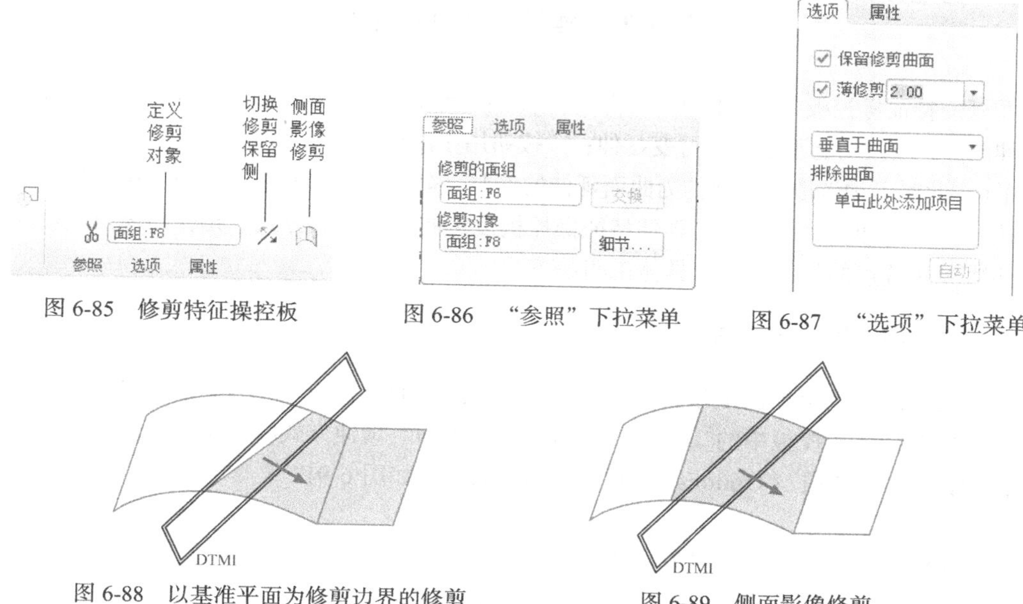

图 6-85　修剪特征操控板　　图 6-86　“参照”下拉菜单　　图 6-87　“选项”下拉菜单

图 6-88　以基准平面为修剪边界的修剪　　图 6-89　侧面影像修剪

6.5.2　修剪操作流程

修剪面组或曲线时，其操作的一般流程如下。

（1）选取要修剪的面组或曲线。

（2）选择【编辑】(Edit)→【修剪】(Trim)命令或者单击按钮，显示修剪特征操控板。

（3）选取要用作修剪对象的曲线、平面或面组。

（4）当使用面组作为修剪对象时，可打开“选项”(Options)下拉菜单勾选“薄修剪”(Thin Trim)复选框，并指定修剪厚度尺寸和控制的拟合要求。

（5）如果要使用“侧面影像”修剪曲面，可单击特征操控板中的按钮显示弯曲曲面的侧面影像。

（6）单击操控板中的按钮，指定要保留的修剪曲面侧，或两侧均保留。

（7）单击操控板中的按钮预览修剪几何，或者单击按钮执行修剪。

6.6　延伸

使用“延伸”(Extend)命令可将曲面延伸到指定距离或延伸至一个平面。执行曲面延伸时，必须先选取要延伸的曲面边界链，然后选择【编辑】(Edit)→【延伸】(Extend)命令或单击按钮，系统显示如图 6-90 所示的延伸特征操控板。

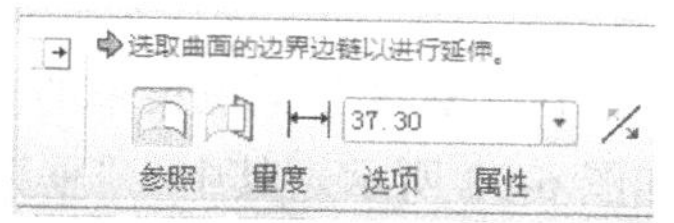

图 6-90　延伸特征操控板

6.6.1 延伸特征操控板

在延伸特征操控板中，按钮用于沿原始曲面延伸曲面边界链，此时可在列表框中输入恒定的延伸距离，但该功能不适用于可变延伸；按钮用于沿指定平面的垂直方向延伸曲面边界链至参照平面，此时必须选取某平面作为曲面延伸的参照；按钮用于反转与边界链相关的延伸方向。

执行曲面延伸时，必须利用延伸特征操控板设定曲面延伸的方式、延伸距离及其度量基准和延伸边界两端点的延伸方向，具体说明如下。

1. 设定曲面延伸方式

曲面延伸时，系统提供了相同、相切、逼近和到平面 4 种方式。执行前 3 种曲面延伸方式时，必须单击特征操控板中的按钮，而执行“到平面”延伸方式时必须单击按钮，然后打开特征操控板的“选项”（Options）下拉菜单进行设定，如图 6-91 所示。

选项
属性
方法
相同
拉伸
相同
相切
沿着
逼近
拉伸第二侧
沿着
边:F6(拉伸_1)

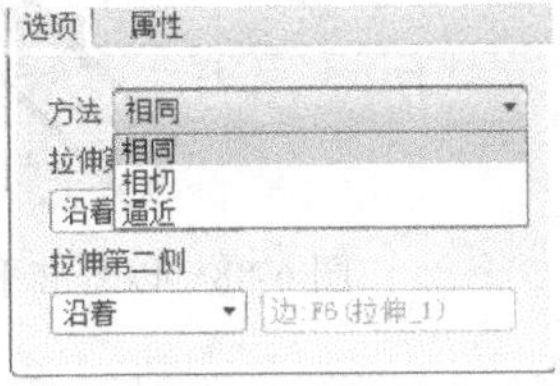

图 6-91 曲面延伸方式的设定

相同（Same）延伸：为系统默认方式，用于创建与原始曲面相同类型的延伸曲面，如平面、圆柱、圆锥或样条曲面。

相切（Tangent）延伸：用于创建与原始曲面相切的直纹曲面。

逼近（Approximate）延伸：用于创建原始曲面的边界边与延伸边之间的边界混合曲面。当曲面延伸至不在一条直边上的顶点时，此方法很有用。

到平面（To Plane）延伸：用于沿指定平面的垂直方向，延伸曲面边界链至指定的参照平面。

2. 设定延伸距离及其度量基准

Pro/E 系统支持恒定距离和可变距离的曲面延伸。执行时，可打开延伸特征操控板的“量度”（Measurements）下拉菜单进行设定，如图 6-92 所示。在默认情况下，系统只添加一个测量点，并按相同的距离延伸整个边界链以创建恒定延伸。如要创建可变延伸，可沿选定边界链添加测量点并调整其延伸距离值。延伸距离可输入正值或负值，但输入负值会使延伸方向指向边界边链的内侧或导致曲面被修剪。

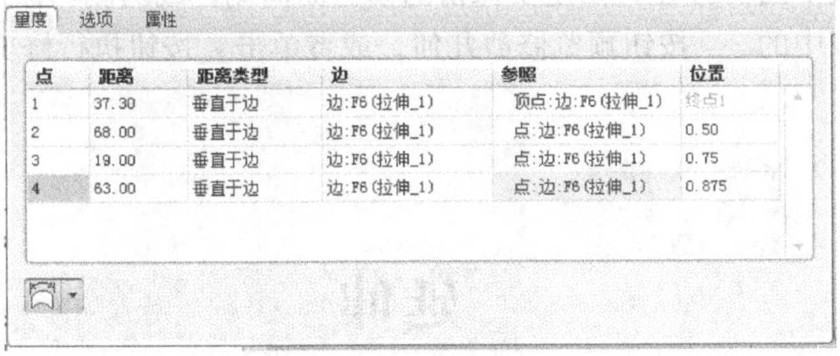

量度
选项
属性
点
距离
距离类型
边
参照
位置
1
37.30
垂直于边
边:F6(拉伸_1)
顶点:边:F6(拉伸_1)
终点1
2
68.00
垂直于边
边:F6(拉伸_1)
点:边:F6(拉伸_1)
0.50
3
19.00
垂直于边
边:F6(拉伸_1)
点:边:F6(拉伸_1)
0.75
4
63.00
垂直于边
边:F6(拉伸_1)
点:边:F6(拉伸_1)
0.875

图 6-92 设置可变距离的曲面延伸

在“量度”下拉菜单的“距离类型”框中可设定测量延伸距离的方式，如图 6-93 所示。其中，“垂直于边”（Normal to Edge）表示垂直于边界边来测量延伸距离，如图 6-94（a）所示；“沿边”（Along Edge）表示沿侧边测量指定点的延伸距离，如图 6-94（b）所示；“至顶点平行”（To Vertex Parallel）

距离类型
垂直于边
垂直于边
沿边
至顶点平行
至顶点相切

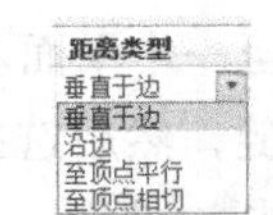

图 6-93 测量延伸距离的方式

表示延伸边至顶点处且平行于边界边，如图 6-94（c）所示；“至顶点相切”（To Vertex Tangent）表示延伸边至顶点处且与下一单侧边相切，如图 6-94（d）所示。

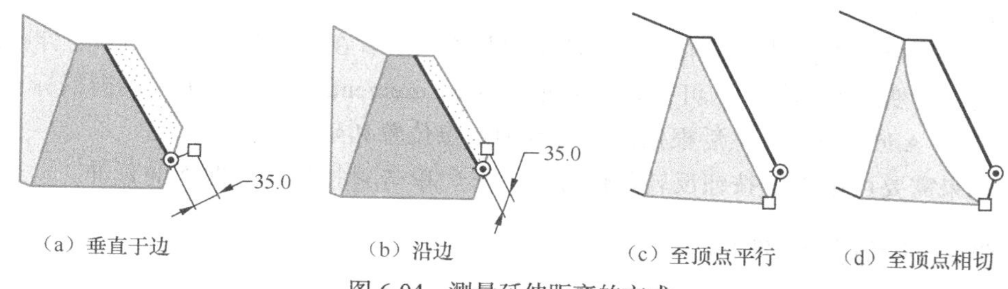

图 6-94　测量延伸距离的方式

另外，在“量度”下拉菜单中单击按钮可设定延伸距离的度量基准：按钮表示以欲延伸的曲面为基准来测量延伸距离，如图 6-95 所示；按钮表示以选定的基准平面或平面为基准来测量延伸距离，系统将投影延伸曲面至选定的度量基准上以计算其延伸距离值，如图 6-96 所示。

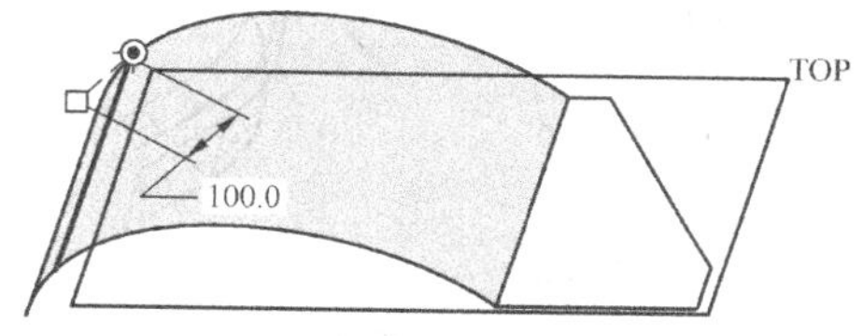

图 6-95　沿曲面测量延伸距离

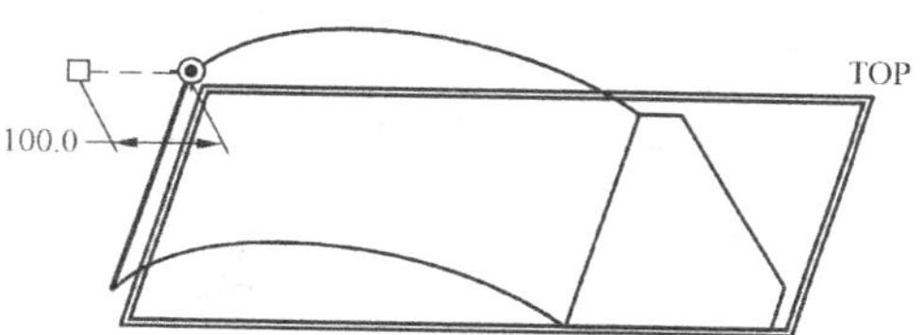

图 6-96　以投影平面测量延伸距离

3. 设定延伸边界侧的延伸方向

在延伸特征操控板的“选项”（Options）下拉菜单中，系统提供了两种方式来设定延伸边界侧的延伸方向，如图 6-97 所示。其中，“沿着”（Along）表示沿选定的侧边创建延伸侧；“垂直于”（Normal to）表示垂直于相连接的边界创建延伸侧，如图 6-98 所示。

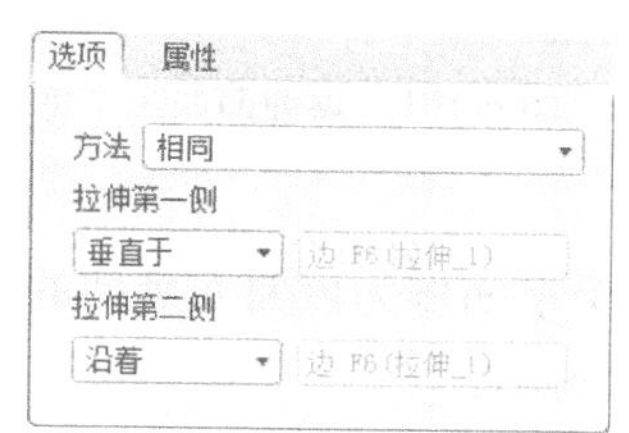

图 6-97　边界端点的延伸方向

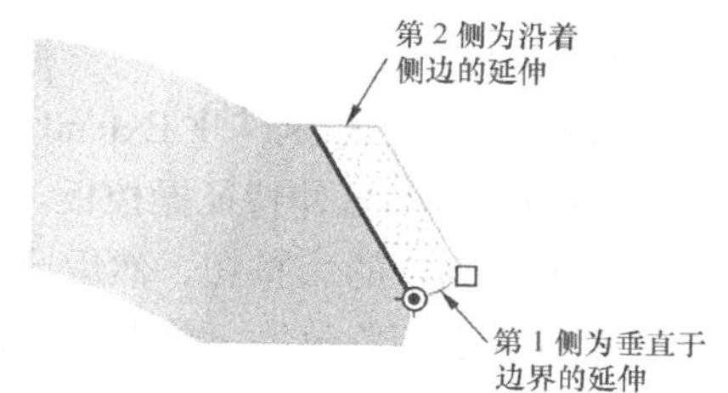

图 6-98　端点延伸方向的不同设定

6.6.2　延伸操作流程

1. 创建相同曲面延伸

创建相同曲面延伸时，延伸的曲面仍保持原始曲面的半径或走势，如图 6-99 所示，具体操作步骤如下。

（1）选取要延伸的曲面边界链。

（2）选择【编辑】（Edit）→【延伸】（Extend）命令或者单击按钮，打开延伸特征操控板。

（3）单击“选项”（Options）下拉菜单，指定为“相同”（Same）方式并依次定义各延伸边界侧的延伸方向。

（4）在图形窗口中拖动控制滑块调整延伸的距离，或者在特征操控板中输入延伸距离值。

（5）创建可变距离延伸时，可打开“量度”（Measurements）下拉菜单并单击鼠标右键菜单中的【添加】（Add）命令，然后根据需要设置测量点位置和延伸距离值。

（6）如果需要可单击按钮反转延伸方向，然后单击按钮完成曲面的延伸。

2. 创建相切曲面延伸

使用“相切”（Tangent）方式可沿曲面创建相切曲面延伸，其操作步骤与相同曲面延伸类似，只是延伸后的曲面与原始曲面相切，如图 6-100 所示，这里不再详述。

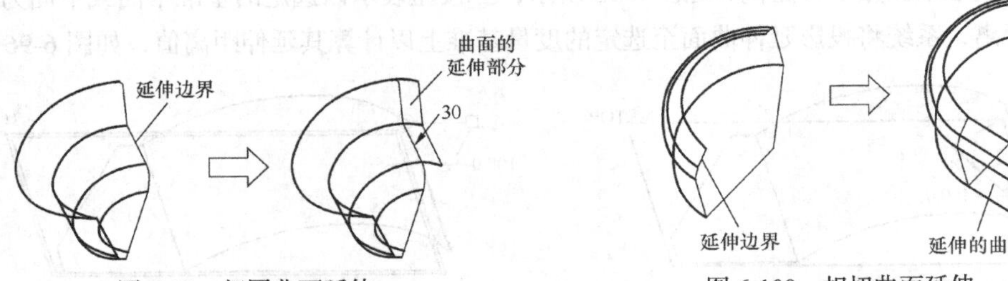

图 6-99 相同曲面延伸

图 6-100 相切曲面延伸

3. 创建到平面的曲面延伸

单击延伸特征操控板中的按钮，可将曲面的选定边界链延伸至指定的参照平面，并且延伸方向与该平面垂直，如图 6-101 所示。

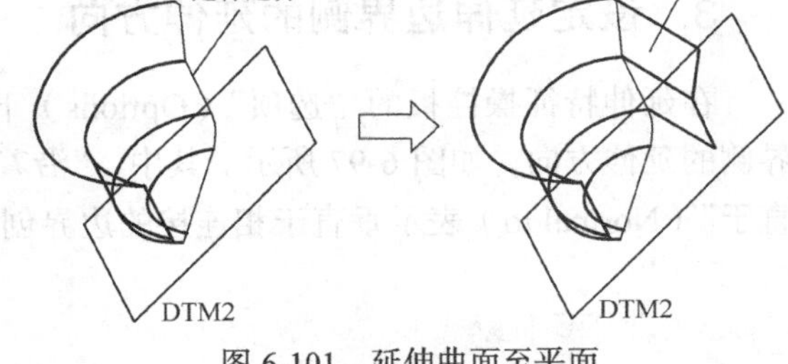

图 6-101 延伸曲面至平面

创建到平面的曲面延伸，其操作步骤如下。

（1）选取要延伸的曲面边界链。

（2）选择【编辑】（Edit）→【延伸】（Extend）命令或者单击按钮，打开延伸特征操控板。

（3）单击特征操控板中的按钮，然后选取或建立一个平面作为该曲面延伸的终止处。

（4）系统显示延伸的预览效果，单击按钮完成曲面的延伸。

6.7 偏移

使用【偏移】（Offset）命令，可将一个曲面或一条曲线偏移恒定距离或可变距离以产生一个新的特征。根据选取的对象不同，系统将显示不同选项内容的特征操控板，且可以创建偏移曲面、偏移曲线和偏移边界曲线 3 种不同类型的偏移特征。

6.7.1 偏移特征操控板

1. 偏移曲面

选取一个曲面，然后选择【编辑】(Edit)→【偏移】(Offset)命令或者单击按钮，将显示如图6-102所示的偏移特征操控板。

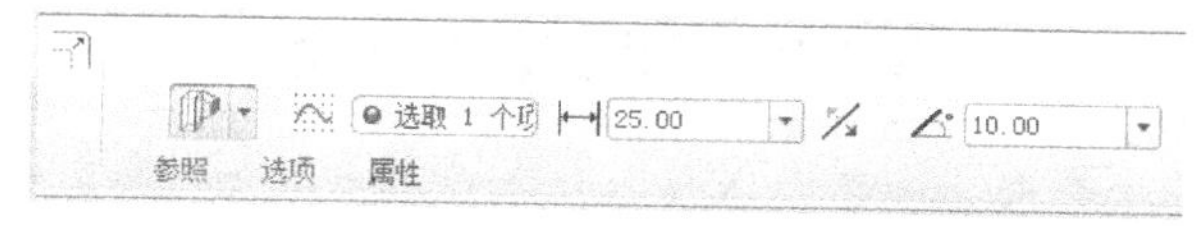

图6-102 偏移曲面时的特征操控板

在特征操控板中，偏移类型下拉列表中提供了4种不同的偏移曲面类型。

标准偏移：用于创建标准偏移，即偏移一个面组、曲面或实体面，生成的曲面特征在模型树中以图标标识。

展开偏移：用于创建展开偏移，即在封闭面组或实体草绘的选定面之间创建一个连续体积块，生成的曲面特征在模型树中以图标标识。当使用【草绘区域】(Sketched Region)选项时，将在开放面组或实体曲面的选定面之间创建连续的体积块。

拔模偏移：用于创建带有拔模斜度的偏移，即偏移包括在草绘内部的面组或曲面区域并拔模侧曲面，或者创建直的或相切侧曲面轮廓，生成的曲面特征在模型树中以图标标识。

替换偏移：用于创建替换偏移，即用面组或基准平面替换实体面，生成的曲面特征在模型树中以图标标识。

对于特征操控板中的其他选项，这里予以简单说明。

选取 1 个项：草绘参照收集器，用于定义曲面偏移的草绘区域，仅适于展开偏移和拔模偏移。

25.00：用于定义曲面的偏移值，并可以单击按钮反转偏移方向，仅适于标准、展开和拔模偏移。

10.00：用于定义偏移的拔模斜度值，仅适于拔模偏移。

1个项目：替换面组收集器，用于选取基准平面或面组来替换指定的实体曲面，仅适于替换偏移。

2. 偏移曲线

选取一条基准曲线，然后选择【编辑】(Edit)→【偏移】(Offset)命令或者单击按钮，将显示如图6-103所示的偏移特征操控板，可在指定的方向偏移曲线或曲面的单侧边。

在该特征操控板中，偏移类型下拉列表中提供了两种曲线偏移方式，其中按钮表示沿参照曲面偏移曲线，按钮表示垂直于参照曲面偏移曲线；1个项目用于定义曲线偏移的参照曲面；25.00用于定义偏移的距离值，并允许反转偏移的方向。

3. 偏移边界曲线

选取曲面的一条单侧边，然后选择【编辑】(Edit)→【偏移】(Offset)命令或者单击按钮，将显示如图6-104所示的偏移特征操控板。此时，可通过输入偏移距离值创建一个等距离的偏移曲线，或者通过“量度”（Measurements）下拉菜单定义测量表创建一个可变距离的偏移曲线。

图 6-103　偏移曲线时的特征操控板

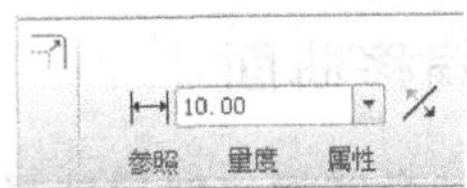

图 6-104　偏移边界曲线时的特征操控板

6.7.2　偏移操作流程

1. 创建标准偏移曲面

（1）选取一个曲面，然后选择【编辑】（Edit）→【偏移】（Offset）命令，显示偏移特征操控板，如图 6-105 所示。

（2）在偏移类型下拉列表中选择按钮，并在偏移距离列表框中输入所需的偏移值。此时，系统会平行于参照曲面显示出偏移曲面的预览几何。

（3）拖曳控制滑块或双击尺寸并输入新的尺寸值，调整偏移距离和方向。

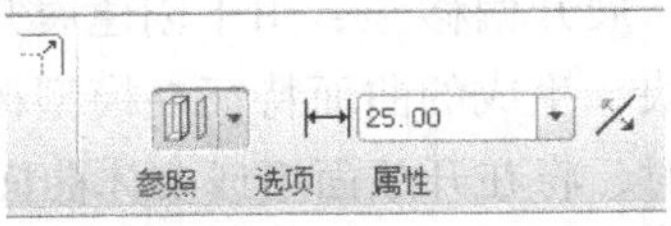

（4）要反转偏移的方向，可单击特征操控板中的按钮，或者右击菜单中的【反向侧】（Flip）命令。

图 6-105　创建标准偏移时的特征操控板

（5）要定义偏移曲面的方向，可在“选项”（Options）下拉菜单中进行设定，如图 6-106 所示，并且允许删除或添加偏移曲面的参照。其中，“垂直于曲面”（Normal to Surface）表示垂直于参照曲面或面组偏移曲面；“自动拟合”（Automatic Fit）表示自动确定坐标系并沿其轴偏移曲面；“控制拟合”（Controlled Fit）表示相对于指定坐标系缩放原始曲面，并沿指定轴平移来创建一个最佳拟合的偏移曲面。

（6）如果要创建带有侧面组的偏移曲面，如图 6-107 所示，可在“选项”（Options）下拉菜单中勾选“创建侧曲面”（Create Side Surface）复选框。

（7）单击特征操控板中的按钮，创建所定义的偏移曲面。

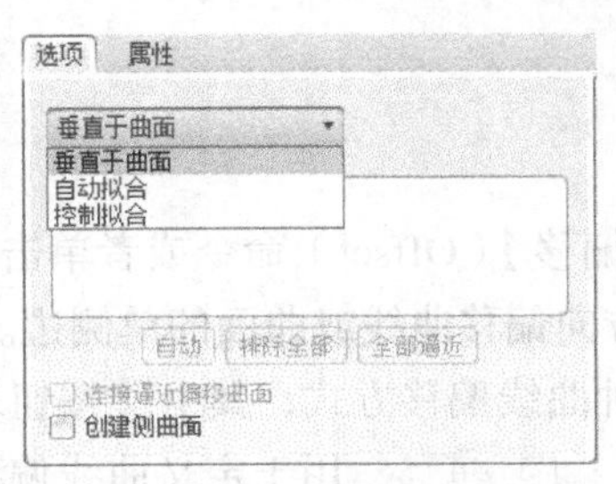

图 6-106　定义曲面的偏移方向

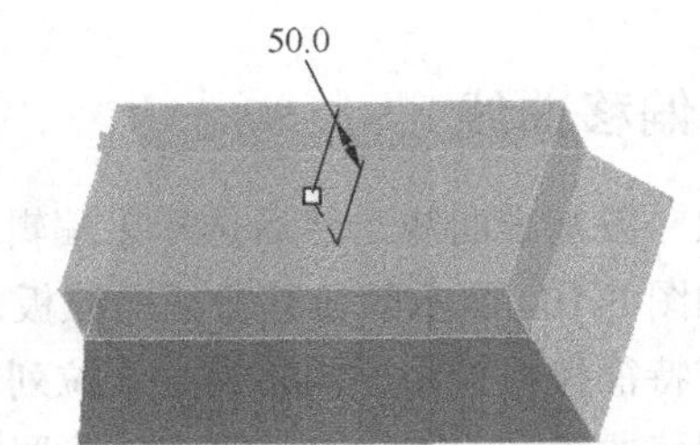

图 6-107　创建带有侧面组的偏移曲面

2. 创建展开偏移曲面

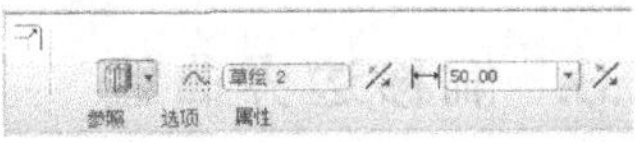

图 6-108　曲面展开偏移的特征操控板

（1）选取一个曲面，然后选择【编辑】（Edit）→【偏移】（Offset）命令，显示偏移特征操控板，如图 6-108 所示。

（2）在偏移类型下拉列表中选择▯按钮，并在偏移距离列表框中输入所需的偏移值。

（3）打开“选项”（Options）下拉菜单，设定偏移方法及其他选项，如图 6-109 所示。其中，“垂直于曲面”（Normal to Surface）表示垂直于原始曲面进行偏移；“平移”（Translate）表示沿指定的方向平移曲面。

（4）根据偏移方法的设定，草绘截面定义偏移的区域，或者选取平面、平整的表面、线性曲线或边、轴或坐标系轴作为平移的方向参照。

（5）单击特征操控板中的✓按钮，创建所定义的偏移曲面，如图 6-110 所示。

3. 创建带有拔模斜度的偏移曲面

（1）选取一个曲面，然后选择【编辑】（Edit）→【偏移】（Offset）命令，显示如图 6-111 所示的偏移特征操控板。

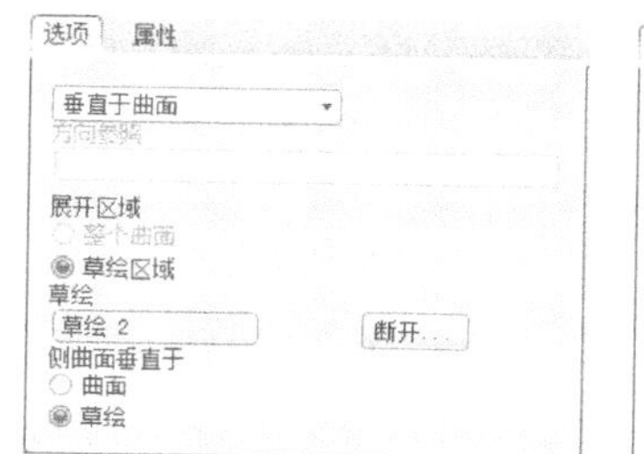

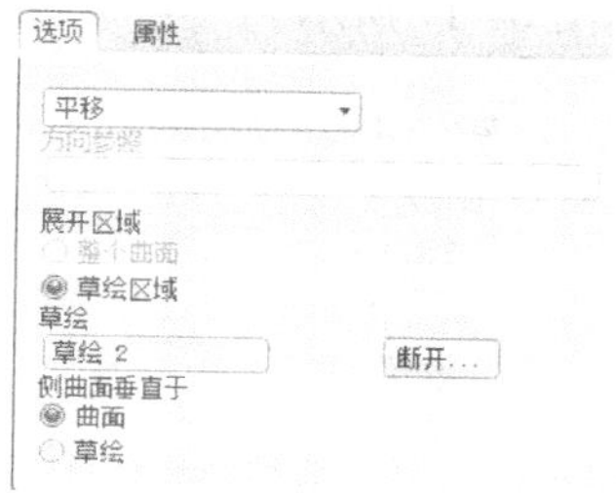

图 6-109　“选项”下拉菜单的不同设定

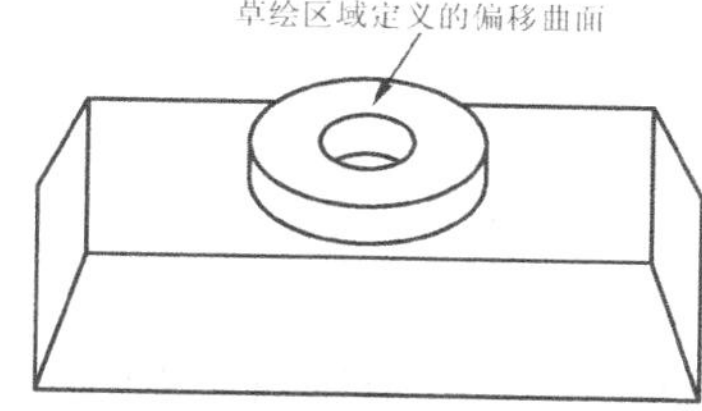

图 6-110　创建草绘区域的展开偏移

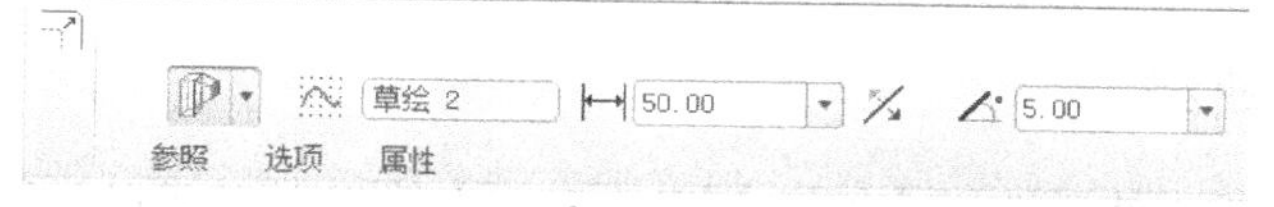

图 6-111　创建带有拔模偏移曲面的特征操控板

（2）在偏移类型下拉列表中选择▯按钮，然后选取现有的草绘曲线或者打开如图 6-112 所示的“参照”（References）下拉菜单草绘截面，以定义曲面偏移的区域。

（3）在偏移距离列表框中输入所需的偏移值。

（4）打开“选项”（Options）下拉菜单，指定曲面的偏移方法、侧曲面及侧轮廓的类型，如图 6-113 所示。

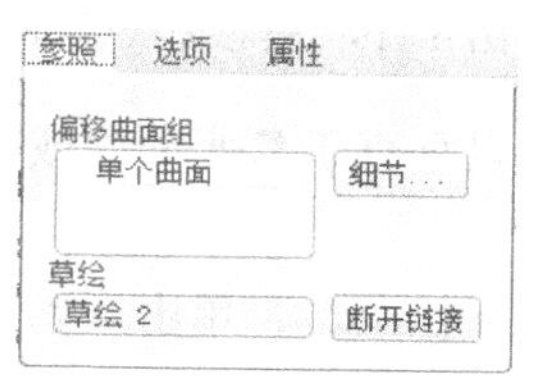

图 6-112　拔模偏移的参照面板

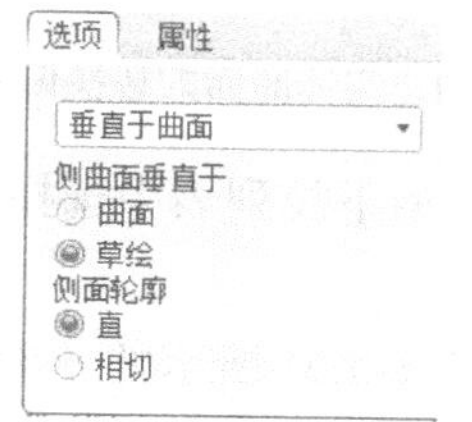

图 6-113　拔模偏移的选项面板

其中，“垂直于曲面”（Normal to Surface）表示垂直于参照曲面进行偏移，“平移”（Translate）表示沿指定方向平移并保留参照曲面的形状和尺寸；而设定侧曲面类型时，“曲面”（Surface）和“草绘”（Sketch）分别表示垂直于曲面或草绘偏移侧曲面；设定侧轮廓类型时，“直的”（Straight）表示创建直的侧曲面，“相切”（Tangent）表示为侧曲面和相邻曲面创建圆角。

（5）在操控板的角度列表框中输入拔模斜度值，或者在图形窗口中拖曳控制滑块调整尺寸，然后单击按钮创建偏移曲面，如图 6-114 所示。

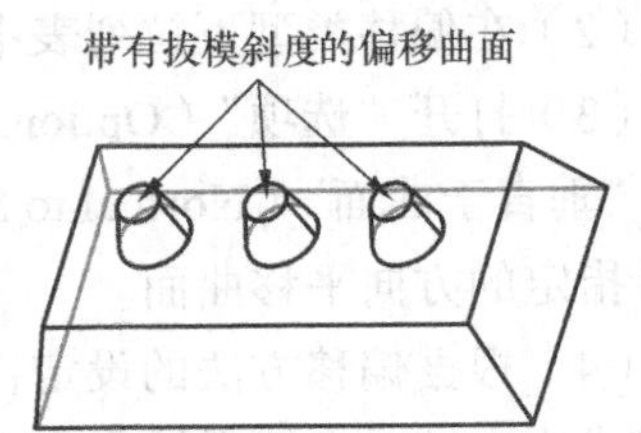

图 6-114　创建带有拔模斜度的偏移曲面

4. 使用替换创建偏移

（1）选取一个实体曲面，然后选择【编辑】（Edit）→【偏移】（Offset）命令，显示如图 6-115 所示的偏移特征操控板。

（2）在偏移类型下拉列表中选择按钮，打开如图 6-116 所示的“参照”（References）下拉菜单，单击“替换面组”收集器将其激活，并在模型中选取替换面组或基准平面。

（3）如果要保留选定的替换面组，可打开“选项”（Options）下拉菜单勾选“保持替换面组”（Keep Replace Quilt）复选框，如图 6-117 所示。

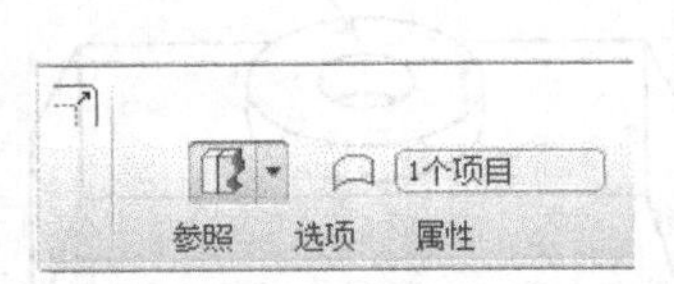

图 6-115　替换偏移的特征操控板

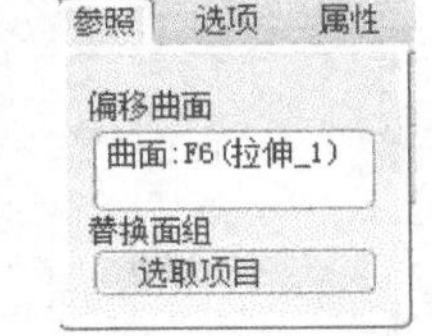

图 6-116　替换偏移的参照面板

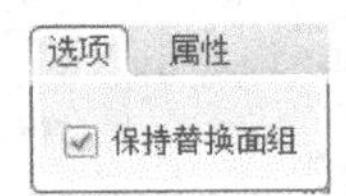

图 6-117　替换偏移的选项面板

（4）单击特征操控板中的按钮，完成实体曲面的替换偏移，如图 6-118 所示。

5. 创建偏移曲线

（1）选取一条曲线，然后选择【编辑】（Edit）→【偏移】（Offset）命令，显示如图 6-119 所示的偏移特征操控板。

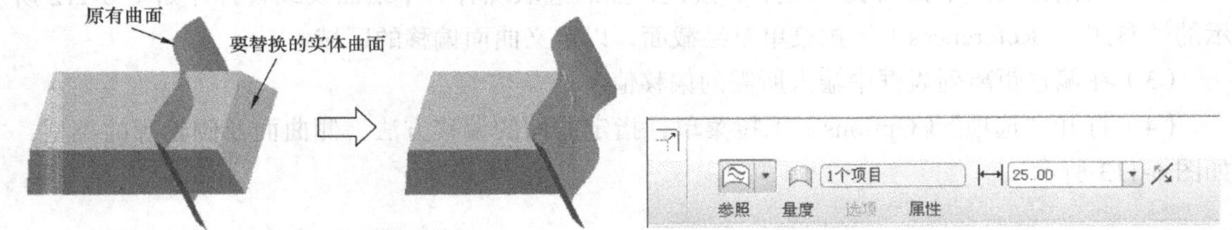

图 6-118　创建实体曲面的替换偏移

图 6-119　偏移曲线的特征操控板

（2）在偏移类型下拉列表中选择按钮或按钮，以垂直于参照曲面或沿参照曲面进行偏移。

（3）打开如图 6-120 所示的“参照”（References）下拉菜单，单击“参照面组”收集器将其激活，选取一个面组或曲面作为偏移值的参照。默认情况下，偏移曲线所在的面组或曲面会被选作参照。

（4）在对话栏的 50.00 列表中输入偏移距离值，或者单击按钮反转偏移方向。

（5）垂直于参照曲面进行偏移时，可打开“选项”（Options）下拉菜单激活“图形”（Graph）收集器，如图 6-121 所示，选取或创建一个图形作为偏移参照。

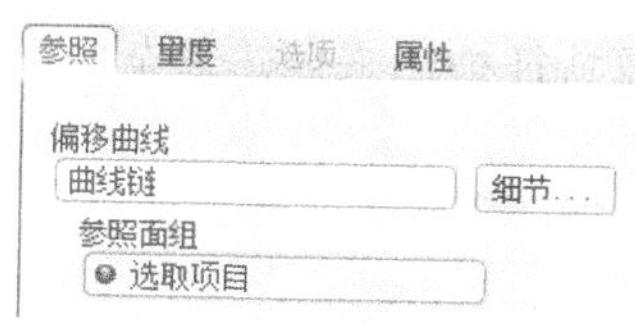

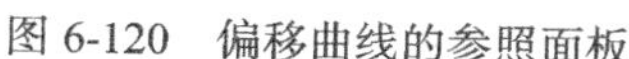

图 6-120　偏移曲线的参照面板

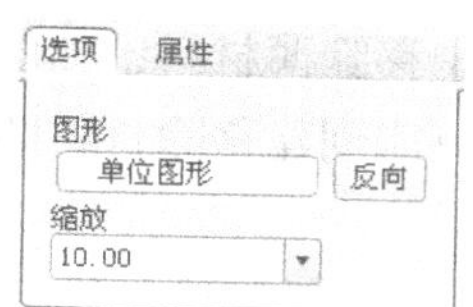

图 6-121　偏移曲线的选项面板

（6）沿参照曲面进行偏移时，可打开“量度”（Measurements）下拉菜单设定测量类型，如图 6-122 所示，并定义一个等距离或可变距离的偏移。设定测量类型时，有（垂直于曲线）或（平行于平面）两种方式，如果设定为则必须选取参照平面。

（7）单击特征操控板中的按钮完成曲线的偏移，如图 6-123 所示。

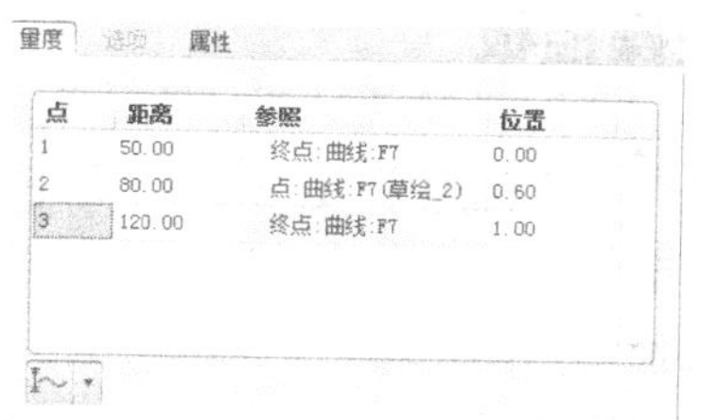

图 6-122　偏移曲线的量度面板

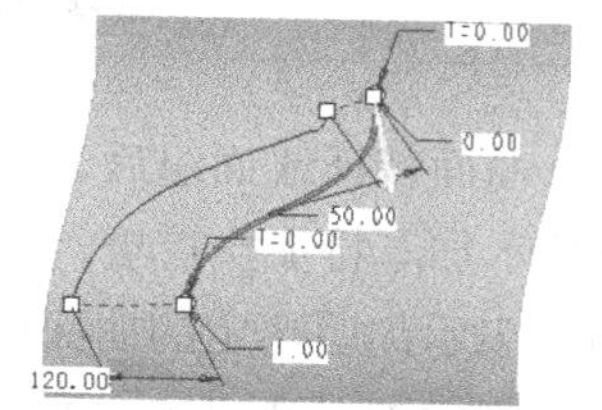

图 6-123　创建可变距离的偏移曲线

6. 创建偏移边界曲线

（1）选取一条单侧边，如面组的边界边。

（2）选择【编辑】（Edit）→【偏移】（Offset）命令，显示如图 6-124 所示的偏移特征操控板。

（3）拖曳控制滑块更改偏移距离，或者直接在偏移距离列表框中输入偏移值，并可以单击按钮反转偏移方向。

（4）如果要定义一个可变距离的偏移，可打开“量度”（Measurements）下拉菜单依次添加参照点并定义其位置和偏移值。

（5）单击特征操控板中的按钮，完成边界曲线的偏移，如图 6-125 所示。

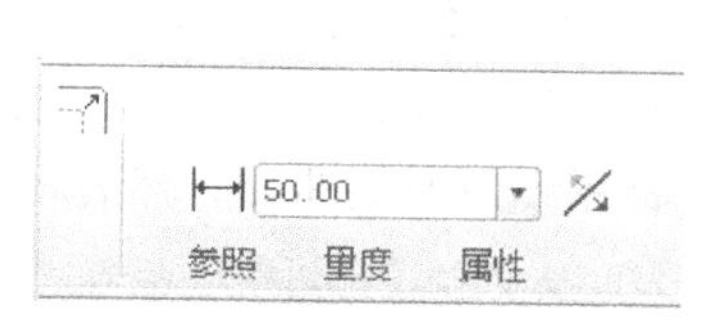

图 6-124　偏移边界曲线的特征操控板

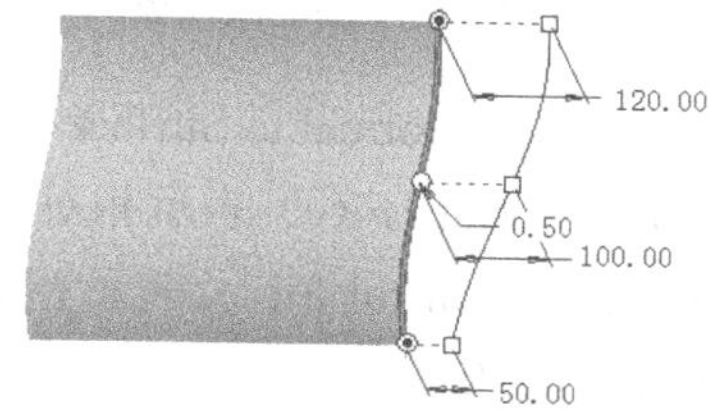

图 6-125　创建偏移边界曲线

6.8 加厚

使用【加厚】（Thicken）命令，可将预定的曲面特征或面组几何以薄材料的形式添加到设计中，或从中移除薄材料，如图 6-126 所示。通常，加厚特征被用来创建复杂的薄几何。在组件模式中，只能创建移除材料的加厚特征。

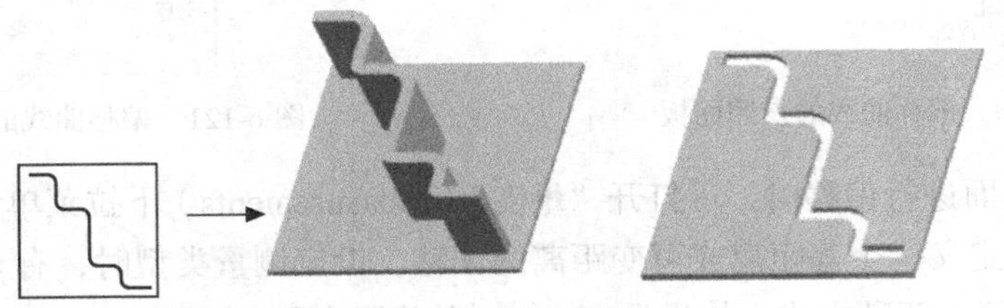

图 6-126　曲面加厚特征的应用

6.8.1　加厚特征操控板

选取一个曲面特征或面组后，选择【编辑】(Edit)→【加厚】(Thicken)命令或单击□按钮，系统将显示加厚特征操控板，如图 6-127 所示。其中各选项的含义说明如下。

□按钮：表示加厚选定的曲面或面组，并用其添加实体体积块。

◿按钮：表示加厚选定的曲面或面组，并用其去除实体材料。

⊢ 5.00 ▾ ⁄：用于定义选定曲面或面组的材料厚度，并允许单击⁄按钮改变加厚的材料方向，使其在一侧、另一侧或两侧间循环切换。

“参照”(References)下拉菜单：显示有加厚特征的参照信息，并允许重新定义。

“选项”(Control)下拉菜单：用于控制相对于坐标系、轴和曲面来创建和缩放加厚特征，如图 6-128 所示。其中，提供有 3 种加厚控制方式。

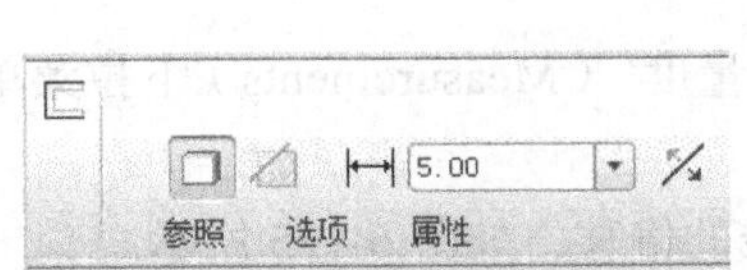

图 6-127　加厚特征操控板

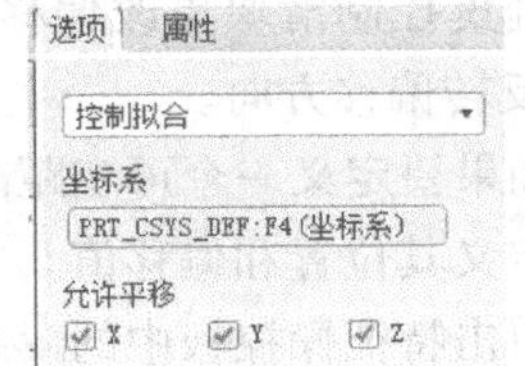

图 6-128　加厚特征的选项面板

(1)垂直于曲面(Normal to Surface)，表示垂直于原始曲面偏移加厚的曲面。

(2)自动拟合(Auto Fit)，表示相对于自动确定的坐标系，缩放和平移加厚的曲面。

(3)控制拟合(Control Fit)，表示相对于选定的坐标系缩放原始曲面，然后将其沿指定轴平移以创建最合适的加厚。

6.8.2　加厚操作流程

创建曲面加厚特征的操作步骤如下。

(1)选取要加厚的面组和曲面几何。

(2)选择【编辑】(Edit)→【加厚】(Thicken)命令或单击□按钮，系统显示加厚特征操控板。

(3)定义要创建的几何类型，系统默认设置为添加实体材料(□)。如果要去除材料，可单击特征操控板中的按钮。

（4）拖曳厚度控制滑块，或者在特征操控板的尺寸框中输入数值，设置加厚特征的厚度。

（5）单击按钮设定面组或曲面几何的加厚方向：一侧或两侧对称。

（6）在相应的下拉菜单中设定加厚特征的属性，然后单击按钮创建加厚特征。

6.9 实体化

曲面实体化是指使用预定的曲面特征或面组几何并将其转换为实体几何。在设计中，可使用实体化特征添加、移除或替换实体材料。通常，实体化特征被用来创建复杂的几何。要执行曲面实体化操作，必须先选取一个有效的曲面特征或面组。

6.9.1 曲面实体化的特征条件

要定义修补曲面型的实体化特征，选取的参照曲面必须满足以下条件之一，否则不能执行曲面实体化。

（1）对于开放面组，要求所有边界均位于实体曲面上、实体几何不与面组相交，且面组完全在实体几何外部，如图 6-129 所示。

（2）对于开放面组，要求所有边界均位于实体曲面上，且面组完全在实体几何内，如图 6-130 所示。

（3）要求所有边界均位于实体曲面上，且实体几何与面组相交，如图 6-131 所示。

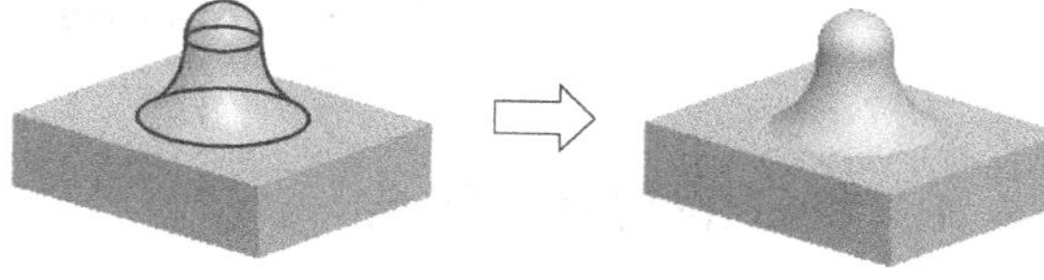

图 6-129 曲面实体化的特征条件之一

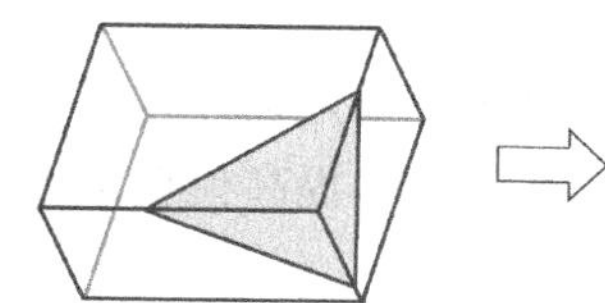

图 6-130 曲面实体化的特征条件之二

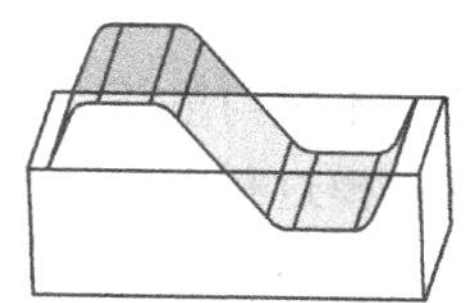

图 6-131 曲面实体化的特征条件之三

6.9.2 实体化操作流程

曲面实体化时，有添加、移除实体材料或修补实体曲面 3 种效果，具体操作步骤如下。

（1）选取要用来创建实体化特征的面组或曲面几何。

（2）选择【编辑】（Edit）→【实体化】（Solidify）命令，显示实体化特征操控板，如图 6-132 所示。

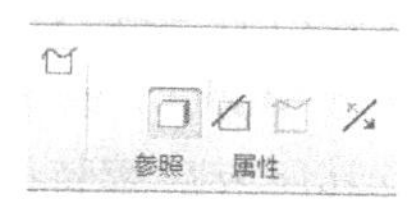

图 6-132 实体化特征操控板

（3）设定使用参照几何的方法，如选择按钮创建长出类实体，或者选择按钮创建切口类实体。如果选取的面组或曲面满足曲面片特征条件，可选择按钮用面组替换实体材料，即修补实体曲面。

（4）单击特征操控板中的按钮，设定特征创建的材料侧，此时材料侧将动态加亮。

（5）单击鼠标中键或特征操控板中的按钮，完成实体化特征。

6.10 特征的操作

Pro/E 作为一个参数化造型软件，提供了很强的特征修改功能，以利于在设计过程中随时变更模型形状与尺寸，使设计达到最佳效果。

对特征进行修改时，要注意特征间的父子关系。父子关系是指在特征创建过程中因选取已有特征作为尺寸或几何约束参照，而形成特征间的上下级关系或依附关系。新生成的特征称为子特征，被参照的已有特征称为父特征。一个父特征可能包含多个子特征，一个子特征也可能有多个父特征。通常，可单独删除、隐含子特征而父特征不受影响，但删除、隐含父特征时应合理设置子特征的处理方式。

选择【信息】(Info)→【特征】(Feature) 命令并选取要查询的特征，系统将显示特征信息窗口，其中列出当前所选特征的所有父特征和子特征。

6.10.1 特征的删除、隐含和恢复

1. 特征的删除和隐含

使用【删除】(Delete) 命令可将模型特征永久删除，且不能被恢复；而使用【隐含】(Suppress) 命令可以暂时将某个模型特征隐含，被隐含的特征可随时使用【恢复】(Resume) 命令恢复，以解除其隐含状态。

特征隐含后将被系统忽略，不参与重新生成计算并且在模型中不予显示，但是仍存在于零件的数据库中。因此，在零件建模过程中隐含与当前工作无关的一些特征，可以提高模型再生的速度并且能使复杂的模型变得简洁。

执行特征删除或隐含的一般步骤如下。

（1）在模型树或零件模型中选取欲删除或隐含的特征。

（2）选择【编辑】(Edit)→【删除】(Delete) 或【编辑】(Edit)→【隐含】(Suppress) 命令，系统将显示含有 3 个选项的级联菜单，如图 6-133 所示。

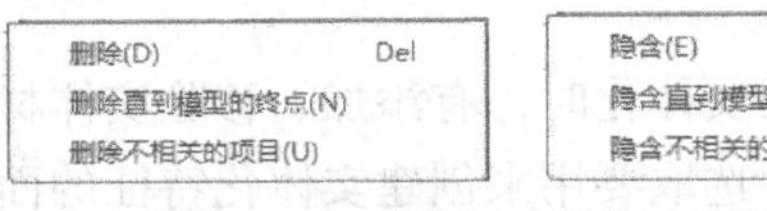

图 6-133 删除和隐含的级联菜单

其中，【删除】或【隐含】表示删除或隐含选定特征及其所有子项；【删除直到模型的终点】(Delete to End of Model) 或【隐含直到模型的终点】(Suppress to End of Model) 表示删除或隐含所选特征及其所有后续特征；【删除不相关的项目】(Delete Unrelated Items) 或【隐含不相关的项目】(Suppress Unrelated Items) 表示删除或隐含除选定特征之外的所有特征及其父项。

（3）选择【删除】或【隐含】命令，系统将加亮显示选定的特征及其子项，并显示如图 6-134 所示的询问对话框以确定或取消操作。否则，只需在显示的询问对话框中单击 是(Y) 或 否(N) 按钮，用于确定或取消操作。

（4）单击询问对话框的 选项>> 按钮，系统将显示如图 6-135 所示的“子项处理”（Children Handling）对话框，用于设置各个加亮子特征的处理方式。

图 6-134　询问对话框

图 6-135　“子项处理”对话框

其中，【状态】（Staute）菜单用于设置子特征是删除（Delete）还是保留（Suspend）或冻结（Freeze）；【编辑】（Edit）菜单用于对子特征进行替换参照（Reroute）或重定义（Redefine）操作，以消除其间的父子关系；【信息】（Info）菜单用于查询当前加亮子特征的相关信息。

（5）根据需要依次设定各个子特征的处理方式，然后单击 确定 按钮重新生成特征。

2. 特征的恢复

由于特征隐含后其在模型中将不再显示，为了便于后续的恢复操作，可以在模型树的树过滤器显示设定中勾选“隐含的对象”复选框，如图 6-136 所示。此时，被隐含的特征将在模型树中以带标记的形式显示，如图 6-137 所示。

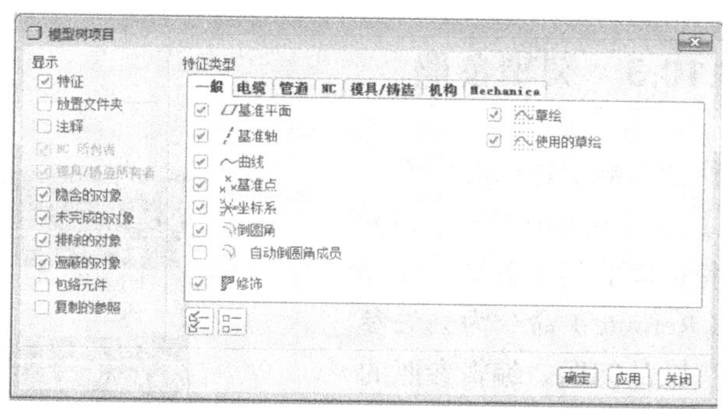

图 6-136　设置隐含特征的显示

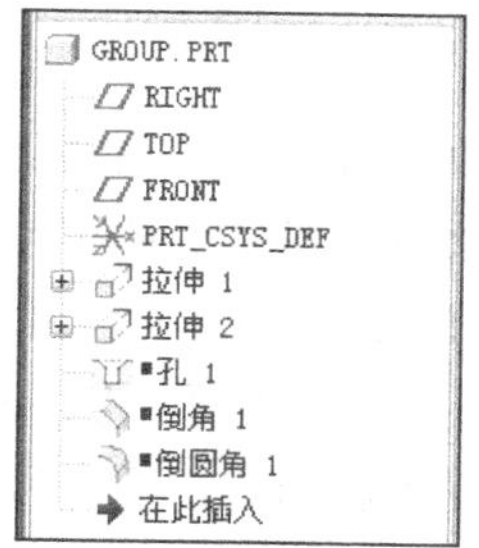

图 6-137　隐含特征在模型树中的显示

要恢复隐含的特征，其具体操作步骤如下。

（1）选择欲恢复的特征。

（2）选择【编辑】（Edit）→【恢复】（Resume）命令。

（3）系统显示如图 6-138 所示的级联菜单，根据需要选取一个选项执行特征恢复。

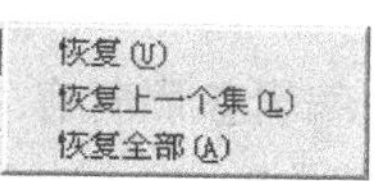

图 6-138　恢复菜单的选项

该菜单中有 3 个选项：【恢复】(Resume) 用于恢复选定的特征；【恢复上一个集】(Resume Last Set) 用于恢复隐含的最后一个特征集；【恢复全部】(Resume All) 用于恢复所有隐含的特征。

6.10.2 编辑定义

编辑定义是指重新定义所选特征的各个参数，以改变特征的创建方式，包括重新定义其属性、参照、截面、几何数据等，它是功能最为强大的一种特征操作方法。由于所选的特征不同，其允许重新定义的类型也有所不同。这里仅介绍特征编辑定义的一般步骤。

(1) 在模型树或零件模型中选取要编辑定义的特征。

(2) 选择【编辑】(Edit) →【定义】(Definition) 命令，或者单击鼠标右键菜单中的【编辑定义】(Edit Definition) 命令。

(3) 系统显示特征操控板或特征对话框，根据设计需要重新定义相应的选项或参数。

(4) 单击特征操控板中的✓按钮或特征对话框中的 确定 按钮，重新生成特征。

如果只需变更模型特征的尺寸值，则在选取欲编辑的特征后单击鼠标右键，选择快捷菜单中的【编辑】(Edit) 命令，然后双击欲修改的尺寸参数并输入新值即可，如图 6-139 所示。此时零件模型并没有变化，单击图标工具栏中的按钮将使模型重新生成，随新的尺寸值发生变化。

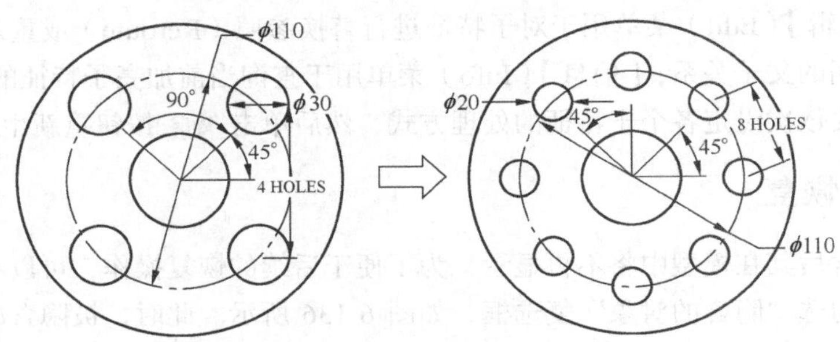

图 6-139　编辑特征的尺寸参数

6.10.3 编辑参照

修改具有父子关系的父特征时往往会影响子特征的生成，使特征修改困难，为此可使用【参照】(References) 或【编辑参照】(Edit References) 命令消除两特征间的父子关系。或者在特征生成失败时利用【重定参照】(Reroute) 命令为丢失参照的特征重新指定参照，以解决生成失败的问题。编辑参照的功能在于重新为特征选定参照，包括草绘平面（或放置平面）、参考平面、尺寸参照等。

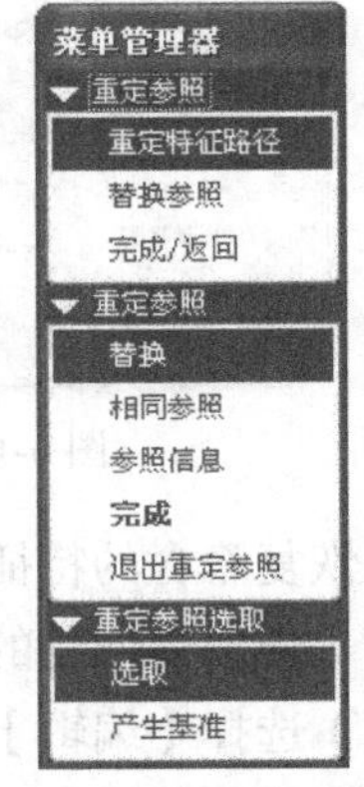

图 6-140　编辑参照的菜单选项

1. 编辑参照的操作流程

编辑参照时有"重定特征路径"(Reroute Feat) 和"替换参照"(Replace Ref) 两种操作方法，如图 6-140 所示。

（1）重定特征路径。【重定特征路径】（Reroute Feat）用于为指定特征重新选择新的参照，其操作步骤如下。

① 在模型树或零件模型中选取要编辑的特征。

② 选择【编辑】（Edit）→【参照】（References）命令或者单击鼠标右键菜单中的【编辑参照】（Edit References）命令，并默认选择“重定参照”（REROUTE REFS）菜单中的【重定特征路径】（Reroute Feat）命令。

③ 系统提示“是否恢复模型”（Do you want to roll back the model? [No]），输入“否”（No）表示在编辑过程中零件模型的所有特征均显示；输入“是”（Yes），则所选特征的所有子特征将自动隐藏，如同恢复到该特征建立时的初始状态。通常，直接按回车键接受默认的“否”（No）。

④ 利用【重定参照】（Reroute）命令，对加亮显示的原有特征参照依次进行更改或保留。此时，原有参照的加亮显示次序与特征建立时的参照选取次序相同。其中，【替换】（Alternate）用于选取或建立一个新的参照以替换原有参照；【相同参照】（Same Ref）用于保留特征的原有参照；【参照信息】（Ref Info）用于显示特征的参照信息。

⑤ 单击【完成】（Done）命令结束操作，重新生成特征。

（2）替换参照

【替换参照】（Replace Ref）用于为子特征替换参照，当特征的父参照必须被替换时可选择新的参照来替换现有参照。具体操作步骤如下。

① 在模型树或零件模型中选取要编辑的特征。

② 选择【编辑】（Edit）→【参照】（References）命令或者单击鼠标右键菜单中的【编辑参照】（Edit References）命令，然后在“重定参照”（REROUTE REFS）菜单中选择【替换参照】（Replace Ref）命令，如图 6-141 所示。

③ 在“选取类型”（SELECT TYPE）菜单中选择【特征】（Feature）或【单个图元】（Indiv Entity）命令。其中，【特征】（Feature）用于替换特征的所有参照，而【单个图元】（Indiv Entity）只允许选择单个参照实体进行替换。这里选择【特征】（Feature）命令。

④ 为所选特征的原有参照依次指定替代的新参照。

⑤ 系统显示“参考重定参照”（REF REROUTE）菜单，如图 6-142 所示，选择【选取特征】（Sel Feat）命令为每个子特征单独选择新的参照，或选择【所有子项】（All Children）命令使所有子特征都参照到一个新的对象，之后特征自动重新生成。

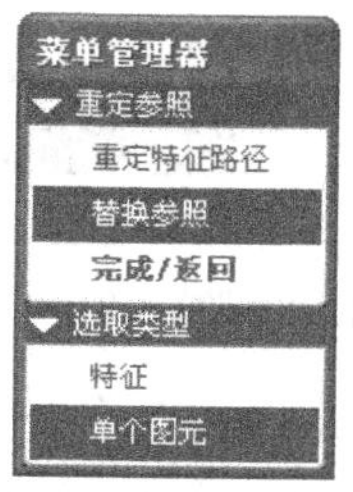

图 6-141　替换参考的菜单命令

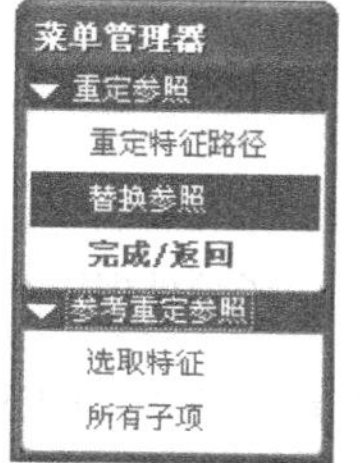

图 6-142　“参考重定参照”菜单

2. 编辑参照范例

例 6-6　通过编辑参照删除如图 6-143 所示零件中的小圆柱体特征。

步骤一　打开范例文件

（1）单击图标工具栏中的按钮。

（2）在人民邮电出版社教学服务与资源网下载的 sample 目录中打开源文件“sample6-6.prt”。

步骤二　删除小圆柱体特征

（1）在零件模型中选取欲删除的小圆柱体特征，然后单击鼠标右键并选择快捷菜单中的【删除】（Delete）命令。

（2）系统加亮显示大圆柱体特征，并提示“加亮的特征将被删除”，如图 6-144 所示。

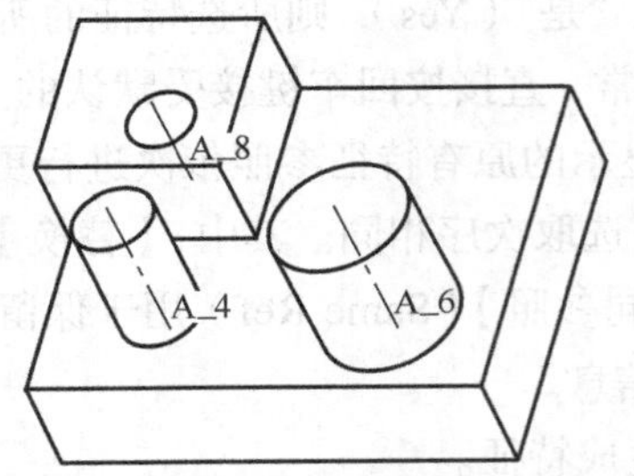

图 6-143　编辑参照范例零件

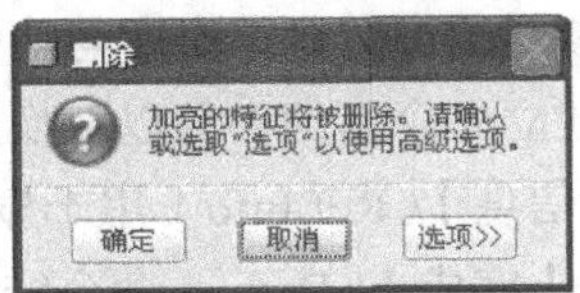

图 6-144　询问对话框

步骤三　利用编辑参照破除小圆柱体与大圆柱体之间的父子关系

（1）在询问对话框中单击选项>>按钮显示“子项处理”对话框，如图 6-145 所示，然后在子项列表中选定大圆柱体特征并选择【编辑】（Edit）→【替换参照】（Reroute）命令。

（2）系统显示“是否要反转此零件？”，选择“否”之后显示“重定参照”（REROUTE REFS）菜单，如图 6-146 所示。从中选择【重定特征路径】（Reroute Feat）并直接按回车键确认“是否要反转此零件？（否）”。

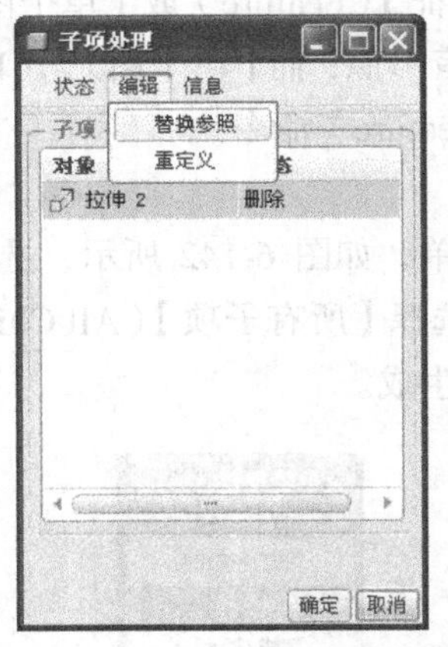

图 6-145　“子项处理”对话框

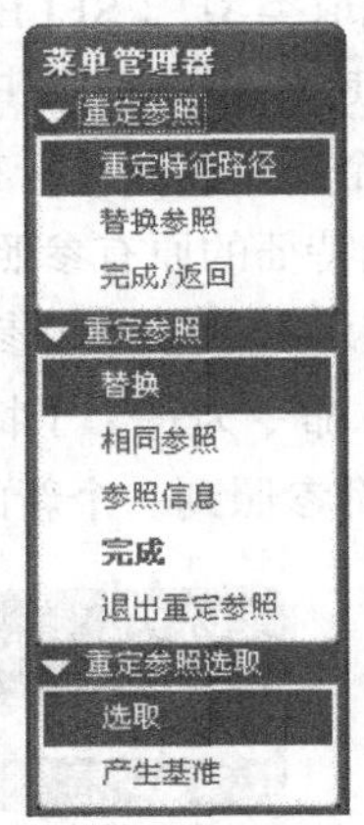

图 6-146　“重定参照”（REROUTE REFS）菜单

（3）利用“重定参照”（REROUTE）菜单中的【替换】（Alternate）命令，将大圆柱体的深度定义参照由小圆柱体的上表面变更为由底座顶面向上偏距 65mm 的基准平面 DTM1，垂直尺寸参照由小圆柱体轴线变更为孔特征的轴线，如图 6-147 所示，其他原有参照则选择【相同参照】（Same Ref）命令不予改变。

（4）模型自动重新生成，然后单击“子项处理”对话框中的确定按钮，删除模型中的小圆柱体，结果如图 6-148 所示。

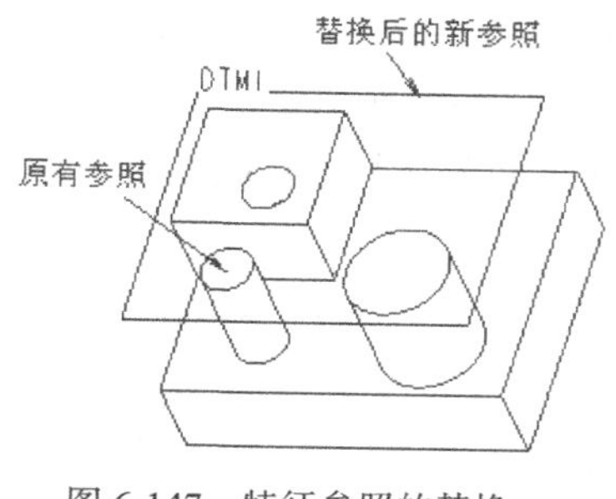

图 6-147　特征参照的替换

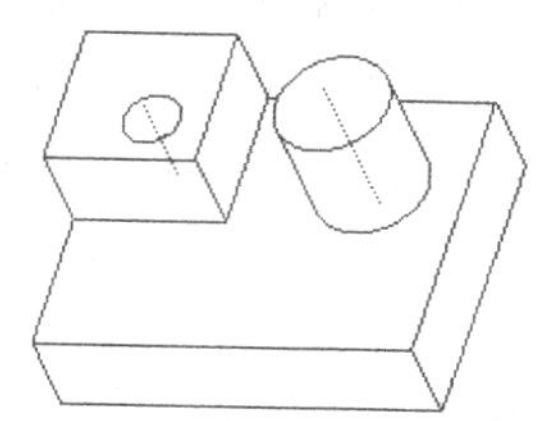

图 6-148　重定参照后的模型效果

6.10.4　重新排序

零件特征生成后，可以根据需要改变特征在模型树中的生成顺序，即特征重新排序（Reorder）。重新排序时特征可以提前或排后，但是存在父子关系的两特征间顺序不可互调。

1. 重新排序的操作流程

执行特征重新排序的一般步骤如下。

（1）选择【编辑】（Edit）→【特征操作】（Feature Operations）→【重新排序】（Reorder）命令。

（2）显示“选取特征”（SELECT FEAT）菜单，如图 6-149 所示，从中指定一种方式并定义欲重新排序的特征，然后单击【完成】（Done）命令结束。该菜单提供了 3 种选取方式，【选取】（Select）表示选取单个的特征，【层】（Layer）表示选取某图层的所有特征；【范围】（Range）表示选取指定范围内的所有特征。

（3）系统显示如图 6-150 所示的“重新排序”（REORDER）菜单，选择【之前】（Before）或【之后】（After）命令以决定所选特征是排在参照特征之前或之后。如排序方式不唯一，系统会在信息提示行显示特征可以移动的范围。

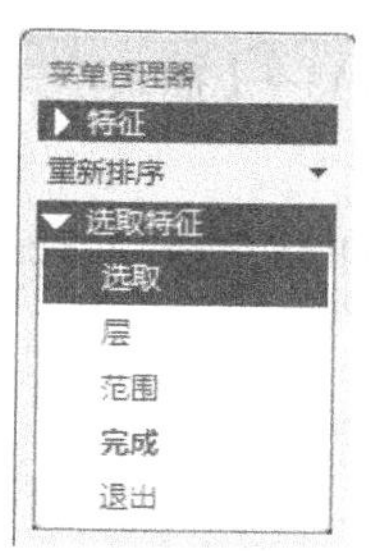

图 6-149　“选取特征”菜单

图 6-150　“重新排序”菜单

（4）在允许的特征区间内选择某特征作为参照特征，系统将自动重新生成。

2. 特征重新排序范例

例 6-7　利用重新排序命令，将如图 6-151 所示零件的壳特征调整到旋转体特征之前。

（1）单击图标工具栏中的按钮，并在人民邮电出版社教学服务与资源网的下载目录中打开文件“sample6-7.prt”。

（2）选择【编辑】（Edit）→【特征操作】（Feature Operations）→【重新排序】（Reorder）命令，然后在模型树中选取壳特征并选择【完成】（Done）命令确认。

（3）系统显示“重新排序”（REORDER）菜单，选择【之前】（Before）命令并选取模型树中的旋转体特征，之后系统自动重新生成，结果如图 6-152 所示。

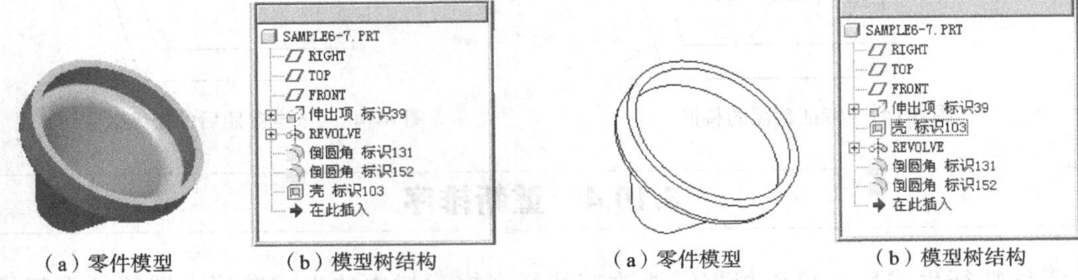

（a）零件模型　（b）模型树结构

图 6-151　源文件模型及其模型树结构

（a）零件模型　（b）模型树结构

图 6-152　特征重排序后的模型效果及其模型树结构

6.10.5 特征插入

在模型树中，所建立的新特征只能放置在现有特征的末尾（包括隐藏特征），而使用【插入模式】（Insert Mode）命令可将一个新的特征添加到模型树的任意已有特征之后，并且可作为其后特征建立的父参照。【插入模式】与【重新排序】（Reorder）命令的不同之处在于，特征重新排序用于调整已有特征在模型树的建立顺序，而特征插入用于建立新特征并将其插入到所需的任意位置。

执行特征插入的一般步骤如下。

（1）选择【编辑】（Edit）→【特征操作】（Feature Operation）→【插入模式】（Insert Mode）→【激活】（Activate）命令，激活插入模式。

（2）选择一个已有特征作为插入的参照，以在其后建立新的特征。此时，所选参照特征之后的所有特征都将被自动隐含（Suppress）。

（3）利用特征功能创建所需的新特征。

（4）选择【编辑】（Edit）→【特征操作】（Feature Operation）→【插入模式】（Insert Mode）→【取消】（Cancel）命令。

（5）系统提示“是否恢复激活插入模式时隐含的特征”，回答“是”（Yes）则系统自动再生零件并恢复被隐含的特征。

6.11 特征失败及其解决方法

创建特征或对特征进行编辑定义、删除、隐含等操作时，常会出现特征失败的现象。模型再生失败时，所有后续特征（在失败特征后要被再生的特征）将保持未再生状态，当前模型只显示已再生的特征。此时，系统根据 regen_failure_handling 配置选项设置值 resolve_mode/no_resolve_mode*的不同会进入不同的再生失败解决模式。如果 regen_failure_ handling 选项设置为默认值（no_resolve_mode*），表示再生失败时进入非解决模式，系统将显示特征再生失败的提示信息，并在状态栏显示 图标，如图 6-153 所示。此时，单击状态栏的 图标将会弹出如图 6-154 所示的再生管理器对话框，可以选择【首选项】→【失败处理】→【解决模式】命令将其切换为解决模式。下面将分析特征失败产生的原因，并学习解决办法。

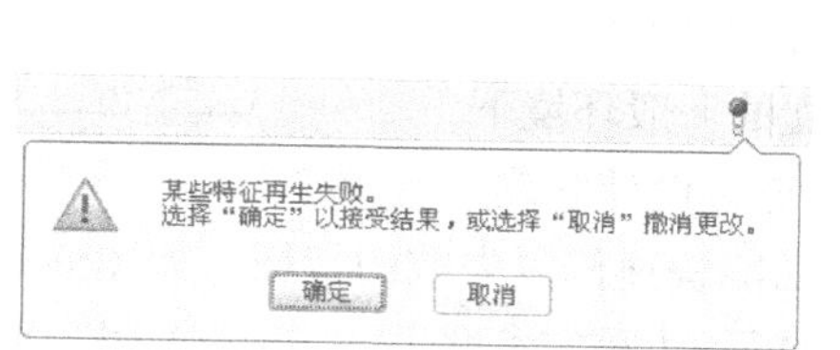

图 6-153 特征再生失败的信息提示

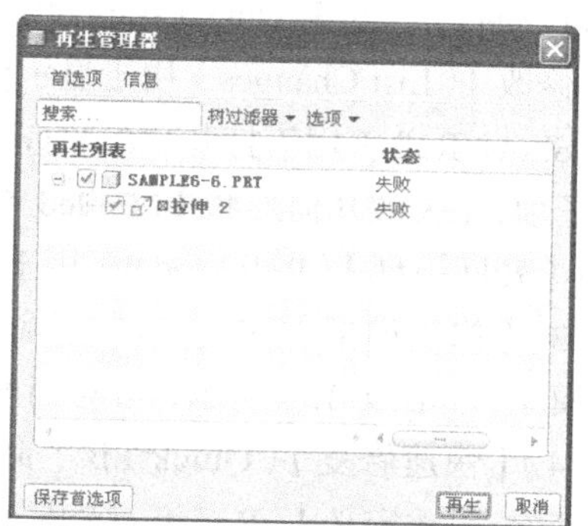

图 6-154 再生管理器对话框

6.11.1 特征失败的原因

当 Pro/E 再生模型时，会按特征原来的创建顺序，并根据特征间父子关系的层次逐个重新生成模型特征。如果存在不良几何、断开的父子关系，以及参照丢失或无效等原因都会导致再生失败。

具体而言，特征失败产生的原因主要有以下 3 点。

（1）设计修改后，特征建立的几何关系无法实现。

（2）进行删除、重新排序或编辑定义等操作后，使得特征所依赖的参照对象已不存在或已发生重大变化。

（3）模型建立或修改时与控制尺寸参数的关系式发生矛盾。

6.11.2 特征失败的解决方法

如果 regen_failure_handling 选项值设置为 resolve_mode，表示再生失败时直接进入解决模式，系统将显示“诊断失败”（Failure Diagnostics）窗口以说明当前失败的特征信息，如图 6-155 所示，并且自动打开“求解特征”（RESOLVE FEAT）菜单，如图 6-156 所示。在模型再生失败的解决模式，可以利用“求解特征”菜单命令解决特征的生成失败。

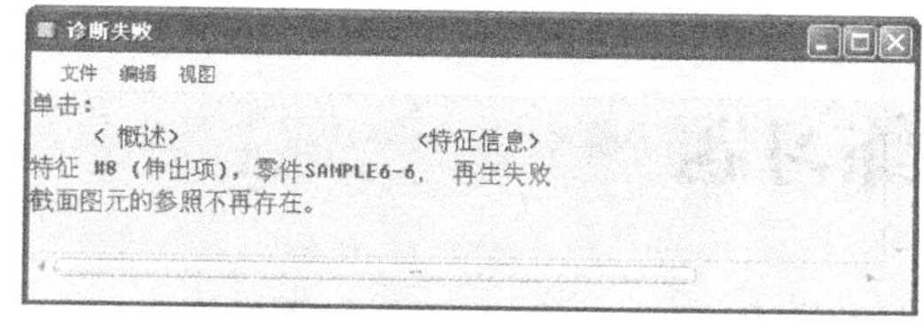

图 6-155 “诊断失败”窗口

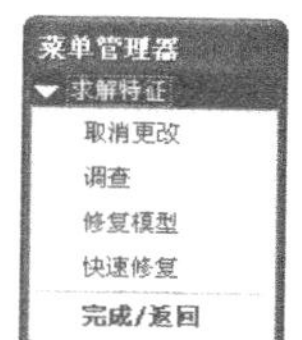

图 6-156 “求解特征”菜单

（1）【取消更改】（Undo Changes）命令用于撤销致使特征再生失败的设计修改，返回到特征尚未建立或尚未修改前最后成功再生的模型。然后系统会显示“确认”（Confirmation）菜单，用以确认或取消该命令。

（2）【调查】（Investigate）命令用于调查特征再生失败的原因，此时会显示如图 6-157 所示的“检测”（INVESTIGATE）菜单。

其中，【当前模型】（Current Model）表示针对当前活动模型执行诊断；【备份模型】（Backup Model）表示以单独窗口显示备份模型并对其执行诊断；【诊断】（Diagnostics）用于控制失败诊断对话框是否显示；【列出修改】（List Changes）用于显示模型特征修改后的尺寸；【显示参考】（Show Refs）用于打开“参照查看器”，其中列出有当前特征的父项和子项；【失败几何形状】（Failed Geom）用于显示失败特征的无效几何；【转回模型】（Roll Model）用于将模型恢复到所指定的状态。

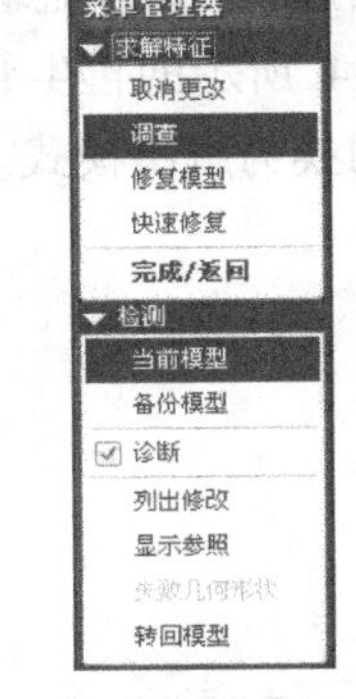

图 6-157 “检测”菜单

（3）【修复模型】（Fix Model）命令用于在特征建立的一般环境下修复模型，如图 6-158 所示，可对当前模型或备份模型进行设计修改。

（4）【快速修复】（Quick Fix）命令用于以指定的功能快速修复失败的特征，如图 6-159 所示。其中，【重定义】（Redefine）用于重新定义失败的特征；【重定参照】（Reroute）用于重定失败特征的参照；【隐含】（Suppress）用于隐含失败的特征及其子特征；【修剪隐含】（Clip Sup）用于隐含失败的特征及其后所有的特征；【删除】（Delete）用于删除失败的特征。

当选择【重定参照】（Reroute）后，系统会显示如图 6-160 所示的“特征重定参照”（FEAT REROUTE）菜单。其中，【所有参考】（All Refs）表示允许变更失败特征的所有参照；【缺失参照】（Missing Refs）表示只针对丢失的参照执行变更。

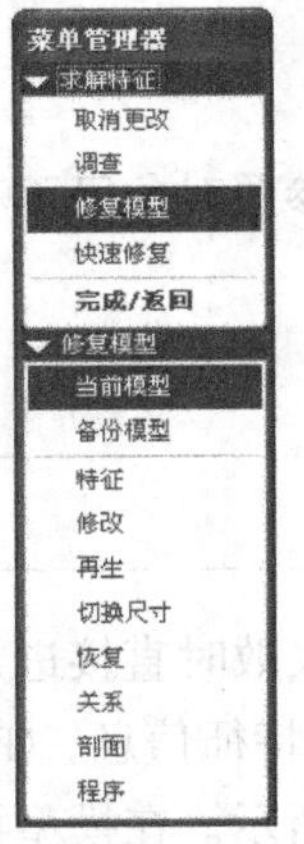

图 6-158 “修复模型”菜单

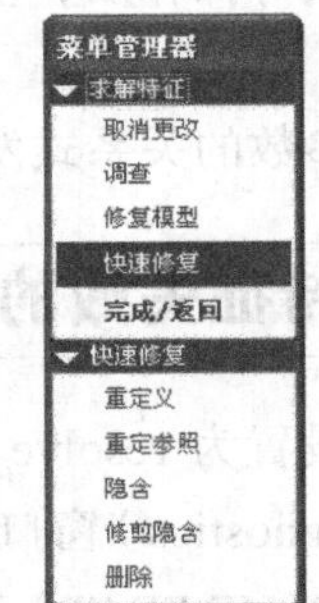

图 6-159 “快速修复”菜单

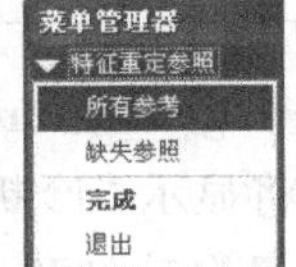

图 6-160 “特征重定参照”菜单

练习题

1. 特征尺寸阵列时，有哪几种可选用的阵列方式？它们之间有何不同？
2. 特征复制（Copy）时，采用“新参考”与“相同参考”方式有什么区别？
3. 简述特征的编辑定义与编辑参照、重排序与特征插入之间的功能区别。
4. 灵活运用特征编辑与操作功能，建立如图 6-161 ~ 图 6-170 所示的零件。

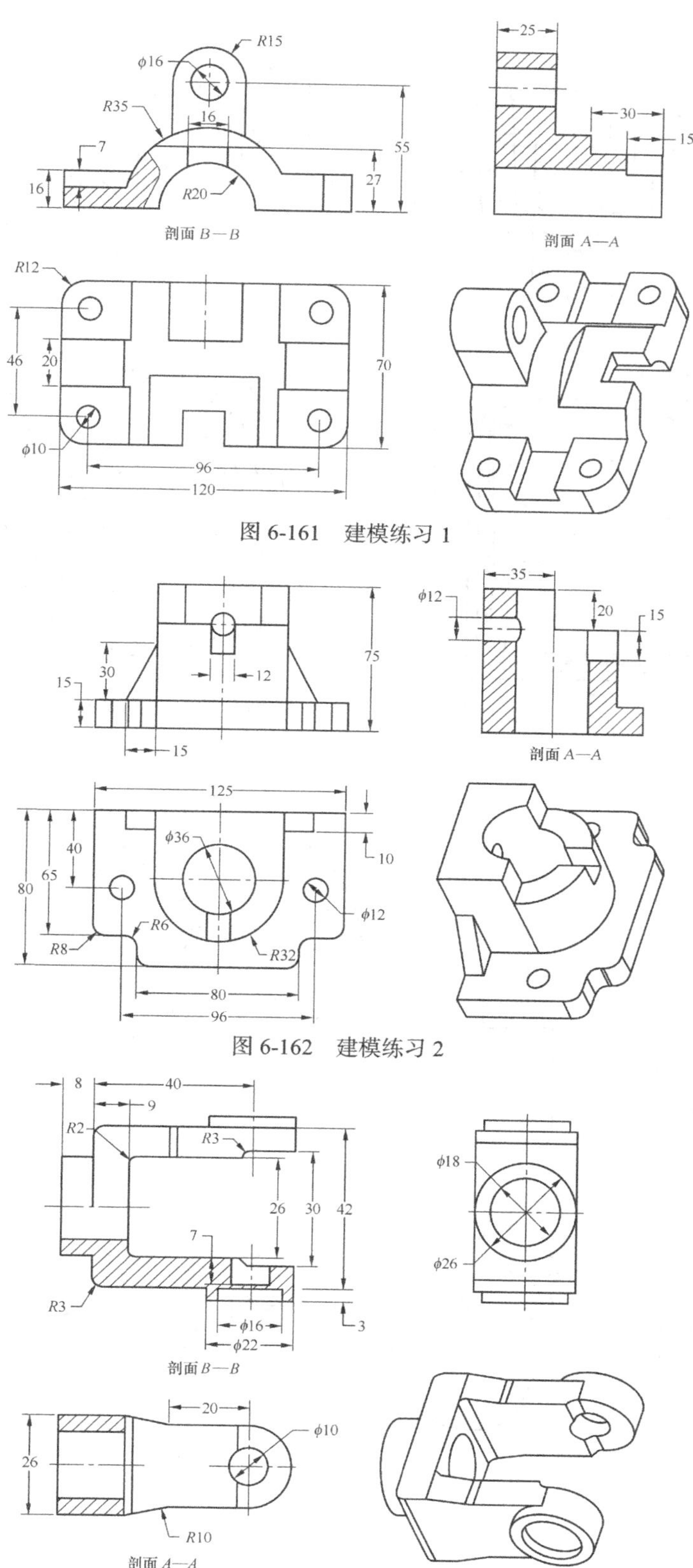

图 6-161　建模练习 1

图 6-162　建模练习 2

图 6-163　建模练习 3

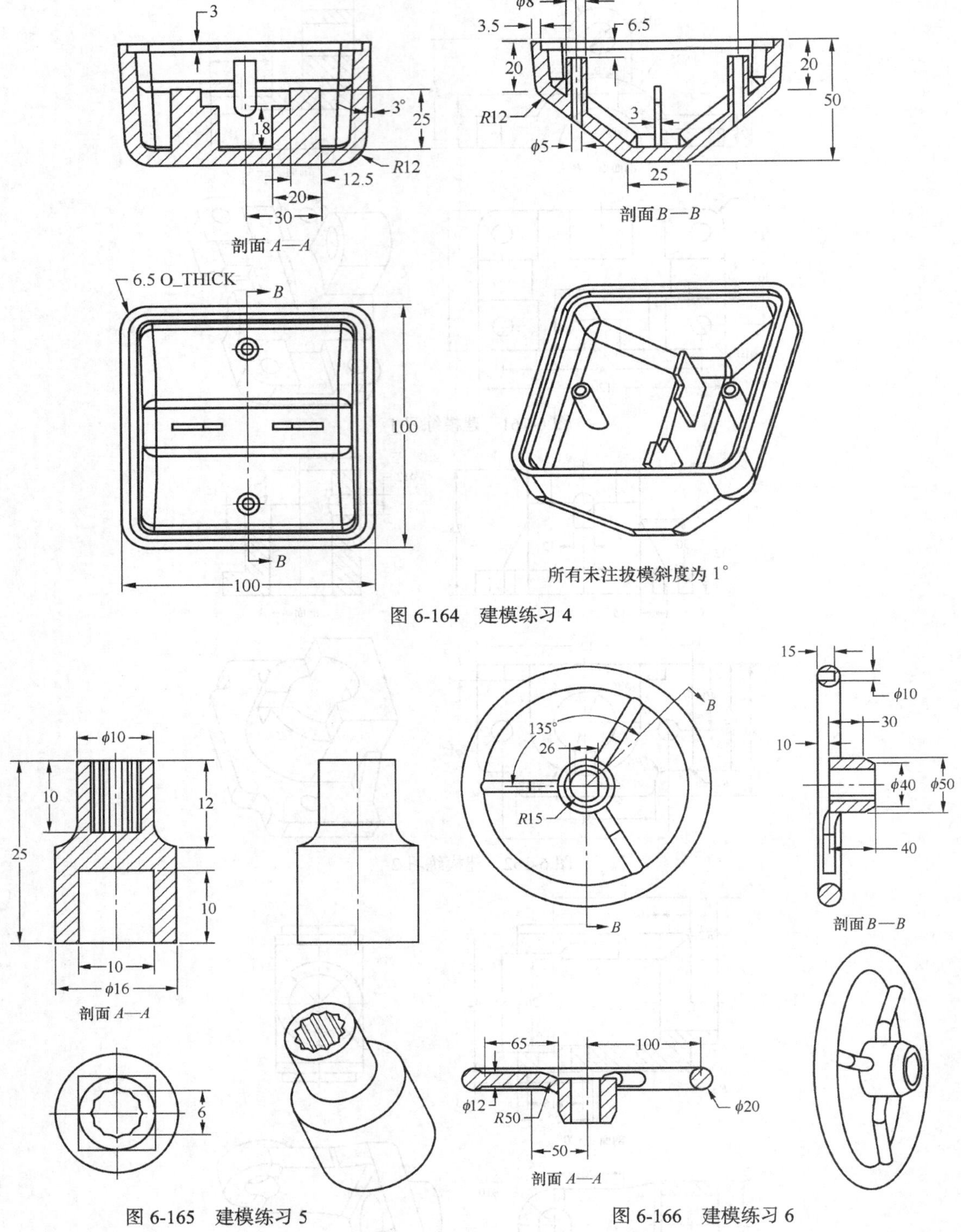

图 6-164　建模练习 4

图 6-165　建模练习 5

图 6-166　建模练习 6

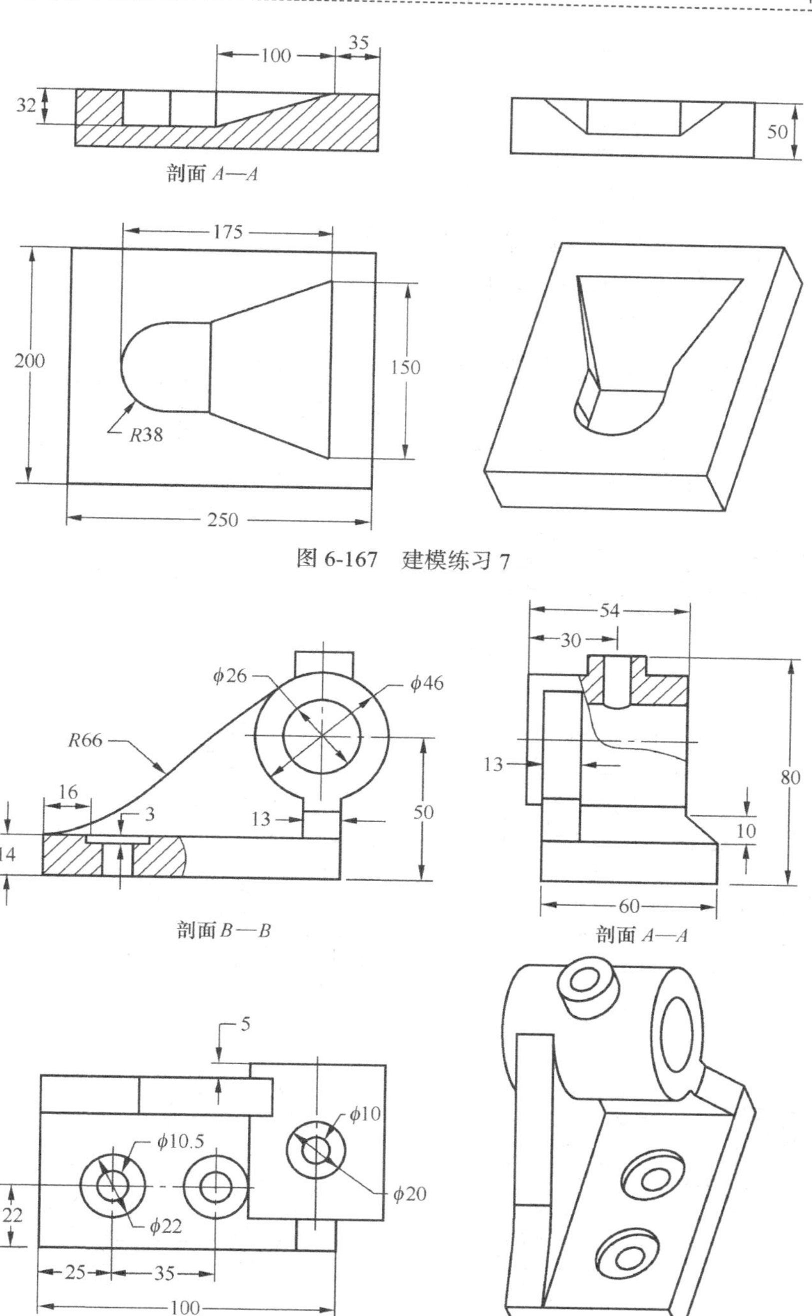

图 6-167　建模练习 7

图 6-168　建模练习 8

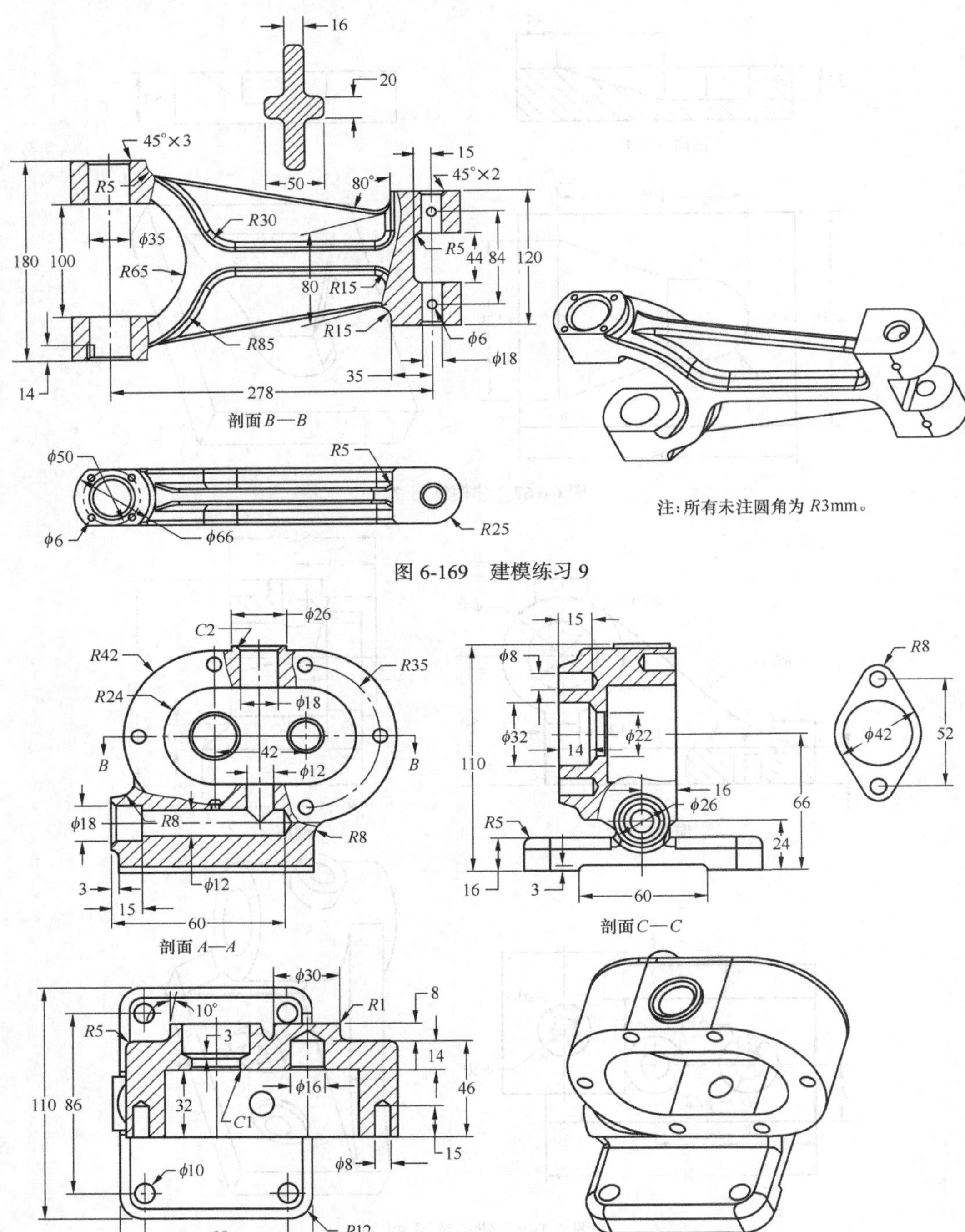

图 6-169　建模练习 9

图 6-170　建模练习 10

第7章 高级造型技术

三维建模中，如果仅单纯地依靠 Extrude、Revolve、Sweep、Blend 等基本方法，在实际应用中总是有些不尽完美，难以随心所欲地构建出更复杂的理想的三维模型。为此，Pro/E 系统还提供了实体（Solid）与曲面（Surface）特征的高级造型技术。

本章将介绍可变截面扫描（Var Sec Swp）、扫描混合（Sweep Blend）、螺旋扫描（Helical Swp）等高级扫描功能，其与前面讲述的扫描（Sweep）不同之处在于：扫描仅是单一截面沿着一条轨迹线扫出实体或曲面，而且截面在任一位置都必须保持与轨迹线正交和固定不变；高级扫描则要自由得多，可以是一个截面沿多条轨迹线扫描，也可以是多个截面垂直一条轨迹线扫描。

7.1 可变截面扫描

可变截面扫描是指沿一个或多个选定轨迹扫描截面而创建出实体或曲面特征，扫描中特征截面的外形可随扫描轨迹进行变化，而且能任意决定截面草绘的参考方位。一般在给定的截面较少、轨迹线的尺寸很明确且轨迹线较多的情况下，可采用可变截面扫描创建一个“多轨迹”特征。

7.1.1 可变截面扫描特征操控板

创建可变截面扫描时，系统会显示如图 7-1 所示的特征操控板，用于定义扫描的轨迹、剖面控制、水平/垂直控制及其他属性。

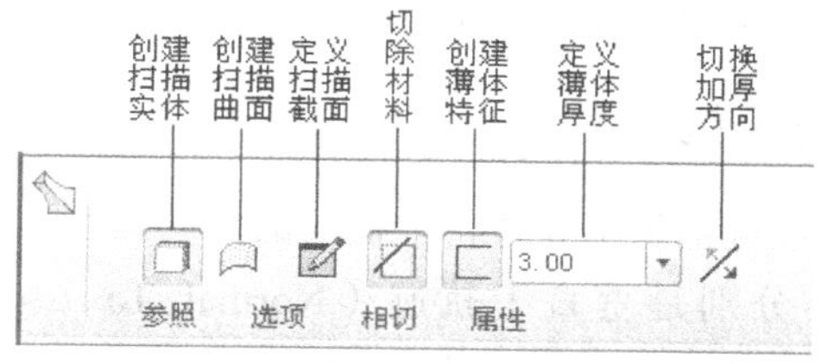

图 7-1　可变截面扫描的特征操控板

1. 定义可变截面扫描的轨迹

可变截面扫描的主要要素是截面扫描的轨迹。草绘截面定位于附加至原始轨迹的框架上，并沿轨迹长度方向移动以创建几何。原始轨迹以及其他轨迹和参照（如平面、轴、边或坐标系的轴）定义截面沿扫描的方向。所谓的框架实质上是沿着原点轨迹滑动并且自身带有扫描截面的坐标系，其坐标系轴由辅助轨迹和其他参照定义，它决定着草绘沿原始轨迹移动时的方向。

定义扫描轨迹时，可打开特征操控板的“参照”（References）下拉菜单，如图 7-2 所示。其中可定义 4 类扫描轨迹，即原点轨迹（Origin Trajectory）、X-轨迹（X-Trajectory）、法向轨迹（Normal Trajectory）和相切轨迹（Tangent Trajectory）。

如图 7-3 所示，原点轨迹用于引导截面扫描移动并限定截面原点的扫描路径；X-轨迹用于确定截面的 x 轴方向并限定截面 x 轴扫描路径；法向轨迹用于控制扫描时截面的法线方向，该类轨迹线仅限于“垂直于轨迹”（Norm To Traj）扫描方式；相切轨迹用于约束生成的扫描几何与该轨迹的相邻曲面相切；辅助轨迹可有可无，一般用于控制特征截面外形的变化。

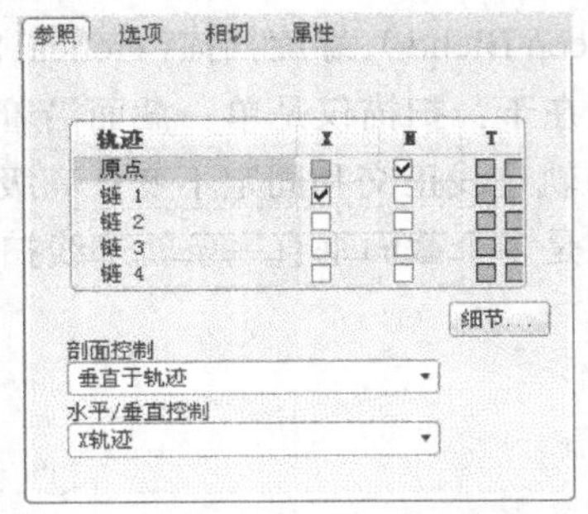

图 7-2　可变截面扫描轨迹类型的定义

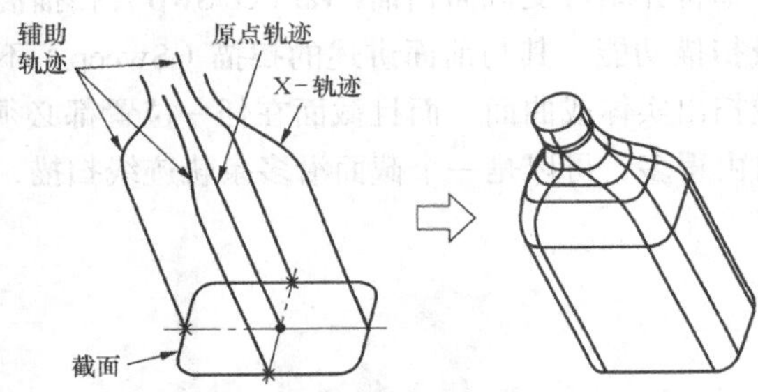

图 7-3　可变截面扫描的轨迹类型

各类轨迹可以是平面二维曲线或空间三维曲线。当定义 X-轨迹、法向轨迹或相切轨迹时，必须在“参照”（References）下拉菜单中单击轨迹旁相应的“X”“N”或“T”复选框使其勾选。只有当轨迹存在一个或多个相切曲面时，才可选中“T”复选框。对于原点轨迹外的所有其他轨迹，未勾选“T”“N”或“X”复选框前均默认为辅助轨迹。

定义扫描轨迹时，应注意以下事项。

（1）所有轨迹必须为相切的连续线段。

（2）必须定义一条原点轨迹，且选取的第一条轨迹不能是 X-轨迹。

（3）X-轨迹或法向轨迹只能有一个，但同一轨迹可同时为法向轨迹和 X-轨迹。

（4）使用“垂直于轨迹”截面控制方式时，X-轨迹不能与原点轨迹相交，否则 x 向量会变为 0。

（5）各轨迹线长度可以不相同，此时所建立的特征会扫描终止于最短的轨迹线。

2. 特征截面的定向控制

图 7-4　剖面控制方式

创建可变截面扫描时，系统提供了 3 种特征截面的定向控制方式，如图 7-4 所示，分别是垂直于轨迹（Normal To Trajectory）、垂直于投影（Normal to Projection）与恒定法向

（Constant Normal Direction），用于设定特征截面所在平面的法向方位。

（1）垂直于轨迹。“垂直于轨迹”表示移动框架在整个扫描路径上始终垂直于指定的轨迹，如图 7-5 所示。采用这种定向控制方式创建特征时，必须指定原点轨迹和 X-轨迹，辅助轨迹则可有可无。

草绘特征截面时，系统会将原点轨迹的起始点设为原点，并且在原点处显示十字中心线。截面扫描过程中，水平中心线将始终保持通过 X-轨迹的端点，以决定截面的 *x* 方向，也就是说 *x* 轴方向是以原点轨迹为起点、X-轨迹为终点而定义的一个向量，如图 7-6 所示。如果原点轨迹与其他轨迹的两端点直线距离不相等，系统将以最短的轨迹线为基准进行扫描。

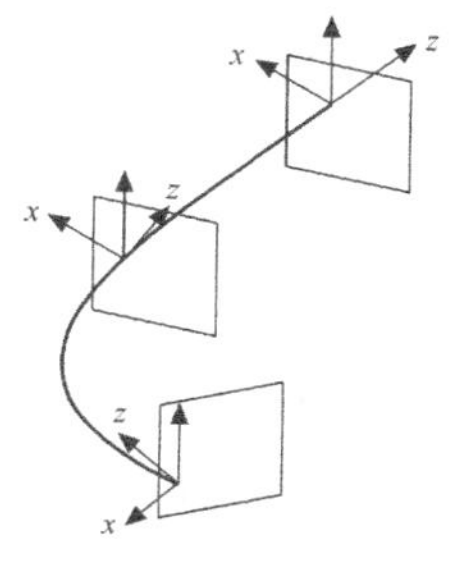

图 7-5　垂直于轨迹的截面控制

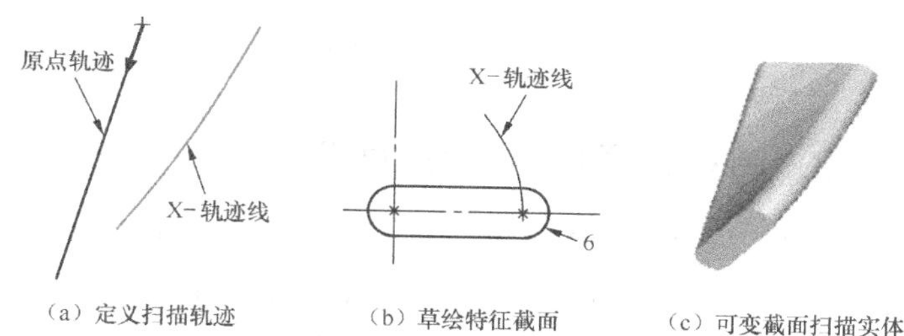

（a）定义扫描轨迹　（b）草绘特征截面　（c）可变截面扫描实体

图 7-6　X-轨迹对垂直于轨迹扫描的影响

（2）垂直于投影。“垂直于投影”表示截面沿指定的方向参照垂直于原点轨迹的投影，或者说移动框架的 *y* 轴平行于指定方向，且 *z* 轴沿指定方向与原点轨迹的投影相切，如图 7-7 所示。图中，*z* 轴在所有点与沿投影方向的投影曲线相切，而截面 *y* 轴总是垂直于定义的参照平面。

采用这种截面控制方式时，必须选取投影的“方向参照”（Direction Reference）以定义投影方向，如图 7-8 所示，并允许单击 反向 按钮反转参照的方向。定义投影方向时，Pro/E 允许选取 3 类参照。

①选取一个基准平面或平面为参照，以其法向作为投影方向。

②选取一条直曲线、边或基准轴为参照，以其直线方向作为投影方向。

③选择坐标系的某轴，以其轴向或反向作为投影方向。

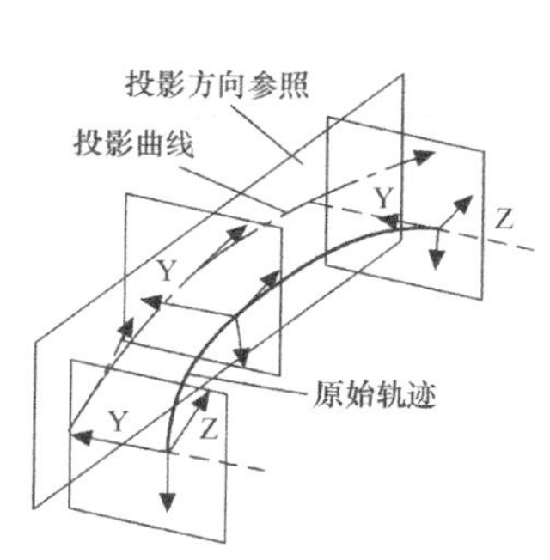

图 7-7　垂直于投影的截面控制

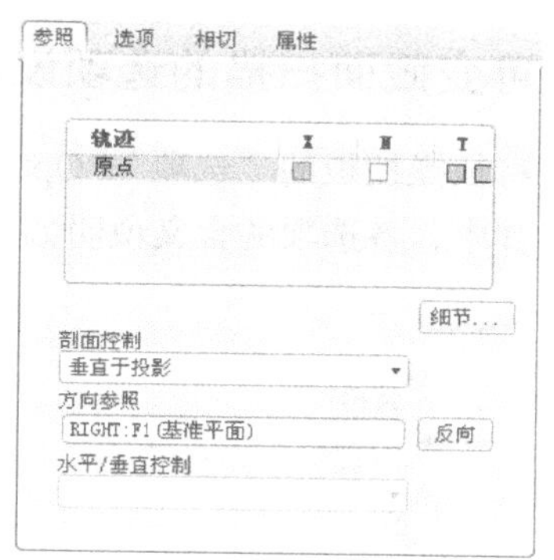

图 7-8　投影方向的定义

如图 7-9 所示，一个圆形截面沿一条轨迹扫描，如果分别选取 RIGHT 基准面和直曲线来定义投影方向，则会产生不同的扫描效果。

（3）恒定法向。“恒定法向”表示截面法向量平行于指定的方向，或者说移动框架的 *z* 轴平行于由恒定法向参照所定义的方向，如图 7-10 所示。采用这种截面控制方式时，可定义一个 x 方向，否则 Pro/E 将自动沿轨迹计算 x 和 y 方向。

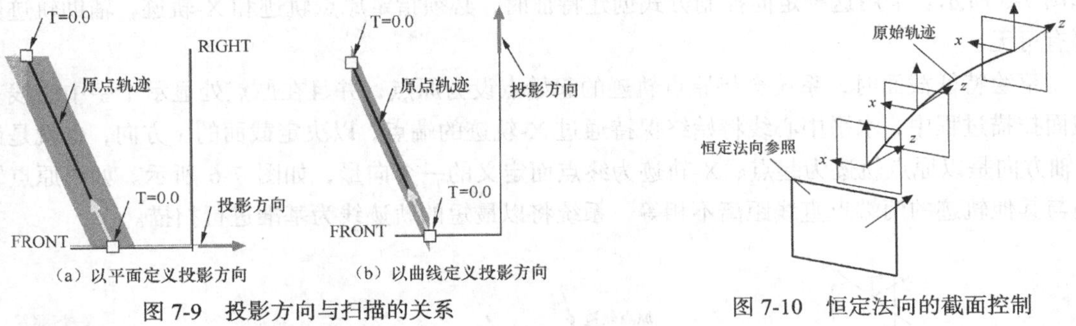

图 7-9 投影方向与扫描的关系　　图 7-10 恒定法向的截面控制

3. 特征截面的水平/垂直控制

打开“参照”下拉菜单，在“水平/垂直控制”（Horizontal/Vertical control）列表框可以设定截面是如何沿扫描轨迹确定其水平/垂直方向的，即移动框架如何绕草绘平面法向旋转，如图 7-11 所示。其中，有以下 3 种方式可供选择。

（1）垂直于曲面。“垂直于曲面”（Normal to Surface）表示截面 y 轴垂直于原点轨迹所在的曲面。当选取曲面上的曲线、曲面的侧边或实体边、由曲面相交创建的曲线或两条投影曲线作为原点轨迹的参照时，系统默认选中该选项。

（2）X-轨迹。“X-轨迹”（X-Trajectory）表示截面的 x 轴通过指定的 x 轨迹与扫描截面的交点，即在扫描过程中始终以原点轨迹为起点、X-轨迹为终点来定义截面的水平（x 轴）方向。

（3）自动。“自动”（Automatic）表示由系统自动计算确定截面的 xy 方向，以最大程度地降低扫描几何的扭曲。当选取没有参照曲面的原点轨迹时，“自动”为默认选项。对于直线轨迹或在起始处存在直线段的轨迹，系统允许指定扫描起始处的初始剖面或框架的 x 轴方向。此时，可以激活“参照”下拉菜单的“起点的 X 方向参照”（X Direction Reference at Start）收集器，并选取基准平面或基准曲线、线性边或坐标系轴作为方向参照。

4. 可变截面扫描的选项设定

打开特征操控板的“选项”（Options）下拉菜单，如图 7-12 所示，用于设定恒定或可变截面扫描。其中，各选项的含义说明如下。

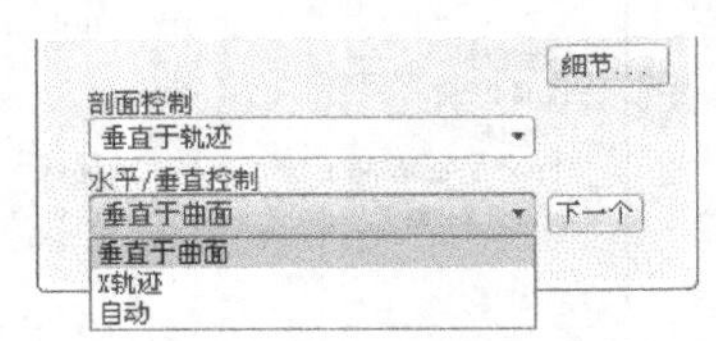

图 7-11 水平/垂直控制方式

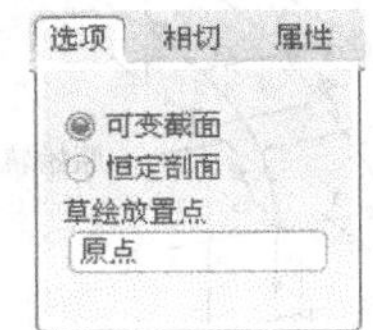

图 7-12 可变截面扫描的选项设定

（1）可变剖面（Variable Section）：利用扫描轨迹参照对草绘图元的约束，或使用由“trajpar”参数设置的截面关系，使草绘截面在扫描过程中可变。草绘截面定位于附加至原点轨迹的截面框架上，并沿轨迹长度方向移动以创建几何。原点轨迹以及其他轨迹和参照定义截面沿扫描的方向。

（2）恒定剖面（Constant Section）：在沿轨迹扫描的过程中，草绘的截面形状不变，仅截面所在框架的方向发生变化。这里的截面框架实质上是沿着原点轨迹滑动并且带有特征截面的坐标系。它决定着草绘截面沿原点轨迹移动时的方向，由附加约束和参照（如“垂直于轨迹”、“垂直于投影”和“恒定法向”）定向。

（3）封闭端点（Cap ends）复选框：当所定义的截面为封闭几何时，系统显示该选项，表示使用封闭端曲面创建扫描几何。

（4）合并端点（Merge ends）复选框：当扫描轨迹端点与已有实体相接，且定义为“恒定剖面”和单个平面轨迹时，系统显示该选项，表示在扫描轨迹端点处与已有实体进行合并。

（5）草绘放置点（Sketch placement point）：用于在原点轨迹上指定要草绘剖面的点，该设置不影响扫描的起始点。如果草绘放置点为空，扫描的起始点将用作草绘剖面的默认位置。

在 Pro/E 系统中，还可以利用基准图形 Graph 或使用 trajpar 参数定义的截面关系来控制可变截面扫描时截面的形状变化。如图 7-13 所示，利用基准图形（Graph）控制可变截面扫描的截面半径 *sd*10，可实现瓶口的圆形过渡。

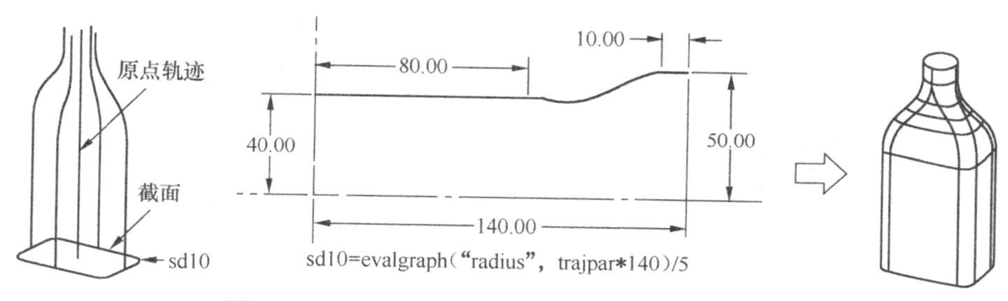

图 7-13　基准图形与关系式在变截面扫描中的应用

7.1.2　可变截面扫描的操作流程

创建可变截面扫描特征的一般步骤如下。

（1）选择【插入】（Insert）→【可变剖面扫描】（Variable Section Sweep）命令，或者单击特征工具栏中的按钮。

（2）显示如图 7-14 所示的特征操控板，选中按钮创建实体或选中按钮创建曲面，而选中按钮则创建薄体。

（3）打开“参照”（References）下拉菜单，依次选取可变截面扫描的各条轨迹，并分别指定其类型。按住 Ctrl 键可选取多条轨迹，而使用 Shift 键可选取一条链中的多个图元。此时，选定的轨迹将在图形窗口中以红色加亮显示。

图 7-14　可变截面扫描的特征操控板

（4）在“剖面控制”（Section Plane Control）列表框中指定截面的定向控制方式，并根据需要定义方向参照以设定扫描截面所在平面的法向，即扫描坐标系的 z 轴方向。

（5）在“水平/垂直控制”（Horizontal/Vertical Control）列表框中指定截面的水平/垂直控制方式，并根据需要定义相应的参照，以设定扫描坐标系的 x、y 轴方向。

（6）打开“选项”（Options）下拉菜单，根据需要进行相应的设定。

（7）单击按钮打开草绘器并沿选定轨迹草绘扫描截面，然后单击按钮结束。

（8）单击☑∞按钮预览几何效果，或单击✔按钮创建特征。

7.1.3 创建可变截面扫描特征

例 7-1 利用可变截面扫描建立如图 7-15 所示的瓶形零件。

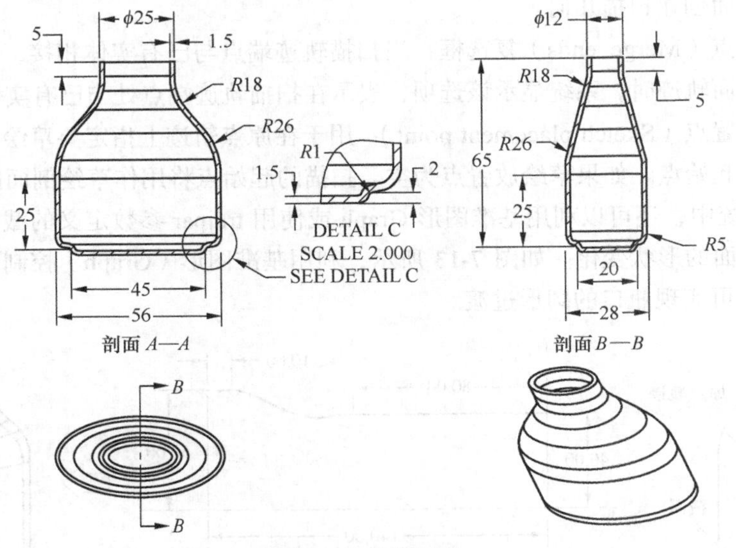

图 7-15 瓶形零件

步骤一 建立可变截面扫描所需的基准曲线

（1）新建 Part 文件“sample7-1.prt”，系统自动建立 FRONT、RIGHT 和 TOP 基准面。

（2）选择【插入】（Insert）→【模型基准】（Model Datum）→【草绘】（Sketch）命令，或者单击基准特征工具栏中的按钮，选取 FRONT 面为草绘平面并默认视角方向朝后，选取 TOP 面为参考平面并使其方向朝上，然后进入草绘模式绘制如图 7-16 所示的截面，建立基准曲线 Curve1。

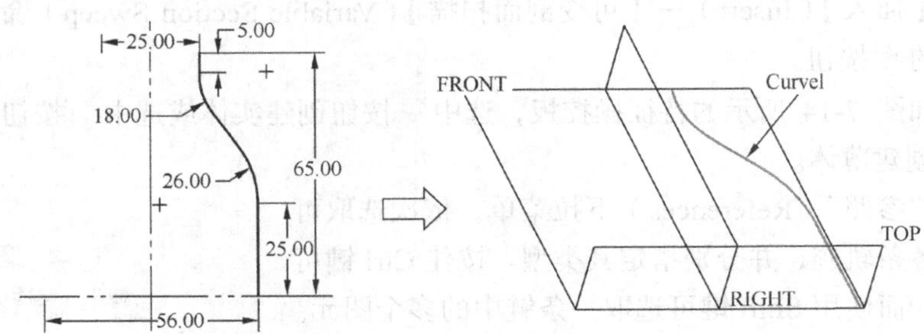

图 7-16 建立基准曲线 Curve1

（3）单击基准特征工具栏中的按钮，选取 RIGHT 面为草绘平面、TOP 面为参考平面，绘制如图 7-17 所示的截面建立基准曲线 Curve2。依照同样方法，绘制如图 7-18 所示的截面建立基准曲线 Curve3。

（4）选取曲线 Curve1，然后选择【编辑】（Edit）→【镜像】（Mirror）命令，并选取 RIGHT 面为镜像平面建立 Curve4。依照同样方法，将曲线 Curve2 相对于 FRONT 面镜像得到 Curve5，如图 7-19 所示。

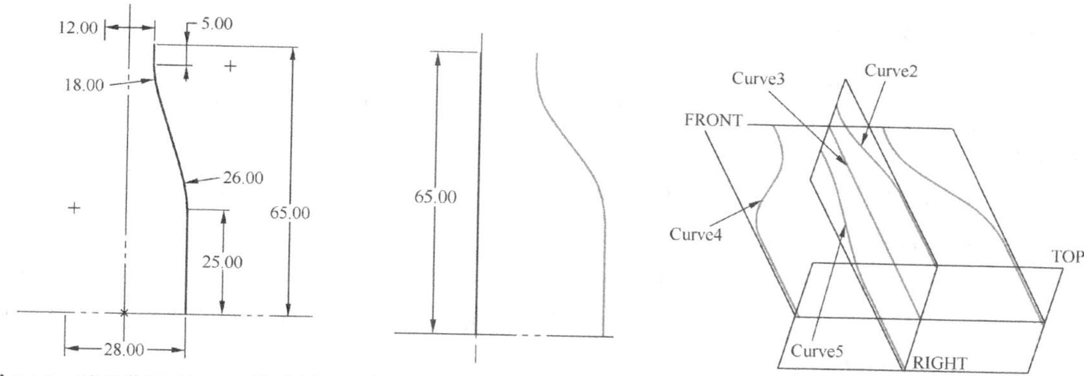

图 7-17　基准曲线 Curve2 的截面　图 7-18　基准曲线 Curve3 的截面　图 7-19　基准曲线 Curve4 和 Curve5

步骤二　使用可变截面扫描创建瓶体

（1）选择【插入】（Insert）→【可变剖面扫描】（Variable Section Sweep）命令，然后在特征操控板中选择□按钮创建实体。

（2）打开"参照"下拉菜单，选取 Curve3 为扫描的原点轨迹，并单击方向箭头将底部端点切换为轨迹起始点。

（3）按住 Ctrl 键选取 Curve1 并定义其为扫描的 X-轨迹，然后依序选取 Curve2、Curve4 和 Curve5 为辅助轨迹，如图 7-20 所示。

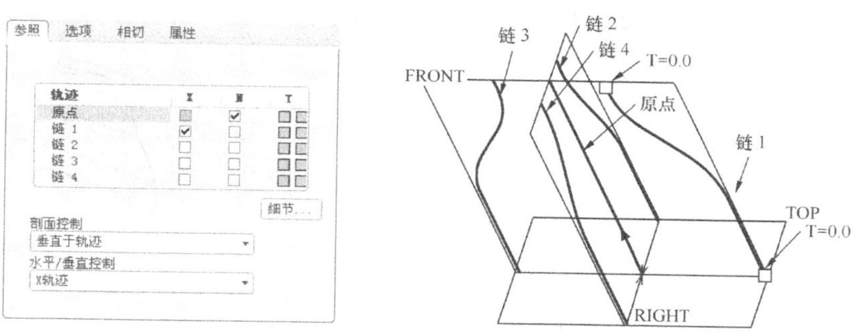

图 7-20　定义可变截面扫描的轨迹

（4）在"剖面控制"下拉列表中选择"垂直于轨迹"选项，并在"水平/垂直控制"下拉列表中选择"*X*-轨迹"选项，以确定扫描截面的定向。

（5）打开"选项"下拉菜单，接受"可变剖面"的默认设定，如图 7-21 所示。此时，系统默认以原点轨迹的起始点作为草绘剖面的位置。

（6）单击☑按钮进入草绘模式，此时截面原点及草绘参考已由原点轨迹和 *X*-轨迹确定，绘制如图 7-22 所示的椭圆截面（注意：要将椭圆几何对齐轨迹线端点，即十字标记处），然后单击✔按钮退出。

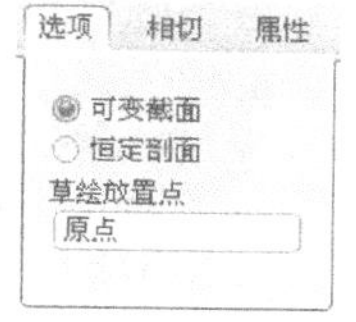

图 7-21　"选项"下拉菜单

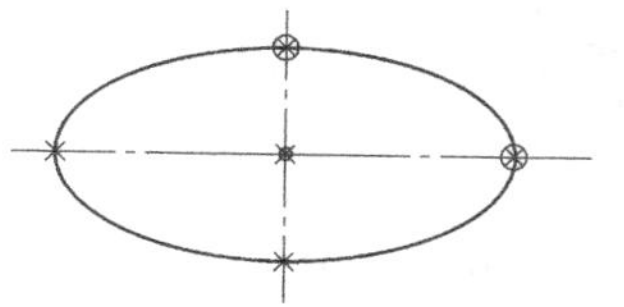

图 7-22　椭圆形截面

（7）单击特征操控板中的✓按钮，生成可变截面扫描特征，如图 7-23 所示。

步骤三　建立底部凸台

（1）选择【视图】(View)→【层】(Layers) 命令，将曲线放置层 PRT_ALL_CURVES 隐藏起来。

（2）选择【插入】(Insert)→【拉伸】(Extrude) 命令，或者单击特征工具栏中的按钮，显示拉伸特征操控板。

（3）打开"放置"下拉菜单并单击定义...按钮，然后选取 TOP 面为草绘平面并使草绘视图方向朝下，选取 FRONT 面为参考平面并使其方向朝下，进入草绘模式绘制如图 7-24 所示的椭圆截面并单击✓按钮结束。

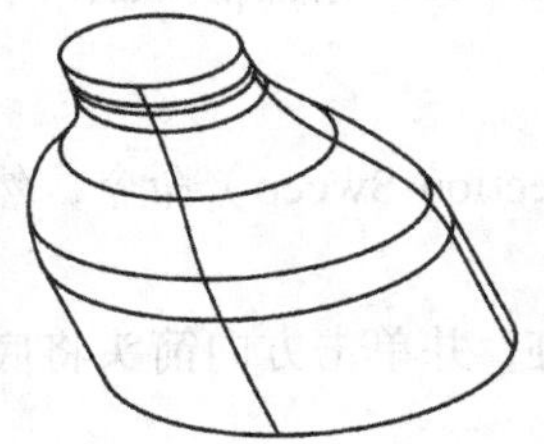

图 7-23　建立的可变截面扫描特征

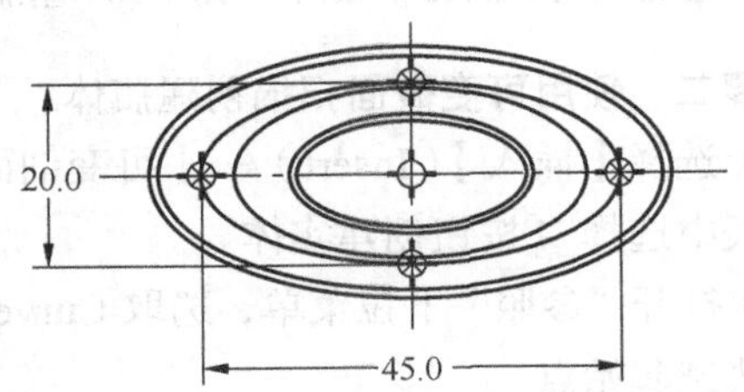

图 7-24　凸台的特征截面

（4）在特征操控板中依次定义各项特征参数（注意使特征生长方向朝下），如图 7-25 所示。然后单击✓按钮生成特征，此时模型显示如图 7-26 所示。

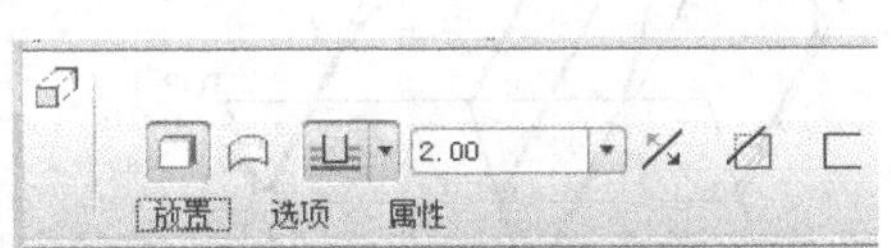

图 7-25　定义凸台的特征参数

图 7-26　建立的凸台特征

步骤四　建立底部圆角和中间壳特征

（1）选择【插入】(Insert)→【倒圆角】(Round) 命令或者单击特征工具栏中的按钮，然后选取扫描瓶体的底部边线建立 *R*5mm 的简单圆角。之后，采取同样方法选取凸台底部边线建立 *R*1 的简单圆角，如图 7-27 所示。

（2）选择【插入】(Insert)→【壳】(Shell) 命令或者单击特征工具栏中的按钮，然后选取顶面为开口面并输入厚度为 1.5mm，单击✓按钮得到如图 7-28 所示的模型。

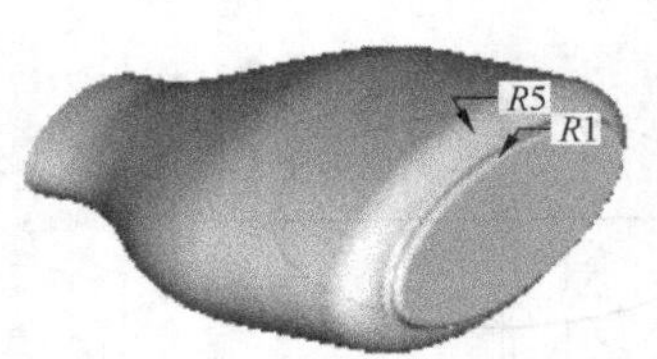

图 7-27　建立的圆角特征

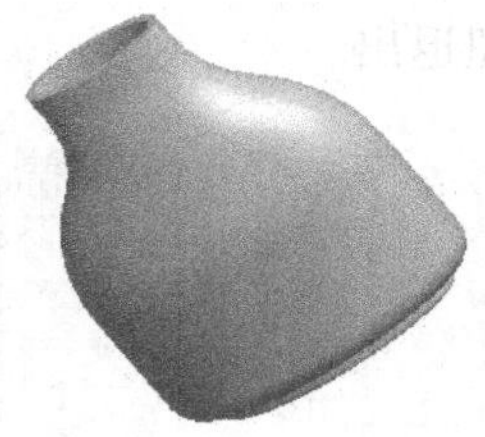

图 7-28　内部抽壳后的效果

7.2 扫描混合

扫描混合（Swept Blend）是指多个截面沿着轨迹扫描创建出实体或曲面特征，这类特征具有扫描（Sweep）与混合（Blend）的双重特点。扫描混合具有原点轨迹（必需）和第二轨迹（可选），且必须定义至少两个截面，并允许在这两个截面间添加截面。扫描混合的轨迹可以是连续而不相切的曲线，定义时可选取一条草绘曲线、基准曲线或边链。

7.2.1 扫描混合特征操控板

创建扫描混合特征时，系统会显示如图 7-29 所示的特征操控板，用于定义扫描混合的轨迹、剖面控制、水平/垂直控制、特征截面、混合控制以及其他属性。下面分别予以说明。

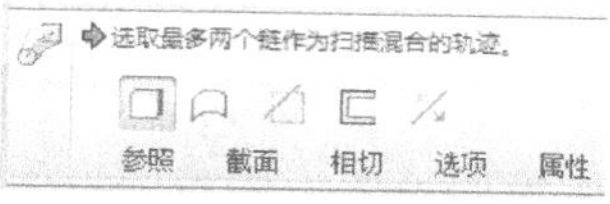

选取最多两个链作为扫描混合的轨迹。
参照 截面 相切 选项 属性

图 7-29 扫描混合的特征操控板

1. 剖面控制

打开“参照”（References）下拉菜单，如图 7-30 所示，可以在“剖面控制”（Section Plane Control）列表框中设置特征截面的控制方式，以指定草绘平面的 *z* 轴方向。

（1）垂直于轨迹（Normal To Trajectory）：表示特征截面的草绘平面垂直于指定的轨迹（其 *N* 列复选框被选中）。

（2）垂直于投影（Normal to Projection）：表示沿投影方向看去，特征截面的草绘平面保持与原点轨迹垂直，且其 *z* 轴与指定方向上原点轨迹的投影相切。此时，必须指定投影方向参照，而不需要水平/垂直控制。

（3）恒定法向（Constant Normal Direction）：表示以定义的曲线或边链作为扫描的法向轨迹，在该特征长度上截面的草绘平面保持与法向轨迹垂直，即特征截面的 *z* 轴平行于指定方向向量。此时，必须选择方向参照。

2. 水平/竖直控制

“水平/竖直控制”（Horizontal/Vertical Control）用于指定截面草绘平面的水平/垂直方向（*x* 轴或 *y* 轴）。该项设定与剖面控制相结合，从而唯一确定草绘截面的方向。

（1）垂直于曲面（Normal to Surface）：表示草绘截面的 *y* 轴指向选定曲面的法线方向，垂直于与“原点轨迹”相关的所有曲面，并且后续所有截面都将使用相同的参照曲面来定义截面 *y* 方向。若原点轨迹只有一个相关曲面，系统将自动选择该曲面作为截面定向的参照；若原点轨迹有两个以上的相关曲面，则需选取其中一个曲面来定义截面 *y* 方向。

（2）X-轨迹（X-Trajectory）：表示在扫描中草绘截面的 *x* 轴始终通过 X-轨迹与草绘平面的交点。该项仅在特征有两个轨迹时才有效，要求第二轨迹为 X-轨迹且必须比原点轨迹长。

（3）自动（Automatic）：表示截面的 *x* 轴方向由系统沿原点轨迹自动确定。

3. 定义特征截面

系统对扫描混合特征的截面有以下几个限定：

①对于闭合轨迹轮廓，至少要有两个截面，且必须有一个位于轨迹的起始点；对于开放轨迹轮廓，必须在轨迹的起始点和终止点各定义一个截面。

②所有截面必须包含相同的图元数。

③可使用剖面区域以及特征截面的周长来控制扫描混合几何。

除了必须在扫描轨迹的限定位置定义截面外，系统允许自行在轨迹线上加入所需的截面。加入截面时，可打开如图 7-31 所示的“截面”（Sections）下拉菜单，然后单击 插入 按钮并在轨迹上指定截面位置的附加点。由于扫描混合特征具有混合的特点，因此每个加入截面的起点位置必须一致，并且各个截面的图元数必须相等。

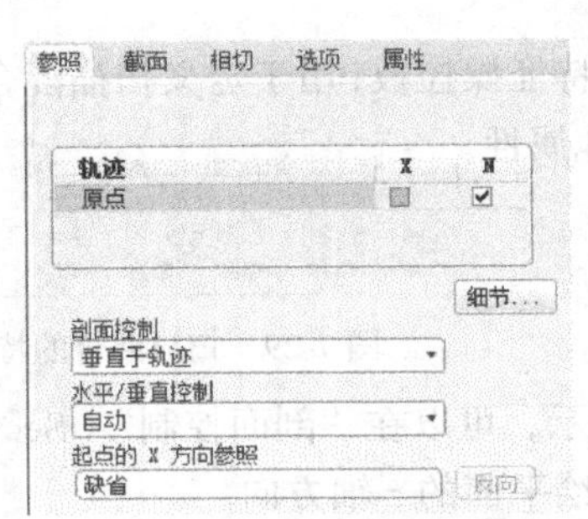

图 7-30 “参照”下拉菜单

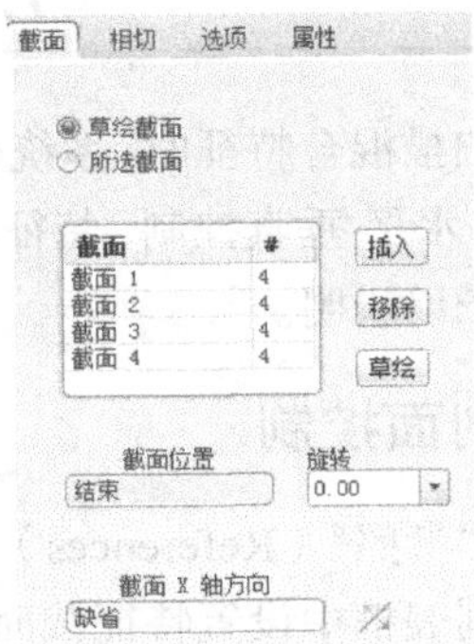

图 7-31 “截面”下拉菜单

定义特征截面时，可以指定截面类型为“草绘截面”（Sketched Section）或“所选截面”（Selected Section）。草绘截面时，需在轨迹上选取一个截面位置点并设定其旋转角度，然后单击 草绘 按钮进入草绘模式绘制扫描混合的截面；否则，可以直接选取已有的截面作为当前的扫描混合截面。

4. 特征截面的混合控制

创建扫描混合特征时，通过“选项”（Options）下拉菜单可控制扫描混合截面之间部分的形状，如图 7-32 所示。Pro/E 系统提供了 3 种控制方式。

（1）设置周长控制。选择“设置周长控制”（Set Perimeter Control）单选钮，表示通过线性方式改变扫描混合截面的周长，以控制特征截面的大小及其形状。创建特征时，可在扫描轨迹的特定位置输入截面周长值，并配合“通过折弯中心创建曲线”（Create Curve Through Center of Blend）复选框创建连接各特征截面形心的连续中心曲线。

如果两个连续截面有相同周长，那么系统将对其间的所有截面保持相同的横截面周长。如图 7-33 所示，其中截面 1 的周长等于截面 2 的周长，则截面 3 的周长也等于截面 1 或截面 2 的周长。对于有不同周长的截面，系统用沿该轨迹的每个曲线的光滑插值来定义其间的截面周长。

（2）设置剖面面积控制。选择“设置剖面面积控制”（Set Cross-section Area Control）单选钮，表示在扫描混合的指定位置定义剖面区域，通过控制点和面积值来控制特征形状。执行时，可在原点轨迹上添加或删除点，并改变该位置点在面积控制曲线中的数值大小（即特征截面的面积值），从而控制扫描混合特征的造型。

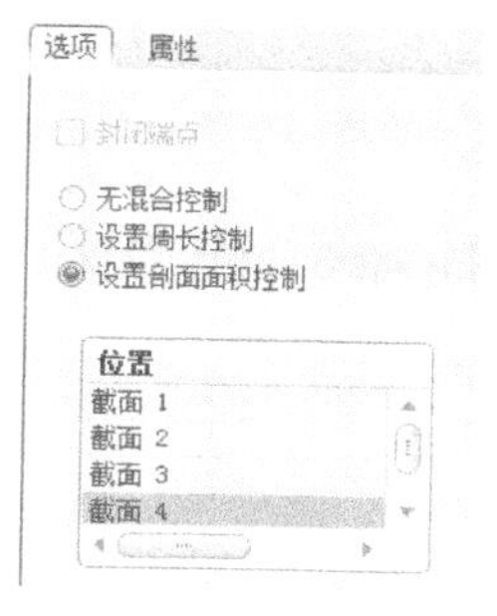

图 7-32　混合控制选项

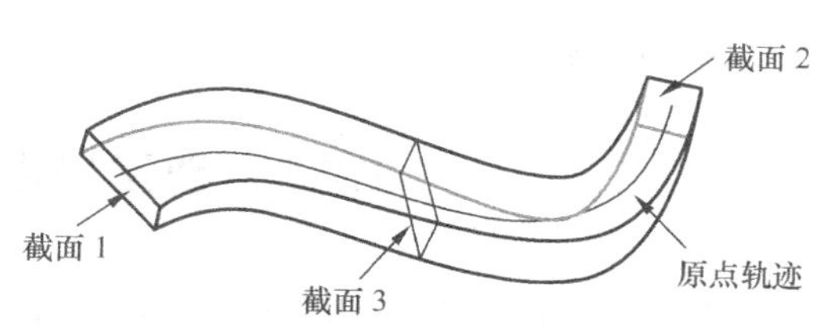

图 7-33　设置周长控制

设置周长控制与设置剖面区域控制的功能等同，因而不能同时使用。两者的不同之处在于，前者是定义特征截面的周长值来控制截面大小的变化，后者是定义特定位置的面积控制曲线数值来控制截面大小的变化。

（3）无混合控制。选择“无混合控制”（No Blend Control）单选钮，表示不为特征进行任何混合控制，该项为系统默认设定。

7.2.2　扫描混合的操作流程

创建扫描混合特征时，必须先草绘轨迹或者选择现有曲线、边链来定义轨迹。其具体操作步骤如下。

（1）选择【插入】（Insert）→【扫描混合】（Swept Blend）命令或者单击按钮，显示扫描混合特征操控板。

（2）在操控板中选中或按钮，以创建实体或曲面扫描混合。

（3）打开“参照”（References）下拉菜单，定义扫描轨迹（第一条为原点轨迹）。

（4）设置“剖面控制”（Section Plane Control）和“水平/垂直控制”（Horizontal/Vertical Control），并根据需要定义方向参照。

（5）打开“剖面”（Sections）下拉菜单，设定特征截面为草绘截面（Sketched Section）或所选截面（Selected Section）。

（6）设定为“草绘截面”时，则在扫描轨迹上选取一个位置点并单击草绘按钮草绘特征的指定截面。单击插入按钮并指定新的附加点作为截面的位置，继续草绘其他截面。

（7）设定为“所选截面”时，则直接选取一个已有截面作为当前的特征截面，如图 7-34 所示，单击插入按钮可以定义附加截面。

（8）打开“相切”（Tangency）下拉菜单，如图 7-35 所示，设置扫描混合的端点和相邻模型几何间的相切关系。

（9）打开“选项”（Options）下拉菜单，设置特征截面的混合控制方式。

（10）设置扫描混合的其他选项，然后单击按钮创建扫描混合特征。

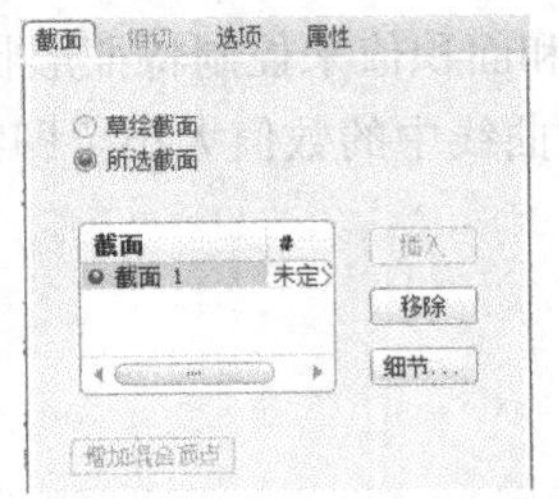

图 7-34　定义所选截面

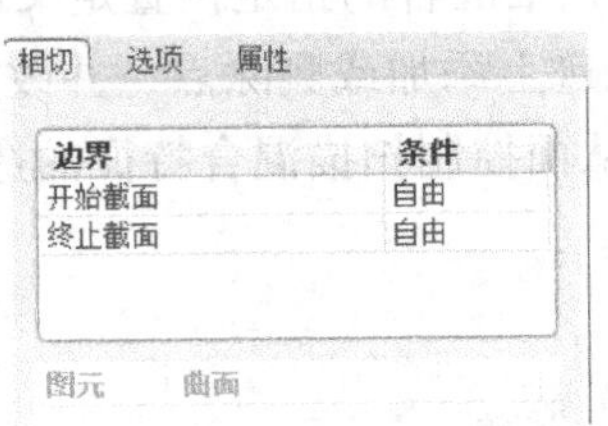

图 7-35　扫描混合的相切设置

7.2.3　创建扫描混合特征

例 7-2　利用扫描混合建立如图 7-36 所示的零件。

图 7-36　扫描混合范例的零件模型

步骤一　建立扫描混合的草绘曲线

（1）新建 Part 文件“sample7-2.prt”，系统自动建立 3 个默认基准面。

（2）选择【插入】（Insert）→【模型基准】（Model Datum）→【草绘】（Sketch）命令，或者单击基准特征工具栏的按钮。

（3）显示“草绘”对话框，选取 FRONT 面为草绘平面并默认草绘视图方向朝后，选取 TOP 面为参考平面并使其方向朝上。

（4）单击草绘按钮进入草绘模式，绘制如图 7-37 所示的截面外形（两圆弧中心位于同一铅垂线上），然后单击✓按钮结束，建立如图 7-38 所示的基准曲线。

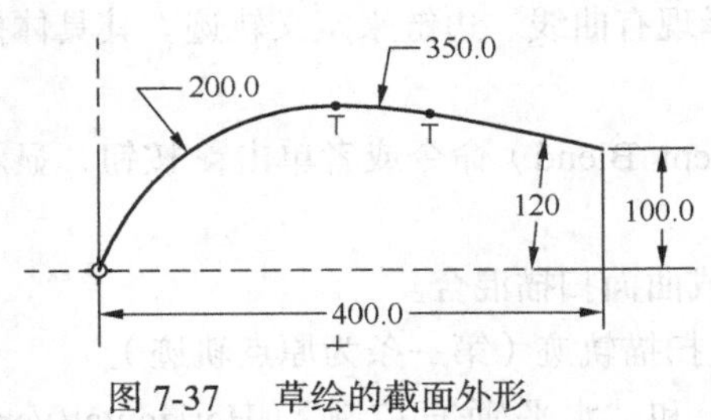

图 7-37　草绘的截面外形

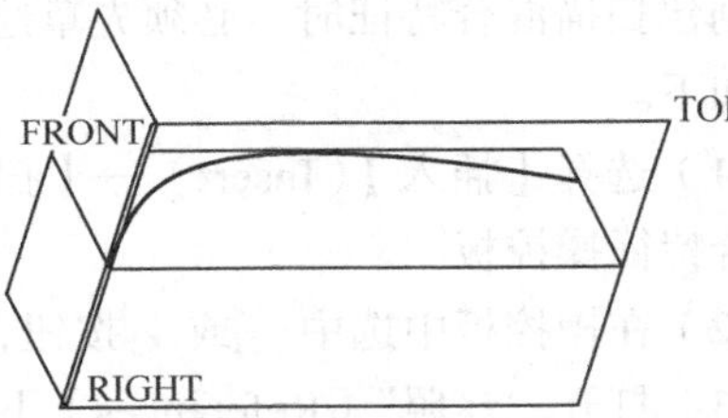

FRONT
TOP
RIGHT

图 7-38　建立的基准曲线

步骤二　建立扫描混合特征

（1）选择【插入】（Insert）→【扫描混合】（Swept Blend）命令或单击按钮，并在特征操控板中选中按钮以建立实体特征。

（2）打开“参照”下拉菜单选取草绘曲线作为原点轨迹，然后单击细节...按钮设定轨迹的扫描起点，或者单击方向箭头切换起点方向，如图 7-39 所示。

（3）设定“剖面控制”方式为“垂直于轨迹”，“水平/垂直控制”方式为“自动”，且设置“起点的 x 方向参照”为“缺省”，如图 7-40 所示。

（4）打开“截面”下拉菜单，指定剖面类型为“草绘截面”，如图 7-41 所示，并选取轨迹起始点作为草绘位置、旋转角度设为 0，然后单击草绘按钮绘制如图 7-42 所示的特征截面 1（4 段同心弧），并单击✓按钮结束。

（5）单击插入按钮，并选取两圆弧段的连接点作为截面 2 的草绘位置，然后设置旋转角度为 0，绘制完成如图 7-43 所示的特征截面 2。

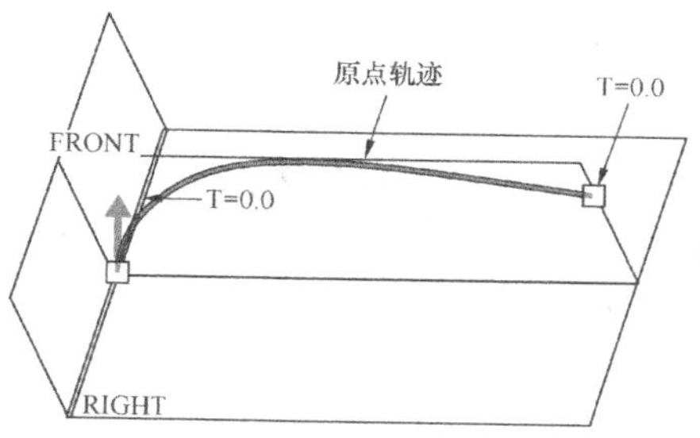

图 7-39　设定轨迹的扫描起点方向

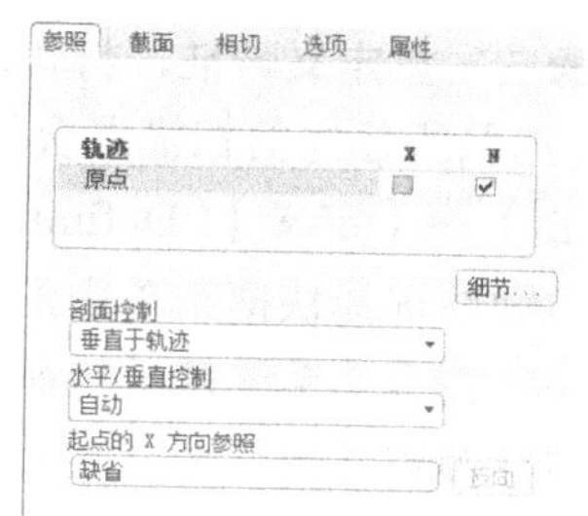

图 7-40　设置剖面控制方式

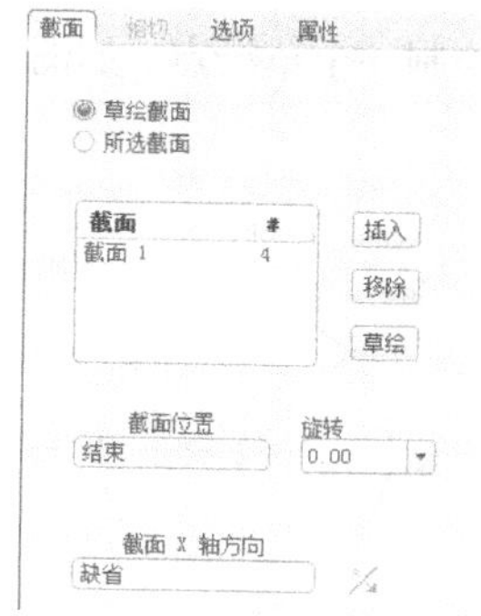

图 7-41　设定截面的类型及放置位置

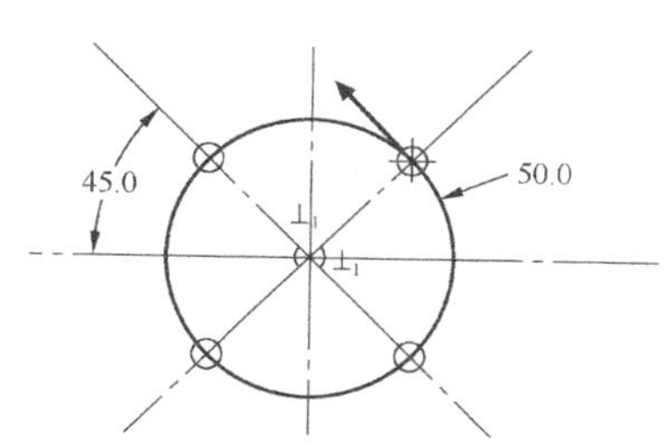

图 7-42　特征截面 1

（6）单击插入按钮，并选取圆弧段与直线的连接点作为截面 3 的草绘位置，然后设置旋转角度为 0，绘制完成如图 7-44 所示的特征截面 3（4 段同心弧）。

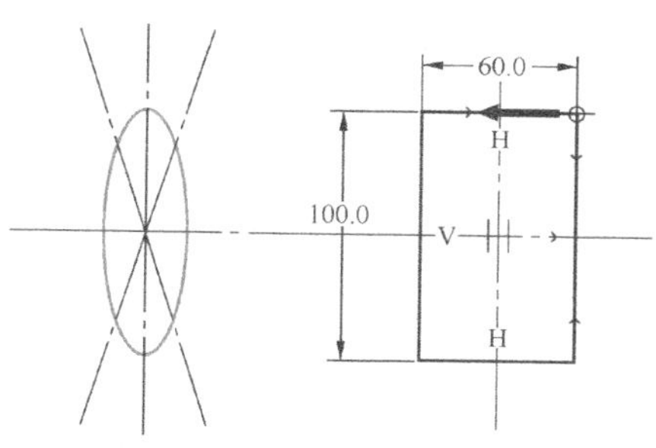

图 7-43　特征截面 2

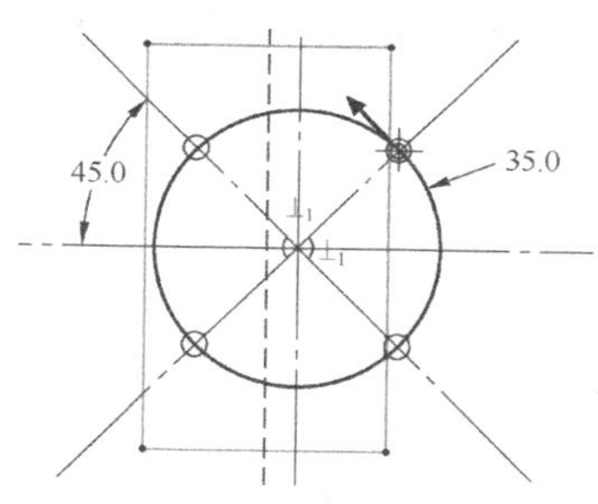

图 7-44　特征截面 3

（7）单击插入按钮，并选取轨迹终点作为截面草绘位置，然后设置旋转角度为 0，绘制完成如图 7-45 所示的特征截面 4（4 段同心弧）。

（8）系统显示模型的预览几何，单击特征操控板上的✔按钮生成所定义的扫描混合特征，如图 7-46 所示。

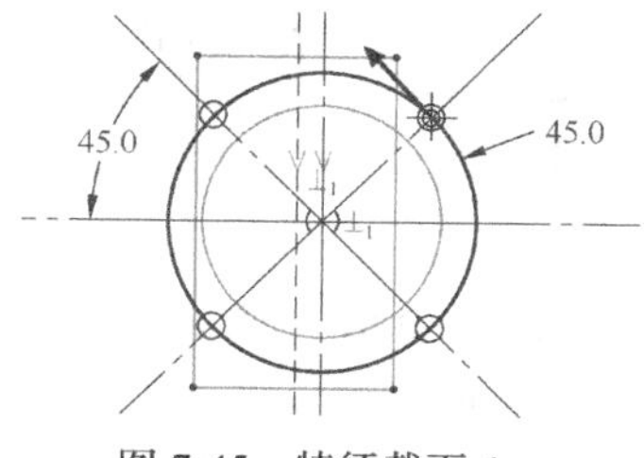

图 7-45　特征截面 4

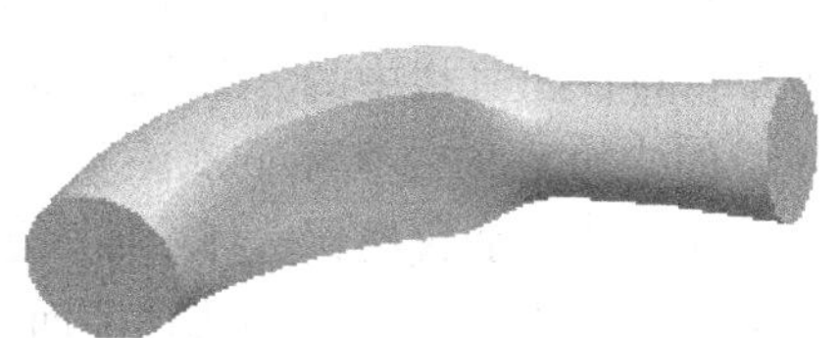

图 7-46　创建的扫描混合特征

步骤三　重定义特征，将轨迹终点的圆形截面更改为点

（1）选取所建立的扫描混合特征，然后选择【编辑】（Edit）→【定义】（Definition）命令，或者单击鼠标右键并选择快捷菜单中的【编辑定义】（Edit Definition）命令，系统显示特征操控板和如图 7-47 所示的特征预览几何。

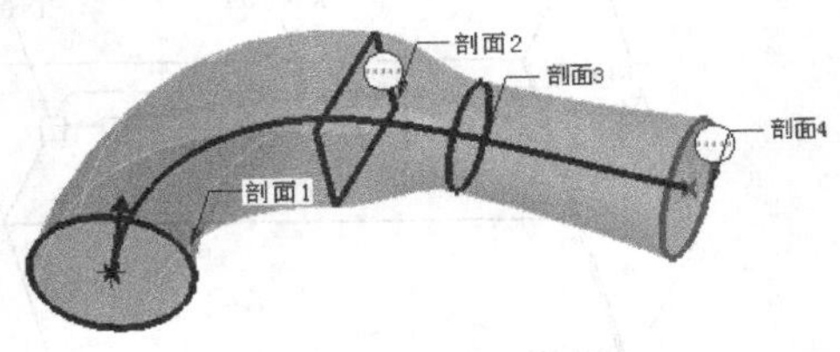

图 7-47　特征的预览几何

（2）打开特征操控板的“剖面”下拉菜单，选择剖面 4 并单击草绘按钮，如图 7-48 所示。

（3）删除特征截面 4 的原有几何图元，然后在扫描轨迹中心绘制一个草绘点，如图 7-49 所示。

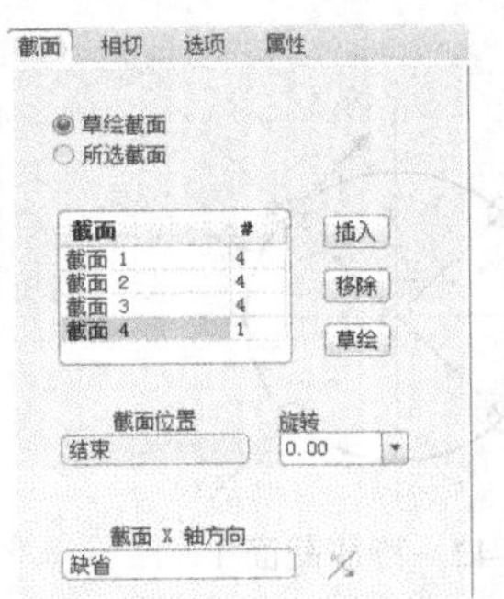

图 7-48　重定义特征截面 4

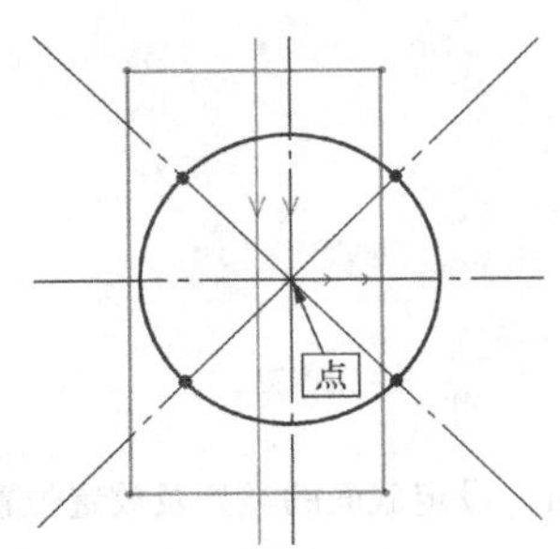

图 7-49　草绘点截面

（4）打开“相切”下拉菜单，在“终止截面”的“条件”下拉列表中选择“尖点”（Sharp）或“平滑”（Smooth），会得到两种不同的模型效果，如图 7-50 所示。

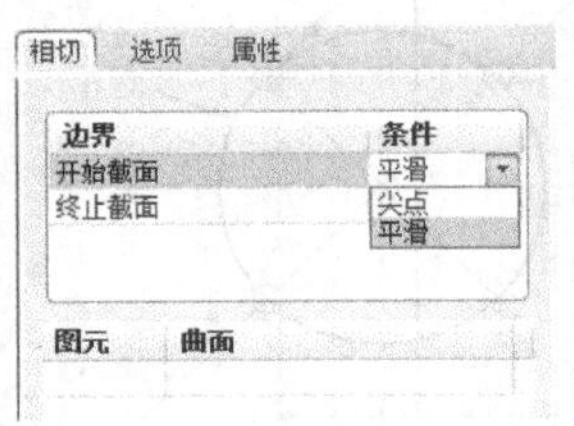

（a）“相切”下拉菜单

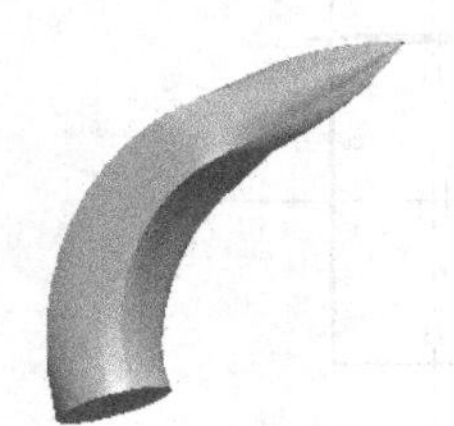

（b）尖点

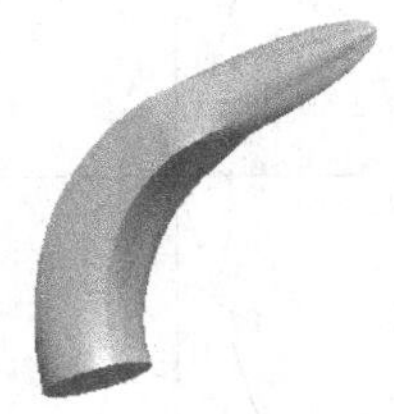

（c）平滑

图 7-50　点截面的相切设定及其模型效果

例 7-3　建立如图 7-51 所示的水龙头零件。

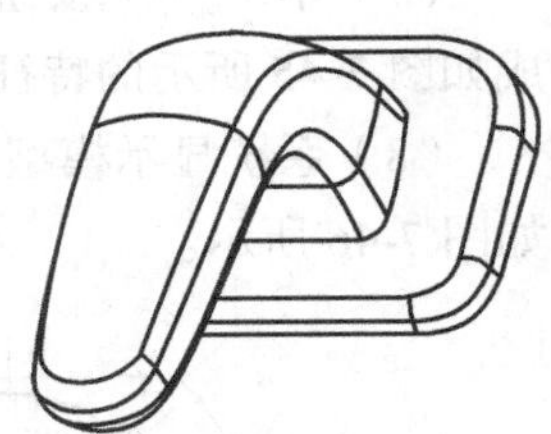

图 7-51　水龙头零件

步骤一　建立水龙头底座

（1）新建文件“Sample7-3.prt”，取消“使用缺省模板”而选用“mmns_part_solid”模板。

（2）建立底座基础：选择【插入】（Insert）→【拉伸】（Extrude）命令，或者单击特征工具栏中的按钮，以 RIGHT 面为草绘平面双向对称拉伸，创建如图 7-52 所示的底座基本体。

（3）建立 4 个侧面的拔模：选择【插入】（Insert）→【斜度】（Draft）命令或者单击特征工具栏中的按钮，选取 4 个侧面为拔模曲面，选取底面为中性平面并以该面为参照定义向上的拔模方向，然后定义向内侧的拔模角度为 3，如图 7-53 所示。单击特征操控板上的按钮创建拔模特征。

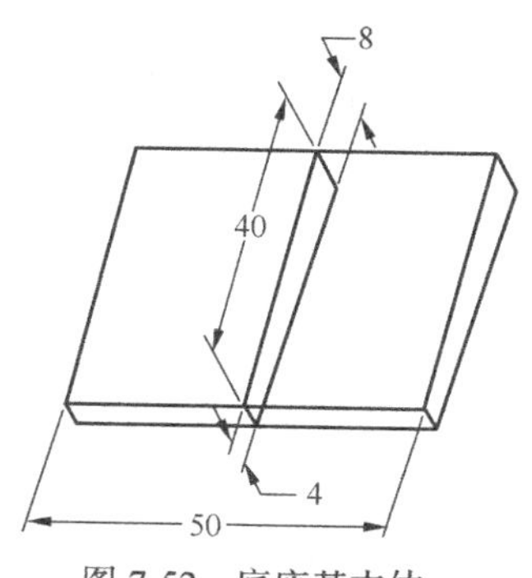

图 7-52 底座基本体

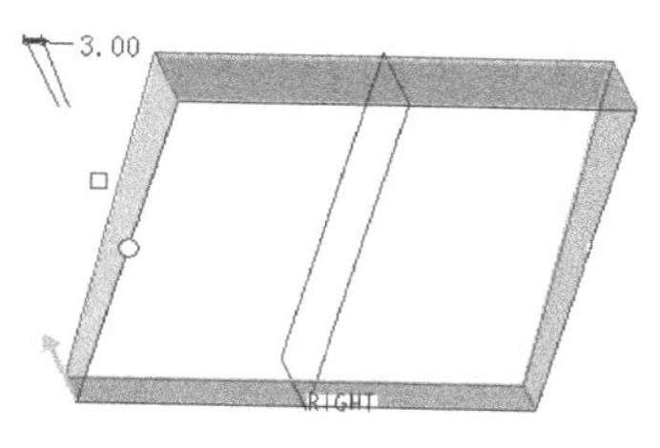

图 7-53 4 个侧面的拔模

（4）建立 4 个侧边的变半径圆角：选择【插入】（Insert）→【倒圆角】（Round）命令或者单击特征工具栏中的按钮，按住 Ctrl 键依序选取 4 条侧边为倒圆角参照，然后打开“设置”下拉菜单，依次定义 8 个顶点处的圆角半径值为 6mm 和 10mm，建立所需的倒圆角，如图 7-54 所示。

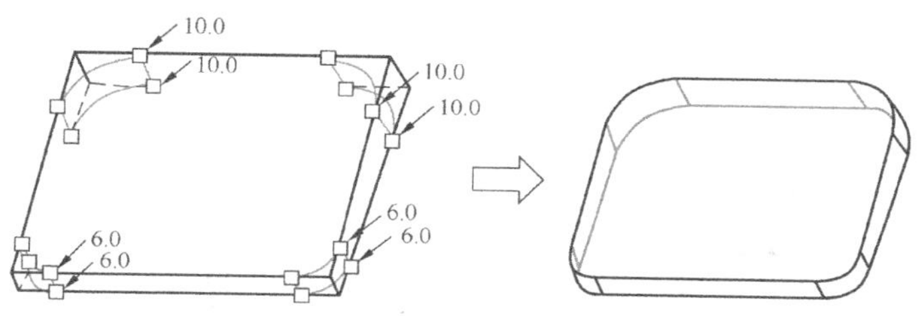

图 7-54 建立 4 个侧边的倒圆角

步骤二 建立扫描混合的草绘轨迹

（1）建立基准曲线：单击基准特征工具栏中的按钮，选取 RIGHT 面为草绘平面并默认视角方向朝左，选取底座的上表面为参考平面并使其方向朝上，然后进入草绘模式绘制如图 7-55 所示的截面（捕捉顶点作为草绘参照），创建所需的基准曲线，如图 7-56 所示。

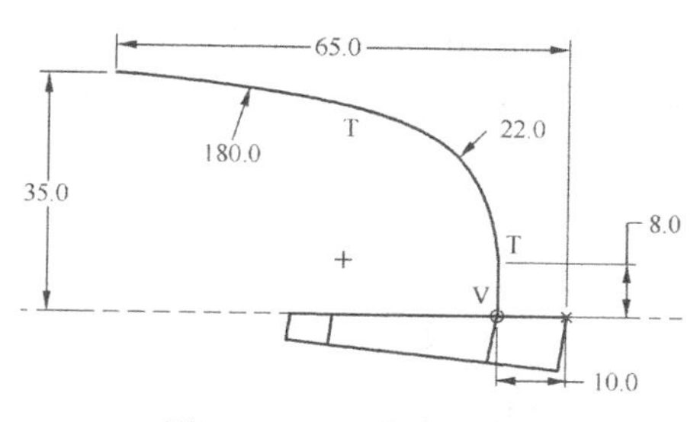

图 7-55 基准曲线的截面

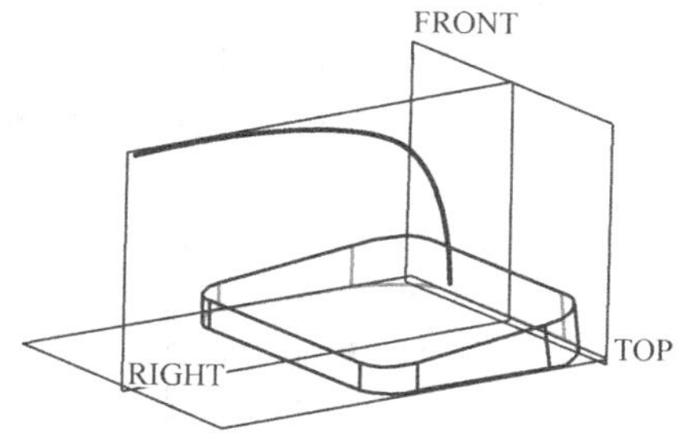

图 7-56 建立的基准曲线

（2）在基准曲线上建立两个基准点，作为后续扫描混合特征的截面放置位置：单击基准特征工具栏中的按钮，选取草绘的基准曲线并相对曲线起始端分别定义偏移比率为 0.35 和 0.7 的两个位置，如图 7-57 所示，建立 PNT0、PNT1 两个基准点。

步骤三　利用扫描混合建立水龙头管身

（1）定义扫描混合特征的轨迹：选择【插入】（Insert）→【扫描混合】（Swept Blend）命令，然后在操控板中选择□按钮以建立实体特征，并选取草绘曲线作为扫描的原点轨迹（注意起点方向的设置），如图 7-58 所示。

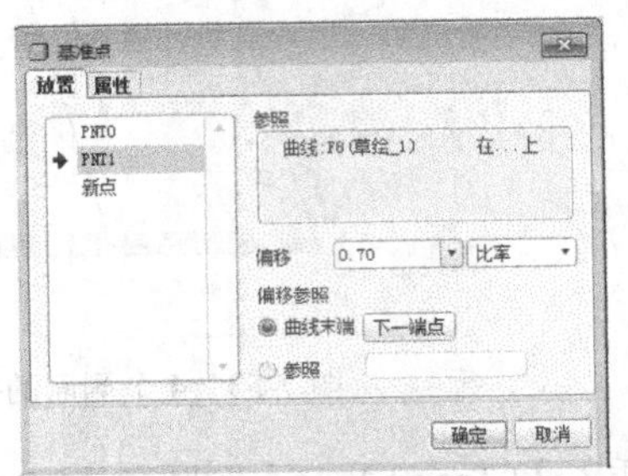

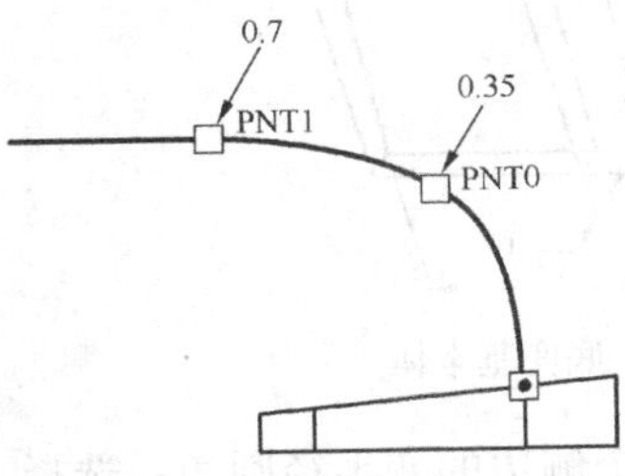

图 7-57　在曲线上建立两个基准点

（2）设置特征的剖面控制方式：打开“参照”下拉菜单，设置剖面控制方式为“垂直于轨迹”，水平/垂直控制方式为“自动”，并将“起点的 X 方向参照”设定为“缺省”，如图 7-59 所示。

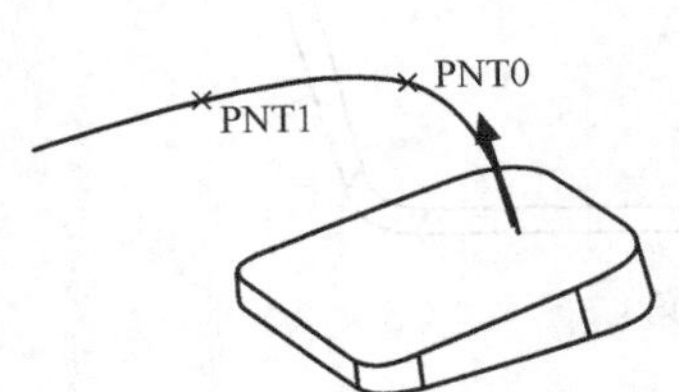

图 7-58　设定扫描轨迹的起始点

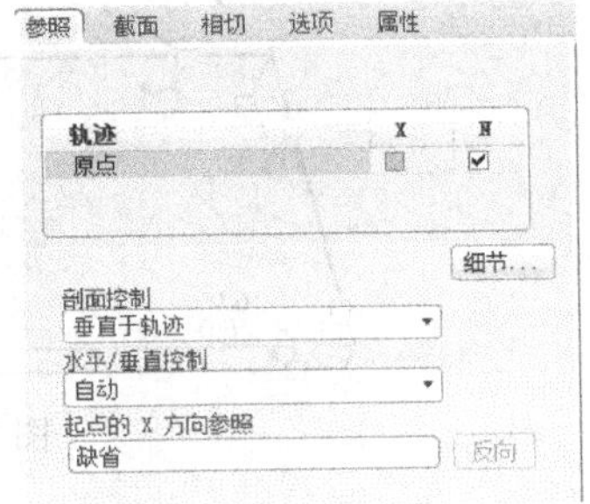

图 7-59　设置特征的剖面控制方式

（3）定义扫描混合的第 1 个特征截面：打开“截面”下拉菜单将截面类型设为“草绘截面”，选取轨迹起点作为截面位置并设置旋转角度为 0、截面 x 轴方向为缺省，然后单击草绘按钮进入草绘模式，绘制如图 7-60 所示的截面 1 并单击✔按钮结束。

（4）在“截面”下拉菜单中单击插入按钮，选取基准点 PNT0 作为截面位置（其他选项默认不变），然后单击草绘按钮进入草绘模式，绘制如图 7-61 所示的截面 2 并单击✔按钮结束。

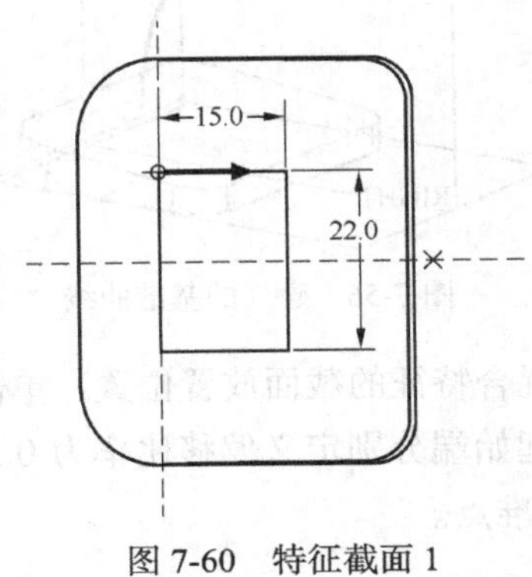

图 7-60　特征截面 1

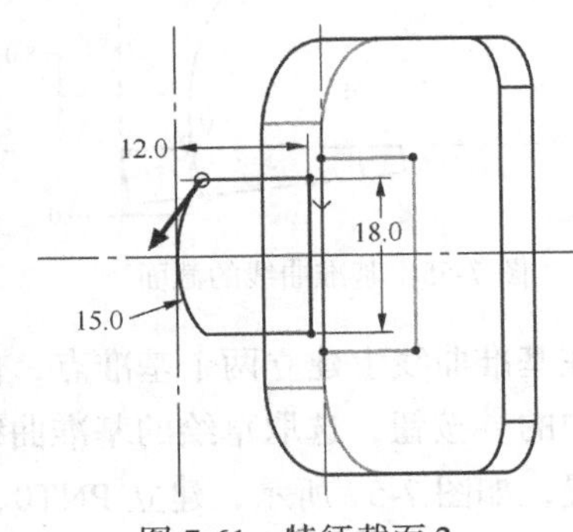

图 7-61　特征截面 2

（5）采用同样的方法，选取基准点 PNT1 作为特征截面 3 的放置位置，并绘制如图 7-62 所示的截面 3，然后单击✓按钮结束。

（6）单击 插入 按钮选取基准曲线末端作为特征截面 4 的放置位置，进入草绘模式绘制如图 7-63 所示的截面 4，然后单击✓按钮结束。

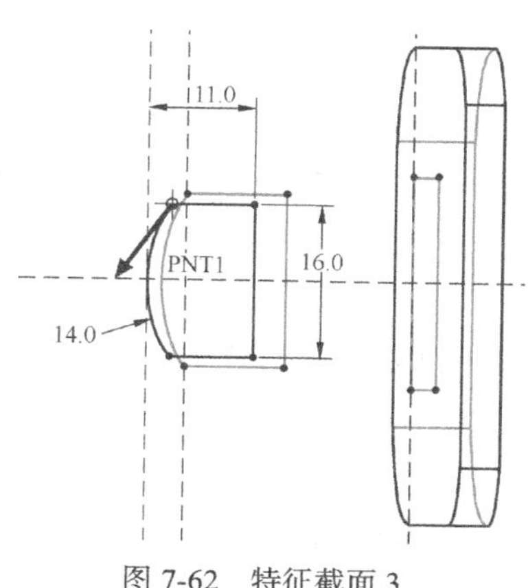

图 7-62 特征截面 3

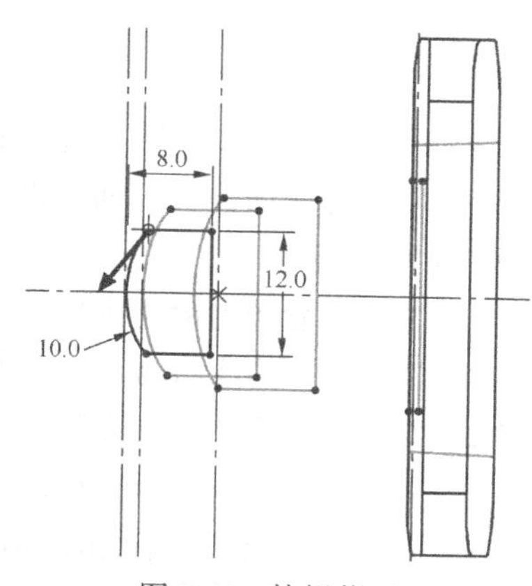

图 7-63 特征截面 4

（7）单击特征操控板上的✓按钮生成扫描混合特征，然后利用图层功能将基准曲线隐藏起来，此时模型效果如图 7-64 所示。

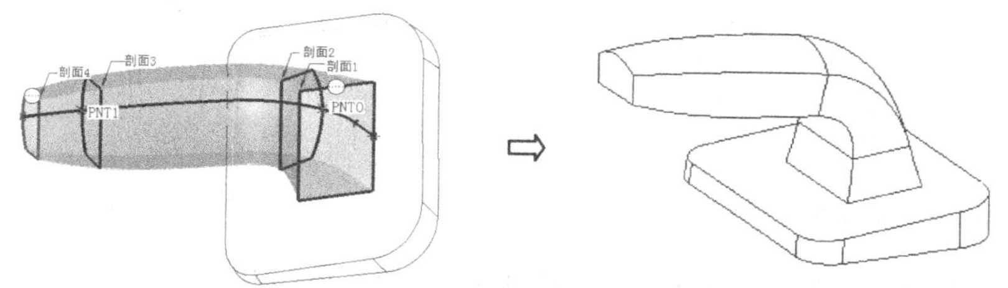

图 7-64 水龙头管身的模型效果

步骤四 建立倒圆角及壳特征

（1）建立完全圆角特征：选择【插入】（Insert）→【倒圆角】（Round）命令或者单击特征工具栏中的按钮，按住 Ctrl 键选取扫描混合特征前端的一对侧边作为倒圆角参照，如图 7-65 所示，然后打开“设置”下拉菜单并单击 完全倒圆角 按钮建立完全倒圆角特征。

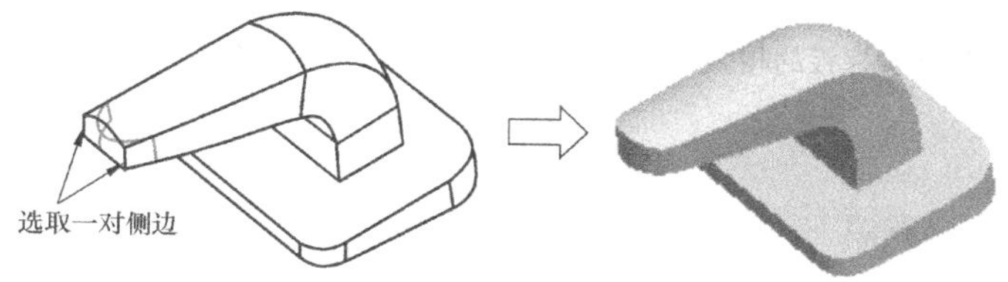

图 7-65 创建完全倒圆角特征

（2）建立半径值为 2mm 的简单圆角：选择【插入】（Insert）→【倒圆角】（Round）命令或者单击特征工具栏中的按钮，按住 Ctrl 键选取倒圆角的两条参照边并定义半径值为 2mm，建立如图 7-66 所示的倒圆角特征。

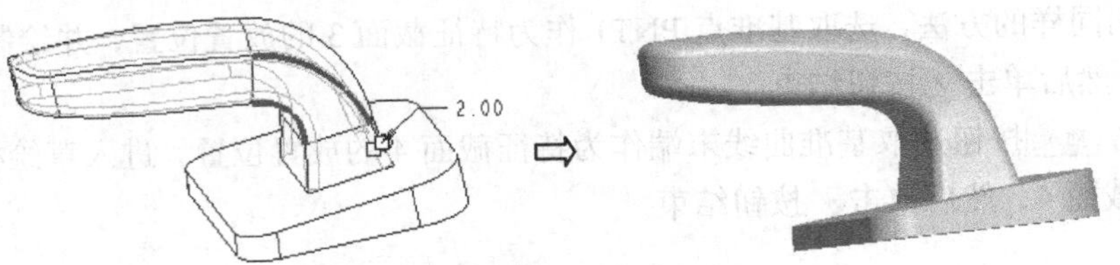

图 7-66　建立的圆角特征

（3）建立壳特征：选择【插入】（Insert）→【壳】（Shell）命令或者单击特征工具栏中的按钮，选取零件底面为开口面并设定薄壳厚度为 1，然后单击特征操控板上的按钮生成壳特征，如图 7-67 所示。

步骤五　建立管身的出水口

（1）选择【插入】（Insert）→【拉伸】（Extrude）命令或者单击特征工具栏中的按钮。

（2）打开“放置”下拉菜单，然后单击定义...按钮并选取 TOP 面为草绘平面（使草绘视图方向朝上），选取 FRONT 面为参考平面（使其方向朝下）。

（3）进入草绘模式绘制如图 7-68 所示的圆形截面（直径为 ϕ6mm），然后单击按钮结束。

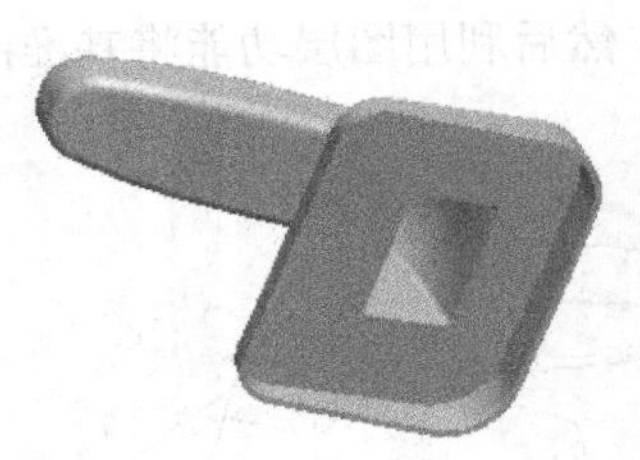

图 7-67　建立的壳特征

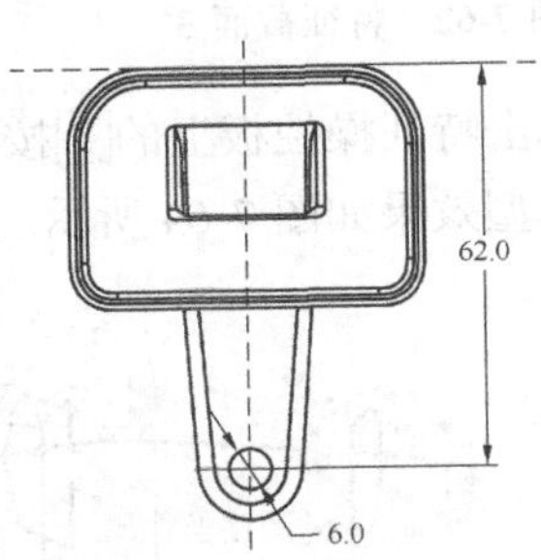

图 7-68　圆形截面

（4）在特征操控板中单击按钮，去除材料并使切除区域朝内，同时设定特征深度为以拉伸至下一个曲面，如图 7-69 所示。单击操控板上的按钮生成特征，此时零件模型如图 7-70 所示。

图 7-69　定义特征操控板的相关选项

图 7-70　零件模型的三维效果

7.3 螺旋扫描

螺旋扫描（Helical Swp）是指沿着假想螺旋轨迹扫描截面来创建具有螺旋特性的实体或曲面特征，如弹簧、螺钉等。在螺旋扫描中，假想螺旋轨迹是通过旋转曲面的轮廓（定义螺旋特征的截面原点到其旋转轴之间的距离）和螺距（螺旋线之间的距离）两者来定义的。但是，螺旋轨迹和旋转曲面并不会出现在生成的特征几何中。

建立螺旋扫描特征时，必须定义其属性（Attributes）、扫描外形线（Swp Profile）、节距（Pitch）、特征截面（Section）等，如图 7-71 所示。

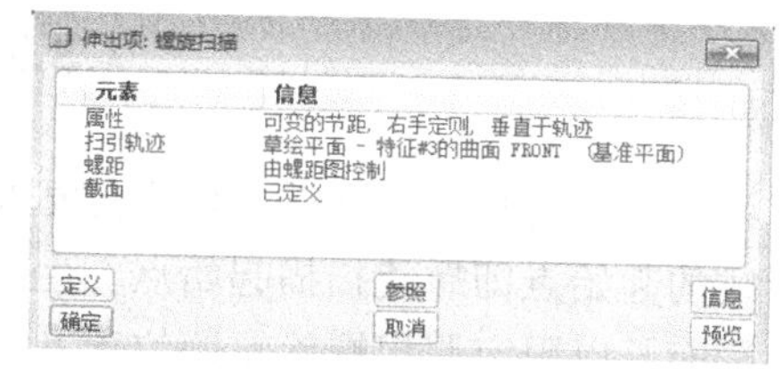

图 7-71 “伸出项：螺旋扫描”特征对话框

7.3.1 属性设定

创建螺旋扫描特征时，系统会显示如图 7-72 所示的“属性”（ATTRIBUTES）菜单，其中包含螺旋扫描的 3 类属性选项。

1. 节距

螺旋扫描按节距分为“常数”（Constant）和“可变的”（Variable）两种。常数表示螺旋扫描特征各螺旋间的节距为恒定值，不允许发生变化，如图 7-73（a）所示；可变的表示各螺旋间的节距值可变，如图 7-73（b）所示，并且可配合基准图形（Graph）来控制其变化。

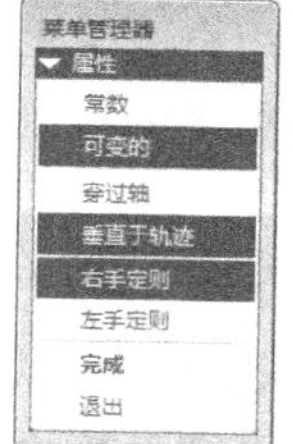

图 7-72 “属性”（ATTRIBUTES）菜单

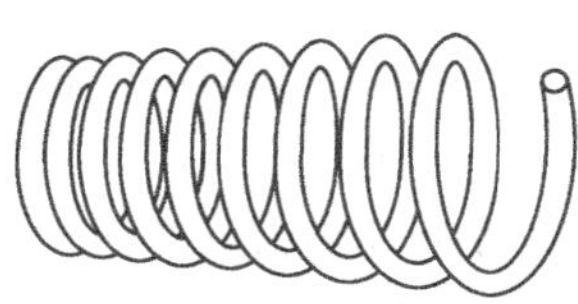

（a）恒定节距　（b）可变节距

图 7-73 两种类型的螺旋节距

2. 截面放置

螺旋扫描按截面放置方式分为两种，即“穿过轴”（Thru Axis）与“轨迹法向”（Norm To Traj）。前者要求螺旋扫描时，任意位置的特征截面都位于穿过旋转轴的平面内，如图 7-74（a）所示；后者要求螺旋扫描时，任意位置的特征截面垂直于轨迹（或旋转面）的切线方向，即特征截面始终垂直于假想的螺旋轨迹，如图 7-74（b）所示。

3. 旋向

螺旋扫描按旋向分为右旋（Right Handed）和左旋（Left Handed）两种，如图 7-75 所示。

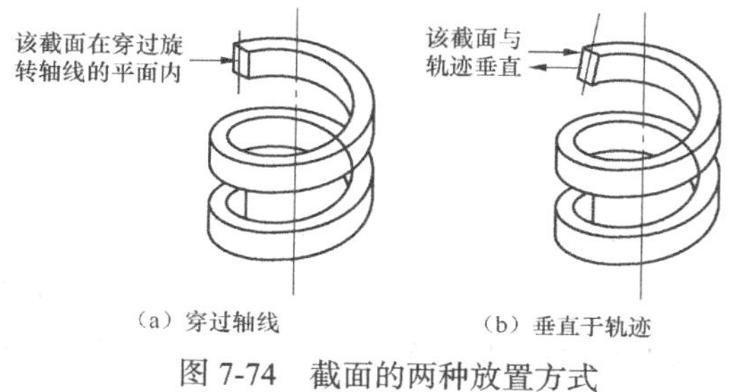

（a）穿过轴线　（b）垂直于轨迹

图 7-74 截面的两种放置方式

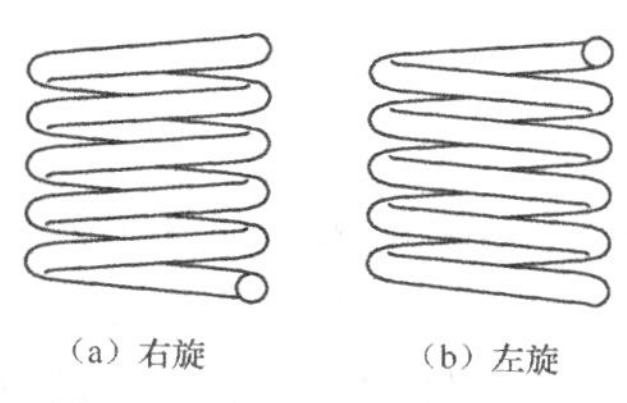

（a）右旋　（b）左旋

图 7-75 两种旋向设定

7.3.2 螺旋扫描外形线

设定螺旋扫描属性后，系统会要求定义草绘平面以绘制扫描外形线（Swp Profile），此时外形线的起始点即螺旋扫描起始点。生成螺旋扫描特征时，外形线会绕中心线旋转出一个假想的轮廓面，以限定假想螺旋轨迹位于其上。绘制扫描外形线时，必须遵循以下规则。

（1）必须在截面中草绘中心线以定义旋转轴。

（2）草绘图元必须形成一个开放环，而不允许封闭。

（3）草绘图元任意点处的切线不可与中心线正交。

（4）扫描外形线一般要求连续而不必相切，若截面放置方式设定为“轨迹法向”（Norm To Traj），则要求外形线的图元必须连续且相切。

（5）扫描轨迹的起点定义在草绘图元的起点，可以选择【草绘】（Sketch）→【特征工具】（Feature Tools）→【起点】（Start Point）命令更改起点位置。

7.3.3 螺旋节距

螺旋扫描特征的节距（Pitch）有恒定与可变两种。若设定为恒定（Constant），则定义节距时只需输入一个节距值；若设定为可变（Variable），则螺旋线之间的距离由螺距图形控制，即要求在起点和终点指定节距值后，利用节距图（Pitch Graph）和添加更多的控制点来定义一条复杂曲线，而该曲线用来控制螺旋线与旋转轴之间的距离。

当节距设定为可变时，定义节距值的具体步骤如下。

（1）绘制螺旋扫描外形线时，如果中间部分的节距值不为线性变化，则必须利用 或 按钮在外形线指定位置加入草绘点或建立断点，作为节距图的控制点，否则直接绘制即可。

（2）依次输入螺旋扫描轨迹起点和终点处的节距值。

（3）系统以子窗口显示初始节距图并显示“图形”（GRAPH）菜单，如图 7-76 所示。在节距图中，x 轴向代表扫描外形线的范围，y 轴向为所对应的节距值。

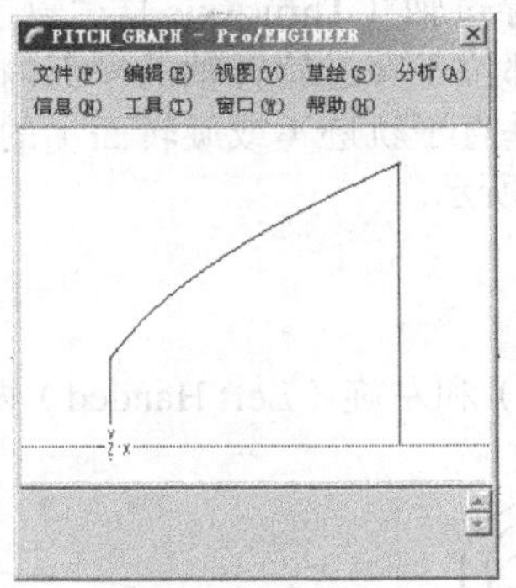

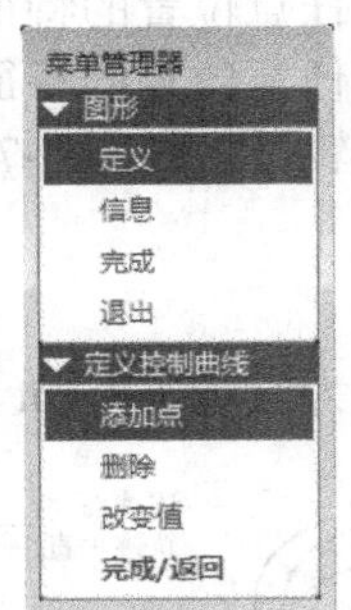

图 7-76 利用节距图定义变节距

（4）如需定义扫描外形线中间控制点的节距，则选择“图形”（GRAPH）菜单中的【Define】（定义）→【添加点】（Add Point）命令，然后拾取轮廓截面上的节距控制点将其加入到图形中并输入该点处的节距值，否则选择【完成】（Done）命令结束节距定义。当然，也允许选择【删除】(Remove Point)命令删除轮廓截面中的螺距控制点及其节距值，或选择【改变值】(Change Value)命令更改所选控制点的节距值。

(5)完成螺旋节距的定义后，系统会自动切换至适当的草绘模式，以绘制所需的特征截面，此时扫描外形线的起始点会显示两条正交中心线作为草绘参照。

7.3.4 螺旋扫描的操作流程

创建螺旋扫描特征，一般需执行以下步骤。

(1)选择【插入】(Insert)→【螺旋扫描】(Helical Sweep)命令，并选择欲创建的螺旋扫描方式，如图 7-77 所示。

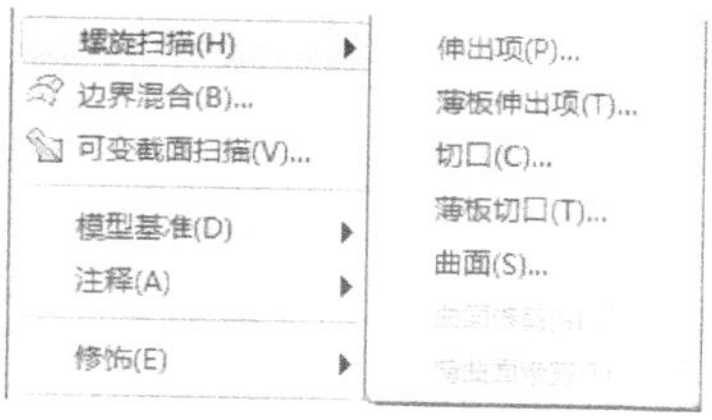

图 7-77　螺旋扫描的创建方式

(2)设定螺旋扫描特征的属性。

(3)定义草绘平面、参考平面及其方向，进入草绘模式绘制螺旋扫描的外形线。

(4)如创建的螺旋扫描是可变节距，则需在截面中草绘节距控制点，这些控制点将被用来定义沿节距图的节距值，否则单击✓按钮结束草绘。

(5)输入螺旋扫描的恒定节距值。如果是可变节距，则只能输入扫描起点和终点的节距值，其余控制点的节距需通过节距图来定义。

(6)进入草绘模式，绘制螺旋扫描的特征截面。

(7)如果是切口特征或薄板特征，需定义其切口的材料侧或薄板的厚度及加厚方向等。

(8)单击特征对话框中的【确定】按钮，创建所定义的螺旋扫描特征。

7.3.5 创建螺旋扫描特征

例 7-4　建立如图 7-78 所示的常节距弹簧，并将其修改为变节距。

步骤一　建立常节距弹簧

(1)新建零件文件“Sample7-4.prt”，自动建立 3 个默认基准面。

(2)选择【插入】(Insert)→【螺旋扫描】(Helical Sweep)→【伸出项】(Protrusion)命令。

(3)在“属性”(ATTRIBUTES)菜单中，选择【常数】(Constant)→【穿过轴】(Thru Axis)→【右手定则】(Right Handed)→【完成】(Done)命令。

(4)绘制螺旋扫描外形线：选取 FRONT 面为草绘平面并默认视角方向朝内，选择 TOP 面为参考平面并使其朝上，进入草绘模式绘制如图 7-79 所示的截面并单击✓按钮结束。

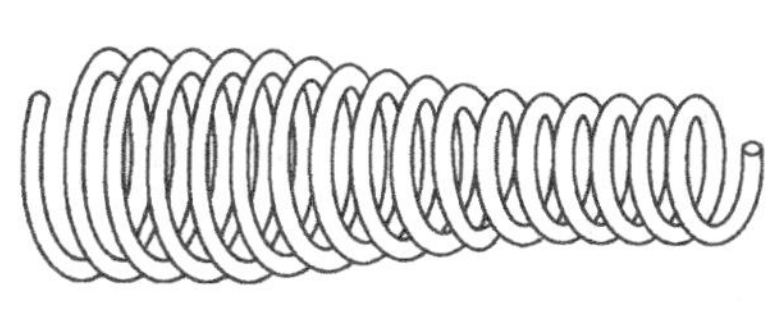

图 7-78　常节距弹簧

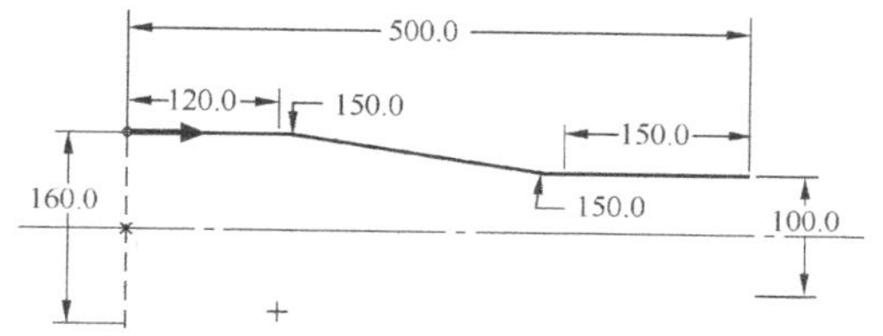

图 7-79　草绘螺旋扫描的外形线

(5)输入节距值为 30mm。

（6）以扫描起始点为中心，绘制直径为ϕ15mm 的圆作为特征截面，单击✓按钮结束。

（7）单击特征对话框中的 确定 按钮，建立所定义的常节距弹簧。

步骤二　将弹簧改为变节距

（1）重新定义螺旋扫描外形线，加入节距控制点：选取螺旋扫描特征并单击鼠标右键，选择快捷菜单中的【编辑定义】（Edit Definition）命令，然后选中特征对话框的“Swp Profile”选项并单击 定义 按钮，如图 7-80 所示。

（2）在显示的“截面”（SECTIONS）菜单中选择【修改】（Modify）→【完成】（Done）命令，进入草绘模式并在截面中加入 4 个草绘点，如图 7-81 所示，然后单击✓按钮结束。

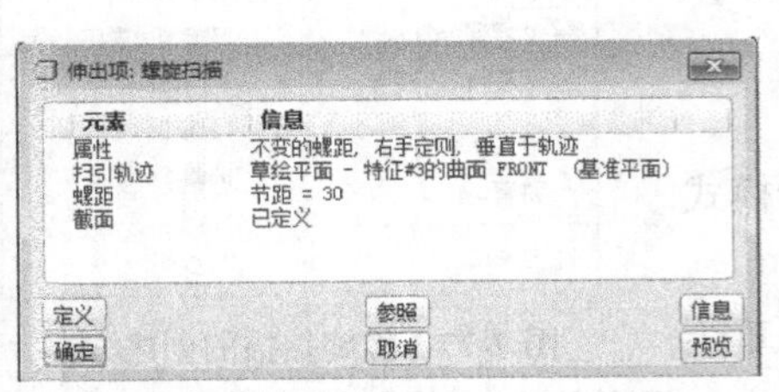

图 7-80　“伸出项：螺旋扫描”特征对话框

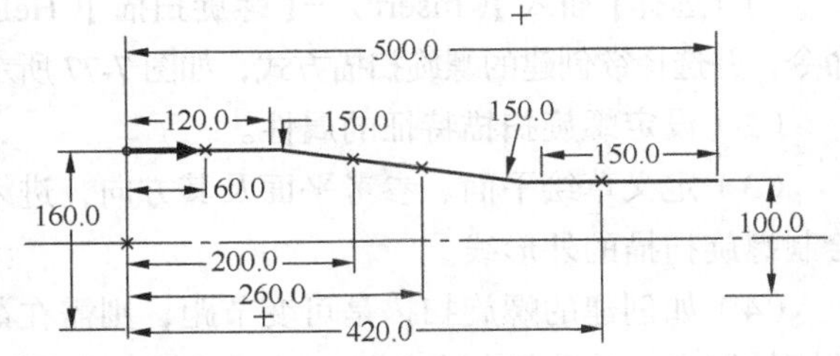

图 7-81　在外形线中加入节距控制点

（3）重新定义螺旋扫描特征的属性：在特征对话框中选中“属性”（Attributes）选项并单击 定义 按钮，然后选择【可变】（Variable）→【轨迹法向】（Norm To Traj）→【右手定则】（Right Handed）→【完成】（Done）命令。

（4）重新定义螺旋节距值：依次输入螺旋扫描起点、终点节距值分别为 25mm 和 1 000mm。

（5）显示节距图窗口和“图形”（GRAPH）菜单，选择【定义】（Define）→【添加点】（Add Point）命令，然后依次点选外形线上的草绘点 P_1、P_2、P_3、P_4（端点）和 P_5 作为节距控制点，如图 7-82 所示，并分别输入各点对应的节距值为 25mm、80mm、150mm、350mm 和 600mm，此时节距图显示如图 7-83 所示，单击【完成】（Done）命令结束。

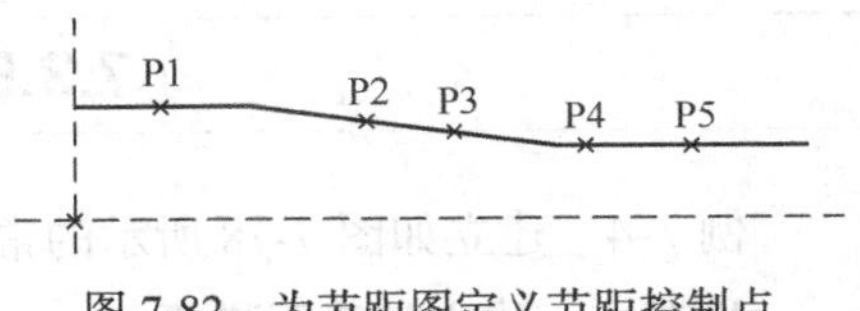

图 7-82　为节距图定义节距控制点

（6）单击特征对话框中的 确定 按钮，弹簧显示如图 7-84 所示。

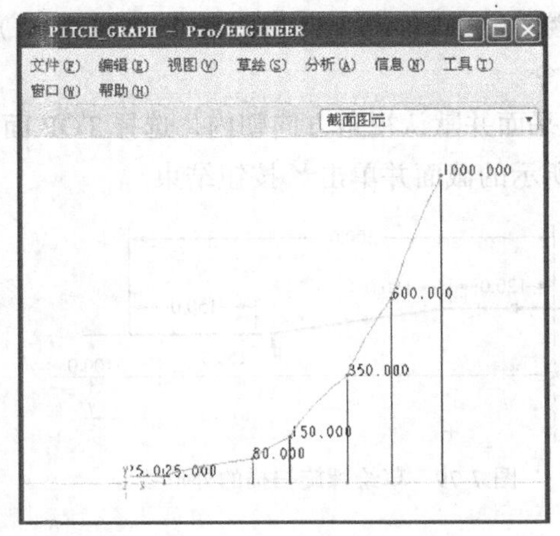

图 7-83　节距图

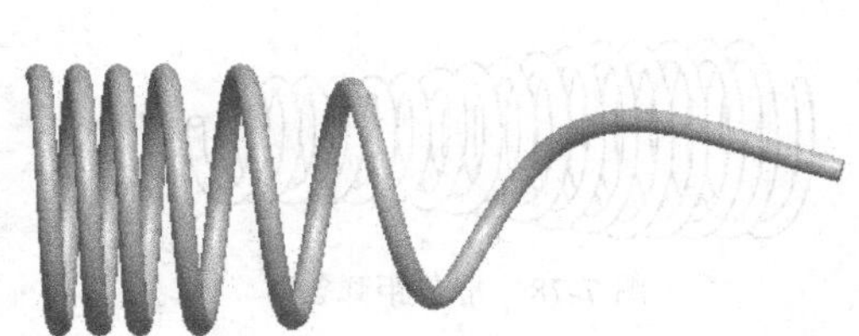

图 7-84　重定义后的变节距弹簧

7.4 边界混合

边界混合（Boundary Blend）是曲面造型时非常实用的方法，它是以多条曲线、边或点为参照来形成一个平滑曲面，如图 7-85 所示。构建时，在每个方向上必须按连续的顺序选择参照图元，此时每个方向上选定的第 1 个和最后 1 个图元用来定义曲面的边界。一般来说，当曲面呈现平滑且无明显的截面与轨迹线时，常采用边界混合来构建零件的外廓面。

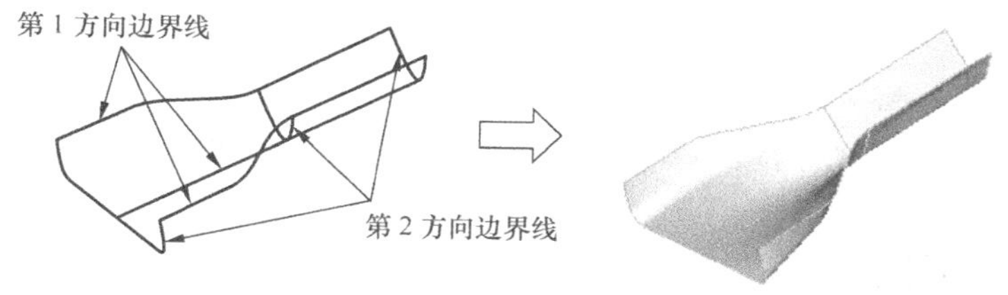

图 7-85 边界混合曲面的建立

使用边界混合功能时，必须先建立基准曲线、基准点或者选取可利用的边界作为曲面构建的参照，并且可使其与邻接的曲面保持相切、垂直或等曲率关系。如果选取基准点或顶点作为边界参照，则其必须是位于某个方向的第 1 个或最后 1 个参照。对于定义有两个方向边界的混合曲面而言，其外部边界必须形成一个封闭环，也就是说外部边界必须首尾相接，否则 Pro/E 会自动修剪这些边界并使用修剪的边界来构建曲面。

7.4.1 边界混合特征操控板

选择【插入】(Insert)→【边界混合】(Boundary Blend)命令或者单击特征工具栏中的按钮，系统显示边界混合特征操控板，如图 7-86 所示。

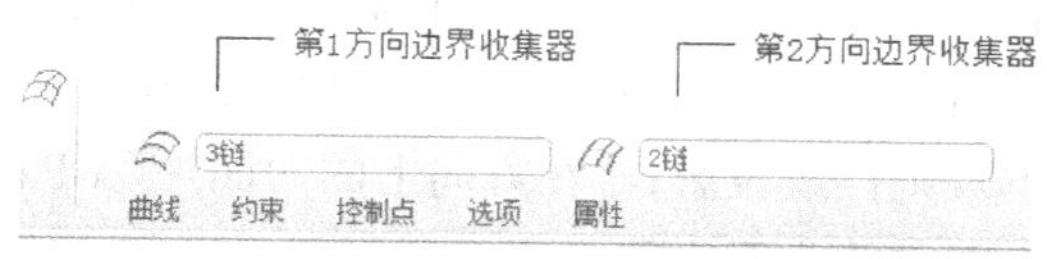

图 7-86 边界混合特征操控板

1. “曲线”下拉菜单

打开操控板的“曲线”(Curves)下拉菜单，如图 7-87 所示，可在第一方向和第二方向列表框中选取曲线作为边界混合的参照图元，并控制其选取顺序。也可直接在对话栏中单击激活边界收集器，选取第一方向或第二方向的边界。对于只定义有第一方向的单向曲线，可勾选“闭合混合”(Closed Blend)复选框，则系统会将最后 1 个边界与第 1 个边界混合形成封闭环曲面。单击细节...按钮可打开“链”(Chain)对话框，如图 7-88 所示，以修改链和曲面集属性。

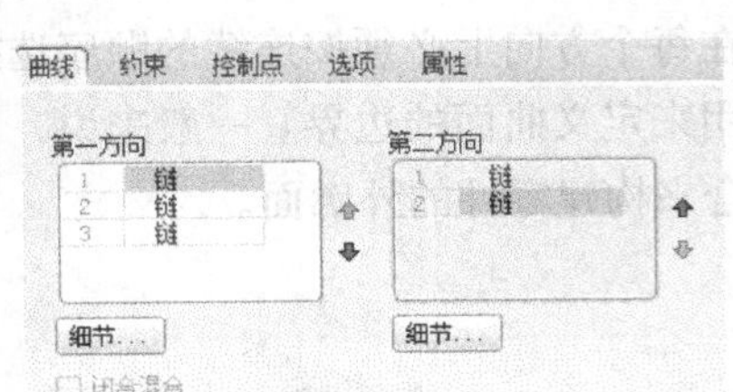

图 7-87 “曲线”下拉菜单

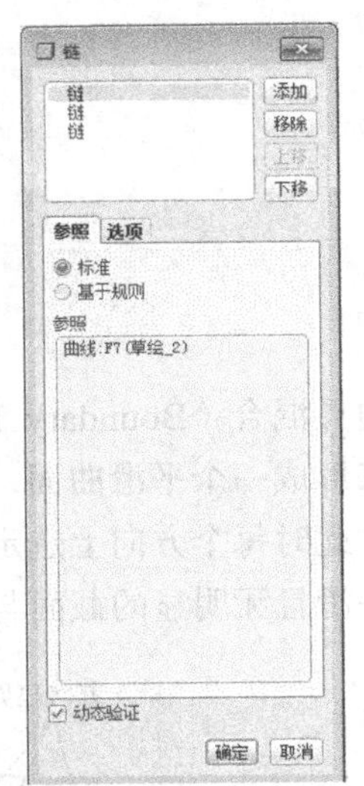

图 7-88 曲面边链参照的修改

2. “约束”下拉菜单

“约束”（Constraints）下拉菜单用于控制混合曲面的边界条件，如图 7-89 所示。其中，系统允许设定的边界条件有自由（Free）、切线（Tangent）、曲率（Curvature）和垂直（Normal）4 种形式。

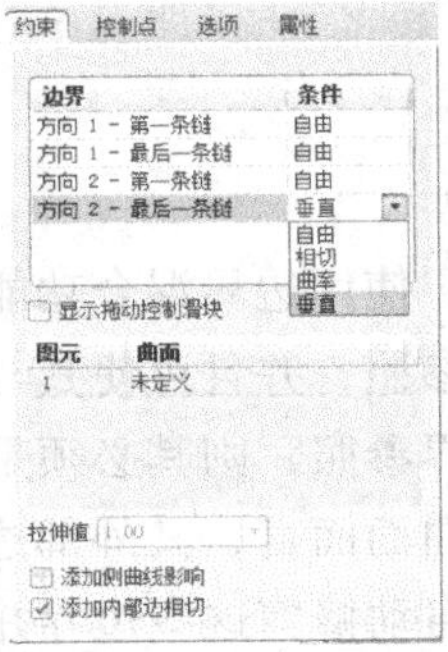

3. “控制点”下拉菜单

“控制点”（Control Points）下拉菜单用于在输入曲线的映射位置添加控制点并形成曲面，如图 7-90 所示。在“拟合”下拉列表中，系统提供了 4 种预定义的控制选项供用户设定，分别是自然（Natural）、弧长（Arc length）、点至点（Point to Point）和段至段（Piece to Piece）。

图 7-89 “约束”上滑面板

4. “选项”下拉菜单

“选项”（Options）下拉菜单用于选取曲线链以控制混合曲面的形状或逼近方向，如图 7-91 所示。其中，细节... 按钮用于打开“链”（Chain）对话框以修改链组属性；“平滑度”（Smoothness）用于控制曲面的粗糙度、不规则性或投影；“在方向上的曲面片”（Patches in Direction）用于控制形成混合曲面的沿 u 和 v 方向的曲面片数。

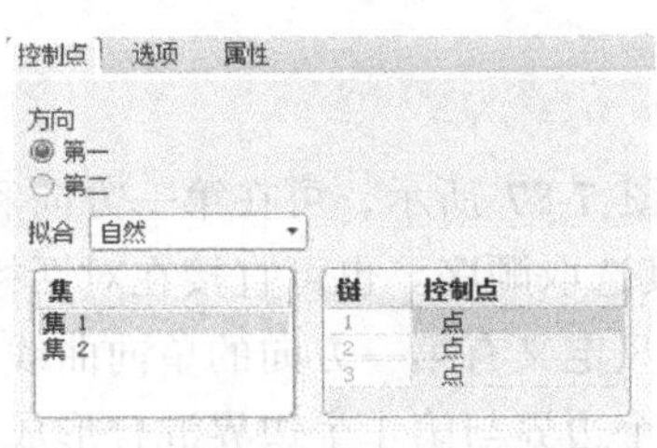

图 7-90 “控制点”下拉菜单

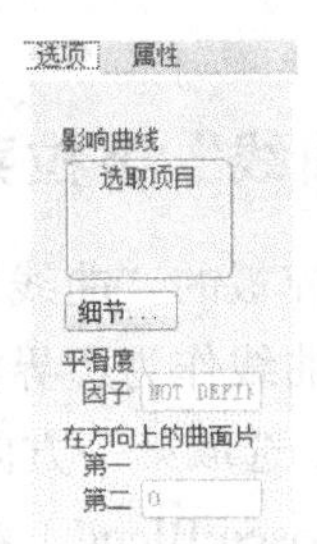

图 7-91 “选项”下拉菜单

7.4.2 边界混合的操作流程

边界混合曲面是由单方向或双方向的边界光滑连接而成，选取的边界越多越能控制曲面的造型。用于形成混合曲面的边界参照，可为曲线、实体边、基准点或顶点。

1. 创建单向或双向的边界混合曲面

选取曲面的边界时，如果单一方向的边界数超过两条以上则需注意选取的顺序，而对于第1方向与第2方向的指定并无特别规定。如果创建具有两个方向边界的混合曲面，则要求形成混合曲面的外部边界必须是封闭的（即外部边界必须首尾相接）。

创建单向或双向边界混合曲面的一般步骤如下。

（1）选择【插入】(Insert)→【边界混合】(Boundary Blend)命令，或者单击特征工具栏的按钮，显示特征操控板。

（2）打开“曲线”(Curves)下拉菜单，激活第1方向的边界收集器，依次选取第1方向上的曲面边界。选取多条边界时，需按住Ctrl键。之后，系统显示混合曲面的预览效果。

（3）激活第2方向的边界收集器，依次选取第2方向上的曲面边界，同样按住Ctrl键可选取多条边界。

（4）利用其他下拉菜单进行相应的设定，如定义曲面边界条件等。

（5）单击特征操控板上的按钮，创建所定义的边界混合曲面。

2. 使用逼近曲线创建边界混合曲面

逼近混合是指通过选取一个或两个方向的边界线，并搭配一条或数条近似（逼近）曲线而形成平滑曲面，如图7-92所示。系统要求选取的边界线和近似线都必须是单段曲线。所建立的逼近混合曲面必定通过选取的边界线，而不通过近似曲线，近似曲线仅用来控制曲面在边界线间的大体走势。逼近曲面创建完成后，系统会显示曲面与近似线的最大偏差量（Maximum Deviation）。

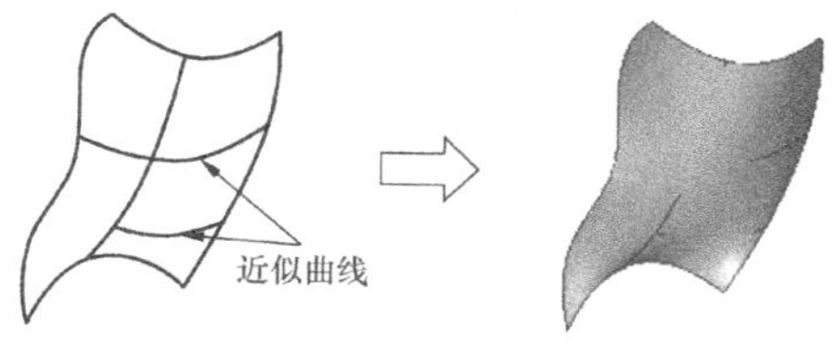

图7-92 使用逼近曲线创建边界混合曲面

建立逼近混合曲面时，可打开特征操控板的“选项”(Options)下拉菜单，输入0~1的平滑度系数以及两个方向的曲面片数。平滑度系数用于定义曲面的光滑度，数值越大曲面越光滑，但不逼近近似曲线；数值越小曲面越逼近近似曲线，但不光滑。而曲面片数越大则曲面越逼近近似线，越小则曲面越光滑。

使用逼近曲线创建边界混合曲面的一般步骤如下。

（1）选择【插入】(Insert)→【边界混合】(Boundary Blend)命令，或者单击特征工具栏中的按钮，显示特征操控板。

（2）打开“曲线”(Curves)下拉菜单，依次选取第1方向和第2方向上的曲面边界。

（3）打开“选项”(Options)下拉菜单，单击激活“影响曲线”(influencing curves)列表框并选取要逼近的曲线。

（4）在“平滑度”(Smoothness)文本框中输入平滑度系数（介于0~1）。若为1表示平滑度最好，若为 0 则表示不平滑但最能吻合近似线。

（5）在“在方向上的曲面片”（Patches in direction）文本框中，输入第 1 方向和第 2 方向的曲面片个数（其值限于 1 ~ 29）。该值越大则越能逼近选取的近似曲线。

（6）根据需要进行曲面的其他选项设定。

（7）单击特征操控板上的☑按钮，系统将显示曲面与近似曲线的最大偏差量。

7.4.3 边界混合曲面的设定

创建边界混合曲面时，利用操控板的“约束”或“控制点”等面板可进行相关的设定。

1. 定义曲面的边界条件

若边界混合曲面与相邻的已有曲面共有边界线时，利用“约束”（Constraints）下拉菜单可将新曲面特征约束到现有实体曲面或面组，设置边界混合曲面在相邻边界处的连接形式，使边界混合曲面相切于相邻参照、垂直于参照曲面或平面，或与相邻参照保持曲率连续等。

如图 7-93 所示，系统提供了自由、相切、曲率和垂直 4 种边界条件的设定。其中，自由（Free）表示混合曲面不受邻接曲面的影响，沿边界没有设置相接条件，如图 7-94（a）所示；相切（Tangent）表示混合曲面沿边界与参照曲面保持相切状态，如图 7-94（b）所示；垂直（Normal）表示混合曲面与参照曲面或基准平面保持正交状态，如图 7-94（c）所示；曲率（Curvature）表示混合曲面沿边界具有曲率连续性，即在边界处曲率相等。

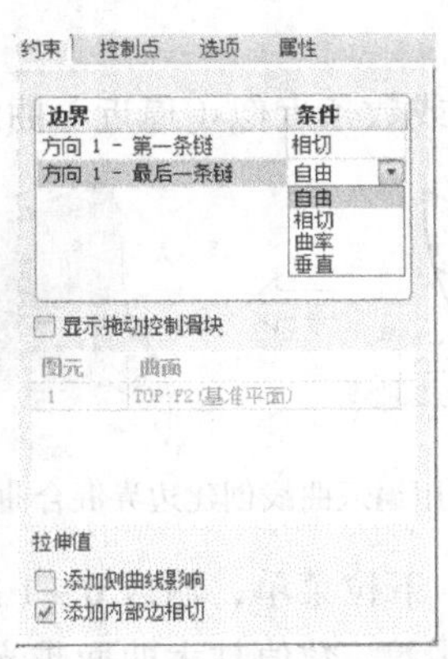

图 7-93 设置混合曲面的边界条件

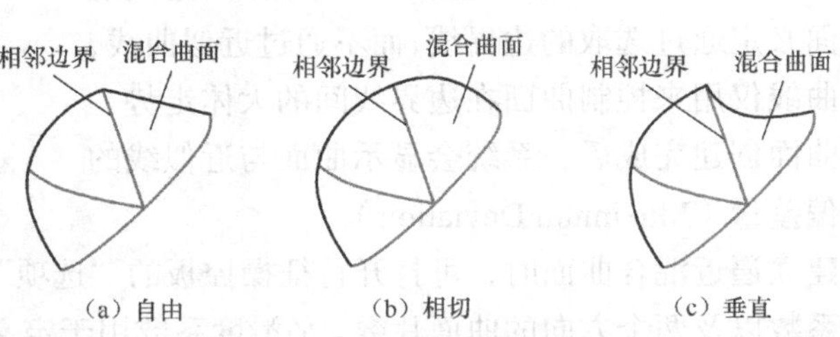

图 7-94 边界条件对曲面效果的影响

定义边界约束时，Pro/E 系统会试图根据指定的边界来选取默认参照，此时可接受系统默认选取的参照，或者自行选取参照并会在曲面列表中显示。例如，边界条件设为“相切”（Tangent）、“曲率”（Curvature）或“垂直”（Normal），且边界由单侧边的一条链或曲线组成，则被参照的图元为默认对象，边界自动具有与单侧边相同的参照曲面；又如，边界条件设为“垂直”（Normal），且边界由草绘曲线组成，则参照图元被设置为草绘平面，且边界自动具有与曲线相同的参考平面。

勾选“添加内部边相切”（Add Inner Edge Tangency）复选框，可以设置混合曲面单向或双向的相切内部边条件，但该条件只适用于具有多段边界的曲面。勾选“添加侧曲线影响”（Add Side Curve Influence）复选框，可以启用侧曲线影响，使单向混合曲面中边界条件指定为“相切”或“曲率”的侧边相切于参照的侧边。如图 7-95 所示，使用侧曲线可以影响或决定边界混合曲面侧边界的形状。

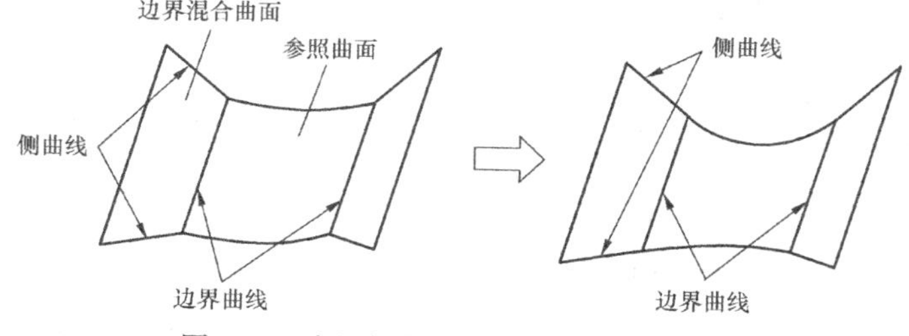

图 7-95　启用侧曲线影响的边界混合曲面

2. 使用边界混合控制点

使用边界混合控制点可以控制曲面的形状，创建具有最佳的边和曲面数量的曲面，因此有助于更精确地实现设计意图。对每个方向上的曲线，可以定义边界的基准曲线顶点或边顶点、曲线上的基准点作为控制点，以实现控制点间的彼此连接。

打开操控板的“控制点”(Control Points)下拉菜单，可以调整第 1 方向和第 2 方向上各曲线控制点（曲线顶点或边顶点、曲线上基准点）的配对情况，避免较小曲面片、多余边及扭曲情形的发生，以形成品质优良的平滑曲面。如图 7-96 所示，未使用控制点时混合曲面特征由 4 个曲面构成，而使用控制点后混合曲面特征由 3 个曲面构成。

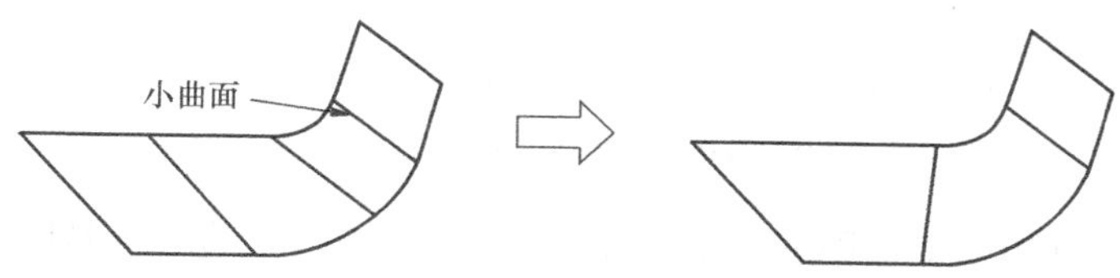

图 7-96　使用控制点的边界混合曲面

7.4.4　创建边界混合曲面

当今时代，人们对产品的审美追求日渐提升，在产品开发中越来越注重细致而复杂的外观造型设计，以形成精美的流线型外观。对于现代诸多产品的设计，无一例外地需要依赖曲面在复杂产品造型中的强大功能，尤其是边界曲面在壳体零件设计中得到广泛应用。

例 7-5　利用边界混合曲面建立如图 7-97 所示的零件。

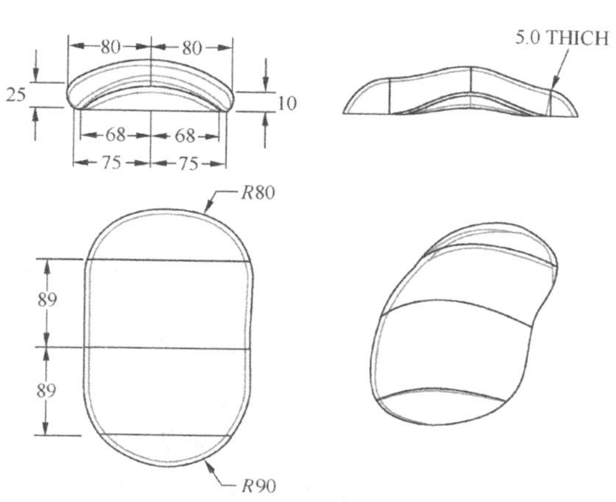

图 7-97　边界混合曲面的范例零件

步骤一　以 Sketch 方式建立 5 条二维曲线

(1)单击图标工具栏中的□按钮，取消“使用缺省模板”而选用“mmns_part_solid”模板，新建 Part 文件“sample7-5.prt”。

（2）单击基准特征工具栏中的～按钮，选取 FRONT 面为草绘平面并默认草绘视图方向朝内，选取 TOP 面为参考平面并使其方向朝上，进入草绘模式绘制如图 7-98 所示的截面（4 节点的样条线），得到纵向基准曲线 Curve1。

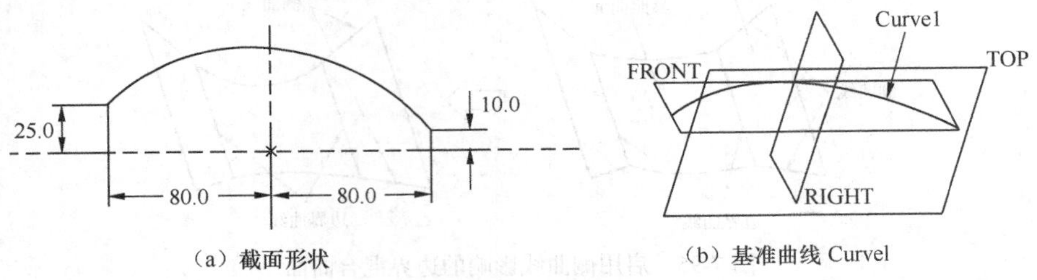

（a）截面形状　　（b）基准曲线 Curvel

图 7-98　建立基准曲线 Curve1

（3）单击基准特征工具栏中的～按钮之后，再单击▱按钮并选取 FRONT 面为参照朝前偏距 89 建立临时基准面 DTM1，如图 7-99（a）所示。此时系统会默认选取 DTM1 为草绘平面，设定草绘视图方向朝内，并选取 TOP 面为参考平面且使其方向朝上，然后进入草绘模式绘制如图 7-99（b）所示的截面（4 节点的样条线），得到如图 7-99（c）所示的纵向基准曲线 Curve2。

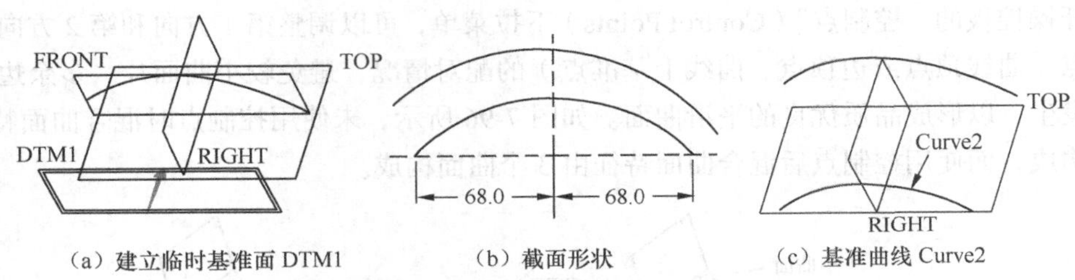

（a）建立临时基准面 DTM1　　（b）截面形状　　（c）基准曲线 Curve2

图 7-99　建立基准曲线 Curve2

（4）同样，相对 FRONT 面朝后偏距 89mm，建立一个临时基准面 DTM2 作为草绘平面，并默认草绘视图方向朝内，选取 TOP 面为参考平面并使其朝上，然后绘制如图 7-100 所示的截面（4 节点的样条线），得到纵向基准曲线 Curve3。

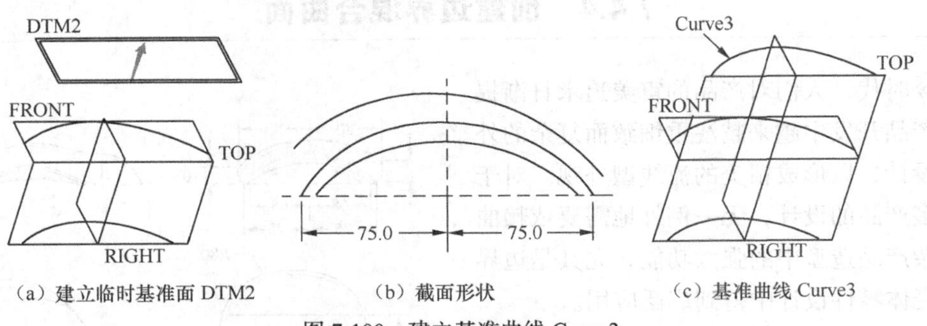

（a）建立临时基准面 DTM2　　（b）截面形状　　（c）基准曲线 Curve3

图 7-100　建立基准曲线 Curve3

（5）单击基准特征工具栏中的～按钮，选取 TOP 面为草绘平面并默认视图方向朝下，选取 FRONT 面为参考平面并使其方向朝下，然后指定 Curve3 的两个端点作为草绘参照并绘制如图 7-101 所示的截面，得到纵向基准曲线 Curve4。

（6）同样，以 TOP 面为草绘平面绘制如图 7-102 所示的截面（必须对齐基准曲线 Curve2 的两个端点），得到纵向基准曲线 Curve5。

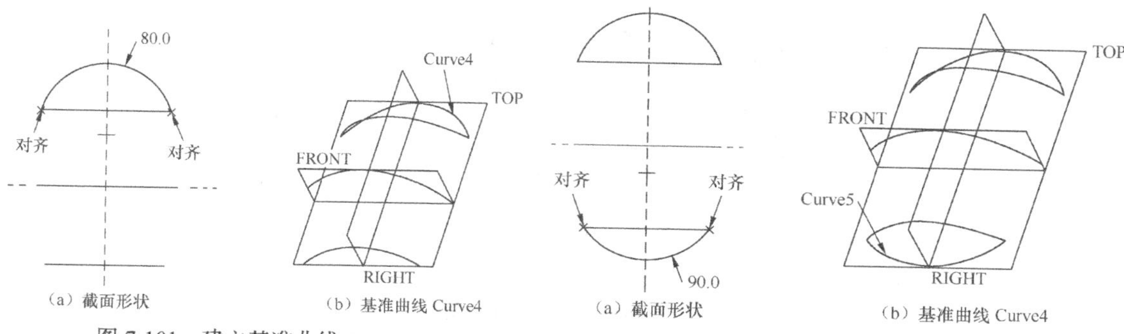

图 7-101 建立基准曲线 Curve4

图 7-102 建立基准曲线 Curve5

步骤二 以 Thru Points 方式建立相连的边界曲线

(1)单击基准特征工具栏中的~按钮，选择【经过点】(Thru Points)→【完成】(Done)命令，系统显示如图 7-103 所示的特征对话框和“连结类型”菜单。

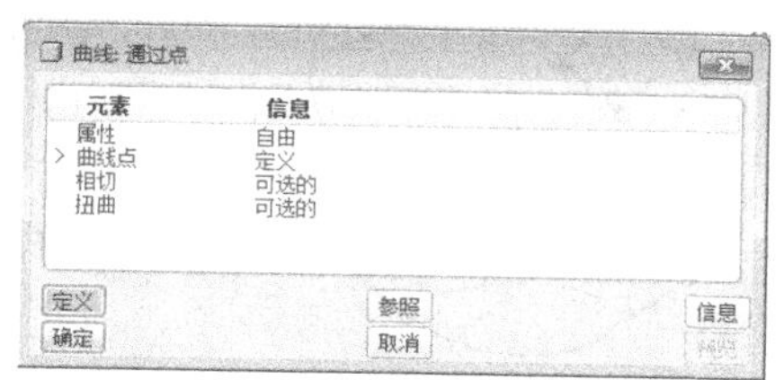

图 7-103 “曲线：通过点”特征对话框

(2)选择【样条】(Spline)→【单个点】(Single Point)→【增加点】(Add Point)命令，并依序选取如图 7-104 所示的 3 个曲线端点，最后选择【完成】(Done)命令结束。

(3)在特征对话框中选择“相切”选项并单击 定义 按钮，在弹出的“定义相切”(DEF TAN)菜单中选择【起始】(Start)→【曲线/边/轴】(Crv/Edge/Axis)→【相切】(Tangent)命令，如图 7-105 所示，然后选取曲线 Curve4 并选择【反向】(Flip)命令使切线箭头指向如图 7-106(a)所示，最后选择【正向】(Okay)命令使建立的横向曲线 Curve6 在起点处与 Curve4 保持相切。

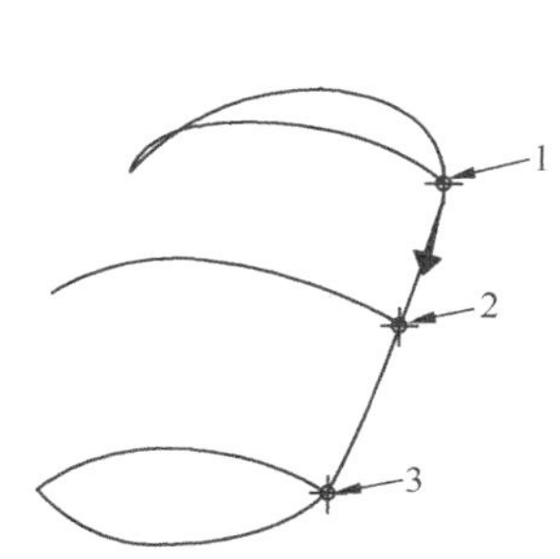

图 7-104 选取曲线通过的端点

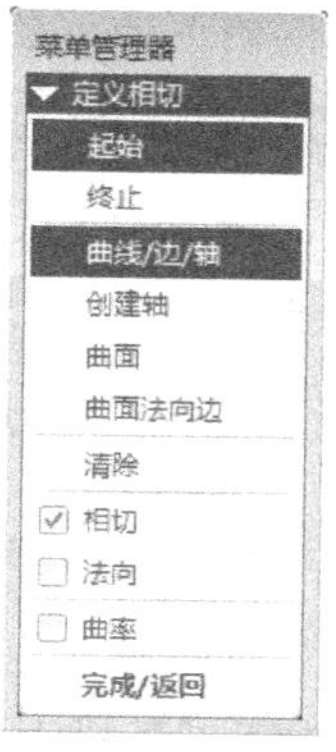

图 7-105 “定义相切”(DEF TAN)菜单

(4)按照同样的方法，使曲线 Curve6 在终点处(End)与曲线 Curve5 保持相切，其切线箭头指向如图 7-106(b)所示。完成所有设定后单击特征对话框中的 确定 按钮，得到如图 7-106(c)所示的第一条横向曲线 Curve6。

(5)单击基准特征工具栏中的~按钮，按照上述方法以“经过点”(Thru Points)方式依序选取如图 7-107 所示的 3 个曲线端点，并分别设定曲线在起点处与 Curve4 保持相切、在终点处与 Curve5 保持相切，如图 7-108 所示，之后得到第二条横向曲线 Curve7。

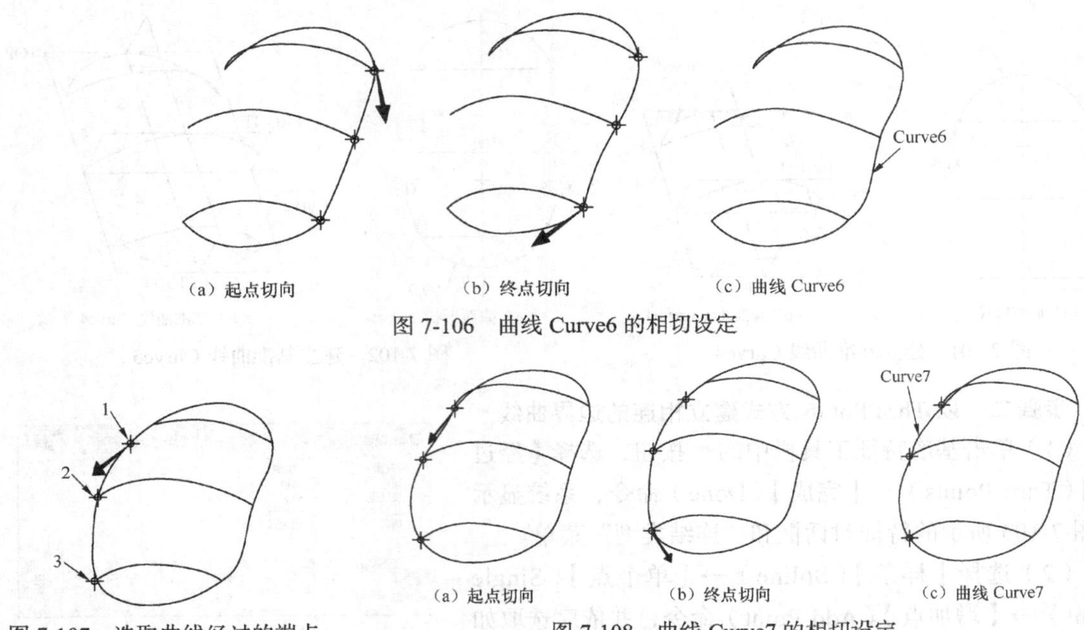

（a）起点切向　（b）终点切向　（c）曲线 Curve6

图 7-106　曲线 Curve6 的相切设定

图 7-107　选取曲线经过的端点

（a）起点切向　（b）终点切向　（c）曲线 Curve7

图 7-108　曲线 Curve7 的相切设定

步骤三　建立 3 个边界混合曲面

（1）单击特征工具栏中的按钮，在显示的特征操控板中单击选取项目激活第 1 方向边界收集器，然后按住 Ctrl 键依序选取第 1 方向的 3 条曲线作为边界参照；单击单击此处添加项目激活第 2 方向边界收集器，并按住 Ctrl 键依序选取第 2 方向的两条曲线作为边界参照，如图 7-109 所示，之后单击特征操控板上的按钮创建边界混合曲面 Surf1。

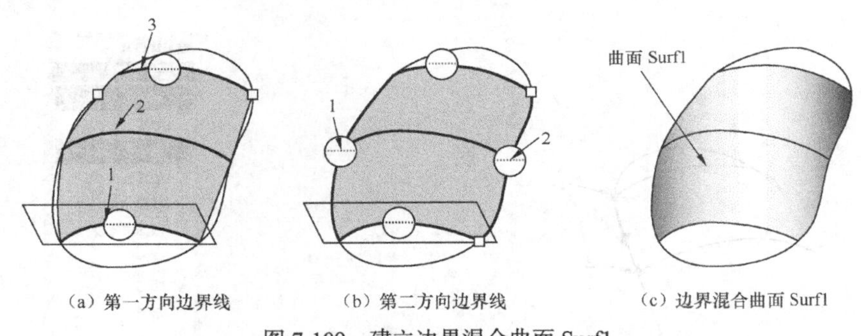

（a）第一方向边界线　（b）第二方向边界线　（c）边界混合曲面 Surf1

图 7-109　建立边界混合曲面 Surf1

（2）单击特征工具栏中的按钮，将光标放置于曲面 Surf1 的前方边界处并单击鼠标右键，选择快捷菜单中的【从列表中拾取】命令，接着在如图 7-110 所示的对话框中选取“边：F14（BOUNDARY_BLEND_1）”作为第 1 方向的第 1 条边界参照，然后按住 Ctrl 键选取 Curve5 作为第 1 方向的第 2 条边界参照，如图 7-111 所示。注意：如果直接在曲面 Surf1 的边界处点选，系统将优先选取同一位置上的曲线 Curve2，而不能选取到曲面边界，因此不能进行后续的相切设置。

（3）打开“约束”下拉菜单，在边界列表框中选取“方向 1-第一条链”，并将其约束条件设置为“相切”，如图 7-112 所示，此时系统默认选取邻接的曲面作为相切参照，即创建的曲面在该边界与邻接曲面保持相切。单击特征操控板的按钮，完成边界混合曲面 Surf2 的建立，如图 7-113 所示。

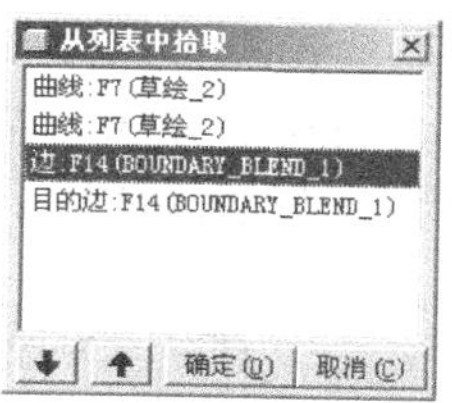

图 7-110　利用对象列表选取曲面边界

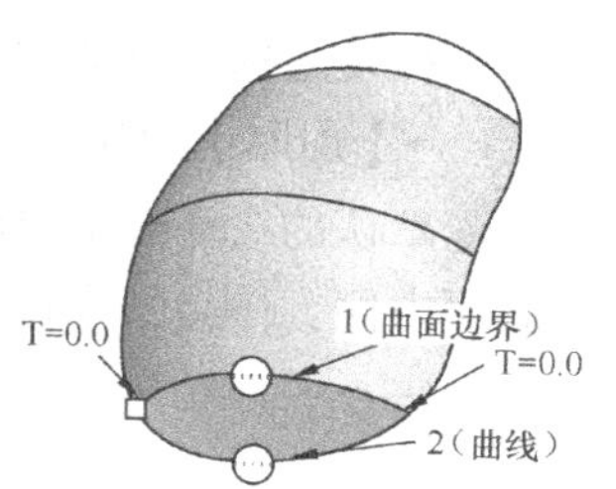

图 7-111　边界参照的选取

（4）单击特征工具栏中的按钮，将光标放置在曲面 Surf1 的后方边界处使其高亮显示，然后单击鼠标右键切换该位置的预选对象，当预选对象显示为“边：F14（BOUNDARY _BLEND_1）”时单击执行选取操作，如图 7-114 所示，使其作为第 1 方向的第 1 条边界参照，然后按住 Ctrl 键选取 Curve4 作为第 1 方向的第 2 条边界参照。之后，打开“约束”下拉菜单，将第 1 方向的第 1 条边链的约束条件设置为“相切”，使创建的边界混合曲面与邻接曲面 Surf1 在第 1 条边界处保持相切，最后单击特征操控板上的按钮生成边界混合曲面 Surf3，如图 7-115 所示。

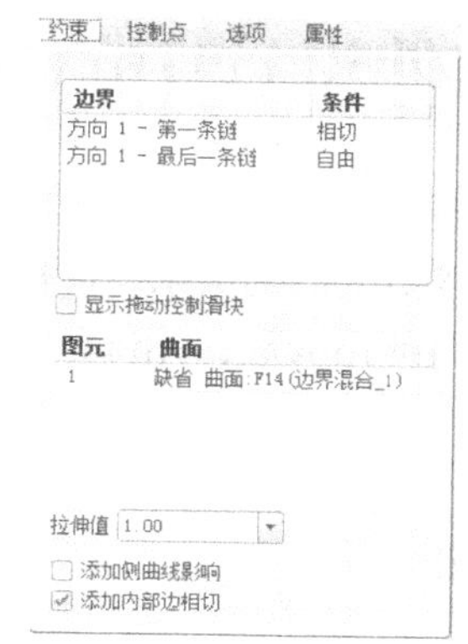

图 7-112　设置边界的约束条件

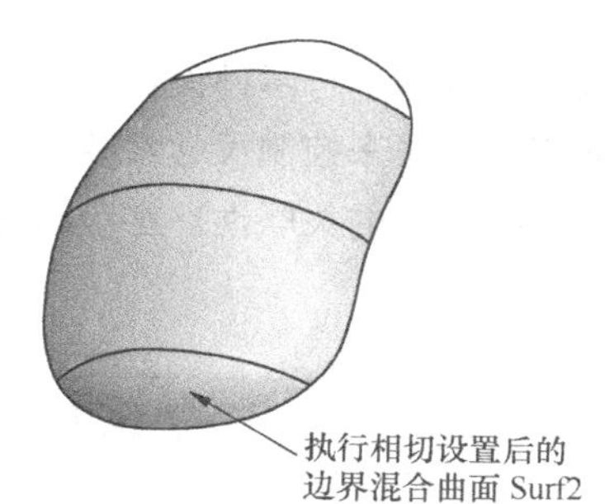

图 7-113　建立边界混合曲面 Surf2

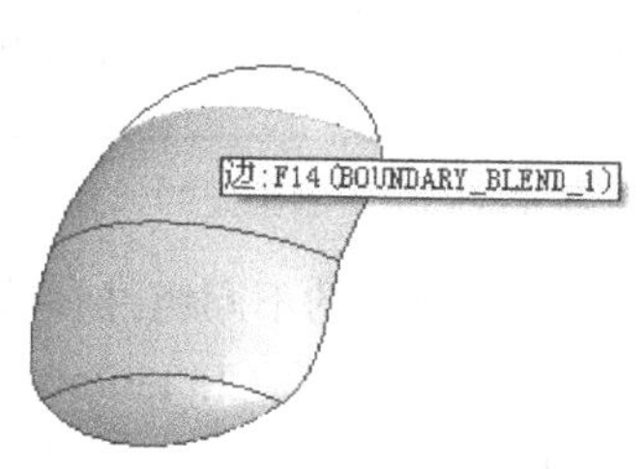

图 7-114　曲面边界的预选设置

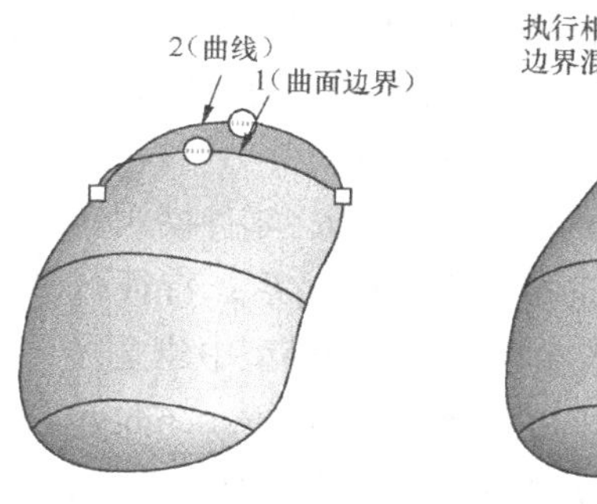

（a）边界参照的选取

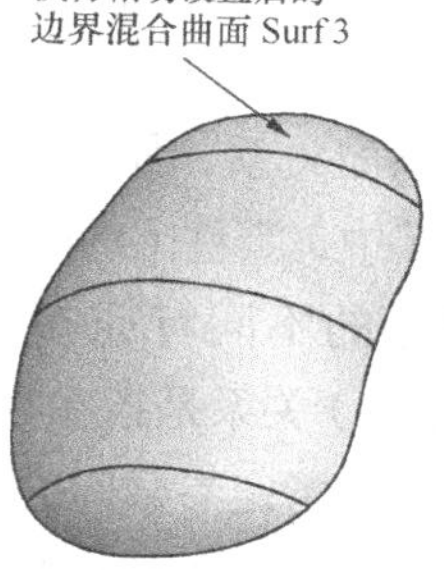

（b）边界曲面 Surf3

图 7-115　建立边界混合曲面 Surf3

步骤四　将 3 个边界曲面合并为一个曲面，并将其转化为均一厚度的薄体

（1）按住 Ctrl 键选取曲面 Surf1 和 Surf2，然后选择【编辑】（Edit）→【合并】（Merge）命令，并单击特征操控板上的按钮结束，将曲面 Surf1 和 Surf2 合并为一体。之后，按照同样方法，继续将曲面 Surf3 与之合并为一体。

（2）选择【视图】（View）→【层】（Layers）命令，利用图层功能隐藏所有曲线。

（3）在状态栏设置选取过滤器的对象类型为“面组”并选取合并后的曲面面组，然后选择【编辑】（Edit）→【加厚】（Thicken）命令打开加厚特征操控板，如图 7-116 所示。在“选项”下拉菜单中接受默认的“垂直于曲面”设置，然后输入薄体厚度值为 5mm，并单击按钮使材料厚度朝向曲面内侧。单击特征操控板的按钮，建立如图 7-117 所示的薄体特征。

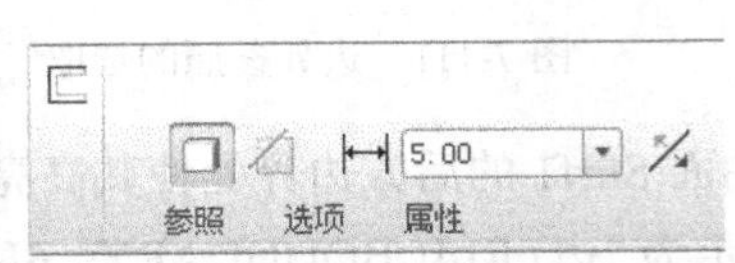

图 7-116　加厚特征操控板

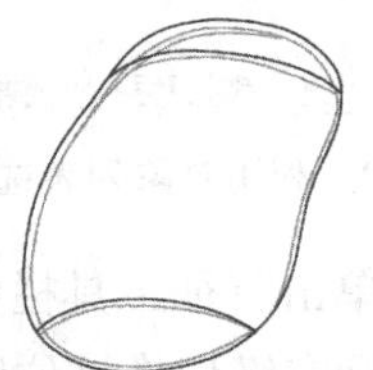

图 7-117　将合并曲面加厚成薄体

7.5 关系式及其在零件设计中的应用

在 Pro/E 系统中进行零件设计时，除了可以利用参数来控制尺寸的大小外，还可以利用数学关系式或程序语法来控制尺寸参数的变化，或者建立参数与参数之间的关系，使模型在设计变更中依然保持应有的关联性。本节将介绍如何在模型中建立与使用参数，并建立关系式以体现设计要求。

7.5.1　关系式的基本概念

在草绘模式、零件模式或组件模式下，都可以通过关系式定义特征或零件内的关系，或者组件元件中的关系来捕捉设计意图。系统允许为组件、零件、特征或截面等不同类型的对象添加关系，如图 7-118 所示。

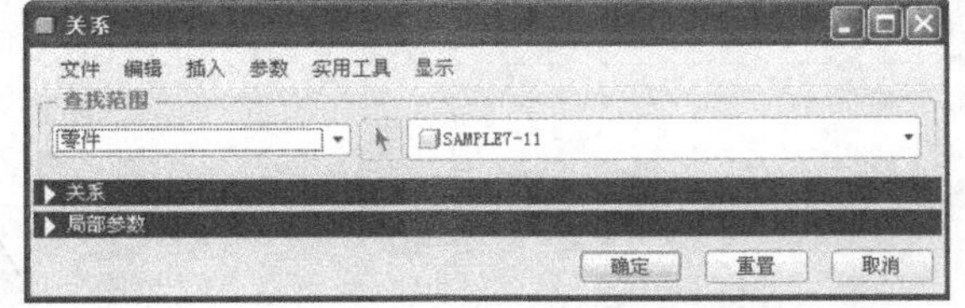

图 7-118　零件模式下关系类型的选择

其中，零件（Part）关系是指在零件模式中建立的不同特征参数之间的关系；特征（Feature）关系是指在零件或装配模型中建立的某特征指定参数间的关系；组件（Assembly）关系是指在组件模式中建立的不同组件参数间的关系；阵列（Pattern）关系是指在阵列中建立指定的阵列参数间的关系；继承（Inherited）关系是指在零件和组件模式下建立的各种关系；剖面（Section）关系是指在草绘器中建立的控制截面几何的关系；骨架（Skeleton）关系是指在装配体骨架模型中建立的不同特征参数间的关系。

1. 关系式的组成

在关系式中，可以包含尺寸符号、数字、参数及注释等。建立关系式时，系统会赋予每个尺寸数值一个独立的尺寸编号，并且在不同模式中被给定的编号不同，见表 7-1、表 7-2。建立关系式时允许使用运算符号和数学函数，见表 7-3、表 7-4。

表 7-1 尺寸及公差参数符号

参数符号	说明	参数符号	说明
sd#	草绘尺寸	d#:#	组件模式中组件的尺寸
rsd#	草绘截面中的参考型尺寸	rd#:#	组件模式中组件的参考型尺寸
d#	零件或组件模式中的尺寸	tpm#	正负对称型公差
rd#	零件或顶级组件中的参考型尺寸	tp#	正公差
kd#	草绘截面中的已知尺寸	tm#	负公差

注：如尺寸为负值，则需附加$符号

表 7-2 阵列参数符号

参数符号	说明
p#	阵列的子特征个数
lead_v	原型特征的位置尺寸，即欲阵列变化的参考尺寸值
memb_v	阵列子特征与原型特征尺寸参照的距离
memb_I	尺寸增量的参数符号
idx_1	第 1 方向的阵列子特征索引值，参考特征编号为 0，加 1 表示子特征
idx_2	第 2 方向的阵列子特征索引值，参考特征编号为 0，加 1 表示子特征

注：memb_v 与 memb_i 不允许同时出现

表 7-3 运算符号

类型	符号	说明	类型	符号	说明
算术运算符号	+	加法	关系运算符号	>	大于
	−	减法		<	小于
	*	乘法		==	等于
	/	除法		>=	大于等于
	^	乘方		<=	小于等于
	=	等于		<>、!=、~=	不等于
	( )	括号	逻辑运算符号	&	与（AND）
				|	或（OR）
				~、!	非（NOT）

表 7-4 数学函数

符号	说明	符号	说明
sin( )	正弦	acos( )	反余弦
cos( )	余弦	atan( )	反正切
tan( )	正切	sinh( )	双曲正弦
asin( )	反正弦	cosh( )	双曲余弦
tanh( )	双曲正割	exp( )	e 的幂次方
sqrt( )	平方根	abs( )	绝对值
ln( )	自然对数	ceil( )	不小于其值的最小整数
log( )	对数	floor( )	不超过其值的最大整数

注：所有三角函数都使用单位“度”

2. 关系式的形式

在 Pro/E 系统中可建立的关系式有多种形式，下面介绍 3 种常用形式。

（1）等式：等式常用于直接表示尺寸间的关系。例如：

```
d1=4.75
d4=d2*(sqrt(d5/3.0+d4))
```

（2）不等式：不等式常用于条件式（IF…ELSE…ENDIF）的描述，以执行逻辑判断功能。例如：

```
IF(d1+2.5)> d6
   d2=20.5
END IF
```

（3）单一方程与联立方程组：有时在设计中必须借助系统求解，由此可利用方程式建立参数间的数学关系。Pro/E 系统求解方程式的语法结构是：SOLVE…FOR。例如：

```
area=100
perimeter=50
solve
    d1*d2=area
    2*(d1+d2)=perimeter
for d1 d2
```

注意：使用方程式时不论所求解有几组，系统只能返回一组结果。

3. 加入与编辑关系

通常，可选择【工具】（Tools）→【关系】（Relations）命令，并使用“关系”（Relations）对话框来添加关系，如图 7-119 所示。另外，创建特征时在特征操控板的尺寸框，以及在图形窗口双击欲编辑的尺寸时，也可添加关系式。如果添加的关系式前后有冲突，则后面添加的关系将覆盖前面的关系。

图 7-119 “关系”对话框

建立模型关系时一般按照以下步骤来完成。

（1）打开窗口模型文件，选择【工具】（Tools）→【关系】（Relations）命令，系统显示“关系”（Relations）对话框。

（2）如果处于“零件”模式中，系统会默认在零件级添加关系。此时，可在“查找范围”（Look in）列表框中更改应用关系的对象类型，如组件或特征。

（3）如果选取特征（Feature）、继承（Inherited）、剖面（Section）或阵列（Pattern）作为对象类型，则必须选取要添加关系的对象。选定零件或特征等对象后，系统会以符号形式显示其尺寸参数，单击对话框中的按钮可在数值和符号之间切换尺寸的显示形式。

（4）在文本栏中输入关系并予以保存。

（5）如要指定关系是按常规顺序计算或再生后计算，可从右下角的下拉列表中选择“初始”

（Initial）或“后再生”（Post Regeneration）选项。

（6）如要依照逻辑关系，自动地重新排列所有关系式的前后顺序，使系统先对关系中所依附的变量进行运算，可单击按钮来完成。

（7）单击按钮校验已输入关系的有效性。

（8）单击 重置 按钮重新进行设定，或者单击 确定 按钮接受这些关系，并单击图标工具栏中的按钮执行模型的重新生成。

7.5.2 关系式在可变截面扫描中的应用

创建可变截面扫描特征时，截面在扫描时的外形变化除了受到 X-轨迹等三维曲线的控制外，也可用下列两种方式来控制。

1. 使用关系式搭配轨迹参数 trajpar 来控制截面的变化

轨迹参数 trajpar 是一个介于 0 ~ 1 的变量，其值在特征扫描的起始点为 0，终止点为 1，而中间值呈线性变化。如图 7-120（a）所示，可变截面扫描的特征截面分别定位于原点轨迹和 X-轨迹上，使得其截面外形的宽度变化必然受轨迹线的控制。

如果使用关系式 sd5=(3*trajpar+1)*10 来控制特征截面高度参数 sd5 的变化，特征将呈现如图 7-120（b）所示的效果，即截面高度在扫描起始处为 10，在扫描终止处为 30，中间部分呈线性变化。如果使用关系式 sd5=(sin(360*trajpar)*2+3)*10 来控制截面高度参数 sd5 的变化，则特征将呈现 sin 曲线规律，如图 7-120（c）所示。

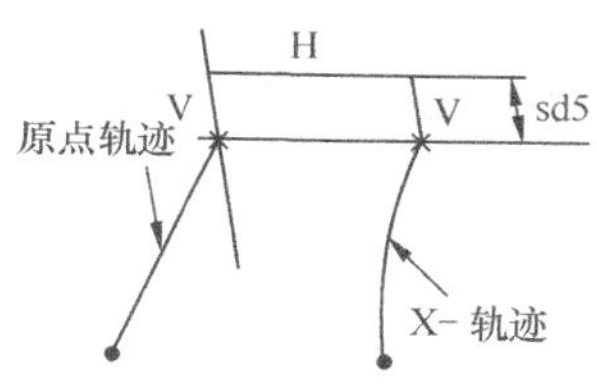

（a）截面高度参数

（b）sd5=（3*trajpar+1）*10

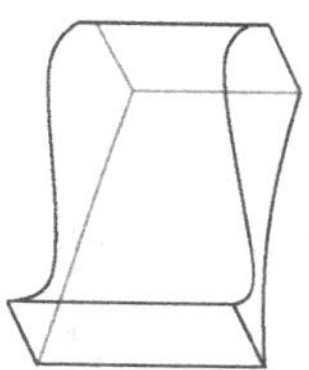

（c）sd5=（sin（360*trajpar）*2+3）*10

图 7-120　使用轨迹参数 trajpar 控制可变截面扫描

2. 使用关系式搭配基准图形计算函数（evalgraph）来控制截面的变化

基准图形（Graph）特征通常用于计算 *x* 轴上所定义范围内 *x* 值对应的 *y* 值。当超出范围时，*y* 值是通过外推的方法进行计算的。利用基准图形计算函数，可使用基准图形特征通过关系式来驱动截面、零件或组件的尺寸变化。使用基准图形计算函数控制截面尺寸时，定义关系式的格式为：sd# = evalgraph(“graph_name”，x_value)。其中，sd#代表欲控制的截面尺寸参数，其求得的解是 *x* 轴上所有 *x* 值对应的 *y* 值；graph_name 代表基准图形特征的名称；x_value 代表扫描的“行程”，即沿基准图形 *x* 轴的值；evalgraph 为 Evaluate Graph 的缩写，其意义是由基准图形取得对应于 *x* 的 *y* 值，然后赋予参数 sd#。

如图 7-121 所示，特征扫描行程为 100，截面高度参数 sd5 受到基准图形特征“graph”的控制，即 sd5=evalgraph(“graph”，trajpar*100)，因此特征在扫描行程中截面参数 sd5 的值遵循基准图形“graph”的 *y* 值变化，建立顶面为波浪形的可变截面扫描实体。

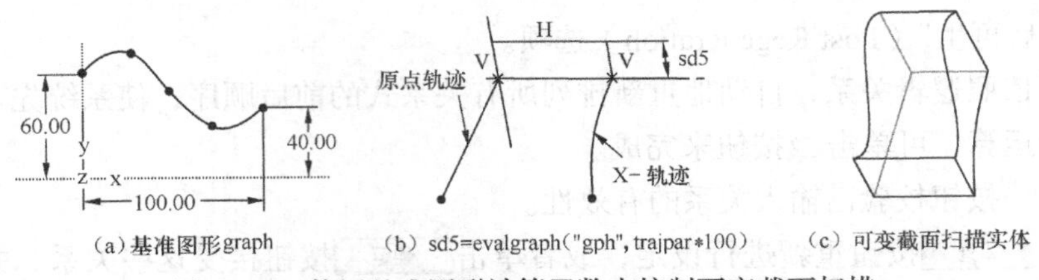

图 7-121 使用基准图形计算函数来控制可变截面扫描

7.5.3 关系式的应用实例

例 7-6 利用关系式搭配轨迹参数 trajpar 建立如图 7-122 所示的零件模型。

步骤一 建立扫描轨迹曲线

（1）新建零件文件“Sample7-6.prt”系统，自动建立默认基准面。

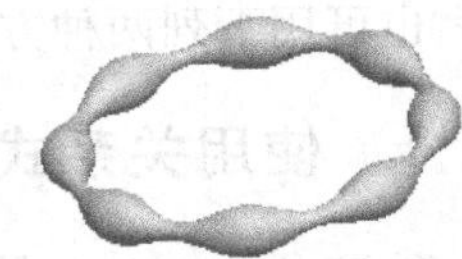

图 7-122 手链模型

（2）单击特征工具栏中的按钮，并在“草绘”对话框中选取 TOP 面为草绘平面且默认草绘视图方向朝下，选取 RIGHT 面为参考平面并使其方向朝右，如图 7-123 所示。

（3）单击草绘按钮进入草绘模式，绘制如图 7-124 所示的截面，然后单击按钮结束。

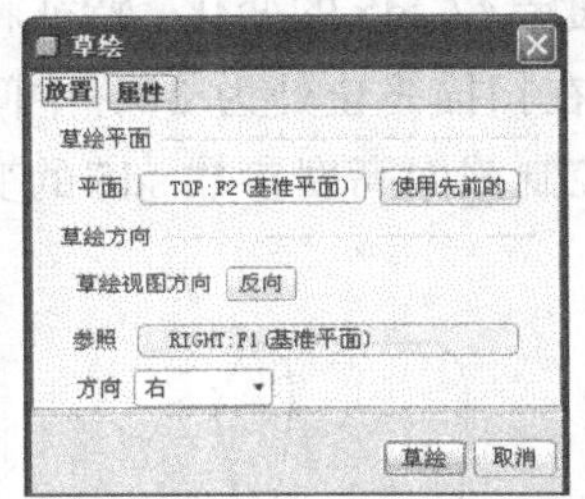

图 7-123 定义草绘平面和参考平面

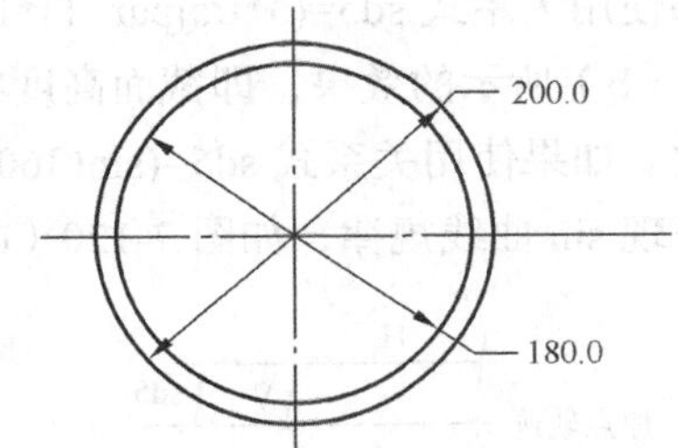

图 7-124 草绘基准曲线的截面

步骤二 利用关系式建立可变截面扫描特征

（1）单击特征工具栏中的按钮，在特征操控板中选取按钮以建立实体特征，然后打开“参照”下拉菜单并按住 Ctrl 键选取外曲线为原点轨迹、内曲线为 X-轨迹，其他选项设定如图 7-125 所示。

（2）单击特征操控板上的按钮进入草绘模式，绘制如图 7-126 所示的圆形截面，然后选择【工具】（Tools）→【关系】（Relations）命令。

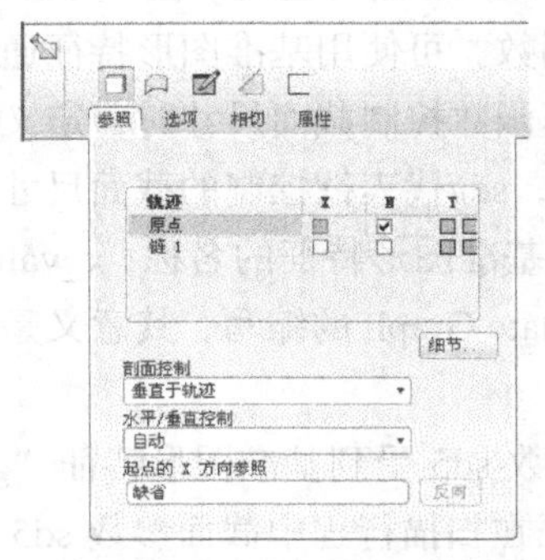

图 7-125 定义扫描轨迹及相关选项

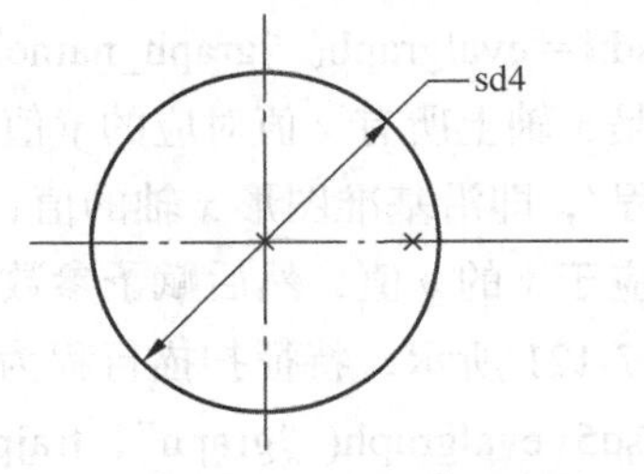

图 7-126 草绘圆形截面

（3）显示“关系”对话框，在文本栏中输入关系式“sd4=sin(trajpar*360*8)* 10+20”，然后单击 确定 按钮重新生成。

（4）单击✓按钮退出草绘模式，并单击特征操控板上的✓按钮完成手链模型的创建。

例 7-7 利用关系式搭配 Graph 特征，建立如图 7-127 所示的凸轮件。

步骤一 建立凸轮基础特征和 Graph 特征

（1）新建零件文件“Sample7-7.prt”，系统自动建立默认基准面。

（2）单击特征工具栏中的按钮，打开“放置”下拉菜单，然后选取 TOP 面为草绘平面、FRONT 面为参考平面建立如图 7-128 所示的圆柱体。

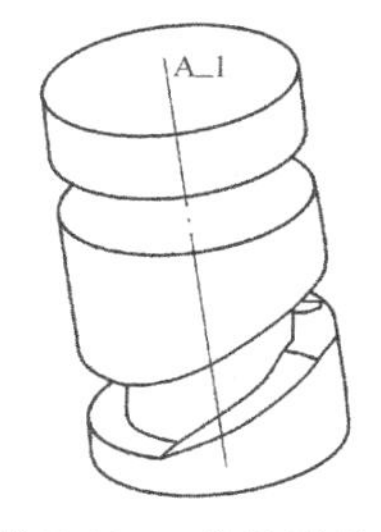

图 7-127 凸轮零件

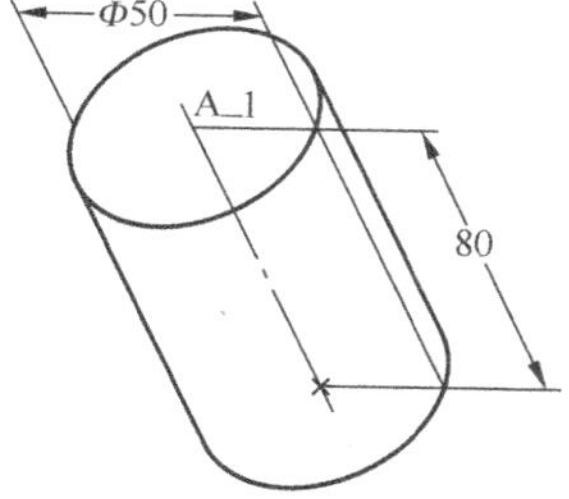

图 7-128 圆柱体

（3）单击特征工具栏中的按钮，选取 FRONT 面为草绘平面建立如图 7-129 所示的切除特征。

（4）选择【插入】（Insert）→【模型基准】（Model Datum）→【图形】（Graph）命令，依据凸轮的位移图建立如图 7-130 所示的基准图形特征 groove。

（a）特征截面 （b）特征建立后的模型效果

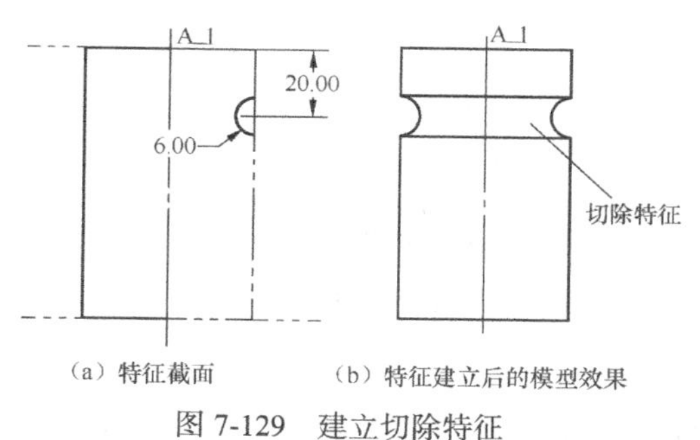

图 7-129 建立切除特征

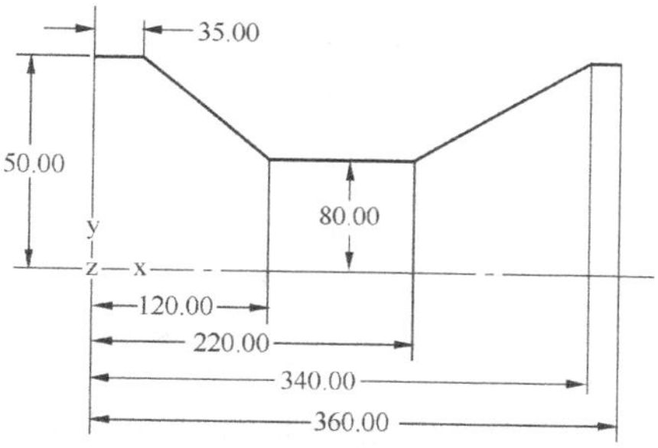

图 7-130 基准图形特征 groove

步骤二 利用基准图形建立可变截面扫描特征

（1）单击特征工具栏中的按钮，在显示的特征操控板中选择按钮和按钮，如图 7-131 所示。

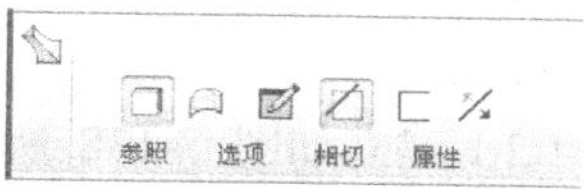

图 7-131 可变截面扫描特征操控板

（2）打开“参照”下拉菜单，选取圆柱体顶部整个圆周为扫描的原点轨迹，选取圆柱体底部整个圆周为 X-轨迹，然后进行相关设定，如图 7-132 所示。

（3）单击特征操控板上的按钮进入草绘模式，绘制如图 7-133 所示的截面。

（4）选择【工具】（Tools）→【关系】（Relations）命令，在“关系”对话框的文本栏中输入关系式“sd4=evalgraph(“groove”, trajpar*360)/5”，用以控制尺寸参数 sd4，如图 7-134 所示，然后单击 确定 按钮重新生成。

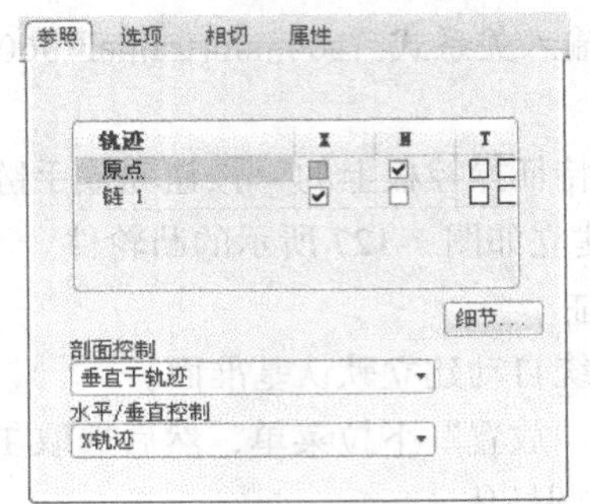

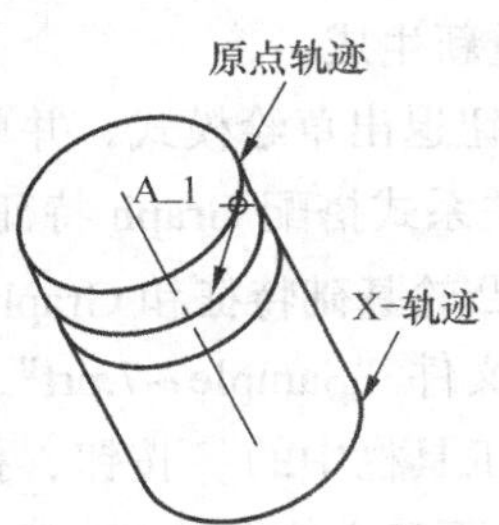

图 7-132 定义扫描轨迹

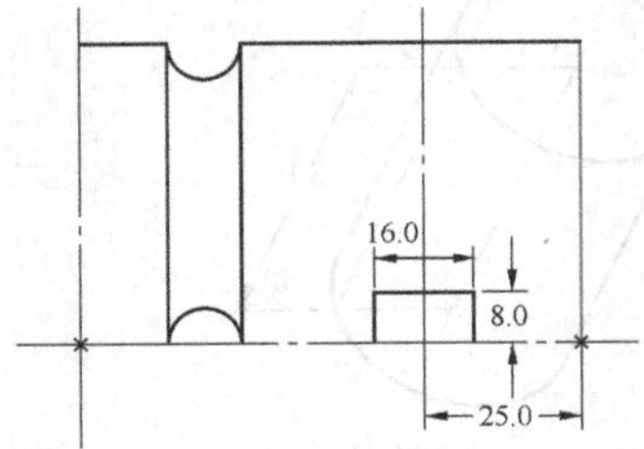

图 7-133 特征截面

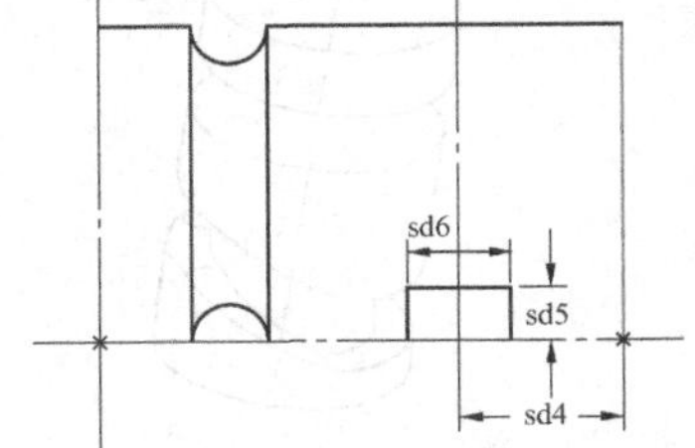

图 7-134 以关系式控制尺寸参数 sd4

（5）单击按钮结束截面草绘，并单击特征操控板上的按钮使截面内部为材料去除侧。

（6）单击特征操控板上的按钮结束，此时模型显示如图 7-135 所示。

例 7-8 建立如图 7-136 所示的零件模型，要求用关系式来控制阵列的效果。

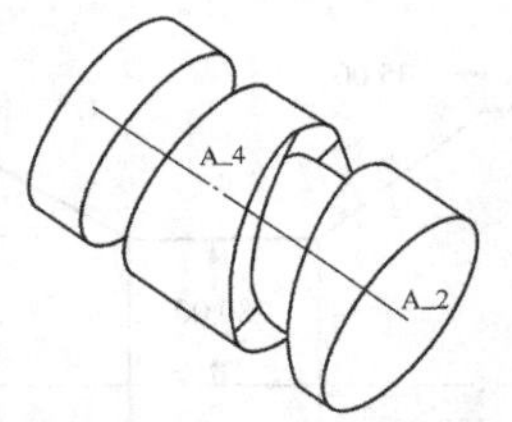

图 7-135 建立的凸轮件模型

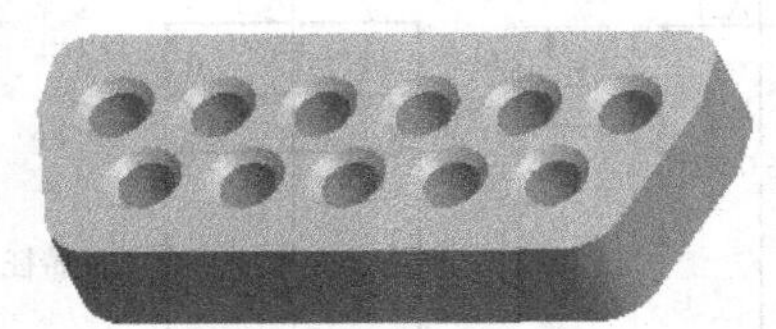

图 7-136 范例零件

步骤一 建立基础特征及原型特征

（1）新建零件文件“Sample7-8.prt”，然后单击特征工具栏中的按钮并以 TOP 面为草绘平面建立如图 7-137 所示的基础特征。

（2）建立如图 7-138 所示的圆孔特征，以及如图 7-139 所示的倒角特征。

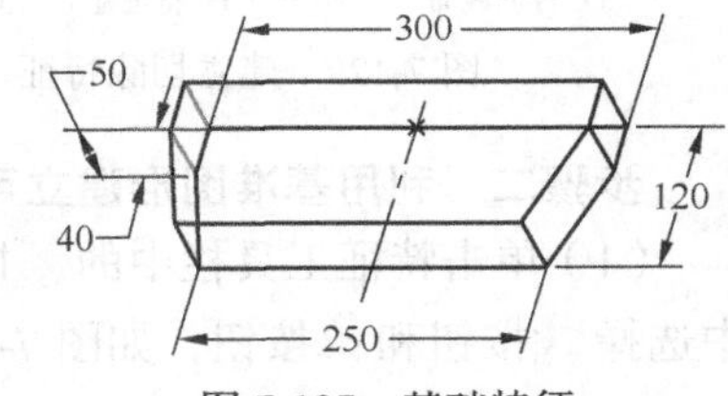

图 7-137 基础特征

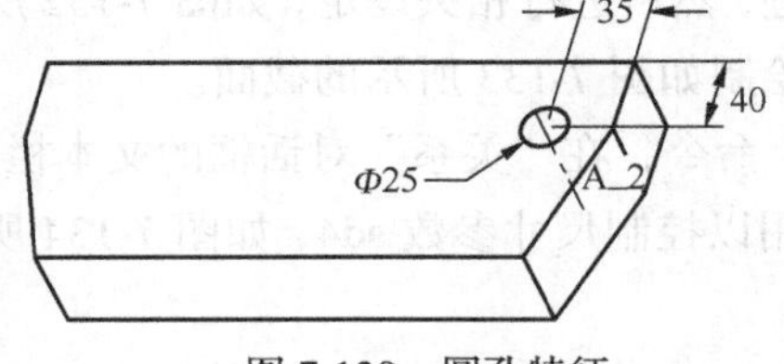

图 7-138 圆孔特征

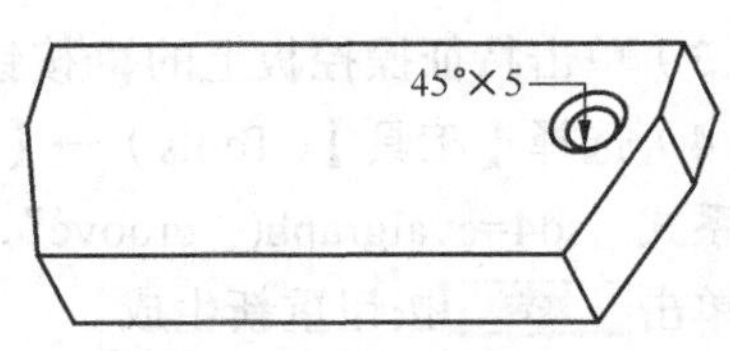

图 7-139 倒角特征

（3）按住 Ctrl 键在模型树中选取圆孔特征和倒角特征，然后选择【编辑】（Edit）→【组】（Group）命令，将圆孔特征和倒角特征合并为一个组特征。

步骤二　利用关系式建立规则阵列

（1）选取组特征并选择【编辑】（Edit）→【阵列】（Pattern）命令。

（2）在阵列操控板中打开“尺寸”下拉菜单，选择定位尺寸 40mm 作为第 1 方向的阵列参考尺寸，然后在列表框中选中该尺寸并勾选“按关系定义增量”复选框，如图 7-140 所示。

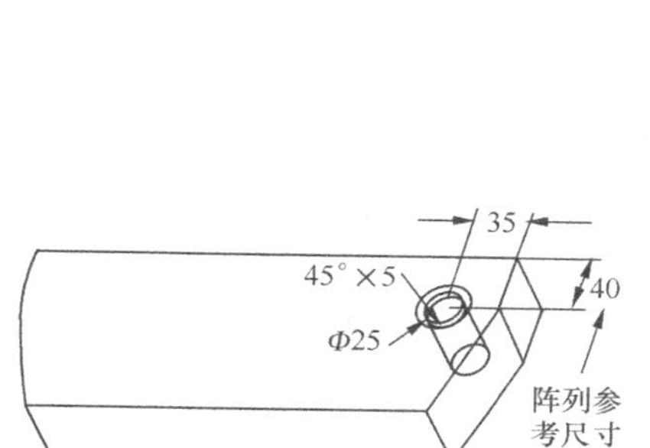

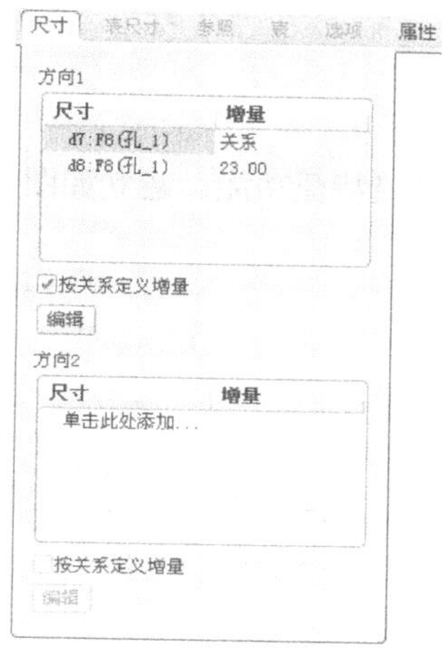

图 7-140　阵列参考尺寸的指定

（3）单击“尺寸”下拉菜单中的编辑按钮，在弹出的“关系”对话框中输入关系式，如图 7-141 所示，然后单击确定按钮退出。

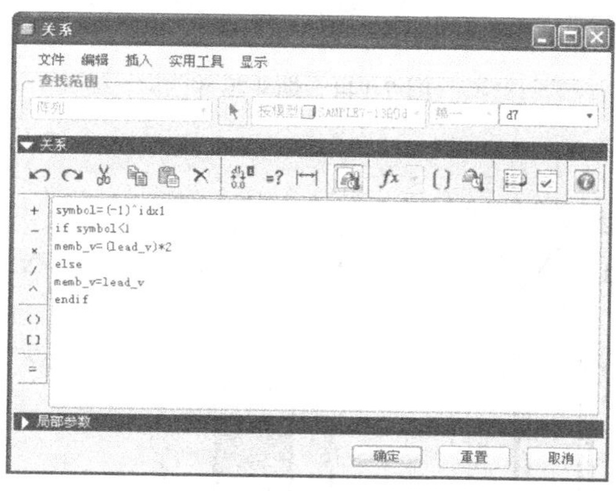

图 7-141　定义阵列关系式

（4）单击激活第 1 方向的列表栏，然后按住 Ctrl 键选取定位尺寸 35mm 作为该方向的第 2 个阵列参考尺寸，并输入增量值为 23mm。

（5）在特征操控板中设定第 1 方向的阵列个数为 11，然后单击✓按钮重新生成，阵列效果如图 7-142 所示。

（6）单击特征操控板上的按钮，建立如图 7-143 所示的 *R*15mm 和 *R*25mm 的倒圆角特征。

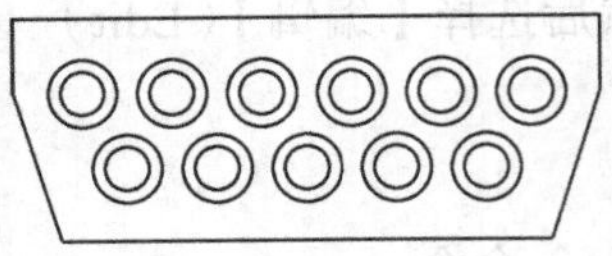

图 7-142 阵列的效果

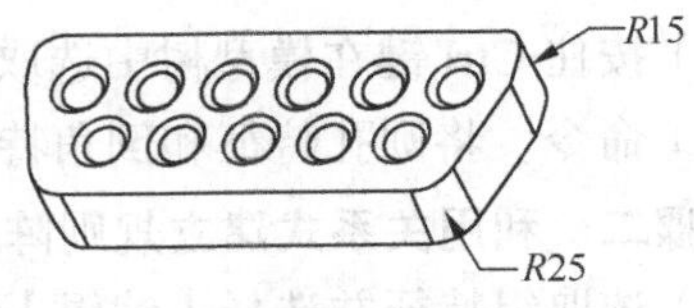

图 7-143 创建倒圆角特征

练习题

1. 利用高级特征功能，建立如图 7-144 ~ 图 7-149 所示的零件。

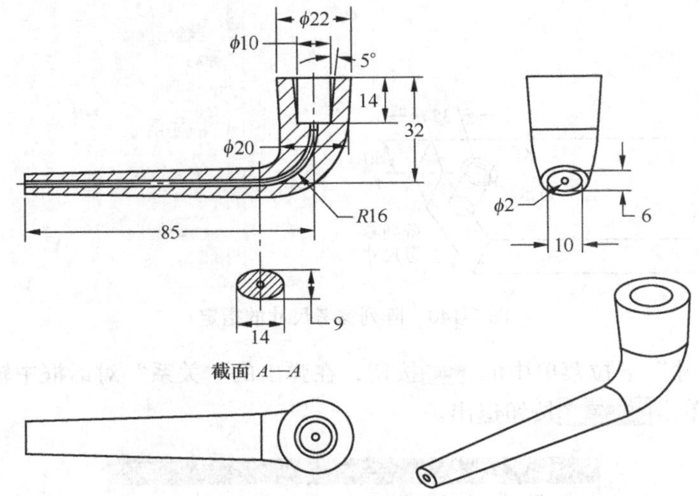

图 7-144 烟斗零件

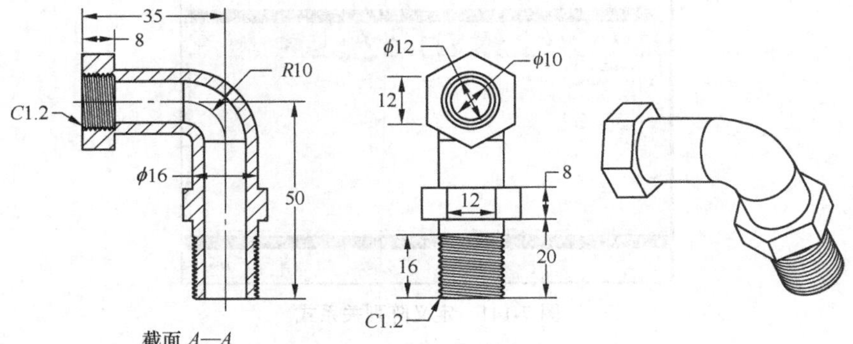

图 7-145 管接头零件

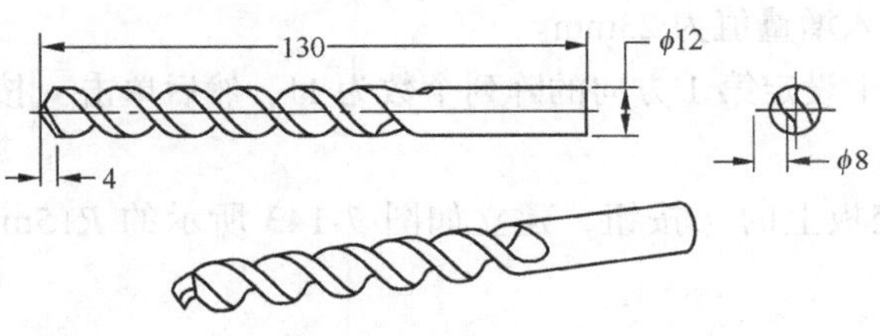

图 7-146 钻头零件

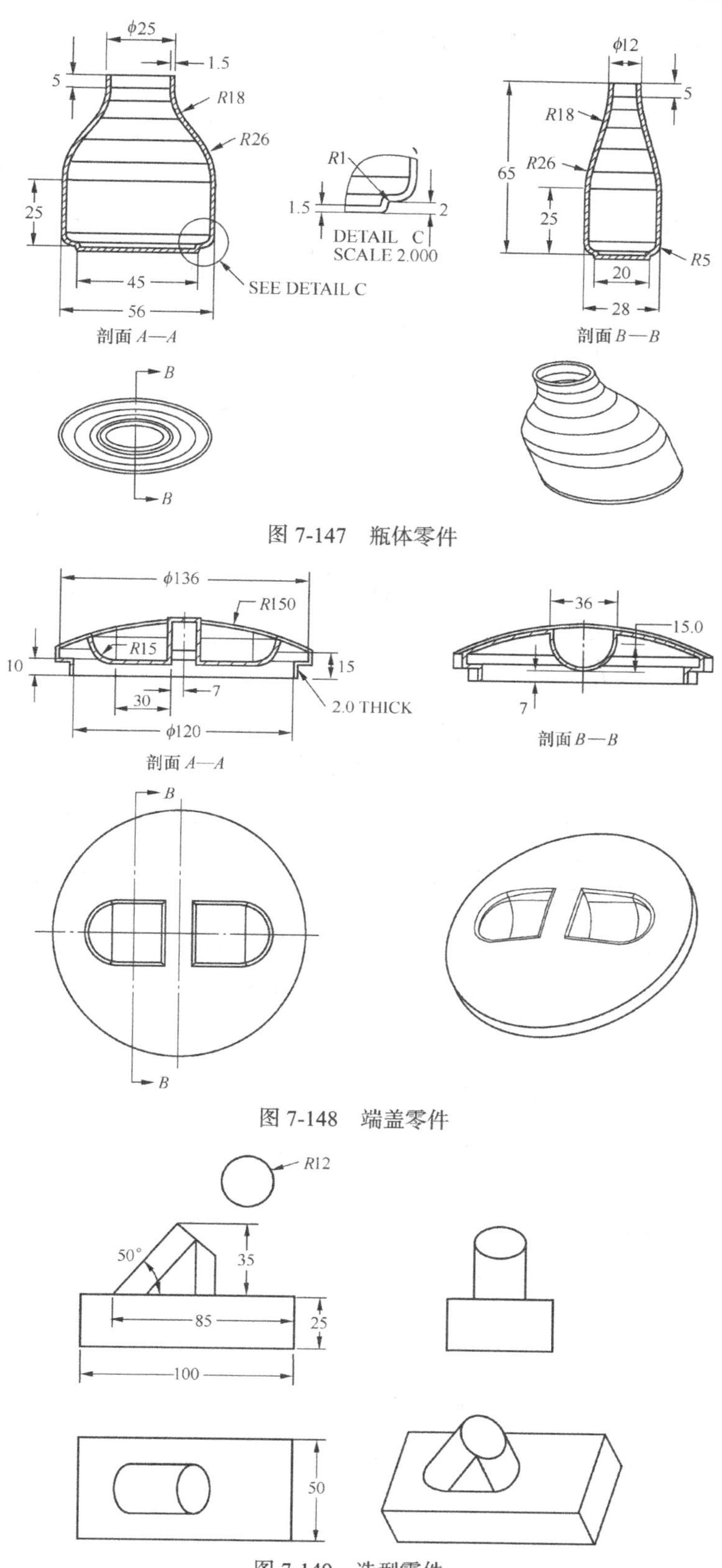

图 7-147　瓶体零件

图 7-148　端盖零件

图 7-149　造型零件

2．建立如图 7-150 ~ 图 7-152 所示的线框模型，并利用高级特征功能生成所需的零件。

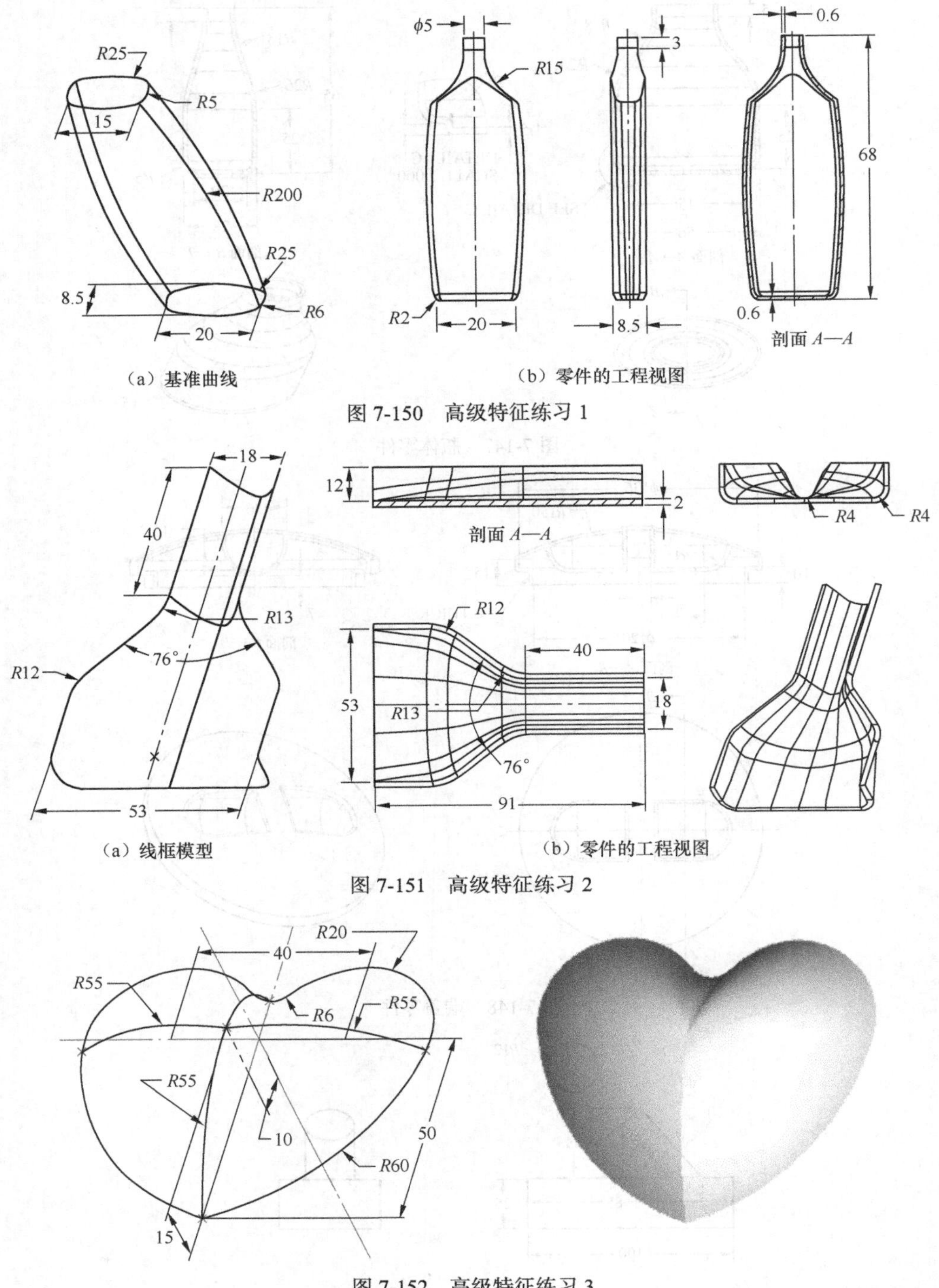

（a）基准曲线

（b）零件的工程视图

图 7-150　高级特征练习 1

（a）线框模型

（b）零件的工程视图

图 7-151　高级特征练习 2

图 7-152　高级特征练习 3

3．参照图 7-153 所示，利用实体和曲面特征功能建立零件的三维模型。

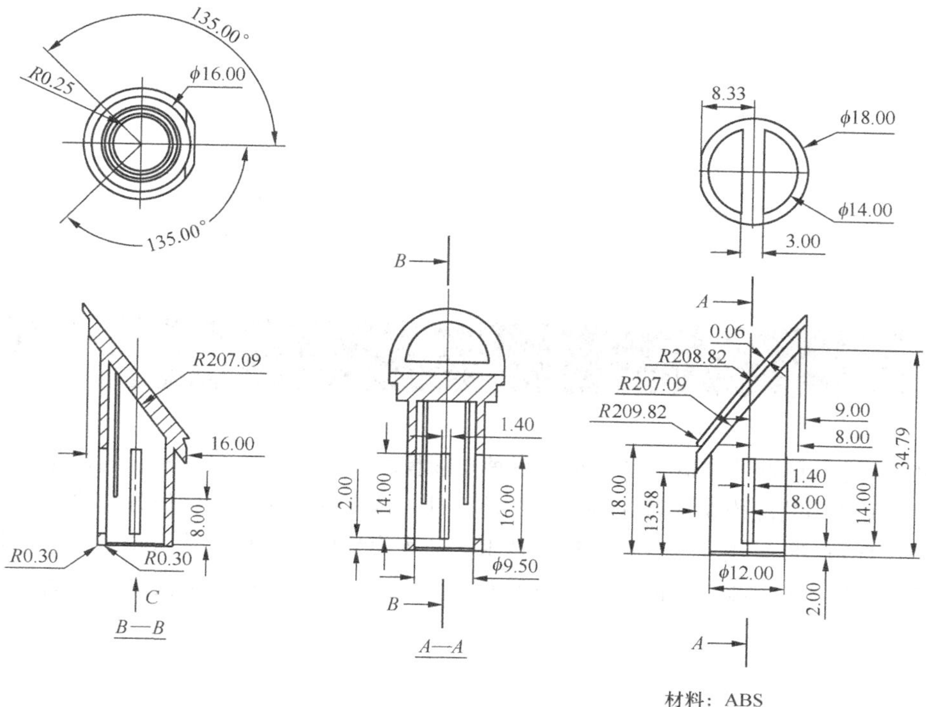
135.00°
R0.25
ϕ16.00
135.00°
8.33
ϕ18.00
ϕ14.00
3.00
B
A
0.06
R208.82
R207.09
R209.82
9.00
8.00
34.79
R207.09
16.00
1.40
2.00
14.00
16.00
8.00
18.00
13.58
1.40
8.00
14.00
R0.30
R0.30
ϕ9.50
ϕ12.00
2.00
C
B—B
A—A
材料：ABS
缩水率：0.5%

图 7-153　综合练习

第8章 产品组合设计

Pro/E 作为一种设计制造工具，包含各种功能模块，其中一个强大的工具便是装配模块。产品设计时可利用装配模块放置或创建组合件元件，或者修改组合件的属性使之满足一定的设计需要。由于 Pro/E 采用的是单一数据库技术，装配模块中各元件依然保持着与它们各自零件文件之间的关系。不论哪一方的尺寸参数值发生变化，与之相关的参数值也必然随之改变。

8.1 装配模块简介

8.1.1 组件模式的启动与环境

单击 按钮新建 Pro/E 文件时，指定类型为“组件”（Assembly）、子类型为“设计”（Design）即可进入组件设计环境。如使用默认模板，系统会自动创建 3 个基准面，即 ASM_TOP，ASM_FRONT 和 ASM_RIGHT，以及 1 个坐标系 ASM_DEF_CSYS 和 8 种内定视角，如图 8-1 所示。

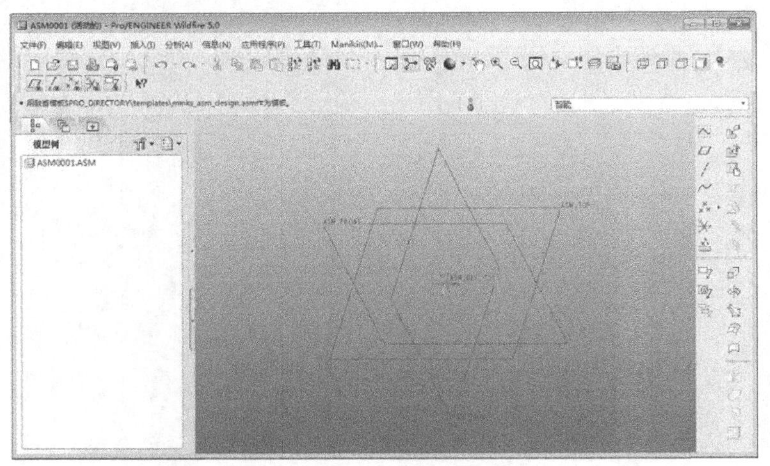

图 8-1　组件模式的界面环境

在组件设计环境下，右侧的特征工具栏中会新增两个图标按钮和。其中，按钮用于将已创建完成的零件插入到组件中，即在组件中装配元件；而按钮用于在组件环境中直接创建所需的元件。

8.1.2 组件设计的两种基本方法

在组件模式中建立产品组合件，允许采用自底向上或自顶向下的组件设计方法。

自底向上的装配体设计，是指在组件模式下将已创建完成的零件或子装配体按相互的配合关系放置在一起，组成一个新的装配体，即装配元件的过程。执行时选择【插入】(Insert)→【元件】(Component)→【装配】(Assemble)命令，或者单击特征工具栏中的按钮来实现。如放置的是已有子装配体，则组成子装配体的各个零件或者装配体文件都会被调入内存，直至其父装配体从内存中删除。保存新建的装配体时，装配体中的零件将被保存到它们各自的目标文件中。

自顶向下的装配体设计是指在组件模式下直接创建各装配体元件，即创建元件的过程。执行时选择【插入】(Insert)→【元件】(Component)→【创建】(Create)命令，或者单击特征工具栏中的按钮来实现。在保存装配体时，所建立的每个元件都将被保存为一个单独的零件文件，且允许在零件模式下对其进行修改。

在上述两种设计方法中，自底向上的组件设计方法常用于产品装配关系较为明确，或零件造型较为规范的场合。在真正的产品设计中，往往先要确定产品的外形轮廓，然后逐步对产品进行设计上的细化，直至细化到单个的零件。由此可见，现代产品的总体设计更多地应用自顶向下的设计方法。

8.2 零件的装配

单击特征工具栏中的按钮，可通过指定相关组合元件之间的装配约束关系，直接放置已有的零件或子装配体来建立组件，该种组合设计方法称为自底向上的装配体设计。此时，与所放置元件相关联的目标文件将被调入 Pro/E 系统的内存中。打开装配体文件时，与其相关联的单个元件无法从内存中清除。

8.2.1 装配约束类型

利用按钮装配元件时，最重要的步骤是使用约束指定元件相对于组件的放置方式和位置。Pro/E 系统提供了多种约束类型以实现元件的定位，如图 8-2 所示，其中“自动”(Automatic)为系统默认选项。

1. 匹配

匹配（Mate）约束用于定位两个平面（基准平面或零件表面），使其彼此相向。如果选取的约束参照是基准平面，则要求它们的黄色侧（正向）彼此相向。执行匹配约束时，系统提供了如图 8-3 所示的 3 种偏移类型：重合（Coincident）、定向（Orient）与偏距（Offset）。

其中，重合表示两平面相互贴合，此时两平面间的偏移值为零，如图 8-4 所示的约束 1、2 和 3；定向表示只使两平面的法向相向，而不限定其间的偏移值；偏距表示两平面以一个偏移值（可正可负）相匹配，彼此平行并相向，如图 8-5 所示的约束 3。

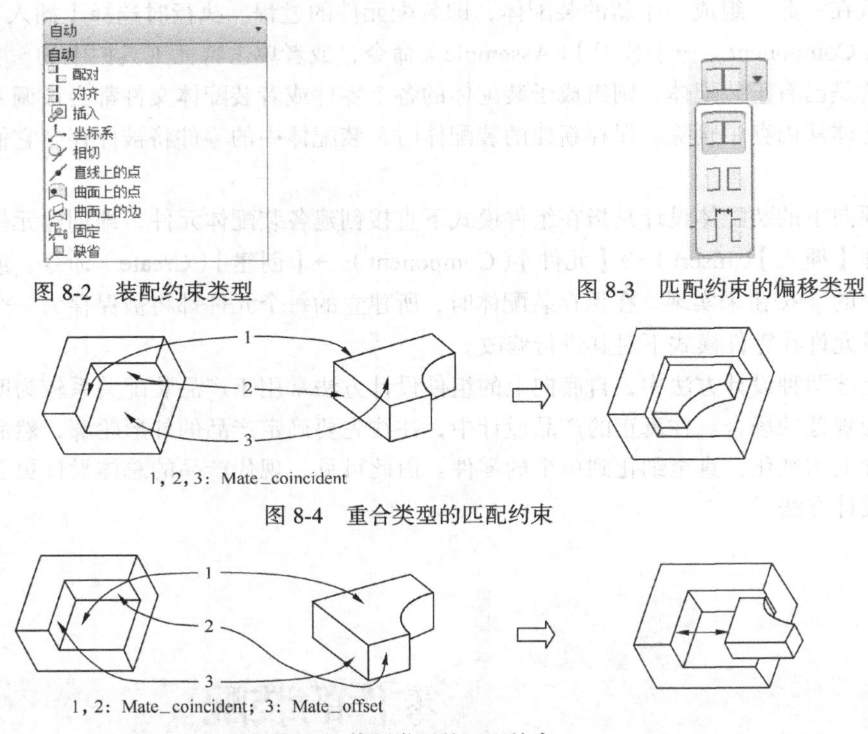

图 8-2 装配约束类型

图 8-3 匹配约束的偏移类型

图 8-4 重合类型的匹配约束

图 8-5 偏距类型的匹配约束

2. 对齐

对齐（Align）约束用于将两个平面定位在同一位置且朝向同一方向，或者使两轴共线、两点重合。同样，约束两平面对齐时也有重合、定向与偏距 3 种偏移类型。其中，重合可使元件参照和组件参照彼此平齐，如图 8-6 所示的约束 1 和约束 3；定向可使两个平面平行并朝向同一方向，而不指定偏距值，如图 8-7 所示的约束 1。

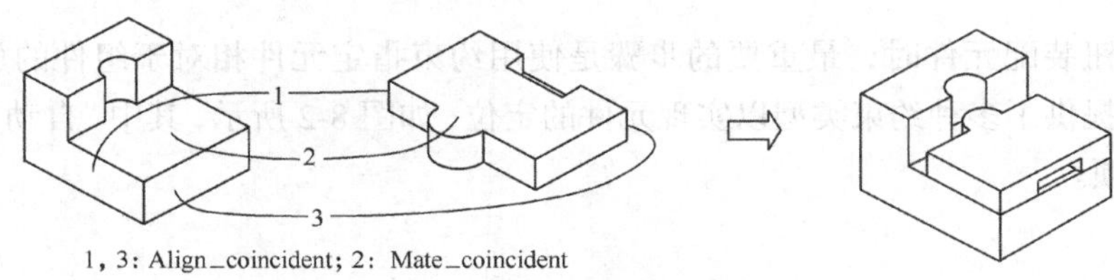

图 8-6 重合类型的对齐约束

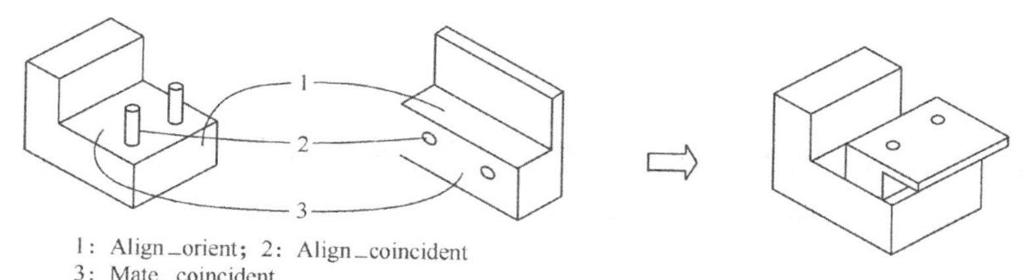

图 8-7　定向类型的对齐约束

使用多轴线或多点对齐约束装配元件时，对齐约束可以有两种情况：强制或非强制。例如，要对齐两组轴线，第 1 组轴线是同轴的，但在默认情况下第 2 组轴线仅被约束为同本组轴线和第 1 组轴线共面，如图 8-8 所示的约束 2 和约束 3。选取“强制”选项后，要求第 2 组对齐轴也要同轴，此时约束列表中的第 2 组对齐约束就变成了“对齐（强制）”。如果“对齐（强制）”的两个轴不同轴，约束便被视为无效。点对齐的情况与此类似，而平面和曲面对齐都要求是共面的，不会有“强制”现象。

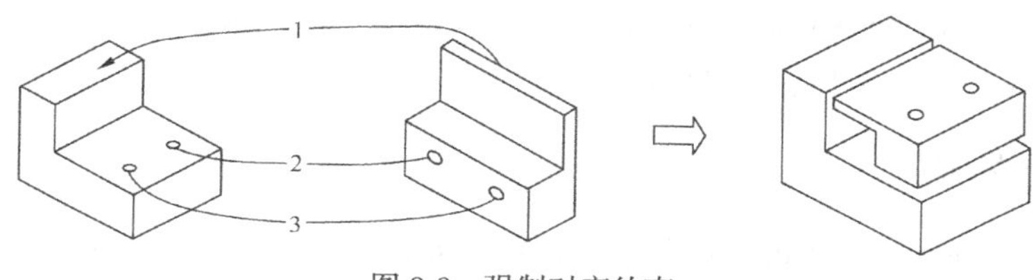

图 8-8　强制对齐约束

3. 插入

插入（Insert）约束用于将元件的旋转曲面插入组件的旋转曲面（即同轴约束）。图 8-9 所示为孔轴配合，定义时要求选取旋转特征的曲面。

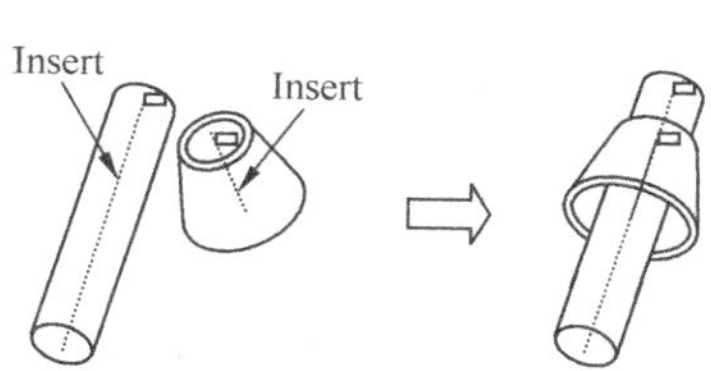

图 8-9　插入约束

4. 坐标系

坐标系（Coord Sys）约束用于将组件坐标系对齐元件坐标系，此时两坐标系的对应轴会相互对齐，如图 8-10 所示，即 x 轴与 x 轴对齐、y 轴与 y 轴对齐。

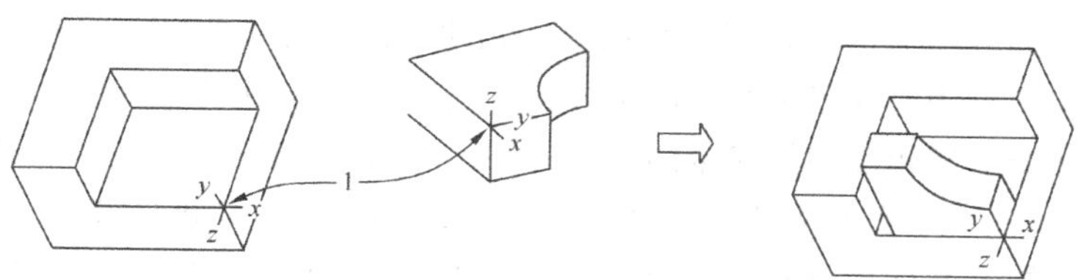

图 8-10　坐标系约束

5. 相切

相切（Tangent）约束用于定位两个曲面在接触点处成相切状态，并且彼此相向。如图 8-11 所示，使用相切约束可定义凸轮与其传动装置之间的连接关系。

6. 线上点

线上点（Point on Line）约束用于定义欲装配元件上的顶点或基准点与装配模型中已有的边线、基准曲线或者轴对齐，如图 8-12 所示。

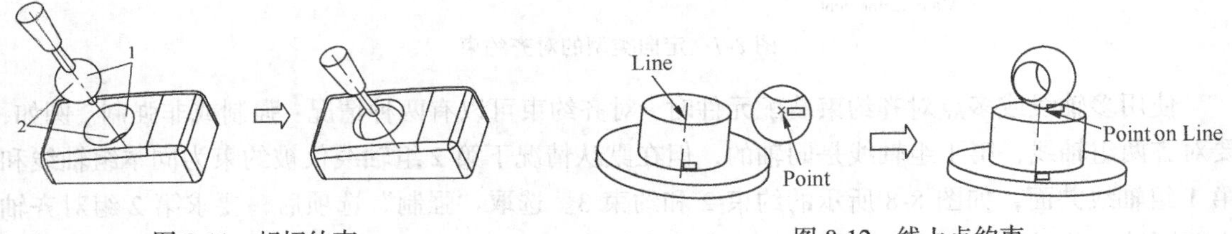

图 8-11 相切约束　　图 8-12 线上点约束

7. 曲面上的点

曲面上的点（Point on Surface）约束用于定义欲装配元件上的顶点或基准点与装配模型的表面或基准面对齐，如图 8-13 所示的约束 2。

8. 曲面上的边

曲面上的边（Edge on Surface）约束用于定义欲装配元件上的某边与装配模型的一个表面对齐，表面可以是任何零件的表面或基准面，如图 8-14 所示的约束 2。

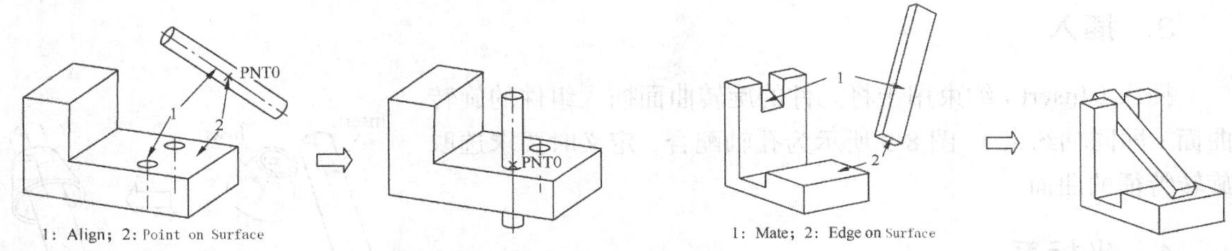

图 8-13 曲面上的点约束　　图 8-14 曲面上的边约束

9. 自动

自动（Automatic）约束表示由系统根据装配元件的特点自动设置适当的约束。

上述装配约束类型中，除了坐标系约束外，定义装配元件的相对位置至少需要指定两种以上的约束条件，才能实现相互间的完全约束。另外，Pro/E 系统还提供了“缺省”（Default）和“固定”（Fix）两种约束类型。缺省表示以系统预设的方式进行装配，使调入元件的坐标系与装配模型的缺省坐标系对齐；固定表示将被移动或封装的元件固定到当前位置。

8.2.2 零件装配的一般步骤

在组件设计过程中可以随时添加元件。添加元件时，选择【插入】(Insert）→【元件】(Component）→【装配】(Assemble）命令或者单击按钮，然后从“打开”（Open）对话框中选取所需的零件文件，系统会显示元件放置（Component Placement）操控板，如图 8-15 所示。

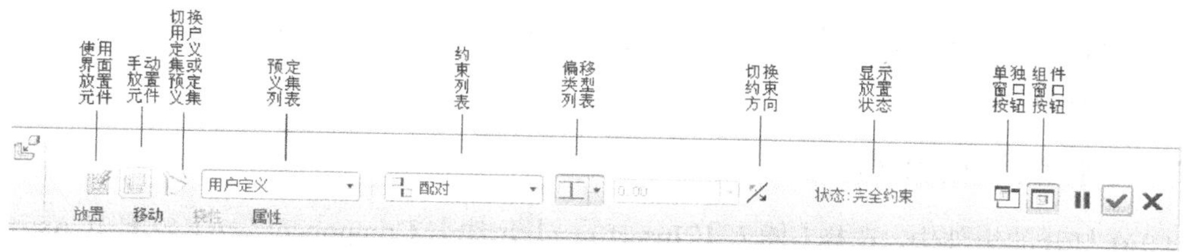

图 8-15　元件放置操控板

1. 元件放置操控板

在元件放置操控板中，可定义新放置的元件在装配模型中的约束关系。其中，按钮和按钮用于设定欲调入元件在装配模型中的摆放方式。前者表示定义装配约束时，将在一个小窗口中单独显示调入的元件；后者表示在组件图形窗口中显示调入的元件，并在定义约束时更新元件位置。

而“放置”（Placement）下拉菜单用于建立和显示元件放置与连接定义，即定义元件与装配体之间的配合和连接关系；“移动”（Move）下拉菜单用于调整正在装配的元件位置，使元件的取放更加方便；“挠性”（Flexible）下拉菜单仅对具有已定义挠性的元件是可用的。

（1）“放置”下拉菜单。“放置”下拉菜单用于建立元件间的装配约束关系，如图 8-16 所示，具体包含以下选项。

“用户定义集”列表框：用于显示和定义约束及其参照。当选取一对有效的元件和组件参照后，系统将会自动激活一个新约束。或者单击“新建约束”（New Constraint）来添加新的约束关系，如要删除已定义的约束或参照则单击鼠标右键，选择快捷菜单命令来实现。

“约束类型”（Constraints Type）列表框：用于显示和指定元件的约束类型。右侧的反向按钮用于反向元件的约束方向，或者在匹配（Mate）与对齐（Align）约束间切换。

“偏移”（Offset）列表框：用于指定匹配或对齐约束的偏移类型，包括重合（）、定向（）和偏距（或）3 种类型。

（2）“移动”下拉菜单。“移动”（Move）下拉菜单用于移动并放置当前活动的装配元件，以便于约束参照的选取，如图 8-17 所示。但是，系统仅允许移动未完全约束的元件，且只能在已有约束所限定的自由度范围内移动。

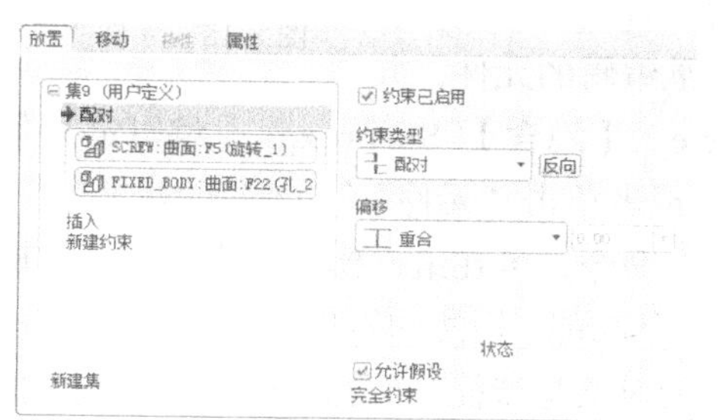

图 8-16　“放置”下拉菜单

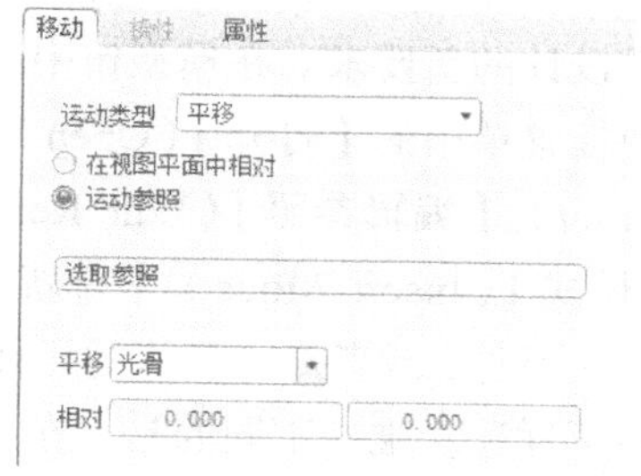

图 8-17　“移动”下拉菜单

移动元件时，系统支持 4 种运动类型，分别是定向模式（Orient Mode）、平移（Translate）、旋转（Rotate）和调整（Adjust）。指定运动类型后，必须选取合适的运动参照来定义元件的移动方向，否则系统将以当前的视图平面为参照并在其上移动。系统允许选用的运动参照有平面、边线、轴线、2 点或坐标系。当选取平面为运动参照时，可以设定为垂直于选定参照或平行于选定参照移动元件。

2. 零件装配的步骤

（1）在打开的组件中，选择【插入】(Insert)→【元件】(Component)→【装配】(Assemble)命令，或者单击特征工具栏中的按钮。

（2）从“打开”(Open)对话框中选取要装配的元件（或子装配体），此时显示元件放置操控板，且选定元件出现在图形窗口中。

（3）单击操控板中的按钮使元件在单独的窗口中显示，或者单击按钮使元件在组件图形窗口中显示（缺省）。

（4）为放置元件和组件定义放置约束类型并选取参照，且不限顺序。当选取一对有效参照后，系统将自动选取一个相应的约束类型。

（5）根据约束类型的需要，选取偏距类型并设置偏移值。

（6）定义好某约束后，系统会自动激活一个新约束，直到元件被完全约束为止。或者在“放置”下拉菜单中单击“新建约束”来定义附加约束，或者编辑、删除指定的约束。

（7）单击操控板中的按钮，在当前约束下放置元件。如果元件处于“约束无效”状态，则不能将其放置到组件中。

8.2.3 组件和元件的编辑

Pro/E 系统对组合件元件的处理方式和零件特征的处理方式一样。因此，在组件设计模式下使用元件操作命令与在零件模式下使用特征操作命令的方式相同。可以通过鼠标右键单击模型树中的元件，然后利用右键快捷菜单命令进行编辑，或者通过【编辑】(Edit)→【元件操作】(Component Operations)命令来实现，元件的操作命令如图 8-18 所示。

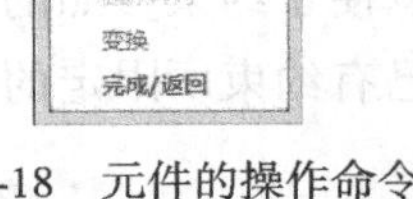

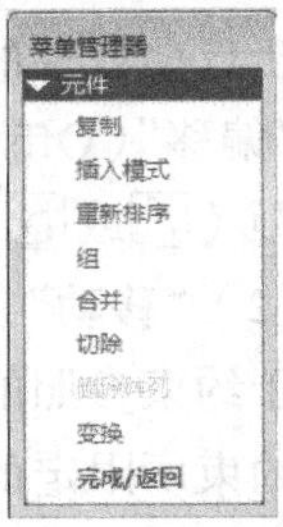

图 8-18　元件的操作命令

1. 装配元件的操作

组件设计完成后，Pro/E 允许利用各种方式进行组件的设计修改，以满足设计的新要求。在模型树中用鼠标右键单击欲编辑的元件，并选择快捷菜单中的【打开】(Open)、【删除】(Delete)、【隐含】(Suppress)、【编辑定义】(Edit Definition)、【编辑参照】(Edit References)命令，或者单击“元件”(COMPONENT)菜单的【插入模式】(Insert Mode)、【重新排序】(Reorder)命令，可在组件模式下直接打开、删除、隐含某一元件，或者对装配体的元件进行设计修改。其功能、用法和零件模式的特征操作相同，这里不再详述。唯一不同的是，在零件模式中操作的对象是特征，而在装配模式中操作的对象为元件（包括零件和子组件）。

例如，从模型树或主窗口中选取某装配体元件，然后单击【编辑】(Edit)→【定义】(Definition)命令，或者单击右键菜单中的【编辑定义】命令，系统将显示元件放置操控板，用于重新定义元件的放置约束类型及其参照。

2. 修改零件尺寸及特征

在装配环境中，将某一元件激活后，可以对其进行添加或重定义特征、编辑关系等操作。在模型树中，活动元件用图标（已激活零件）或（已激活子组件）进行标识。激活某装配体元件后，在着色模式下其他的非活动元件将呈灰色且透明显示，如图 8-19 所示。此时，只能对组件中的非活动元件执行编辑（Edit）、隐藏（Hide）、取消隐藏（Unhide）和信息（Info）操作，因此在元件修改后必须激活主组件以继续其他操作。

元件激活后，系统允许对其执行如下两种操作。

（1）双击活动零件的某特征，或者用鼠标右键单击某零件特征并选择快捷菜单中的【编辑】（Edit）命令，然后根据需要对显示的特征尺寸进行修改。

（2）利用【插入】（Insert）菜单的特征创建命令，或者使用特征工具栏向活动零件添加各类特征。

3. 组合件结构的更改

在组件模式中，可以利用【重新构建】（Restructure）命令重新组织装配体的零件，将零件由高阶层的顶级组件移至次阶层的子组件，或者从一个子组件移到另一个子组件中，反之亦然。【重新构建】的目的在于重新调整已完成组合件的产品结构，增强组件设计过程的灵活性。

单击【编辑】（Edit）→【重新构建】（Restructure）命令，系统弹出如图 8-20 所示的“重新构建”（RESTRUCTURE）菜单。其中，【源元件】（Source Components）命令用于选取要进行移动的零件；【目标组件】（Target Assembly）命令用于选取零件将要移向的目标装配体。

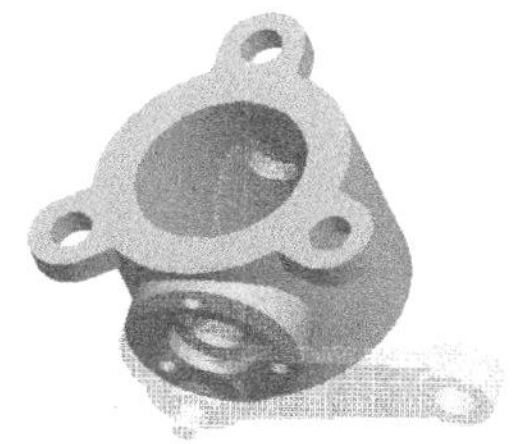

图 8-19　非活动元件的着色显示

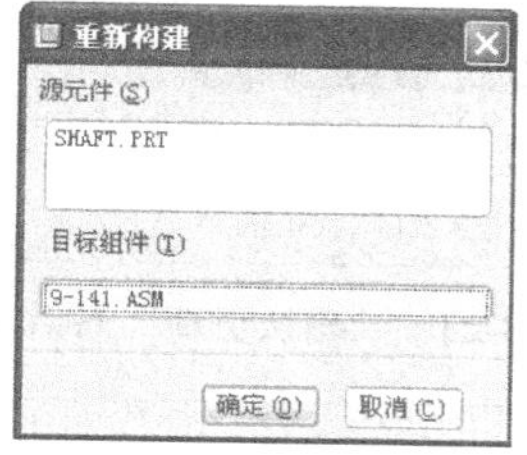

图 8-20　“重新构建”（RESTRUCTURE）菜单

更改组合件的结构时，单击【源元件】（Source Components）命令并选取要移动的零件，如图 8-21 所示，完成零件选取后，应单击【目标组件】（Target Assembly）命令并选取一个目标装配体，单击确定之后系统将自动进行调整，如图 8-22 所示。

图 8-21　变更前的组合件结构

图 8-22　变更后的组合件结构

执行重新构建操作时需注意以下事项。

（1）不能选取子组件或组件的第一个元件进行重新构建。

（2）重新构建时，如果原始元件和目标组件都是同一级组件的成员，则必须同时转移原始元件的子项。

（3）属于一个阵列的元件不能重新构建。

（4）如果组件包含同一子组件的多个副本，则不能重新构建该子组件的元件。

（5）如果原始组件多次出现，则不能重新构建组件。

4. 零件和组合件的再生

组件中修改的零件必须再生。在大型组件中分别选取各个零件进行再生，要比在组件中搜索和再生所有修改的零件更快。

（1）再生所有改变的零件。在模型树中右击组件，并从快捷菜单中选择【再生】（Regenerate）命令或单击按钮。如果组件中添加有组合特征，系统将显示“确认更新”（Confirm Update）对话框，如图 8-23 所示。此时，单击 是(Y) 按钮表示再生组件并更新相交零件；单击 否(N) 按钮表示再生组件，但不更新相交零件；单击 取消 按钮表示不再生组件。

（2）再生管理器。在组件中对特征进行更改后，可选择【编辑】（Edit）→【再生管理器】（Regeneration Manager）命令显示“再生管理器”（Regeneration Manager）对话框，如图 8-24 所示，然后从中选取特征或零件进行再生。

图 8-23 “确认更新”对话框

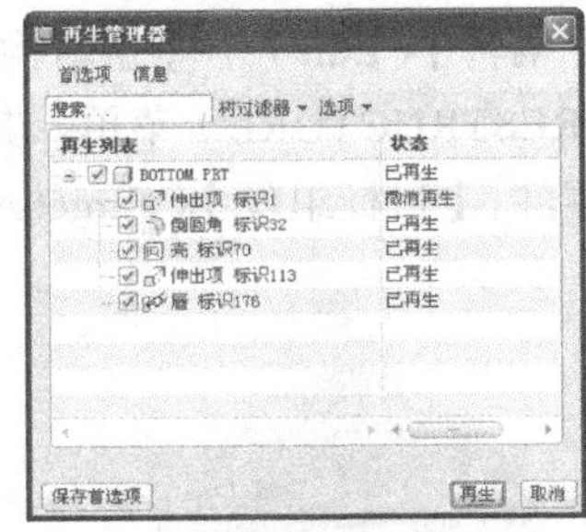

图 8-24 “再生管理器”对话框

8.2.4 零件装配范例

例 8-1 从人民邮电出版社教学资源网下载配套的范例文件（\Sample\8-1 目录），定义装配约束并将各零件组合成如图 8-25 所示的机用虎钳。

（1）单击图标工具栏中的按钮，新建组件文件 Sample8-1.asm 并选用“mmns_asm_design”模板模型。

（2）选择【插入】（Insert）→【元件】（Component）→【装配】（Assemble）命令或者单击特征工具栏中的按钮，调入如图 8-26 所示的零件 Fixed_body.prt。然后，在元件放置操控板中，设置约束类型为“坐标系”，并选取元件的坐标系和组件的坐标系作为参照，如图 8-27 所示，然后单击鼠标中键或元件放置操控板上的按钮结束。

（3）单击特征工具栏中的按钮调入第 2 个零件 Box_nut.prt，然后在元件放置操控板中依次定义：对齐（Align）约束，以元件孔中心线 A_7 和螺杆中心线 A_2 为参照；对齐-偏距（Align-Offset）约束，以钳身和方形螺母的端面为参照，偏距值为 60mm，如图 8-28 所示，然后单击元件放置操控板上的按钮结束。

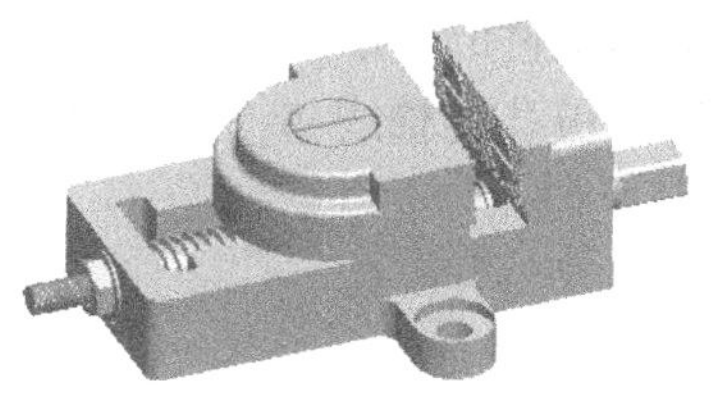
图 8-25　机用虎钳的装配模型

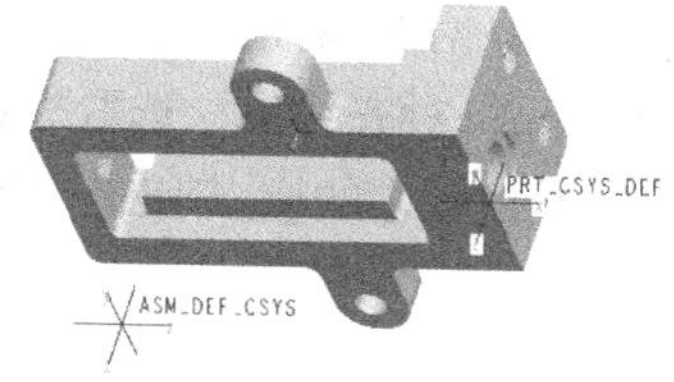

图 8-26　调入的第 1 个零件

图 8-27　定义装配约束关系

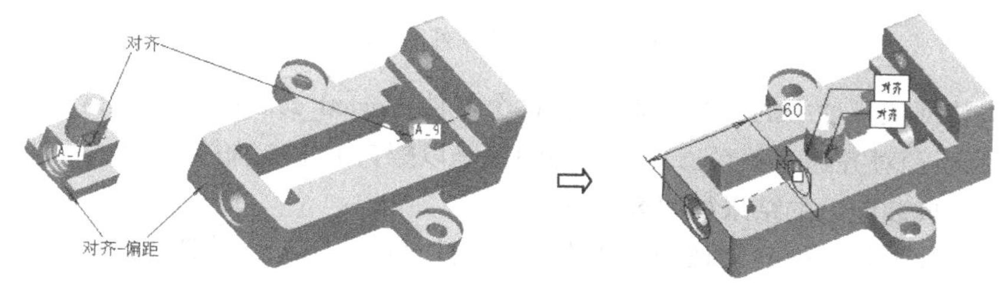

图 8-28　第 2 个零件的装配

（4）单击特征工具栏中的按钮调入第 3 个零件 Screw.prt，然后选取钳身的台阶孔端面和螺杆台阶轴端面为参照，如图 8-29 所示，定义约束类型为“匹配”（Mate）；选取元件的轴外表面和钳身的孔内表面为参照，定义约束类型为“插入”（Insert），然后单击元件放置操控板上的按钮结束，效果如图 8-30 所示。

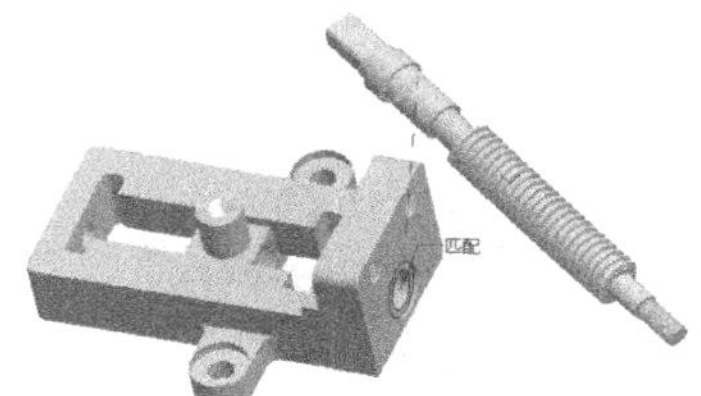

图 8-29　定义匹配约束类型

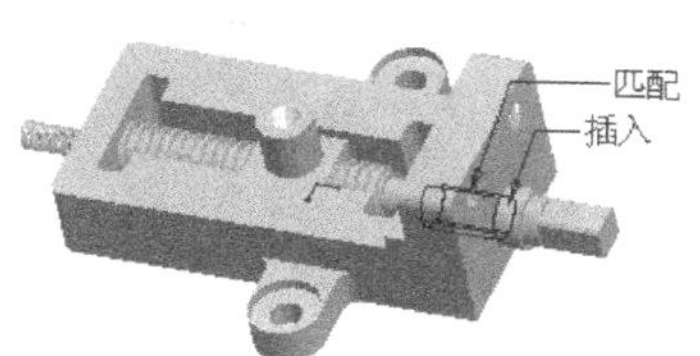

图 8-30　第 3 个零件的装配

（5）单击特征工具栏中的按钮调入第 4 个零件 Jaw_plate.prt，分别定义匹配（Mate）、对齐（Align）和对齐-定向（Align-Orient）3 个约束关系并进行装配，如图 8-31 所示。

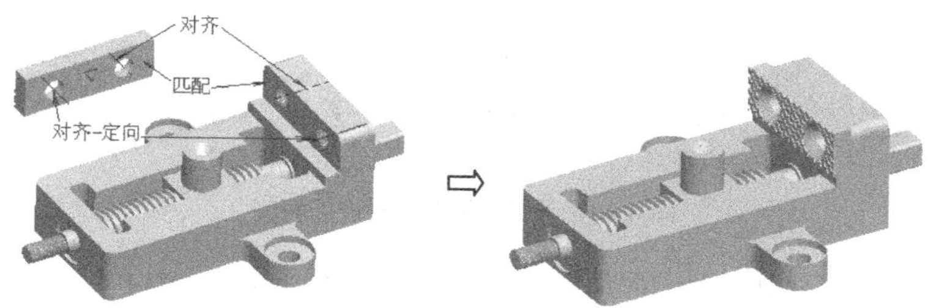

图 8-31　第 4 个零件的装配

（6）单击特征工具栏中的按钮调入第 5 个零件 Buried_screws.prt，按照图 8-32 所示定义装配约束关系：对齐-偏距约束，选取元件的基准面 DTM1 和组件的基准面 DTM2 为参照，偏距值为−2.5mm；对齐约束，选取螺钉的中心轴线 A_2 和钳口板孔的轴线 A_4 为参照，然后单击元件放置操控板中的☑按钮进行装配。

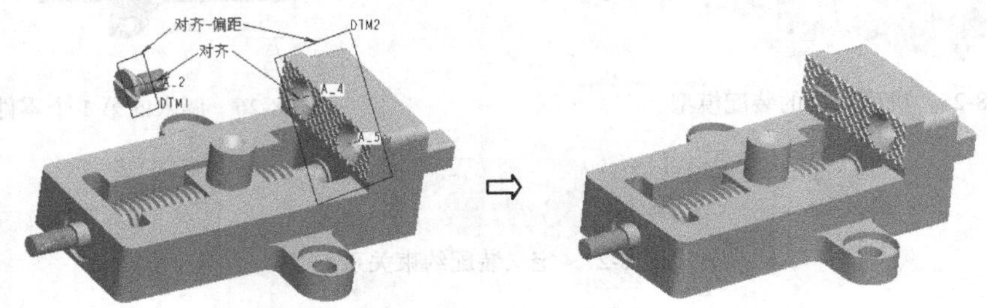

图 8-32　第 5 个零件的装配

（7）单击特征工具栏中的按钮调入第 6 个零件 Buried_screws.prt，并定义与上一个螺钉相同的对齐-偏距和对齐约束关系，只是对齐约束是以螺钉的中心轴线 A_2 和钳口板孔的轴线 A_5 为参照，完成装配后的结果如图 8-33 所示。

（8）单击图标工具栏中的按钮，新建组件文件 Sub_asm.asm 并选用“mmns_asm_design”模板模型。

（9）单击特征工具栏中的按钮，调入如图 8-34 所示的零件 Jaw.prt。在元件放置操控板中，分别定义以下 3 个约束类型：对齐约束，选取元件的 RIGHT 面和组件的 ASM_RIGHT 面为参照；对齐约束，选取元件的 FRONT 面和组件的 ASM_FRONT 面为参照；对齐约束，选取元件的 TOP 面和组件的 ASM_TOP 面为参照，然后单击元件放置操控板上的☑按钮结束。

图 8-33　第 6 个零件的装配

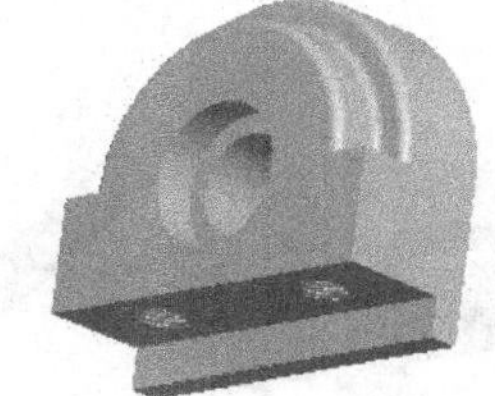

图 8-34　子组件的第 1 个零件

（10）单击特征工具栏中的按钮调入第 2 个零件 Jaw_plate.prt，分别定义匹配、对齐和对齐-定向 3 个约束关系并进行装配，如图 8-35 所示。

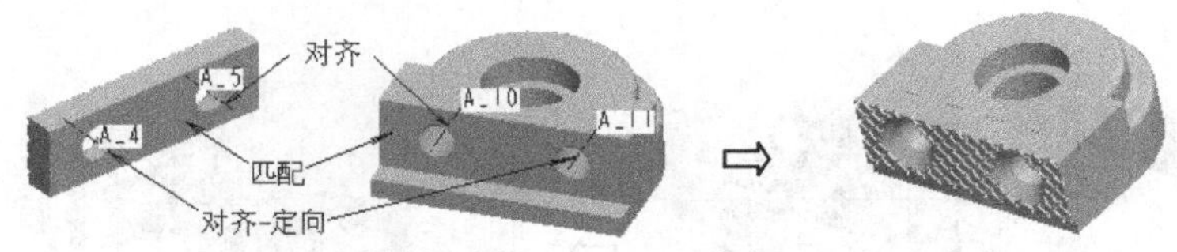

图 8-35　子组件第 2 个零件的装配

（11）单击特征工具栏中的按钮调入第 3 个零件 Buried_screws.prt，参照步骤（6）的方法分别定义对齐-偏距和对齐两个约束关系，得到如图 8-36 所示的装配效果。

（12）单击特征工具栏中的按钮调入第 4 个零件 Buried_screws.prt，按照同样的方法进行装配，结果如图 8-37 所示，然后单击按钮予以保存。

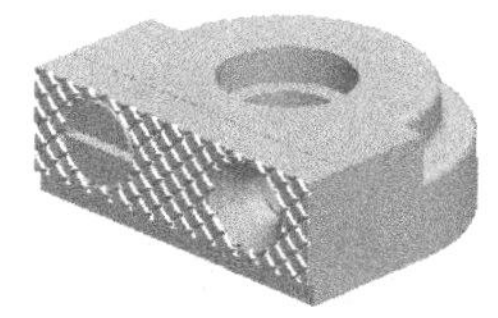
图 8-36　子组件第 3 个零件的装配

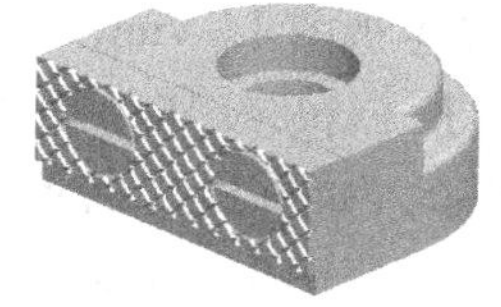
图 8-37　子组件第 4 个零件的装配

（13）单击【窗口】(Windows）命令激活组件文件 Samle8-1.asm，然后单击特征工具栏中的按钮调入子组件 Sum_asm.prt，定义如图 8-38 所示的匹配和对齐约束。同时，选取子组件的 ASM_RIGHT 和组件的 ASM_TOP 为参照定义对齐-角度偏距约束，且角度偏距值为 0，然后单击鼠标中键完成子组件的装配，如图 8-39 所示。

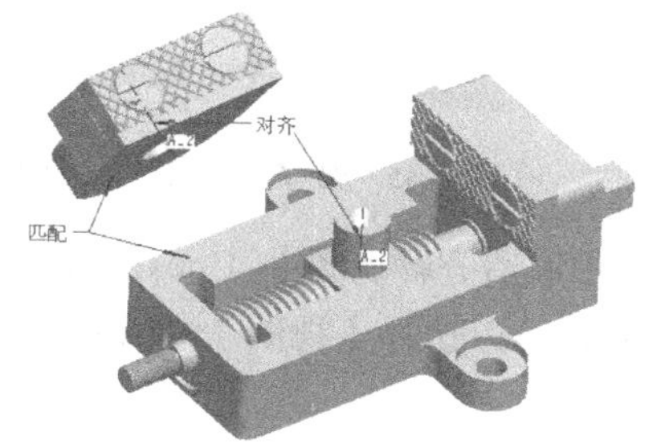

图 8-38　子组件的装配约束

图 8-39　子组件的装配

（14）单击特征工具栏中的按钮调入第 7 个零件 Countersunk_screws.prt，定义对齐和匹配约束关系以进行装配，如图 8-40 所示。

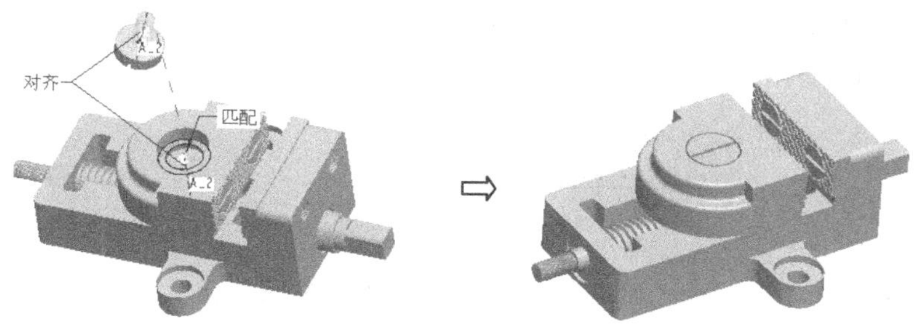

图 8-40　第 7 个零件的装配

（15）单击特征工具栏中的按钮调入第 8 个零件 Gasket.prt，采用端面匹配和中心轴线对齐的约束方式完成垫片的装配，结果如图 8-41 所示。

（16）单击特征工具栏中的按钮调入第 9 个零件 Nuts.prt，同样采用端面匹配和轴线对齐的方式完成螺母的装配，结果如图 8-42 所示。

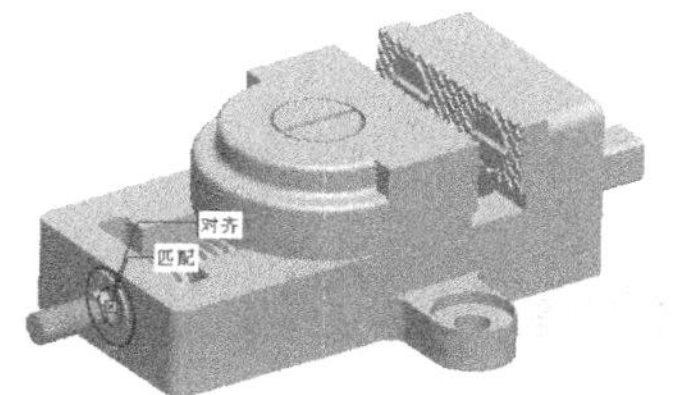

图 8-41　第 8 个零件的装配

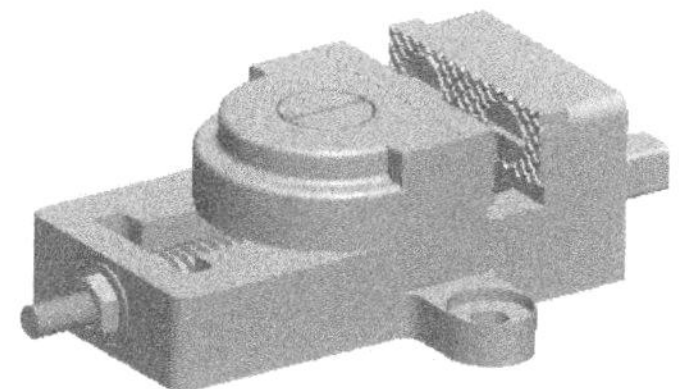
图 8-42　第 9 个零件的装配

（17）选择【视图】（View）→【分解】（Explode）→【分解视图】（Explode View）命令，装配模型以默认爆炸图状态显示，如图 8-43 所示。

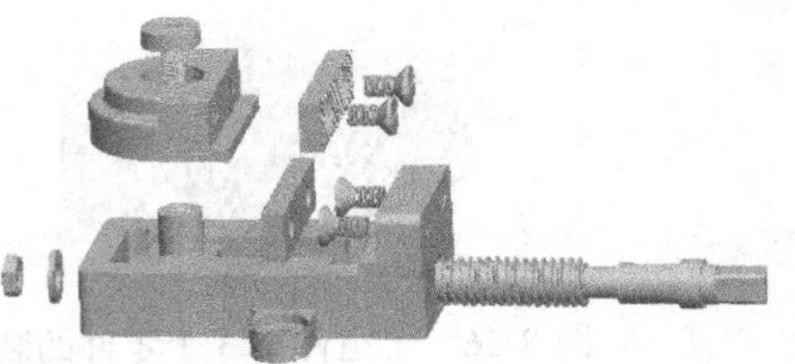

图 8-43 以默认爆炸状态图显示

（18）选择【视图】（View）→【分解】（Explode）→【编辑位置】（Edit Position）命令，显示“分解位置”（Explode Position）对话框，如图 8-44 所示，可以选取适当的运动方向参照并将相关零件移动到所需的位置，结果如图 8-45 所示。

图 8-44 “分解位置”对话框

图 8-45 修改后的爆炸状态图

（19）选择【视图】（View）→【分解】（Explode）→【取消分解视图】（Unexplode View）命令，可使模型恢复至未分解状态。创建新的分解视图时，可以选择【视图】（View）→【视图管理器】（View Manager）命令进行设置。

（20）选择【信息】（Info）→【模型】（Mode）命令，在如图 8-46 所示的“模型信息”对话框中选择“顶级”（Top Level）单选钮，系统将弹出窗口显示当前装配体模型的信息，如图 8-47 所示。

（21）选择【信息】（Info）→【材料清单】（Bill Of Materials）命令，在如图 8-48 所示的“材料清单”对话框选中选择“顶级”（Top Level）单选钮，系统将显示组合件结构及每个零件的数量，如图 8-49 所示。

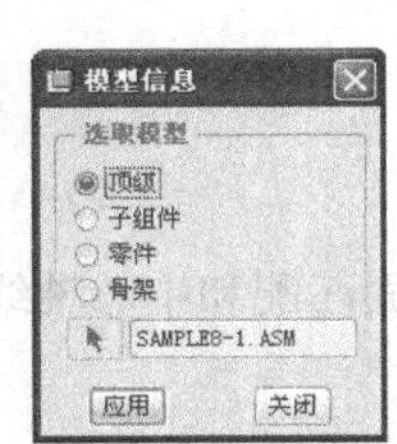

图 8-46 “模型信息”对话框

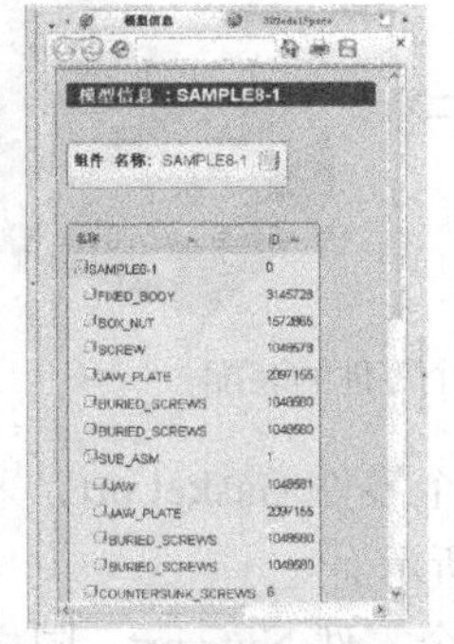

图 8-47 装配模型信息

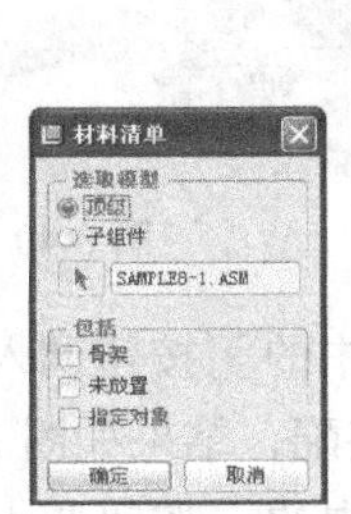

图 8-48 “材料清单”对话框

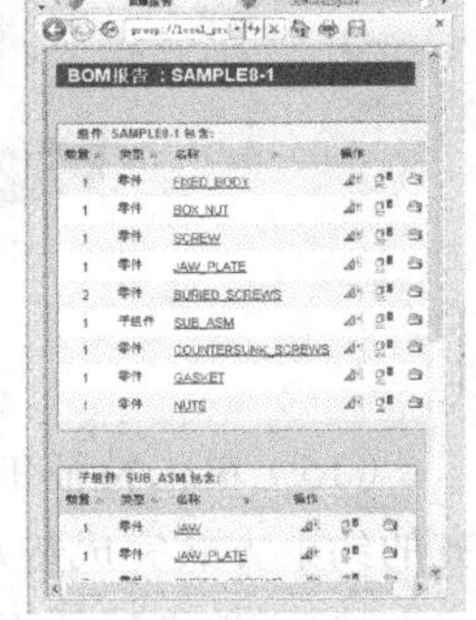

图 8-49 材料清单信息

8.3 TOP-DOWN 设计

在产品设计中，直接装配已有零件建立组合件是一种自底向上的装配体设计。采用这种方式在设计中易发生零件之间不相搭配的情形，而且某零件发生设计变更时与之对应的元件无法产生相对应的变化。在复杂产品设计中，通常采用自顶向下（TOP-DOWN）的设计方式，或者综合运用自顶向下和自底向上的装配体设计方式。

TOP-DOWN 设计是指产品的开发过程从产品的概念设计开始，然后逐步进行产品定位设计，最终设计成为具有完整零部件的产品。TOP-DOWN 设计的核心是将产品的关键信息放在一个骨架模型上，在设计过程中通过捕捉骨架模型信息并传递到底层的产品结构中，骨架模型改变后整个产品结构将自动更新。

8.3.1 TOP-DOWN 简述

TOP-DOWN 设计有许多优点，通过骨架模型可以很方便地管理大型复杂的组件产品，可以很容易地控制设计意图，修改设计方案时能自动更新，组织结构明确，适合多部门团队作业且传递信息方便等。

1. TOP-DOWN 设计优点

（1）便于管理。在设计大型复杂的产品时，如何系统地管理组件中的子零件相当重要。Pro/E Wildfire 5.0 提供了骨架模型定义组件的接口，能够很方便地控制零件与零件之间的装配间隙与约束位置，子零件或者组件能很顺利地进行设计，不必为装配问题而烦恼。骨架模型位于组件的最顶层，是整套产品的核心，并控制着下层的全部零件。

（2）信息共享。组件中的所有子零件、子组件都是骨架零件的一个组成部分，骨架零件在整个组件系统中能将变更的信息传递到每一个底层的零件结构中。任何一个阶层的设计发生变更，其他相关的零件也会随之更新。

TOP-DOWN 适合于多个部门共同负责一个完整产品的开发，如果有一个部门的设计系统发生变更，其他相关部门能及时获得信息，能让负责不同区域的部门或者设计团队在同一个工作环境下进行设计。

2. 设计步骤

（1）部署设计方案。在设计初期应清楚产品的设计意图，了解产品的功能、使用场合、材料等，掌握设计结构以及理念等，对产品的核心部分进行规划，从而制订好设计方案。

（2）导入骨架模型。骨架模型主要用来表达装配中的组件布局、零件的大概轮廓、零件与零件之间的装配关系等，同时骨架模型承担着子零件系统与组件系统之间的桥梁作用。骨架中只包括方案信息，不涉及详细结构，但是每一级骨架尽量包括下一级装配中的定位关系。骨架模型可以在组件模式下创建，同时也可以从别的零件中复制已创建的特征。

（3）传递设计信息以及复制参考。在 TOP-DOWN 的设计方法中，设计信息通常位于骨架模型零件中，然后传递到其他组件中的相关骨架模型，通过分布式的传递方法能使设计变得更加容易。其传播途径主要是从骨架到骨架、骨架到零件与子装配体等，直到将相关特征传递完毕为止。

（4）展开后的后续设计。下级模型通过参照上级骨架模型得到设计基准，通过“复制几何”得到骨架模型中的设计信息，根据骨架模型信息进行细化设计，大骨架模型更新后，下游的设计将自动更新。

（5）管理骨架与零件之间的参照关系。利用外部复制几何方式建立参照关系的部件，更新模型的次序是：修改顶级骨架并再生→打开下级骨架再生→一直到设计的底层部件→打开底层部件装配模型再生→打开上级装配再生→再生顶级装配。

TOP-DOWN 设计的最大优点就是可以有效控制大型复杂的产品，总体的设计意图和方案可以得到有效的贯彻并保证一致性；缺点就是骨架与其他零件之间的参照关系一定要完善管理，并需控制好所有的外部参考。总之，TOP-DOWN 设计是一把双刃剑，如果控制不好可能会造成整套产品的失败，使产品瘫痪。如果控制得好可以使产品设计更顺利，变更时不需要改下层零件，只需更改骨架即可完成产品的全套变更。

8.3.2 在装配体中创建零件

选择【插入】（Insert）→【元件】（Component）→【创建】（Create）命令或者单击工具栏中的按钮，可以在装配体中创建新的元件。如该元件在建立时参照另一个零件，则会形成一个外部参考（External Reference），选择【信息】（Info）→【参照查看器】（Reference Viewer）命令可以查看零件间已有的外部参考。

在 Assembly 模块中创建新的元件，一般的操作步骤如下。

（1）在组件设计模式下，选择【插入】（Insert）→【元件】（Component）→【创建】（Create）命令或者单击工具栏中的按钮。

（2）显示如图 8-50 所示的“元件创建”（Component Create）对话框，选中“零件”（Part）单选钮并输入零件名称，然后单击确定按钮。创建零件时有“实体”（Solid）、“钣金件”（Sheet Metal）、“相交”（Intersect）和“镜像”（Mirror）子类型。当然，也允许创建子组件（Subassembly）、骨架模型（Skeleton Model）、主体项目（Bulk Item）等。

（3）显示“创建选项”（Creation Options）对话框，选中“创建特征”（Create Features）单选钮并单击确定按钮，如图 8-51 所示。

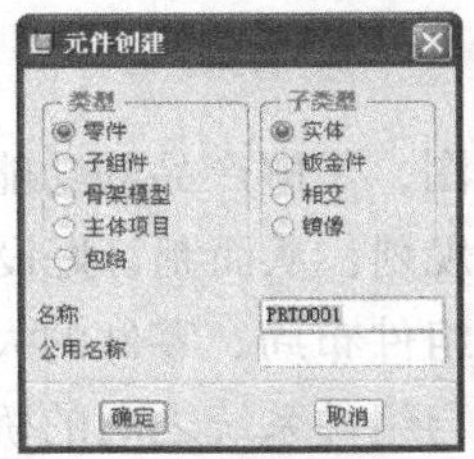

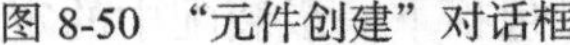
图 8-50 “元件创建”对话框

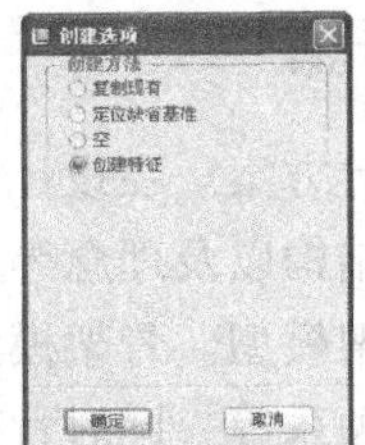

图 8-51 “创建选项”对话框

该对话框提供了 4 种元件创建方法：“复制现有”（Copy From Existing）表示复制一个已有元件作为新的元件，新元件将丧失与源特征间的关系；“定位缺省基准”（Locate Default Datums）表示创建一个元件并相对于所选组件参照定位新元件的缺省基准平面，进行自动装配；“空”（Empty）表示创建一个没有定义特征的元件，而在后续设计中添加特征；“创建特征”（Create Features）表示创建新元件的第一特征。

（4）使用【插入】（Insert）或【编辑】（Edit）命令创建相应的特征，此时，允许选用现有几何作为新特征创建的参照。

（5）创建完新元件所需的特征后，可选取模型树的顶级节点切换至顶级组件，然后选择【编辑】（Edit）→【激活】（Activate）命令返回顶级组件模式。

8.3.3 骨架模型的创建与应用

组件的骨架模型（Skeleton Model）代表组件的框架，也是组件中的一个特殊元件。利用骨架模型可有效定义组件中某一元件的设计意图，即利用各种基准和曲面特征的组合来描述产品的大致轮廓，或对装配体中的每个零件进行空间位置的规划，然后利用该结构进行每个零件的装配，以避免不必要的装配约束冲突。

利用骨架模型功能，可以在建立大型装配件时避免易产生的定位冲突问题，使复杂零件的装配变得简单。而且，可以通过改变骨架结构图的外形来改变装配模型的形状，避免零件装配时的父子关系，从而方便零件的替换（Replace）或隐藏（Suppress）操作。系统会在模型树中用特殊的图标来标识骨架模型，并且在模型树中，骨架模型总是放置于所有其他具有实体几何形状的元件之前。也就是说，不论何时创建或插入标准骨架，系统都会将新创建的骨架作为第1个元件插入。它被列在“模型树”中，并在所有其他元件和组件特征前再生。但是，一个装配体只能包含一个骨架模型。

使用骨架模型进行装配体设计，系统提供了以下两种方式。

（1）第1种方式是在零件模式下生成骨架结构图。将Skeleton结构图建立好后保存为零件文件，然后在组件模式中选择【元件】（Component）→【装配】（Assemble）命令或单击特征工具栏中的按钮，将骨架结构图调入到装配体中，所有的元件都将基于该Skeleton结构进行装配。

（2）第2种方式是直接在装配模型中建立新的骨架模型。在组件模式中选择【元件】（Component）→【创建】（Create）命令或者单击特征工具栏中的按钮，然后选择“元件创建”对话框中的“骨架模型”（Skeleton Model）单选钮，并按设计要求建立所需的骨架模型，各个零件可依靠骨架模型进行装配操作或结构设计。

8.3.4 TOP-DOWN 设计范例

例 8-2 采用自顶向下的设计方式，创建如图8-52所示的简易鼠标模型。

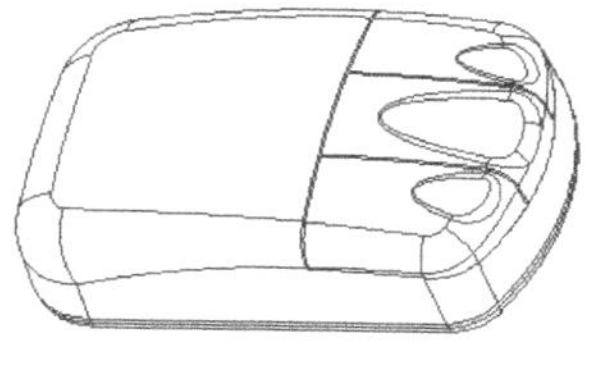

图8-52 简易鼠标模型

步骤一 新建组件文件

（1）单击图标工具栏中的按钮，新建组件文件Sample8-2.asm并选用“mmns_asm_design”模板模型。

（2）选择【插入】（Insert）→【元件】（Component）→【创建】（Create）命令或者单击特征工具栏中的按钮，在“元件创建”对话框中选取“骨架模型”类型、“标准”子类型，并接受默认的文件名，如图8-53所示，然后单击确定按钮。

（3）显示“创建选项”对话框，选择“空”单选钮，如图8-54所示，然后单击确定按钮。

步骤二　创建骨架模型

（1）在组件模型树中用鼠标右键单击“SAMPLE8-2_SKEL”零件，选择快捷菜单中的“打开”命令，进入骨架模型的零件设计模式。然后单击模型树的（设置）按钮，并在展开的菜单中选择【树过滤器】(Tree Filters)命令，在“模型树项目”(Model Tree Items)对话框中勾选“特征”复选框并单击确定按钮，如图 8-55 所示，表示在组件模式中显示特征对象。

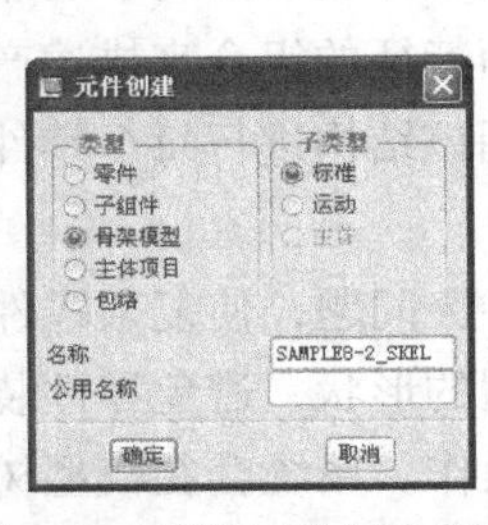

图 8-53　设定元件创建类型

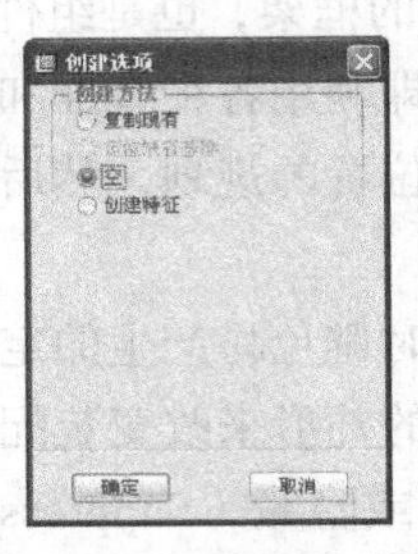

图 8-54　设定创建方法

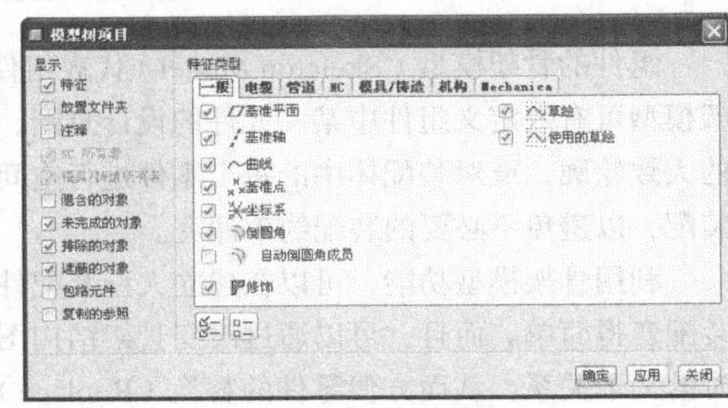

图 8-55　设置特征在组件模式中显示

（2）单击基准特征工具栏中的按钮，自动建立 DTM1、DTM2 和 DTM3 共 3 个基准平面。

（3）单击特征工具栏中的按钮，选取 DTM2 为草绘平面，按如图 8-56 所示绘制截面。打开“选项”下拉菜单并勾选“封闭端”复选框，设置朝上的拉伸距离为 25mm、朝下的拉伸距离为 5mm，单击鼠标中键完成如图 8-57 所示的封闭端拉伸曲面的创建。

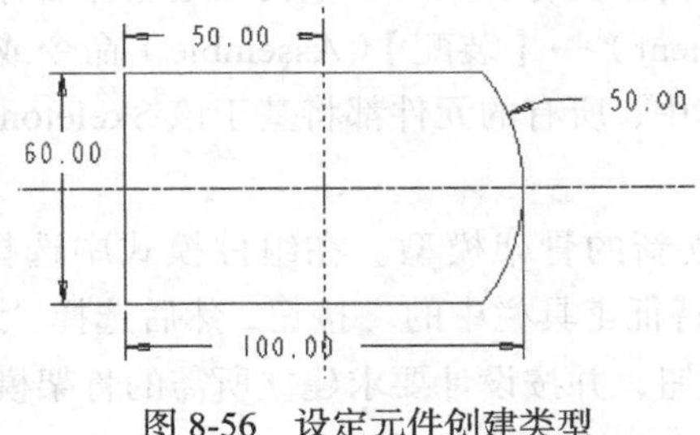

图 8-56　设定元件创建类型

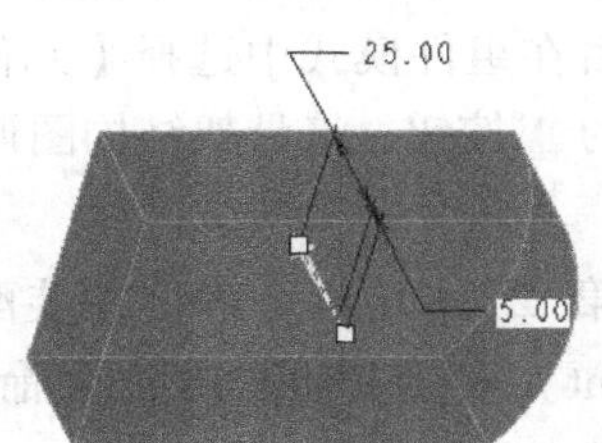

图 8-57　设定创建方法

（4）选择【插入】(Insert)→【扫描】(Sweep)→【曲面】(Surface)命令，然后选取 DTM3 为草绘平面，绘制如图 8-58 所示的轨迹和如图 8-59 所示的截面，完成开放式扫描曲面的创建，如图 8-60 所示。

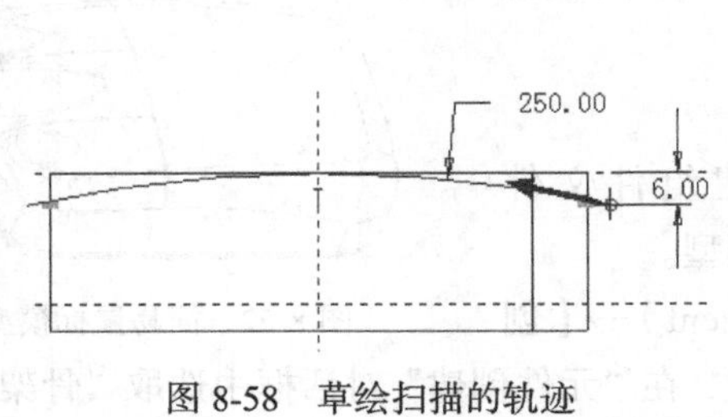

图 8-58　草绘扫描的轨迹

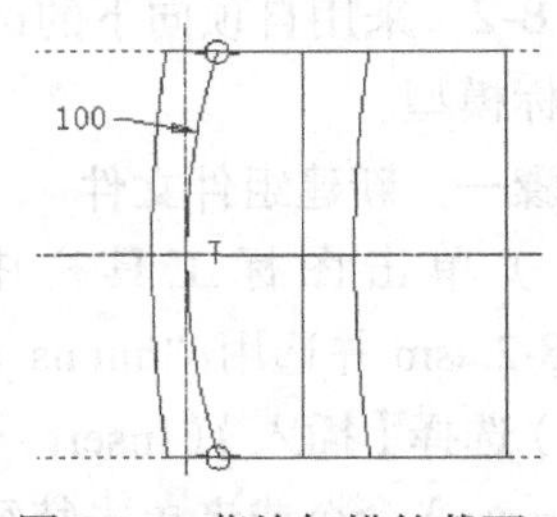

图 8-59　草绘扫描的截面

（5）按住 Ctrl 键选取扫描曲面和封闭端拉伸曲面，然后单击合并操控板上的按钮结束，合并后的曲面如图 8-61 所示。

（6）单击特征工具栏中的按钮，选取四周的侧面为拔模曲面，选取 DTM2 为拔模基准并默认作为拔模方向的参照，然后打开“分割”下拉菜单设定为“根据拔模枢轴分割”、“独立拔模侧面”，设置两侧的拔模角度均为 1 并单击按钮切换角度方向，结果如图 8-62 所示。

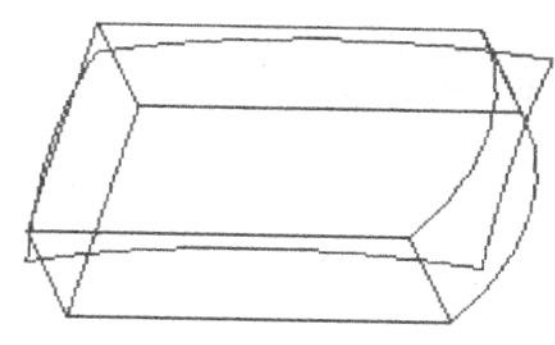
图 8-60　生成的扫描曲面

图 8-61　曲面合并的效果

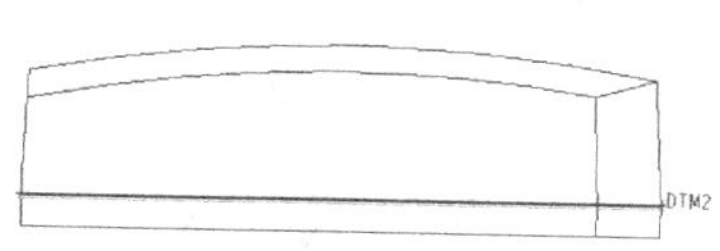

图 8-62　侧面拔模的效果

（7）单击特征工具栏中的按钮，选取图 8-63 和图 8-64 所示的倒角边，分别建立 *R*10mm 和 *R*15mm 的倒圆角。

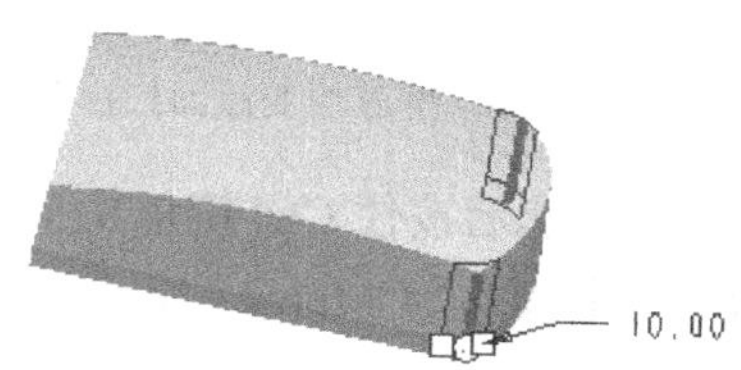

图 8-63　创建 *R*10mm 的圆角

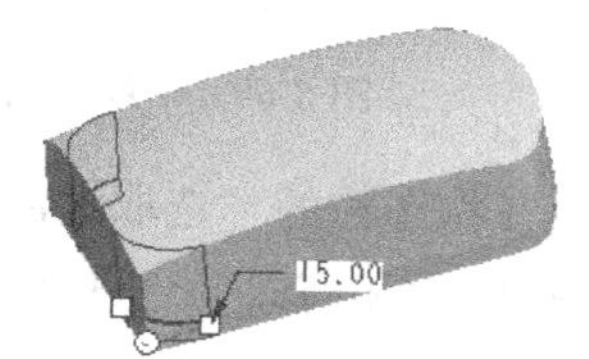

图 8-64　创建 *R*15mm 的圆角

（8）单击特征工具栏中的按钮，选取上表面的圆弧边，然后打开“设置”下拉菜单依次设置 4 个转角中点处的半径值为 6mm、8mm、10mm 和 12mm，如图 8-65 所示，单击操控板中的按钮创建变半径倒圆角。

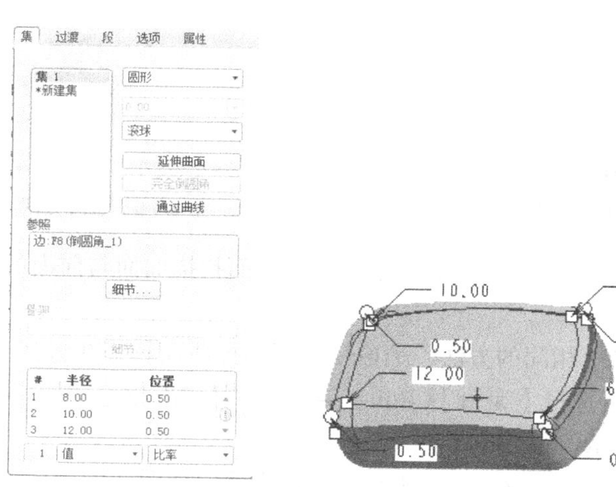

图 8-65　创建上表面圆弧边的变半径倒圆角

（9）单击特征工具栏中的按钮，选取 DTM3 为草绘平面并绘制如图 8-66 所示的截面，建立基准曲线 Curve。

（10）单击特征工具栏中的按钮，选择操控板中的按钮并打开“参照”下拉菜单，然后选取草绘曲线 Curve 作为原点轨迹，如图 8-67 所示，并单击操控板中的按钮绘制如图 8-68 所示的截面，然后单击鼠标中键完成变截面扫描曲面的创建，如图 8-69 所示。

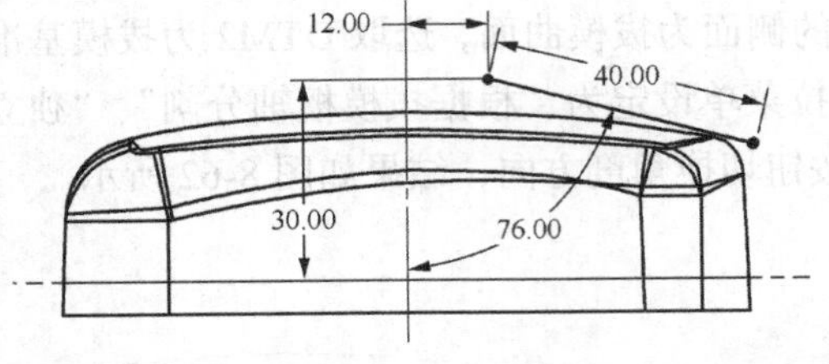

图 8-66　草绘基准曲线 Curve

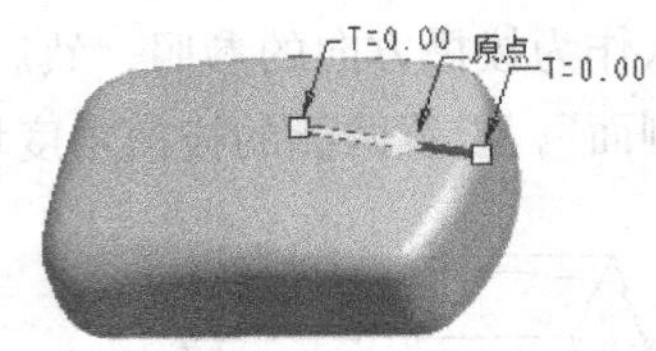

图 8-67　定义变截面扫描的原点轨迹

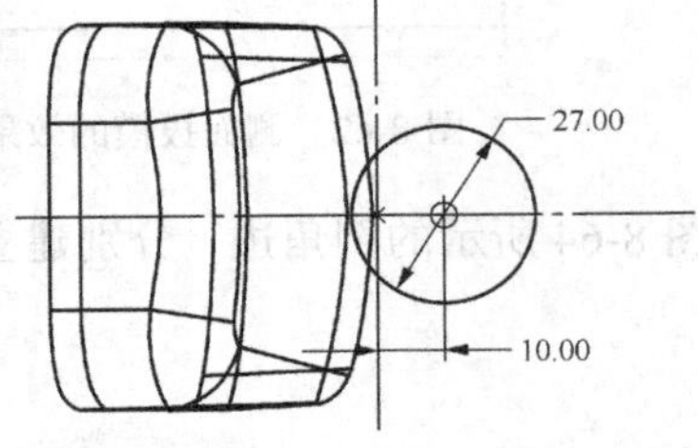

图 8-68　草绘截面

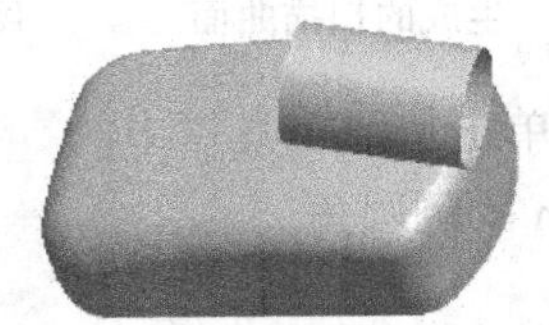

图 8-69　生成的变截面扫描曲面

（11）在状态栏的“选取过滤器”中设置对象为“面组”，然后按住 Ctrl 键依次选取中间的变截面扫描曲面和前面的合并面组，选择【编辑】（Edit）→【合并】（Merge）命令，并单击按钮设置曲面的保留侧，然后单击鼠标中键结束，结果如图 8-70 所示。

（12）选择【编辑】（Edit）→【特征操作】（Feature Operations）命令，并在弹出的“特征”菜单中选择【复制】（Copy）→【移动】（Move）→【选取】（Select）→【独立】（Independent）→【完成】（Done）命令，然后在模型树中选取变截面扫描曲面特征，并定义其沿 DTM3 的法向朝屏幕外侧平移 18mm，结果如图 8-71 所示。

图 8-70　曲面合并的效果

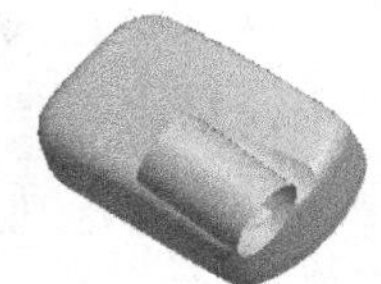

图 8-71　平移变截面扫描曲面

（13）采用与步骤（11）相同的方法，将平移的变截面扫描曲面与前面的面组进行合并，结果如图 8-72 所示。

（14）采用与步骤（12）相同的方法，选取变截面扫描曲面特征并将其沿 DTM3 的法向朝屏幕内侧平移 18mm，然后选择【编辑】（Edit）→【合并】（Merge）命令将其与前面的面组进行合并，结果如图 8-73 所示。

（15）单击特征工具栏中的按钮，按住 Ctrl 键依次选取如图 8-74 所示的 3 条倒角参照边，创建 *R*3mm 的倒圆角。

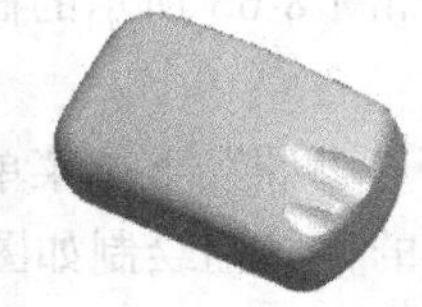

图 8-72　合并前侧的平移曲面

图 8-73　合并后侧的平移曲面

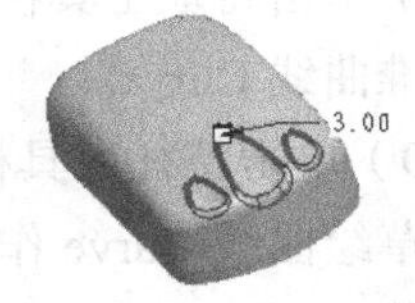

图 8-74　创建 *R*3mm 的倒圆角

（16）单击特征工具栏中的按钮，选取 DTM2 为草绘平面并绘制如图 8-75 所示的截面，然后在操控板中设置朝上的拉伸距离为 30mm，单击鼠标中键完成拉伸曲面的创建，效果如图 8-76 所示。

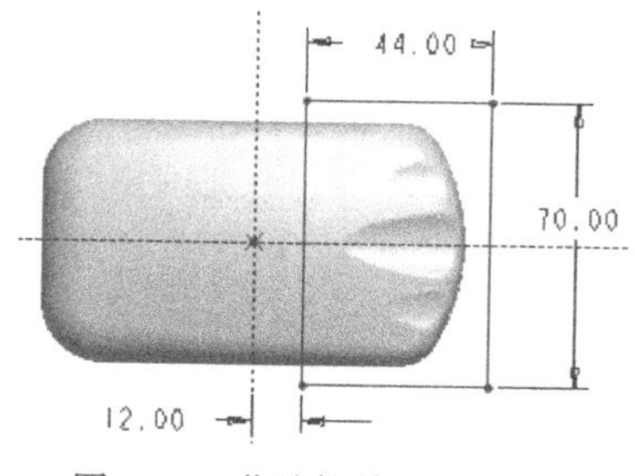

图 8-75　草绘拉伸曲面的截面

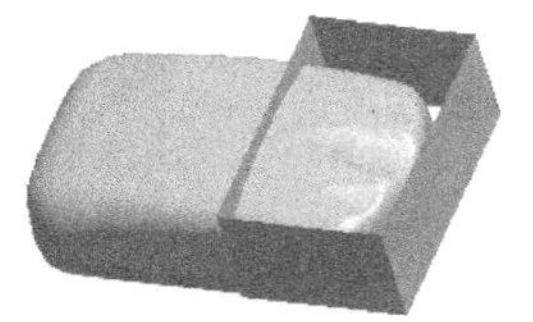

图 8-76　生成的拉伸曲面

（17）单击特征工具栏中的按钮，选取 DTM3 为草绘平面并绘制如图 8-77 所示的截面，然后在操控板中设置双向对称的拉伸距离为 80mm，单击鼠标中键结束，生成的拉伸曲面效果如图 8-78 所示。

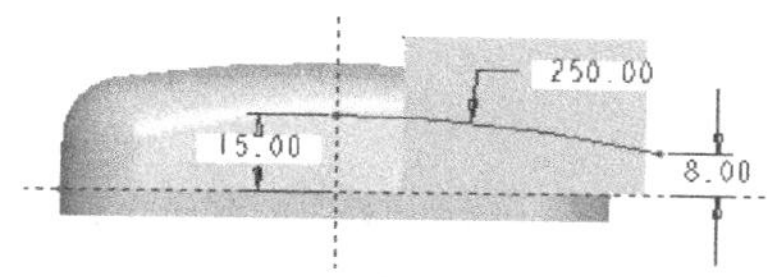

图 8-77　草绘曲面特征的截面

图 8-78　生成的拉伸曲面效果

（18）按住 Ctrl 键依次选取刚创建的两个拉伸曲面，然后选择【编辑】(Edit)→【合并】(Merge) 命令并单击按钮设置曲面保留侧，单击操控板上的按钮完成曲面的合并，如图 8-79 所示。

（19）单击特征工具栏中的按钮，选取 DTM3 为草绘平面并绘制如图 8-80 所示的截面，然后在操控板中设置双向对称的拉伸距离为 70mm，单击鼠标中键结束，生成的拉伸曲面如图 8-81 所示。

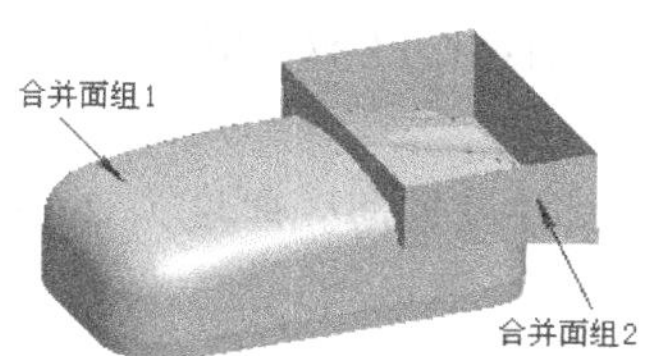

图 8-79　曲面合并后的效果

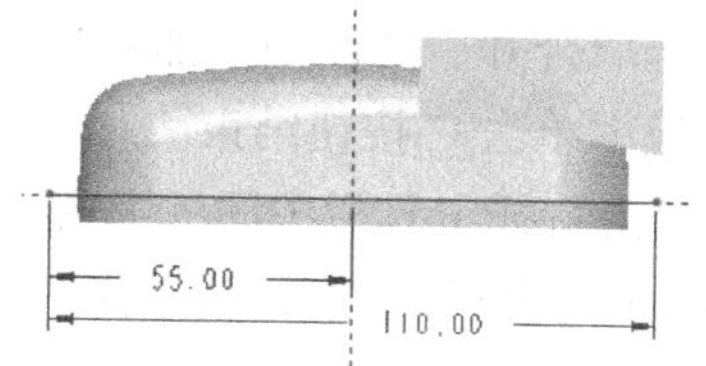

图 8-80　草绘拉伸曲面的截面

步骤三　创建鼠标壳上盖

（1）激活组件文件 Sample8-2.asm，单击特征工具栏中的按钮，在弹出的"元件创建"对话框中指定为"零件"类型、"实体"子类型，并输入名称为"TOP"，然后单击确定按钮。

（2）显示"创建选项"对话框，选择"定位缺省基准"和"对齐坐标系与坐标系"两个单选钮并单击确定按钮，如图 8-82 所示。然后选取组件中的坐标系 ASM_DEF_CSYS 为参照，在组件模式中创建鼠标壳上盖的零件。

（3）将“选取过滤器”设置为“面组”，选取骨架模型中的合并面组 1（呈红色高亮显示），然后选择【编辑】(Edit)→【复制】(Copy)命令，再选择【编辑】(Edit)→【粘贴】(Paste)命令，并在曲面复制操控板中单击☑按钮结束，将合并面组 1 复制到 TOP 零件中。

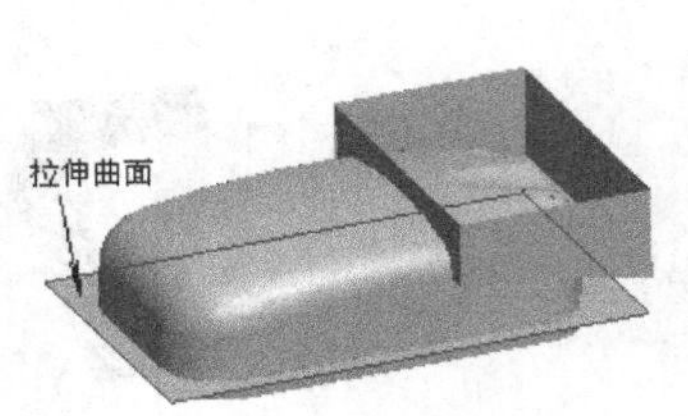

图 8-81　生成的拉伸曲面

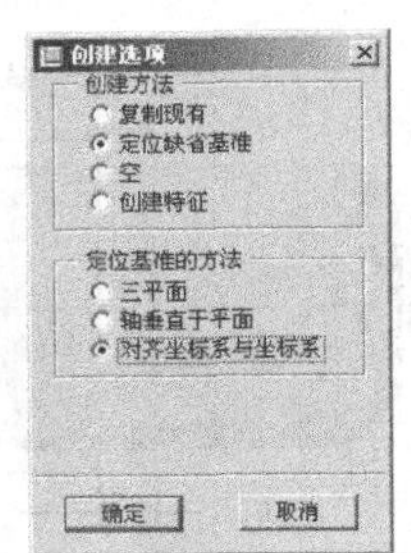

图 8-82　设置创建选项

（4）采用同样的方法，分别将合并面组 2 和拉伸曲面复制到 TOP 零件中，此时模型树显示如图 8-83 所示。

（5）在模型树中右击零件“TOP.PRT”，并选择快捷菜单中的【打开】命令，打开 TOP 零件文件，如图 8-84 所示。

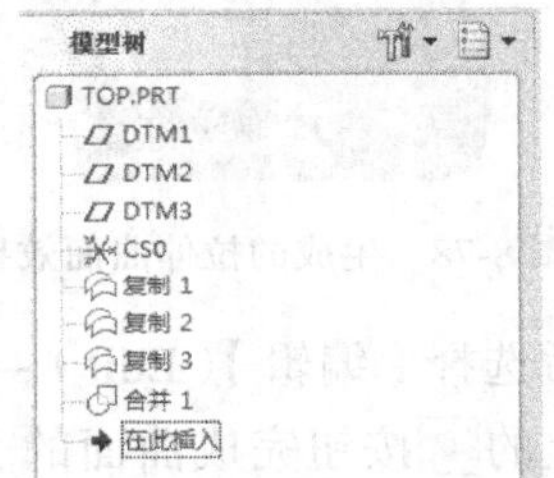

图 8-83　复制曲面在模型树的显示

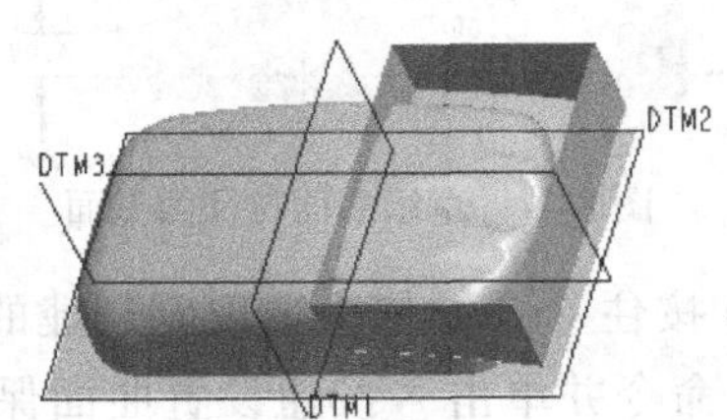

图 8-84　TOP 零件的模型

（6）按住 Ctrl 键依次选取复制的合并面组 1 和拉伸曲面，然后选择【编辑】(Edit)→【合并】(Merge)命令并单击☒按钮设置曲面保留侧，单击操控板上的☑按钮结束，结果如图 8-85 所示。

（7）选取合并后的曲面，然后选择【编辑】(Edit)→【实体化】(Solidify)命令，并在实体化操控板中单击☑按钮结束。

（8）单击特征工具栏中的▣按钮，选取零件底面为开口面并设置薄壳厚度为 2mm，然后单击操控板中的☑按钮结束，结果如图 8-86 所示。

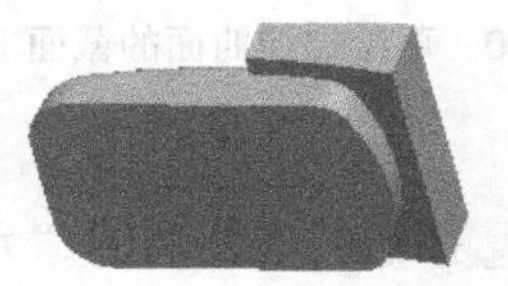
图 8-85　合并后的曲面模型

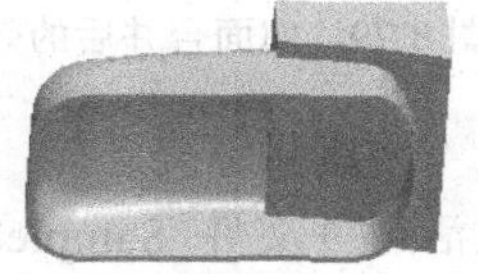
图 8-86　实体抽壳

（9）选取拉伸曲面，然后选择【编辑】(Edit)→【实体化】(Solidify)命令，在实体化操控板上选择◸按钮，并单击☒按钮使材料去除侧朝向拉伸曲面内部，然后单击鼠标中键结束，得到如图 8-87 所示的鼠标壳上盖。

（10）选择【插入】（Insert）→【高级】（Advanced）→【唇】（Lip）命令，然后以“链”（Chain）的方式选取内边界，如图 8-88 所示，选取底部端面为欲偏移的曲面，并依次输入偏距值为–1mm、偏移长度值为 1mm，选取底部端面为拔模参照面且设定拔模角度为 1°，结果如图 8-89 所示。

图 8-87　鼠标壳上盖模型

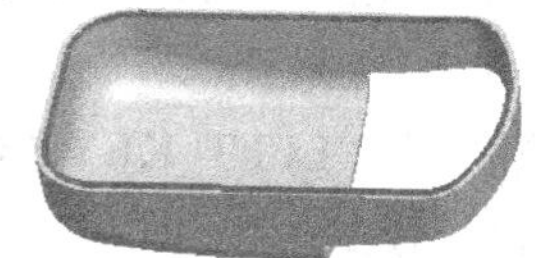
图 8-88　选取底部端面的内边界

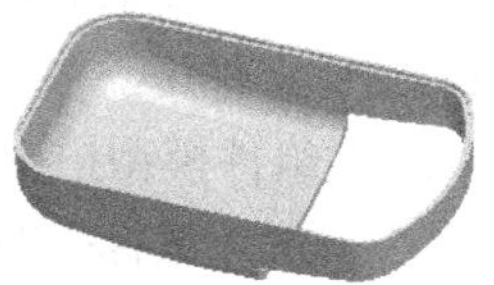
图 8-89　生成的凹陷唇

步骤四　创建鼠标壳下盖

（1）激活组件文件 Sample8-2.asm，单击特征工具栏中的按钮，按照鼠标壳上盖的方式在组件模式中创建鼠标壳下盖 BOTTOM 零件，此时系统自动生成 3 个基准面和 1 个坐标系。

（2）按照鼠标壳上盖的方法，分别将骨架模型中的合并面组 1 和拉伸曲面复制到 BOTTOM 零件中。

（3）在组件模型树中右击 BOTTOM 零件，然后选择快捷菜单中的【打开】命令，进入鼠标壳下盖的零件设计模式，如图 8-90 所示。

（4）按住 Ctrl 键依次选取复制的合并面组 1 和拉伸曲面，然后选择【编辑】（Edit）→【合并】（Merge）命令并单击按钮设置曲面保留侧，单击操控板上的按钮结束，结果如图 8-91 所示。

（5）选取合并后的曲面，然后选择【编辑】（Edit）→【实体化】（Solidify）命令，并在实体化操控板中单击按钮结束。

（6）单击特征工具栏中的按钮，选取底部边界为参照创建 *R*4mm 的倒圆角，如图 8-92 所示。

图 8-90　鼠标壳下盖的复制曲面

图 8-91　复制曲面合并后的效果

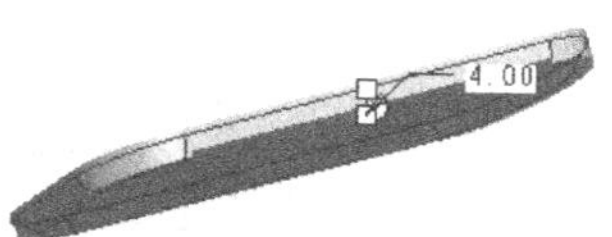

图 8-92　创建 *R*4mm 的倒圆角

（7）单击特征工具栏中的按钮，选取零件上表面为开口面并设置薄壳厚度为 2mm，然后单击操控板上的按钮结束，如图 8-93 所示。

（8）选择【插入】（Insert）→【高级】（Advanced）→【唇】（Lip）命令，以“链”（Chain）的方式选取内边界，然后选取顶部端面为欲偏移的曲面，并依次输入偏距值为 1、偏移长度值为 1，选取顶部端面为拔模参照面且设定拔模角度为 1°，结果如图 8-94 所示。

图 8-93　鼠标壳下盖的抽壳

图 8-94　创建鼠标壳下盖的凸起唇

步骤五　创建鼠标左键

（1）激活组件文件 Sample8-2.asm，单击特征工具栏中的按钮，按照同样的方式在组件中创建鼠标左键 LEFT_KEY 零件。

（2）按照前面的方法，分别将骨架模型中的合并面组 1、合并面组 2 和拉伸曲面复制到 LEFT_KEY 零件中。

（3）在组件模型树中用鼠标右键单击“LEFT_KEY.PRT”零件，然后选择快捷菜单中的【打开】命令，进入鼠标壳左键的零件设计模式。

（4）参照鼠标上盖的方法，将复制的合并面组 1 和拉伸曲面进行合并，然后进行实体化和厚度为 2 的抽壳操作，结果如图 8-95 所示。

（5）选取拉伸曲面，然后选择【编辑】（Edit）→【实体化】（Solidify）命令，在实体化操控板上选择按钮，并单击按钮使材料去除侧朝向拉伸曲面外部，然后单击鼠标中键结束，结果如图 8-96 所示。

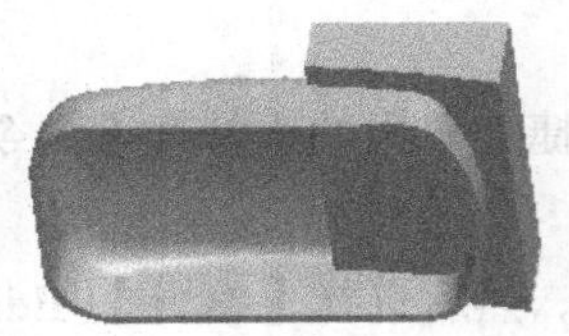
图 8-95　鼠标左键的初始模型

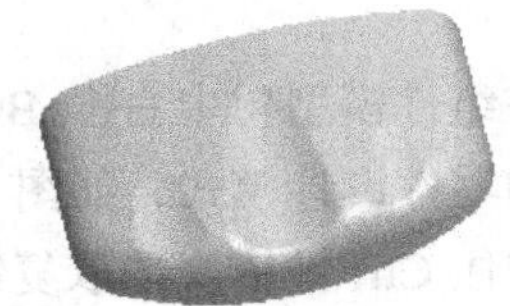
图 8-96　实体化切除后的效果

（6）单击特征工具栏中的按钮，选取 DTM2 为草绘平面，绘制如图 8-97 所示的截面，然后在拉伸操控板中设置拉伸深度为（贯穿）并使其方向朝上，选择按钮并使材料去除侧朝向截面内部，然后单击鼠标中键结束，结果如图 8-98 所示。

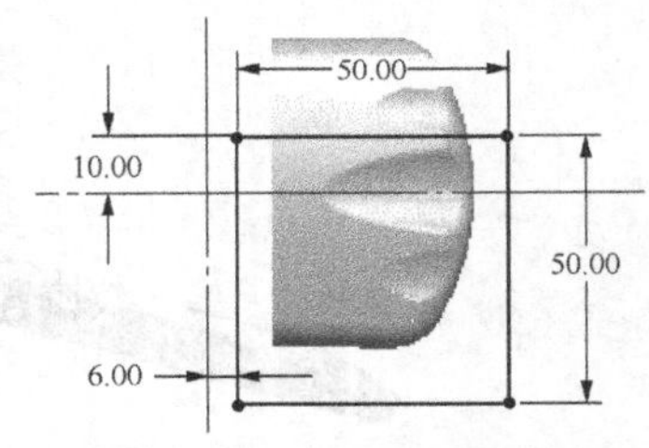

图 8-97　草绘鼠标左键的切除截面

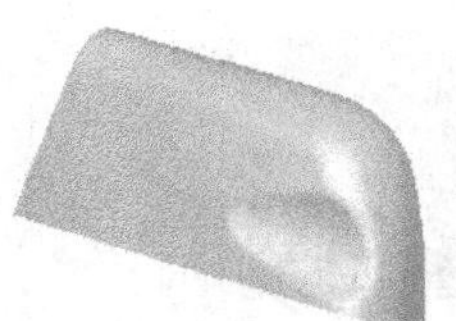
图 8-98　鼠标左键模型

（7）选取如图 8-99 所示的偏移曲面，然后选择【编辑】（Edit）→【偏移】（Offset）命令，在偏移操控板中按如图 8-100 所示进行设置，并单击按钮使偏移方向朝向曲面内侧，然后单击鼠标中键结束。

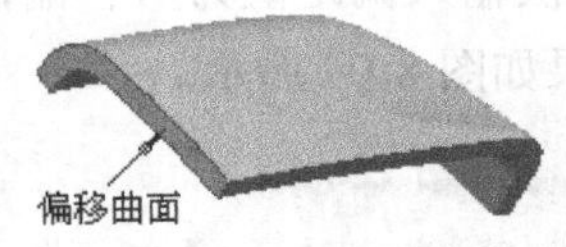

图 8-99　选取偏移曲面

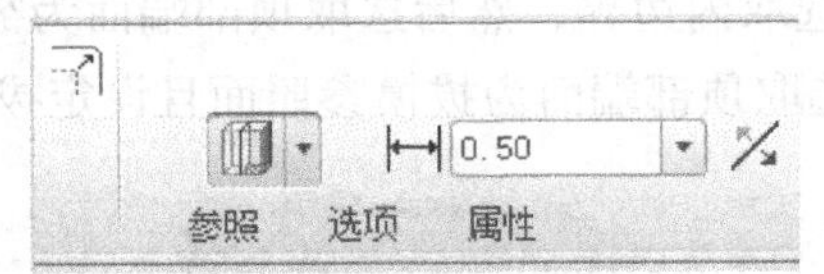

图 8-100　设置偏移操控板选项

步骤六　创建鼠标右键

（1）激活组件文件 Sample8-2.asm，单击特征工具栏中的按钮，按照同样的方式在组件中创建鼠标右键 RIGHT_KEY 零件。

（2）按照前面的方法，分别将骨架模型中的合并面组 1、合并面组 2 和拉伸曲面复制到 RIGHT_KEY 零件中。

（3）在组件模型树中用鼠标右键单击“RIGHT_KEY”零件，然后选择快捷菜单中的【打开】命令，进入鼠标壳右键的零件设计模式。

（4）参照鼠标左键的方法，将复制的合并面组 1 和拉伸曲面进行合并，并进行实体化和厚度为 2 的抽壳操作，以及利用拉伸曲面切除鼠标壳上盖部分。

（5）单击特征工具栏中的按钮，选取 DTM2 为草绘平面，绘制如图 8-101 所示的截面，然后在拉伸操控板中设置拉伸深度为（贯穿）并使其方向朝上，选择按钮并使材料去除侧朝向截面内部，然后单击鼠标中键结束。

（6）参照鼠标左键的方法，选取右键尾部端面作为偏移曲面，然后选择【编辑】（Edit）→【偏移】（Offset）命令，并在偏移操控板中设置偏移值为 0.5，且偏移方向朝向曲面内侧，单击鼠标中键结束，生成的鼠标右键模型如图 8-102 所示。

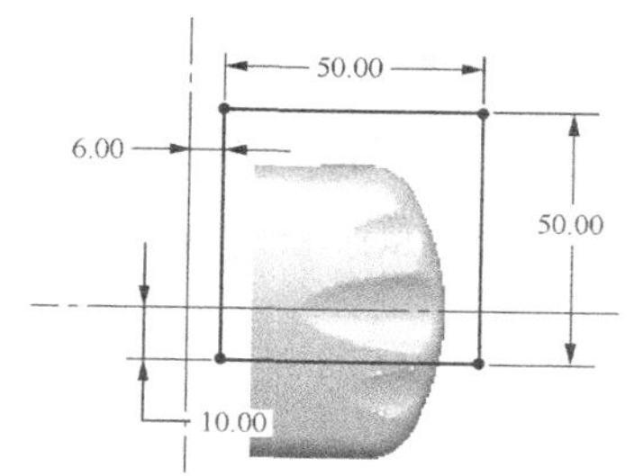

图 8-101　草绘鼠标右键的切除截面

图 8-102　鼠标右键模型

步骤七　创建鼠标中键

（1）激活组件文件 Sample8-2.asm，单击特征工具栏中的按钮，按照同样的方式在组件中创建鼠标中键 MIDDLE_KEY 零件。

（2）按照前面的方法，分别将骨架模型中的合并面组 1、合并面组 2 和拉伸曲面复制到 MIDDLE_KEY 零件中。

（3）在组件模型树中用鼠标右键单击“MIDDLE_KEY”零件，然后选择快捷菜单中的【打开】命令，进入鼠标壳中键的零件设计模式。

（4）同样，将复制的合并面组 1 和拉伸曲面进行合并，并进行实体化和厚度为 2 的抽壳操作，以及利用拉伸曲面切除鼠标壳上盖部分。

（5）单击特征工具栏中的按钮，选取 DTM2 为草绘平面，绘制如图 8-103 所示的截面，然后在拉伸操控板中设置拉伸深度为（贯穿）并使其方向朝上，选择按钮并使材料去除侧朝向截面外部，单击鼠标中键结束，结果如图 8-104 所示。

（6）选取中键尾部端面作为偏移曲面，然后选择【编辑】（Edit）→【偏移】（Offset）命令，并在偏移操控板中设置偏移值为 0.5mm，且偏移方向朝向曲面内侧，然后单击鼠标中键结束。

（7）激活组件文件 Sample8-2.asm，此时模型树显示如图 8-105 所示，利用右键菜单将骨架模型隐藏，组件模型显示的效果如图 8-106 所示。

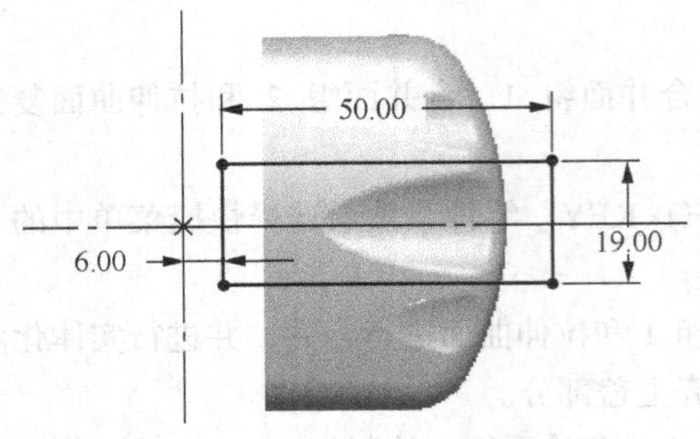

图 8-103 草绘鼠标中键的切除截面

图 8-104 鼠标中键模型

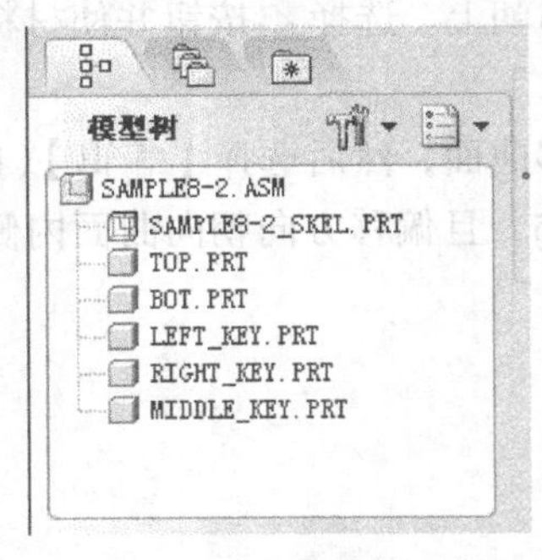

图 8-105 组件的模型树

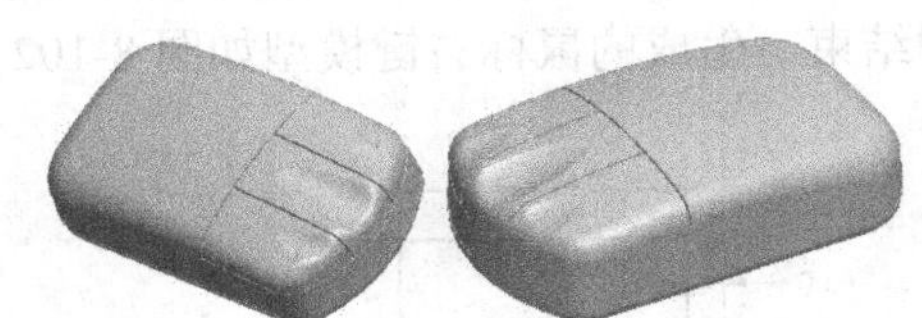

图 8-106 简易鼠标三维模型

8.4 装配高级操作

本节将介绍自顶向下装配体设计中的其他几种设计功能，包括以复制及阵列进行零件的复制、以合并与切除来设计组件、元件的替换、组合特征在组件设计中的应用等。

8.4.1 元件的复制与阵列

进行产品装配设计时，相同的零件或子装配体可以通过复制或阵列得到，以提高装配效率。这里将说明如何在装配模型中进行元件的复制与阵列。

1. 元件复制

在组件模式中装配或创建某元件后，选择【编辑】(Edit)→【元件操作】(Component Operations)→【复制】(Copy)命令，可以很方便地对元件进行平移或旋转复制，以快捷地在组件中放置多个相同元件，如图 8-107 所示。

元件复制时必须先指定一个参照坐标系，然后选取要复制的元件，此时系统将弹出如图 8-108 所示的"元件"(COMPONENT)菜单，用于定义平移或旋转复制元件的方向及个数。系统允许在一次复制操作中执行多个动作，复制出多个相同的元件。

2. 元件阵列

在组件模式中选择【编辑】(Edit)→【阵列】(Pattern)命令可实现多个零件的规则性复制。与特征阵列相似，元件的阵列也有尺寸阵列、方向阵列、参照阵列等多种方式。

源零件

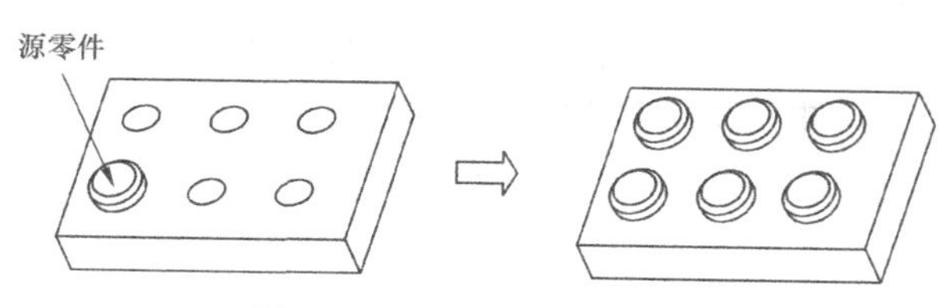

图 8-107　元件的复制

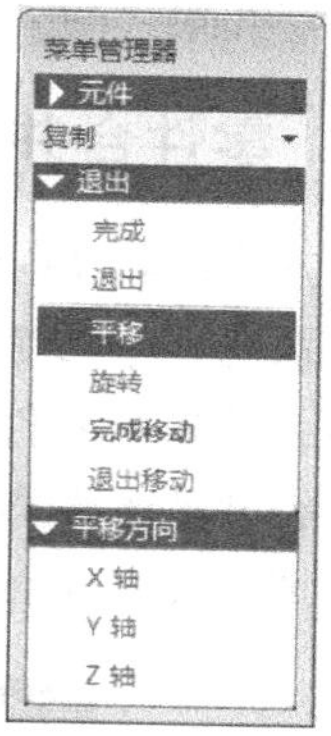

菜单管理器
元件
复制
退出
完成
退出
平移
旋转
完成移动
退出移动
平移方向
X 轴
Y 轴
Z 轴

图 8-108　定义元件的复制

执行尺寸阵列时，要求选择的元件必须包含偏距约束关系（Mate Offset 或 Align Offset），以利用其偏距（Offset）参数来定义阵列方向。如图 8-109 所示，先选取要阵列的装配元件并选择【阵列】(Pattern)命令，然后指定对齐-偏距（Align-Offset）约束的偏距值 3mm 作为阵列的参考尺寸，并依次定义该阵列方向的增量及阵列个数，即可得到所需的阵列效果。

参考尺寸
3.00
14.00
3.00
4 CONPOMENTS

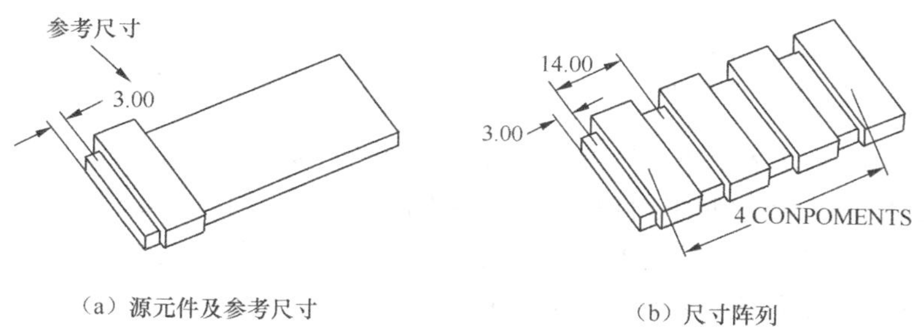

(a) 源元件及参考尺寸　　(b) 尺寸阵列

图 8-109　元件的阵列

执行参照阵列时，要求所选元件中必须有可参考的阵列特征。如图 8-110 所示，在元件 2 中阵列出 4 个圆孔特征，然后在装配模型中调入元件 3 并建立其与圆孔的约束关系，即可对元件 3 执行参照阵列。执行参照阵列时不需要输入任何参数，系统将根据特征的阵列参数进行相同的元件阵列，自动完成阵列装配关系。

4 个阵列孔特征
元件2
元件3

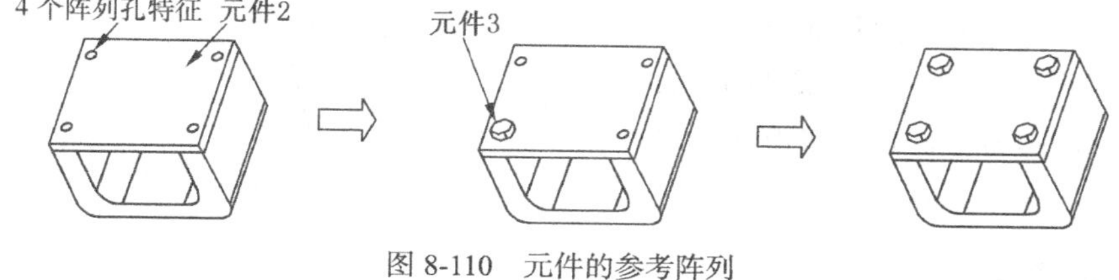

图 8-110　元件的参考阵列

8.4.2 零件合并与切除

选择【编辑】(Edit)→【元件操作】(Component Operations)命令，显示如图 8-111 所示的“元件”(COMPONENT)菜单，选择【合并】(Merge)和【切除】(Cut Out)命令可执行零件间的“并集”与“差集”运算。

1. 零件合并

选择【编辑】(Edit)→【元件操作】(Component Operations)→【合并】(Merge)命令，可将选取的多个参考零件（Reference part）一起加入到基础零件（Base Part）上以产生新的零件模型，即执行零件的“并集”运算。零件合并时，要求先选取要执行合并处理的基础零件，再选取合并的参考零件，系统允许按住 Ctrl 键选取多个基础零件和参考零件。之后，系统将显示“选项”(OPTIONS)菜单以进行相关设定，如图 8-112 所示。

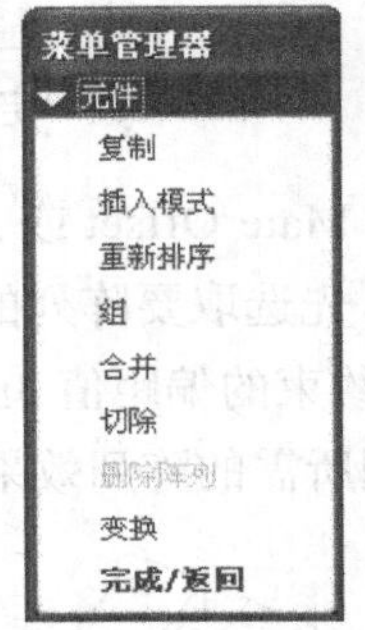

图 8-111 “元件”菜单

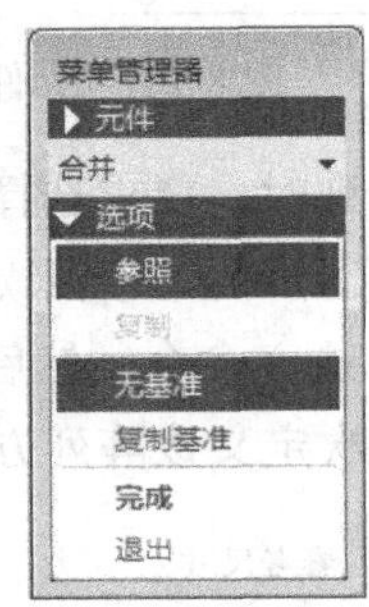

图 8-112 零件合并的“选项”菜单

【参考】(Reference)表示以参考方式执行零件合并，参考零件与合并后的基础零件之间将保持父子关系，即合并后的基础零件将是参考零件的子零件，且基础零件中不会包含属于参考零件的特征。如参考零件做设计变更，则基础零件的形状也会随之变化。此时，允许设定【无基准】(No Datums)或【复制基准】(Copy Datums)选项。

【复制】(Copy)表示以复制的方式执行零件合并，参考零件与合并后的基础零件之间不保持父子关系，但参考零件的特征将被复制到合并后的基础零件中。此时，【无基准】(No Datums)和【复制基准】(Copy Datums)选项将不可用。

【无基准】(No Datums)表示不将参考零件的基准特征加入到合并后的基础零件。

【复制基准】(Copy Datums)表示将参考零件的所有基准特征复制到基础零件中。

完成上述设定后选择【完成】(Done)命令，则选取的参考零件将依次被合并到每个基础零件中，如图 8-113 所示。

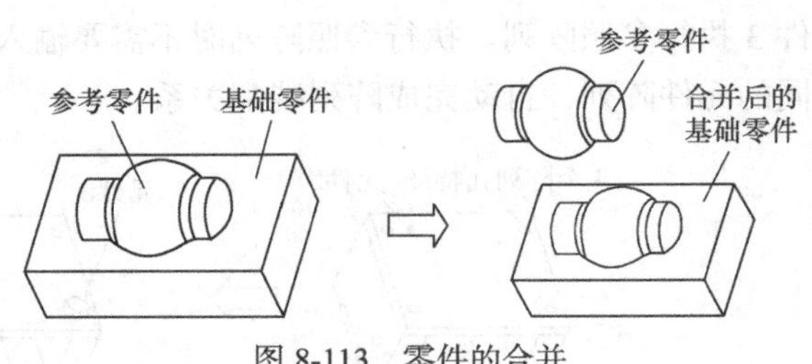

图 8-113 零件的合并

2. 零件切除

与零件合并相似，利用【切除】(Cut Out)命令可在选取的基础零件上切除参考零件的体积，形成新的基础零件，即相当于两个零件进行“差集”运算。

零件切除时，先选取要执行切除处理的基础零件，再选取切除的参考零件，同样系统允许选取多个基础零件和参考零件。之后，系统显示如图 8-114 所示的“选项”（OPTIONS）菜单以进行相关设定。其中，【参考】（Reference）和【复制】（Copy）命令的含义与零件合并时相同，这里不再赘述。完成菜单的设定后，选择【完成】（Done）命令执行切除运算，系统将以参考零件为准从基础零件中切除材料体积，如图 8-115 所示。

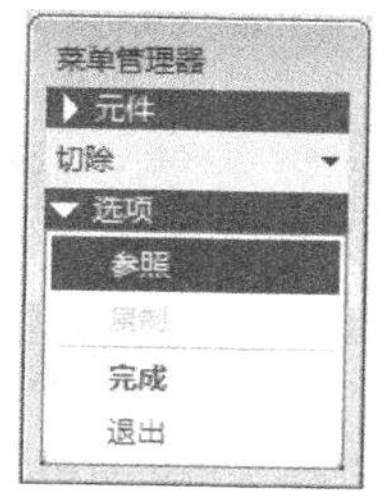

图 8-114　零件切除的“选项”菜单

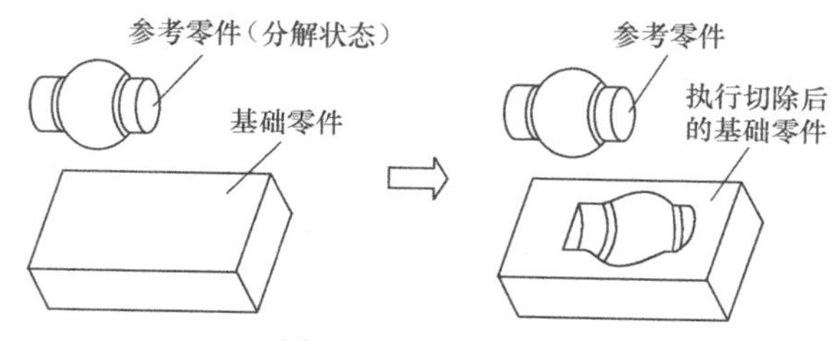

图 8-115　零件的切除

8.4.3　元件的替换

新建组件文件时，系统除提供了设计（Design）子类型外，还有互换（Interchange）等子类型，如图 8-116 所示。互换模式用于更换装配零件，特别是在处理具有相同的组装位置但外形不同的零件时更能体现其效率。

新建组件互换文件时，系统配置选项“use_new_intchg”设置值不同，其实现的效果也有不同。如该选项值为“yes”（默认值），则以功能互换（Functional）和简化互换（Simplify）相合并的方式来新建文件。如该选项值为“no”，则功能互换和简化互换将独立开来，如图 8-117 所示。其中，功能互换用于功能性相仿的零件之间的替换，如结构相似、装配方式相似等；而简化互换用于零件外形图之间的更换，通常是进行比较复杂的替换。

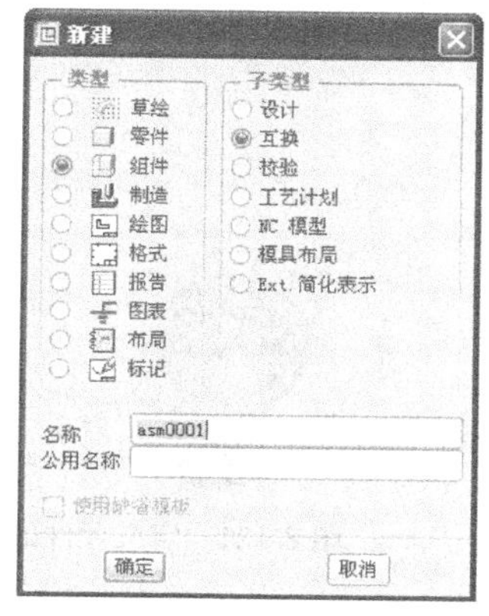

图 8-116　新建组件文件的子类型

图 8-117　两种交换类型

采用“互换”子类型进行组件设计时，必须在互换模式的组件文件中对需要互换零件的装配约束关系先建立参照标签（Reference Tags）。之后，切换至设计模式的组件文件，单击【编辑】（Edit）→【替换】（Replace）命令，并在显示的“替换”对话框中分别选取当前元件和互换的新零件，如图 8-118 所示。单击 确定 按钮，系统将根据所定义的参照标签自动进行替换。

下面以一个范例来说明互换模式在装配体元件替换中的应用。

例 8-3 如图 8-119 所示，利用互换功能将组件模型的内六角螺钉更换成外六角螺钉。

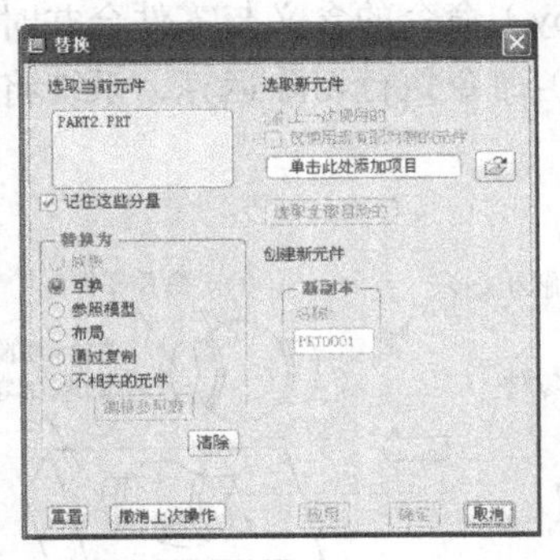

图 8-118 “替换”对话框

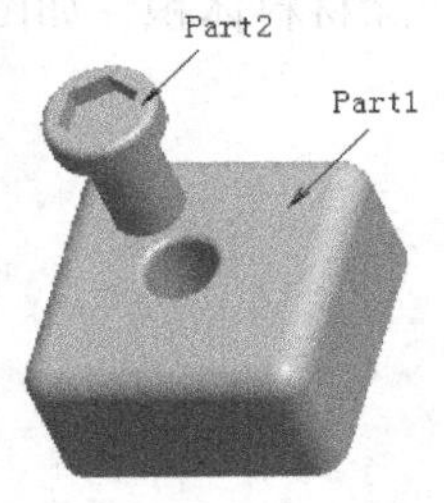

（a）替换前的爆炸模型

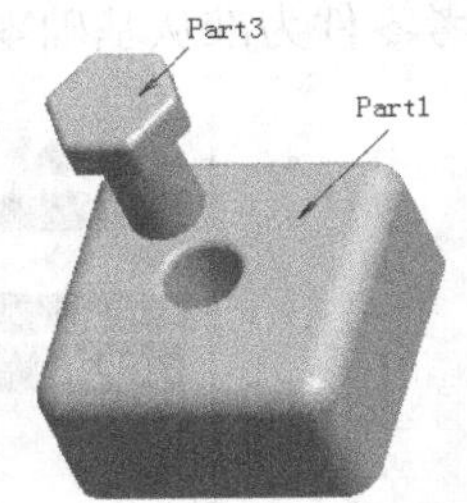

（b）替换后的爆炸模型

图 8-119 互换组件模型

（1）从人民邮电出版社教学资源网下载配套文件 Inter_asm.asm（\Sample 8-3 目录）并打开文件。该组件模型为设计模式，建立有两个零件 Part1、Part2，其分别以匹配（Mate）和对齐（Align）约束实现组合，如图 8-120 所示。

（2）单击图标工具栏中的 □ 按钮，设定为“组件”类型、“互换”子类型，新建名称为 Interchange.asm 的组件文件。

（3）在 Interchange.asm 的组件模式中，单击【插入】（Insert）→【元件】（Component）→【装配】（Assambly）→【功能】（Functional）命令，然后选择零件 Part2.prt 进行调入。

（4）继续单击【插入】（Insert）→【元件】（Component）→【装配】（Assambly）→【功能】（Functional）命令，选择零件 Part3.prt 进行调入。

（5）显示元件放置操控板，分别选取 Part2 和 Part3 的端面定义对齐（Align）约束关系，如图 8-121 所示（这里的约束只是随意定义两个零件的位置，也可以欠约束），然后单击操控板上的 ✔ 按钮结束。

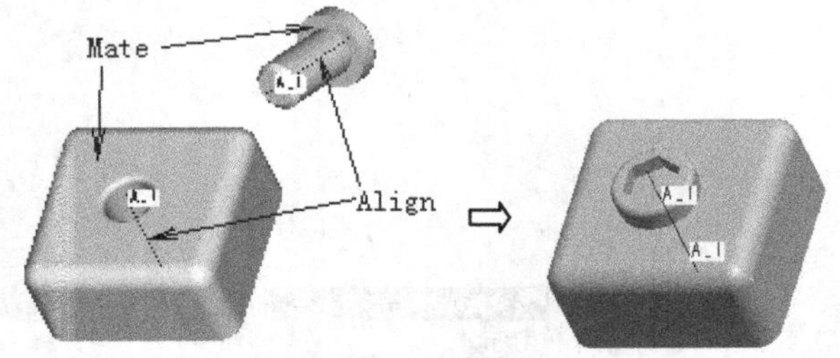

图 8-120 组件的装配约束关系

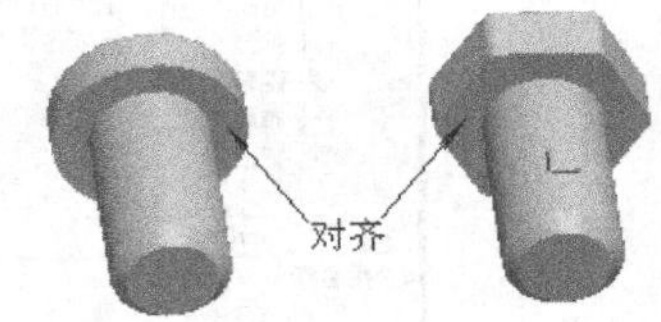

图 8-121 定义元件的放置约束

（6）单击【插入】（Insert）→【参照标签】（Reference Tags）命令，然后激活“参照标签”对话框中的参照收集器，按住 Ctrl 键依次选取 Part2 和 Part3 两个零件的端面，如图 8-122 所示，并打开“属性”选项卡输入参照标签名为“Mate”，然后单击 ✔ 按钮结束，即可产生一个 Mate 标记。

（7）单击【插入】（Insert）→【参照标签】（Reference Tags）命令，按照同样的方法依次选取 Part2 和 Part3 两个零件的轴线，定义一个 Align 参照标签，如图 8-123 所示。

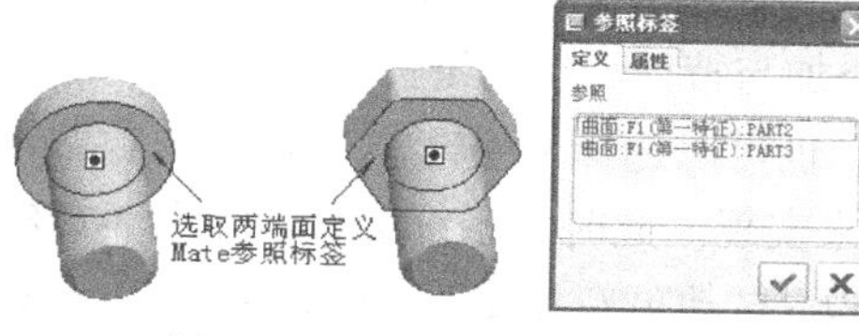

图 8-122 定义 Mate 参照标签

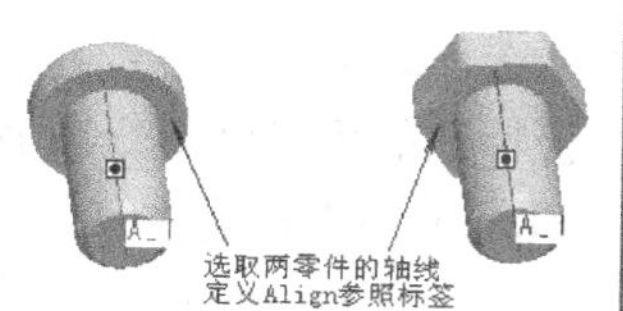

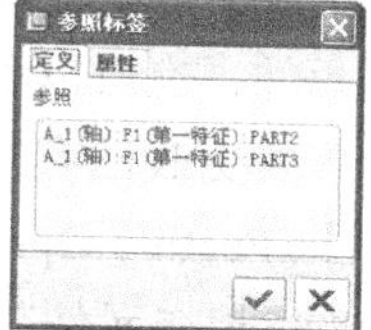

图 8-123 定义 Align 参照标签

（8）激活 Inter_asm.asm 组件文件，切换至组件 Inter_asm.asm 的模型窗口，然后单击【编辑】(Edit) →【替换】(Replace) 命令。

（9）系统显示“替换”对话框如图 8-124 所示，选取零件“PART2.PRT”作为当前元件，然后单击按钮从 Interchange.asm 中选取零件“PART3.PRT”作为新元件，单击 确定 按钮，系统自动将零件 Part2 替换成 Part3，如图 8-125 所示。

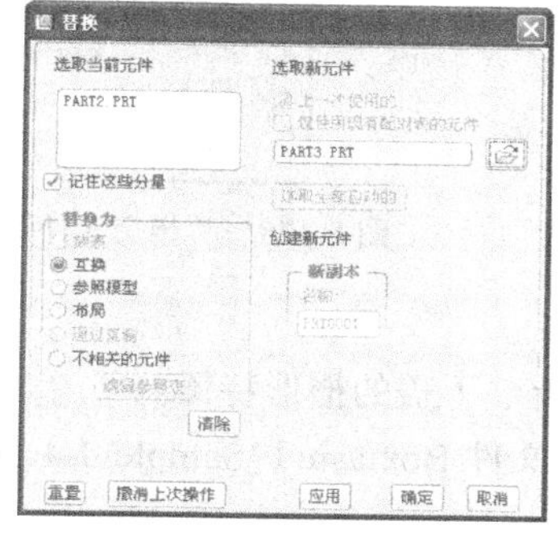

图 8-124 “替换”对话框

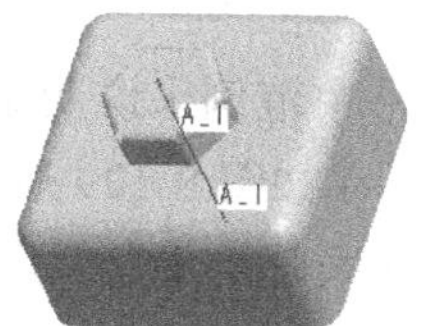

图 8-125 替换后的组件模型

8.4.4 组合特征及其应用

在组件模式中，选择【插入】(Insert) 菜单中的【拉伸】(Extrude)、【旋转】(Rotate) 等命令，或者单击工具栏中的、按钮可建立专属于装配体的“组合特征”，这些特征属于组件而不属于零件。组合特征的创建类似于零件特征，只是仅限于创建基准平面、基准轴、基准点、基准曲线、坐标系等，或者创建孔、切口、槽等去除材料的组合特征，而不能创建向组件中添加材料的特征。

创建去除材料的组合特征时，它将至少与一个元件相交。此时，系统会显示如图 8-126 所示的特征操控板，打开“相交”(Intersect) 下拉菜单可将组合特征的可见性设置为顶级或零件级，如图 8-127 所示。可见性设置为顶级 (Assembly)，表示该组合特征仅在装配模型中才可见，而在单个元件中并不显示；可见性设置为零件级 (Part)，表示该组合特征在装配模型和所建立的元件中都显示。

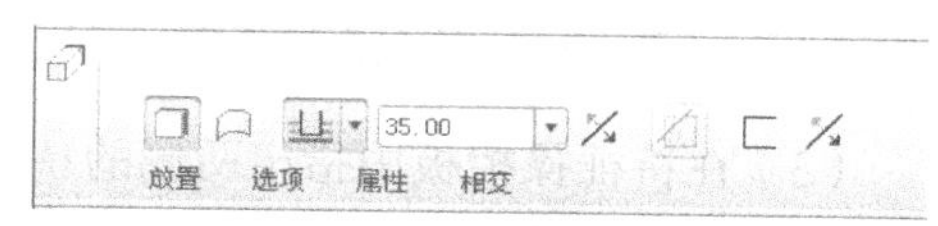

图 8-126 组合特征操控板

另外，在“相交”下拉菜单中可以采用自动添加或手动选择两种方式来定义组合特征的相交零件。在默认情况下，系统会勾选“自动更新”(Automatic Update) 复选框，表示在组合特征之前添加到组件中的所有元件都将与组合特征自动相交；如果清除“自动更新”复选框，可以更改元件的显示级，或者用鼠标右键单击相交零件并选择快捷菜单中的命令，从列表框中删除元件，也可以手动选择或单击 添加相交模型 按钮自动添加与特征相交的零件。

要更改已有组合特征的可见性等级或者相交元件，也可以选择【编辑】(Edit)→【特征操作】(Feature Operations)→【求交】(Intersect)命令来实现。此时，系统会显示如图 8-128 所示的“相交元件”(Intersected Comps)对话框，取消勾选“自动更新相交”(Auto Update Intrscts)复选框，然后按照上述方法可以更改组合特征在元件中的可见性等级，添加或删除相交元件等。

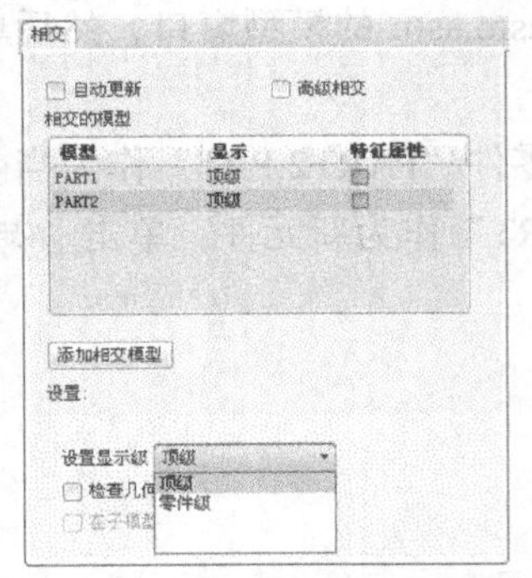

图 8-127 设置组合特征的可见性等级

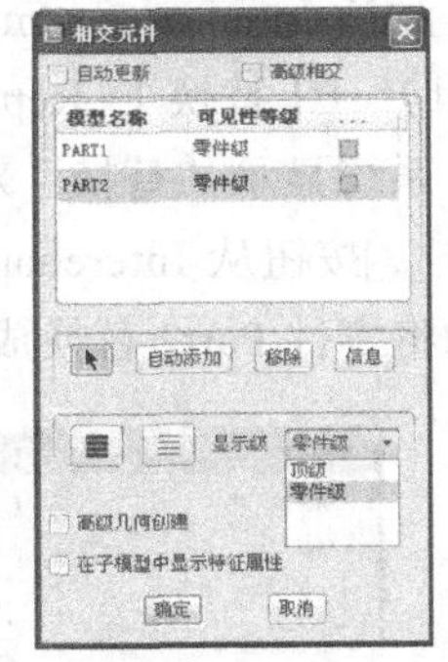

图 8-128 “相交元件”对话框

下面以一个范例来说明组合特征的建立与应用。

例 8-4 在如图 8-129 所示的香皂盒组件中，建立上、下盖的槽形特征。

(1)从人民邮电出版社教学资源网下载配套的范例文件 Box.asm(\Sample\8-4 目录)，并打开文件。

(2)单击特征工具栏中的按钮，选取 ASM_TOP 为草绘平面且使视角方向朝下，选取 ASM_FRONT 面为参考平面且使其方向朝下，指定 ASM_FRONT 和 ASM_RIGHT 为草绘参照并绘制如图 8-130 所示的截面，然后单击按钮结束。

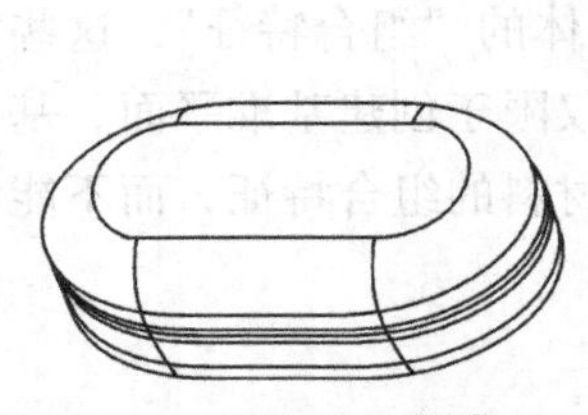

图 8-129 香皂盒组件模型

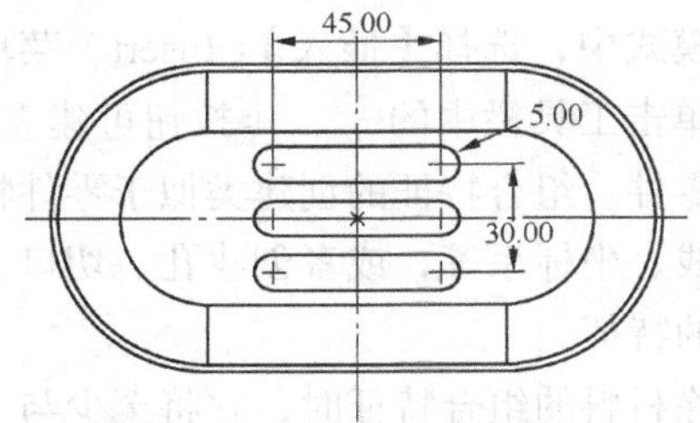

图 8-130 草绘组合特征的截面

(3)在特征操控板中指定两侧的特征拉伸深度均为，如图 8-131 所示，并单击按钮使截面内部为材料的切除区域。

(4)打开“相交”下拉菜单，如图 8-132 所示，系统默认选中“自动更新”复选框，并已自动添加所有零件作为相交元件。此时，组合特征的“缺省显示级”为“顶级”。

(5)单击特征操控板中的按钮结束，并建立装配模型的爆炸图，如图 8-133 所示。

(6)单独打开皂盒上盖(Top.prt)和下盖(Bottom.prt)零件，此时组合特征并不在零件中显示，如图 8-134 所示。

图 8-131 设置拉伸特征两侧的深度

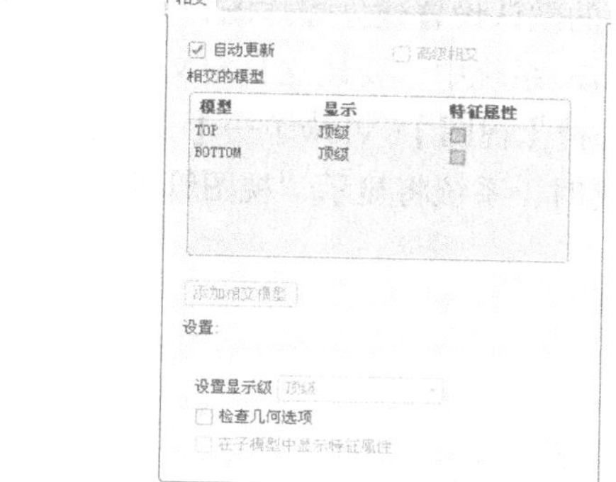

图 8-132 “相交”下拉菜单

（7）返回组件模式，选择【编辑】(Edit) →【特征操作】(Feature Operations) →【求交】(Intersect) 命令，并选取所建立的组合特征。

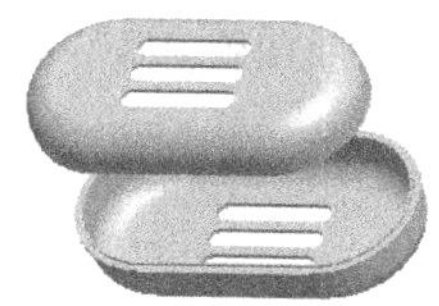

图 8-133 装配模型的爆炸图

（a）皂盒上盖

（b）皂盒下盖

图 8-134 组件元件的显示

（8）显示“相交元件”对话框，取消勾选“自动更新相交”复选框，且选择列表中所有的相交零件并单击 移除 按钮进行删除，然后将可见性等级设定为“零件级”，再单击 ↖ 按钮或 自动添加 按钮重新选取要相交的零件 Top.prt、Bottom.prt，如图 8-135 所示，然后单击 确定 按钮。

注意： 通过编辑定义组合特征也可改变其可见性等级。此时，可打开特征操控板中的“相交”下拉菜单，并移除已有的相交元件，然后重新设置可见性等级并添加相交元件。

（9）打开文件 Top.prt 和 Bottom.prt，系统将在零件中显示组合特征，如图 8-136 所示。

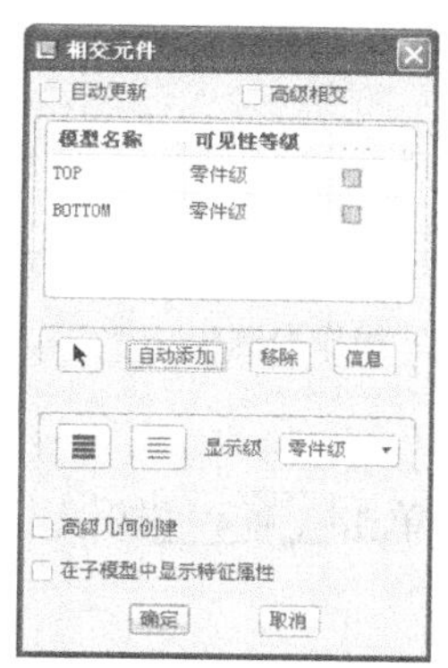

图 8-135 变更组合特征的可见性等级

（a）皂盒上盖

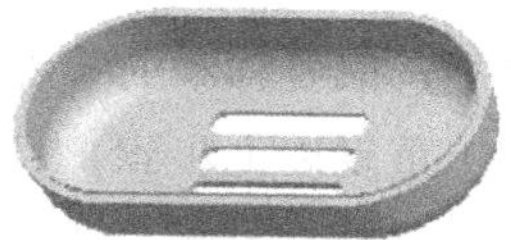

（b）皂盒下盖

图 8-136 组合特征在零件中的显示

8.4.5 创建装配爆炸图

装配模型建立完成后，可以创建装配模型的爆炸图，该功能常用于制作产品结构说明书。选择【视图】(View) →【分解】(Explode) →【分解视图】(Explode View) 命令，装配模型将按 Pro/E 的默认设置建立爆炸图，并允许更改爆炸图中各零件的位置。

在 Pro/E 系统中，要建立自定义的爆炸图或者更改爆炸图中零件的相对位置，如图 8-137 所示，可选择【视图】(View) →【视图管理器】(View Manager) 命令或单击图标工具栏中的按钮。此时，系统将显示“视图管理器”对话框，如图 8-138 所示。

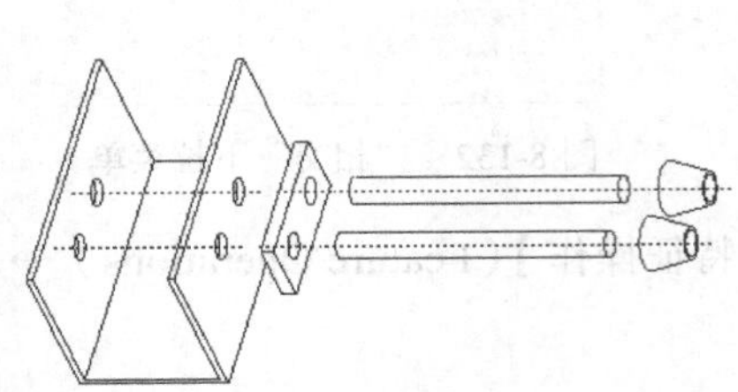

图 8-137 装配体的爆炸图

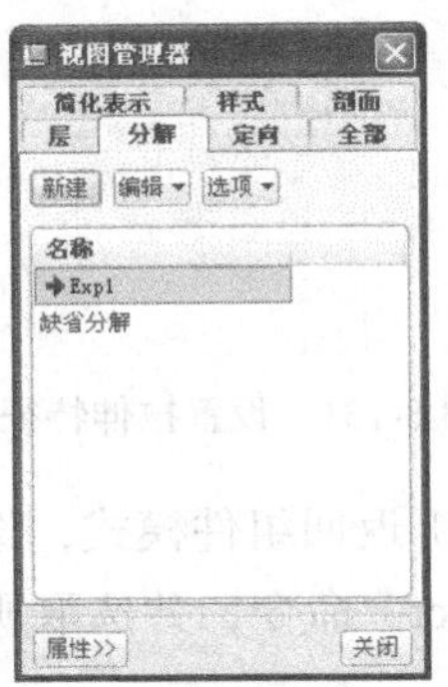

图 8-138 “视图管理器”对话框

建立爆炸图的一般步骤如下。

（1）打开“视图管理器”对话框。

（2）在“分解”选项卡中单击新建按钮，并在列表中输入新建爆炸图的名称。

（3）单击属性>>按钮，显示如图 8-139 所示的“分解”选项卡，然后单击按钮弹出如图 8-140 所示的“分解位置”操作控制板，从中可定义各零件在装配体中的相对位置。

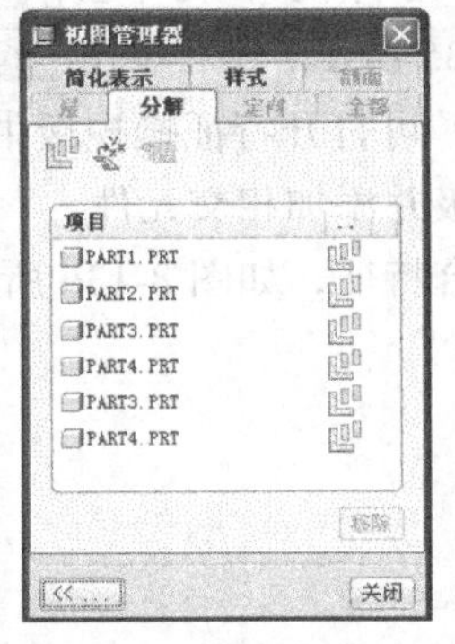

图 8-139 “分解”选项卡

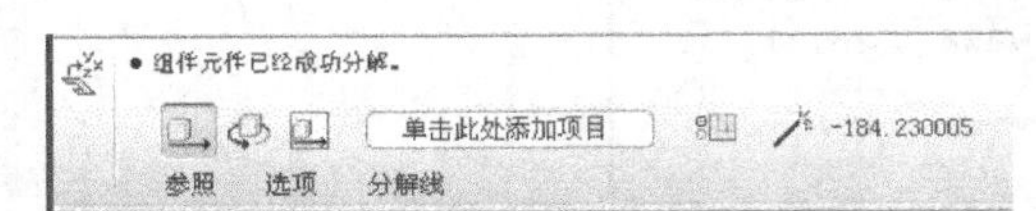

图 8-140 “分解位置”操作控制板

（4）选取要移动的零件，在允许的自由度范围内定义其位置。

（5）重复以上步骤，自行定义其他零件在爆炸图中的位置，然后单击确定按钮。

（6）返回“分解”选项卡，单击关闭按钮完成爆炸图的设置。

8.4.6 装配模型的简化表示

使用简化表示可控制将哪些组件成员调入进程并对其进行显示，从而可以加快组件的再生、检索和显示时间，使工作更为高效。例如，为加速再生和显示过程，可将复杂且无关的子组件或元件从组件中临时删除，如图 8-141 所示。组件创建后，系统将以“缺省表示”显示，“缺省表示”包含其主表示中的所有组件元件。

简化表示的主要类型有几何表示（Geometry）、图形表示（Graphics）和符号表示（Symbolic）。使用“视图管理器”对话框可以选择简化表示的类型，如图 8-142 所示。其中，“主表示”反映完全详细的组件，其在模型树中会列出所有元件，并标识为“包括”、“排除”或“替代”；“图形表示”仅包含显示信息，可迅速浏览大型组件，但不能修改或参照图形表示，此时图形显示的类型取决于配置选项 save_model_display 的设置，如 save_model _display=wireframe（默认）时，图形表示中的元件以线框显示，如图 8-143 所示；“几何表示”包含完整的元件几何信息，与图形表示相比，几何表示需要更长的检索时间并需要更大的内存；“符号表示”允许用符号表示元件，它的放置与基准点的放置相似，且符号表示的点标签在组件中可见。

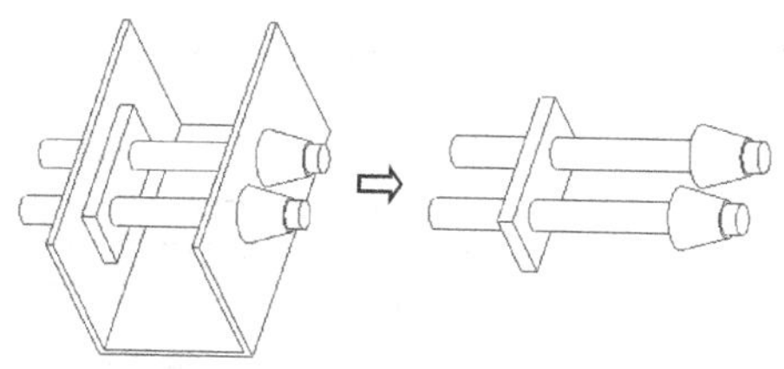
图 8-141　装配模型的简化表示

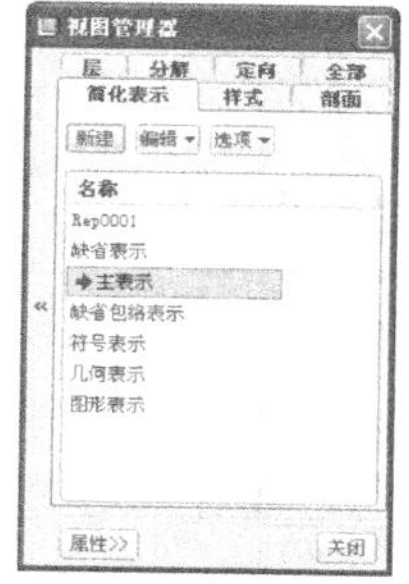

图 8-142　简化表示选项卡

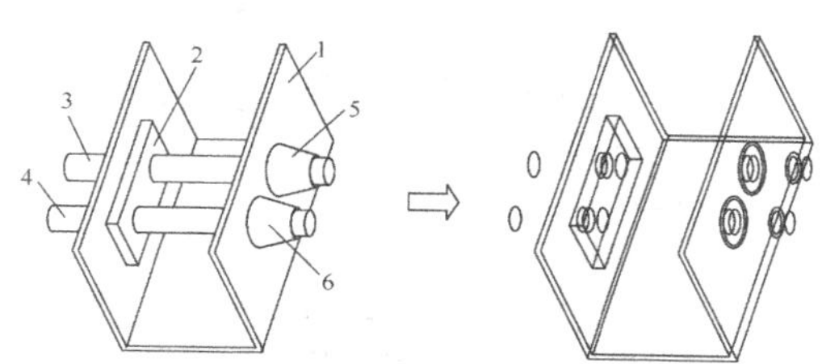

图 8-143　装配体模型的图形表示

在 Pro/E Wildfire 5.0 中，系统允许使用即时或预定义的规则来创建简化表示。即时创建简化表示时，只需在打开的组件中选取一个或多个元件，并选择【视图】（View）→【表示】（Representation）命令，根据需要指定所选元件在组件中的表示方式，如图 8-144 所示。然后，选择【视图】（View）→【视图管理器】（View Manager）命令，在“简化表示”（Simp Rep）选项卡中单击 编辑 按钮，并选择【保存】（Save）命令以定义新简化表示的名称，系统会将其作为活动表示添加到简化表示列表中。

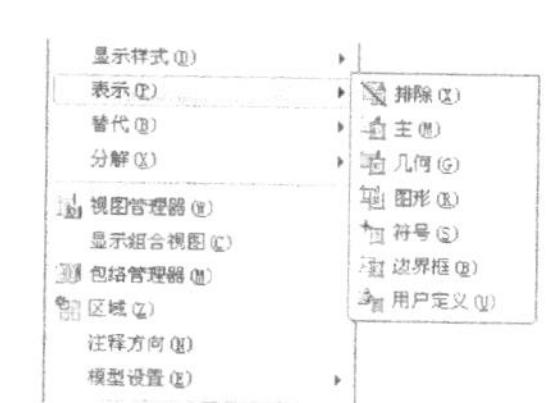

图 8-144　设定元件的表示方式

定义元件的简化表示方式时，有 7 种类型可供选择。其中，“排除”（Exclude）指从简化表示中排除选定元件；“主表示”（Master Rep）指将所选元件设置为“主表示”模式；“仅限组件”（Assembly Only）指显示与所选元件相交的组合特征的同时隐藏所选元件；“仅限几何”（Geometry Only）指将所选元件设置为“几何表示”模式；“仅限图形”（Graphics Only）指将所选元件设置为“图形表示”模式；“仅限符号”（Symbolic Only）指隐藏所选元件并用符号来表示。

练习题

建立如图 8-145 ~ 图 8-149 所示的 5 个零件，将其组合成如图 8-150 所示的装配体，并设置爆炸图显示，如图 8-151 所示。

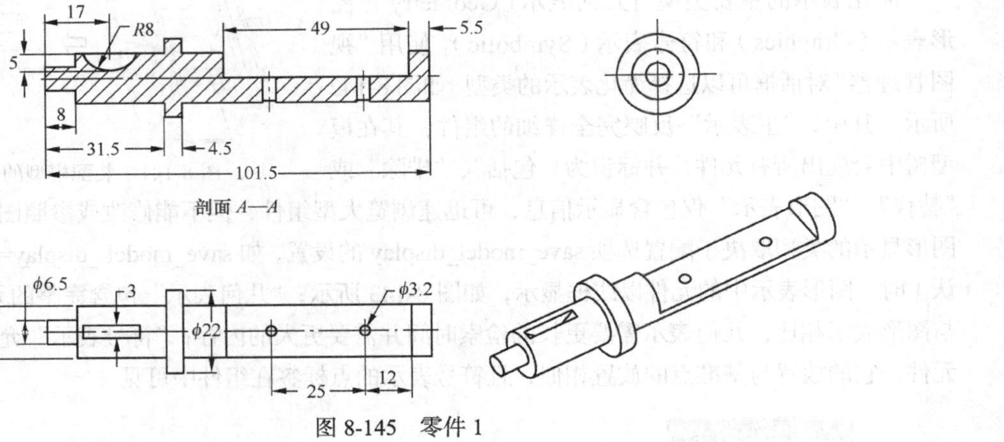

图 8-145　零件 1

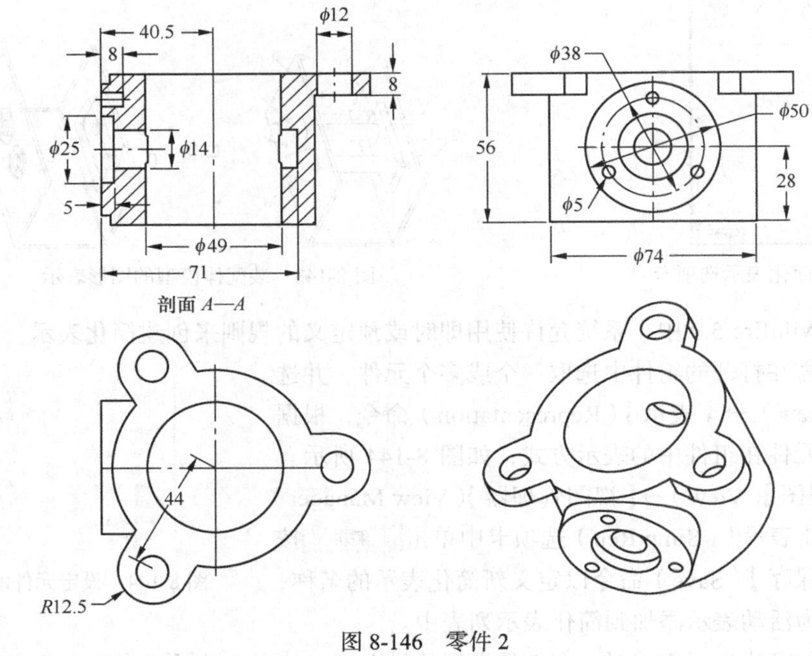

图 8-146　零件 2

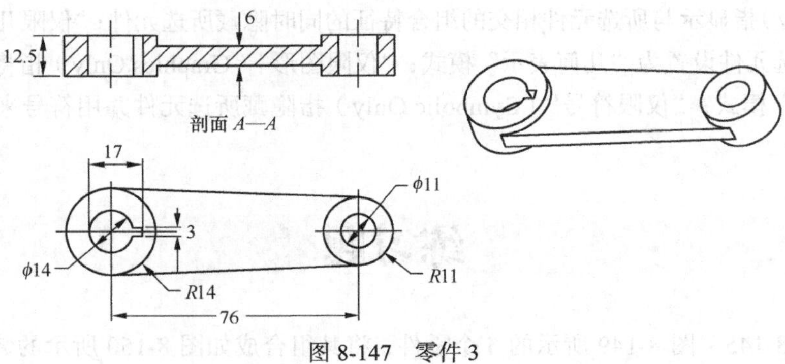

图 8-147　零件 3

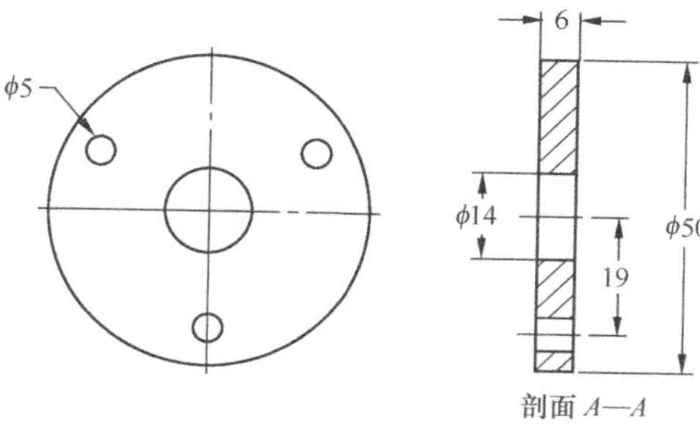

图 8-148　零件 4

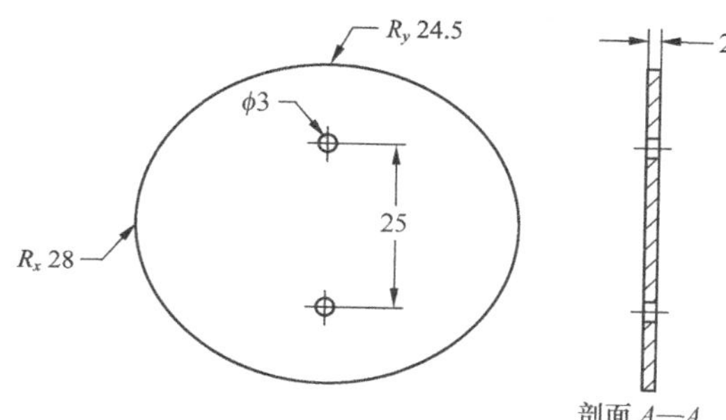

图 8-149　零件 5

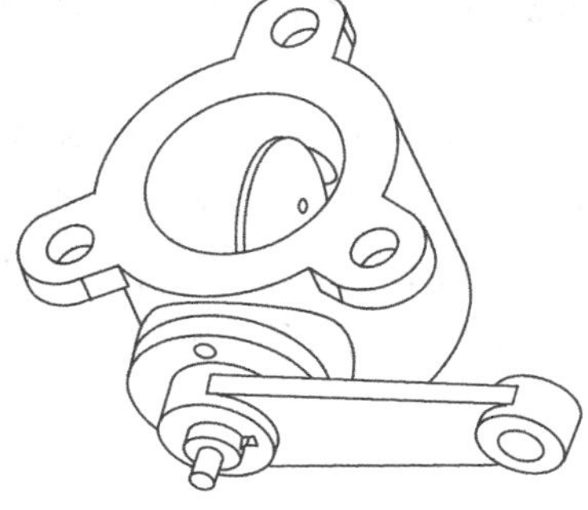

图 8-150　装配体模型

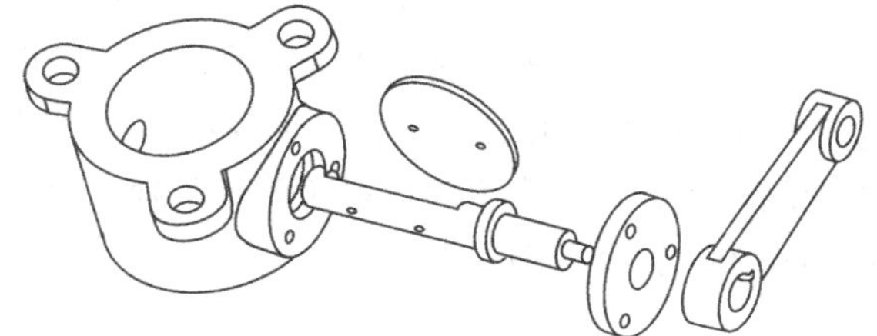

图 8-151　装配体的爆炸图

第9章 进阶设计功能

本章主要对 Pro/ENGNEER Wildfire 5.0 的其他 3 个高级功能模块进行简要介绍。一是 ISDX 曲面设计模块，该模块用于工业造型设计，即设计曲面特别复杂的零件，用该模块创建的曲面也称“造型”（Style）曲面。二是模具设计模块，主要用于塑料模具和压铸模具的设计。三是工程图模块，其作为 Pro/E 系统的一个独立模块，用于建立零件和装配体的各种工程视图，包括剖视图、辅助视图等。

9.1 ISDX 曲面设计

9.1.1 ISDX 曲面简介

ISDX 是 Interactive Surface Design Extensions 的缩写，即交互式曲面设计模块。ISDX 将艺术性和技术性完美地结合在一起，将工业设计的自由曲面造型工具并入了设计环境中，使得外形设计师和结构设计师能在同一个设计环境中完成产品设计，避免了外形结构设计与部件结构设计的脱节。

ISDX 曲面具有如下主要特点。

（1）ISDX 曲面以样条曲线（Spline）为基础，通过曲率分布图能直观地编辑曲线，没有尺寸标注的约束，可轻易得到所需要的光滑、高质量的 ISDX 曲线，进而产生高质量的造型（Style）曲面。该模块通常用于产品的概念设计、外形设计、逆向工程等设计领域。

（2）与以前的高级曲面造型模块 CDRS（Pro/Designer）相比，ISDX 曲面模块与 Pro/E 的零件、装配等其他模块紧密集成在一起，为工程师提供了一个统一的零件设计平台，消除了两个设计系统间的双向切换和交换数据，因而极大地提高了工作质量和效率。

在零件设计模块中，选择【插入】（Insert）→【造型】（Style）命令，或者单击特征工具栏中的按钮，系统将进入 ISDX 设计环境，如图 9-1 所示。

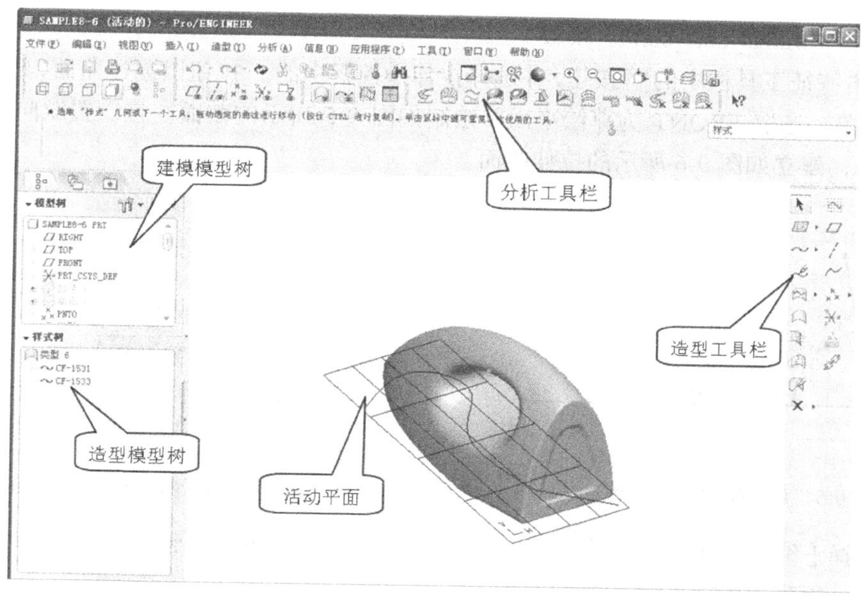

图 9-1　自由曲面工作环境

此时，工作界面中会自动添加“造型”、“分析”菜单和分析工具栏、造型工具栏，如图 9-2 和图 9-3 所示。

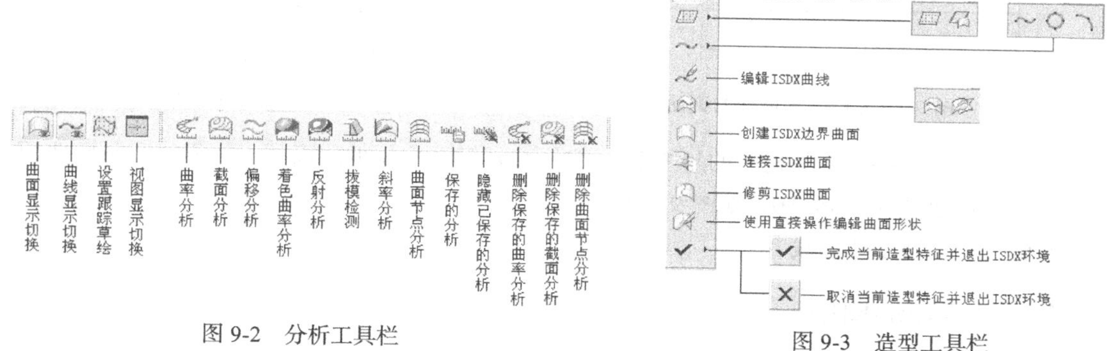

图 9-2　分析工具栏

图 9-3　造型工具栏

在造型工具栏中，按钮用于设置活动基准平面；按钮用于创建内部基准平面；按钮用于选取点创建曲线；按钮用于创建圆；按钮用于创建圆弧；按钮用于将曲线投影至曲面上以创建 COS 曲线；按钮用于选取两个相交曲面以创建 COS 曲线。

9.1.2　ISDX 曲面设计范例

本节将通过电熨斗外形设计的综合实例来进一步理解 ISDX 曲面的应用。

例 9-1　利用自由曲面，设计如图 9-4 所示的电熨斗外形。

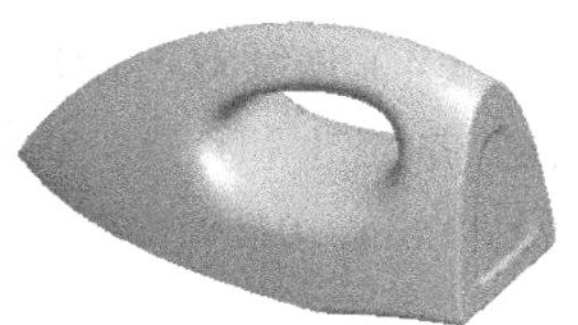

图 9-4　电熨斗外形

步骤一　创建辅助曲面和基准点

（1）单击按钮新建文件“Sample9-1.prt”，并取消“使用缺省模板”而选用“mmns_part_solid”模板。

（2）单击特征工具栏中的按钮，并选择拉伸操控板中的按钮以创建曲面，然后打开“放置”下拉菜单，选取 FRONT 为草绘平面并绘制如图 9-5 所示的截面，且设置双向对称拉伸深度为 110mm，建立如图 9-6 所示的拉伸曲面。

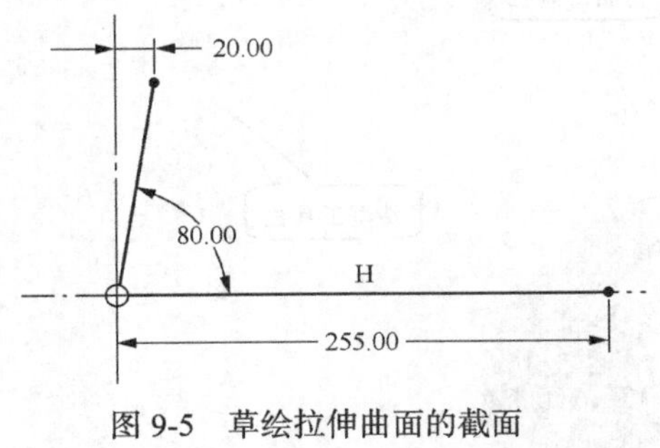

图 9-5　草绘拉伸曲面的截面

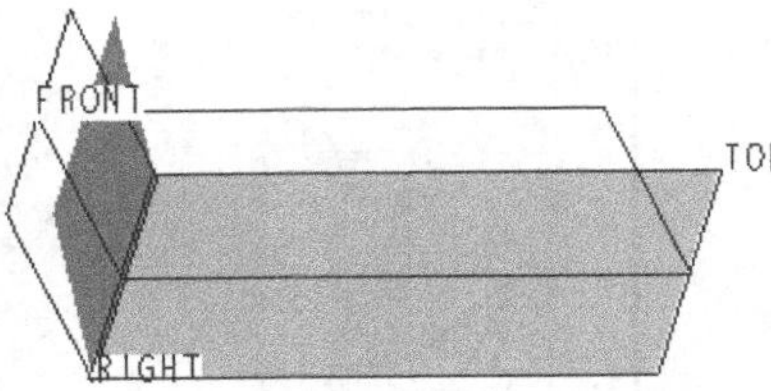

图 9-6　创建的成角度拉伸曲面

（3）选择【编辑】(Edit)→【填充】(Fill) 命令，选取 FRONT 面为草绘平面绘制如图 9-7 所示的截面，得到如图 9-8 所示的平整曲面。

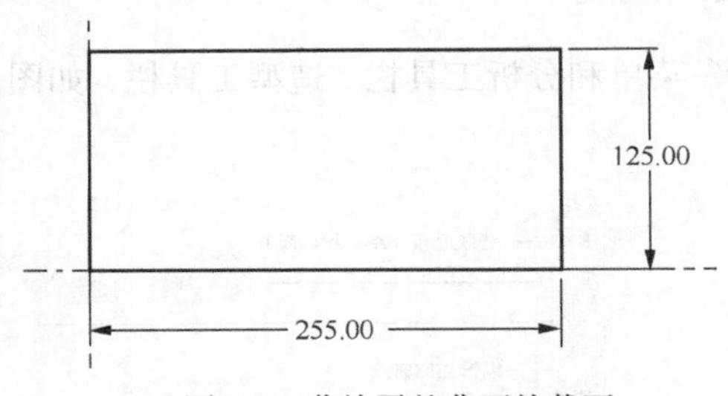

图 9-7　草绘平整曲面的截面

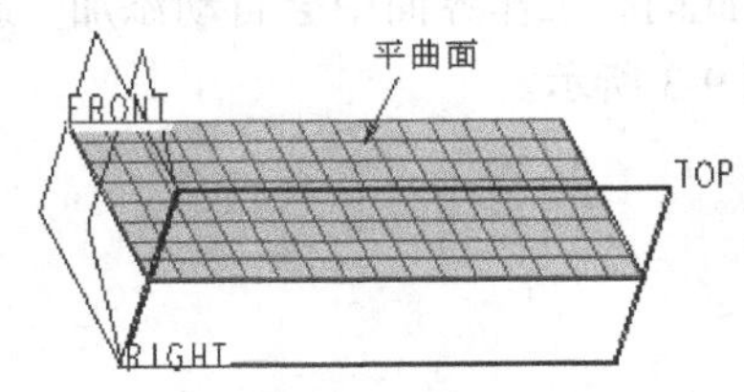

图 9-8　创建的平整曲面

（4）单击基准特征工具栏中的按钮，按住 Ctrl 键选取拉伸曲面的上边界线和平整曲面，在其相交处创建基准点 PNT0，如图 9-9 所示。

步骤二　创建主体曲线

1. 主体外形曲线

（1）单击特征工具栏中的按钮进入 ISDX 环境，然后单击造型工具栏中的按钮，选取平曲面为活动平面。

（2）在工作窗口单击鼠标右键并选择快捷菜单中的【活动平面方向】命令，将视图设置为活动平面方向。

（3）单击造型工具栏中的按钮，在曲线创建操控板中选择“平面”单选钮，绘制如图 9-10 所示的平面曲线(其中曲面的端点与 PNT0 点需按住 Shift 键进行捕捉)，然后单击操控板中的按钮结束。

（4）连续双击创建后的曲线，并在弹出的曲线编辑操控板中打开“点”下拉菜单，然后依次选取点 1 和点 2，并分别将其参考坐标值修改为 72.75mm、121.45mm、0mm 和 197.02mm、72.03mm、0mm，如图 9-11 所示，然后单击按钮结束，结果如图 9-12 所示。

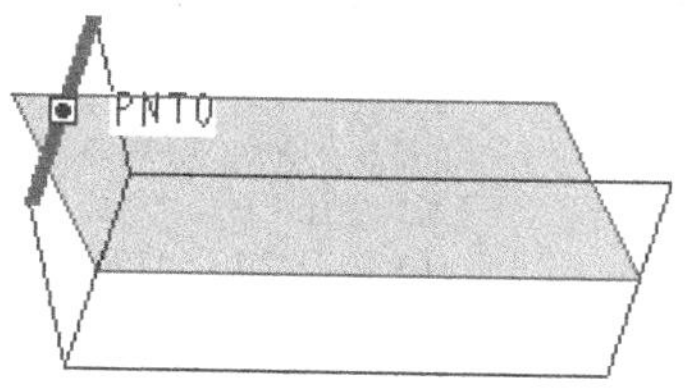

图 9-9　在相交处创建基准点

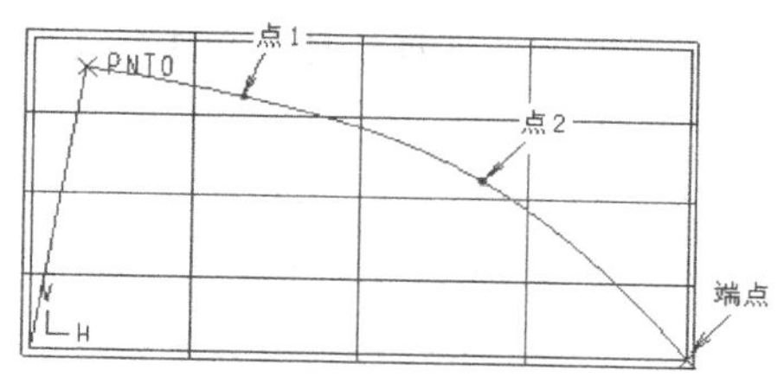

图 9-10　绘制主体外形曲线

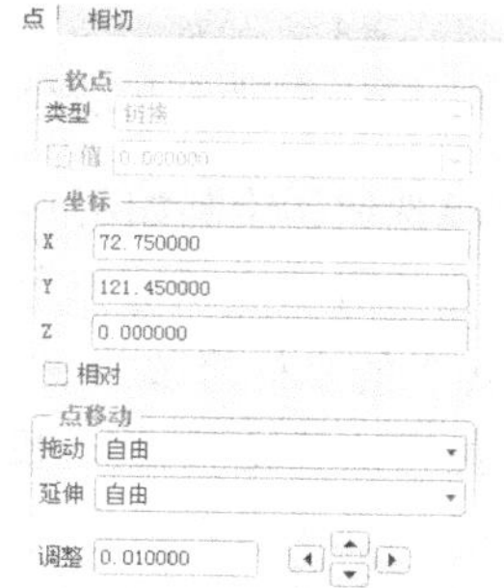

图 9-11　修改点坐标值

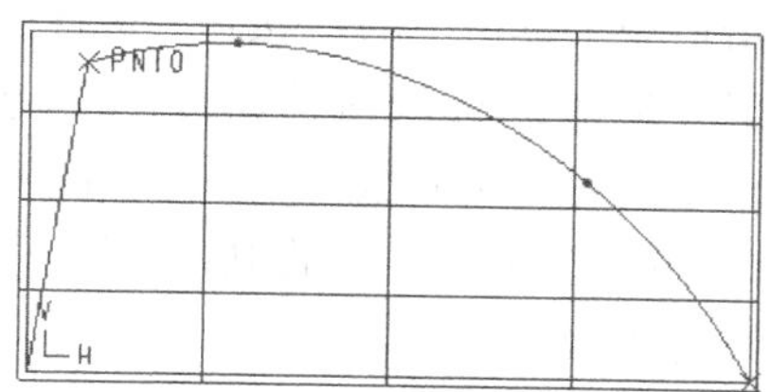

图 9-12　编辑后的平面曲线

2. 把手外形曲线

（1）单击造型工具栏中的～按钮，绘制如图 9-13 所示的平面曲线（其中相接曲线时应按住 Shift 键进行捕捉），然后单击操控板中的✔按钮结束。

（2）双击曲线进行编辑模式，按如图 9-14 所示对所有点坐标值进行修改。

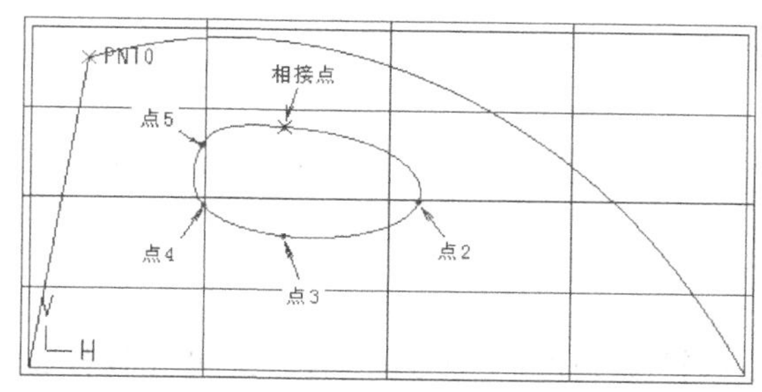

图 9-13　绘制把手外形曲线 1

参考点	x	y	z
相接点	90	88.9	0
点 2	138.2	61.92	0
点 3	90	49.04	0
点 4	61.5	59.8	0
点 5	60.06	82.04	0

图 9-14　曲线点的坐标值

（3）打开“相切”下拉菜单，然后选取相接点并按如图 9-15 所示修改其长度与角度值，然后单击✔按钮生成曲线。

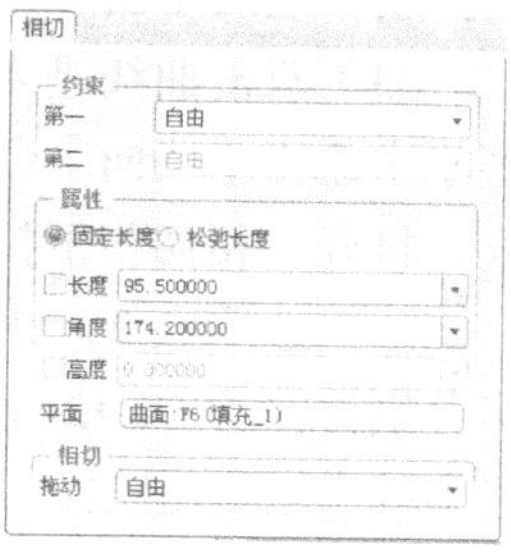

（4）以同样的方法绘制如图 9-16 所示的平面曲线（相接点应按住 Shift 键进行捕捉），其中各点的坐标按如图 9-17 所示进行编辑，并且将相接点的切线长度和角度分别修改为 140.65mm、350.2°，然后单击✔按钮结束。

图 9-15　相切上滑面板

3. 创建主体底部外形曲线

（1）单击造型工具栏中的▱按钮，选取 TOP 基准面为活动平面，然后单击鼠标右键并选择快捷菜单中的【活动平面方向】命令，将视图设置为活动平面方向。

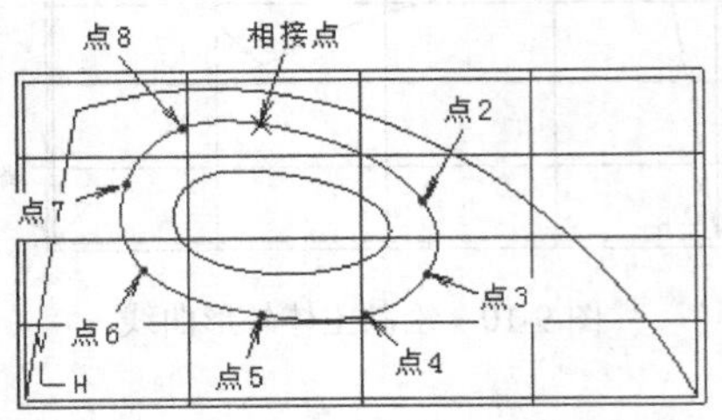

图 9-16　绘制把手外形曲线 2

参考点	x	y	z
相接点	90	107.62	0
点 2	151.15	77.12	0
点 3	152.7	47.96	0
点 4	129.5	32.02	0
点 5	90	32.41	0
点 6	45.39	50.4	0
点 7	38.98	84.51	0
点 8	60.36	106.26	0

图 9-17　曲线点的坐标值

（2）单击造型工具栏中的～按钮，选择操控板中的“平面”单选钮，绘制如图 9-18 所示的平面曲线（其中应按住 Shift 键捕捉曲面的端点和曲面边界），单击操控板上的✓按钮结束。

（3）双击曲线进入编辑模式，点 1 的坐标设置默认不变，点 2 的坐标修改为 209.63mm、0mm、−32.50mm，选取点 3 并将其“点”下拉菜单中的类型设置为“长度”，将长度值修改为 97.34mm，如图 9-19 所示。

（4）选取点 4，并将其长度比例值修改为 0.94，然后单击操控板中的✓按钮结束。

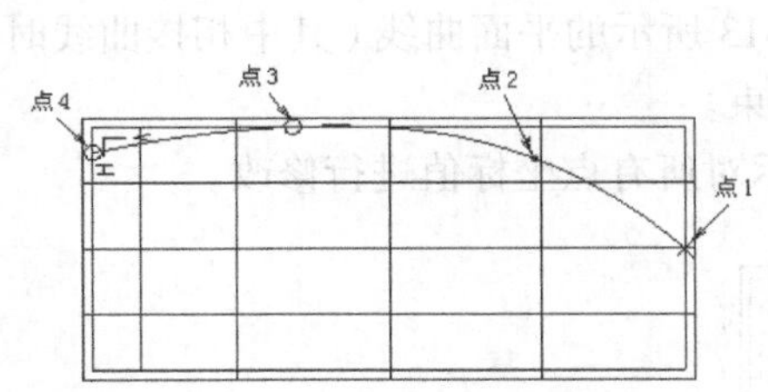

图 9-18　绘制主体底部外形曲线

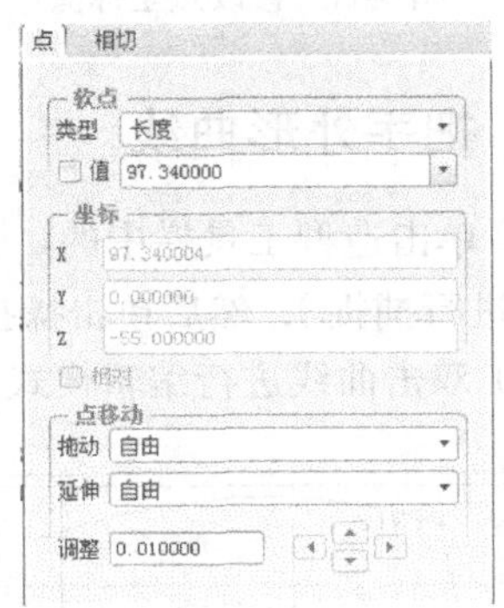

图 9-19　修改长度值

4. 创建主体侧面外形曲线

（1）单击造型工具栏中的按钮，选取倾斜拉伸曲面为活动平面，然后单击鼠标右键并选择快捷菜单中的【活动平面方向】命令，将视图设置为活动平面方向。

（2）单击造型工具栏中的～按钮，按住 Shift 键捕捉点 1 与点 2，绘制如图 9-20 所示的平面曲线，然后单击操控板中的✓按钮结束。

（3）双击曲线进入编辑模式，选取点 1 并用鼠标右键单击点 1 的切线，然后在弹出的快捷菜单中选择【法向】命令，且选取 FRONT 基准面作为法向平面参照，得到如图 9-21 所示的曲线。打开“相切”下拉菜单，将其长度值修改为 22mm，如图 9-22 所示。

（4）选取点 2，打开“相切”下拉菜单，将其约束类型修改为“自由”，将切线长度与角度值分别修改为 33.45mm、180°，如图 9-23 所示，单击操控板上的✓按钮结束。单击造型工具栏中的✓按钮退出自由曲面模式，生成的曲线如图 9-24 所示。

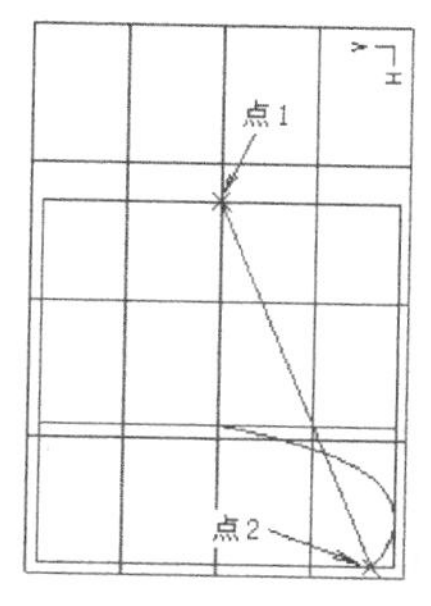

图 9-20　绘制平面曲线

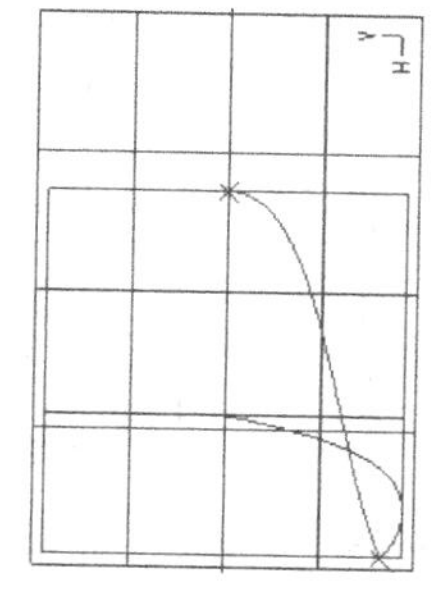

图 9-21　定义约束后的曲线

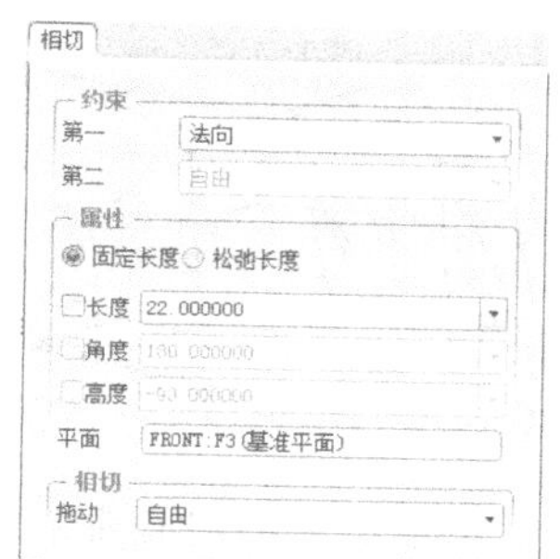

图 9-22　修改点 1 的切线长度

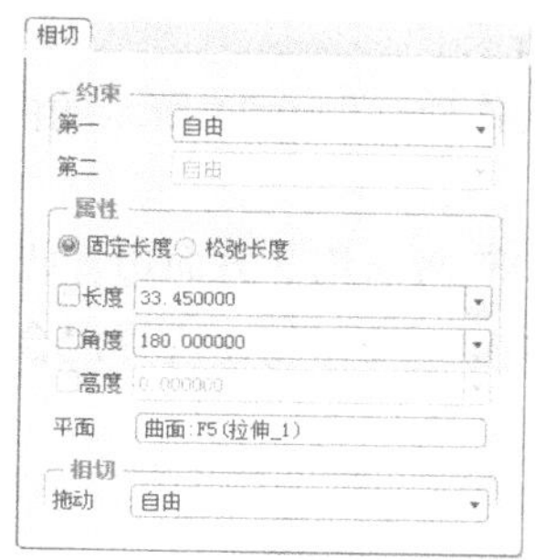

图 9-23　修改点 2 的参数

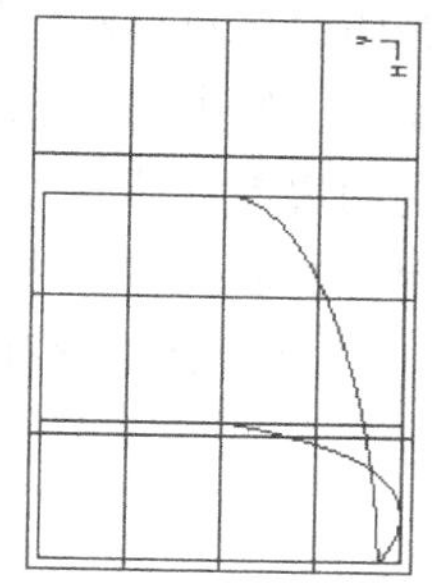

图 9-24　生成的曲线

步骤三　创建类型曲线

（1）单击特征工具栏中的按钮，并在拉伸操控板中选择按钮创建曲面，然后打开“放置”下拉菜单并选取 FRONT 面为草绘平面，绘制如图 9-25 所示的直线作为截面，然后单击按钮结束。

（2）在拉伸操控板中设置曲面的双向对称拉伸深度为 110mm，单击按钮结束，创建的拉伸曲面如图 9-26 所示。

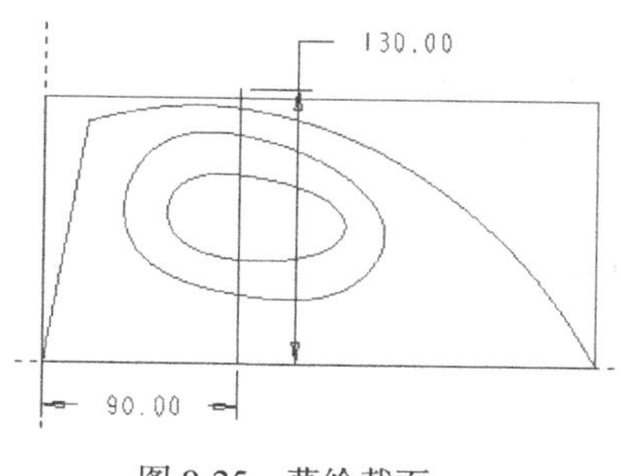

图 9-25　草绘截面

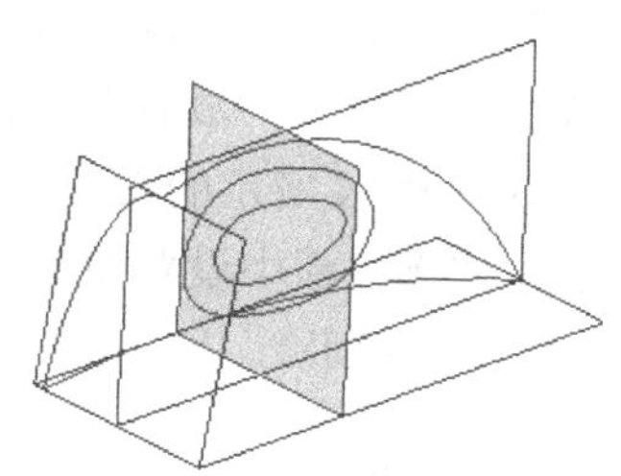

图 9-26　创建的拉伸曲面

（3）单击造型工具栏中的按钮进入 ISDX 环境，然后单击按钮设置拉伸曲面为活动平面，按住 Shift 键捕捉边界曲线绘制如图 9-27 所示的平面曲线，然后单击按钮结束。

（4）双击曲线进入编辑模式，选取 FRONT 面为参照，将点 1 的切线类型设置为“法向”，并将其长度修改为 19.58mm，定义后的曲线效果如图 9-28 所示。

（5）以同样的方法选择 TOP 面为参照，将点 2 的切线类型设置为“法向”，并将切线长度修改为 37.36mm，定义后的曲线效果如图 9-29 所示，然后单击拉伸操控板上的按钮退出编辑模式，单击造型工具栏中的按钮退出自由曲面模式。

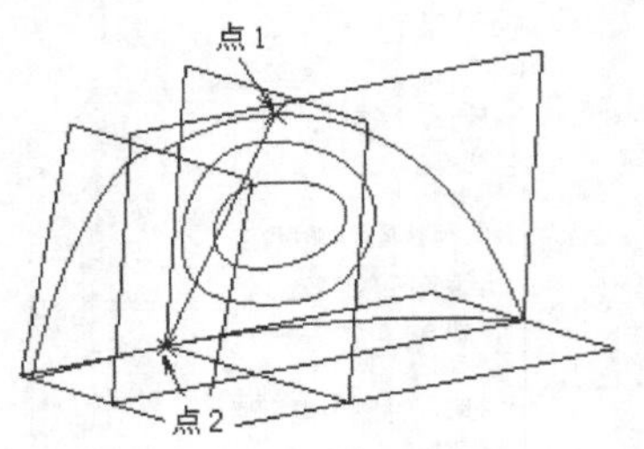

图 9-27　草绘平面曲线

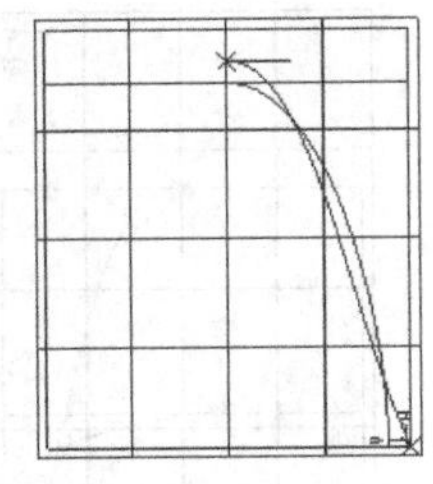

图 9-28　修改点 1 的相切约束

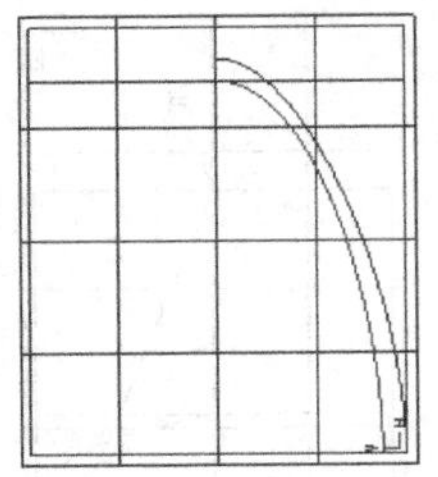

图 9-29　编辑后的曲线

步骤四　创建主体曲面

（1）隐藏所有曲面，只显示曲线特征，如图 9-30 所示。

（2）单击特征工具栏中的按钮，按住 Ctrl 键依次选取如图 9-31 所示的曲线 1、2 和曲线顶点作为第 1 方向的边界参照。

（3）在边界混合曲面操控板中，单击 单击此处添加项目 激活第 2 方向边界收集器，按住 Ctrl 键依次选取如图 9-32 所示的曲线作为边界参照，然后单击按钮创建边界混合曲面，如图 9-33 所示。

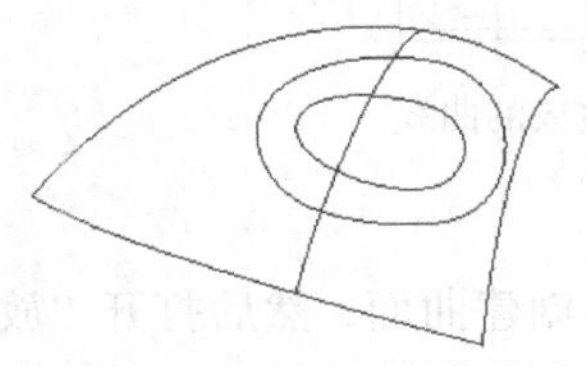

图 9-30　隐藏曲面后的显示效果

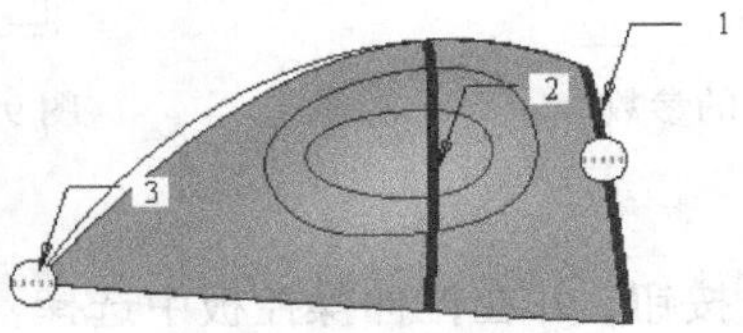

图 9-31　定义第 1 方向的边界参照

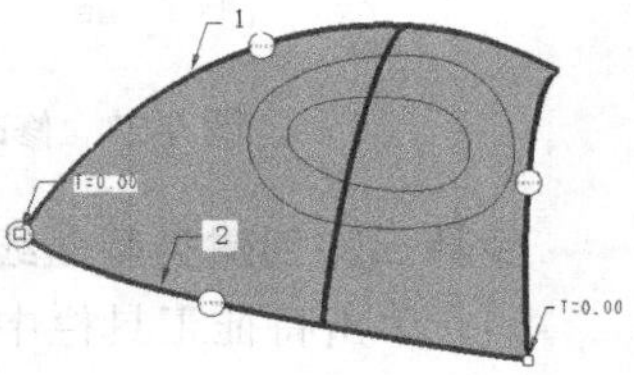

图 9-32　定义第 2 方向的边界参照

步骤五　创建把手外形侧面曲线

1. 创建拉伸曲面

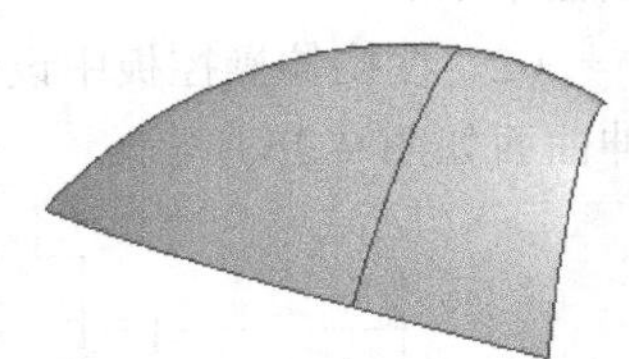

图 9-33　创建的边界混合曲面

（1）单击特征工具栏中的按钮，选择拉伸操控板中的按钮创建曲面，然后打开“放置”下拉菜单选取 FRONT 面为草绘平面，绘制如图 9-34 所示的截面并单击按钮结束。

（2）在拉伸操控板中设置曲面为对称拉伸，且深度为 110mm，然后单击按钮结束，得到如图 9-35 所示的曲面。

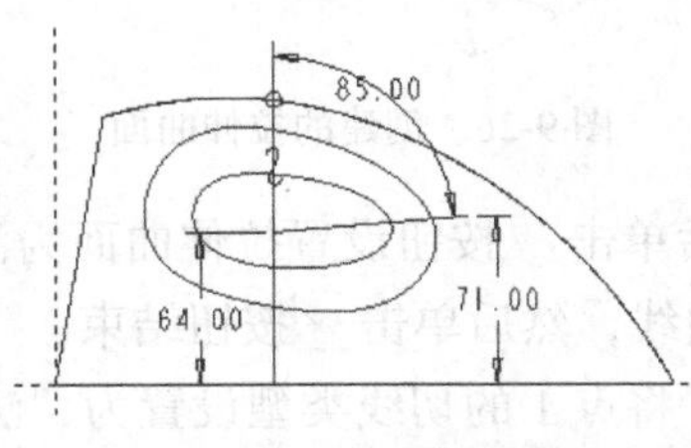

图 9-34　草绘拉伸曲面的截面

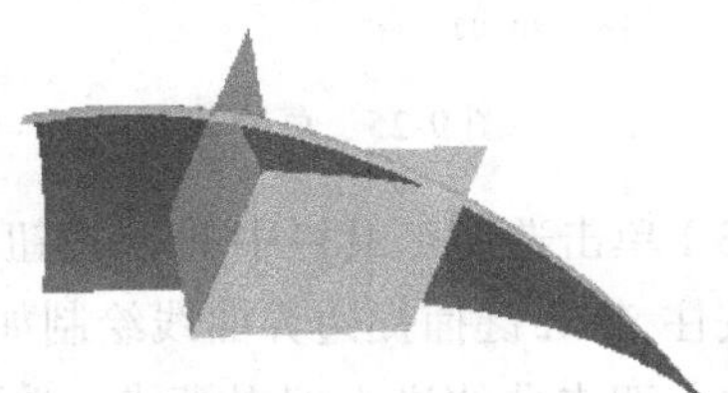

图 9-35　创建的拉伸曲面

2. 创建投影曲线

（1）单击特征工具栏中的按钮进入 ISDX 环境，然后单击造型工具栏中的按钮，弹出投影曲线操控板，如图 9-36 所示。

图 9-36　投影曲线操控板

（2）选取大圆弧曲线作为投影曲线，然后单击激活 单击此处添加项目 ，选取边界混合曲面作为投影参照面，单击激活 TOP:F2(基准平面) 并选取 FRONT 面为投影方向参照，系统显示曲面投影预览效果。

（3）单击投影曲线操控板中的按钮，完成曲线的投影操作，生成的投影曲线如图 9-37 所示。

3. 创建把手侧面曲线 1

（1）单击按钮设置拉伸曲面的倾斜面为活动平面，然后单击造型工具栏中的按钮，按住 Shift 键捕捉小圆弧曲线和投影曲线，绘制如图 9-38 所示的平面曲线，单击按钮结束。

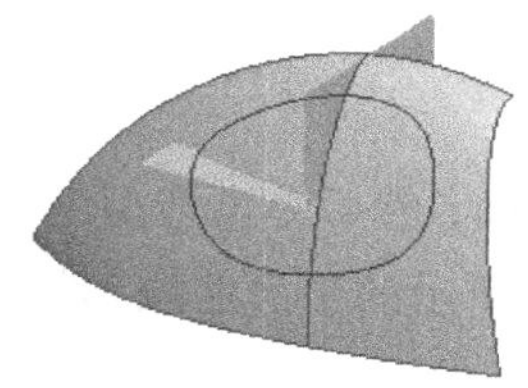

图 9-37　生成的投影曲线

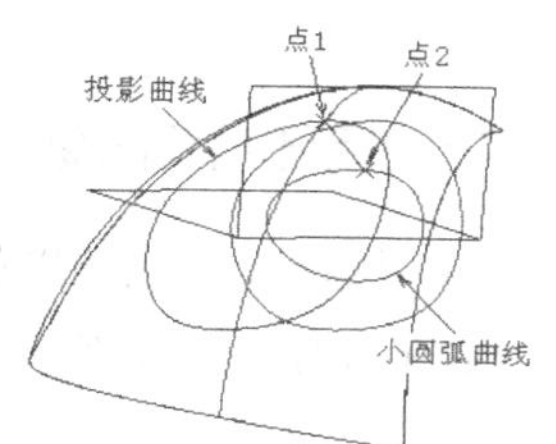

图 9-38　绘制平面曲线

（2）双击曲线进入编辑模式，选取点 1 并右击点 1 的切线，然后选择快捷菜单中的【曲面相切】命令，并选取混合曲面作为相切参照面，在“相切”下拉菜单中将切线长度修改为 9.40mm，如图 9-39 所示。

（3）选取点 2 并将点的约束类型设置为“法向”，且选取 FRONT 面为法向参照，将切线长度修改为 8.98mm，如图 9-40 所示，然后单击操控板中的按钮完成曲线的编辑，结果如图 9-41 所示。

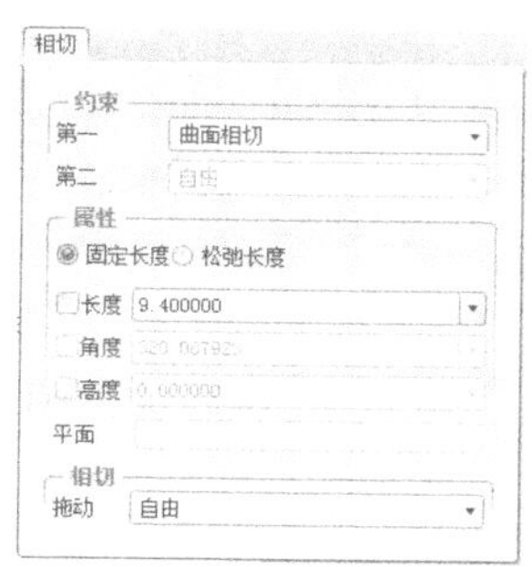

图 9-39　修改点 1 的参数

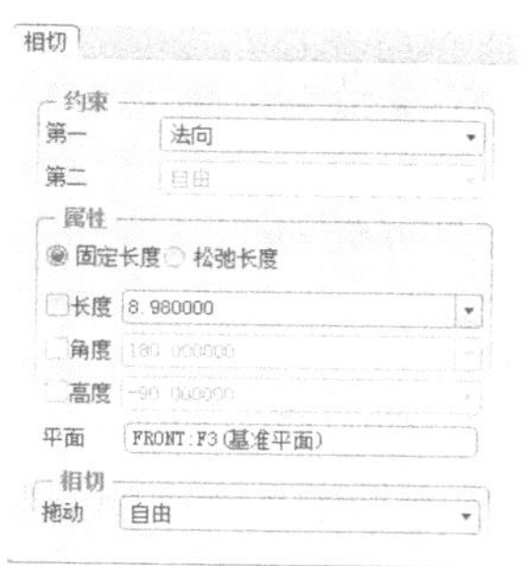

图 9-40　修改点 2 的参数

4. 创建把手侧面曲线 2

（1）单击造型工具栏中的按钮，按住 Shift 键捕捉小圆弧曲线和投影曲线，绘制如图 9-42

所示的平面曲线，然后单击按钮结束。

（2）双击曲线进入编辑模式，选取点 1 并右击点 1 的切线，然后选择快捷菜单中的【曲面相切】命令，并选取混合曲面作为相切参照面，将切线长度修改为 13.82mm。

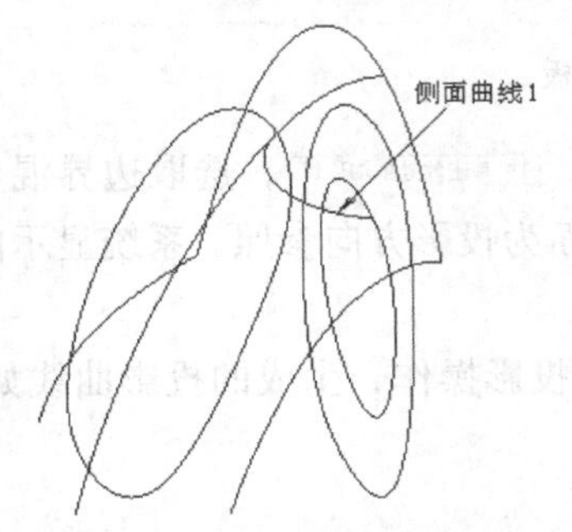

图 9-41　编辑后的把手侧面曲线 1

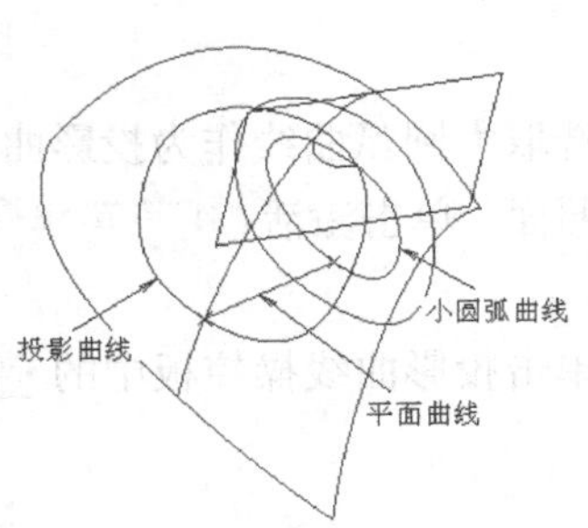

图 9-42　绘制平面曲线

（3）按照同样的方法，选取点 2 并将其约束类型设置为“法向”，且选取 FRONT 面为法向参照，将切线长度修改为 13.82mm，然后单击操控板中的按钮创建侧面曲线 2，如图 9-43 所示。

5. 创建把手侧面曲线 3

（1）单击按钮设置成角度拉伸曲面中的水平面为活动平面，然后单击造型工具栏中的按钮，按住 Shift 键捕捉小圆弧曲线和投影曲线，绘制如图 9-44 所示的平面曲线，然后单击按钮结束。

（2）双击曲线进入编辑模式，选取点 1 并右击点 1 的切线，然后选择快捷菜单中的【曲面相切】命令，并选取混合曲面作为相切参照面，将切线长度修改为 15.43mm。

（3）按照同样的方法，选取点 2 并将其约束类型设置为“法向”，且选取 FRONT 面为法向参照，将切线长度修改为 9.10mm，然后单击操控板中的按钮创建如图 9-45 所示的侧面曲线 3。

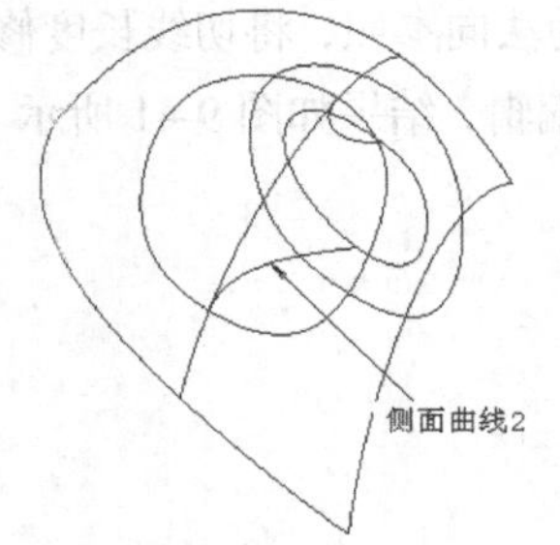

图 9-43　把手侧面曲线 2

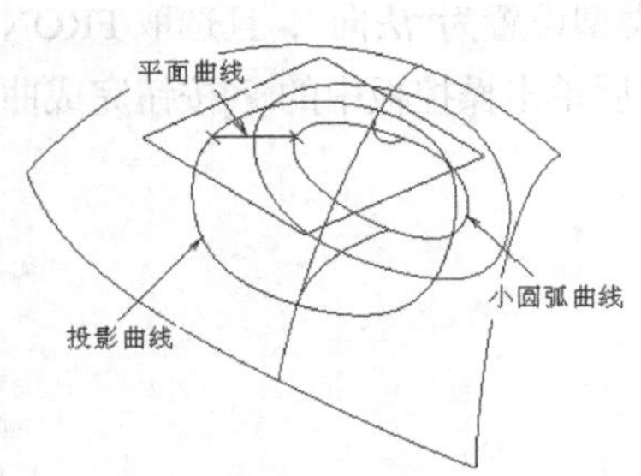

图 9-44　绘制平面曲线

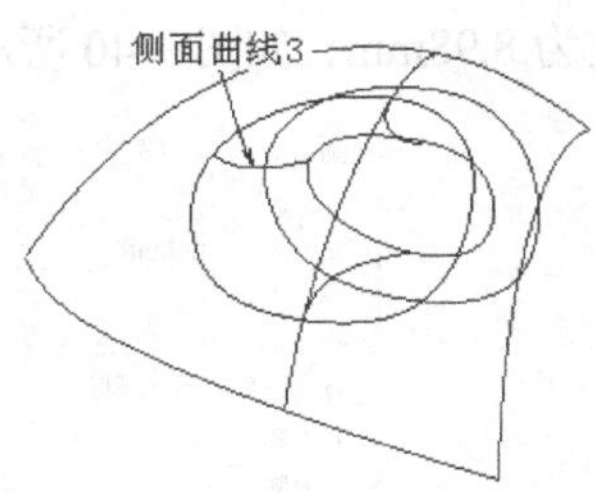

图 9-45　把手侧面曲线 3

（4）单击造型工具栏中的按钮，退出自由曲面模式。

步骤六　创建把手曲面

（1）隐藏所有的拉伸曲面，只显示混合曲面和曲线特征，如图 9-46 所示。

（2）单击特征工具栏中的按钮，按住 Ctrl 键依次选取整条投影曲线和小圆弧曲线作为第 1 方向的边界参照，如图 9-47 所示。

（3）单击激活 单击此处添加项目，按住 Ctrl 键依次选取把手侧面的 3 条平面曲线作为第 2 方向的边界参照，如图 9-48 所示。

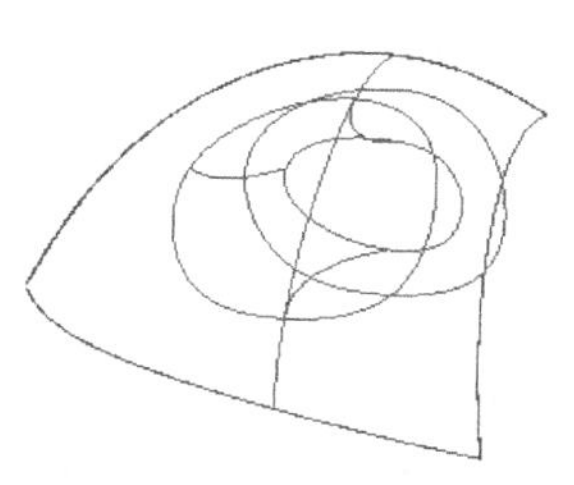

图 9-46　显示的曲面及曲线

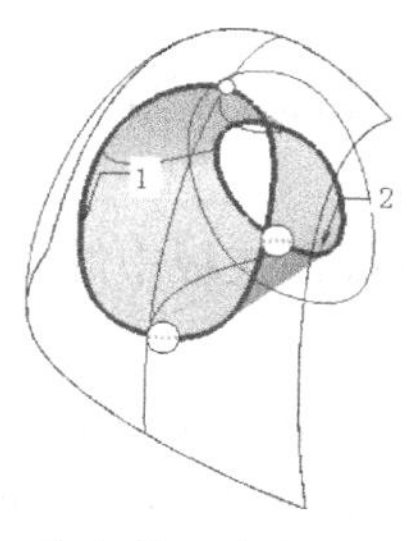

图 9-47　定义第 1 方向的边界参照

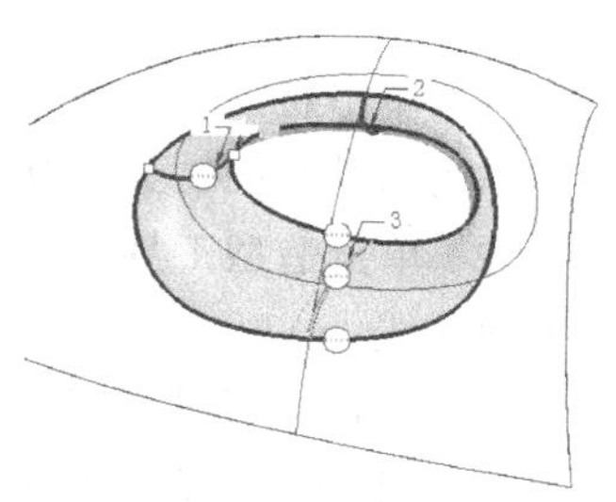

图 9-48　定义第 2 方向的边界参照

（4）打开“约束”下拉菜单，将“方向 1-第一条链”的条件设置为“切线”，默认的相切参照为混合曲面；将“方向 1-最后一条链”的条件设置为“垂直”，选取 FRONT 基准面为垂直参照，如图 9-49 所示，然后单击操控板上的✓按钮，创建的混合曲面如图 9-50 所示。

（5）按住 Ctrl 键选取混合曲面 1 和混合曲面 2，使其呈红色高亮显示，然后选择【编辑】（Edit）→【合并】（Merge）命令，并单击操控板上的✓按钮，合并后的曲面如图 9-51 所示。

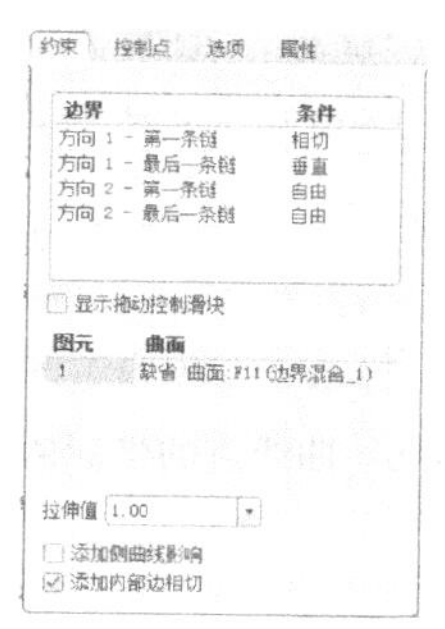

图 9-49　设置边界约束条件

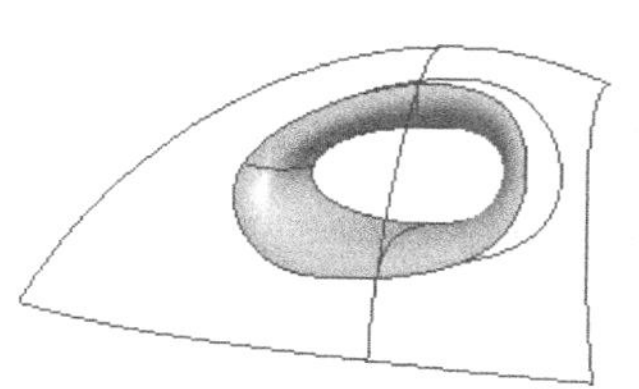

图 9-50　创建的把手曲面

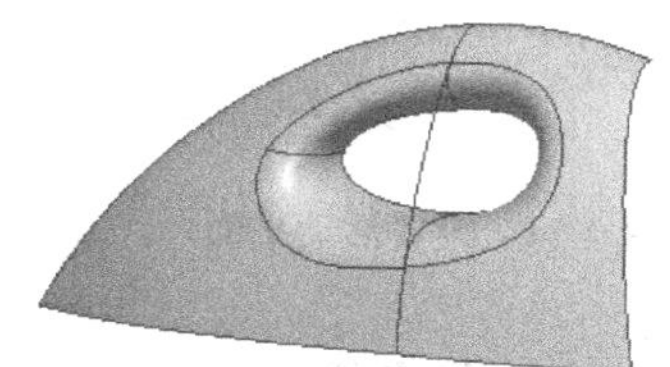

图 9-51　曲面合并后的效果

步骤七　创建电熨斗侧边外观曲面

1．创建拉伸曲面

（1）单击特征工具栏中的按钮，选择操控板上的按钮，然后打开“放置”下拉菜单选取 FRONT 面为草绘平面，绘制如图 9-52 所示的截面并单击✓按钮结束。

（2）在操控板中设置曲面的单向拉伸距离为 70mm，单击✓按钮结束，得到如图 9-53 所示的曲面。

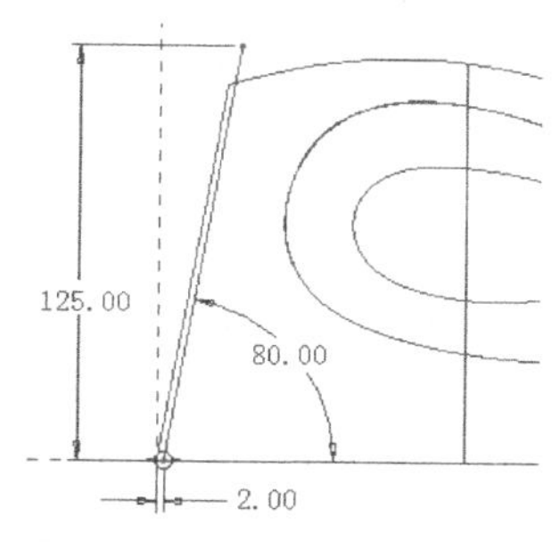

图 9-52　草绘截面

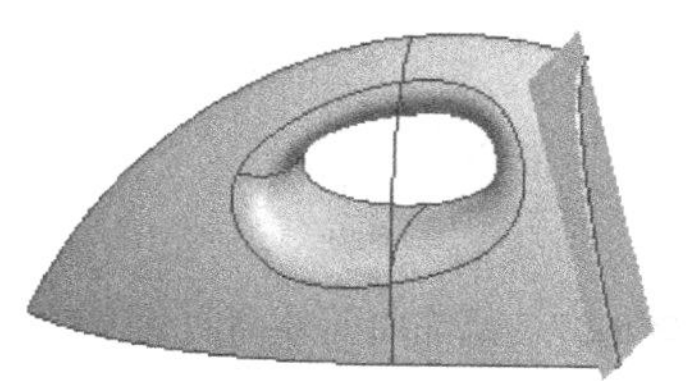

图 9-53　创建的倾斜拉伸曲面

2. 创建修饰曲面外侧曲线

（1）单击特征工具栏中的按钮进入 ISDX 环境，选取前面创建的成角度拉伸曲面中的倾斜面作为活动平面，如图 9-54 所示。

（2）单击造型工具栏中的按钮，选择操控板中的“平面”单选钮，并绘制如图 9-55 所示的平面曲线。

（3）双击曲线进入编辑模式，按照图 9-56 所示依次修改各点的坐标值。

（4）打开“相切”下拉菜单，选取点 1 并用鼠标右键单击点 1 的切线，然后选择快捷菜单中的【法向】命令，并选取 FRONT 面为法向参照面，将切线长度值修改为 46.75mm。

（5）按照同样的方法，选取点 7 并将其约束类型设置为“法向”，选取 FRONT 面为约束参照面，将切线长度值修改为 46.43mm，单击按钮结束，得到如图 9-57 所示的外侧曲线。

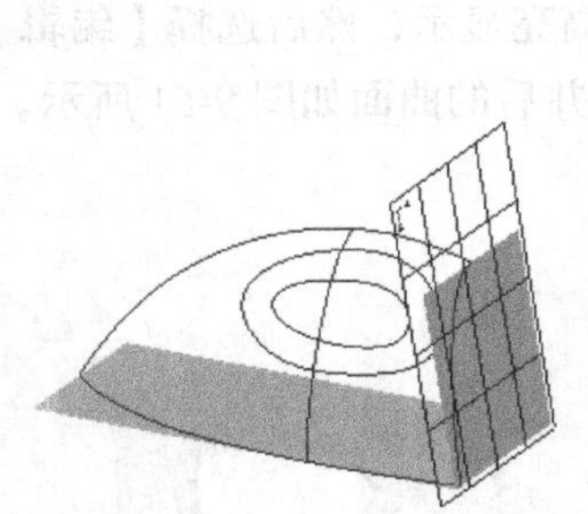

图 9-54　设置活动平面

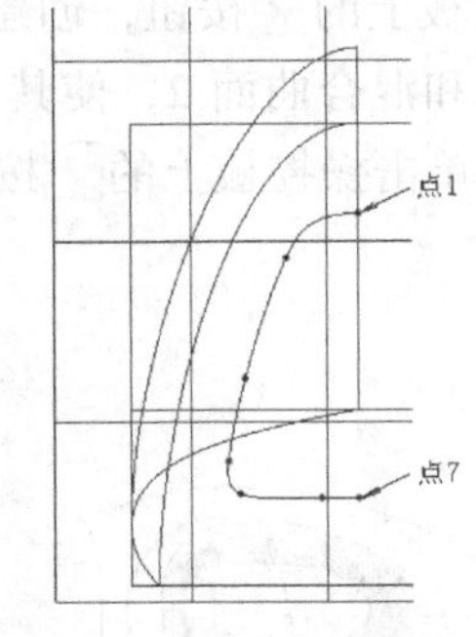

图 9-55　绘制外侧平面曲线

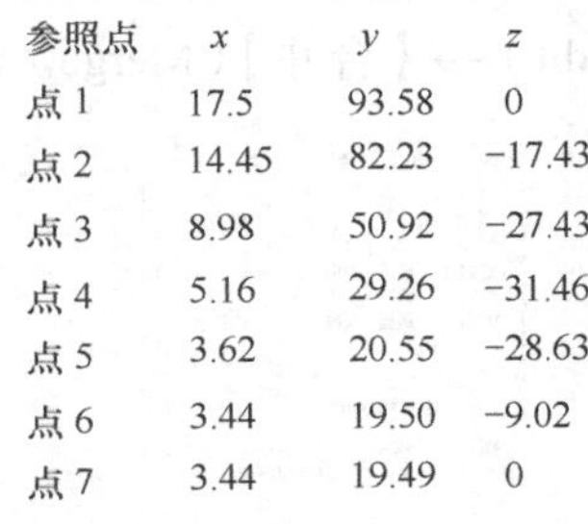

参照点	x	y	z
点 1	17.5	93.58	0
点 2	14.45	82.23	−17.43
点 3	8.98	50.92	−27.43
点 4	5.16	29.26	−31.46
点 5	3.62	20.55	−28.63
点 6	3.44	19.50	−9.02
点 7	3.44	19.49	0

图 9-56　曲线点的坐标值

3. 创建修饰曲面内侧曲线

（1）选取步骤 1 创建的倾斜拉伸曲面作为活动平面，然后单击造型工具栏中的按钮，绘制如图 9-58 所示的平面曲线。

（2）双击曲线进入编辑模式，打开“点”下拉菜单，依次选取各点并按照图 9-59 所示修改其坐标值，然后单击操控板的按钮结束。

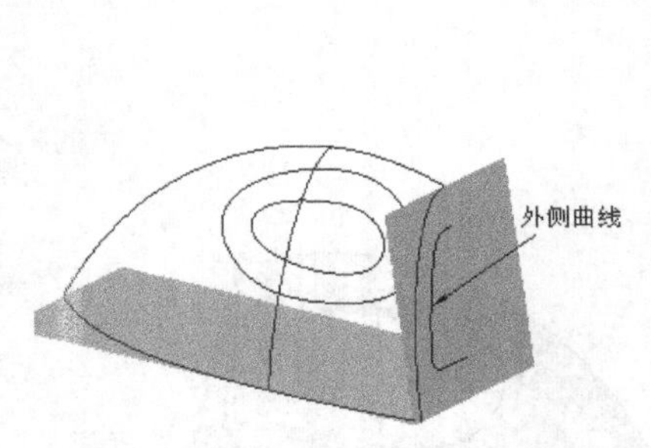

图 9-57　修饰曲面外侧曲线

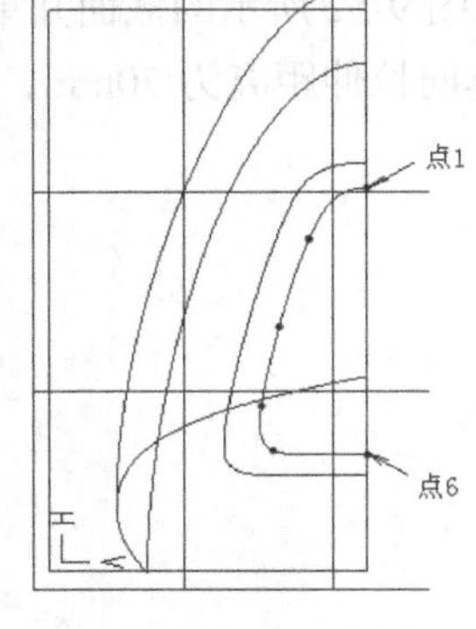

图 9-58　绘制内侧平面曲线

参照点	x	y	z
点 1	16.4	87.26	0
点 2	14.25	75.04	−12.86
点 3	10.6	54.35	−19.42
点 4	7.26	35.43	−23.37
点 5	5.57	26.82	−20.79
点 6	5.23	25.88	0

图 9-59　曲线点的坐标值

（3）打开“相切”下拉菜单，选取点 1 并用鼠标右键单击点 1 的切线，然后选择快捷菜单中的【法向】命令，并选取 FRONT 面为法向参照面，将切线长度修改为 32.34mm。

（4）按照同样的方法，选取点 6 并将其约束类型设置为“法向”，选取 FRONT 面为约束参照面，将切线长度值修改为 32.36mm。

（5）单击按钮选取 FRONT 面为活动平面，然后单击造型工具栏中的按钮，按住 Shift 键捕捉曲线端点绘制如图 9-60 所示的平面曲线，单击按钮结束。

（6）双击曲线进入编辑模式，用鼠标右键单击点 1 的切线并选择快捷菜单中的【曲面相切】命令，然后选取前面的成角度拉伸曲面作为相切参照面，并将切线长度设置为 2.08mm。

（7）以同样的方法，选取点 2 并设置其与倾斜拉伸曲面为曲面相切约束，设置切线长度为 2.09mm，然后单击操控板的按钮结束，得到如图 9-61 所示的平面曲线 1。

（8）参照上述方法，创建另一端的平面曲线 2，并将两端点的曲面相切长度均设置为 2.26mm，结果如图 9-62 所示。

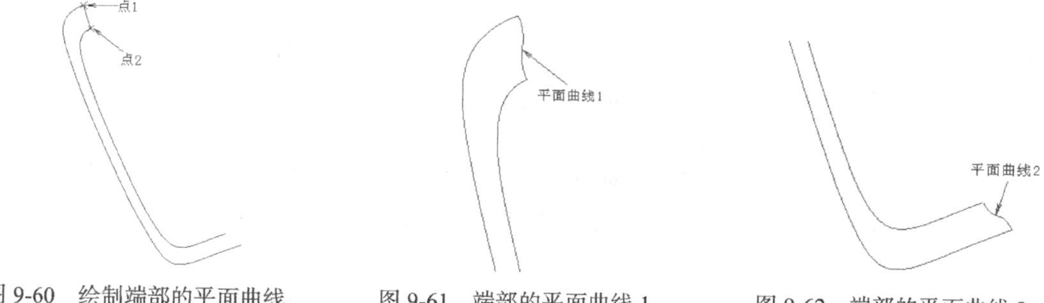

图 9-60 绘制端部的平面曲线　　图 9-61 端部的平面曲线 1　　图 9-62 端部的平面曲线 2

4. 创建修饰曲面

（1）单击造型工具栏中的按钮，按住 Ctrl 键依次选取创建的 4 条平面曲线作为边界参照。

（2）显示曲面的预览效果，然后单击操控板的按钮，创建如图 9-63 所示的曲面。

（3）单击造型工具栏中的按钮，退出自由曲面模式。

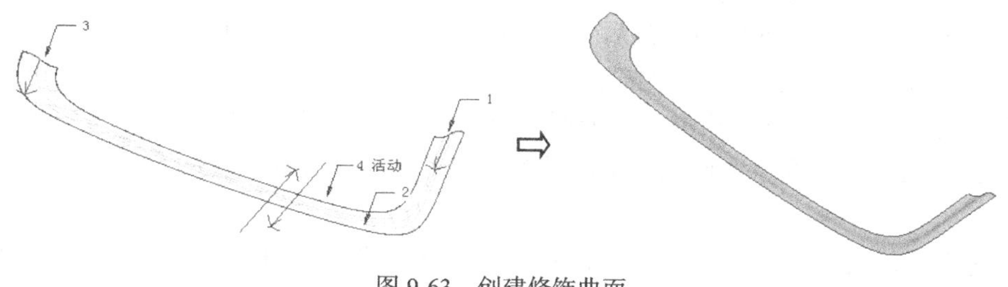

图 9-63 创建修饰曲面

5. 合并曲面

（1）隐藏所有曲线，按住 Ctrl 键选取自由曲面和步骤 1 创建的倾斜拉伸曲面，然后选择【编辑】（Edit）→【合并】（Merge）命令。

（2）单击操控板上的按钮设置曲面的保留侧，然后单击按钮完成曲面的合并，如图 9-64 所示。

步骤八　创建电熨斗底部曲面

（1）单击特征工具栏中的按钮，选择操控板中的按钮，然后打开“放置”下拉菜单选取 FRONT 面为草绘平面，绘制如图 9-65 所示的截面并单击按钮结束。

（2）在操控板中设置曲面的单向拉伸距离为 70mm，单击按钮结束，得到如图 9-66 所示的底部拉伸曲面。

图 9-64　合并后的曲面

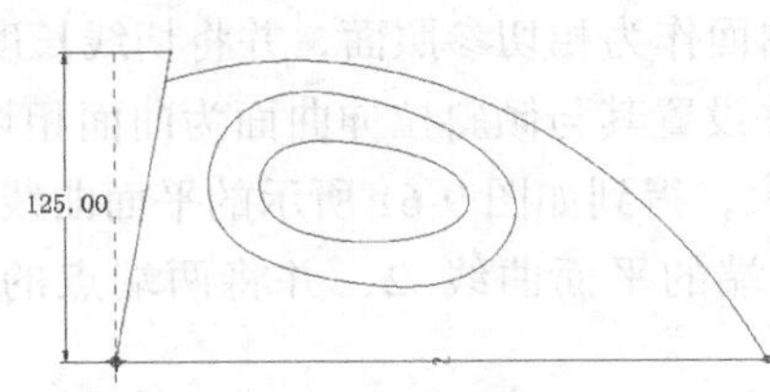

图 9-65　草绘截面

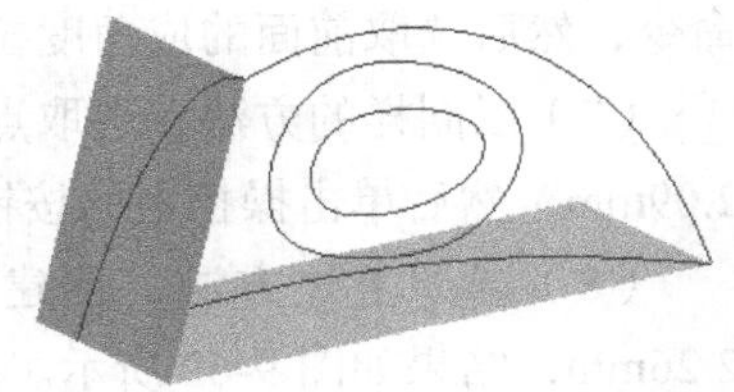

图 9-66　创建的底部拉伸曲面

（3）按住 Ctrl 键依次选取混合曲面和创建的拉伸曲面（呈红色高亮显示），然后选择【编辑】（Edit）→【合并】（Merge）命令，并单击操控板中的按钮设置曲面的保留侧，单击按钮完成曲面的合并，如图 9-67 所示。

（4）以同样的方式依次选取合并后的曲面面组，然后选择【编辑】（Edit）→【合并】（Merge）命令进行合并，单击操控板上的按钮结束，得到如图 9-68 所示的曲面模型。

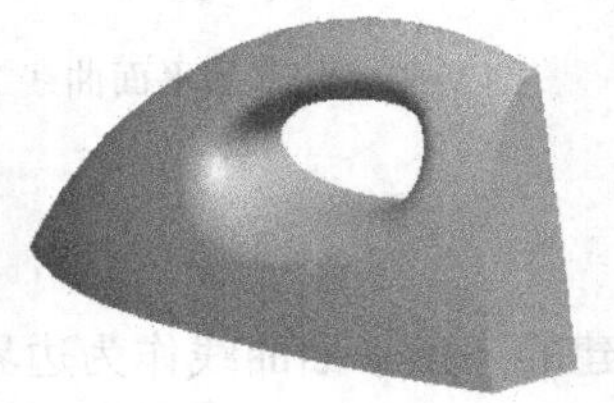

图 9-67　合并后的曲面

图 9-68　显示的曲面模型

步骤九　镜像外观曲面及倒圆角

（1）选取合并后的曲面面组，然后选择【编辑】（Edit）→【镜像】（Mirror）命令，选取 FRONT 面为镜像平面，然后单击按钮结束。

（2）按住 Ctrl 键依次选取合并后的曲面和镜像后的曲面，然后选择【编辑】（Edit）→【合并】（Merge）命令，并默认曲面保留侧的设置，单击按钮完成曲面的合并，效果如图 9-69 所示。

（3）选取整体曲面使其呈红色高亮显示，然后选择【编辑】（Edit）→【实体化】（Solidify）命令，在操控板中默认设置不变，直接单击按钮将曲面转换为实体。

（4）单击特征工具栏中的按钮，在操控板选择按钮切除材料，然后选取 FRONT 面作为草绘平面，绘制如图 9-70 所示的截面，且设置双向对称拉伸距离为 120mm，然后单击按钮结束。

（5）单击特征工具栏中的按钮，选取如图 9-71 所示的倒圆角边并设置圆角值为 5mm；选取如图 9-72 所示的两条边为倒圆角参照，并设置其圆角值为 5mm，单击按钮完成圆角的创建。

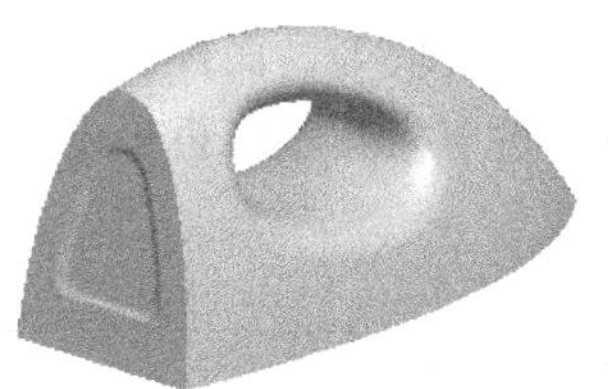

图 9-69　合并后的曲面

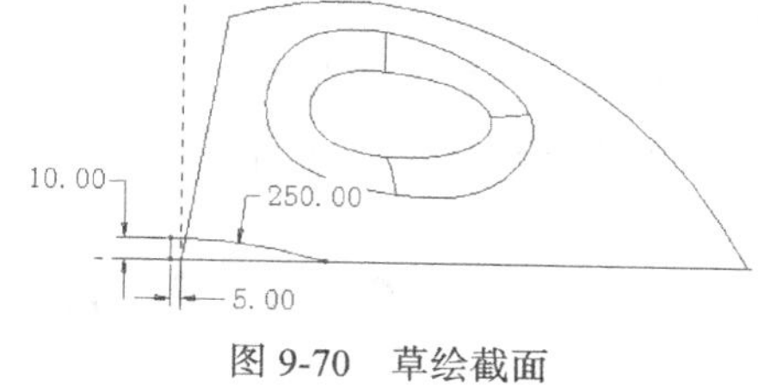

图 9-70　草绘截面

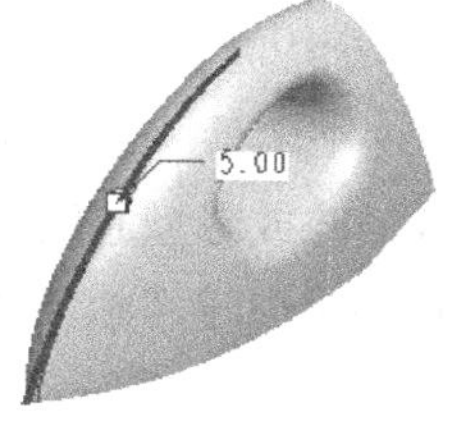

图 9-71　*R*5mm 的倒圆角参照

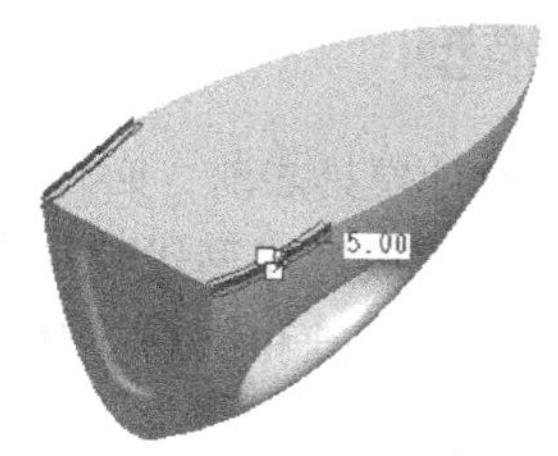

图 9-72　选取两条边为倒圆角参照

（6）按照同样的方法，选取模型底部最大边界作为参照，进行圆角值为 1mm 的倒圆处理，如图 9-73 所示；选取底部外缘边界进行圆角值为 3mm 的倒圆处理，如图 9-74 所示。

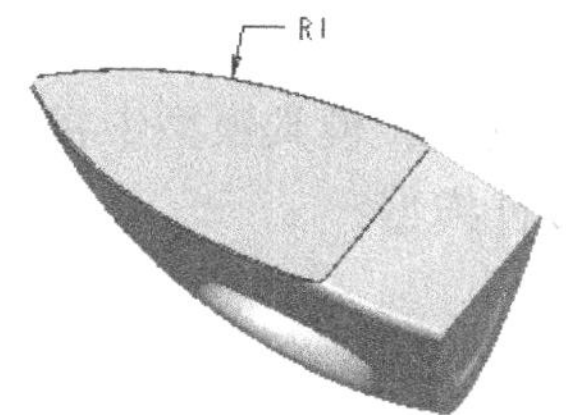

图 9-73　*R*1 的倒圆角参照

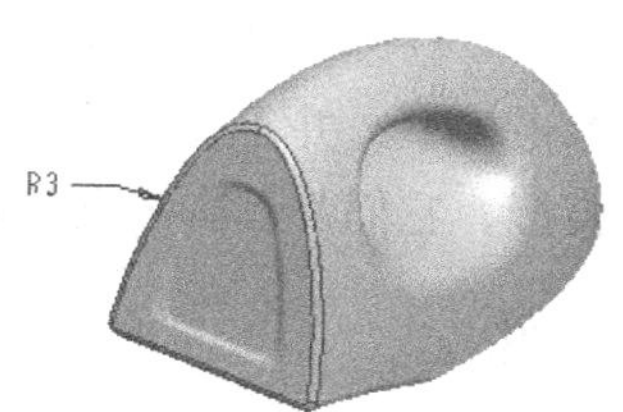

图 9-74　*R*3 的倒圆角参照

（7）新建图层并将模型中所有的曲线、基准点、面组移至该图层，然后通过隐藏该层来隐藏所有的曲面、曲线和点，完成的电熨斗外形效果如图 9-75 所示。

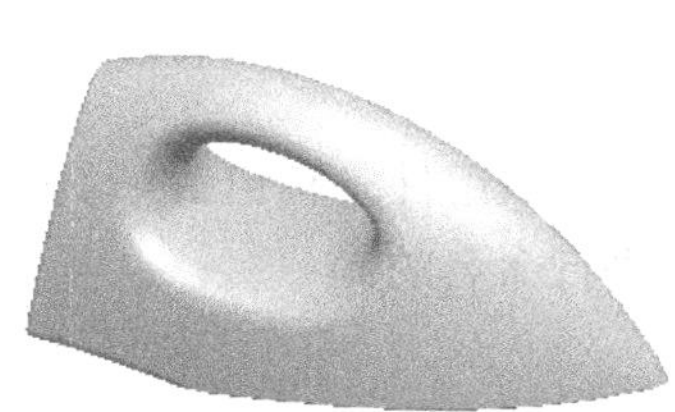

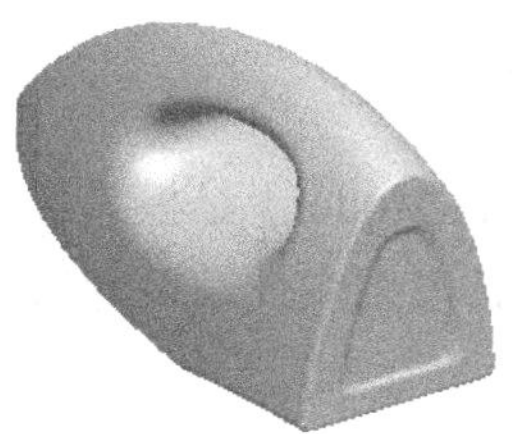

图 9-75　完成后的电熨斗外形效果

9.2 Pro/E 模具设计

利用 Pro/E 进行模具设计时，一般先进行模具三维拆模工作，建构出模具的成型零件，然后设计模座零件。模具成型零件包括上模型腔、下模型腔、型芯、滑块等，而模座零件则包括定模板、动模板、顶针、复位杆、导柱、导套等。本章的内容着重于模具三维拆模的流程及方法，对模具的全局设计不予介绍。

9.2.1 Pro/E 模具设计的专业术语

1. 设计模型

采用 Pro/E 设计模具之前，必须先设计出产品的外形及结构，产生一个零件原型，即设计模型（Design Model）。设计模型代表着成型后的最终产品，它决定了模具型腔或者型芯的结构，是所有模具设计操作的基础和依据。设计模型必须是一个零件，其在模具中是以参考模型表示的。

2. 参考模型

参考模型（Reference Model）是以放置到模具中的一个或多个设计模型为基础的，它是实际被装配到模型中的组件。将一个设计模型添加到模具模型时，Pro/E 系统将从设计模型复制出一个参考模型装配到模具模型，并提示输入名称进行命名。参考模型和设计模型之间存在一定的参数关系。修改设计模型时，模具中的参考模型也会相应发生变化。但在模具中增加额外的特征到参考模型，并不会影响到设计模型。创建一模多腔模具时，模具模型中将存在多个单一的参考模型，它们都具有独立的名字，而且都参考相同的设计模型。

3. 工件

工件（Workpiece）又称坯料，代表的是模具组件的全部体积，也是一个零件模型。使用分型面分割工件，就可以得到模具的型腔、型芯等元件。系统允许将零件模式中创建的工件放置到模具模块，或者直接在模具模块中创建一个工件。工件应包括所有的参考模型、模腔、浇口、流道、滑块等。

4. 模具模型

模具模型（Mold Model）是模具设计模块中的顶级组件，它包括一个或多个参考模型和一个或多个工件。模具模型文件是以 mfg 为扩展名进行命名的。

5. 分型面

分型面（Parting Surface）又称分模曲面，是用来分割工件或者已存在的模具体积块的。它由一个或多个曲面构成，并围成一个封闭的空间。在 Pro/E 模具设计流程中，最重要也是最关键的步骤便是建立分型面。确定了正确的分型面，才能打开模具，同时也就确定了模具的结构形式。

在 Pro/E 中，曲面特征被用来创建分型面，产生分型面的过程就是创建曲面的过程。在 Pro/E 中创建分型面，必须遵循两个基本要求：一是分型面必须与工件或模具体积块完全相交以实现分割；二是分型面不能有破孔，且不能自身相交。

6. 铸件

铸件就是铸造所产生的最终零件。设计者可以对铸件和设计模型进行比较，观察其是否一致。

9.2.2 Pro/E Wildfire 5.0 模具设计的工作界面

新建模具设计文件之前，应将工作目录设定在指定的目录位置，以保证其后生成的所有文件都会放在正确的目录中。单击图标工具栏中的□按钮并在“新建”对话框中选择“制造”（Manufacture）类型、“模具型腔”（Mold Cavity）或“铸造型腔”（Cast Cavity）子类型，然后输入文件名并单击确定按钮，如图 9-76 所示。进入模具设计模块后，系统显示的菜单管理器与零件模块完全不同，如图 9-77 所示。

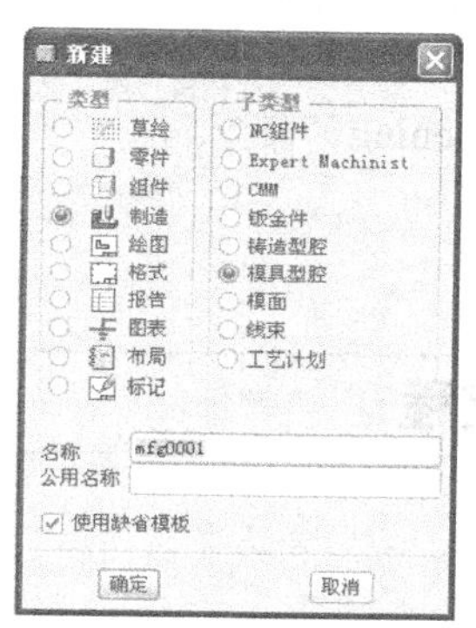

图 9-76　新建模具设计文件

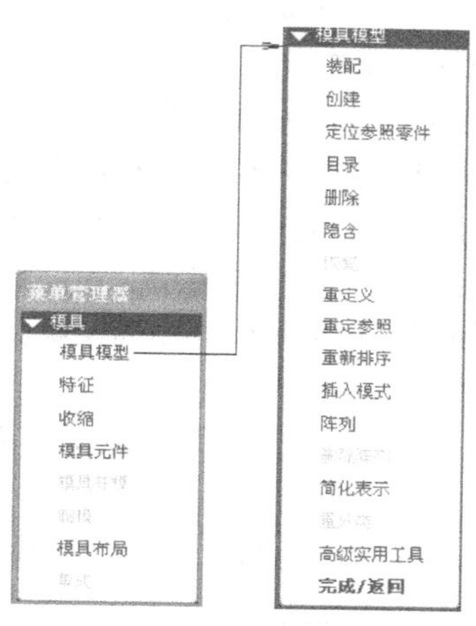

图 9-77　【模具】菜单管理器

1. 模具菜单选项

在模具设计模块中，其显示的【模具】（MOLD）菜单包含多个命令选项，这里予以简要说明。

【模具模型】（Mold Model）用于将设计模型、工件等加入到模具模型，以及进行其他一些相关的操作。

【特征】（Feature）用于在模具模型的不同元件中建立相关特征，如建立浇注系统、冷却水道等模具组件特征。

【收缩】（Shrinkage）用于设置零件模型的收缩率。

【模具元件】（Mold Comp）用于将模具体积块转变成模具实体元件，形成零件文件*.prt。

【模具开模】（Mold Opening）用于定义模具元件的移动，模拟模具的开模动作。

【制模】（Molding）用于由建立的模具型腔模拟注塑成型为一个铸件。

【模具布局】（Mold Layout）用于产生或打开一个模具布局。

2. 模具设计工具栏

进入模具设计模块后，图形窗口会弹出一个图标工具栏，如图 9-78 所示。其中，各图标按钮的功能说明如下。

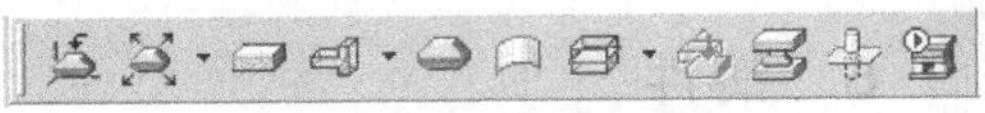

图 9-78　模具设计图标工具栏

按钮用于选取设计模型，并且将其组装到模具模型中，相当于选择【模具模型】(Mold Model)→【装配】(Assemble)→【参照模型】(Ref Model)命令。

按钮用于定义零件收缩率，相当于【收缩】(Shrinkage)命令。

按钮用于创建工件，相当于选择【模具模型】(Mold Model)→【创建】(Create)→【工件】(Workpiece)命令。

按钮用于建立模具型腔。单击右侧的下拉按钮，可弹出两个图标按钮：按钮用于创建模具体积块，按钮用于创建模具型腔零件。

按钮用于沿指定方向在参考模型的最大投影轮廓处，自动生成模型棱线作为分模线，相当于【侧面影像】(Silhouette)命令。

按钮用于以曲面创建方式建立分型面。

按钮用于由分型面分割出模具体积块，其带有下级图标。其中，按钮表示将现有工件或模具体积块分割为新的模具体积块，按钮表示仅分割现有的实体零件。

按钮用于选取某模具体积块来创建新的模具元件。

按钮用于定义开模动作，相当于【模具开模】(Mold Opening)命令。

按钮用于剪切零件模型。

按钮用于切换到模具布局模块。

9.2.3　模具设计的基本流程

在 Pro/E 系统中进行模具设计，其基本流程简述如下。

1. 建立或调入设计模型，形成模具设计的参考模型

零件设计模型代表着成型零件的最终产品，它是所有模具设计的基础，如图 9-79 所示。设计模型必须是一个零件，可以在零件模式或直接在模具组件中建立，其在模具模型中以参考模型表示。零件参考模型是以放置到模具模块中的一个或多个设计模型为基础的，由一个合并的单一实体模型所组成，如图 9-80 所示。

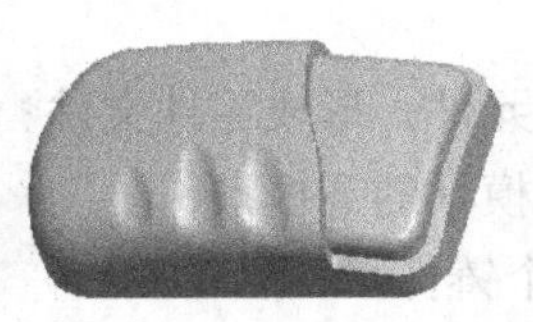

图 9-79　零件设计模型

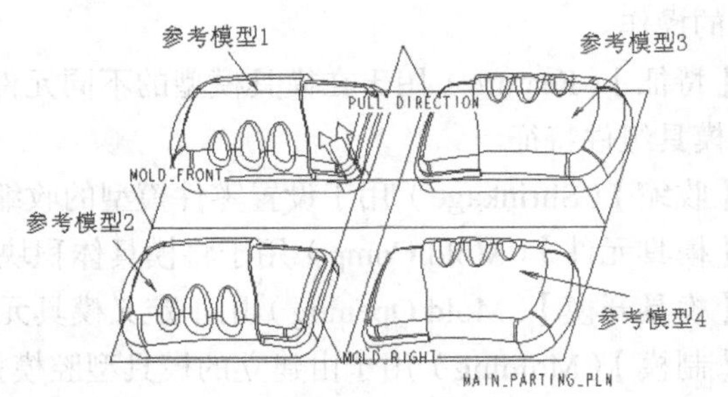

图 9-80　零件参考模型

2. 模型检验

在开始拆模之前，必须先对参考模型进行拔模斜度检测(Draft Check)、厚度检测(Thickness

Check）等几何特征的检查，以确认零件成品的厚度及拔模斜度是否符合设计需求，否则可以及时修改，使之符合设计需求。如图 9-81 所示，采用层切面对参考模型的厚度进行检测，超出许可厚度范围的截面部位均为高亮显示。

3. 建立工件

在模具模块中调入设计模型后，可通过【模具模型】（Mold Model）命令轻易地将设计模型或参考零件与事先建立好的工件组装在一起，如图 9-82 所示。当然，也可以在模具模块中直接建立工件实体。工件是用来定义所有模具元件体积的，而这些元件将决定零件的最后形状。

4. 在模具模型上创建缩水率

缩水率（Shrinkage）根据选择的形态，可以等向或非等向地增加在整个模型指定的特征尺寸上。

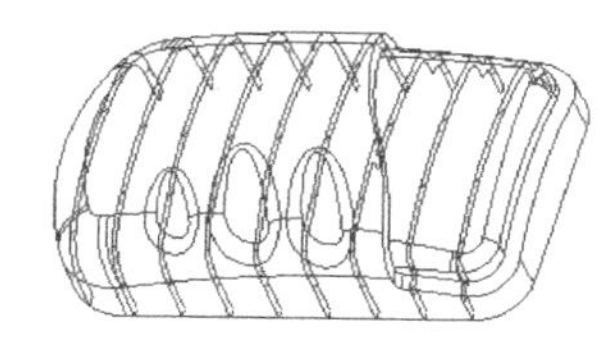

图 9-81　模型厚度的切面检测

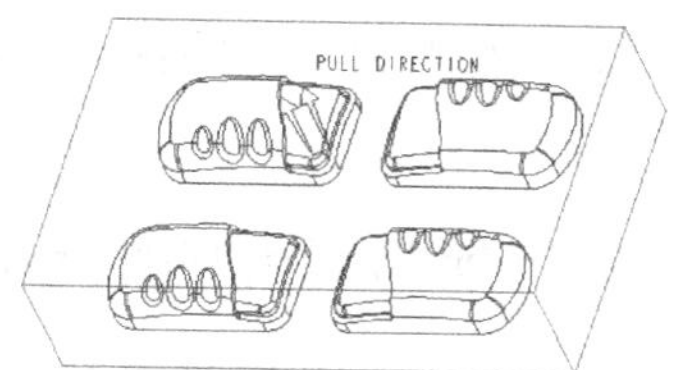

图 9-82　建立工件模型

5. 加入模具装配特征，设计浇注系统

模具装配特征的设计，与装配模块中的组合特征设计是一样的。利用【特征】（Feature）菜单功能设计模具的浇注系统，一般包括主流道（Sprue）、分流道（Runner）、浇口（Gate）等。当然，也可以在拆模之后与冷却水道等一并进行设计。

6. 定义分型面及模块体积

要将工件一分为二，必须先建立一个特征曲面作为坯料分割的参考，这个特征曲面称为分型面（Parting Surface），如图 9-83 所示。利用分型面可将模具模型中的工件分割成数个模型体积，或型芯体积、滑块体积等。

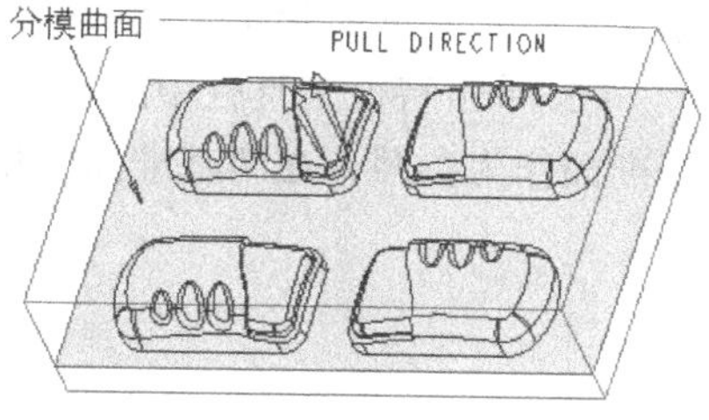

图 9-83　建立分型面

7. 建立模具实体元件

抽取所有完成的模块体积，将所有的曲面几何（如模型体积、型芯体积、滑块体积等）转换为实体几何，形成所需的模具实体元件（Mold Comp），如型芯、型腔、滑块等，如图 9-84 所示，并且可以被 Pro/E 其他的模块调用。

8. 填充模具型腔，建立浇注件模型

利用工件体积减去抽取的模具元件体积，系统能以剩下的体积自动创建浇注件模型。

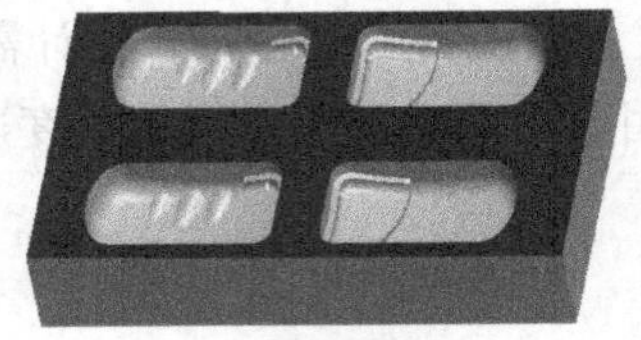

（a）上模型腔　　（b）下模型腔

图 9-84　模具元件

9. 模拟开模，并进行干涉检测

定义模具开启的步骤，并在开模过程中进行干涉检测，如有必要可进行修改，如图 9-85 所示。

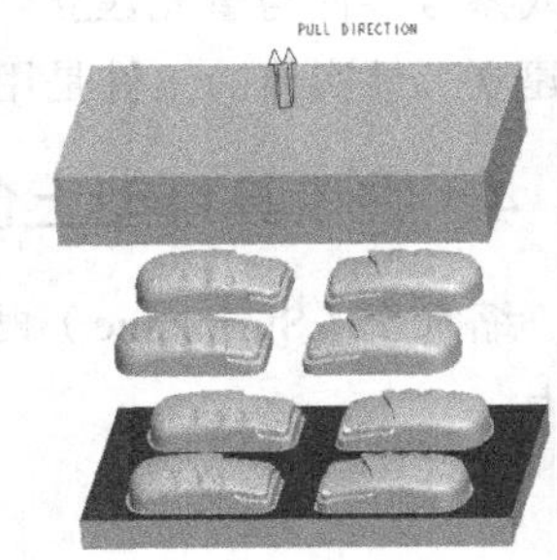

图 9-85　定义模具开模动作

10. 装配模座元件

模座元件一般都是标准零件，可直接调入，系统会将它们与模具模型一起显示。

11. 进行所有元件的细部设计

调入模座后，往往还需进行顶出装置、冷却水道的布置及其他元件的细部设计。

9.2.4　模具设计范例

例　对如图 9-86 所示汽车的车灯盖零件进行塑料模具设计。

步骤一　新建模具设计文件

（1）在 Sample 目录中建立文件目录“9-2”，并将该目录设定为 Pro/E 的当前工作目录。

（2）单击按钮，在“新建”对话框中选择“制造”类型、“模具型腔”子类型，并取消缺省模板而选用“mmns_mfg_mold”模板，新建模具设计文件“9-2.mfg”。此时，系统自动建立 3 个默认基准面和 1 个默认坐标系。

（3）单击特征工具栏中的按钮，按住 Ctrl 键选取 MAIN_PARTING_PLN 和 MOLD_RIGHT 基准面作为参照，在两基准面的相交位置创建基准轴 AA_1，如图 9-87 所示。

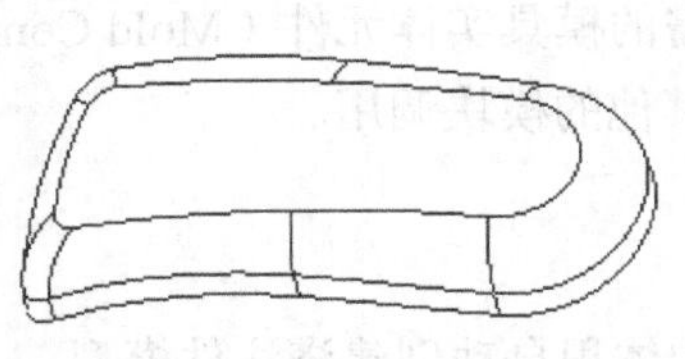

图 9-86　汽车车灯盖零件

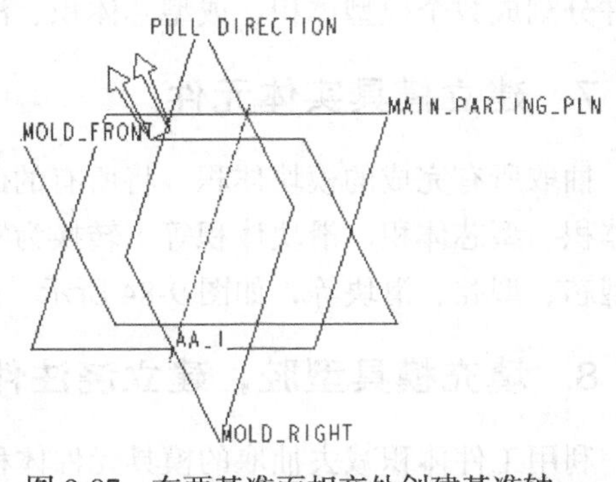

图 9-87　在两基准面相交处创建基准轴

步骤二　建立模具模型

（1）在【模具】（MOLD）菜单管理器中，选择【模具模型】（Mold Model）→【装配】（Assemble）→【参照模型】（Ref Model）命令，然后选择设计模型零件 lamp_cover.prt 进行调入，按照如图 9-88 所示定义装配约束关系，并在“创建参照模型”对话框中指定为“按参照合并”，输入参照模型的名称为“9-2_REF1”，如图 9-89 所示。

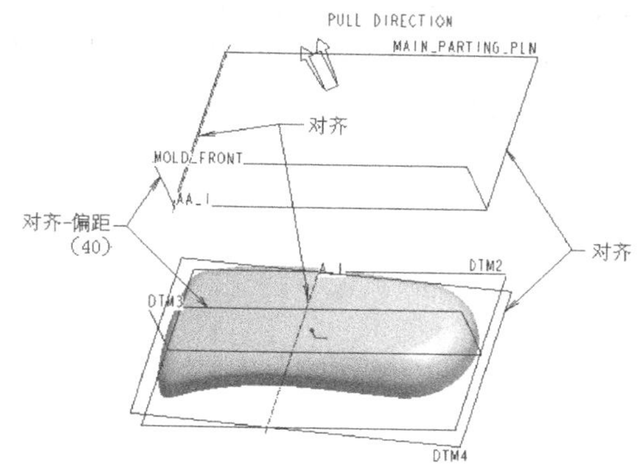

图 9-88　装配约束关系的定义

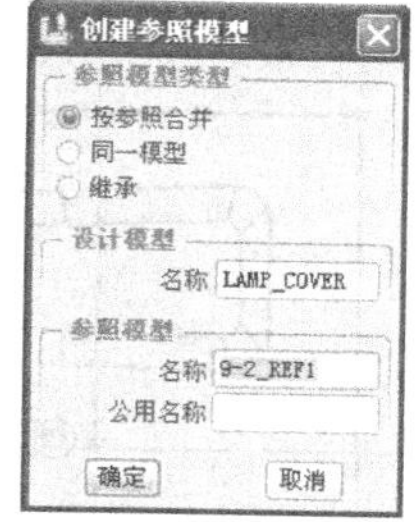

图 9-89　“创建参照模型”对话框

（2）重复上述步骤，继续调入设计模型零件 lamp_cover.prt，并定义相同的约束关系（仅组件的 MOLD_FRONT 与零件的 DTM3 定义对齐-偏距约束时，其偏距值改为−40mm），建立参考模型“9-2_REF2”。

（3）选择【视图】（View）→【层】（Layers）命令，建立分别属于两个参考模型（Part 级别）的图层，并利用该图层隐藏所有参考模型的基准面、基准轴及基准坐标系，如图 9-90 所示。

（4）在【模具】（MOLD）菜单管理器中，选择【收缩】（Shrinkage）命令并选择一个参考模型，然后选择【按尺寸】（By Dimension）命令，并在弹出的“按尺寸收缩”对话框中按如图 9-91 所示进行设置（所有尺寸的收缩率定义为 0.01），单击 ✔ 按钮完成收缩率的定义。

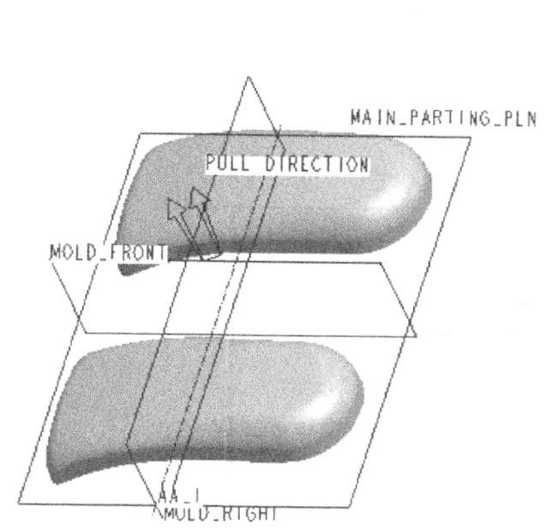

图 9-90　组装后的参考模型

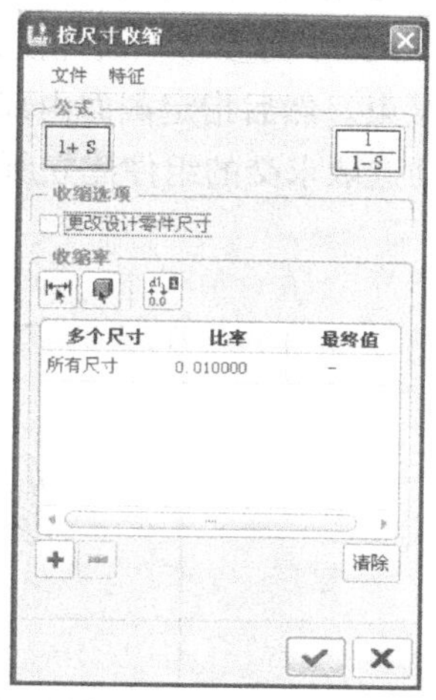

图 9-91　设置尺寸收缩率

（5）选择【模具模型】（Mold Model）→【创建】（Create）→【工件】（Workpiece）→【手动】（Manual）命令，在“元件创建”对话框中指定为“零件”类型、“实体”子类型，然后输入名称为“work_p”并单击确定按钮结束。

（6）在弹出的“创建选项”对话框中选取“创建特征”单选钮并单击确定按钮，然后在菜单管理器中选择【实体】（Solid）→【伸出项】（Protrusion）→【拉伸（Extrude）|实体（Solid）|完成（Done）】命令。

（7）在显示的拉伸操控板中，定义 MAIN_PARTING_PLN 为草绘平面并默认视角朝下，选取 MOLD_FRONT 为参考平面并使其方向朝下，然后进入草绘模式后绘制如图 9-92 所示的截面并单击✓按钮结束。定义工件的双向对称拉伸距离为 60mm，然后单击鼠标中键即可完成工件的定义（工件显示为绿色），建立的工件模型如图 9-93 所示。

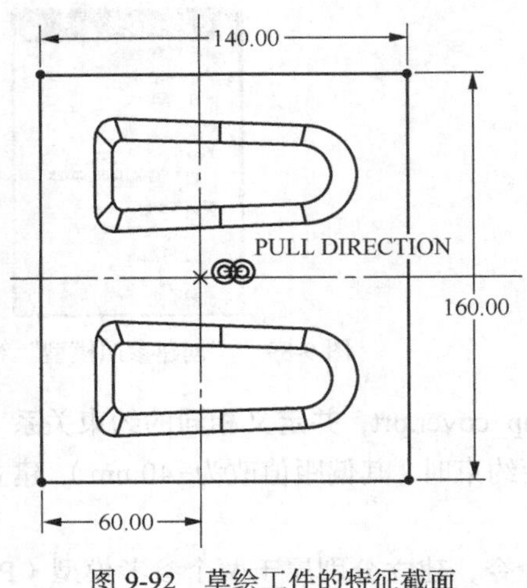

图 9-92　草绘工件的特征截面

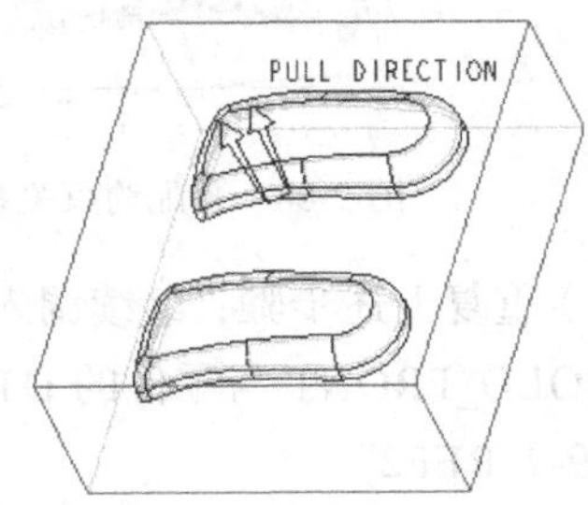

图 9-93　建立的工件模型

步骤三　建立浇注系统

（1）在【模具】（MOLD）菜单管理器中，选择【特征】（Feature）→【型腔组件】（Cavity Assem）→【实体（Solid）|切减材料（Cut）】→【旋转（Revolve）|实体（Solid）|完成（Done）】命令，然后在旋转操控板中定义 MOLD_FRONT 为草绘平面并默认视角方向朝后，定义 MOLD_RIGHT 为参考平面并使其方向朝右，进入草绘模式后绘制如图 9-94 所示的截面并单击✓按钮结束。然后指定截面内部为切除区域，定义旋转角度为 360° 并单击鼠标中键结束，系统将自动选取求交的组件建立所需的主流道特征。

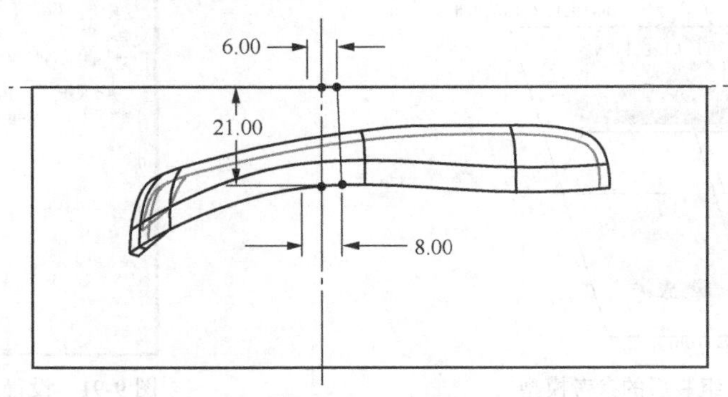

图 9-94　草绘主流道的截面

（2）选择【特征】（Feature）→【型腔组件】（Cavity Assem）→【实体（Solid）|切减材料

（Cut）】→【旋转（Revolve）|实体（Solid）|完成（Done）】命令，然后在旋转操控板中选取主流道底面为草绘平面并默认视角方向朝下，选取 MOLD_FRONT 为参考平面并使其方向朝下，绘制如图 9-95 所示的截面并单击✓按钮结束。然后定义旋转角度为 360° 并单击鼠标中键结束，系统将自动选取求交的组件建立所需的分流道特征，如图 9-96 所示。

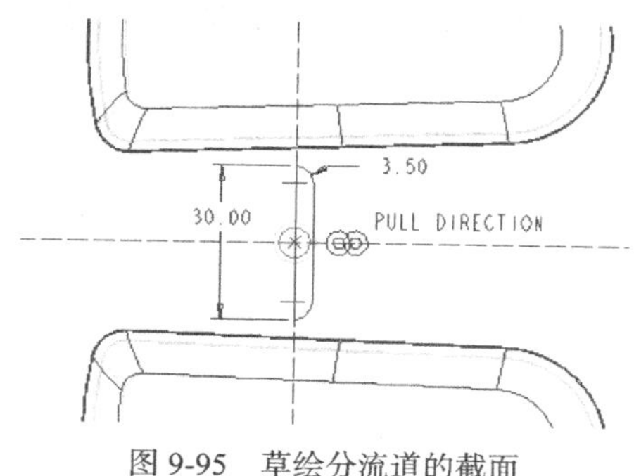

图 9-95 草绘分流道的截面

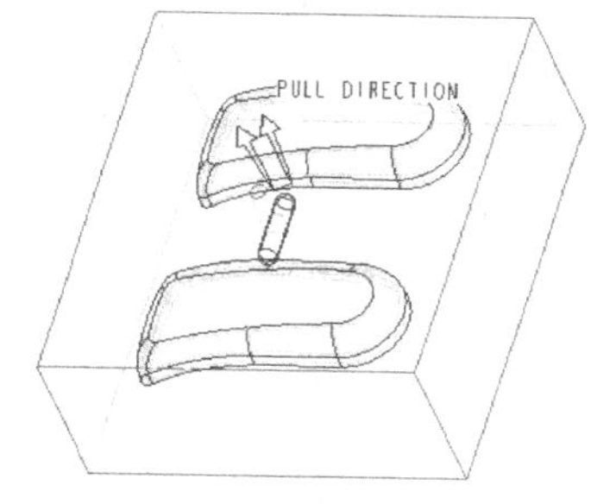

图 9-96 建立的分流道

（3）选择【Feature（特征）】→【型腔组件】（Cavity Assem）→【实体（Solid）|切减材料（Cut）】→【拉伸（Extrude）|实体（Solid）|完成（Done）】命令，然后在拉伸操控板中选取 MOLD_FRONT 为草绘平面并默认视角方向朝内，绘制如图 9-97 所示的截面（为 R1.5mm 的封闭型近似半圆）并单击✓按钮结束，然后设定截面内部为材料切除区域，并分别选取两参考零件的侧面作为特征双向拉伸的终止参照，如图 9-98 所示，然后单击鼠标中键建立所需的浇口特征。

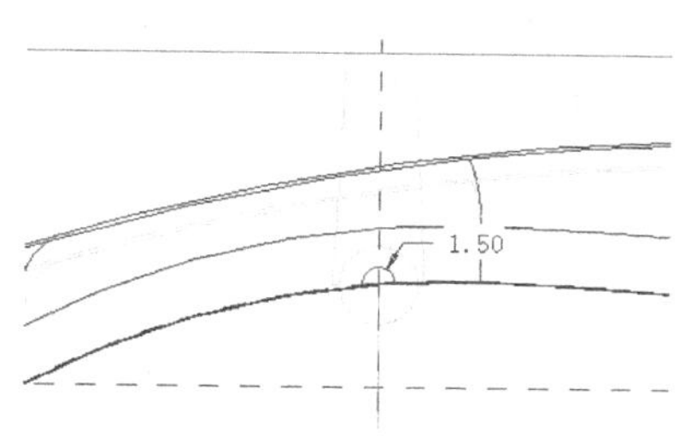

图 9-97 草绘浇口的特征截面

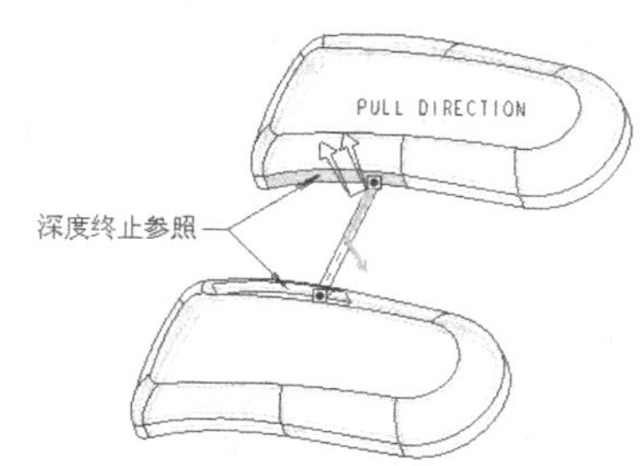

图 9-98 定义浇口特征的拉伸终止参照

步骤四 建立分型面

（1）在组件的模型树中，右击 WORK_P.PRT 零件并选择快捷菜单中的【遮蔽】（Blank）命令，将工件 WORK_P.PRT 隐藏起来，不予显示。

（2）在【模具】（MOLD）菜单管理器中，选择【特征】（Feature）→【曲面】（Surface）→【复制】（Copy）→【完成】（Done）命令，然后在曲面复制操控板中选取参考模型 9-1_REF1 的顶面为种子面、选取所有底面为边界面，如图 9-99 所示，通过“种子和边界曲面”的方式复制参考模型的所有上表面并生成复制曲面 Surf1，如图 9-100 所示。

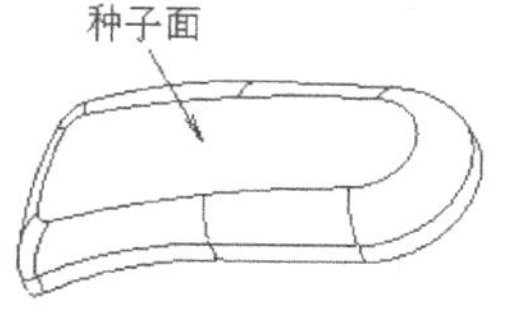

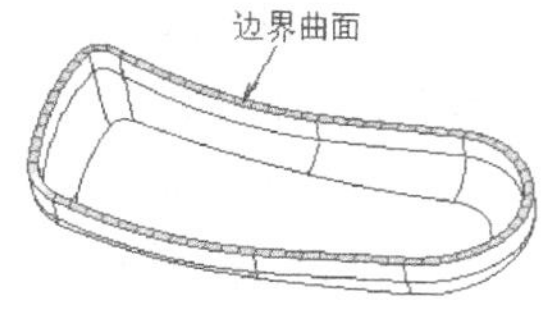

图 9-99 定义种子面和边界曲面

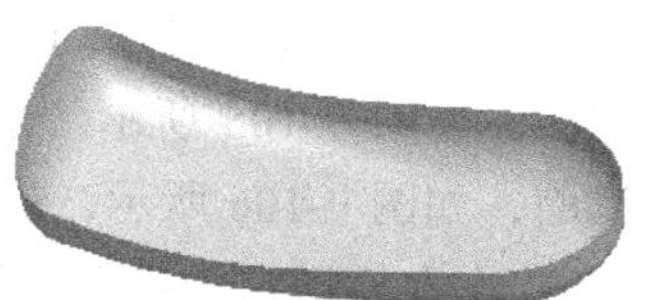

图 9-100 复制后的曲面

（3）采用同样的方法，复制另一个参考模型的所有上表面，建立出复制曲面 Surf2。

（4）在模型树中通过鼠标右键菜单，取消对工件 WORK_P.PRT 的隐藏，而将两个参考模型 9-1_REF1 和 9-1_REF2 隐藏起来。

（5）选择【特征】（Feature）→【曲面】（Surface）→【延伸】（Extend）→【完成】（Done）命令，然后选取复制曲面 Surf2 前侧的 3 条边界作为延伸的边界参照，将其延伸至工件前侧面，如图 9-101 所示。

（6）依照同样的方法，将复制曲面 Surf1 后侧的 3 条边界作为参照，延伸至工件的后侧面，如图 9-102 所示。

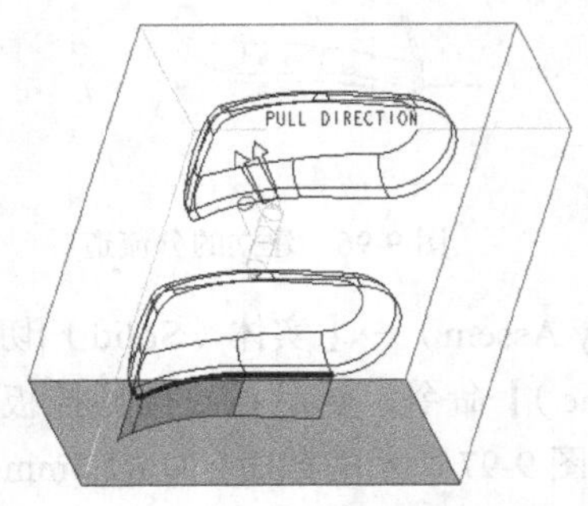

图 9-101 延伸复制曲面 Surf2 的前侧边

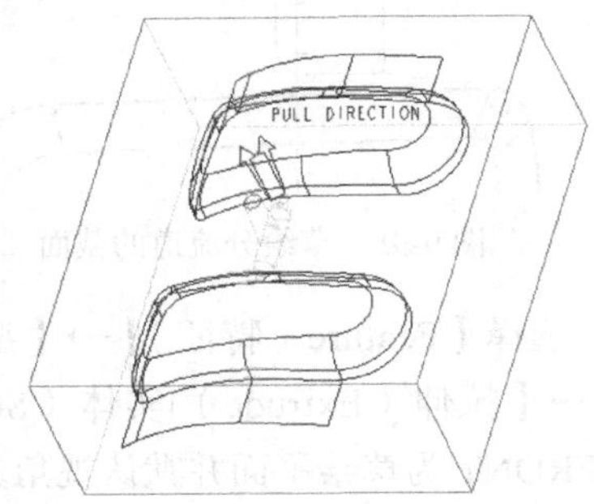

图 9-102 延伸复制曲面 Surf1 的后侧边

（7）单击模具特征工具栏中的按钮进入分型面创建模式，然后在显示的特征工具栏中单击按钮，在边界混合曲面操控板中分别以链（Chain）方式选取两个分模曲面的 3 段边界作为第一方向的两条边界线，如图 9-103 所示，建立中间部分的边界混合曲面 Surf3，如图 9-104 所示。

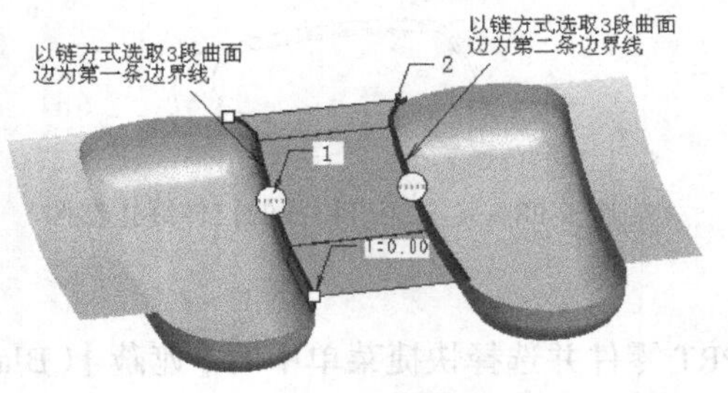

图 9-103 定义边界混合曲面的边界线

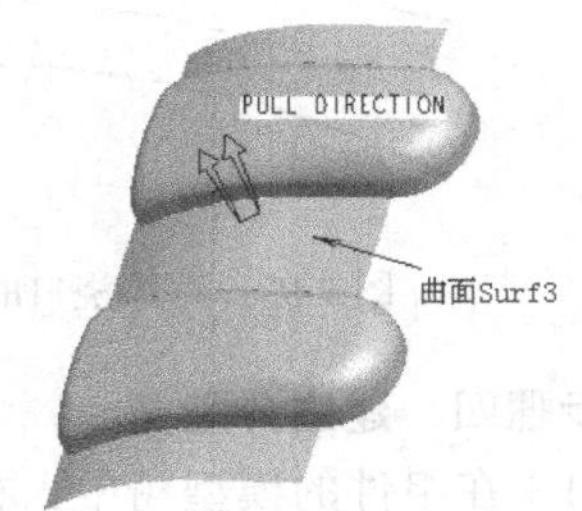

图 9-104 建立的边界混合曲面

（8）在状态栏将“选取过滤器”设置为“面组”，然后按住 Ctrl 键依次选取复制及延伸曲面 Surf1 和边界混合曲面 Surf3，并选择【编辑】（Edit）→【合并】（Merge）命令将其合并为一个面组。继续同样的操作，将合并后的曲面与复制及延伸曲面 Surf2 进行合并。

（9）在【模具】（MOLD）菜单管理器中，选择【特征】（Feature）→【曲面】（Surface）→【延伸】（Extend）→【完成】（Done）命令，然后选取合并曲面右侧的所有边界并将其延伸到工件右侧面，如图 9-105 所示。采用同样的方法，选取合并曲面左侧的所有边界并将其延伸到工件左侧面，如图 9-106 所示，最后得到如图 9-107 所示的分型面。

（10）在模型树中选择【设置】（Settings）→【树过滤器】（Tree Filters）命令，然后在显示的“模型树项目”对话框中勾选“特征”（Features）复选框，即允许在组件模型树中显示特征，然后可以在模型树窗口中查看到由复制和延伸所产生的所有曲面特征，如图 9-108 所示。

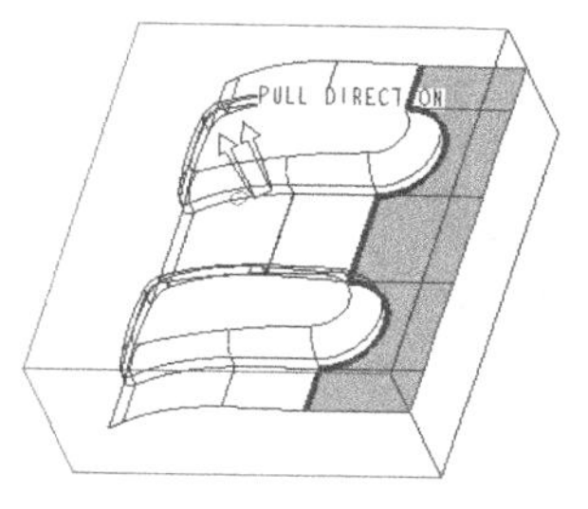

图 9-105　延伸曲面右侧边

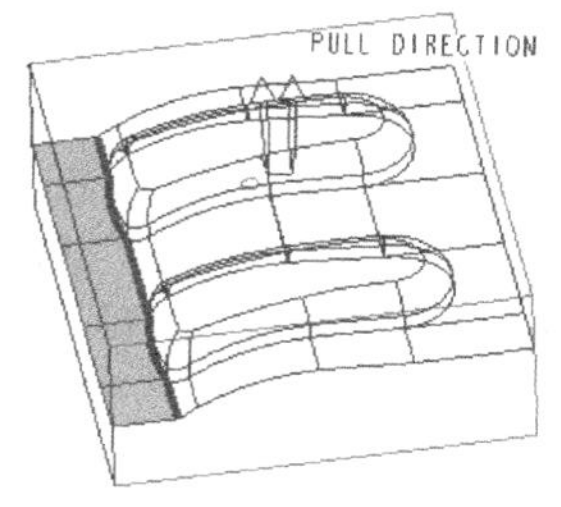

图 9-106　延伸曲面左侧边

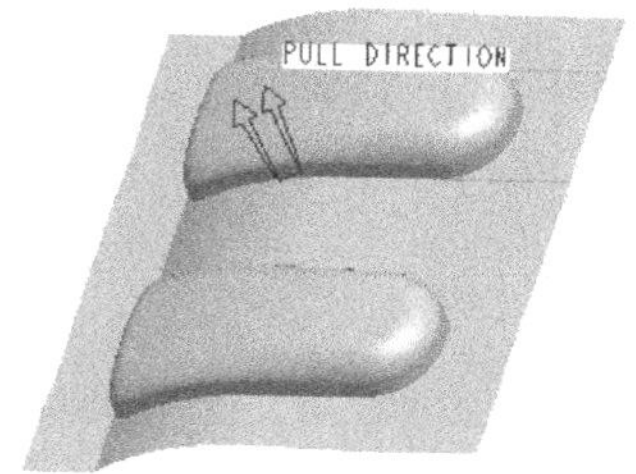

图 9-107　建立的分型面

步骤五　建立模具体积块及模具元件

（1）在模具特征工具栏中单击按钮，然后在弹出的“体积块分割”菜单中选择【两个体积块】（Two Volumes）→【所有工件】（All Wrkpcs）→【完成】（Done）命令，选取所建立的分型面并单击确定按钮结束选择，然后单击“分割”对话框中的确定按钮，如图 9-109 所示，并依次输入下模和上模型腔的体积块名称为 MOLD_BOTTOM 和 MOLD_TOP，即可生成模具上、下体积块。

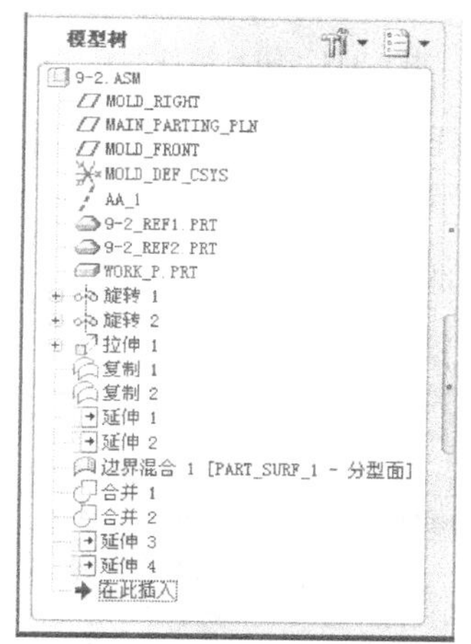

图 9-108　分模曲面特征在模型树的显示

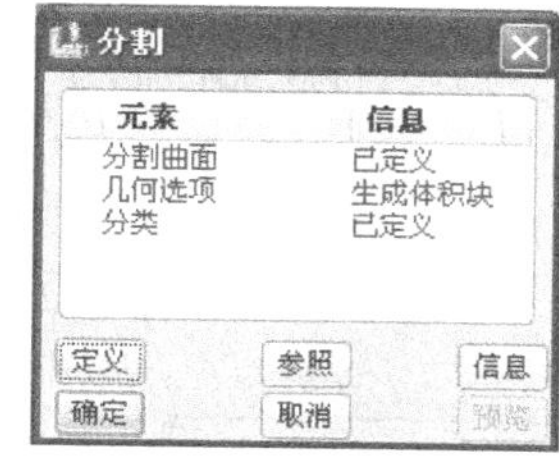

图 9-109　“分割”对话框

（2）单击模具特征工具栏中的按钮，在如图 9-110 所示的“创建模具元件”对话框中单击按钮选取上模和下模体积块，然后单击确定按钮建立上模和下模型腔零件 MOLD_TOP.PRT 和 MOLD_BOTTOM.PRT。

（3）在【模具】（MOLD）菜单管理器中，选择【制模】（Molding）→【创建】（Create）命令，然后输入浇注件的名称为 molding，系统将立即产生出模拟的浇注件，此时模型树显示如图 9-111 所示。

（4）在模型树中，通过鼠标右键菜单隐藏模具模型中的参考模型、工件、分型面以及模具体积块，此时模型显示效果如图 9-112 所示。

步骤六　定义开模动作

（1）在【模具】（MOLD）菜单管理器中，选择【模具开模】（Mold Opening）→【定义间距】（Define Step）→【定义移动】（Define Move）命令，然后选取上模型腔为移动件并单击确定按钮结束选择。选取零件的上表面为方向参照并定义朝上的移动量为 120mm，然后单击【完成】（Done）命令即可定义好第 1 个开模步骤。

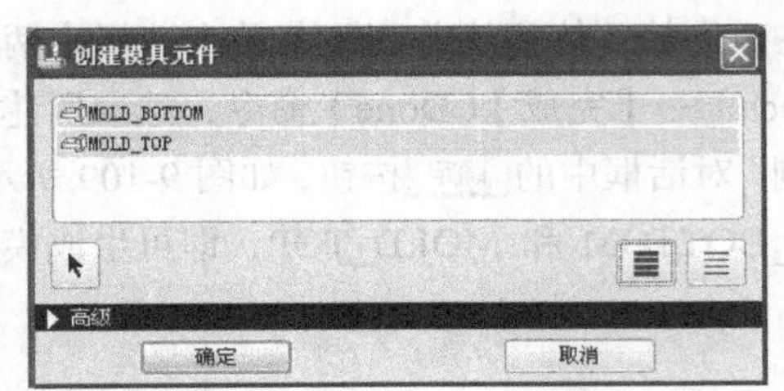

图 9-110 “创建模具元件”对话框

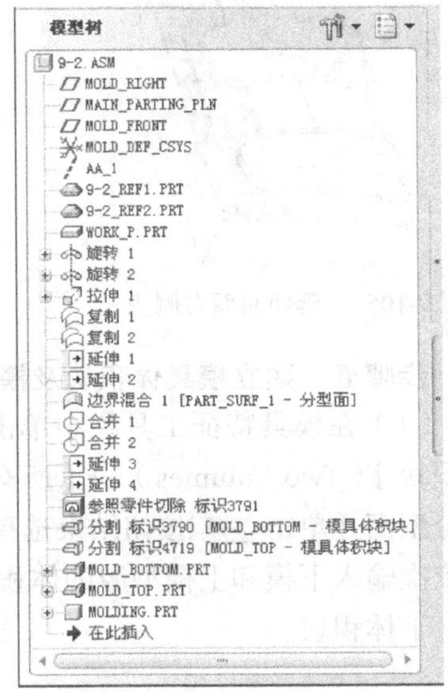

图 9-111 模具组件的模型树结构

（2）按照同样的方法，选取下模型腔为移动件并定义朝下的移动量为 100mm，作为第 2 个开模步骤，此时模型显示如图 9-113 所示。

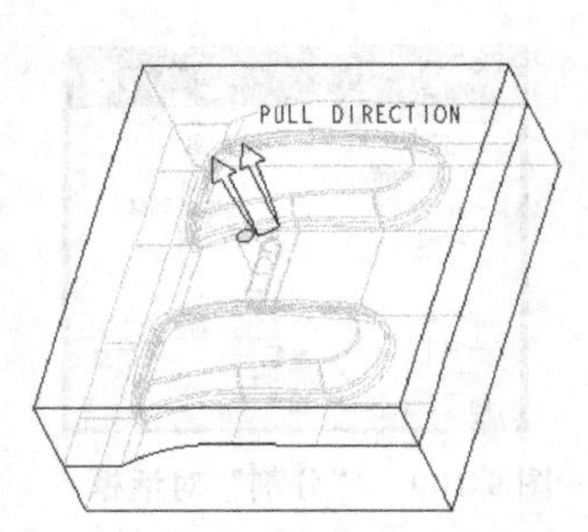

图 9-112 模具模型的显示效果

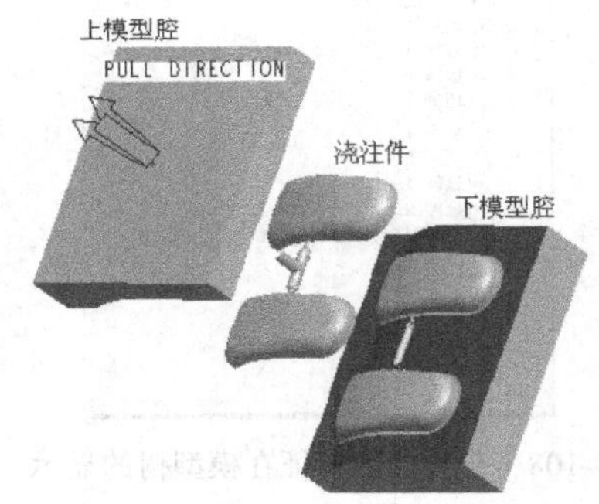

图 9-113 定义模具开模动作

（3）选择【模具模型】（Mold Model）→【简化表示】（Simplifd Rep）命令，然后在“视图管理器”对话框中分别建立上模型腔和下模型腔的简化表示 Mold_Top 和 Mold_Bottom，如图 9-114 所示。然后分别将其设置为活动以观察模具型腔的结构，如图 9-115 和图 9-116 所示。

步骤七 保存模具设计的相关文件

单击图标工具栏中的□按钮，或者选择【文件】（File）→【保存】（Save）命令，在当前工作目录（Sample\9-2）中保存模具设计文件。然后，可以在工作目录中查看到，同时被保存的文件有 9-2.mfg（模具设计过程文件）、9-2_ref1.prt 和 9-2_ref2.prt（参考模型）、work_p.prt（工件）、mold_top.prt（上模型腔零件）、mold_bottom.prt（下模型腔零件）、molding.prt（浇注件）以及 9-2.asm（模具模型装配文件）。

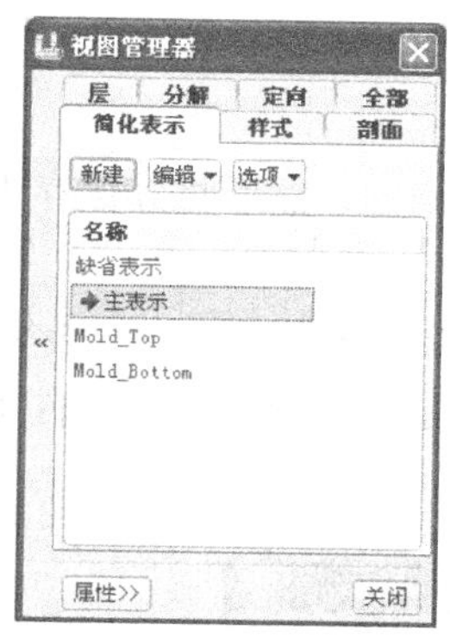

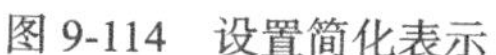

图 9-114 设置简化表示

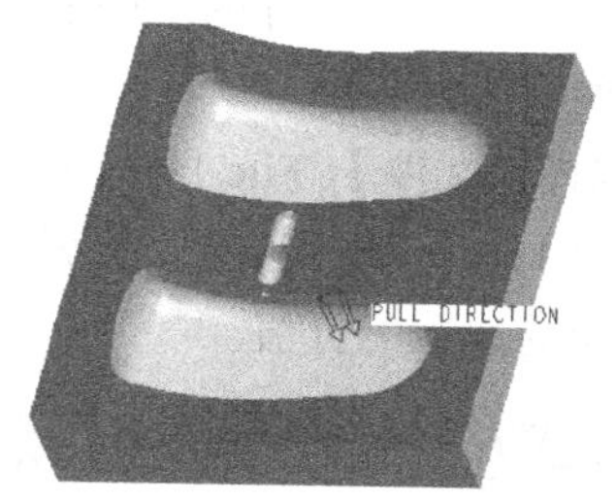

图 9-115 上模型腔零件

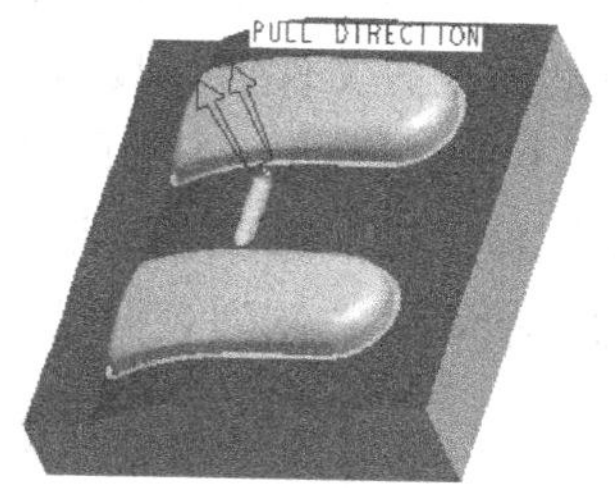

图 9-116 下模型腔零件

由于模具设计完成后会生成众多的文件，因此进行模具设计时应为每一套模具建立一个工作目录，并将原始设计模型和所有相关的模具设计文件都放置在此目录中。

9.3 制作工程图

在 Pro/E 系统中建立工程图的思想与二维 CAD 系统中绘制工程图的思想是互逆的，它是利用已存在的三维实体零件或装配体模型直接生成所要求的每一个视图。因此，建立工程图之前首先应进行三维零件的设计，再根据不同的投影关系生成各种工程图，并且工程图与零件或组合件之间相互关联，其中任何一个更改，另一个也会自动更改。在工程图模块中，可以为零件或装配体模型建立多视图的工程图，包括剖视图、局部视图、辅助视图等，并且零件模型所包含的尺寸参数可以自动显示出来。

9.3.1 工程图设置

在工程图模块中，可以利用工程图配置文件来控制工程图的制作环境和外观，包括文本高度、箭头大小、箭头类型、公差显示及单位等。在 Pro/E 系统中，工程图的配置文件有两种：一种是图纸的配置文件，其指定了图纸的通用特性，如文本高度、文本方向、几何公差标准、制图标准、箭头长度等；另一种是图纸格式的配置文件，其对工程图的图纸并不发生作用，而主要用于定义标题栏、边框等。

Pro/E 系统对于工程图的常用配置选项一般都设置有默认值，并以文件形式将其保存在 Pro/E 安装目录的 text 目录中，分别为 din.dtl、iso.dtl 和 jis.dtl 3 种标准形式（中国多采用 iso.dtl）。当然，Pro/E 系统允许用户自行定义多个工程图配置文件，以根据不同的需要调用不同的配置文件。

定义工程图配置文件后，可利用系统配置文件 config.pro 来指定工程图配置文件的路径及名称。如果没有自行指定，系统将采用默认的配置文件。

1. 建立图纸配置文件

一个新的图纸配置文件往往是在已有配置文件的基础上进行编辑得到的，然后将其保存为自己的配置文件名。具体执行步骤如下。

（1）在 Pro/E 工程图环境下，选择【文件】（File）→【绘图选项】（Drawing Options）命令，系统显示出"选项"对话框，如图 9-117 所示。其左侧列表框中显示的是当前图纸配置文件中的选项名，右侧列表框显示的是对应的选项配置值。

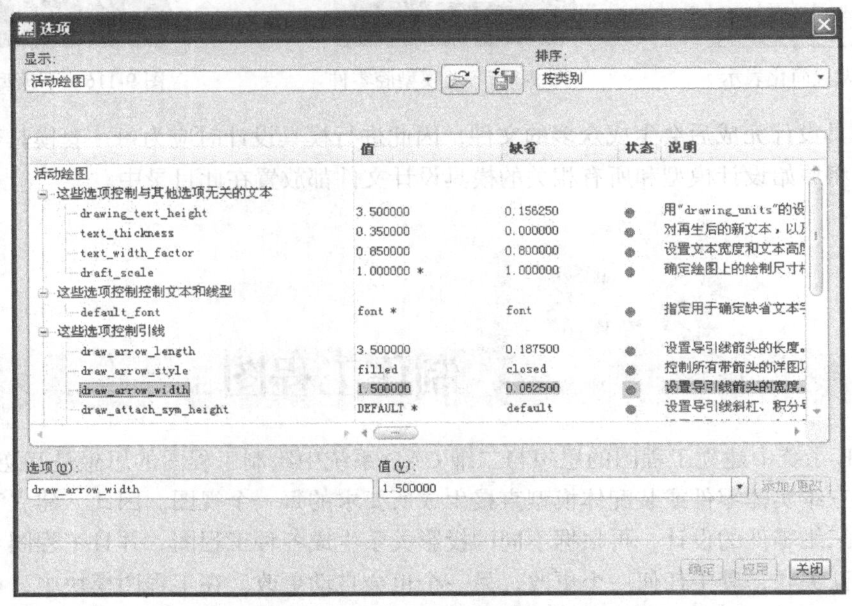

图 9-117　图纸配置文件的选项设定

（2）选择要修改的选项名，并在"值"文本框中输入新的配置值，然后单击 添加/更改 按钮即可完成该选项的设定。

（3）按同样的方法进行其他选项的设定，完成后单击 应用 按钮执行当前的配置。

（4）单击 按钮将定义的配置文件保存在指定的位置，如 format.dtl，其文件扩展名为*.dtl。

制作工程图之前，应先将自行建立的配置文件调入系统内存，以使各配置选项在工程图中起作用。调用时，在"选项"对话框中单击 按钮并选择所需的配置文件，即可将选取的配置文件调入系统。

2. 建立图纸格式配置文件

图纸格式配置文件和图纸配置文件是两个不同的文件，需单独进行编辑。如果图纸格式配置文件的选项值和图纸配置文件相同，可直接将图纸配置文件读入到格式文件中，此时系统只读取合法的配置选项。

图纸格式文件支持的配置选项见表 9-1。

表 9-1　　图纸格式文件支持的配置选项

配置选项名	含义及功能
Drawing_units	控制格式文件中所有几何的单位（mm/inch）
Drawing_text_height	控制格式文件中的默认文本字高
Draw_arrow_style	控制格式文件中的默认导引线箭头长度
Draw_dot_diameter	控制格式文件中导引线点的默认直径
Draw_attach_sym_width	控制格式文件中导引线斜杠、积分号和框的默认宽度
Draw_attach_sym_height	控制格式文件中导引线斜杠、积分号和框的默认高度
Leader_elbow_length	控制格式文件中导引弯肘的默认长度
Default_font	控制格式文件中的默认文本字体
Aux_font	控制格式文件中的辅助文本字体
Text_width_factor	控制格式文件中文本宽度和高度的默认比例
Line_style_standard	控制格式文件中绘图文本的颜色
Node_radius	控制格式文件中符号节点的显示
Yes_no_parameter_display	控制格式文件中绘图注释和 yes/no 参数的显示
Sym_flip_rotate_text	控制格式文件中是否反转旋转文本中所有颠倒的文本

3. 工程图配置文件的自动调入

如果要在启动 Pro/E 时，自动调入图纸配置文件和图纸格式配置文件，必须进行以下设定。

（1）选择【工具】(Tools）→【选项】(Options）命令，显示如图 9-118 所示的“选项”对话框。

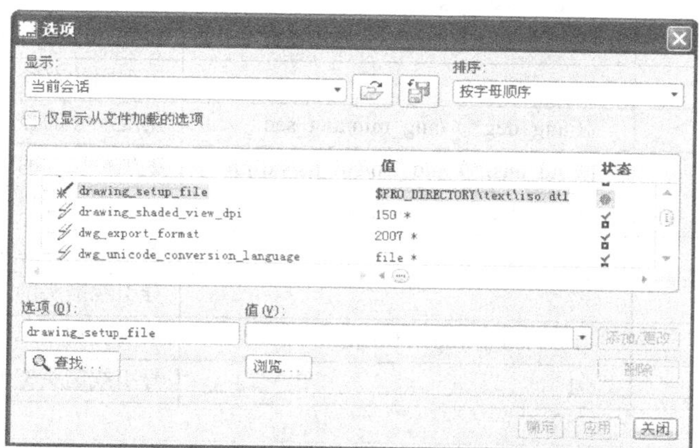

图 9-118　“选项”对话框

（2）取消“仅显示从文件加载的选项”复选框的勾选，在对话框中的“选项”文本框中输入“drawing_setup_file”，并将该选项值设置为指定目录的工程图配置文件，以实现图纸配置文件的自动加载，然后单击添加/更改按钮执行。

（3）如要实现图纸格式配置文件的自动加载，则应按同样的方法将“format_setup_file”选项值设置为已定义的图纸格式配置文件（如 format.dtl）。

（4）当两个配置文件的自动加载设置完成后，单击应用按钮使之生效，并将此配置文件保存为当前工作目录下的 config.pro。

4. 工程图配置文件的常用选项

工程图配置文件中可定义的配置选项有很多，系统本身对其赋予了默认值，但是为满足工程图标准的需要往往要对部分选项值进行编辑。常用工程图配置选项的含义及功能见表 9-2。

表 9-2　　常用工程图配置选项

选 项 名 称	配置值（默认值）	含 义 及 功 能
drawing_text_height	3.5	所有文本的默认高度（mm/inch）
text_thickness	0 ~ 0.5	默认文本厚度
text_width_factor	0.8	文本高度与宽度的默认比例
broken_view_offset	5	破断视图各部分间的偏距值
def_view_text_height	5	注释和箭头中视图名称的文本高度
detail_circle_line_style	（Solidfont*）	框选局部视图的圆的线型
projection_type	First_angle/（third_angle*）	建立投影视图的方法（即投影方向）
crossec_arrow_length	5	剖视图中截断面箭头的长度
crossec_arrow_style	（Tail_online*）/Head_line	截断面箭头的显示形式
crossec_arrow_width	1	截断面箭头的宽度
crossec_text_place	（after_head*）/before_tail/ above_tail/above_line/no_text	截断面文本的位置
drawing_units	（Inch*）/foot/mm/cm/m	所有绘图参数的单位
blank_zero_tolerance	yes/（no）	正、负公差值是否显示
chamfer_45deg_leader_style	（std_asme_ansi*）/std_din/ std_iso/std_jis	倒角尺寸的导引类型
dim_text_gap	1	尺寸文本与尺寸导引线间的距离
draft_scale	1	工程图的草绘比例
draw_ang_units	（ang_deg*）/ang_min/ang_sec	角度尺寸的显示形式
ord_dim_standard	（std_ansi*）/std_iso/std_jis/std-jin	纵坐标尺寸的显示设置
orddim_text_orientation	（parallel*）/horizontal	控制纵坐标尺寸文本的方向
tol_display	yes/（no*）	控制尺寸公差是否显示
draw_arrow_length	3.5	导引线箭头的长度
draw_arrow_style	（closed*）/open/filled	箭头类型
draw_arrow_width	1	导引线箭头宽度

9.3.2　视图类型

在 Pro/E 工程图中，可以创建各种视图类型以满足造型描述的需要。

1. 按视图投影方式分

（1）一般视图。一般视图（General）是指工程图中独立的正交视图，它不依赖其他视图而存在。在空白图纸上添加视图，必须首先添加一般视图，因此一般视图通常也是首先制作的视图。建立时，一般视图通常是以立体图形式出现的，之后允许对其进行重定向操作，定义一个合适的视图方位而制作出主视图，如图 9-119 所示。

（2）投影视图。投影视图（Projection）是指相对主视图或其他已有视图按正交投影关系得到的视图，此时投影视图将作为参考视图的子视图。投影视图为工程图中最常用的类型，如建立的俯视图、左视图等。在 Pro/E 系统建立投影视图时，系统默认采用第三角投影关系，如图 9-120 所示。如要将投影关系由默认的第三角转换为第一角，必须将工程图配置文件的“Projection _type”选项值由“Third_angle”改为“First_angle”。本书的范例都是按第一角视图投影关系来说明。

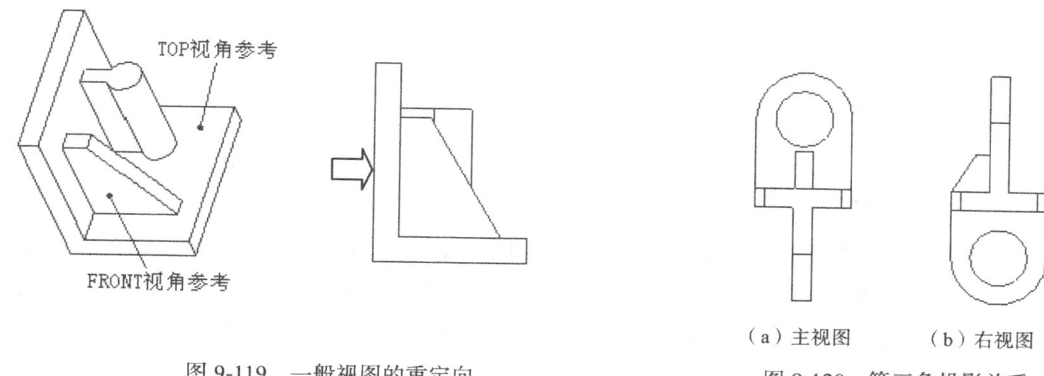

图 9-119　一般视图的重定向

图 9-120　第三角投影关系

（3）辅助视图。辅助视图（Auxiliary）是指沿着投影积聚边的垂直方向，或基准轴线的直线方向投影而得的视图（即斜视图），通常按物体的非正交投影关系产生，常用于辅助描述模型某个表面的真实大小，如图 9-121 所示。

（4）详图视图。通常情况下，特征可能很小，用标准投影视图无法完全描述它们。因此，在这种情况下，可以从现有视图中指定一部分加以放大，从而建立能清楚地表达局部细节的视图，即详图视图（Detailed），如图 9-122 所示。

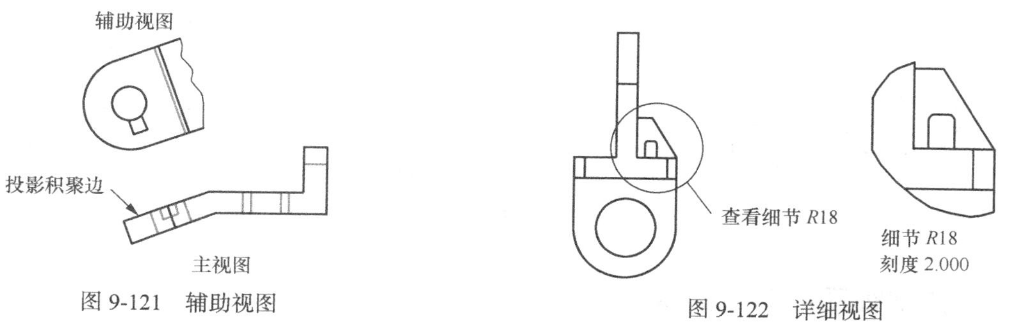

图 9-121　辅助视图

图 9-122　详细视图

（5）旋转视图。旋转视图（Revolved）用于显示零件或特征的横截面。建立旋转视图时，需先指定所参考的横截面，则横截面将从切除平面起旋转 90° 生成为旋转视图，如图 9-123 所示。旋转视图可以是全视图，也可以是局部视图。

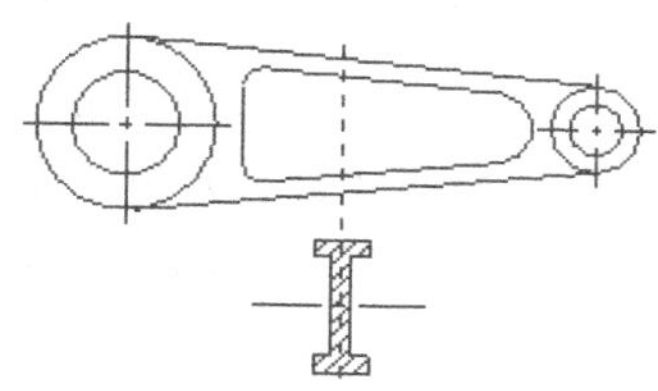

图 9-123　旋转视图

2. 按视图完整性分

在工程图设计模块中，可以控制视图信息显示的完整程度及方式，具体有全视图（Full View）、半视图（Half View）、破断图（Broken View）、部分视图（Partial View）和曲面视图（Of Suface）5 种类型。

（1）全视图。全视图是指显示整个视图信息，即在执行投影时将所有实际能够看到的图形全部表达在视图中，如图 9-124 所示。

（2）半视图。半视图是指在视图中以某基准面或平面为界，只显示一侧的视图，如图 9-125 所示。该类视图常用于制作对称模型的工程图。

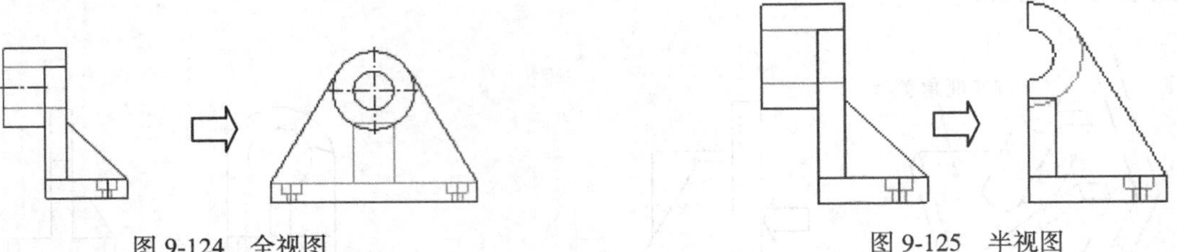

图 9-124　全视图　　图 9-125　半视图

（3）破断图。破断图是指在视图表达时，将中间相同部分省去，直接将其余的视图部分靠近放在一起，如图 9-126 所示。该类视图常用于表达长而一致的结构，执行时允许使用多个水平或垂直的折断线，而且由工程图配置文件“broken_view_offset”选项可以设置破断视图中各部分之间的距离。

（4）部分视图。当只需要在视图中表达一小部分的视图信息，而不需要描述整个模型时，可采用部分视图。此时，只显示指定视图中用封闭曲线围起来的部分，但仍必须遵守投影关系，如图 9-127 所示。

（5）曲面视图。曲面视图是指零件模型上某单个曲面的投影图，如图 9-128 所示。建立曲面视图时，只有被选取的曲面才会显示出来。

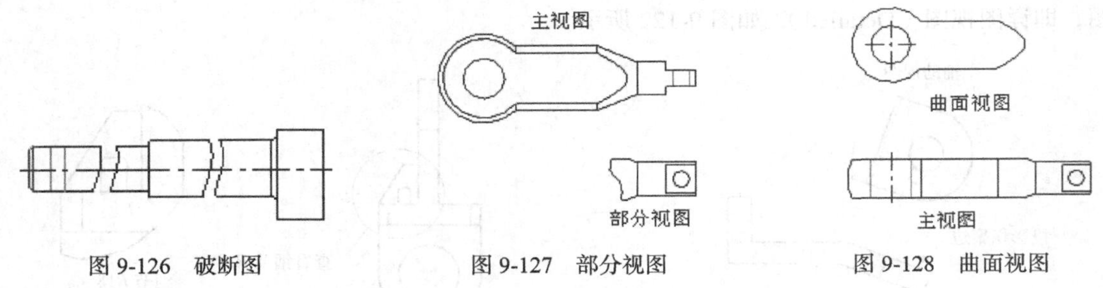

图 9-126　破断图　　图 9-127　部分视图　　图 9-128　曲面视图

3. 按剖视图的表达方式分

剖视图是一种常用的视图类型，根据不同的需要可以通过“截面”类别的“剖切区域”设定不同的表达形式，如图 9-129 所示。

（1）完全剖视图。完全（Full）剖视图是绝大多数工程图中最传统的剖视图类型，它完全穿过模型而建立，并可完全显示模型。

（2）一半剖视图。一半（Half）剖视图与完全剖视图相似，只是其仅显示一半的剖截面信息，如图 9-130 所示。该视图常用于对称的模型，仅用一半表达图形，同时用另一半表达出传统投影视图。

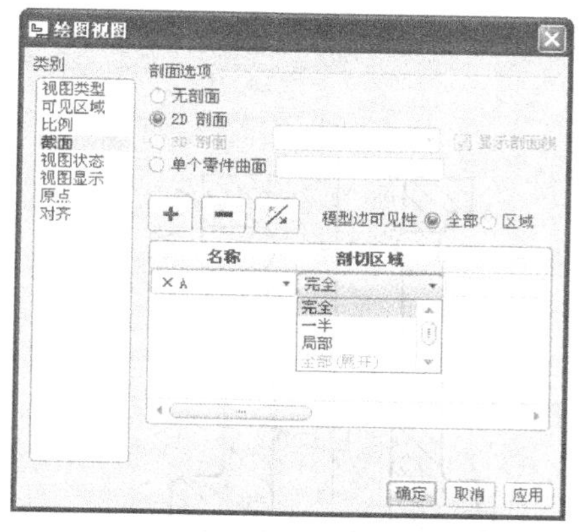

图 9-129　剖视图的类型设定

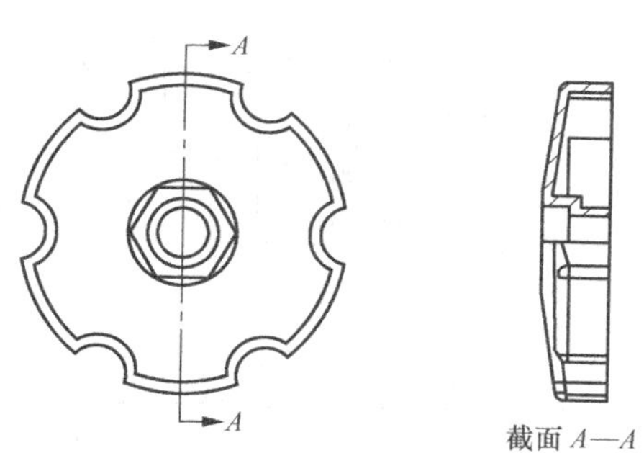

图 9-130　半剖视图

（3）局部剖视图。局部（Local）剖视图是指只在特定的、用封闭边界指定的区域内建立剖视图，而不显示封闭边界外模型的剖视图，如图 9-131 所示。

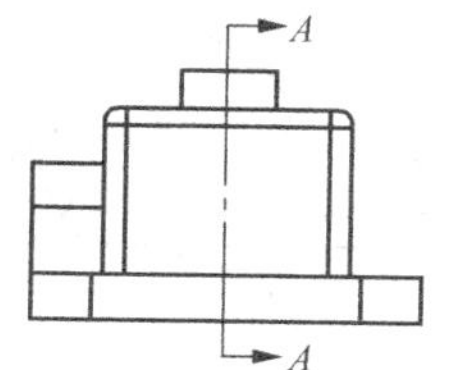

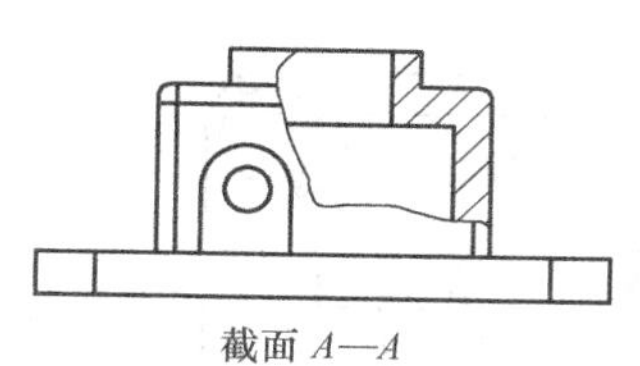

图 9-131　局部剖视图

（4）全部&局部剖视图。全部&局部（Full&Local）剖视图用于建立已有完全剖截面中的局部剖视图（即剖中剖），如图 9-132 所示。建立时，要求先放置完全剖视图。

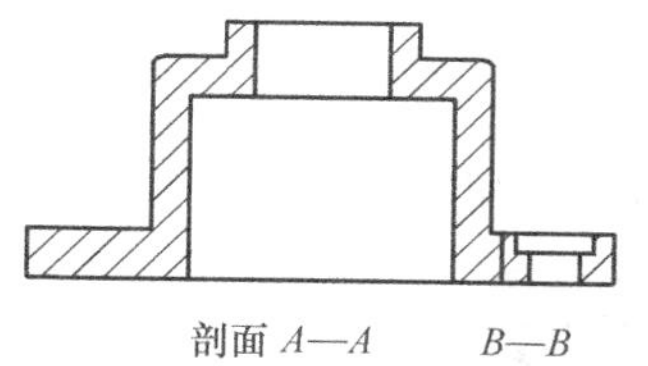

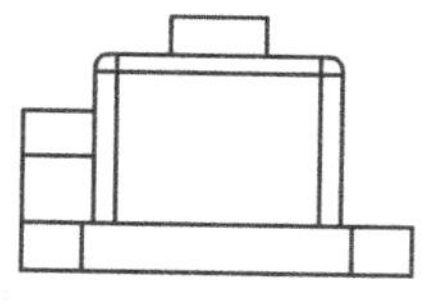

图 9-132　全部&局部剖视图

9.3.3　工程图的制作范例

下面以支架零件的工程图为例，如图 9-133 所示，来说明工程图制作的具体步骤与方法。

步骤 1　建立零件的三维模型

选用 mmns-part-solid 模板新建零件文件 Sample9-3.prt，并根据如图 9-133 所示尺寸建立三维零件模型，如图 9-134 所示。

步骤 2　创建剖面

（1）选择【视图】→【视图管理器】命令或单击工具栏中的按钮，系统显示“视图管理器”对话框。

（2）选择“剖面”选项卡，然后单击新建按钮并输入剖面名称为“*A*”，如图 9-135 所示，回车确定后系统显示“剖截面创建”菜单，按照如图 9-136 所示依次选取【平面】→【单一】

→【完成】命令。

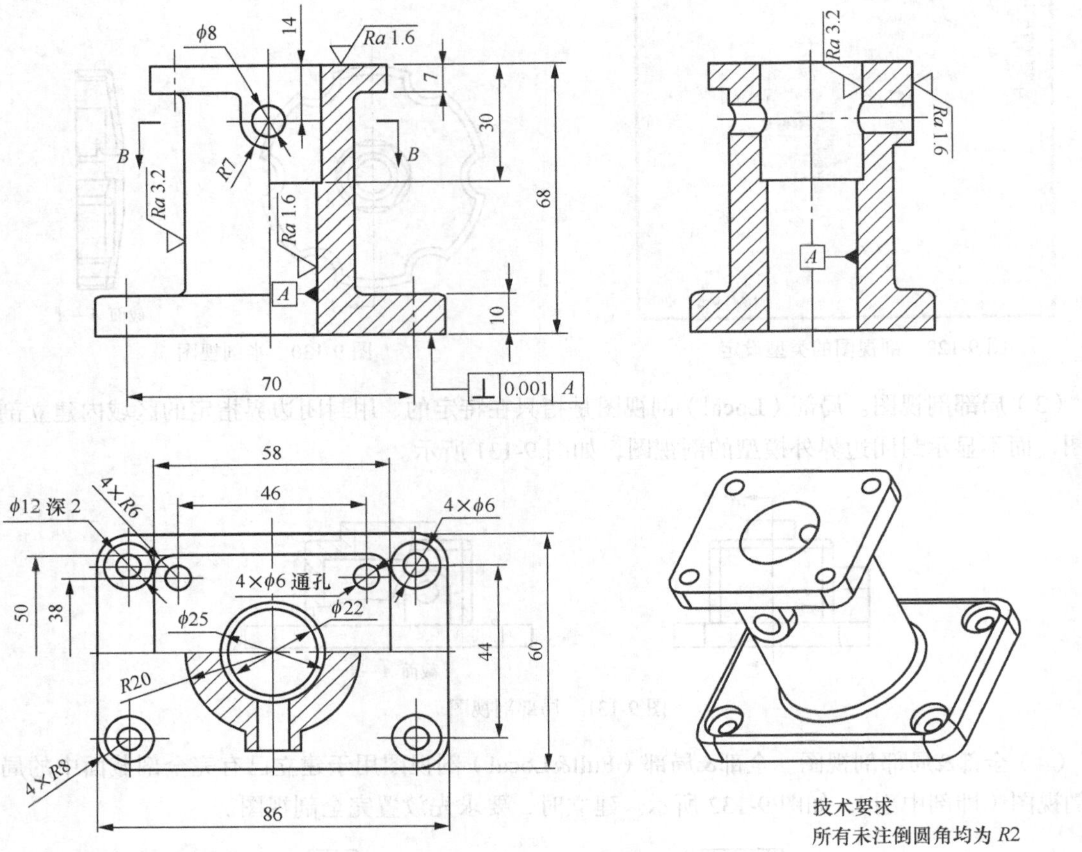

技术要求

所有未注倒圆角均为 $R2$

图 9-133　支架的工程图

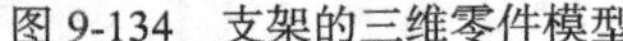

图 9-134　支架的三维零件模型

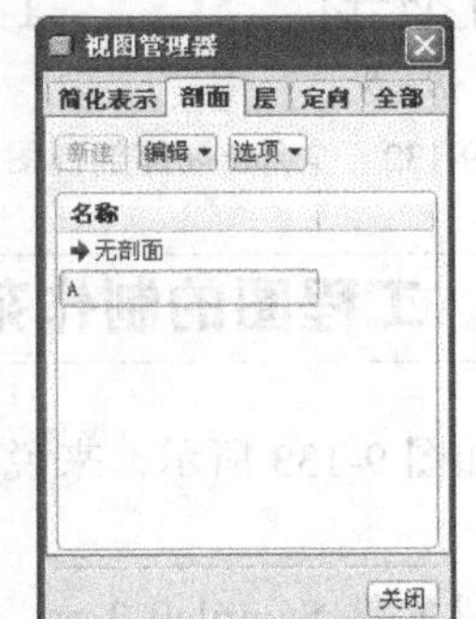

图 9-135　“视图管理器”对话框

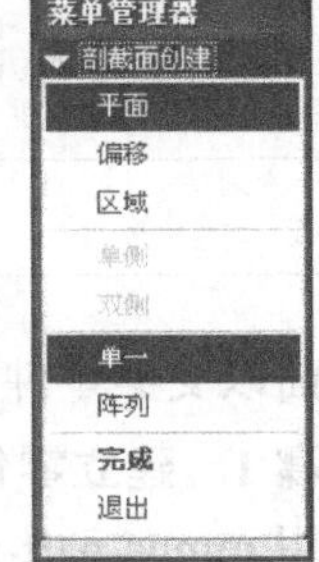

图 9-136　“剖截面创建”菜单

（3）选取 FRONT 平面作为剖截平面，系统立即创建出所需的剖面 A，如图 9-137 所示。

（4）用相同的方法创建如图 9-138 所示的剖面 B 和如图 9-139 所示的剖面 C。此时，创建剖面 B 需选取 DTM1 平面作为剖截平面，创建剖面 C 需选取 RIGHT 平面作为剖截平面。

图 9-137　剖面 *A*

图 9-138　剖面 *B*

图 9-139　剖面 *C*

步骤 3　设置工程图制作环境

（1）单击工具栏中的按钮，在“新建”对话框中选择“绘图”类型，并输入文件名“sample9-3”，然后单击确定按钮完成。

（2）在“新建绘图”对话框中，“缺省模型”为“sample9-3.PRT”，“指定模板”为“空”并选择“A2”图幅，然后单击确定按钮进入绘图模式，如图 9-140 所示。

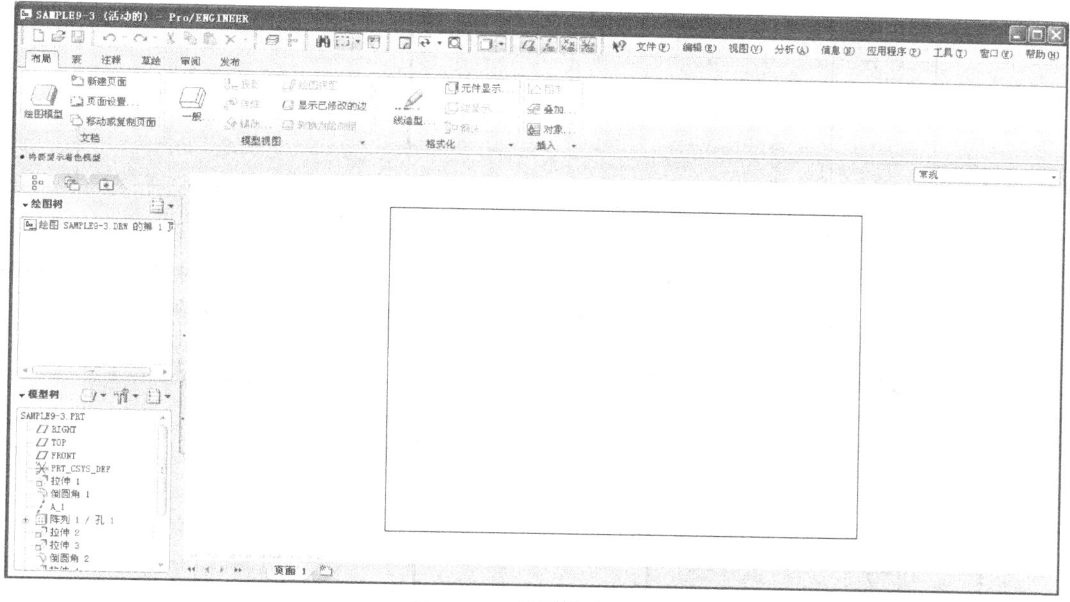

图 9-140　绘图模式界面

步骤 4　创建主视图

（1）在【布局】下拉菜单中单击（一般视图）按钮，并单击鼠标左键指定视图的放置位置。系统显示如图 9-141 所示的预览图形，并弹出如图 9-142 所示的“绘图视图”对话框。

（2）在对话框中默认视图的“选取定向方法”为“查看来自模型的名称”，并选取“FRONT”作为模型视图名，然后单击确定按钮建立如图 9-143 所示的主视图。

步骤 5　编辑主视图

（1）更改比例：双击创建的主视图，在显示的“绘图视图”对话框中选择“比例”类别，此时系统默认比例为 1 : 1，如图 9-144 所示，可根据需要选择“定制比例”选项更改比例值。

（2）消隐不可见轮廓线：选择“视图显示”类别，设置“显示样式”为“消隐”，在“相切边显示样式”下拉列表中选择“无”选项，如图 9-145 所示，然后单击应用按钮。

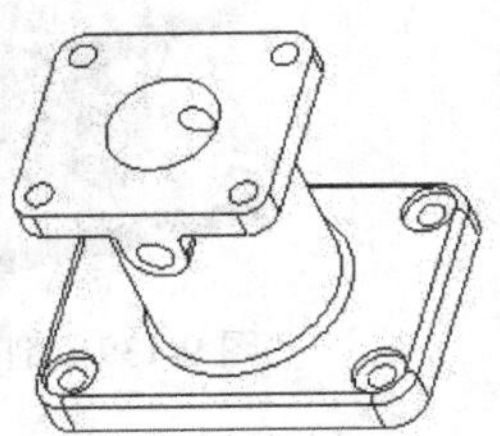

图 9-141 一般视图

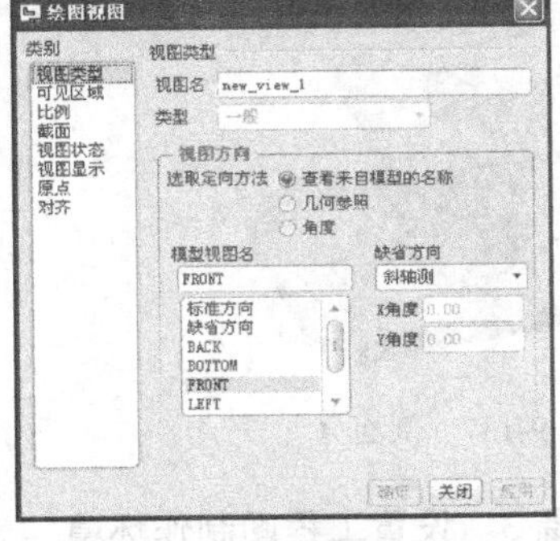

图 9-142 “绘图视图”对话框

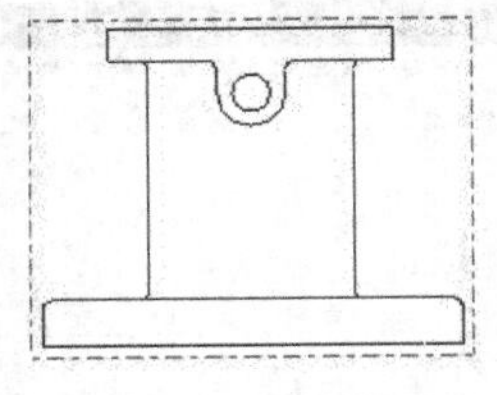

图 9-143 主视图

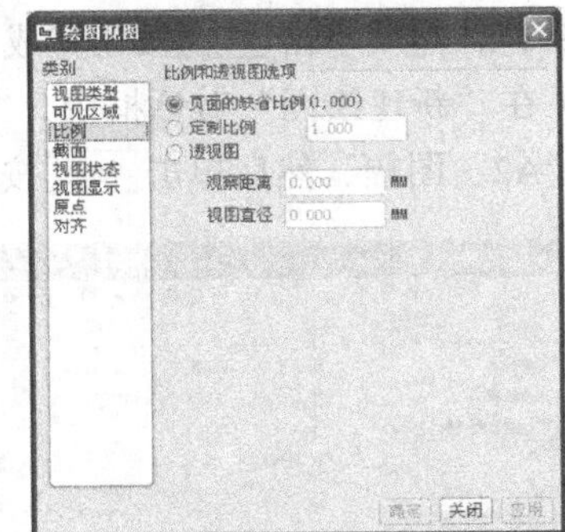

图 9-144 比例的更改

（3）将主视图改为半剖视图：选择“截面”类别，并在“剖面选项”栏中选择“2D 截面”选项，然后单击 + 按钮并在“名称”下拉列表中选择剖面“A”，如图 9-146 所示。

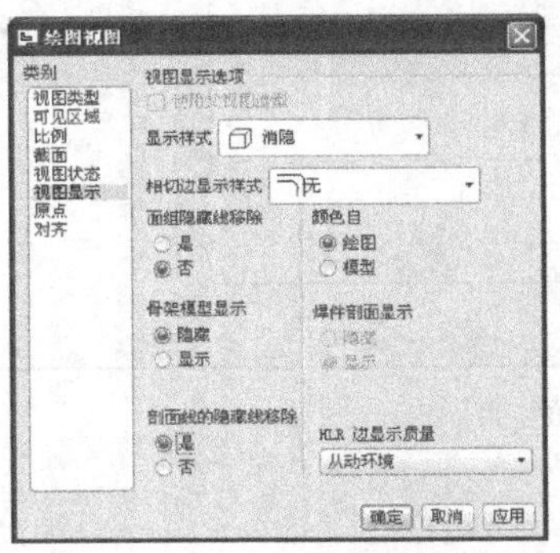

图 9-145 视图显示的设置

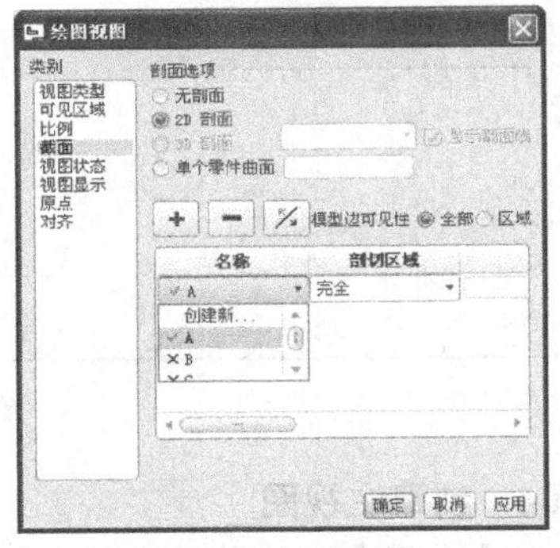

图 9-146 剖面的选取

（4）在“剖切区域”下拉列表中选择“一半”选项，即创建半剖视图，然后在“参照”栏内选取 RIGHT 平面作为半剖的分界面，如图 9-147 所示。用鼠标左键在 RIGHT 平面的右侧单击，使箭头指向平面的右侧，即定义 RIGHT 平面的右侧为剖视，然后单击 确定 按钮建立如图 9-148 所示的半剖主视图。

步骤 6 建立俯视图和左视图

（1）选取主视图，单击鼠标右键，在弹出的快捷菜单中选择【插入投影视图】命令，如图 9-149 所示，然后在主视图的下方单击确定俯视图的放置位置。

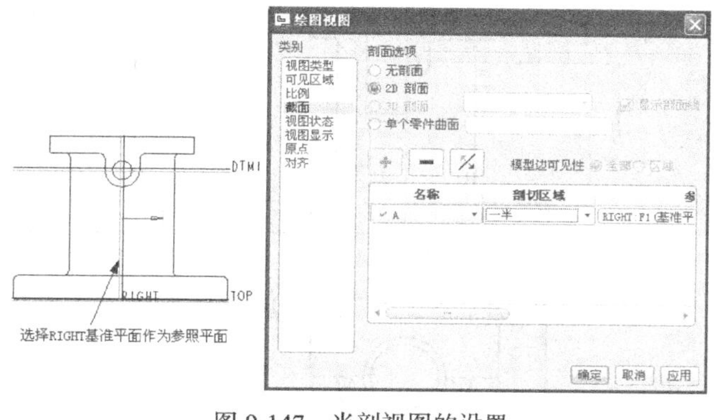

图 9-147　半剖视图的设置

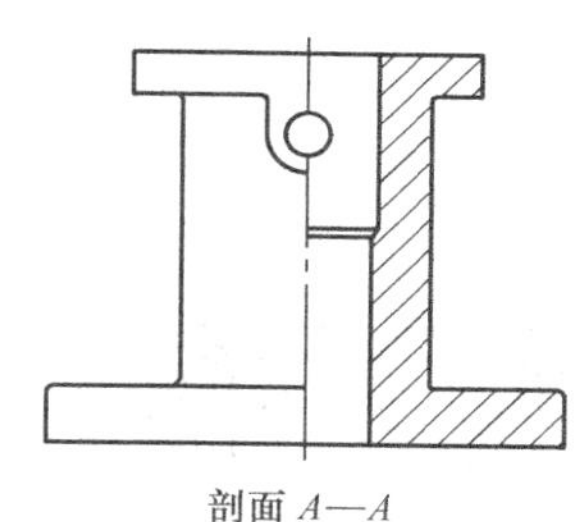

图 9-148　创建的半剖视图

（2）采用同样的方法，在主视图右边单击确定左视图的放置位置，此时视图结果如图 9-150 所示。

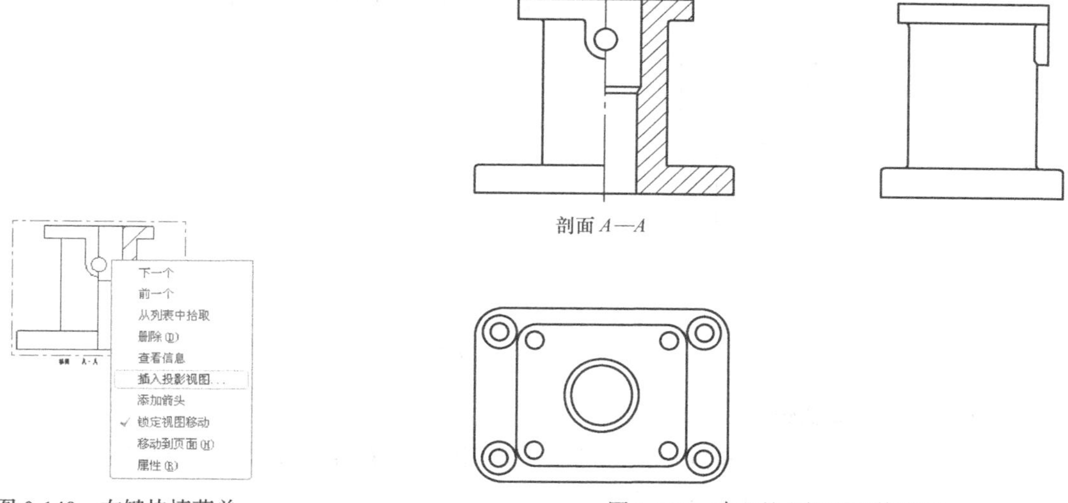

图 9-149　右键快捷菜单

图 9-150　建立的左视图和俯视图

步骤 7　编辑俯视图

（1）双击俯视图，在显示的“绘图视图”对话框中选择“截面”类别，在“剖面选项”栏中选择“2D 截面”选项，然后单击 + 按钮并在“名称”下拉列表中选择剖面“B”，设置“剖切区域”为“一半”。

（2）在“参照”栏内选取 FRONT 平面作为半剖的分界面，然后用鼠标左键选取 FRONT 平面的下方，即定义 FRONT 平面下方为剖视区域，然后单击 确定 按钮建立如图 9-151 所示的半剖俯视图。

（3）添加剖面 *B* 的剖切位置箭头：选取俯视图并单击右键快捷菜单中的【添加箭头】命令，如图 9-152 所示，然后选取主视图作为剖面箭头的放置视图，即可建立如图 9-153 所示的剖面箭头。

步骤 8　编辑左视图

双击左视图，在显示的“绘图视图”对话框中选择“截面”类别，在“剖面选项”栏中选择“2D 截面”选项，然后单击 + 按钮并在“名称”下拉列表中选择剖面“*C*”，设置“剖切区域”为“完全”（即创建全剖视图），然后单击 确定 按钮建立如图 9-154 所示的全剖左视图。

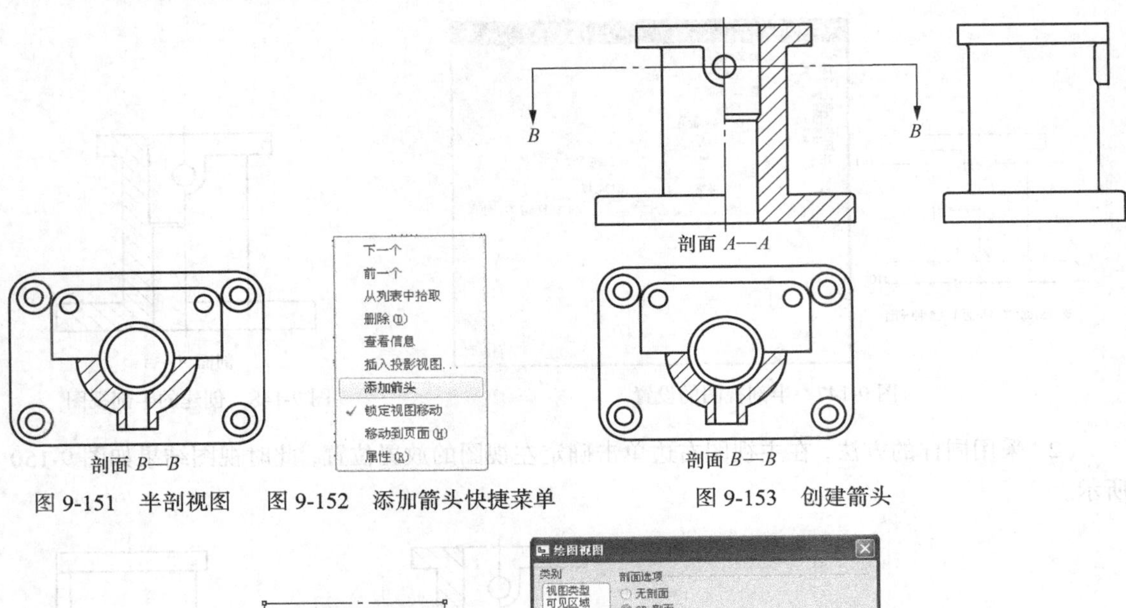

图 9-151 半剖视图　图 9-152 添加箭头快捷菜单　图 9-153 创建箭头

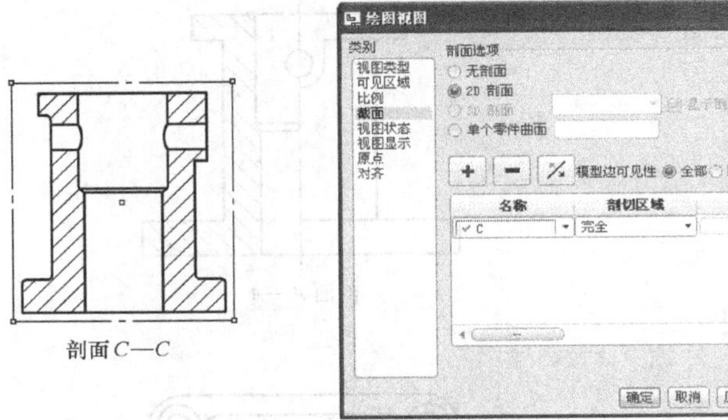

图 9-154 全剖左视图

步骤 9　创建零件轴线

（1）选取【注释】下拉菜单并单击（显示模型注释）按钮，在“显示模型注释”对话框中选取（基准轴）面板，如图 9-155 所示。

（2）依次选取 3 个视图并将显示栏的方框勾选，单击 确定 按钮完成轴线的创建，然后可对创建的轴线进行相应的编辑，如删除、拉长和缩短，结果如图 9-156 所示。

（3）在绘图区单击鼠标右键，并在弹出的快捷菜单中取消对【锁定视图移动】复选框的勾选，然后移动视图至所需的位置后再锁定视图的移动。

步骤 10　无公差尺寸的标注

（1）视图尺寸标注：在【注释】下拉菜单中单击（尺寸）按钮，在如图 9-157 所示的【依附类型】(ATTACH TYPE) 菜单中选择【图元上】(On Entity) 命令，然后用鼠标左键选取支架的上底边和下底边，并在适当的位置单击鼠标中键放置尺寸，建立如图 9-158 所示的零件高度尺寸。

（2）按照同样的方法，继续其他尺寸的标注，结果如图 9-159 所示。

（3）切换箭头方向：选取尺寸 $\phi8$、$\phi6$、14 和 10，然后单击右键菜单中的【反向箭头】命令，即可得到如图 9-160 所示的标注效果。

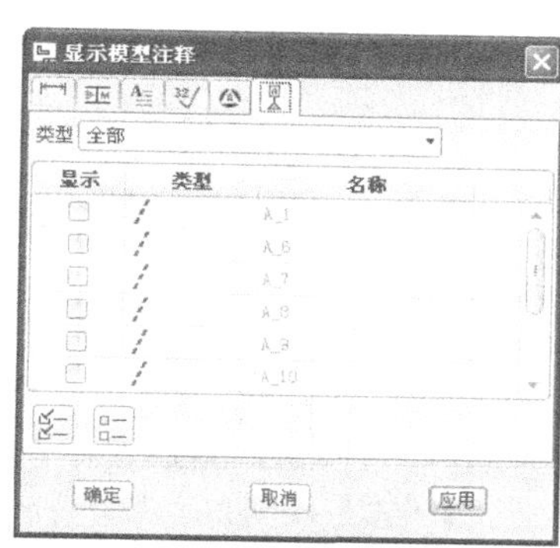

图 9-155 “显示模型注释”对话框

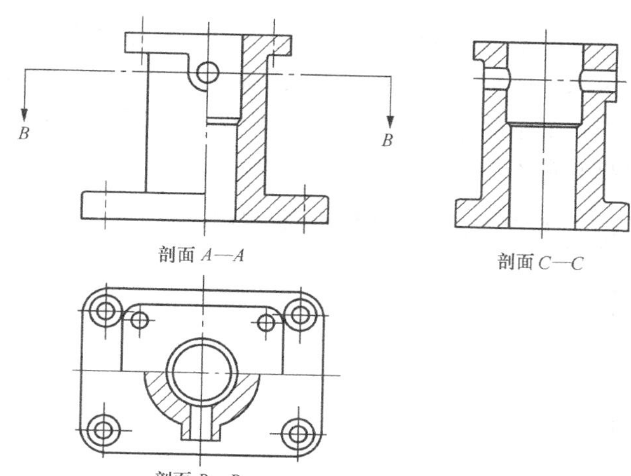

图 9-156 创建视图中的零件轴线

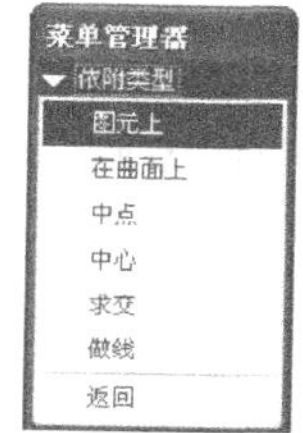

图 9-157 【依附类型】菜单

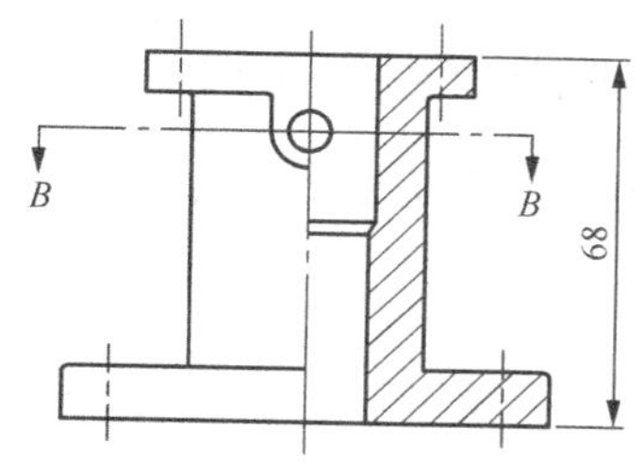

图 9-158 高度尺寸的标注

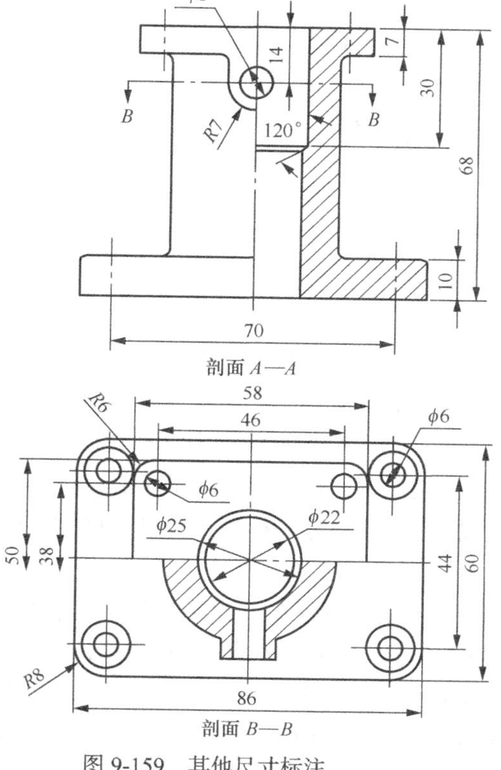

图 9-159 其他尺寸标注

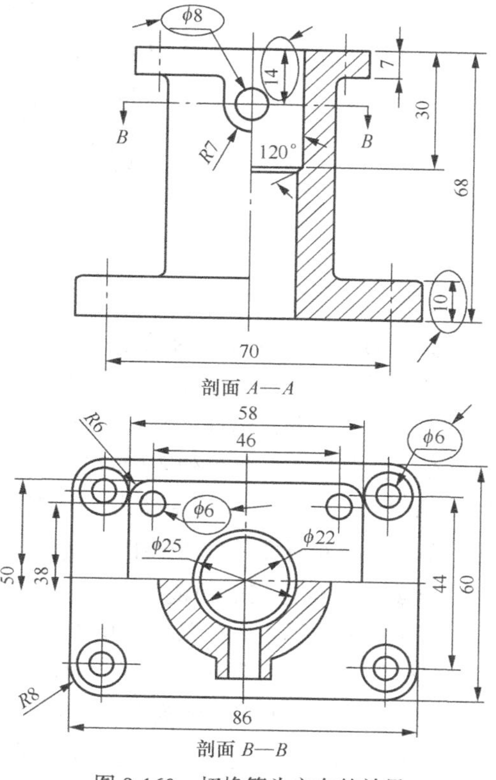

图 9-160 切换箭头方向的效果

（4）尺寸文字的修改：双击尺寸$\phi6$，在显示的“尺寸属性”对话框中选择“显示”选项卡，如图 9-161 所示，然后在文本框中输入如图 9-162 所示的文字。对于一些特殊的尺寸文本可以单击对话框中的 文本符号... 按钮来输入。如图 9-162 所示，“⌴⌀12↧2”是通过“文本符号”对话框来输入的。

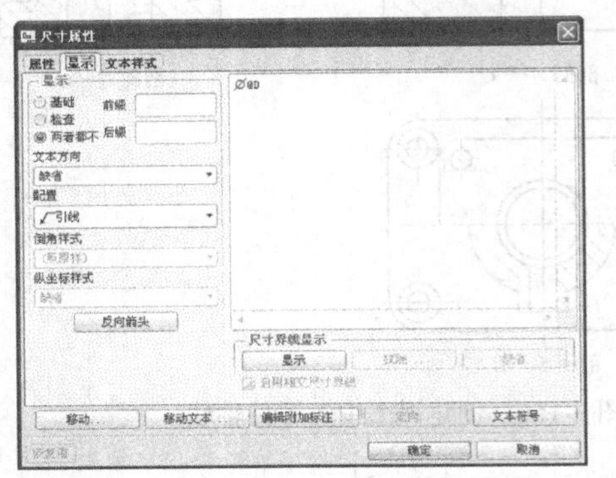

图 9-161 “显示”选项卡

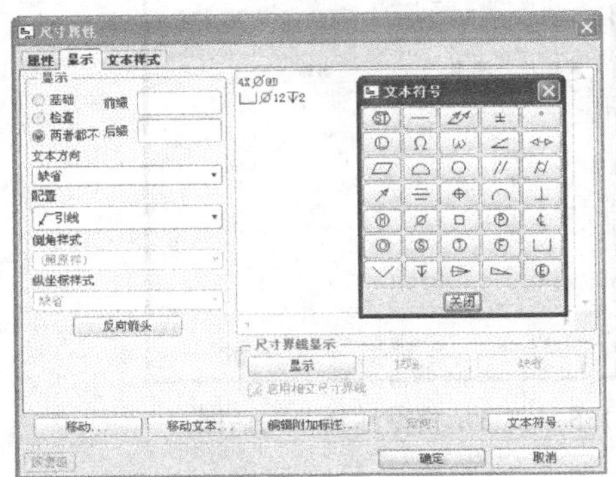

图 9-162 特殊文本符号的输入

（5）采用同样的方法，在另一$\phi6$ 尺寸前面加入前缀“4X”，而在下一行中输入“通孔”，如图 9-163 所示。

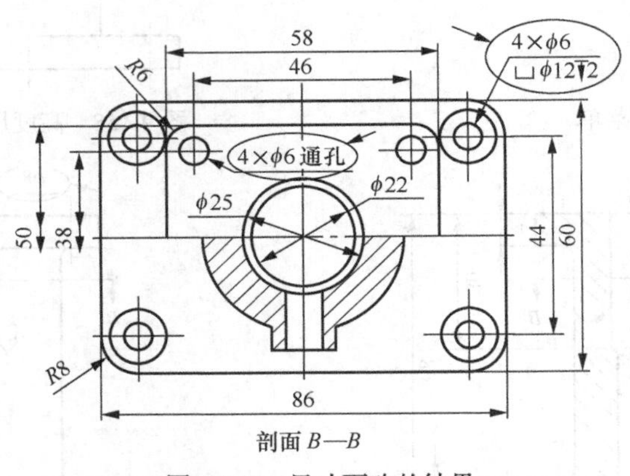

图 9-163 尺寸更改的结果

步骤 11 带尺寸公差的尺寸标注

（1）若要标注公差尺寸，工程图配置文件.dtl 的“tol_display”选项值应设为“yes”。

（2）标注公差：选取$\phi25$ 尺寸并单击右键菜单中的【属性】命令，打开“尺寸属性”对话框并在“公差模式”下拉列表中选择“加-减”选项，在“小数位数”文本框中将小数位数改为“3”，在“上公差”文本框中输入“0.025”，在“下公差”文本框中输入“0”，如图 9-164 所示。然后单击“尺寸属性”对话框中的 确定 按钮，即可完成$\phi25$ 尺寸公差的标注，如图 9-165 所示。

步骤 12 标注表面粗糙度

（1）在【注释】下拉菜单中单击 （表面粗糙度）按钮，在显示的“得到符号”菜单中选择“检索”选项，并利用“打开”对话框选择“standard1.sym”文件，如图 9-166 所示。

（2）在显示的【实例依附】（INST ATTACH）菜单中选择【图元】（Entity）命令，如图 9-167 所示，然后用鼠标左键选取主视图的轮廓线作为表面粗糙度的放置位置，如图 9-168 所示，并输入表面粗糙度值为“1.6”，然后单击鼠标中键完成，如图 9-169 所示。

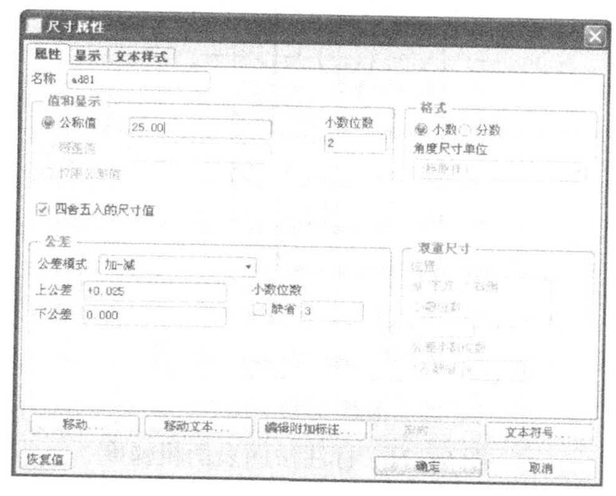

图 9-164 “尺寸属性”对话框

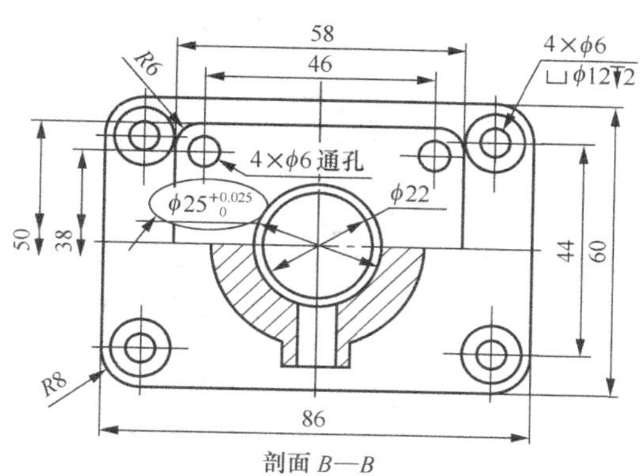

图 9-165 尺寸公差的标注

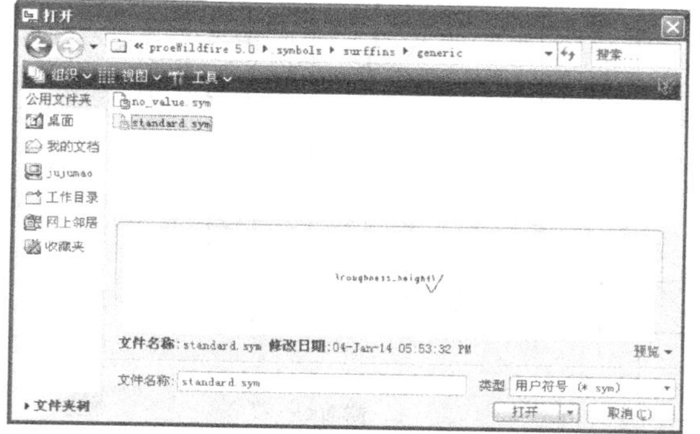

图 9-166 表面粗糙度文件的调用

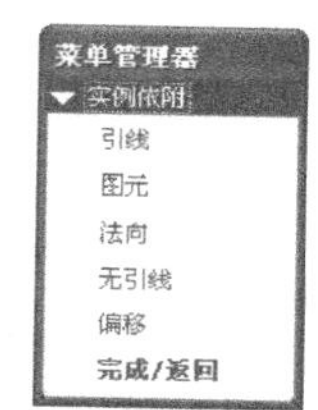

图 9-167 实例依附菜单

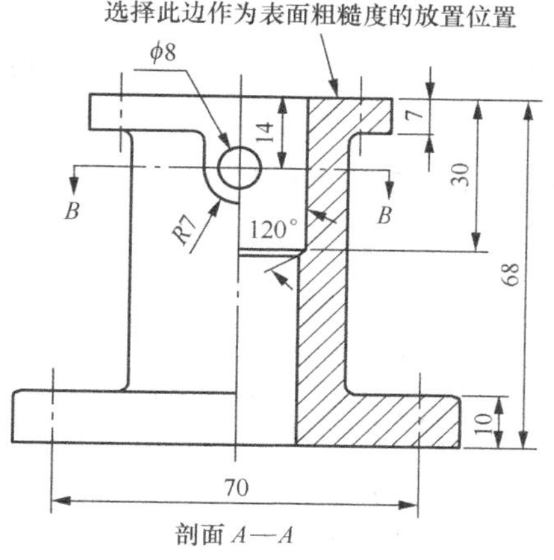

图 9-168 选取表面粗糙度的放置位置

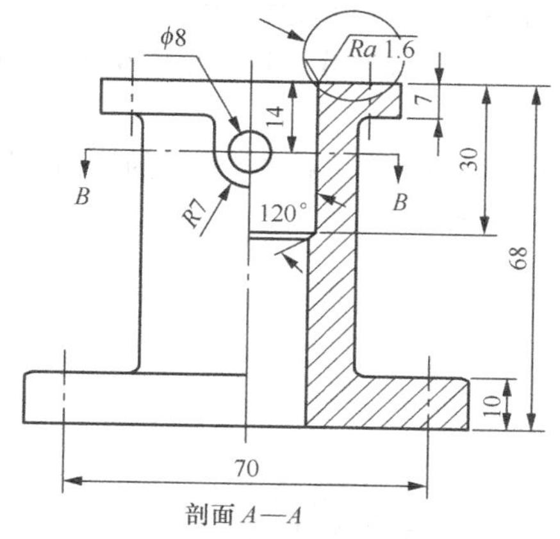

图 9-169 标注图元表面粗糙度

（3）在【实例依附】（INST ATTACH）菜单中选择【法向】（Normal）命令，然后选择主视图的轮廓线作为表面粗糙度的放置位置，如图 9-170 所示，并输入表面粗糙度值为“1.6”，标注的结果如图 9-171 所示。

（4）继续其他表面粗糙度的标注，结果如图 9-172 所示。

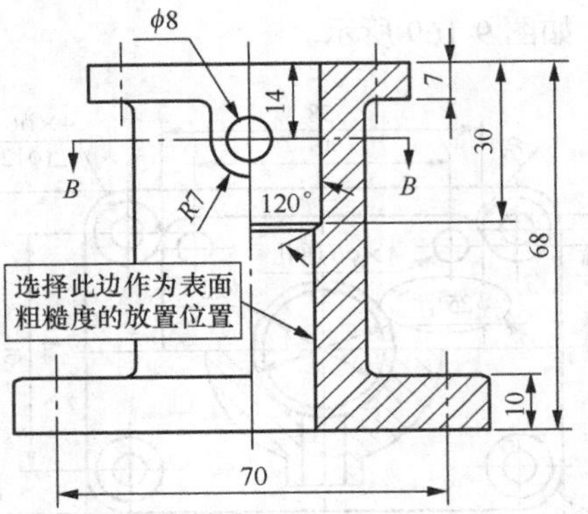

剖面 A—A

选择此边作为表面粗糙度的放置位置

图 9-170　选轮廓线操作

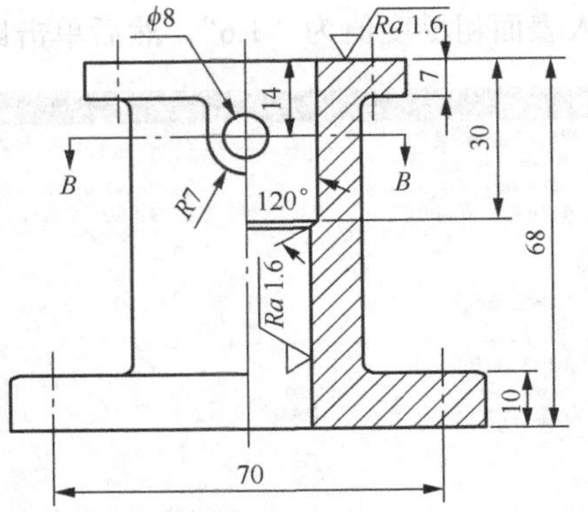

剖面 A—A

图 9-171　标注法向表面粗糙度

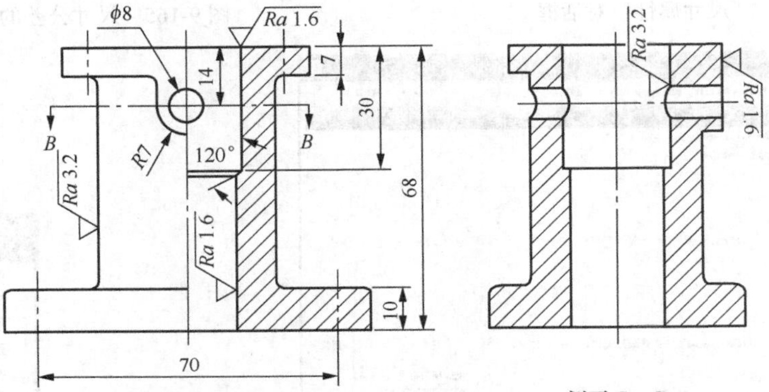

剖面 A—A

侧面 C—C

图 9-172　标注其他的表面粗糙度

步骤 13　形位公差的标注

（1）在【注释】下拉菜单中单击（绘制基准轴）按钮，弹出如图 9-173 所示的“获得点”菜单。

（2）选择如图 9-174 所示的曲面（即外圆柱面）作为参照，即可创建基准轴作为形位公差的标注基准。

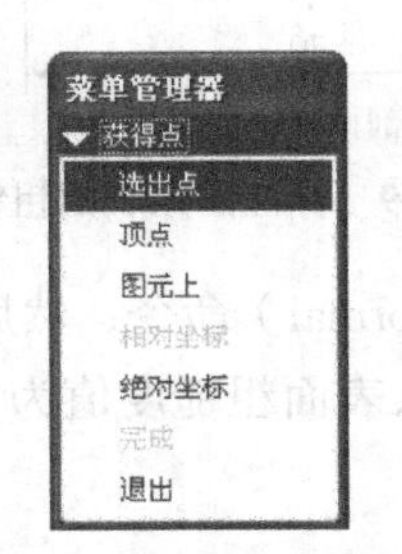

图 9-173　“获得点”菜单

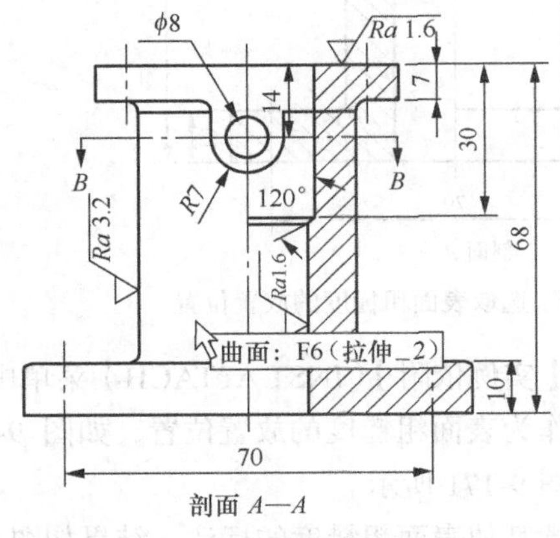

图 9-174　选取圆柱面

（3）在【注释】下拉菜单中单击 （几何公差）按钮，然后在“几何公差”对话框中单击“垂直度”按钮，如图 9-175 所示。

（4）单击选取图元...按钮，并选取刚创建的基准轴 V，如图 9-176 所示。

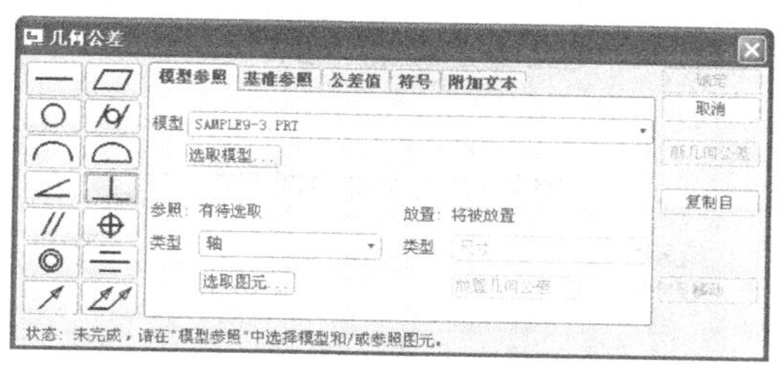

图 9-175 “几何公差”对话框

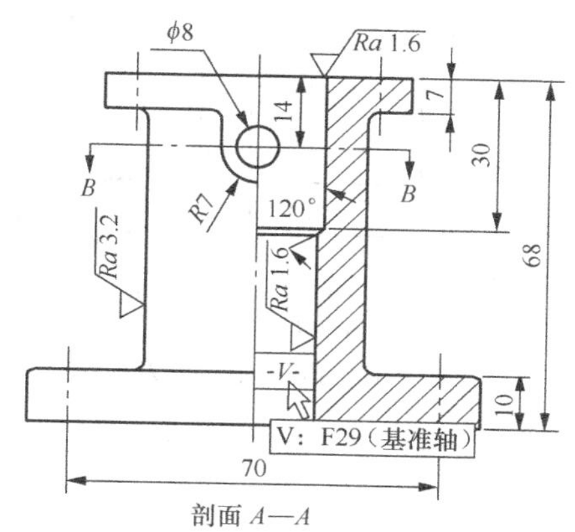

剖面 A—A

图 9-176 选取基准轴 V

（5）在“放置”栏的“类型”下拉列表中选择“带引线”选项，然后选取如图 9-177 所示的边作为形位公差引线的引出位置并单击鼠标中键确定，之后系统提示选取形位公差的放置位置，在图形适当的位置单击后即可标注所需的形位公差，如图 9-178 所示。

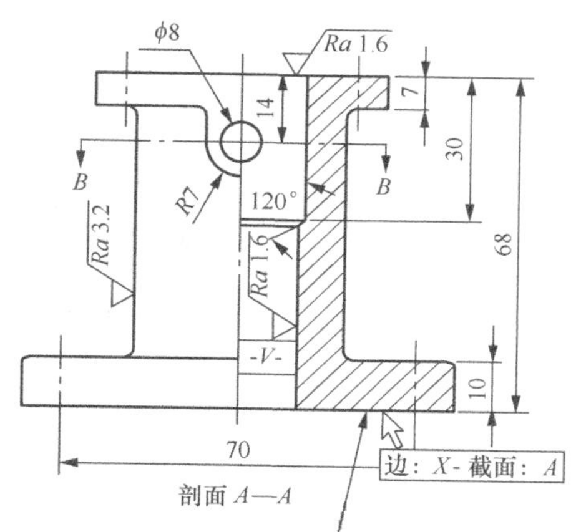

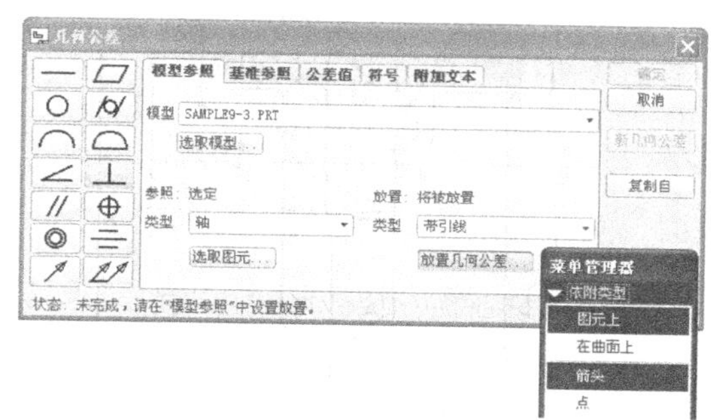

图 9-177 选边操作

（6）双击创建的形位公差，在“几何公差”对话框中单击“基准参照”选项卡，在“基本”下拉列表中选择基准“V”，如图 9-179 所示，并单击“公差值”选项卡和“符号”选项卡分别按照如图 9-180 和图 9-181 所示进行参数的设置。然后单击对话框中的确定按钮即可完成形位公差的标注，用鼠标移动形位公差的位置，如图 9-182 所示。

步骤 14 标注技术要求

（1）在【注释】下拉菜单中单击 （注释）按钮，显示如图 9-183 所示的【注释类型】菜单，从中选择相应选项后单击【进行注解】命令，然后在图幅右下角空白处单击指定文字的放置位置，并输入文字：“技术要求”，按回车键，再继续输入：“所有未注倒圆角均为 *R*2”，连续两次按回车键，完成注释的输入。

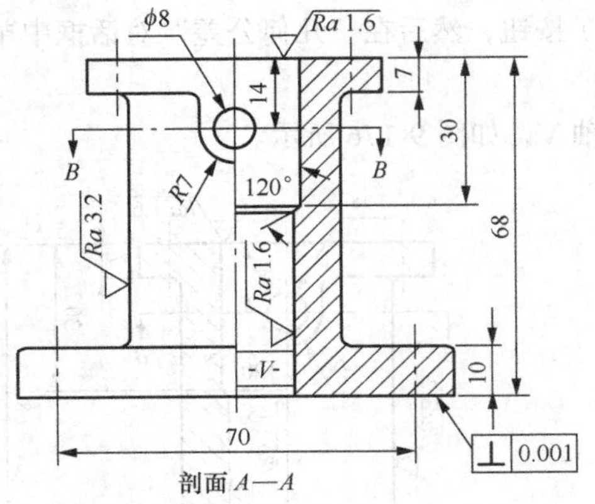

图 9-178　形位公差标注

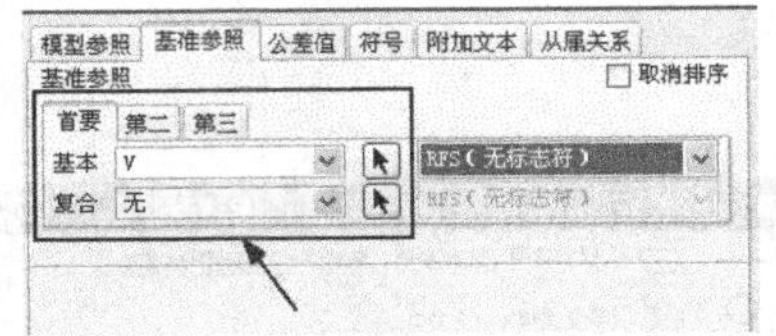

图 9-179　基准参照操作

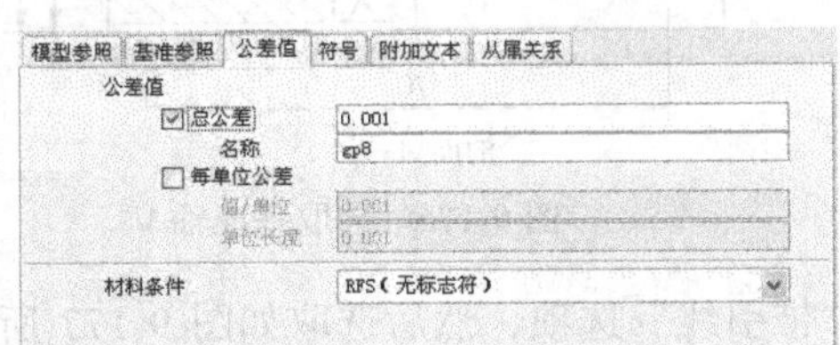

图 9-180　设定公差值

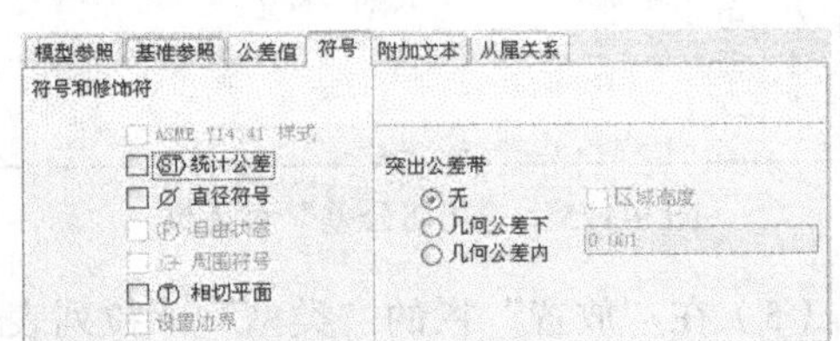

图 9-181　设定符号

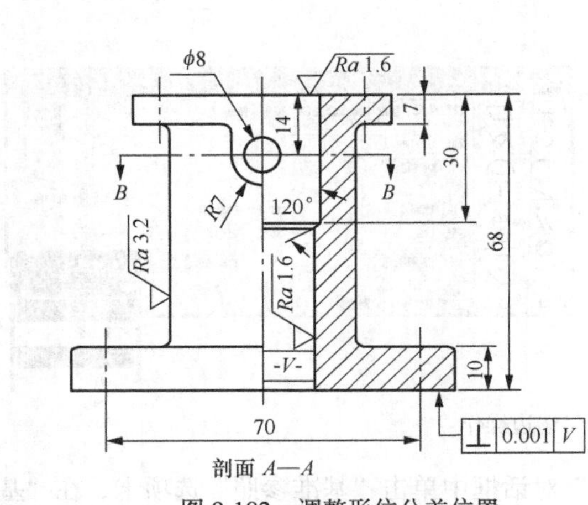

图 9-182　调整形位公差位置

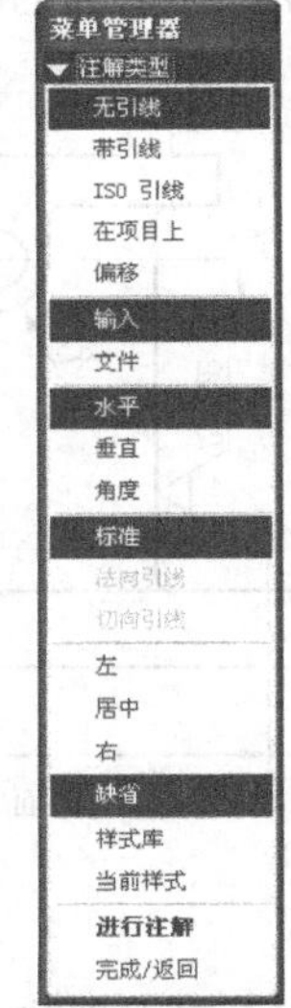

图 9-183　“注释类型”菜单

（2）双击创建的注释文字，在“注释属性”对话框中选择“文本样式”选项卡，然后取消勾选的文字高度默认值，并将其改为“6”，如图 9-184 所示。适当移动注释，完成注释的修改。

步骤 15　增加轴测图

（1）在【布局】下拉菜单中单击 （一般视图）按钮，在图幅右下角空白处单击指定图形放置位置，然后在“绘图视图”对话框的“缺省方向”下拉列表中选择“用户定义”选项，在“X 角度”文本框中输入角度值“45”，在“Y 角度”文本框中输入角度值“-30”，如图 9-185 所示。

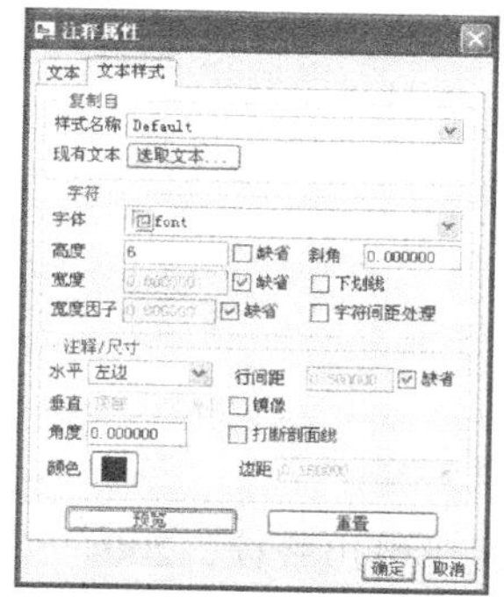

图 9-184　注释的修改

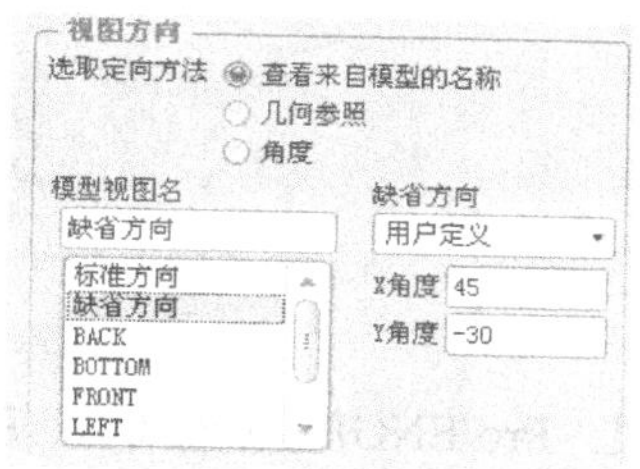

图 9-185　增加轴测图

（2）在“绘图视图”对话框“类别”栏中的“视图显示”选项卡内，设置“显示样式”为“消隐”，“相切边显示样式”为“实线”，如图 9-186 所示。然后单击 确定 按钮完成轴测图的加入，并可适当移动轴测图的位置，结果如图 9-187 所示。

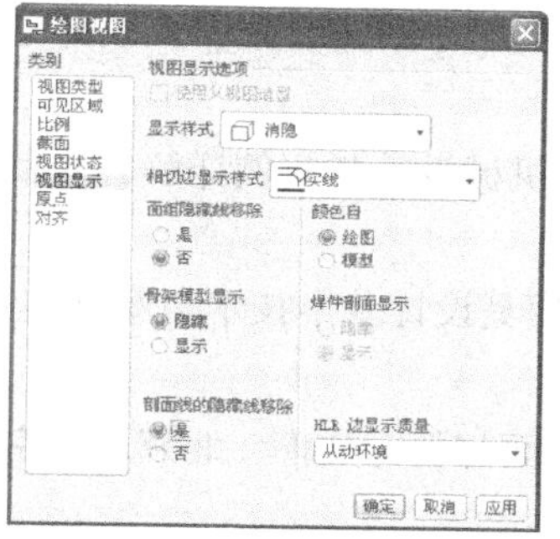

图 9-186　无隐藏线设置

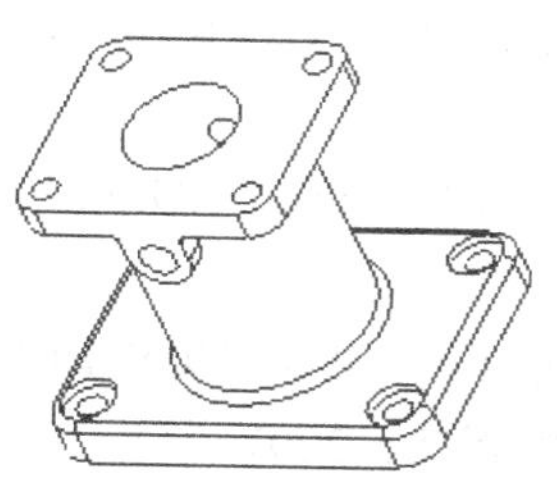

技术要求
所有未注倒圆角均为 $R2$。

图 9-187　零件的轴测图

练习题

在人民邮电出版社教学资源网下载的\exercise 目录中调用源文件“9-1.igs”，如图 9-188 所示，利用自由曲线、曲面等功能设计水杯造型，效果如图 9-189 所示。

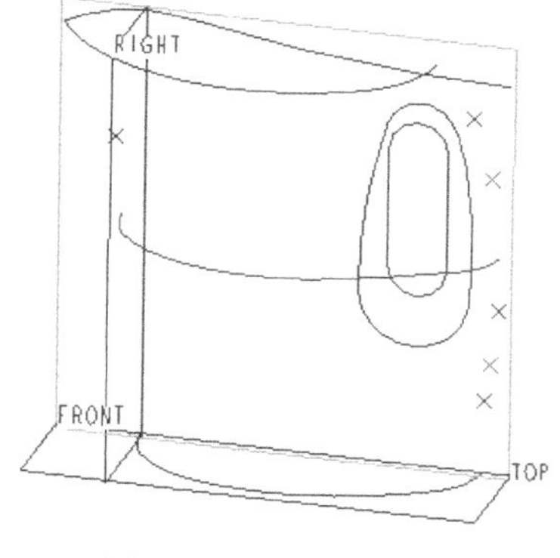

图 9-188　打开的源文件

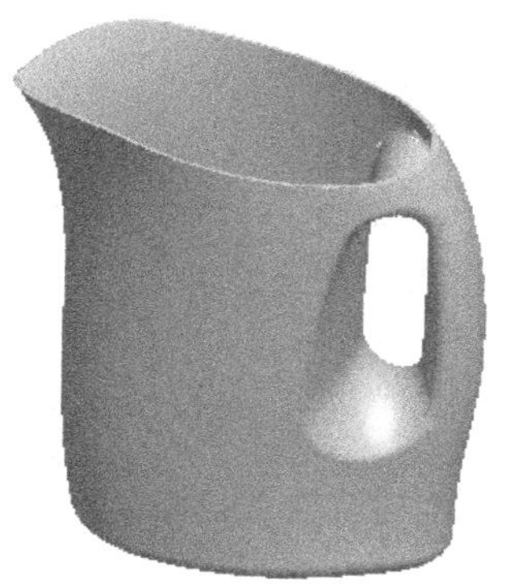

图 9-189　水杯外形图

参考文献

[1] 蔡冬根．Pro/ENGINEER 2001 应用培训教程．北京：人民邮电出版社，2004.

[2] 蔡冬根．Pro/ENGINEER Wildfire3.0 实用教程．北京：人民邮电出版社，2008.

[3] 蔡冬根．Pro/ENGINEER Wildfire 4.0 应用教程．北京：人民邮电出版社，2010.

[4] 暴风创新科技．Pro/ENGINEER 野火版 4.0 从入门到精通．北京：人民邮电出版社，2008.

[5] 詹友刚．Pro/ENGINEER 中文野火版 4.0 高级应用教程．北京：机械工业出版社，2008.

[6] 白雁钧，祝凌云．Pro/ENGINEER 野火 2.0 版绘图指南．北京：人民邮电出版社，2004.

[7] 龙马工作室．Pro/ENGINEER Wildfire 2.0 中文版完全自学手册．北京：人民邮电出版社，2005.

[8] 朱润华，张江华．Pro/ENGINEER WILDFIRE 中文版机械设计与实例详解．北京：电子工业出版社，2007.

[9] 郭晓俊，孙江宏．Pro/ENGINEER Wildfire3.0 中文版模具设计基本技术与案例实践．北京：清华大学出版社，2007.

[10] 柳迎春，简琦昭．Pro/ENGINEER 2001 中文版自由曲面与行为建模．北京：北京大学出版社，2002.

[11] 孙江宏，段大高．Pro/ENGINEER 2000i 高级功能应用及二次开发．北京：清华大学出版社，2002.

[12] 陈建荣，顾吉仁，冯新红．Pro/ENGINEER Wildfire4.0 实用教程．天津：天津大学出版社，2009.